作者简介

栾恩杰，我国著名导弹控制技术和航天工程管理专家。1940年10月出生于吉林白城，1965年哈尔滨工业大学毕业，1968年清华大学研究生毕业。中共第十三、十四、十五届中央候补委员，国防科技工业科技委名誉主任、中国科协荣誉委员、中国工程院院士、国际宇航科学院院士。历任航空航天工业部总工程师、航天工业总公司副总经理（国家航天局副局长）、国防科工委副主任（国家航天局局长）、国防科工委科学技术委员会主任、全国政协常委（科教文卫体委员会副主任）、中国科协副主席、中国遥感应用协会理事长、宇航智能控制技术国家级重点实验室学术委员会主任。先后担任巨浪一号和东风二十一号总指挥，首次载人航天工程副总指挥，首次探月工程总指挥，长征五号、月球探测工程嫦娥五号、火星探测工程天问一号专家顾问组组长。主编了我国首部《国防科技名词大典》(7卷)，出版了《航天系统工程运行》等专著，发表了多篇学术论文，先后获国家科技进步奖特等奖3项、一等奖1项，部委科技进步奖多项。2006年获"中国十大系列英才"称号，2009年获何梁何利科学与技术进步奖，2012年获第八届航空航天月桂奖"终身奉献奖"。2014年国际天文学联合会将国际永久编号第102536号小行星命名为"栾恩杰星"。

工作以来，参加或主持我国多个战略导弹型号和航天重大工程研制工作，长期主持多项国家重点型号研制及国防科技工业科技管理工作，在我国潜射战略导弹从无到有、陆基机动战略导弹系列化发展、开辟我国深空探测新领域、开创我国深空探测工程等方面，取得了一系列开拓性和创造性成果，为我国武器装备和航天事业发展作出了重大贡献。倡导并组织完成我国第一份航天白皮书，首次提出"大航天"概念及"两大型谱"发展的技术路线，形成以"两大型谱"为基础的空间技术发展体系，相关技术发展构想已成为相当长一段时期我国航天事业发展的基本思路、方向和重点；率先提出我国探月"绕、落、回"三步走规划并组织队伍圆满完成我国首次月球探测任务；创造性地提出了技术质量问题"归零"概念并确定了相应的五条判别标准，作为型号质量管理准则为国防科技工业及相关单位广泛采用并已形成国际标准。

航天科技图书出版基金资助出版

泊然思絮

——栾恩杰论文选编（上册）

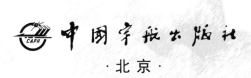

中国宇航出版社

·北京·

图书在版编目（CIP）数据

泊然思絮：栾恩杰论文选编：上下册 / 栾恩杰著
. -- 北京：中国宇航出版社，2022.7
ISBN 978 - 7 - 5159 - 2095 - 5

Ⅰ.①泊… Ⅱ.①栾… Ⅲ.①航天工程－文集 Ⅳ.
①V4 - 53

中国版本图书馆 CIP 数据核字（2022）第 114814 号

策 划 人　朱　毅　蒋宇平　屈昌海
责任编辑　黄　苹
责任校对　王　妍　　封面设计　宇星文化

出　版
发　行　**中国宇航出版社**

社　址　北京市阜成路 8 号　邮　编　100830
　　　　（010）68768548
网　址　www.caphbook.com
经　销　新华书店
发行部　（010）68767386　　（010）68371900
　　　　（010）68767382　　（010）88100613（传真）
零售店　读者服务部　　　　（010）68371105
承　印　北京中科印刷有限公司

版　次　2022 年 7 月第 1 版
　　　　2022 年 7 月第 1 次印刷
规　格　787×1092
开　本　1/16
印　张　49.25
字　数　760 千字　　彩　插　8 面
书　号　ISBN 978 - 7 - 5159 - 2095 - 5
定　价　398.00 元

本书如有印装质量问题，可与发行部联系调换

前　言

距离第一本文集《耕天思絮》出版，已有十多年了，这十多年间我作为国家"十三五"规划的国务院专家组成员，参与国家发展研究的工作，学习到很多东西。专家组成员中有国家综合部门的领导和专家，也有科技、工业部门的学者和教授，还有国内大型企业的领军者，他们的经验，他们的意见和建议，对我则是一次极好的学习机会，也促使我思考国防科技工业，特别是航天发展战略的一些问题。现在看来，国家"十三五"规划的制定和实施是成功的，对我国今后的发展起到了推动、打基础和开拓性作用。

这十多年来，我有时间冷静地思考我从事航天领域的科技发展和型号任务、重大工程的实践，特别是盘点我到新组建的国防科工委任副主任兼国家航天局局长期间制定的 2000～2020 年发展规划的《中国的航天》白皮书。这份白皮书是我们向祖国的承诺，也是向世界发布的中国宣言，它表明了中国航天未来 20 年发展的宏伟蓝图，描绘了中国航天在改革开放的中国，怎样揭开航天的神秘面纱，走向世界的前台。正如国人常表述的中国智慧和中国力量。当 2020 年 12 月 17 日"嫦娥五号"带着在月球采样物品返回地球时，我们的热血沸腾了，在这场向宇宙进军的大赛中，我们中国人赢得了巨大的历史性成功。我们再不是科技弱国，再不是航天小国，我们依靠自己的力量，进入了航天强国的行列，为中华民族自立于世界民族之林，贡献了我们的力量。

在"嫦娥五号"发射前，我给工程总设计师胡浩研究员写过一首诗，最后两句是"待到四子王旗会，工程大计好收官。"我们完成了十七年前确立的目标，实现了我们对祖国的庄严承诺。在 2020 年前完成"绕、落、回"

三步走的工程目标，我们圆满精彩地兑现了。我在"嫦娥五号"返回的落区回答记者的提问，"此时此刻你最想说的话是什么？"我说："从心底，我最想呼喊的是'祖国万岁！'"

人是要有精神的，干任何事都要有精神的支持，这是事业成功的底气。我们有党的英明领导，有社会主义制度保证下的举国体制，我们有一支坚强的由爱国者组成的航天队伍，这三条最根本的强大力量，是可以战胜一切困难、勇攀高峰的力量。

在这十余年间，我们实现了大型运载火箭的梦想，在白皮书发表的2000年，那还只是一段论述——中国人要有无毒、无污染的大型运载火箭，并形成系列化发展。但今天低轨运送能力达到25t的长征五号运载火箭，已经完成试飞，进入发射服务。是它托起了"嫦娥五号"返回工程，是它支撑了我国首次探索火星的天问一号工程，是它的技术和型谱化发展推进了长征七号、长征八号中型运载火箭的型谱化发展，它正在为更多的空间设施和科学探索活动提供服务，中国的载人空间站也将由它们来承担。

在这十余年间，我们国家的"通导遥"应用体系建设取得巨大的进展，空间应用正向产业化方向迈进。空间基础设施为国民经济建设的贡献力正在不断提升。空间技术、空间应用、空间科学这三大领域的协同推进，正在以创新推动的发展去创建航天强国的未来！

当我们盘点2000年白皮书所研究的目标时，我们可以无愧地向伟大的祖国报告：**中国航天人胜利地完成了党交给的任务，我们兑现了航天人的承诺！**

这十余年，使我有时间思考工程技术的某些理性的思维问题。特别是在中国工程院开展的"工程哲学""工程方法论""工程知识论"的中国工程学研究和探索中参与了一些工作。让我在任务负担较轻的状态下，可以做"理念、理论"方面的一些思考。从"十五""十一五"开始，我们国家开展了中长期发展的研究，并启动了"十六项重大工程"的研制。我们国家的工程科技已经进入了国际先进行列。中国的高铁、中国的桥梁、以盾构机为代表的中国大型机械、中国的船舶（航母、深潜）、中国的航空（舰载机、五代机、大型运输机）、中国的国防、中国的水利（三峡、南水北调）、中国的电力（超高压）、中国的能源（核、水、风、光）、中国的航天（通、导、遥、科）、中国的农业（高产稻）……都已成为现代中国的闪亮名片。我们应当也有能力和资格总结我们的工程经验、理念、理论和思考。所以，这段时间我写了一些文章，参与工程院组织的"科学、技术、工程"方面的论坛。有关方面的一些文章也收集到了这本文集之中。

我在写文章的时候，往往会产生一种快乐，好似我对面有一位学者，在不断地提出问题给我，让我讲清楚某些待辩论的课题。每当这时，我就会不自觉地产生出诸多回答对方的理由，而在思考如何回答的过程中，我会萌生出过去未曾出现的论点，这确实给我带来快乐和成功的愉悦，如同真有一位学者，在与他的对话中，我已经把他说服。在思考施图林格解的解析过程中，我曾遇到怎么开启其精确解的困境，但在与施图林格表达式的对话中，一旦想到对其积分即可成功的时候，那种快乐只有那个时刻才会产生。你们在看那篇文章时，一定能体会到我那种唠唠叨叨、反反复复的细咀慢嚼的愉快。在我将选入这本文集的文章全部整理好后，为了使我一看就能回忆起文章的来源和我欲重点阐述的内容，在每篇文章后面我又提炼出了一些重要的观点、要点，有一些是需要关注的理念和概念之类的内容，以期使读者关注。淡泊以自省、超然以深思，这是我此次文集之旨。

在此向为本文集出版中负责 PPT 制作和图片收集的蒋宇平研究员、朱毅副巡视员、屈昌海助理表示感谢，向中国宇航学会王一然副理事长表示感谢，向中国航天科技国际交流中心张铁钧副主任、中国宇航出版社黄莘编辑等同志的劳动深表谢意。

探索浩瀚宇宙，发展航天事业，建设航天强国，是我们不懈追求的航天梦。习近平总书记的指示是我们每一位航天人的奋斗使命，任重道远，愿成功永远伴随着每一位奋斗者！

2021.6.18

编者的话

栾恩杰同志是我国著名的自动控制技术和航天工程管理专家，参加或主持了我国多个战略导弹型号和航天重大工程研制工作，长期主持多项国家重点型号研制及国防科技工业科技管理工作。他 1968 年在清华大学就读研究生期间加入中国共产党，在党五十余年，深耕航天，一心向党，报国为民，铸就了一段辉煌的航天人生。他在我国潜射战略导弹从无到有、陆基机动战略导弹系列化发展、开辟我国深空探测新领域、开创我国深空探测工程等方面，取得了一系列开拓性和创造性成果，为我国武器装备和航天事业发展做出了重大贡献。他严谨务实，文献中所有文章皆为手书文稿，并经数次修改，推敲而就。

2020 年是探月工程完成"绕、落、回"三步走的收官之年，也是栾恩杰同志作为探月工程首倡者不平凡的一年。"待到四子王旗会，工程大计好收官"是他 17 年的坚守和殷切期望，耄耋之年，壮心不已，在收官之际，他更是亲自前往内蒙古四子王旗见证了嫦娥五号返回舱回收的历史时刻。2021 年，火星探测工程圆满成功，担任深空探测工程专家顾问组组长的他，仍心系航天事业的发展。

本文集集中了诸多珍贵的原始资料，带领读者回到他所从事的武器装备研制、载人航天、深空探测及外星发射等我国重大工程建设的历程之中；以《工程知识论》的发表为切入点，对工程知识展开讨论和思考，研究适合当下复杂系统工程的运行方法，提出前瞻性的工程管理理念和方法。

本文集内容丰富，字里行间，不仅体现了作者在科学道路上的孜孜不倦、毕生以求、真知灼见，更反映了作者投身航天、奉献国防的家国情怀，其中诸多内容可作为关注航天事业的专家、学者的参考资料。

本书编委会

目　录

上册

一、发展战略思考

致广大而尽精微，极高明而道中庸。

——《中庸·大哉篇》

1

建设航天强国　战略研究先行 ①

摘　要：习近平总书记在《中共中央关于制定国民经济和社会发展第十三个五年规划的建议》的说明中提到，建议稿起草过程中要注意把握的几项原则：一是坚持目标导向和问题导向相统一；二是坚持立足国内和全球视野相统筹；三是坚持全面规划和突出重点相协调；四是坚持战略性和操作性相结合。习近平总书记所说的这些原则，也是做好行业战略研究、战略规划的根本依据。战略规划须对态势和趋势有深入分析，若缺乏对目前态势的深刻了解和分析，也就无从知晓我们所处的环境、条件、水平、差距，从而难以掌控后续的工作脉络。

习近平总书记在《中共中央关于制定国民经济和社会发展第十三个五年规划的建议》的说明中提到，建议稿起草过程中要注意把握几项原则：一是坚持目标导向和问题导向相统一；二是坚持立足国内和全球视野相统筹；三是坚持全面规划和突出重点相协调；四是坚持战略性和操作性相结合。习总书记所说的这些原则，也是我们做好行业战略研究、战略规划的根本依据。

---

① 本文发表于《国防科技工业》，2015 年第 11 期。

图 1　"十三五规划"专家顾问组全体会议（左排右一为栾恩杰）

一、战略规划必须有对态势和趋势的深入分析

如果我们缺乏对目前态势的深刻了解和分析，也就无从知晓自己所处的环境、条件、水平和差距，从而难以掌控后续的工作脉络，这是做事情的常理。但我们往往做态势分析时，很难对现实中的常见之物进行提炼和总结，这体现的不是工作水平，而是是否真正透彻地掌握了情况，是否真正客观地看待和分析情况。

把握态势，需要从国际、国内和行业自身三个视面去思考，以之为立足点，开展一份有分量的发展战略报告的研究与撰写。

有了对态势的把握，对今后的发展趋势展望就有了依据，就能够比较容易地将影响目前发展的技术阻力、矛盾、难点梳理清楚。解决这些难点应当是发展趋势的第一个目标，攻克这些技术关键之后，再分析来自各方面的需求，以其为动力和切入点确定中远期目标，也就变得较为容易。

在确定目标的同时，还要对这些**目标的定义**进行研究，使参与研究的有关方面对定义形成共识，比如研究"建设航天强国规划"这样一个命题，首先要弄明白强国的内涵是什么、航天强国和航天大国的差异是什么。就形式逻辑而论，定义是"种差加属"，上述两者的种差在何处，对这个问题认识不清楚，有时就会产生愈谈愈模糊的现象，甚至会陷入无解状态，或陷入一个循环中，因为在命题的论述中会不时冒出某些相悖的个例，使其难以自圆其说。

二、战略规划必须有开放式结构

一个不与外部进行信息、能量交换的封闭系统是不存在的，绝对黑体只在条件约束和假设状态下才存在。因此，不但战略规划中长期性的课题具有开放式结构，短期的战术性或单项任务性的计划也要有开放式结构。

回到航天强国这一命题，**强与弱不是绝对孤立存在的，**它是一个比较过程，和马拉松比赛的前与后一样，强是相对于弱而体现的。在探讨这个问题的时候，如果孤立地立足于自己的进步和其他人目前的状态不变来比较，则认识会偏离真实。15 年前，当我们研究大火箭的开发任务时，20t 的发射能力是国际领先位置；15 年后的今天，当我们的大火箭快要竖立在发射台上的时候，技术先进国家已经达到了 50t、100t，开始向 130t 进军。所以，真实的情况是，我们确实努力奋斗了，也长足进步了，但差距的拉大不容忽视。

图 2   长征五号大型运载火箭

因此，在研究航天强国战略规划时，回避不了的一个命题是别人的规划是什么、谁是对手、我们将超越谁，当我们达到规划目标点时，他们站在什么地方。这是一个开放式的研究。**任何一个同行，只要想进步，就不会停在那里等待别人超越**。当我们在努力缩小差距的时候，他国也会以更大的努力去奔跑，就像美国 NASA 领导人查尔斯·博尔登（Charles Bolden）所言："我们将开发新的技术，推动强大的高科技经济。""尽管面临挑战，但我们有充足的意愿、动机和人力来实现我们的抱负。"

所以，强国的目标永远在路上，战略研究应当不间断地进行。要不停顿地思考，去攻关、去拼搏，既要赶上去，又要保持不断发展的势头。

三、战略目标要有科学的指标性表达

我在《航天系统工程运行》这本书里写道："**系统工程运行排斥描述性语句**"，以此来表达系统工程在运行中的一个原则性特点，"必须有工作状态的明确表达和结果的确切反馈"，而这些反馈的状态和结果必须有相应的数据、指标来显示，不能是没有数据与指标支持的形象性描述。在制定战略目标时，也应按照系统工程运行的要求进行，有一套表达战略目标的指标设计。

关于这一点，美国 NASA《2014 年战略规划》是很好的范例（图 3）。它总共设置了三大战略目标，即拓展太空探索、改善地球环境、完成历史使命，并且设计了 49 项具体计划以支撑这个规划的实现。在我们制定战略规划的过程中，应该加以认真的分析和借鉴。

战略目标1：扩展关于太空的前沿知识、能力和发展机遇；

战略目标2：进一步了解地球，并开发相关技术，以改善地球家园上的生活质量；

战略目标3：通过有效的人力、技术能力和基础设施管理，服务美国公众并完成我们的使命。

这些目标不具有完全独立性，有的是针对某单项探索任务，有的是支持多个任务的一项技术。

图 3　美国 NASA《2014 年战略规划》

立足航天强国目标，我们要做好以下战略规划。

1. 要做好能力规划，确保有能力的支持

按目前的共识，航天能力包括进入能力、利用能力和控制能力，这三种能力是外在表现的能力，是展现肌肉的**外向能力**，而与其相适应的**内秉能力**则是强大的设计能力、先进的工艺能力（即高质量的生产能力）和持续发展的基础能力，包括人、物、文化，更重要的是可以将这些能力进行有意义与有效率调动、运用的工程组织能力，按现行的语言表述，就是**系统工程的运行能力**。

2. 要有规模的考虑，确保有航天大国的规模

一个没有一定规模的强国是不被承认的，也可以说是不够的。**航天大国不一定是航天强国，但航天强国一定是航天大国**，在建设航天强国的时候，务必要注意航天大国的建设。无论是运载、卫星、测发控、应用，还是有效载荷、材料、器件，无论是空间技术、空间应用，还是空间科学，我们与航天大国在规模上仍有差距。我们的应用卫星上了一个台阶，但与美欧间仍存在代差，应用效率仍受各种分辨率的制约，虽然我们卫星在轨数量已经过百，但其利用的效能仍然没有得到较好发挥，**而且从研制、布置到应用**各环节的成本在不断提高，**应用的时效性**与**空间设施完整布署的时差性**仍存在矛盾，价格和效能优势在丧失。

所以，在做好航天强国的战略规划时，应当将建设航天大国的规划与航天强国的规划结合起来，将规模性建设和精细化建设相结合，将完善我国航天体系的规模化建设与我国航天科技精细化水平相结合。

以印度为例，该国完成首次探测火星任务花费不到1亿美元，而我们的费用要高于他们。之所以如此，有多种原因，关键之一是印度卫星的某些技术和装置、载荷可以得到国外的支持（图4），并不完全依靠自己的配套。我们则不同。中国航天发展早期曾遭遇被撤走专家、收走资料的尴尬；承受被禁运、无法进行技术交流的困境。事实告诉我们，人家不会把先进的东西卖给我们，所以我们搞航天战略规划，只能立足于自力更生，同时以之为前提，积极开展国际合作。独立自主是根本，必须靠自己来建设发展的基础，

扎扎实实地走一步上一个台阶。没有规模发展，不依靠自己的力量建成航天大国，航天强国的目标是难以实现的。

图 4　印度火星探测工程得到了国外支持（资料来源：网络）

3. 要实现总目标的分解，确保有具体的重大工程计划牵引

在战略发展研究中，我们必须做到逐项可实现、可检查、可评估、可评价。以 NASA《2014 年战略规划》为例，它的三大战略目标被分解成 15 个具体目标，在各具体目标下，安排了共 49 项工作（工程）计划（表 1）。

表 1　三大战略目标及其对应的具体目标和工作计划

战略目标（3）	具体任务目标（15）	安排计划（49）
拓展太空探索	进入太阳系更远	猎户座载人器计划； 太空发射系统运载火箭计划； 探索地面系统计划； 先进探索系统计划
	国际空间站研究	…
	推动商业功能	…
	太阳系探索	…
	太阳系演化	…
	宇宙原理	…
	创新能力建设	…

续表

战略目标（3）	具体任务目标（15）	安排计划（49）
改善地球环境	航空安全与发展	航空操作和安全计划； 先进飞行器计划； 综合航空系统计划； 转型航空理念计划
	解决环境难题	…
	培养创新环境	…
	STEM 教育	…
完成历史使命	人才建设和服务	…
	长期保持 NASA 优势	空间通信导航计划； 发射设施计划； 发射服务计划； 火箭推进测试计划； 探索设施计划； 空间运行建设计划； 战略能力计划
	提供安全与技术服务信息	…
	完成 NASA 任务	…

说明：其中空间运行建设计划与战略能力合为一个题目。

4. 要有对客观条件的准确评估，确保具有独立自主的可持续发展力量

航天的一些工程、计划，面临着长期性和连续性的要求。例如，导航星有一个工作寿命周期，为保证导航星服务的连续性，不仅天上安置备份，地面也要具备持续保障力量。虽然我们不排斥国际合作的互补和几个系统的兼容，但如果自己不具备独立的应对能力，则在特殊时刻会处于被动局面。

对于航天强国而言，一定要有强大的重大工程和组织力量，无论是设计力量的启动、工艺力量的调动，还是验证条件和试验装备的提供，充足的资金保障以及有力的组织管理，都是实施重大工程的条件保证。

图 5 我国自行研制的导弹参加阅兵式

本文要点

1. 把握"态势"是研究"趋势"的依据。

2. 定义清楚是研究"命题"的前提。

3. "强弱"和"进退"是相对比较而存在的。

4. 我们在进步，别人不会等待你的超越。

5. 系统工程运行排斥描述性语句。

6. "外在表现能力"和"内秉持有能力"是系统工程的两大运行能力。

7. 大国未必是强国，但一个行业的强国一定是这个行业的大国。

8. 应用需求的时效性与系统布署的时差性矛盾。

9. 战略目标的分解与逐项可实现、可检查、可评估、可评价。

10. "型号任务配置型"的研究所和生产厂模式受到挑战。

2

中国航天创新驱动发展的思考 [①]

摘　要：站在技术进步和工程实践态势的角度分析，中国航天已走过三个重大阶段：学习与仿制阶段、独立研制阶段、跟踪研发阶段，目前处于创新驱动发展阶段。在这个发展历程中，可以清晰地看到中国航天发展的一条主线，即学习、实践、探索、创新的精神始终贯穿于其中，它既是各阶段的特征表达（学习与仿制、独立研制、跟踪研发、创新驱动），也是各阶段所包含的主要的活动和内容。学习、实践、探索、创新的精神也必然会贯穿于中国航天今后的发展过程中。

第一章　中国航天进入创新驱动发展期

自 1956 年 10 月 8 日国防部第五研究院成立始，至今已走过了 60 年的光辉历程。在我们回首这不平凡的半个多世纪的辉煌道路时，党中央高屋建瓴的英明决策、老一辈无产阶级革命家振兴中华的壮志雄心、全国人民倾其所能的大力支援、几代航天人勇于登攀和无私奉献，时时浮现在我们的记忆中，激励着我们不断地拼搏与奋斗。

---

① 本文原标题为《中国航天进入创新驱动的发展期》，发表于《国防科技工业》，2016 年第 10 期。

图 1　中国自行制造的第一颗原子弹于 1964 年 10 月 16 日在新疆罗布泊爆炸成功

总结、**思考我们走过的道路**，获得认识与经验，以及认清我们现在所处的时代，对我们今后的发展是十分必要的。人类进步就是在不断的实践、不断的思考、不断的奋斗过程中获得的。

若从技术进步和工程实践态势进行分析，我国航天这 60 年经历了三个重大阶段：**学习与仿制阶段、独立研制阶段、跟踪研发阶段**。目前，这三个阶段已经走完，现处于**创新驱动发展阶段**。我们在这个发展历程中，可以**清晰地看到它的一条主线，即学习、实践、探索、创新的精神始终贯穿于其中**，它既是各阶段的特征表达，也是各阶段所包含的主要活动和内容。学习、实践、探索、创新也必然会全息地贯穿于我们今后的发展过程之中。

一、中国航天走过的三个阶段

1. 学习与仿制阶段（1956—1963 年）

新中国成立仅 7 年，党中央、国务院就确立了独立自主进行导弹武器研制和导弹工业发展的决策，在国防部五院成立之初，聂荣臻元帅就将"自力更生为主、力争外援和利用资本主义国家已有的科学成果"作为建院方针。这个方针的内含表达就是：**自力更生，争取外援，有了外援也要坚持自力更生**。正是在这个方针的指引下，1957年10月，中国与苏联签订了《国防新技术协定》，苏联向中国提供地地（P-2）、地空（C-75）、岸舰（C-2）、空空（K-5M）四种导弹样品及相关技术资料（图2）。

图2　C-75地空弹（左上）、K-5M空空弹（右上）
C-2岸舰弹（左下）、P-2地地弹（右下）

我们用了8年时间完成了学习和反设计工作，边学边干，克服了原材料短缺、生产条件不足、资料不完整及技术力量缺乏等问题，最重要的是我们国家的工业基础薄弱、专业人才队伍的技术力量和技术结构尚待提高的局面并非一日可改。

经过搞清原理、摸清结构、掌握性能、散件组试（组装与试制）、样机测试、突破工艺、组织协作各阶段工作，我们取得了技术设计、工艺实现及各种材料、器件的攻关成果，于1960年成功仿制出1059导弹。

1059 导弹（东风）的仿制成功，极大地鼓舞了参研参试人员，使我们有了充分的自信，1964 年仿 C-75 地空导弹的"红旗"成功，1966 年仿 C-2 飞航导弹的"上游"成功，说明中国人有能力掌握先进的导弹技术。

通过仿制，我们的导弹总体技术、导弹结构技术、导弹弹头技术、导弹控制技术、导弹动力技术，以及设计方法、验证方法、靶场技术、测试技术、发射技术得到了全面提升。

通过仿制，我们建立了一整套生产元器件、原材料，以及提供各种成型技术、组装技术的全国大配套、大协作的支援保障体系。

通过仿制，我们从工程组织、工程实施到技术组织和技术实现，形成了全面的人才队伍建设，并在各有关高等院校形成了尖端专业的培养力量，形成了具有中国特色的以两条指挥线为主导的工程队伍体系。

通过仿制，我们在标准化、计量等技术基础方面不断地积累知识和经验。

总之，学习与仿制的八年，我们增长了才干，为中国航天的后续发展打下了很好的基础。

2. 独立研制阶段（1964—1972 年）

1960 年苏联停止援华，撤走 1300 余名在华专家。此时正逢我国遭受严重自然灾害时期，外压内困并没有吓倒我们，它使我们更加清醒地认识到：建设强大的国防，只有依靠自己的力量，走自力更生之路。为了国家的战略发展需要，党中央决定从 1964 年至 1972 年研制液体中近程、中程、中远程和远程四种地地导弹（"八年四弹"），打破核大国的垄断。

其间，我们虽然受到"文革"的严重干扰，全体参研参试人员仍继续发扬无私奉献的爱国热情、严谨务实的科学态度和大力协同的奋斗精神，1966 年 12 月 26 日东风三号中程地地导弹、1970 年 1 月 30 日东风四号中远程地地导弹发射成功。根据发展需要改进的"东风四号"于 1976 年两次发射成功，远程火箭于 1971 年 9 月 10 日低弹道试验获得成功（图 3）。

8 年的独立研制，风风雨雨，初次的几项试验遇到挫折，从总体、控制系统到发动机都暴露出一些薄弱环节，造成了研制工作的反复。研制人员根据形势变化，对技术指标进行适应性修改。而失利后的成功，具有更大的含金量，其所暴露出的导弹的薄弱环节，反映的是我们在技术上和管理上的差距，而**队伍也正是在这一次次的失利与失误中逐渐成熟，在不断的成功中发展壮大。**

图 3　东风四号导弹（左）和东风五号导弹（右）

通过独立研制，我们全面掌握了导弹武器系统的总体设计技术，并在导弹动力系统、控制系统、测发控系统的研制实践中提升了水平。

通过独立研制，我们突破了运载技术，使我国运载能力不断提升；突破了气动技术，解决了多级火箭组合体及分离、气动热及气动力的设计与试验；突破了弹道设计技术，解决了地球引力场扰动、弹道摄动理论和计算方法；突破了结构技术，解决了三维（纵、横、扭）振动的特性研究、贮箱液面晃动、振动耦合等问题。

通过独立研制，我们突破了导弹制导技术，解决了各种制导方案的各项误差分析和计量问题；掌握了导弹精度分析和内外弹道测量与评估技术；突破了在刚体振动、弹性振动、推进剂晃动状态下姿态控制和稳定系统的设计、试验技术，使导弹达到"稳、准、狠"的总体要求。

通过独立研制，我们突破了导弹武器系统的地面系统设计技术，在遥测，外弹道测量，初始基准建立及传递，地面发射场设计、建设以及推进剂管理、加注技术方面取得重大突破。

通过独立研制，我们在技术基础建设、环境试验、安全性技术、试车技术、仿真模拟技术、质量可靠性技术等方面取得开创性成果。

总之，这8年奠定了中国航天的发展基础，解决了我国尖端技术领域的有无问题，在中国航天发展史上具有开创性的作用。

这8年给我们的启示是：**只要我们有中国共产党的领导，坚持自力更生的方针，发挥社会主义大协作的优势，经过严谨务实的努力**，我们在高科技领域可以突破封锁和打压，取得辉煌成绩，并且创造出独特的**中国航天传统精神**。

3. 跟踪研发阶段（1973—2013 年）

"八年四弹"的后续工作，延续到1980年才完成，也即在跟踪研发阶段的"三抓"任务时期完成。

在独立研制能力获得开创性成果的基础上，中国航天人以更大的决心和勇气，向国际水平冲击。我们的目标是：国外有的，我们也要有，尽快填补我们的空白；跟踪国外技术、产品的发展方向，追上去以尽快缩小我们的差距。我们要有自己的实用通信卫星，我们要有自己的洲际导弹，我们要有自己的二次打击力量——潜地导弹。如果说第一阶段我们有实物参照，第二阶段主要是打基础，那么**这个阶段则是比技术、比速度、比智慧、比力量**。

跟踪研发阶段是漫长的，有近40年的历程，这40年里我们取得的成就更加辉煌。盘点这40年的成果，我们可以自豪的是，所有参与这场奋斗的技术人员、工人、解放军指战员、工程管理人员、干部，他们没有辜负祖国和人民的期望，没有辜负党和政府的委托和信任，为祖国航天事业的发展奉献了自己的力量，几代航天人为祖国航天事业的发展树立了不朽的丰碑。

总结这40年不平凡的实践，可以用三个重要的扩展来描述。

首先，是从导弹任务到航天工业的扩展。

这40年来，我们在地地导弹型谱化发展上取得了质的突破。潜地导弹从无到有，研制成功并填补了海军战略武器装备的空白；海防导弹、舰舰导弹、防空导弹、空空导弹、洲际战略导弹、战术导弹、巡航导弹，构成了型谱化发展的格局，并在精确、机动，以及液、固发动机技术等方面取得了具有国际水平的成就，提升了国家的核心战斗力，在保卫领土完整、保卫世界和平中发挥了战略威慑力量（图 4）。

图 4 1984 年"巨浪一号"亮相国庆阅兵式

与世界诸国的发展相同，我国的航天事业也是在研制导弹的基础上发展起来的，且不失时机地开展了航天活动。

在苏联 1957 年 10 月 4 日第一颗人造卫星上天之后，我国科学家也纷纷上书中央，请示开展人造卫星的研制工作。中科院于 1958 年和 1965 年两次启动人造卫星工作。**1970 年 4 月 24 日，以东风四号中远程导弹为基础研制的长征一号火箭成功发射东方红一号卫星，拉开了中国航天活动的序幕。**

40 年来，我们构成了从长征一号到长征二号、长征三号、长征四号运载火箭的系列化发展，形成了近地轨道 9500kg、同步转移轨道 5100kg 的能力。

40 年来，我们建成了酒泉、太原、西昌卫星发射中心（图 5），不但胜任了我国各种轨道需求的发射任务，而且可以满足国外一些用户的发射需求。我国的测控轨能力，已达到国际先进水平。

40 年来，我们在卫星研制领域，攻克了各类卫星平台总体技术、推进技术、能源技术、结构技术、姿态与轨道控制技术、热控技术、卫星返回技术

酒泉

太原

西昌

图 5　中国三大卫星发射中心

以及各种有效载荷技术，基本适应了我国经济发展对卫星系统的要求。

总之，我们用 40 年的努力，实现了从导弹工业到航天工业的扩展，这种扩展既是科技发展的必然，也是社会进步的需求。而我们能够抓住其扩展的时机，推动这一扩展的进程，则是我国航天战略发展的成果和经验。

其次，是从航天工业到航天产业的扩展。

1978 年党的十一届三中全会确立了改革开放的方针，国家转入以经济建设为中心的快速发展时期。与此相适应，中国航天进入了跟踪研发的新阶段。以航天为本、服务于国防和国民经济建设是这一时期的总要求。在**以抓应用卫星及卫星应用、航天基础的技术改造、突破载人航天技术为主要内容的"两抓一突破"**，以及其他系列工程获得实现的基础上，我国的应用卫星及卫星应用产业得到了巨大发展，形成了资源卫星、海洋卫星、气象卫星为主的对地观测遥感卫星型谱系列，并开展业务运行，导航卫星和通信卫星系列化发展得到实现，已在国民经济建设中作出贡献。以国产卫星为主的卫星应用产业已经开始形成，与空间基础设施相适应的设计能力、制造能力、试验验证能力，以及与之相配套的地面基础建设水平、应用推广组织已成规模。风云卫星"日日看"、东方红卫星"村村通"覆盖了全部国土，航天工业已与国民经济紧密结合，服务于国民经济建设主战场，在农、林、水、土、城、环、灾、科、教、气、通、海、警诸多方面发挥了巨大作用，航天产业已见端倪。

总之，我们用 40 年的努力开始实现从航天工业向航天产业的扩展。这种扩展既是国家大力支持的结果，也是我国航天人努力奋斗的结晶。而在这一转变和扩展中，科学技术作为第一生产力起到了关键和核心作用，没有航天科学技术的突破，就不会有以我国应用卫星为主的空间应用体系的形成；没有全国各方面力量大力支持国产卫星事业的发展，也不会有我国自主发展的不竭动力和以我为主的发展格局。

第三，是从国防军工向产业融合的扩展。

为国防服务、实现富国强军的目标，这是我们航天人的第一使命。在计划经济时代，我们发挥社会主义集中力量办大事的制度优势，取得了巨大的成就。在国家进行社会主义市场经济的伟大实践中，我们不但要继承光荣的传统，保持旺盛的奋斗精神，还要发挥市场经济的激励作用，实现为国防军工服务和为国民经济建设服务、为民生需求服务的总要求，在产业融合的道路上创造更加辉煌的成绩，这是时代赋予我们的历史责任。

下面我从**空间科学、空间应用、空间技术转移**几个方面，论述中国航天从国防军工向产业融合扩展这一重大课题。

2000年11月22日，我国发表了《中国的航天》白皮书，首次将空间技术、空间科学和空间应用作为大航天概念，描述了中国航天未来10年的发展目标。其中，空间科学是中国航天活动的一项重要内容，积极开展空间科学活动是中国航天从国防军工向产业融合发展的一项重要内容，也是中华民族为人类科技进步有所贡献的表达。我们开展了双星探测工程，与欧空局的4颗科学卫星构成了独特的赤轨和极轨的运行格局，为地球空间科学研究作出了努力。我们发射了近地轨道的载人飞船，成功发射了神舟五号、神舟六号、神舟七号、神舟九号、神舟十号飞船，进行了有人在轨的科学试验，并专门设置留轨舱进行科学探测，使我国空间科学活动进入了载人时代。我们开展了对月球的探测计划，嫦娥工程取得了重大进展，连续取得嫦娥一号、嫦娥二号和嫦娥三号任务的圆满成功，获得了对地外天体的探测数据。通过空间科学活动，带动了我国相关领域的科技发展，也激发了全民的科普热情，对促进科学理念、科学态度和科学精神的形成，具有极大的推动作用。空间科学是中国航天最重要的产业融合内容之一。

空间应用是中国航天为国民经济服务的又一重要内容。利用空间基础设施的各种资源优势，我国已形成了通信卫星、气象卫星、对地观测卫星、减灾卫星、海洋卫星等专业卫星的系列化发展，在农业、林业、水利、国土、城市建设规划、环境保护监测、灾害预警、减灾救灾、教育、医疗等多方面，发挥了基础性的保障作用，是这些领域的科研、建设、规划、运行的重要手段和工具。

空间应用的范围在不断扩大，应用效果不断展现，其在国民经济中的基础作用越来越引起各方面的重视。2012年全球卫星产业总收入达1895亿美元，其中卫星服务、地面设备制造等卫星应用产业占总收入的89%。我国政府已将其作为战略性新兴产业进行扶持和推动，特别是资源三号、高分一号卫星的发射升空，使我国对地遥感技术达到高分辨率水平。随着我国卫星总体规划水平的不断提高，遥感卫星应用的高时间分辨率、高光谱分辨率、高空间分辨率的实现，我们将进一步缩小与国际先进水平的差距，为国民经济作出更大的贡献。

空间技术的进步，也促使其技术本身向民用领域转移。中国航天科技工业经过50余年的发展和30余年军民结合的推动，航天科技工业技术广泛地向民用领域发展。通过我们近期调研分析，空间技术已在节能环保、信息技术、生物工程、高端制造、能源、材料、汽车新动力等七个方面形成了一定的力量，具有较强的发展势头。其中信息处理、组网、信息安全、卫星导航、智能化、测量跟踪、控制、先进制造等技术具有独特的优势。

总之，这40余年我们实现了从国防军工向产业融合的扩展，展现出极好的发展势头，也用实践证明了国家确定的产业融合道路是正确的，是光明的发展之路。

从导弹工业到航天工业，从航天工业到航天产业，从国防军工到产业融合这三个重大扩展，中国航天更加紧密地与国防建设和国民经济建设相结合，为航天产业发展带来了勃勃生机，为后续的创新驱动发展创造了重组的条件和机遇。

二、中国航天进入创新驱动的发展阶段

党的十八大提出了创新驱动发展战略，着力增加创新驱动发展的新动力：促进创新资源的高效配置和综合集成，把全社会智慧和力量凝聚到创新发展上来。习近平总书记指出："我们是一个大国，在科技创新上要有自己的东西，一定要坚定不移走中国特色自主创新道路""高科技是买不来的""关键技术要靠自己""要突破自身发展瓶颈，解决深层次矛盾和问题，根本出路就在于创新。"

在我们回首航天走过的学习与仿制、独立研制、跟踪研发三个阶段之后，我们已经不是无航天国家、不是科技小国，我们已经不是一穷二白的穷国，我们已经不能再满足于缩小差距和填补空白的最基本要求，我们已经到了应当有自己的东西，并依靠创新的动力突破自身的发展瓶颈，为人类文明和社会进步作出我们创造性的贡献。处于创新驱动发展时期的中国航天肩负着达到国际水平，并使其处于国际先进水平的历史使命。航天产业的发展要以与中国作为一个航天大国相称、与国家建设需要相适应作为总目标，实现从航天大国变成航天强国的"中国梦"。

在这个历史时期，我们将在民用航天领域整体性达到国际水平，大部分要达到国际先进水平，一些关键重要技术要有所突破、有所创新，为人类的科技发展、航天事业的进步，作出创造性的贡献。

特别是在下面几个领域，更要引起我们的高度重视。

1. 在核心保障领域实现自主研制，解决基础元器件、原材料受制于人的卡脖子问题，在创新驱动下实现可持续发展

在我国社会主义市场经济不断发展的基础上，实现关键性、重要性元器件、原材料的国产化，以国内电子行业、材料行业为主，辅之以行业电子的补充和先导性研究，保证航天产业的需求并实现需求牵引性的自主发展。

2. 在基础技术领域取得前沿性突破，实现独立自主研发、技术指标处于国际水平的发展格局和创新驱动下的可持续发展

依靠技术推动和需求牵引两个方面的驱动，参照国际发展趋势与经验，

在航天动力、航天体控制、航天体测量、航天基础理论、航天技术基础、航天工业技术等领域的研究、建设诸方面，取得重大成果，支持并推动中国航天的可持续发展。

3. 在工程基础领域全面提高，解决工程基础的短板缺项，实现工程基础对科研及重大工程的保障作用

我们要在产品的模态试验、统计学试验、各类仿真模拟试验、系统的综合试验、工程的匹配试验、动力试验、各类环境试验，以及总装总成基地建设、实射实验基地建设，为统计学设计而需要的各类数据库建设等诸多方面领先于国际水平。只有如此，我们才能实现在高科技领域自立于世界之林，才能实现创新驱动和可持续发展。

4. 在航天产业上我们要有原创性的发现、发明和发展

当今世界是知识引领的智能化社会，是产生云计算、物联网和大数据概念的信息时代，而航天产业是信息时代的标志之一，它集各基础理论、基础技术于一身，集理论与应用、军与民、科学技术与工程、天与地为一体，其学科、技术、实验、应用、各交叉点的新现象、新认识、新发现不断涌现，必然会带来科学技术和应用方面的新方法、新知识、新规律的产生。处于航天大国的地位，我们应当也一定会在航天产业化的推进中有所创造、有所发明，一定会有原创性技术的产生，甚至会有颠覆性技术的出现。

我从核心保障、基础技术、工程基础和原创性发现这四个角度，讨论了我们在创新驱动阶段的基本目标，只为抛砖引玉而论，希望同志们不断地对此加以完善。

处于创新驱动时期的中国航天，一定会不辱使命，沿着十八大确定的目标，不断努力奋斗，实现航天强国的"中国梦"。

第二章　创新驱动发展——空间应用

以资源三号卫星和高分一号卫星成功入轨及北斗一期工程实现等为标志，我国空间应用迈进了**以自主卫星系统为主、自主数据提供为主**的新台阶，"自主"将成为创新驱动发展阶段的主要标志。

空间基础设施及其应用是指卫星及其应用产业，我认为可以将其称为**空间应用产业**，因为它与《中国的航天》白皮书中的称谓一致。

对于空间应用，我想讲几个问题，供同志们参考。

一、关于空间基础设施

目前大家统称为通信广播卫星、导航定位卫星、遥感卫星，我认为应加上很有发展前途的科学试验卫星，这个领域包括人类社会所需要的各种空间试验活动平台，如飞船类空间实验室、空间实验站、各种科学探测轨道器等（图6）。

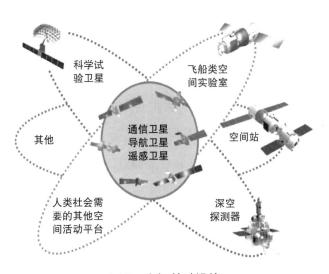

图 6　空间基础设施

通信广播卫星，将在今后的物联网环境下发挥信息集中、转换、传递等功能，这是我们这类卫星的重要发展趋势。

导航定位卫星，将在北斗后续发展中进一步强化和完善，将与通信、授时结合，并与地球陆海空导航相结合，形成 PNT 系统，为人类社会活动提供相应服务，推进信息社会的建设和发展。

遥感卫星，将在我国高分辨率卫星工程的实施中，不断提升空间基础设施的技术指标，使之与各行业需求相适应。卫星的高分辨率是指高空间分辨率、高时间分辨率和高光谱分辨率。目前高分主要指优于 2.5m 的空间分辨率，多于 2 个谱段的可称多光谱，达到 10 个谱段的就可称高光谱，如果达到 100 个以上谱段的则可称为超光谱。高分一号卫星于 2013 年 4 月发射升空，至今已工作 3 年，表现很好，它的全色分辨率达到 2m，多光谱分辨率达到 8m（幅宽 ≥ 60km）、16m（幅宽 ≥ 800km），定位精度优于 50m，多光谱 4 个谱段，回归周期 41 天，这些指标构成了高分一号卫星广泛应用的条件。

我认为国际卫星应用进入了**多系统融合、多业务集成、体系化发展、全球化运营**的阶段。截至 2012 年，天上应用卫星总数达 1040 颗。高清电视、宽带互联网的需求增长，助推了卫星通信容量的大幅度提高；导航星从 GPS 一枝独秀到美、俄、中、欧四大全球系统及日、印两大区域系统，导航应用的个体数量增长与各类智能信息技术融合应用的需求，催生了很多新的应用领域；遥感卫星形成了全球性、立体、多维观测格局（此处的维度不只是地理空间的维度，还有信息的维度），带动了时空整体性研究、多维数据融合及共享的发展，使人类社会开始享受大数据带来的利益。

我国北斗卫星系统目前已有 16 颗卫星上天，其组成的区域卫星导航系统可以服务于我国及周边地区。随着北斗系统的完整建设，我们的服务对象和服务内容将更加广泛，其作用亦将更加重要。

通信卫星在通信广播，移动、固定通信，数据中继体系等方面已进入业务化、服务化和产业化发展时期。

二、遥感应用的最大用户是政府购买

以美国为例，遥感应用中 65% 的收入是从政府和军队的用户中获得的，余下 35% 的收入为商业和企业市场（如同谷歌和雅虎的交易），其遥感卫星将在高分辨率和高定位精度上进行更新换代（图 7）。民用遥感将达到亚米级，光学遥感器普遍达到 0.6 ~ 2.5m，雷达成像达到 1 ~ 5m 的水平。商业遥感的分辨率，美国已放宽至 0.75m。

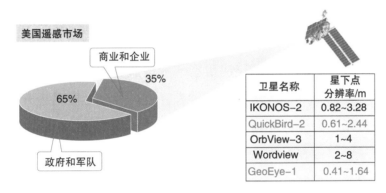

卫星名称	星下点分辨率/m
IKONOS–2	0.82~3.28
QuickBird–2	0.61~2.44
OrbView–3	1~4
Wordview	2~8
GeoEye–1	0.41~1.64

图 7　美国遥感市场用户占比图

我国也应鼓励遥感应用的市场运营方式，并给予政策的支持和鼓励，推动军民结合，使应用成本降低、数据应用更加广泛。

以我国高分一号卫星应用为例，至 2014 年一季度提供的 20 余万景专线推送，全部为政府部门、科研院（所）及中心、网络及其他方式分发 2.7 万景，其中，企业（以公司名义的单位）为 700 余景，占 2.6%，其余皆为政府性购买。遥感应用最大用户的这个特点，无论在国外还是国内，都将长期存在。

三、空间基础设施要与地面设施并行发展，且地面设施要先期建设

遥感是对观察目标数据性的获取，其数据采集、处理、传输、分析和反演应用是最终目的。如果地面设施、地面应用系统建设滞后，天上的空间基础设施将无效运转，使其无用成本增加。

随着遥感数据量的增加，对遥感信息处理技术自动化水平的要求也不断提高，其自动化和智能化技术将随着人们遥感知识的增长与大数据检索、分析能力的加强而提高。

所以，"**数据量增长→处理水平自动化技术提高→遥感应用成果取得实效→应用范围扩大→数据量需求增长**"这样的循环，将促进遥感应用产业的发展。这是地面设施和空间设施相互促进发展的**推动型循环**。

四、遥感卫星的综合性发展

我国已在测地卫星、海洋卫星、气象卫星发展上形成三大系列遥感卫星格局，当下正在此格局下由**试验应用型向业务服务型转变**。随着国民经济和社会发展对卫星对地观测需求的不断增长，当今社会已经离不开遥感卫星应用。无论是气象、海洋或测地卫星，都需要建立相应的星座、星群、星组，以进行连续观测，或在高光谱分辨率的提供上，提出可见光、微波、红外、紫外同时进行观测的需求。这种情况下，如果我们仍然是孤立、独立地进行三大卫星建设，不但费时、费力、费财，而且完全没有必要。就地面设施而言，也不应当按部门进行分散、独立的设置和建设。为了提高国家的投资效率，增加各应用系统数据量的提供以及满足对广谱、时敏性需求，对遥感卫星综合性发展的需要也日益强烈。国家作为主要的遥感用户，我们应当掌控住遥感应用的这个总体发展脉络。这个脉络应包括如下几方面的内容。

1. 要在满足高分辨率、高精度的平台技术指标下，提高对观测目标的高重访观测以及时敏性成像观测；

2. 提升观测谱段的覆盖范围、精细化数据的获取能力，提高遥感探测灵活、机动的应对能力；

3. 发展高分红外光谱观测卫星，形成有效的可见光、热红外的观测手段；

4. 发展高分立体测图卫星，提升立体图像获取能力；

5. 发挥超光谱数据获取能力（大于 100 个谱段），提升对环境、资源、全球碳检测的定量探测能力；

6. 发展高分雷达成像卫星，建设合成孔径雷达卫星星座，形成分频段、多模式（太空、大气、陆地、海洋等）监测技术能力，提升我国对干旱、多风、多云、多雨、多雾、多霾、水灾、火灾、沙暴等各类天气、灾害的遥感感知能力；

7. 为适应需求的发展，我们应在加强遥感技术基础研究，统一遥感应用规划，统一数据收发及数据共享、成果共用上，形成有责任主体的体系化建设。

在中国航天进入创新驱动发展的历史新时期，我们不但要在空间技术上有所进步，而且要在空间应用上获得更大进展，在国民经济发展、强大国防建设和为民生服务中发挥战略性新兴产业的带动作用。

五、生态环境与减灾

随着现代化建设的全面开展，人们的生活条件、状态和生活、生产环境都发生了重大变化，需要对过去熟悉且习惯的过程进行重大调整，使之与其相适应。如果将我们的社会活动作为一个大系统，那么这个系统运行所需要的能量、各环节状态，以及在这个重大变化中各状态参量之间的关系，都要不断地进行指令性的或是自适应性的调整，以建立一种新平衡态。我们要对这个新平衡态建立过程中所遇到的各种问题和矛盾做好准备，既要做好精神准备，也要做好物质准备。所以，**在决策和行动前要回答**："我们准备好了吗？"如果我们没有进行比较全面的思考、比较完整的设计，以及比较完备的预案，那么这个大系统的运行就会产生各种形式的梗阻，甚至某些参量的局部会发散。我们今天不讨论这个新平衡态问题，我只是想说，在现代化建设全面开展的过程中，我们对新平衡态的建立这个问题要引起关注。现在出现的某些生态环境问题、社会不公平问题等，都应属于建设过程中一些问题所带来的不平衡现象，其中有些是自然过程产生的，有些是社会问题产生的，有些是人类活动引发的，有些则是自然活动引发的。就某些灾害而言，也有些不平衡现象是由于我们人类活动而产生或使其加剧，这点亦应引起我们的思考。

我国是世界上自然灾害最严重的国家之一，灾害的种类多、受灾影响面积广、灾害等级高，某些灾害持续时间长，造成人员、经济损失严重。

如 1991—1997 年有 53 个台风登陆我国，平均每个台风造成约 47 亿元人民币的直接损失；1998—2002 年有 31 个台风登陆我国，平均每个台风造成约 29 亿元人民币的直接损失。

我国是海洋大国，在开发海洋、发展海洋经济、为人民造福的实践中，对海洋状态的各种信息，以及全球海洋动态的发展趋势研究，需要大量的遥感数据支持。海洋水色监测、海洋动力环境监测、渔业资源开发及灾害监测结果的及时提供等方面，对遥感应用体系建设提出了更高要求。

例如，利用高分卫星影像和"谷歌地球"对我国海岸带及近海现状进行监测，为科学管理我国海岸带和近海域资源提供重要的信息。

作为发展中国家，**我们处在新平衡态的建立之中**，环境问题凸显，反映了我们对社会发展中可能出现的问题和矛盾还没有做好充分准备，对发达国家曾出现过的矛盾和问题还没有透彻研究，或者没有引起应有的重视，在生态环境、大气环境、海洋环境、城市环境、人居环境等方面产生了不少问题，国民反映强烈，继城市热岛、郊区秸秆燃烧、湖泊藻类、沙尘暴等问题，目前大气雾霾又引起了广泛关注，严重影响人们的正常活动。由人类活动引起影响人类正常生活的问题，已成为生态环境和灾害防治的重大课题。这些重要的生态问题，需要有一系列的监测和控制方法和手段来支持，而遥感技术在此方面能发挥重要作用。从我调研的情况看，各地方的气象、环保、林业、水利等行业都已开展了相应工作。如河北省、陕西省、广西壮族自治区的有关部门对本省（区）环境的实时监测，并在林业、农业、水利、国土、城市建设、排污状况等方面开展了非常有效的工作。但生态环境和减灾问题的解决，需要各方面的共同努力，而**遥感应用技术在解决这类问题上是大有作为的**。

六、关于整合国家遥感力量

我国遥感应用从利用国外卫星数据起步。世界上第一颗遥感气象卫星在 1960 年 4 月 1 日上天，从 1960 年到 1970 年这 10 年可以被认为是遥感卫星的试验期和试用期。20 世纪 80 年代，遥感卫星逐步达到业务运行阶段。我国于 1977 年开始研制风云一号卫星，1988 年、1990 年发射太阳同步轨道风云一号卫星，有了我国自己的应用卫星，使我们进入国内、国外数据共用阶段。我国遥感应用卫星包括风云一号、风云二号、资源一号、资源二号、环境减灾星、海洋一号和海洋二号，在国内、国外共用阶段，奠定了我国卫星应用的基础，从技术、载荷、数据、分析、应用各方面得到了锻炼。以 2012 年资源三号和 2013 年高分一号卫星提供服务为标志，我国遥感应用进入了以高分辨率为标志的高分时代，为我国遥感应用提供了更广阔的应用领域和应用成果，受到了国内外的关注。

在高分阶段，我们应以创新驱动发展为动力，以服务于国民经济建设、国防建设和民生服务为目标，实现空、天、地、海一体化遥感信息获取及信息的综合应用，满足信息化时代对遥感技术的需求。

在高分阶段，我们要实现位置、导航、授时系统的应用和云计算、物联网、大数据、智能化等现代信息载体的融合，使遥感融入信息社会之中，成为不可或缺的重要资源和手段。

在高分阶段，我们要加强基础研究，在辐射大气校正，辐射定标，目标反演，具有中国地质特色的光谱模型研究，数据传输、使用的标准化等课题上有所突破。

在高分阶段，我们要开展各相关系统的预先研究，特别是各行业、各专业、各地区在相关或相别的遥感特性的获取和解析方面的理论研究和应用实践。

在高分阶段，我们要开展遥感体系建设的工程研究，实现天地统筹规划、统筹建设、统筹运行的发展格局，调动各方力量，共同促进我国遥感应用的发展。

在高分阶段，我们要结合工程实践，借鉴国内外遥感应用的经验和问题，在遥感应用卫星和遥感卫星应用两个方面，建设有中国特色的数据政策和商业化运营机制，促进成果的推广和遥感队伍的壮大与成熟。

综上所述，我认为高分时代就是遥感概念的扩大、遥感应用的拓展时代，是遥感技术进步、应用成果显著、遥感内容更广泛、遥感更有作为的时代。正如我在 2014 年中国遥感应用协会年会上所说：这是大遥感的时代！

我们要有效地发挥我国的遥感力量，整合我们的力量，迎接大遥感时代的到来！

我国的遥感应用队伍是有能力的，而且近 30 年来，经过几代遥感人的努力奋斗，取得了很大的成绩并且建立起了可以大有作为的基础。我相信，只要我们把力量整合起来，将力量发挥得更加充分，以创新驱动为动力，一定会创造出更加光辉的业绩。

本文要点

1. 思考我们走过的道路。从 1956 年 10 月 8 日国防部第五研究院成立始，已经走过了三个阶段：学习仿制、独立研制、跟踪发展。现在是第四阶段，创新驱动。

2. 我国航天发展的一条主线是"学习、实践、探索、创新"。

3. 我们在失利和失误中成熟，在不断成功中发展和壮大。

4. 党的领导、社会主义制度、自力更生的方针、严谨务实的努力是中国航天发展的四大法宝。

5. 跟踪发展的核心是比技术、比速度、比智慧、比力量。

6. 1970 年 4 月 24 日，以东风四号中远程导弹为基础研制的长征一号火箭成功发射东方红一号卫星，拉开了中国航天活动的序幕。

7. 1978 年航天科技工业确定"两抓一突破"方针，为"应用卫星、卫星应用"和"基础能力建设"以及"载人航天技术的突破"打下了发展基础。

8. 中国航天的三大扩展：从导弹任务到航天工业的扩展；从航天工业到航天产业的扩展；从国防军工向产业融合的扩展。

9. 大航天概念包括空间技术、空间应用、空间科学。2000 年 11 月 22 日《中国的航天》第一版白皮书发布。

10. 卫星及应用产业可以称为"空间应用产业"。

11. "数据量增长→处理水平自动化技术提高→遥感应用成果取得实效→应用范围扩大→数据量需求增长"的天地一体化的推动型循环。

12. 航天产业从"试验应用型"向"业务服务型"转变。

13. 我们正处于新平衡态的建立之中，航天科技产业大有作为。

3

创新驱动　引领发展 ①

摘　要：中国航天近60年的发展，走过了学习与仿制、独立研制、跟踪研发三大步，在改革开放的推动下，又取得了非凡业绩。党的十八大报告指出，现在航天事业已经进入"创新驱动发展"的新时期。在新的产品需求格局和要求之下，必然会有一些新的概念、新的规范形成，这是我们所面临的一个挑战，也是各位两总的历史责任，需要不断改变过去的"问题主要靠开会、矛盾主要靠协调"的低效率模式，使其成为问题主动协调、矛盾主动化解的利益责任结构，构建以责任制为核心的工程管理体系，形成"创新驱动，引领发展"的航天发展格局。

一、中国航天近 60 年的发展，走过了学习与仿制、独立研制、跟踪研发三大步，在改革开放的推动下，又取得了非凡业绩

以东风三十一、东风三十一 A、东风四十一、巨浪二号为标志的战略威慑力量的形成，以东风十一、东风十五、东风二十一系列化战略战役武器成功装备，以红旗、鹰击系列防空、反导、先进巡航导弹的成功研制为标志，表明中国航天在国防武器装备上为我军现代化建设提供了保障，表明我们在技术上已经取得了重大突破、在基础条件上建立了较为雄厚的底子、在队伍上形成了较强的人才力量。

---

① 本文为作者 2013 年 7 月在航天科技集团两总培训班上所作的报告。

图 1　国庆 70 周年阅兵式上的东风 31A（左上）、巨浪二号（右上）、
东风 21D（左下）、红旗九号（右下）

现在以航天输送能力和空间活动能力为标志的载人航天工程，以探月工程为标志的我国深空探测领域的开拓，以东方红四号平台为代表的民用卫星系列所构建的我国空间基础设施和空间科学、空间技术、空间应用共进发展格局的初步形成，表明我们的航天事业已经进入了一个新的发展时期。正如党的十八大报告所指出的那样，我们进入了"创新驱动发展"的新时期。

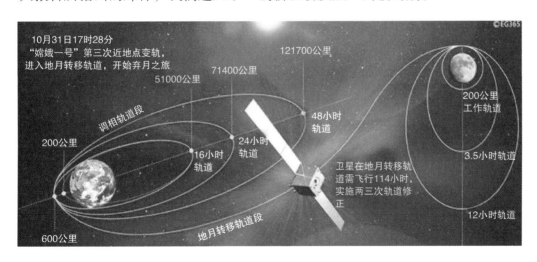

图 2　嫦娥一号卫星轨道图

二、我们所面临的挑战

最近东海、南海形势陡变，使我们又感受到了久违的"战争"，这让我们从事军工武器装备研制工作的同志不得不有所思考。战争固然与人心向背、正义归属相关，但它活力的表现却是智谋的筹划、意志的抗衡和武器的格斗，总之是力量的拼搏，其中武器格斗又是其力量的承载者，所以战争的双方都在武器的研制和投放上给予巨大的投入，各方在非战时投以巨资推动新型武器装备及系统研发。

最近几年美军不断泄露以中国为背景对手的武器装备研发信息。

如"空海一体战"，他们认为中国的弹道导弹和巡航导弹极少暴露其预警信息（即美军可获取的信息极少），美军要在中国的"反介入 / 区域拒止"的环境下作战（也可以认为这是战略上的围点打援），中国可能有未被发现和暴露的多种手段的作战行为，所以美军应在未来的战争中发起纵深攻击，跨域作战，以提升美军摧毁敌方的作战能力。大家知道美军启动 X-51A、HTV-2 等多项高超声速飞行器计划，射程可达 6000km，速度达马赫数 20，以提高其精确打击能力和远程打击能力（据报道 2020 年将投入使用）。

在信息战领域，美军重点在 Cyber 战准备方面，以"舒特""震网"为代表的新型网电对抗，构建网络态势感知、网络攻防一体化的网络电磁空间装备体系。

导弹武器研制向无依托、无时域、无地域限制，且抗电磁、气象扰阻，向快速进入、有强力保障、远中近相结合的精准打击这几个方向发展。

在对战斗攻击的目标上，从固定面目标到点目标（包括活动点目标）、线上运动目标（如在各种轨道段上运行的星、船、飞行器及弹头）、区域性目标、体系性目标的摧毁、破坏与杀伤，美国的斩首行动、捕杀行动已成为通信、指挥、武装和武器完美结合的教案。

战略武器也将从纯威慑概念走出，向参与局部战争的威慑到战略武器演变成战役、战术应用的转型。一弹多型、一型多用的格局已见端倪。

这一切发展，也推动了现代武器研制为适应未来战争和战场的需求向快速反应、快速研试、及时供给状态发展。就国防工业而言，对我们加强基础条件建设、基础能力建设、基础技术储备建设提出了重大挑战，我们必将进入预研、设计、生产、支付、保障并需、并进且多型号、多品种、多数量（我不讲大数量）需求的发展阶段。

在这样新的产品需求格局和要求之下，我们的研制、生产、交付必然会出现一些与此不相适应的状态，我们过去行之有效的一些办法、规范，甚至一些习惯和概念，将受到新条件和新环境的适应性考核，必然会有一些新的概念、新的规范的形成，这是我们所面临的一个挑战，也是各位两总的历史责任。

三、创建新的驱动发展的业绩

我们经常会听到有关科学管理的一些问题，但不知同志们是否对"科学管理"这个再熟悉不过的概念进行过质询。我们所讲的"科学管理"是指什么？这里我们对管理大师泰勒所作的"科学管理"定义、内含做如下表述："科学管理是指将各类要素进行协调结合，依据经验并不单纯凭借经验形成的方法，去调动和发挥人员的最高效率，以最少投入获得成功的过程。"这里我点几个说法，"科学"表达的是经验而非单纯经验；协调而非个人，是一种合作和共同、效率和成功。虽然泰勒的"科学管理"定义、内含有诸多争论之处，关于"只要挣钱的经济人"的假设证明是错的，但它的以经验和非经验调查研究代替个人意见等观点是十分正确的。

从我了解的一些情况看，确实有很多问题摆在我们面前，如果不认真对待并解决，可能会阻碍创新驱动发展的路子。我们应当做好认真的调查研究，从经验及分析入手，以提高效率为目标，进行一次科学管理的探讨。

比如各位两总的工作情况，现行的两总体制，两总是工程技术的总负责人，但在技术指标确定、技术路线选择、技术资源调配、技术队伍建设、工程要素配置等诸多方面的可执行力度上受到考验和挑战。这方面的例子已经很多，这个问题如不能很好地解决，将会影响武器装备研制工作的顺利开展，会带来交易成本的增加及摩擦进度的延长（或称为协调周期）。虽然这些交易和摩擦对供需双方的"定义"和"说明"会产生逐深性的收获，但其"定义"和"说明"的认识程度本身并没有多少提高，指标效果并不显著。这类问题的解决需要上层进行，不是型号两总其力可及。各位要注重研究其解决方式，建议由集团公司和院级主管及权威领导与军方上级进行协商、研究。我想跟各位讲的是，请同志们在方法上注意一点，你们在工程实践中遇到类似问题时，不要仅在行政管理层面来讨论，要善于将其转化为技术层面去进行，尽量在技术攻关、验证组织、生产调度等工程实践的内容上研究，可以免去其行政环境性问题的纠结。

图 3　某型号试验现场（中为栾恩杰，右为吴卓）

现时期的两总，普遍具有高学历，是各专业的专家，你们对自己掌握的或实践过的专业有丰富的经验，是技术尖子、骨干精英，这是无疑的，否则你们难以坐到这个位子。但同志们之中，可能有只搞过一个回合的（我常称搞过两个回合的同志们为骨干专家），对研制过程中可能发生的问题或必须重视的问题的判断和执行上缺少某些经验，所以我们不能靠任命树立权威，**而要靠学习和积累，靠实践的磨练增长才干，靠经验的总结和非经验的理性的思考和升华，来提升我们科学管理的水平和能力。**再比如过去的研制程序在新的条件下也产生了某些形态的变化。今天的中国航天有近 50 年的武器研制、近 40 年的空间活动、近 20 年的载人航天、近 10 年的深空探测经验，无论其技术攻关能力、组织生产能力、试验验证条件、空间活动支撑能力、人才队伍和技术储备能力，都不是30年前的状态，可以让我们完全有能力与国际接轨，走航天强国的道路，实现航天强国的梦想。

在这种新的能力已经建立的情况下，过去那种2～3年模样、4～5年初样，10年磨一弹、10年方能进靶场搞首次试验的局面，已经被突破。现在往往1年左右论证加方案初步设计，工程技术基线基本确定，2～3年可以完成方案设计并进行技术攻关，3年左右完成初样、试样试验生产，周期几乎缩短了一半；对某些空间活动而言，尚未建立完整的定型机制，多数情况下是一星一态，这种情况下其研制周期就更短些。

从目前进行的火星探测而言，现在论证阶段，实际上已经进行了较为完整的方案设计，前期工作比较充分，有很多在项目的展望期就已经思考得较为成熟，所以一旦立项将很快进入初样、试样（正样）阶段。

对过去的研制程序及其程序界面要求等内容，我们应当与时俱进地进行思考、实事求是地进行研究，使其既能满足程序约束，又能适应现在水平下研制周期与阶段介入之间的适应性变化。

从管理层面上看，国防工业的改革没有停止过，现在正在进行的是研究院（所）的改革问题，从概念上讲，院（所）仍然属于国家管理的事业单位，今后要逐步向市场过渡，分为公益性和非公益性之别，以适应国家发展形势，但无论怎么改，武器系统发展的科研规律不会改变，其特性决定了它是一种特殊的产品，有一个特殊的市场，是国家利益的代表，是国家战略性产业，这是永远不变的，我们在思考问题的时候，务必要牢记这一点。我们务必要牢记使命，各级管理者、领导人在研究改革或变化的时候，要牢记这些不变的东西。

在研究如何应对多品种、多批量、快发展这一要求时，我们过去那种单一型号、各分系统唯一适配固定状态的模式就很难应付下去，如果**单独采用项目管理的方法去应用多型号，恐难避免有效力量被分散、形不成合力的弊端**。因此，管理者是否可以从型谱化发展的思路上去思考，在研究院层面做文章。我建议是否加强各分系统的专业化建设能力，使其在专业化发展中形成技术对产品的型谱化提供和支撑模式。我们能否在强化研究院的专业化发展力量上做些思考。

在型号发展上，我们的技战指标已经和国际先进水平接近，空间活动和空间基础设施的技术指标也已接近国际水平。以资源三号卫星和高分一号卫星为例，其 2m、8m、16m 分辨率及 16m 下 800km 幅宽的指标得到了国际、国内的一致好评，所以，航天活动的国际共享空间技术、空间科学和应用的服务型转变，以及武器装备实战需求的体系化作用，都要求我们从全局去论证，而不是采用单一型号、单一武器这种分立模式。对这个变化也要进行思考。如果这个体系变化的思路不统一，供需双方也会在指标上产生分歧，并可能增加不十分必要的技术难度（某些型号提出的指标并不是有实战性和体系性的需求）。

图 4　某型号会议上与黄纬禄总师交流

由于技战指标的进度跨度加大，研制难度增加，使我们遇到的问题有可能不是某一个团队遇到的难题，可能是我们整个队伍不甚清晰的新课题。在这种情况下，怎样贯彻科学试验需不断成熟，复杂难题要有暴露过程、容忍失利的原则，怎样增加 1∶1 状态下进行研制性考核试验，这些是我们现时期武器研制中值得深思的问题，我不赞成在首发试验中不许出现任何问题的要求。这个要求说起来很容易，但要实现起来很困难。

在多型号或同类异种型号研制中，对共性资源的采办和利用，两总的处置权限和能力等问题，也经常出现。

总之，如何在创新驱动发展的新时期处置和解决存在的新情况和新矛盾，需要我们以创新的精神、开放的思路，集思广益，总结、归纳、提炼，以便有所创造，取得新的业绩。

四、学习型两总的建设

处于创新驱动发展新时期的航天要搞好学习型两总的建设。

图 5　绕月探测工程 2006 年两总扩大会

1. 学习十八大文件精神，为实现与大国地位相称、与国防需要相适应的要求而努力，牢记国防现代化使命责任，满怀必胜的信心，实现航天强国之梦。

什么是"强国"，各行业各阶层对此可能有不同的定义或理解。我的理解是，别人不敢欺辱我们。现在我们还与此有相当大的距离，因为有人敢欺辱我们，敢不买账，敢叫板，而且这些叫板者还都不是什么一流之大国。怎么办？不敢战者、战之不胜者，无力言和。你有可震慑之武器、可致胜之杀手锏，当战争突来之时，我们的武器不掉链子，打得赢，这是我们的责任与使命。

2．贯彻科学发展观，时时关注国际发展与动态，不断思考如何提升我们武器系统的实战能力和水平，使我军航天武器系统在技战指标上处于可比优势、在实战中处于高可靠的状态，能战胜敌人。

导弹是未来战争的主战武器，它的发展会引起战争模式的变化，我们要以变化的目光去分析和观察我们研制的武器系统在未来战争中的地位、作用的变化，保持我们的导弹武器的主战作用。

3．向实践学习。创新驱动发展时期是中国社会主义市场经济条件的必然需求，我们航天武器系统的研制也必处在这个条件下。我们要在实践中不断摸索计划、经费、进度、技术、质量、人员、市场等诸多要素合理有效调配使用的新规律，**不断改变过去那种问题主要靠开会、矛盾主要靠协调的低效率模式**，使其成为问题主动协调、矛盾主动化解的利益责任结构。

在诸多要素中研究目前的态势，对各要素之间的相关性的处置策略，不能只靠加快节奏去适应多型号、一线队伍疲惫应战的局面，要以多要素综合调控策略，逐渐使节奏轻松下来，而且保证任务的完成及保证质量（比如中小学生减负就不是单纯的减作业，而是要同时减教材、减内容）。

我们要在实践中创新管理模式、创新研制规程、创新研制体系结构，特别是专业化结构，以创新来驱动我们的发展。这要靠实践的摸索和学习，离开了实践，只靠头脑风暴是达不到预期目的的。

希望集团机关和院机关的同志们认真分析两总系统在实践中遇到的问题、矛盾和困难，不断提升两总在新时期工作的权威性和能动性。

责任制是一切管理的核心，干什么工作都要把目标分解落实到责任人头上，希望两总在工程实践中把工程分解结构和工作分解结构做好，把责任制落实，把各要素控制得更精细，我们就一定会在新时期创造新的辉煌业绩。

今天讲的东西只供同志们参考，或只引个头供同志们思考。祝同志们成功！

本文要点

1. 科学管理是以经验与非单纯经验来定义，以及相关的协调和调动的过程。

2. 靠学习和积累，靠实践的磨练增长才干，靠经验的总结和非经验的理性的思考和升华，来提升科学管理的水平和能力。

3. 单独采用项目管理的方法去应对多型号研制，恐难避免有效力量被分散、形不成合力的弊端。

4. 学习型两总的建设。

5. 改变"解决问题靠开会、解决矛盾靠协调"为主要模式的被动型，代之以主动协调、主动化解的利益责任结构。

6. 责任制是一切管理的核心。

4

关于"商业航天"有关问题的讨论 ①

摘　要：近期"商业航天"一词出现频率颇高，在 2018 年 2 月 NASA 发布的《2018 年战略规划》中，也进一步明确美国关于商业航天方面的工作取向。本文在对现有资料整合的基础上，总结出关于美国商业航天的几个原则性内容，既包括了利用商业航天的内容、方式，也包括了创新的需求和确保美国领先的总体目标。面对商业航天大潮的来临，我们必须参与和应对时代对我们的考验与挑战，为此，本文梳理了中国在发展商业航天过程中面临的人才、技术、运行模式等方面的挑战，并提出了相应的政策意见，包括商业航天的国家管理、技术政策与宇航级标准、基础能力建设与国家政策、风险管控四个方面的内容。

2018 年 2 月，NASA 发布了《2018 年战略规划》，阐述了到 2021 年的发展目标和重点方向，提出了重返月球任务，还多方面地阐述了它们在商业航天方面的工作取向。这里我仅就这个问题展开一些讨论，供关注此方面研究的学者们参考。

美国的航天活动以国家意志为主导，服务与服从于美国经济、国防和科技进步的利益，并注重利用民间力量，提供技术、生产、应用方面的协助以及资金、人员力量、基础设施方面的能力支持。他们十分重视航天事业与民生事业的紧密结合，特别是在利用太空资源开展科学探索活动方面，取得了

---

① 本文发表于《国防科技工业》，2018 年第 8 期。

多项重大成果，其国际空间站、哈勃望远镜、火星探测器着陆、月球载人取样、太阳系内行星探测、小行星探测、空间环境探测等重大航天活动的实施，对人类太空探索起到了带动作用。在这些活动中，NASA 起到主持和组织的作用，且支持并扶植大量民间力量投入，也即商业航天活动的介入和参与。

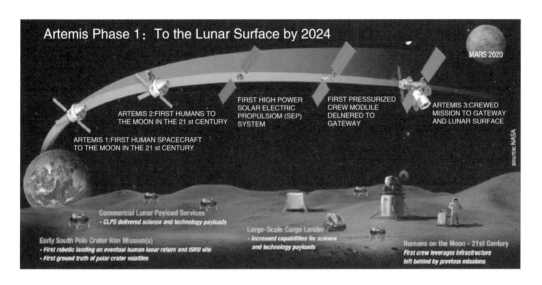

图 1　美国 NASA "阿尔忒米斯" 计划

图 2　埃隆·马斯克与 SpaceX 公司

我国航天事业的起步与发展也是以遵循国家意志为主导，以提升国家整体力量和保卫国家利益为宗旨。改革开放之后，我们走向了世界的舞台，开展了广泛的国际交流，从封闭、神秘的国防工业体系改变为开放的军民结合的格局，为国防服务、为国家经济建设服务，是航天事业的两大职责，我们已步入世界航天大国的地位，**进入建设中国特色社会主义的新时代**，我们正充满信心地投入到航天强国建设中，建立产业融合体制已成为国家战略，为民生服务、为强国建设服务是我们当前最神圣的使命。相信经过 2035 年、2050 年两步发展战略后，我们将成为世界航天强国，将为人类进步作出中国人应有的贡献！

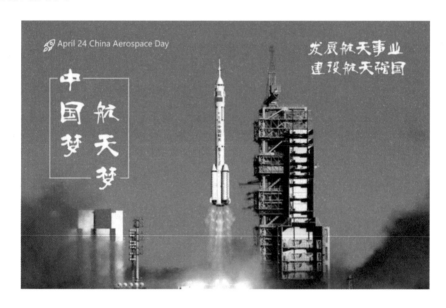

图 3　我国将 4 月 24 日设为"中国航天日"

在产业融合发展探索中有几个命题值得我们认真思考和对待，我认为搞清楚这些思路对促进产业融合发展和航天强国建设很重要（关于 NASA 的有关内容，参阅《NASA strategic plan 2018》）。

一、关于美国商业航天的几个原则性内容

最近两年来，"商业航天"一词出现的频率颇高。从所接触到的材料，特别是从美国公开报道的材料中，我感觉他们所讲的商业航天包括以下几个层面的内容，不一定全面、准确，但可供关注和参考。

1. 他们将已经建成的空间基础设施转交给商业和国际合作伙伴，比如，国际空间站的运营和维护（Transitioning ISS operations and maintenance to commercial and international partners）。

2．他们对已经成熟的低地球轨道太空设施向太空市场推动，扩大人类对太空资源的应用（Low earth orbit enabled by a commercial Market）。

3．他们在NASA"探索研究与技术办公室"（Lead office：Exploration Research & Technology（ER&T））的主导下，向商业界放开关键技术的研发，以应对形势的挑战，促进经济发展。

其目的是加快太空产业化进程；适应任务次数增加的需求；实现人类在太空的生活与工作；扩展机器人探测和探索能力；提高美国工业基础和科学理论基础及其应用水平。

NASA将把合适（适当）的技术转给工业界，并推动技术商业化，使用户广泛受益（NASA transfers appropriate technologies to industry and commercializes them to benefit a wide range of users）。

从上述内容我们可以看出，它主要是在产业化、规模化、扩展性和应用性以及科学理论性方面发挥商业航天的补助作用，这是美国发展态势所催生的发展状态。

而对支持上述目的之关键课题方面则包括：

● 关于太空环境的管理、生命支持系统和原位资源利用技术（In-situ resource utilization）；

● 关于能源与推进技术；

● 关于先进的特种材料；

● 关于通、导、遥装备；

● 关于进入、下降、着陆（E. D. L，Entry / descent / landing）技术；

● 关于自主操作运行；

● 关于太空制造、在轨组装。

NASA通过技术成熟度的掌握、技术转让协议、项目计划等形式，向合作伙伴安排任务计划，其具体的办事机构就是ER&T，也即这部分放开的领域都是在国家总体规划和重大工程行动指导下的商业模式，**它的准入，则要通过技术上的成熟度及各类项目计划的实施来进行**。

4．他们建立合作伙伴关系及扩展商业航天活动的内容都要为实现NASA

的战略目标服务（Contribute to the Agency's strategic objectives）。

5. 他们更看重的是将私营（商业）的创新能力纳入 NASA 的战略任务中来（Our robust partnership and commercialization strategy incorporates private sector innovation into NASA missions），使 NASA 能更好地聚力于新的计划，提升美国全球竞争力、科研能力和工程能力（Strengthens national science and engineering capabilities boosting U.S. global competitiveness）。

6. 这个为总目标服务的商业航天的宗旨是使其助推 NASA 总任务实现，并使美国在获取知识、理解科学、通晓技术方面，保持全球的领导地位；继续引领人类对地球、太阳、太阳系行星及宇宙奥秘的认知，为美国创建无与伦比的科学与工程能力（unsurpassed science and engineering capabilities for Nation）。

我这里点到的 6 点内容是 NASA《2018 年战略规划》中的观点，我只是把它们摘录出来。为了表明这些内容的出处，特意将原文里的相关词句写在了每项内容的后面。

归纳出来，这 6 点内容是否可以总结为：

● 将建成的、待常态运营的部分转交出去；

● 将成熟的、待推进为太空市场服务的资源应用交出去；

● 在 NASA 有关部门的主持下，将关键技术开发放出去；

● 为实现 NASA 的战略目标，创新发展运行模式，将商业市场的创新吸纳到 NASA 的创新中来；

● 一切为保持美国在国际太空领先的战略目标服务，形成美国独一无二的科学与工程能力。

上述 6 条既包括了利用商业航天的内容、方式，也包括了创新的需求和确保美国领先的总体目标。我认为在探讨商业航天的时候，这 6 条有关内容是值得我们思考的。

二、商业航天带来的挑战

当打开商业大门，吸纳各路机构、各方人才投入到国家航天事业中来时，它的势头可能是强猛的，特别是一些具有一定经济、技术、组织管理实力的大型集团、院校、院（所）的进入，将对过去成熟的模式产生巨大的冲击。迎接商业航天大潮的来临，我们应当以深化改革为动力，继承传统精神，光大传统的成功经验，创新传统的未来发展。丢掉传统会失去根，那是不行的，保守不变是要落后的，我们必须参与和应对时代对我们的考验与挑战。

图 4　商业航天发布会活动现场

首当其冲的可能是人才的挑战

中国航天的 60 年，也可以说是人才成长的 60 年，没有人才，我们什么事也做不成。而人才的传承，除技术能力之外，重要的是精神、是作风，这些东西不是一月一年可以成就的，也不是一日一月可以灭去的，按现在的说法就是它有一个强大的"中国航天传统"的基因，"两弹一星"、载人航天、探月工程三大里程碑，从来不是靠待遇聚才，或者说从来不只靠待遇留人。回想中国航天在人拉肩扛建室、建站、建厂、建基地；在三线干打垒、闹水灾、地方病的困难情况下，同志们仍义无反顾地工作。中国航天人在坚定地向前，迎着危险冲上去的时候，请记住他们每月只有五六十元的工资收入，但他们没有一位退缩，这种奋斗精神不是"待遇"可以换来的。

习近平总书记要求我们"不忘初心，牢记使命"，道出了我们的心声。其实 NASA 也遇到过类似问题，他们也认识到培养兼具技能、经验的多样化创新人才队伍的重要性和紧迫性，他们也在思索如何吸引、挑选、培养、部署和留住有竞争力的人才问题（NASA will attract, select, develop, deploy and retain competitive talent），而**"保留住有竞争力的人才"本身就是一场竞争**，我们有光荣传统的中国航天队伍怎么能在这个人才竞争的挑战中壮大，将是一个重大的挑战性命题。我们务必以发展的胸怀迎接这个人才竞争，既要以改革的精神发扬光大我们的传统，又要以有力的政策促进人才竞争中的成功，**使中国航天事业成为人才的聚宝盆、人才的衍生地。**

其次是技术的挑战

在传统体制下，国家的重大工程、重点任务按其专业、行业的特点下达给我们有关研制单位，我们有国家的支持和保证，在没有竞争的另一方存在的情况下，它的进度和完成程度是由研制方掌控的，在资金、投入、条件上尽国家可能是可以得到保证的。这种状态在商业运作下将会遇到巨大的挑战。

在实现国家任务目标的技术路线上，将会有各种路径的选择。非但如此，可能在重大规划面前，也将形成众多思路的交织，使决策过程更趋有竞争性。比如，我们要不要开展经常性的月球探索任务；在月球是先建绕月空间站，还是先建月面探测站、月球试验站或月球观天站；探测月球的载人飞行与机器人探测，怎样才更能牵动人类对月球科学认识的发展进步。诸如此类的问题已经摆到我们面前，**一家决策或一方比较强势决策的局面将受到重大挑战。**

就技术进步而言，随着现代科技飞跃发展的态势，那种一个技术创新可以主宰一个系统几十年，一个指标可以保持领先十几年的状态已经发生变革。从新技术的出现到其应用、普及，再到退役的周期在缩短。从高德纳技术成熟度的表征规律上看也充分表述了这个现实。就航天的通信、导航、遥感三类应用卫星而言，也充分地反映了这个趋势。近 20 年，我们的遥感卫星是一颗星一个进步，从高分一号卫星到已经发射的高分六号卫星，只就空间分辨率而言，2013 年 4 月 26 日发射的高分一号卫星是 2m（全色）/8m（多光谱），2014 年 8 月 19 日发射的高分二号卫星是 0.8m（全色）/3.2m（多光谱），两颗星的指标之比已达 1：0.4。2016 年 8 月 10 日发射的高分三号卫星是 C 频段多极化合成孔径雷达（SAR）成像卫星，分辨率最高可达 1m。2015 年 12 月 29 日发射高分四号地球同步轨道高分辨率光学成像卫星，在可见光近红外谱段（0.45~0.90）空间分辨率达到 50m。从 2013 年到 2016 年 4 年间，我们就实现了从米级分辨率到亚米级、从光学星到雷达星、从近地到同步轨道的跨越，这样的速度在过去是难以实现的。当然这是中国航天几十年奋斗的一个结果，而不仅仅只是近几年就能突然获得的成绩。

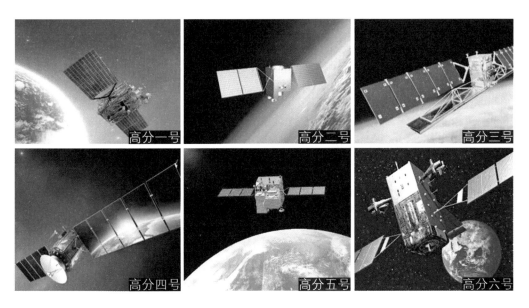

图 5　高分一号至高分六号卫星

技术进步的另一个表现是国家科技进步对航天发展的带动。实际上"民口"的科技成果也在呈井喷式的猛进，从 MEMS、FPGA、SoC 技术到新材料、新工艺的出现，使我们独居前沿、处处攻关的局面得到改变，有些技术能力，在民口方面已经具备先进水平，甚至在国际同行中处于领先地位，这也为我国航天的商业化模式创造了基础。

最后是运行模式的挑战

我们的**"型号任务配置型"**的研究所和生产厂是以型号任务为基础建设的，这种模式在航天科技开创初期是由当时的能力和条件、任务和组织所决定的，历史已经证明这是正确的，是符合国情的成功模式。但到科技强国和航天强国建设的新时代，**这种模式可能受到社会主义市场经济的挑战**。以人工智能技术发展为例，美国已经由谷歌、脸书、亚马逊、IBM 等主要开发商组成了联盟，**共同思考 AI 的发展方向、发展的技术路线、发展的共同行动、发展中出现的问题与矛盾的共同应对**。北京和上海也组建了人工智能方面的研究院和联合组织。如果我们航天的相关力量仍分别分布在各型号院或研究所，而不集中起力量来，必然会是分散的，随着时间的推进，我们会落伍，甚至被淘汰。所以，商业模式的引入，必然会引发我们行业内的主力骨干内部的变革或重组。

如何改变国家孤立投资的局面，构建多元投资结构，也是研讨商业航天问题的重要内容。调动民口和私企巨大的创新活力及雄厚的资本实力，则更是航天强国建设中不可或缺的一支重要力量。

三、商业航天的政策研究

有利必有弊。**商业航天带来了诸多机遇，同时也有诸多问题、矛盾、风险与其共存**，我们今天讲这些问题是从过去的经历中萌发的，并没有实践的支持，只是说明，如果不注意政策方面的研究，可能给事业的发展带来不利或损失。

1. 商业航天的国家管理

航天是国家战略性产业，它在很多方面表现出国家利益，美国每一任总统都会对这一任期的航天发展作出方向性的指示，从肯尼迪的载人登月、里根的星球大战到奥巴马的火星探测、特朗普的重返月球，在这些方向性的指导下，美国的科技力量是**"分散而集中"的发力**（分散——课题的分散布局，集中——目标的统一集中），去实现美国必须领先的总目标。对任务的实现和任务过程施行全程综合、管理的 NASA 则行使政府管理的职能。服从国家利益、实现国家任务目标，是参与航天活动的所有单位、部门、企业都要履行的职责，缺少国家的管理是不行的。商业航天当然也不能例外。美国为此专门制定了《商业航天法》《商业航天遥感政策》《国家航天政策》，这些法规的制定，既鼓励"分散而集中"的发力，促进各方力量投入总任务的热情，又约束其商业行为并负责与国家利益之间的协调，如果没有这些相应法规、标准的约束，商业航天活动的无序进行，必定会给国家安全和空间活动秩序带来重大危害，并将付出代价。

2. 技术政策与宇航级标准

在创新传统格局的部署中，我们面对具有不同思维、不同经历和经验、不同的科研技术背景和基础所产生的不同的技术路径和技术方案，将怎样做到公平、平等地选择和优化技术方案呢？NASA 是将自己作为科学、技术、工程和数学专业的主要雇主去思考这个问题（leading employers of science, technology, engineering and mathemantics（STEM）professionals）。"协调一致，提高效率，确保安全，降低风险，有效掌控"是保证完成目标任务的关键，为实现这样的目标，技术路线就要服从、服务于它的落实。

NASA 的"总工程师办公室"（office of the chief Engineer，OCE）负责 NASA 部署的计划、行动、安全、风险的掌控。这个办公室应相当于我们的"工程总部办公室"。

有关工程的关键数据和知识，对制定计划、提出要求、进行决策是十分关键的。在大数据支持下建立和完善准确的各种工程用模型以及开发软件、硬件的安全性策略技术，独立权威的验证能力建设。NASA 为此而组织有欧空局（ESA）和日本宇宙航空研究开发机构（JAXA）参加的年度三方峰会交流经验教训，分享最佳做法。

实际上商业航天的引入带动并迫使国家层面管理的创新，从 OCE 掌控全局，到国际年度三方峰会（The annual Trilateral Summit，NASA，ESA，JAXA）的交流都是在扩大国家的主导力和影响力；以成功和安全为目标的技术路线则是商业航天必须具备的基本理念。"NASA 的技术和系统必须可信"（NASA's technologies and Systems must be trusted）。

在现代航天系统的复杂度越来越高、风险也随之增加的态势下，应该充分发挥技术政策和国家宇航级标准的作用（关于"国家标准"问题将在另外的文章中阐述）。对我国而言，尽快完善国家宇航级标准研发和新时代标准体系建设，是应对改革传统格局和商业航天进入的重要技术环境。**技术政策和宇航级标准是我们面临的重大政策实现。**

3. 基础能力建设与国家政策

我们正在进行航天强国的建设，强国之强，首先强在能力上，重在基础能力上。我们肩负探索宇宙的使命，没有尖端的基础设施和能力是难以完成的。条件、手段、工具的支持及资金的投入，是讨论商业航天问题时不能回避的课题。

NASA 认为他们拥有"关键的人力资源和独一无二的太空设施"，他们管理着纳税人的资金、多样的技术能力和丰富的资产。NASA 将继续确保美国在天基、空基、地基的关键能力，并帮助私营机构进行测试、验证和创新优化（Private sector to test, validate, and optimize innovations）。

在商业航天作为一支重要的补充力量的需求下，我们在人、资金、条件的支持和保障上，将怎样去运行，怎样用政策使"国有资产的国家拥有及国有设施的开放利用"得到有效的运营保证。对民口、民营、私企参与航天活动，国家怎样去支持其基础条件建设，是否与国企同等对待，国家定位在援助、投资、入股，还是要探索"多种所有制共存的新形式"。这是在政策讨论中，首先会遇到的问题，也即进入国家战略产业的商业活动，是否与国企享受同等政策的问题。还有，国企如何从新兴的商业机构获取能力，使其转化为国家的航天能力。这也是美国正在研究的问题。NASA 认识到外部技术的发展和创新，开始制定强有力的合作与采办战略，重点是与私营机构和学术界合作，利用他们的创新成果（NASA is instituting a robust partnership and acquisiton strategy focused on leveraging and collaborating with the sector and academia in order to benefit from their innovations）。这些思考直接反映在《国家航空与航天法案》（National Aeronautics and Space Act）的**数据共享协议**（data-sharing agreements）和**联合科技飞行项目**（joint science and technology flight projects）。在有关法规、规章、项目的政策支持下，NASA 有三分之二以上的科学任务有外围合作伙伴参与。

在确立合作伙伴和商业机构的合作中，NASA 与美国工业界和其他私营机构实体签署 1200 多项国内协议，并正在将商业航天服务提供商的能力纳入其"核心任务范围"。商业航天机构与 NASA 建立合作关系，以其优势，创造机会。

图 6　SpaceX 与 NASA 建立合作关系

NASA 与美国政府部门和机构签署有 900 余份有效的机构间协议，在这些政策的支持下保障商业航天的创新发展。NASA 的管理手段除有关的法规外，还有比较健全的出口管制、美国的外交政策、国家安全政策等相应政策性约束。

4. 风险管控

航天活动是人类高风险的探索活动，随着技术进步及航天活动的经验积累，我们在质量、安全方面也取得了非凡的成就。也正是由于人类技术的进步和能力的提高，其探索的领域、活动范围、内容、工程规模、新技术需求以及相应的配套行业也都发生了变化，特别是载人航天器及载人活动的开展，都给我们提出了极具紧迫性的课题：对航天活动风险的管控。

风险问题，已经是各国航天界十分关注的老话题。这里，我不就这个风险问题本身进行讨论，而就可能与商业航天有关的问题，做一些说明。

航天活动的各个运行阶段都有风险存在，事实上，从火箭出厂到发射、从有效载荷分离到正常工作、从交付使用到工作年限的实现都发生过问题，甚至是成败型的问题。NASA 的各领域专家提出了分析技术风险、安全风险和健康风险的紧迫性（所谓健康风险当然包含航天员的生命保障系统，也包括 NASA 工作人员的健康风险）。我认为除上述三项风险外，**还有航天工程管理风险**，它应当包括：完不成任务，没有全面达到目标；周期超长使工程意义减弱；经费超支使工程难以为继；条件缺失，协作不畅，使问题得不到暴露；管理松懈，低层次问题引起重大损失，等等。我认为建立这个概念是非常重要的。

在商业航天发展中还会遇到商业航天基础设施规模与航天市场的需求平衡问题。据报道，在私营部门进入商业太空活动中，欧洲也被唤起，正在出台各种计划。英国议会在 2018 年早些时候通过了《航天工业法案》，以激发人们参与太空活动的兴趣。政府为推动其发展，拨款 5000 万英镑，并准备在苏格兰北部建设商业航天发射中心，突破英国没有发射场的局面。英国航天局声明说：他们将与任何公司接触去寻求任务的开展，并表示英美航天局将进行"涉及的敏感太空技术进行合法的、技术性保护"的会谈，签订协议。

美监管部门已向 10 家商业航天发射中心发放许可证，包括马斯克计划在得克萨斯州建设发射设施和维珍银河公司的太空计划。加拿大一家名为海上发射服务公司的企业正在为建设本国首个商业航天发射中心进行规划。

西方国家以美、法（欧）为发射中心的格局，可能被商业航天发展格局打破，英国和加拿大独立建设发射场，以及可能继续扩展太空设施建设，已经引起人们的质疑：太空商业活动的速度和范围将有多大？市场规模及地面设施的布局应该怎么安排？实际上，这些都是目前没有认真研究和仔细思考的问题。

NASA 在实施自己的管理模式（implementation of Agency's governance model），建立和完善高度精确的**安全模型、工程模型和健康模型**，以便能更好地根据风险信息进行决策；建立"计划和项目风险评估要求"，独立评估风险的可接受程度；有能力为任务需要提供有关的可靠性和风险数据。

除了技术、安全、健康、管理方面存在风险，赛博安全威胁已使 NASA

的任务和目标实现面临巨大风险。如何加强赛博安全能力，发现并减少漏洞；如何建筑赛博安全架构，使 NASA 能够识别、保护、检测和响应赛博攻击，并能从中恢复，这些挑战都为 NASA 全面提高赛博安全现代化（comprehensive Cyber security modernization）提供了机遇。

随着全球威胁的不断变化，NASA 将根据相关法律、政策提高保护自身的能力。新的任务和商业能力也将显现任务的复杂性、孕育新的风险。

我国是国际有关条约和法律的参与者，在航天强国建设中，我们不但要在技术进步、风险避控上适应现实的挑战，也要在国际空间活动及其法规制定中占有话语权，而且所有行业的参与者，无论是国营、民营或私营者，都要为此作出承诺并有所贡献。

习总书记在《纪念马克思诞辰 200 周年大会上的讲话》指出：**"只有把科学社会主义基本原则同本国具体实际、历史文化传统、时代要求紧密结合起来，在实践中不断探索总结，才能把蓝图变为美好现实。"**

对中国的商业航天，这句话切中要害。

本文要点

1. 美国航天活动以国家意志为主导。

2. 美国商业航天活动在 NASA "探索研究与技术办公室（ER&T）"的主导下进行。

3. 美国 NASA 支持商业航天在太空环境的管理、生命支持系统和原位资源利用技术（in-situ resource utilization）的开发。

4. 商业航天的技术准入则是通过技术成熟度及各类项目计划的实施进行的。

5. NASA 的总目标是为美国创建无与伦比的科学和工程能力。

6. "留住有竞争力的人才"本身就是一场竞争。要使中国航天事业成为人才的聚宝盆，人才的衍生地。

7. 航天重大工程的决策受到竞争性挑战。

8. 美国的 AI 联盟：共同思考方向、路线、行动、应对。

9. 商业航天带来机遇，同时也有诸多问题、矛盾、风险与其共存。

10. 美国为商业航天制定的法规：《商业航天法》《商业航天遥感政策》《国家航天政策》。

11. NASA 的"总工程师办公室"负责 NASA 部署的计划、行动、安全、风险的掌控。

12. 美、欧、日航天局的三方峰会。扩大国家在航天活动上的主导力和影响力。

13. 技术政策和宇航级标准是我们面临的重大政策实现。

14. "数据共享协议"和"联合科技飞行项目"支持合作伙伴的参与。

15. 我认为在诸多风险中，"航天工程管理风险"是极为重要的，应当树立这个概念。

16. NASA 正在实施自己的管理模式，建立安全模型、工程模型和健康模型，并建立"计划和项目风险评估要求"。

5

关于工业标准化发展策略探讨

摘　要：标准化作为人类主观追求统一化和秩序化的一种行为，贯穿于人类社会发展的各个阶段。工业标准化是在国防和军队建设领域，专门针对军事需求，围绕国防和军队建设以及军事活动开展的标准制定、实施、监督等一系列相关活动，是国防和军队建设的一项基础性、战略性工作。通过梳理工业标准化发展历程和现状，发现当前工业标准化还存在的，例如国防科技自主创新能力不足，军工行业自成体系、相对封闭的局面没有根本性改变，军民协同机制不健全，军民技术相互转化不畅等诸多问题。在产业融合背景下，我们需要认识新时代的形势要求，深刻把握工业标准化的发展规律，树立完整的历史观和现实观，全面定位新形势下工业标准化的作用，切实做好关键重点工作，才能紧跟世界科技前沿，强化原始创新，牢牢把握主动权，抢占制高点，进而用标准化工作切实推动产业融合战略实施。

标准化作为人类主观追求统一化和秩序化的一种行为，贯穿人类社会发展各个阶段，是引领科技进步的"**方向标**"，是推动产业发展的"**助推器**"，是规范社会治理的"**红绿灯**"，是便利经贸往来的"**通行证**"。

党中央高度重视标准化工作。习近平总书记多次就标准化作出重要指示，明确提出"**中国将积极实施标准化战略**"，强调"**谁制定标准，谁就拥有话语权；谁掌握标准，谁就占有制高点**"。2014 年 3 月 12 日，习近平在十二届全国人大二次会议解放军代表团全体会议上要求"**完善军民通用标准体**

系"。2014 年 12 月，习近平在全军装备工作会议上指出"**要加强标准化、通用化、系列化建设**"。2017 年 6 月 20 日，习近平在中央军民融合发展委员会第一次全体会议上着重强调"**强化顶层设计，加强需求整合，统筹存量增量，同步推进体制和机制改革、体系和要素融合、制度和标准建设**"。2018 年 3 月 2 日，十九届中央军用融合发展委员会第一次全体会议审议通过《军用融合战略发展纲要》，对标准化工作的目标任务进行了部署。

工业标准化是在国防和军队建设领域，专门针对军事需求，围绕国防和军队建设以及军事活动开展的标准制定、实施、监督等一系列相关活动，是国防和军队建设的一项基础性、战略性工作。面对新时代新要求，我们需要深刻把握工业标准化的发展规律，树立完整的历史观和现实观，进而用标准化工作切实推动产业融合战略实施。

一、工业标准化发展历程和现状

若论我国工业标准化发展则发源于 1931 年的官田兵工厂，80 余年的发展历程可以大致分为孕育、创建、发展三个时期（图 1）。

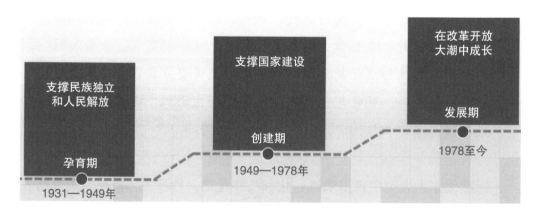

图 1　工业标准化发展历程

孕育期（1931—1949 年）。在革命战争年代形成并实施一些"准标准"，标准化理念逐步孕育，支撑人民军工逐步实现弹药补给和部分枪炮自给自足，支撑民族独立和人民解放。

创建期（1949—1978 年）。新中国成立后，国防和军队建设历经苏联援建和"三线建设"两个阶段，逐步走上独立自主、自力更生的道路，总结凝练设计、生产、试验数据和经验，制定了一批军工部门标准，支撑强大国防和军队建设。

发展期（1978年至今）。在改革开放大潮中成长，这一时期可以进一步划分为三个阶段：一是转型阶段（1978—1999年），坚持"军民结合，寓军于民""平战结合，以民养军"，开始学习国外先进标准，以国家军用标准、军工行业标准为主体的军用标准体系在这一阶段逐步形成。二是蓄势阶段（1999—2012年），随着我国自身经济实力和综合国力的不断壮大，武器装备建设进入自主创新、跨越发展的时期，国防科技工业大力推进各大重点工程实施。为了适应军事发展的需求，工业标准化工作必须适应需求的发展。三是壮大阶段（2012年至今），十八大以来，大力实施创新驱动发展战略和产业融合发展战略，高度重视标准化在武器装备建设和国防科技工业改革发展中的重要支撑作用，深化标准化改革，全力支撑强国强军建设。

目前，我国已形成由法规体系、标准体系、工作体系组成的相对完整的工业标准化体系格局。在不同的历史时期，工业标准化为支撑国防和军队建设、保障武器装备科研生产、引领国防科技工业自主创新均发挥着基础性和战略性作用。工业标准化发展史，就是国防和军队建设发展历程的一个缩影。

二、工业标准化发展特点分析

回顾历史，工业标准化是**国家工业水平和工业产业能力的晴雨表**，是能力水平的具体体现，在动态融合发展的过程中，具有鲜明的特点。

1. 工业标准化体现时代发展主旋律

从新中国成立初期固化科研生产数据和经验，到改革开放以后学习国外先进工业标准，再到新世纪以来自主研制标准，工业标准化工作均反映了时代发展的特征。

2. 工业标准化发展是一个多要素不断融合的过程

主要体现在产品、技术、方法、质量要求、工作规范等要素的融合。从我国工业发展而言，国防工业的武器装备发展初期，主要以产品标准为主，保证满足互换性。随着技术的发展，产品标准加进了一些技术标准要求。后来，标准逐渐增加了质量要求、设计方法、工艺方法、试验方法、检验方法、管理要求、工作程序等内容。标准化的内涵也在融合的过程中不断拓展、提升、深化。

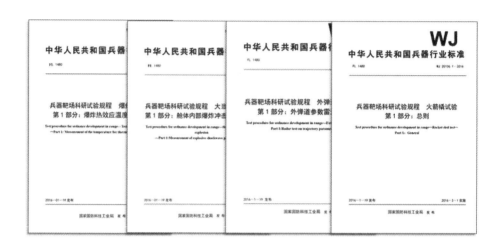

图2　《兵器靶场科研试验规程》系列军工行业标准

3. 军用标准具有鲜明的保军特色

标准具有"服务国防和军队现代化建设"这一重要职责，要求工业标准要聚焦"强业强国"，也包括"强兵强军"的使命任务，所以它也决定了工业标准具有比其他标准更强的刚性和严肃性。

4. 国家军用标准和军工行业标准是不可分割的整体

工业标准化的"两头"（国家军用标准）瞄准的是军事应用，"中间"（军工行业标准）重点在实现军事需求，两者共同服务于"能打仗、打胜仗"目标。

三、工业标准化当前主要问题分析

当前工业标准化还存在诸多不足，这些不足，某种意义上是由国防和军队建设存在的矛盾和问题所决定的。

1. 国防科技自主创新能力不足

总体上看，前沿颠覆性技术的突破及其在军用领域的应用存在不足，与军队遂行"能打仗、打胜仗"的使命要求还存在一定差距，个别领域的标准缺失较严重。

2. 军工行业自成体系、相对封闭的局面没有根本性改变

我国在推进国防科技工业改革中做了不懈的努力和尝试，但是在当前的管理体制下，各个军工行业之间仍然存在专业重复建设、专业化整合困难等问题，各行业标准体系不统一、交叉重复、行业间通用标准少、发展不平衡。

3. 军民协同机制不健全，军民技术相互转化不畅

军用标准制定时，对民用领域先进技术水平的调研并不充分，有些标准指标要求甚至低于民用标准，有些标准设置了限制准入的不合理条款。军民通用产品标准也不统一，通用基础设施接口标准不协调等。

4. 工业标准化工作也存在制约发展的问题

工业标准化法规、协同工作机制、政策保障不健全，缺乏统筹，界限不清，职责不明，上下一般粗。

四、产业融合背景下工业标准化发展策略

1. 充分认识新时代的形势要求

党的十九大明确中国特色社会主义进入新时代，确定了国防和军队现代化建设的战略目标，标准化在国家战略的位置更加突出，发挥的作用更加重要，这主要是由以下两方面决定的：

一方面，科学技术迅猛发展，要求标准发挥技术创新载体、技术应用推手的作用，及时固化创新成果，推动新技术应用（图3）。

图3 技术创新载体、技术应用推手作用

另一方面，强国目标全面实现，必须坚持产业融合战略，而标准化是产业融合的牛鼻子，统筹军民资源力量，必须通过标准来统一要求、规范行动、凝聚合力、提升效益（图4）。

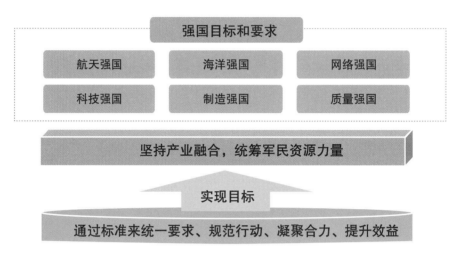

图4　产业融合"牛鼻子"作用

2. 全面定位新形势下军用标准化的作用

新时期，标准化工作要以习近平总书记系列指示精神为指导，全面贯彻落实党的十九大精神，**应注重发挥以下四个方面的作用**：吸聚资源的作用，要通过先进适用的标准，"破坚冰、拆壁垒、去门槛"，吸引全社会优质资源和力量投身强军兴军事业；牵动发展的作用，要紧紧围绕传统和新型安全领域军事斗争准备需要，加大标准研究力度，牵引新型作战和保障力量的发展；推动创新的作用，及时将前沿颠覆性技术创新成果固化成技术标准，推动军民先进技术向作战能力转化；规范治理的作用，要加快构建新型管理标准体系，强化行业监管，规范事权运行，提高国防科技工业法治化水平。

3. 准确理解标准化产业融合的内涵

在加快推进产业融合深度发展的过程中，要准确理解标准化产业融合的内涵。

一是积极吸纳社会优质资源力量参与国防军队建设，不是简单地引进民营资本，更不是不加判别地盲目引进，必须做到：坚冰可破，规矩不能破；

门槛可去，要求不能降；壁垒可拆，不能没有防火墙（图5）。要通过标准设置合理的要求，堵住坏的、引进好的，保证技术稳定，保障战时供应。

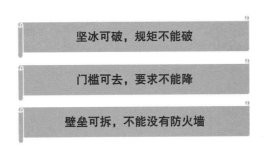

图5　产业融合内涵1

二是没有产业融合的标准，就没有产业融合的推进。军民标准通用化工作，不是新建一套标准体系，而是要厘清哪些是"军"专用的技术和要求，实现军标"瘦身"，鼓励尽最大可能采用民用先进适用标准，推动军民两用先进技术尽快应用到国防军队建设，为加快形成全要素、多领域、高效益的产业深度融合发展格局奠定技术基础（图6）。

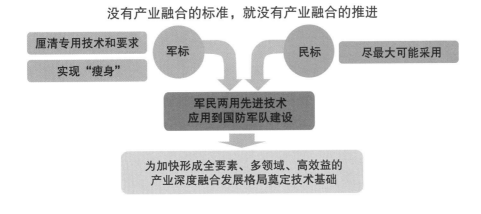

图6　产业融合内涵2

4. 切实做好关键重点工作

面对新时代、新使命、新要求，要"涉险滩、动奶酪"，需要格外注重五方面工作。

首先，要加强协同创新。建设世界一流军队，必须紧紧抓住科技创新这个"牛鼻子"，集聚军工集团、军队科研机构、科研院所、高等院校、民口企业等多方力量，加强国防科技协同创新和集智攻关，加快解决制约国防科技工业发展的瓶颈、短板、弱项，力争在若干科技前沿领域取得原始创新突破。

其次，要注重各级各类标准的协同建设。准确定位国家军用标准、军工行业标准、军工企业标准等，构建协同高效、包容有序的军民一体化标准体系，实现统筹协作。国军标要精干，聚焦传统安全和非传统安全领域军事斗争准备，把该管的管到位；行业标准要精准，发挥骨干作用，准确地传递军事需求和管理要求；企业标准要精细，把军事需求和管理要求细化实化到科研生产各个环节（图7）。

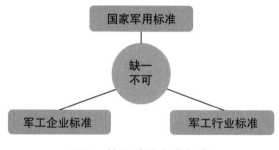

图 7　协同建设各类标准

第三，要深化国防科技工业改革。坚持新发展理念，坚决破除一切不适合时宜的思想观念和体制机制的弊端，突破利益固化的藩篱，推进军工扩大开放，加速六大行业融合发展和专业化重组。在标准化工作上，要逐步打破行业分割的局面，结合六大行业自身特点制定相应的行业标准，加强六大行业通用共性标准的制定实施，形成精细化的专业标准与宏观管理的行业标准协同发展的格局。支持军工企业自主制定标准，释放企业创新活力。

再次，要强化法规制度保障。推进法治军工建设，推动《工业标准化管理条例》尽快出台，加快相关配套规章制定。明确工业标准化在推进产业融合发展中的职责定位、主体责任，强化考核监督和评价。**建立军民一体标准化工作协调机制，制定标准的"标准"，明确各类标准的界限和接口关系。**

最后，要加强标准服务和资源共建共享。加强标准化专业机构的能力建设，统筹军民标准化数据资源，建设军民一体的公共服务平台，提高标准化工作信息化、网络化水平。鼓励有条件的社会标准化机构为国防和军队提供标准化服务，促进工业标准化开放发展。

面对新一轮科技革命和新军事变革，我们应紧跟世界科技前沿，强化原始创新，牢牢把握主动权，抢占制高点。当前，国防科技工业改革进入关键时期，构建一体化的国家战略体系和能力，支撑国防和军队现代化建设，是新时代赋予我们的重要使命。在强国强军的伟大征程中，工业标准化肩负重任，也必将有所担当，推动国防和军队现代化建设朝着强军目标阔步前进。

本文要点

1. 标准化是科技发展与进步的"方向标""助推器""红绿灯""通行证"，是工业产业能力的"晴雨表"。

2. 标准化体系包括：法规体系、标准体系、工作体系。

3. 新形势下工业标准化的四个作用。

4. 建立军民一体标准化工作协调机制，制定标准的"标准"。

6

赛博空间导述

摘　要：信息化的发展、信息化装备的体系化发展、信息化的社会和军事需求是赛博空间产生的条件和基础。赛博空间是信息化社会形成的产物，它涉及社会的所有方面，使社会协调运行，它的物理主体是电子装备，它的形成主体是网络。赛博空间是一个具有泛域性质的客观存在，它的能力涉及社会各个方面。分析美俄的赛博交锋、美国的洲际导弹现代化和美国的战略航天技术投资计划（SSTIP）案例，对赛博对抗的表现进行说明，均表明需要运行在有充分保障的赛博空间中，未来系统基本上都离不开赛博空间保障。

2011 年科工局科技委年会，我在报告中提出过希望同志们关注赛博空间（Cyberspace）的问题。至 2013 年 1 月，科技委的电子分委会对有关的研究工作做了一个小结。在课题研究过程中，我们请军、地两方面的专家进行了深入广泛的研讨，特别是王小谟院士、汪成为院士及王积鹏研究员倾注了心血。

一、关于赛博空间概念的产生

任何一个概念的形成，都要有相应条件的建立，而赛博空间所依据的条件有如下几点：

其一，信息化的发展：人类向信息化社会过渡，各类信息源的广泛利用，已形成了推动社会进步的新动力。

其二，信息化装备的体系化发展：从信息采集、处理、分发到应用各环节技术的进步、网络化运行，其所形成的共享空间成为社会进步的新领域。

其三，信息化社会的社会需求：如果我们将人类社会比喻为一个人体系统，则人体各系统的功能实现部分是人体的物理、化学基础，而眼鼻耳舌触等则是人体对外部环境的感知基础；指挥人体协调运行的大脑思考、指挥指令传达的神经系统则是人体正常生存的保障基础。而人类社会的正常运行则依靠这三个基础进行。当今社会，其功能实现的基础、社会的感知基础和保障基础，得到了知识式的发展，社会的系统能力得到了飞速提高，社会对信息供给和对目标实现的渴望出现了巨大需求。

其四，信息化战争的军事需求：在海湾战争后的思考中有两个观点值得我们深思，一个是未来战争已经失去了海战、空战、电战和天战的界线，是一个全域性的战争。我们也无必要刻意去描述它是哪种武器系统或平台发挥了决定性作用，它们是互相嵌套的。另一个是**未来战争对国防工业的采购是一种能力的供给**，它失去了只是专门向某一行业进行某种产品的采购，所以**企业的行业特性也将逐步模糊**。

而信息化条件下的战争催化了上述的转变过程。信息化战争强调的是**体系化的攻击能力、体系化的召集能力和体系化的供给能力，而这三种能力就是美军的所谓大三角结构。**

我把体系化标在大三角之中，表示其信息化战争的核心地位。

从上述四点，我们看到赛博空间概念是有其产生的重要条件和基础的。

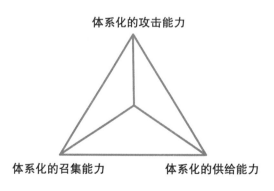

信息化战争的大三角结构图

二、赛博空间的定义及其"泛域"

经过前面的讨论，我们仍然很难对赛博空间做一精确定义，但我们已经概念性地理解了它涉及的内容。**在这个基础上我做如下归纳：**

赛博空间是信息化社会形成的产物，它涉及社会的所有方面，使社会协调运行，它的物理主体是电子装备，它的形成主体是网络。**我们将这样的"泛域"称为赛博空间。**

为什么我们要用"泛域"来描述这个概念呢，因为我觉得赛博空间可涉及的领域太广泛了，怎么点名都会漏项。**其涉及领域的广泛性是赛博空间的一大特点。**

赛博空间比较重要的领域可以归纳为：

● 技术领域

包括海陆空天各类平台及其观测、通信技术；集中、分散、单体、中心各类数据、图像、信息采集、处理、利用、共享技术；各谱段遥感技术；指挥、控制、侦察技术；软件技术；网络技术；信息攻防技术等。

● 文化领域

包括在赛博空间内进行文化交流、意识输出、情绪感染、教育卫生、科学及其普及等。

舆论造势（如恐慌与煽动、欺骗与造谣等）

● 社会领域

动员；鼓动；舆论；市场；行情；协议；宗教……

政府动员、非政府动员、公益动员、叛逆动员网络组织等。

三、赛博战场

既然赛博空间是一个具有泛域性质的客观存在，它的能力涉及社会各个方面。它在社会生活、社会组织和社会活动中必然会具有重要的作用，也必然是未来战争中的重要战场。

美国在提出赛博空间概念时，就已经将其作为一个作战的疆域。它从如

下几个方面进行了研究和实践。

● 赛博武器装备的研制

针对技术领域攻击的电子侦察装备、电子进攻性武器、电子防御性装备、对网络进行破坏性攻击的各类病毒，以及各类非接触性作战及软杀伤武器。

还有针对各类技术的基础设施的运行性破坏及使其瘫痪的潜入性攻击等。

● 针对文化领域和社会领域

在赛博空间所达的范围内，以体系攻击为重点，对其各文化宣传及社会、组织、民生系统的软杀伤，达到破坏敌方赛博空间的正常运行，进而实现对其施控的目的。

● 赛博靶场

和任何一种武器一样，在研制和使用之间有一个验证、定型阶段。赛博作战也需要进行仿真和演练的基地。

美国已于 2008 年提出了**建设靶场规划**（National Cyber Range，NCR），2012 年完成第二阶段任务，交付美国防御试验资源管理中心。

2012 年 DARPA 设立**"赛博作战"基础研究计划**（X 计划）。

下面我就几个案例说明赛博对抗的表现。

第一件事：美俄的赛博交锋　2014 年 4 月 18 日，俄罗斯之声电台网站报道，4 月 10 日，美国装备"战斧"巡航导弹的"唐纳德·库克"号驱逐舰驶入黑海中立区水域，《蒙特勒公约》有关非黑海国家舰船进入黑海的特性与时限方面是有规定的，而美舰进入则违反了这一规定。作为回应，俄罗斯派出了未携带武器的 Su-24 战机绕飞美国驱逐舰。

这架飞机装备了俄罗斯最先进的电子战综合单元，**据说库克舰的"宙斯盾"系统**从空中锁定了该战机，并拉响警报，雷达也读出了目标趋近的路线。但就在这架战机不断接近库克舰的时刻，所有雷达屏幕突然失影，"宙斯盾"系统失灵，防空导弹不能获取目标指标。而 Su-24 战机却在驱逐舰上空飞行，并模拟用导弹对目标进行攻击的动作，往返进行了 12 次的攻击过程。美舰采取各种应急处置，皆无果。

这是一次典型的电子战攻防演示，美军失利。这使我们有如下几个问题的产生：

1. 是什么原因导致美"宙斯盾"系统失灵的，是目标获取设备被压制，还是数据处理与指示系统被封锁；是电子装置问题，还是系统组织问题。

2. 据说美"宙斯盾"系统需要多舰船结伴、相互协调，才能有出色的发挥，这次是只有一艘驱逐舰才造成如此结果。

难道美军的系统匹配性是在排斥单机独立性作战的基础上吗？

3. Su-24战机的电子压制，是一种赛博作战的过程，是信息空间的一个格斗，美军这次的不良反应，是否是一种信息空间的保护性的欺骗。而真正打起来，可能不是这个过程。那么，在这次美、俄赛博战演习之后的技术变化将是什么？

据俄罗斯之声电台网站报道，"唐纳德·库克"号舰紧急驶入罗马尼亚港口，在那里，舰员中有27人提交了辞呈，称不准备拿自己的生命去开玩笑，美军士兵情绪低落。Su-24战机令库克舰失灵的系统名叫"希比内"，以北极圈外科拉半岛"希比内"山峰而命名。

第二件事：美国的洲际导弹现代化 2013年9月20日，美国政府问责者（GAO）发布一份《洲际弹道导弹现代化》报告（GAO-13-881），转述了美军全球打击《地基战略威慑的初始能力文件》，这份文件指出**美国空军未来洲际弹道导弹的11种能力**：

1. 适应性（Adaptable）：模块式、通用性。

2. 有效性（Effective）：给定当量，提供毁伤概率。

3. 灵活性（Flexible）：在不同的交战场景中实现打击效果。

4. 全球打击（Global）：对全球高价值目标的打击能力。

5. 可靠性（Reliable）：高置信度的可靠性水平。

6. 及时性（Responsive）：完成特定时间约束的行动。

7. 保险性（Safe）：指降低因各种因素或自然作用引发核爆的可能。

8. 安全性（Secure）：拒绝对核及关键系统、器件的非法入侵。

9. 生存性（Survivable）：在敌方攻击后仍能保持作战能力。

10. 可持续性（Sustainable）：在低成本下，保持寿命周期内的系统性能。

11. 可运输性（Transportable）：与空、海、地运输、搬运要求相匹配，并能安全装卸。

从这几种能力看，其灵活性、及时性、全球打击都是有信息化的赛博空间支持的，使洲际战略导弹具有了战术导弹的反应性能，从而改变了我们系统的特点，形成导弹现代化能力的定义、定标、定法的要求（定义其具体指向和内容，确定指标的实现范围和验证方法）的变革。

第三件事：美国战略空间技术投资计划（SSTIP） 在赛博空间兴起时，有些学者似乎又将其能力扩大化，以为信息化已经代替了"实体物理技术"的发展。我想在第三件事上讲一讲美国 NASA 的"实体技术发展投资计划"。这样一种说明可能更有助于我们对赛博空间的准确把握，同时也可以从计划的细节中看到，这个计划的主要内容都需要充分的赛博空间保障。

美国总统奥巴马提出"激发人们的想象力和创造力，不断释放新发展"这方面，**"美国比地球上任何其他国家都做得好"**，美国需要产生**"眼下还无法想象的突破和新技术"**，让 NASA 的技术开发投资使美国成为全球空间探测领域的领导者。

这就是 NASA 设立**"战略空间技术投资规划（SSTIP）"**的目的和目标。

SSTIP 把 NASA 各项技术重点纳入 4 个支柱领域，并将 SSTIP 构建在《NASA 航天技术路线图》及有关技术评估、技术需求、国家航天政策的基础上。

这 4 个支柱目标分别是：

1. 扩展并保持人在太空的存在和活动。

2. 探测太阳系的构造、起源和演化。

3. 拓展对地球和宇宙的认识。

4. 激活国内航天企业并推广其技术应用。

NASA 集中投资以完成上述目标，并在相关技术上得到突破。SSTIP 的投资方向是：

1. 核心技术投资占 70%。

2. 相关技术投资占 20%。

3. 补充性技术投资占 10%。

所谓核心技术是指完成具体任务所必须的直接技术。我们将这部分技术保障称为完成工程任务所必须进行的关键技术攻关。

所谓相关技术是指那些非核心技术，但它具有对航天技术发展和工程任务保障有支撑作用的技术领域，比如乘员健康、纳米技术、网络安全、监测、航天器安全技术等，还有如建模仿真技术、同位素电池等也包括其中，类似于我们的基础科研范畴。

所谓补充性技术是指对未来技术的需求，属于那些技术成熟度低、风险较高的一些技术投入，它可能具有孕育"重大变革"的意义。

与 SSTIP 投资计划相关的 14 类各技术领域及航天技术路线图的分解结构是：

TA01 发射推进：固体火箭推进系统；液体火箭推进系统；吸气式推进系统。

注意：

①吸气式推进系统之中的冲压喷气和超燃冲压发动机是其主要内容；

②还包括空中发射、空间系绳、推力矢量控制等。

TA02 空间推进技术：化学推进、非化学推进。

TA03 空间电源与储能：发电、太阳能、放射性同位素、再生燃料电池等。

TA04 机器人、遥机器人和自主系统：感知、采样传感器、数据分析、动态规划、自主制导控制、地形相对导航、路径规划、自主交会对接。

TA05 通信系统：光学通信、PNT、革命性概念。

注意：X 射线导航、通信、量子通信等新技术的进步与应用。

TA06 生保系统：水回收利用、出舱系统、环境监测、辐射。

TA07 载人系统：原位资源利用、自保能力、居住系统、运行与安全。

TA08 传感器：遥感传感器、粒子与场、波的传感器。

注意：各类传感器的研制。

TA09 进入与着陆系统

TA10 纳米技术、材料等

TA11 建模仿真信息处理：计算、软件建模、硬件建模、人机系统建模、科学建模、协作式科学与工程。

TA12 材料与制造：电子设备和光学设备制造等。

TA13 地面系统

TA14 热管系统

我将 SSTIP 的框架讲了一下，主要说的是从 NASA 的投资方向可以掌握它近期发展的大致情况，但这个方向的实施与结果仍然需要 NASA 的具体实践。

按前面我们讨论的赛博空间的定义，其中的：

TA04 的机器人、遥机器人和自主系统；

TA05 的通信系统的革命性概念、通信导航；

TA07 的载人系统、自保能力、安全运行；

TA08 的各类遥感传感器；

TA09 的 EDL 系统；

TA11 的建模仿真、协作式工程运行；

以上这些都需要运行在有充分保障的赛博空间中，所以我们可以看到未来系统基本上是离不开赛博空间保障的。

本文要点

1. 国防采购是一种能力的供给，企业的行业特征正在模糊。

2. 体系化的三种能力：武器攻击能力、指挥召集能力、资源供给能力。

3. 涉及领域的广泛性是赛博空间的一大特点，我将其称为"泛域"，而不是单指某一个领域。

4. 美国已将赛博空间作为一个作战的疆域。

5. 美国的赛博靶场建设。

6. 美军在赛博战条件下的战略导弹必须具备的 11 种能力。

7. NASA 设立"战略空间技术投资计划 SSTIP"，并将其构建在《NASA 航天技术路线图》及有关技术评估、技术需求、国家航天政策的基础上。

7

人工智能给航天界提出的新启示

摘　要：美、欧及中国近两年的动向，表明 AI 正在催生着一股技术变革，一个新的颠覆性工业革命有可能由此展开。它将牵动起现时的信息技术、互联网技术、数字社会技术（包括数字化社会、区块链）、预测技术的进一步深入扩展，其影响将是深刻的。随着计算机能力的增长、大数据和机器学习能力的提高，为人工智能的发展创造了基本的条件，更应使我们关注的是，AI 可能会降低发动战争的门槛。本文重点分析了 AI 技术的定义、AI 的应用基础研究两个部分，引出了 AI 为航天界提出的新启示。中国航天首先以 12 所、502 所、17 所等控制所为切入，召集航天两大集团的相关控制所或总体部，组建"航天 AI 的联盟"，在 AI 发展进程中发挥专业技术，发展智库能力，拿出航天 AI 发展规划。

第一部分　AI 技术就是现代控制论

从几个观点谈起：

1. 我们还没有完全适应信息社会的新环境，还没完全建造信息条件下的新秩序时，人工智能已经冲向我们！

——摘自"新的挑战形势"

2. 为适应、推进人工智能对新技术革命的发展，中国政府 2016 年发布新一代人工智能发展规划，提出了面向 2030 年我国新一代 AI 发展的指导思想、战略目标、重点任务、保障措施，表明了中国政府对人工智能发展的积极态度和有所作为的充分信心，这为各行业人工智能推进发展指明了中国发展的总体构成和方向。

3．2017 年 7 月 12 日，美国安全中心发布《人工智能与国家安全》（Artificial Intelligence and National Security）报告。

据报道，法国总统马克龙宣布 5 年内将为 AI 领域投资 15 亿欧元，欧盟将在"地平线 2020"科研和创新计划框架内投入 15 亿欧元。

德国执政党认为在 AI 领域应当担负起"创新领导力"并成为国际先锋。

美、欧及中国近两年的动向，表明 AI 正在催生着一股技术变革，一个新的颠覆性工业革命有可能由此展开。它将牵动起现时的信息技术、互联网技术、数字社会技术（包括数字化社会、区块链）、预测技术的进一步深入扩展，还将对社会、经济、文化、军事，甚至哲学有重大影响甚而是冲击。有人认为 AI 是解决目前人类面临挑战问题的一个良方，也有人认为它比恐怖主义更可怕。总之，其影响将是深刻的。

4．"人工智能"的归属，社会上，各科学界大多将"人工智能"作为一种工具、方法和手段，在大数据、云计算、计算机以及算法的支撑下进行的科技活动。

但我认为："一切信息都是为用而收集，获取与我们人类生存、活动有关的信息，是我们关注的内容，**可称为有用**、**有效信息**；而有用信息是为应用而被利用；其利用的目标是可以改变或达到我们所期望的状态。"如果我上面提到的"为用而收集，为应用而利用、期望状态"这几个定义是成立的，那**么 AI 技术就是现代控制技术**。

简而言之，控制是 20 世纪 40 年代维纳创立自动调节理论，到 60 年代前后以状态空间为基础的现代控制理论，这是其经典到现代理论的两个里程碑，当时就已促使人们把这些理论推广到生物控制机理、神经系统、经济及社会过程的复杂系统，这是 1948 年美国数学家维纳（N.Wiener）出版的《控制论》所期望的一个目标。在现代控制理论框架下，以频域、时域为手段的控制问题，基本上是基于状态空间描述和时域分析方法，处理问题的对象广泛得多，包括复杂的空间技术，涵盖从线性到非线性系统、从定常到时变系统、从单变量到多变量系统、从可控制和最优控制到随机控制和适应性控制，现代控制理论的名称在 1960 年开始出现，所以我将其定为 20 世纪 60 年代。

在最优控制理论这一新的领域，美国学者卡尔曼（R.E.Kalman）、布希（R.S.Bucy）建立了递推滤波理论，苏联科学家庞特里亚金（Pontryagin）提出极大值原理的综合控制系统的新方法，推进了航空、航天、航海、通信领域的控制技术发展。而现在的 AI 技术则是在经典控制、现代控制基础上发展起来的新一代智能控制，所以我看 **AI 属于控制系统发展的第三个里程碑**。

它属于控制论，它不只是调节器、控制器，而是带有"思考判断器"的控制系统。

5. 目前人工智能系统的低门槛和专属性问题。在前一段讨论现代无人机的发展状态时，我在对其中"低、慢、小"目标飞行器的描述中讲过，其"进入门槛低、政策出台慢、管理力度小"，使得"低空、慢速、小目标"的管控失利，问题和危害日显。

再审视目前市面上泛化的 AI 概念和热炒中，也出现了"低、慢、小"的类似现象。

在新的科技成果涌入社会时，我们既要积极地拥抱它，又要冷静地审视它，这样才能使我们的行动不会产生重大的曲折和失误。对 AI 就应当如此。

计算机能力的增长、大数据和机器学习能力的提高，为人工智能的发展创造了基本的条件。从这几项条件看，大数据门槛、计算机门槛、网络门槛都在降低，甚至价格门槛也在大幅度下降，这使得弱人工智能的普及可能会呈指数式的增长。

更应使我们关注的是，AI 可能会降低发动战争的门槛。一些自主智能性的进攻性武器，加一套自主智能性的系统指控系统，可使各类武器依据需求规划廉价投入战场。其无人化的低作战成本、便捷的战场投送和武器弹药本身的智能化功能，使其战争实施门槛大幅度降低。这个趋势是难以阻滞的，它可能不会像限制"核武"那样得到有效的拒止，而这种战争的受害者可能是远离传统战场的大众和社会设施。

美国安全中心在人工智能军事变革潜力分析中提出了一个五项内容的评估指标，我们不去评判其合理性，只是供参考：

- 破坏能力
- 成本
- 所需技术
- 军民转换潜力
- 被复制和破解的难度（就是生存性）

对一个装备、一个设施或一个系统而言，它的人工智能问题，本质上就是其控制系统的能力问题，所以其智能化和系统的自动化、感知能力、条件综合规划能力是一个范畴的概念。

对弱人工智能而言，它的智能化表现与其相应的系统、任务、工程目标、科学目标、管理目标是一致的。它的学习、深度学习、自主学习也只是在相应的领域进行的。**更换一个领域或新的未见场景，弱人工智能的"思考器"可能不如不智能的传统"控制器"。**

这就是我讲的低门槛和专属性。

6. 我们航天 AI 的推进问题。因为现阶段弱人工智能与相应领域的相关性是强的，所以航天 AI 就要由专业技术工程师、计算机工程师、数据管理与分析应用工程师、系统工程师组成的团队去完成，有些任务可能还要有社会学家介入。

航天产业是一个复杂、广谱的技术集成型的高科技产业，在这个产业链中需要有一个前后连贯、衔接的智能系统来贯穿其中，若有一个子系统或其他子系统的定义、条件或实现出现相左，这个大系统的综合就会被破坏，从可靠性而言，传统的控制器有可能胜于锦上添花的"智能"。

在深度学习过程中所需的海量数据的提供，可能是任何一个独立分系统都难以完整获取的，这可能会成为中国航天 AI 的第一个障碍。**如何使数据得到可靠保护下的共享，可能是我们遇到的必须解决的第一个问题。**

如果我们将从外面直接获取的数据称为"原始数据"，那么我们在数据运用、分析、学习后得到的认识、结果、结论则可称为"创造性的数据"，我们不但要数据共用，而且"创造性的数据"也能共享。

在这方面，美国人已经走到前面了！

2016 年，谷歌、亚马逊、脸书、IBM、微软等巨头，放弃自己"当头"的竞争，组成了 AI 联盟（Partnership AI）。

他们的宗旨标明是为人类进步和造福服务。

联盟致力于引导研究、讨论和交流、分享观点、提供思想、征询建议、回答公众、创造资源、推动数学、普及技术、引领前沿。

他们目前的工作重点是：机器学习、深度学习、自动推理。

从国内报道看：北京成立了"人工智能研究院"，上海成立了"脑科学研究中心"（center of brain science）。

我们怎么办：首先是联合起来，不是体制内的结构重组、机构改革，不独立成立团队，而是独联体、联盟；它在中国航天 AI 发展进程中发挥专业技术发展智库作用。

这是我促进联盟建立的核心思路。

行动的主要步骤：首先以 12 所、502 所、17 所为核心，召集航天两大集团的相关控制所或总体部，组建"航天 AI 的联盟"。

首要目标：拿出航天 AI 发展规划。

我将这个想法与吴燕生董事长、包为民主任交换意见，并取得共识。

第二部分　AI 的应用基础研究

对航天技术和国防科技而言，我们不能不关注智能性对抗问题，现在就应当将这一问题提到研究日程。

一、海量数据的应用、处理、识别和判断，在机器学习及深度学习的过程中产生大量的"创造性数据"

与其相对应的对立方，也会以海量的伪数据进入原始数据中，使机器学习产生偏见、误解和错误，这种问题已在实践中出现，使对立方对经济、政治、社会的"误判"可能增加，所以，人工智能带给我们的不仅是机遇和挑战，更是我们必须面对的新层面的 Cyber 战场。我们过去诸多成熟的基础设施及环境模拟仿真设计与验证系统的架构和协同，都要受到重大冲击。它必然会给我们提出有关各类工程、型号、任务和系统中的设计、工艺、制造、试验、验证、仿真模拟新的技术需求和条件需求，必然会推进产品交付、维修、服务、效率评估、反馈完善各方面的技术进步，必然会带动航天与国防在科学与技术、工程与产品、系统与应用、行业与社会方面的全面进展，这些重大的进步和进展，没有各方面的协同、支持、参与和努力是完不成的。

二、人工智能的航天建设与产业融合潜力的发挥

经过 40 年的改革开放，在之前的 20 年创业发展的基础上，我们的条件基础、设施基础、人才基础和系统工程基础都发生了历史性的变化，我们已经完成了航天国家建设，将要实现航天大国的目标。我们在十九大精神的指引下，按照习总书记的指示，正向航天强国迈进，将与祖国发展同步，在 2050 年实现航天强国的梦想。

我们有 60 多年丰富的经验和刻骨铭心的教训，我们有新时期、新时代高新工程和国家重大工程的实践基础，它必然会成为我们智能化工业的大数据支撑。

有了数据还不够，关键是要有数据的深度利用和深度挖掘、深度学习。没有这个过程，数据只是数据，存放时间久了就会失去其意义，甚至成为垃圾。在美国发生"911"事件之前的 2001 年，美国情报部门已经得到有关情报报告：要注意防范恐怖分子利用民航飞机撞击双子座大楼。但这个报告没有引起美国政府部门的关注。"911"事件后，美国国防高级研究计划局

（Defense Advanced Research Projects Agency，DARPA）局长托尼·泰瑟认识到："我们不是缺少数据，我们缺少的是数据的挖掘。"也即缺少"创造性地分析数据"。很快，泰瑟就在 DARPA 内建立了一个"数据挖掘办公室"，开展"数据深度挖掘研究"的重大课题，他也一直干到奥巴马总统就任。

所以，我们应该关注怎么解决我们的快速决策，怎么在智能对抗中取胜。

三、路子要一步一步地走

我们难以跨越"弱、强、超"人工智能的概念路径。在当前弱人工智能阶段，我们的各行业都有强项，谁也不能包打天下，而且在这个起步阶段，军民两用人才、军民两用设施的差异是不大的，其成果的军民两用性拓展也是顺畅的，如果我们行动起来，将资源共用、成果共享，就可以做到少投入、广收获，创建弱人工智能阶段某个领域的制高点（而不是别人创造制高点，我们去抢占）。为此，我们要认真行动起来。

四、"国商合作"是产业融合的重要内容

在美俄等重要军事国家，大量出现的是国属、国管的大型公司与市场的商业公司合作的形式，还有的是国家的管理部门、业务部门与商用公司的合作。为保持技术领先地位，美国就有国家安全委员会、国防部、DARPA、国家的技术研究所等与商用公司开展课题合作、任务合作、工程合作。所以，在我国产业融合深入改革中，我们也要重视"国商合作"的模式。**习近平总书记提到"应用基础研究"的科学命题**，我们在航天科技开发和应用中的这个命题的内容极其丰富，就地球与空间科学而言，地球环境科学探测是重中之重、急中之急的迫切任务。而环境科学中的地球碳排放，则直接影响了地球空间状态及人类生存状态。而地球排放的碳源和吸纳的碳汇是怎样分布的，它的排吸平衡是怎样的一种过程；碳循环的精准模型怎样建立；大气层剖面的二氧化碳分布；从历史记录所获取的数据分析、碳排放与温室效应的关系；在全球变暖中所扮演的角色分析；在人类命运共同体理念下，人类应采取的共同科学应用，等等。这些命题的解决，需要航天技术的进步、空间基础设施建设，需要科学

家、工程师、数学家、经济学家、社会学家的共同努力，而推动工程实践、技术创新和科学进步，还需要政府的支持和决策。就我国而言，这个急中之急的题目就汇集了我们空间技术、空间科学、海洋科学、大气物理、气象科学、生物科学、统计数学、控制理论、系统科学等诸多投入，组成一个协调合作的团队，在国际、国内的天、空、地、海、植被数据支持下，产生出创新的成果。我感觉这类成果就属于习总书记指出的"应用基础"范围。

美国 OCO-1、OCO-2 卫星就是为测量地球二氧化碳浓度而设计的，我国的"碳"卫星也已升空。NASA 的喷气推进实验室（JPL）通过科学技术绘制了星球二氧化碳浓度三维图。我们也一定会作出中国人应有的贡献！

五、人工智能及风险研究的目前进展

社会上就人工智能对社会将引发的各类问题议论较多，从技术层面、产权归属、社会影响、信息安全、法律责任诸多方面提出了各种问题。我觉得这些问题的客观存在不容忽视，不应等到问题的危害已经发生时再去补救。**人类的进步和能力的提高，应当表现在我们在利用科学成果的时候就预想到可能出现的问题，并能有预案和防范措施，避免灾难性后果的发生。**

对人工智能的开发研究应与其风险管控同步进行，将风险管理在设计阶段作为一个重要的性能指标去完成。

美国《人工智能与国家安全》报告中有一节专门就这个问题给予了四条建议，其中有：国家应明确潜在的风险并有相应的限制；国家应有专门的安全组织；国家有关部门（如 DARPA）要有针对性的技术和经费支持；国家有关部门应探索针对人工智能的各类伪造技术的应对方法。

2017 ~ 2018 年间，美军两艘巡洋舰和两艘驱逐舰，四次与商船碰撞（一次触礁），其舰上的感知系统，包括"舰艇自动识别系统""全球救生导航系统""航位、航速、航向指示系统"，还有电子海图气象传真、航海警告、接收安全系统，甚至包括古老的信号灯、气雾笛、号钟、号锣都没有起到作用，**这是什么问题呢？**

我觉得，我们要踏实地走好每一步，既不能失去机遇，也不能一窝蜂、一阵风；我们过去搞的超声波热、射流热、优选法热，都是一阵风，并没有得到真正意义上的科技创新和原创性成果，有点像马路上的飙车者，真让他们上赛场，恐怕拿不到冠军。

本文要点

1. AI 技术就是现代控制技术。

2. 20 世纪 40 年代维纳创立自动调节理论，到 60 年代以状态空间为基础的现代控制理论，是经典理论到现代理论的两个里程碑。AI 则是控制系统发展的第三个里程碑。

3. 在新的科技成果涌入社会时，我们既要积极地拥护它，又要冷静地审观它。

4. AI 的发展，可能促进武器的无人化和智能化，它可能会降低发动战争的成本和门槛。

5. 美国安全中心在 AI 军事变革分析中的五项评估指标：能力、成本、技术、潜力、生存。

6. 弱人工智能的专属性：我在文章中提出这个概念是表明 AI 对其具体系统、任务、目标的一致性，如果更换了场景，则这个弱人工智能的"思考器"就可能不如一个不智能的传统"控制器"。

7. AI 技术扩展和发展的障碍：数据共享（原始数据与"创造性的数据"）。

8. 2016 年，谷歌、亚马逊、脸书、IBM、微软组成 AI 联盟（Partnership AI）。

9. 海量数据中的伪数据与 Cyber 战。

10. DARPA 局长托尼·泰瑟："我们不是缺少数据，我们缺少的是数据的挖掘。"也即缺少"创造性地分析数据"。泰瑟建立"数据挖掘办公室"，开展"数据深度挖掘研究"这一重大课题，一直干到奥巴马就任。

11. "应用基础研究"是习近平总书记提出的科学研究命题，这是需要科学家、工程师、数学家、经济学家、社会学家共同努力的一项工程。

12. 人类进步和能力的提高，应当表现为我们在利用科学成果的时候就预想到可能出现的问题，并有预案和防危措施，避免灾难性后果发生。

二、深空探索的技术研究

探索浩瀚宇宙，发展航天事业，建设航天强国，是我们不懈追求的航天梦。

——习近平总书记指示

1

深远空连续推进动力与施图林格解的解析 ①

摘 要：针对太阳系远深距离的探测将是人类下一阶段深空探测活动的主要目标。这一目标的实现依赖于探测器连续推进动力技术的突破。从描述连续常值推力下太空飞行的施图林格解出发，对其中反映的深远空飞行任务有效载荷比、任务时间、飞行距离等关键参数与发动机性能之间的关系进行了深入分析，给出了在特定任务时长、特定飞行距离要求下发动机比冲、功率需要满足的条件及其对有效载荷比、最终飞行速度等指标的影响。此外，基于二体轨道动力学对太阳系行星探测的大椭圆转移轨道和转移能量进行了推导，并对连续推力的太阳帆任务方案涉及的关键技术指标做了理论性的计算。这些结论是对深空探测连续推力方案基础理论的归纳，可以为我国未来开展深远空探测活动提供重要的启发和指导。

特别要强调：$S > S_\tau$ 的判据（截比 J）；发动机的特征速度 $\sqrt{2\alpha\tau}$ 的解析，及 $v^* = 1$ 时有载荷比最大；在齐式公式下一切概念实质都是质量关系变形；定义推引比。

我在有关文章中曾提过将深空探测的动力系统作为一个独立分支进行研究的意见。今天，我们在讨论有关问题时，将采用国际宇航科学院（IAA）"星际科学先导任务项目（Interstellar Precursor Mission，IPM）"的有关内容，因为我

---

① 本文发表于《深空探测学报》，2018 年第 4 期。

觉得 IPM 所涉及的概念相当丰富，对我们的深空探测活动具有很重要的启示。

一、深远空探测任务的推进动力应作为空间动力的一个独立的门类

在确定深远空（Very Far，VF）天界时，最近有一些报道将太阳风层顶（100AU）以外的空间环境作为星际太空的起端（Heliopause），并以此表述为飞出太阳系的边缘。我认为在确立太阳系的边缘处时，可以延续在太阳系中太阳—地球、地球—月球间及行星间影响球的概念，比如地球表面的物体受到地球的引力比太阳对其的引力要大 1600 多倍，实际上在距离 10 倍地球半径时，其引力只有地球表面的 1%。也即处于影响球之内时，只考虑一个主天体的作用，不会影响我们的分析和判断。按这个意见，我们太阳系与比邻星系则是两个相距约 2.7×10^5AU 的主天体，在研究我们太阳系的行星运动时，并不必要加入比邻星的作用，从这个意义上说是否可以按影响球概念定义太阳系的天界。简单而言之，如果比邻星的质量与太阳系相同，（$\dfrac{r_{sop}}{R} = \left(\dfrac{m_p}{m_s}\right)^{\frac{2}{5}}$），其影响球处于 2.7×10^5AU，其一半的距离也在 10 万 AU，所以有学者认为太阳系的边缘在 10 万 AU 以上，即使有 50km/s 的飞船，飞到这个距离也要 1200 多年（$1.35 \times 10^5 \text{AU} \big/ 50\text{km/s}$），如果我们以这个目标作为现在的人类要实现的目标的话，由于其距离太过遥远，所需行进时间太过漫长，将使我们望而却步，起不到任何激励作用，在太阳系远深距离（very far space destination）的定义中将科学目标和技术目标综合考虑，将技术型任务和科学型任务结合起来判断。**IAA 的 IPM 将太阳系的边界设定在 80~100AU 处**，是有一定道理的。在未来先进的深空动力系统得以实现突破，使飞行器飞行速度达到 100km/s 以上时，实现 500AU 距离的任务也是具有实践推动性和未来挑战性的（图 1）。

在深远空的行动中，人类将面临诸多从未遇到过的，或者说很少思索的问题。

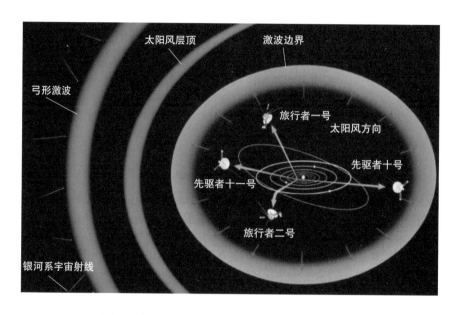

图 1　太阳风顶层示意图（资料来源：网络）

首先面临的是深远空推进动力问题，它和超远的飞行距离紧密相关。化学推进剂的极限能量是 mc^2，所以单位质量的极限能量为（$3 \times 10^5 \times 10^3 \mathrm{m/s}$）^{2} = 9×10^{16} J/kg，目前可能达到的单位质量提供的能量在（$0.8 \sim 1.25$）$\times 10^7$ J/kg 水平，它的喷射速度在 $4 \sim 5$ km/s。这对超远距离飞行任务所需的时间而言，将是难以承受的，若在三级 $M_p / M_0 = 0.9$ 的条件下，其终速 $u_\tau = 3 \times 5 \times \ln(1/0.1)$，即 34.5km/s，以这个速度漫游到太阳风层顶（100AU）处也需 13.8 年；若要到太阳引力透镜焦点（500AU）处则需 70 年；到达奥尔特云 10^4 AU 处则要 1380 年。如果想在 20 年内达到 500AU，则航天器的飞行速度要达到 120km/s。

若在近地轨道处逃离地球引力，其速度增量是第二宇宙速度与第一宇宙速度之差（$v_{\mathrm{II}} - v_{\mathrm{I}}$），即 $12\mathrm{km/s} - 8\mathrm{km/s}$，$\Delta v = 4\mathrm{km/s}$。它是化学推进剂的喷射速度能够达到的。

怎样才能既加快飞行速度，又能消耗更少的质量呢？显然不能利用火箭的短时间加速（有的书称此为脉冲加速）、以霍曼轨道方式奔向目标（图2），所以 IAA 的 IPM 所重点关注的是采用**稳定、长时间工作的高比冲推力系统**，使其达到足够大的速度增量，以便使任务在可以接受的时间内完成。这种稳定、长时间工作的高比冲推力系统，即是我们要重视开发的深空远程的推力系统。

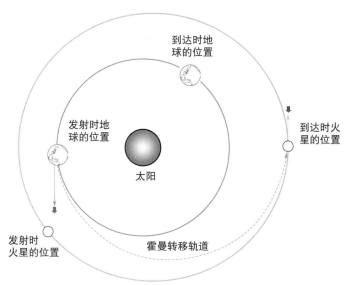

图 2　霍曼转移轨道示意图

从目前掌握的技术来看，有两种推进系统得到了广泛重点关注。一个是通过太阳辐射直接驱动的太阳帆推进，这是一种利用航天器所处位置的太空资源，称为原位资源（In-situ resource）。这类资源中的主恒星辐射因其与距离的平方呈衰减而变小，但在更远的将来能否实现星际冲压喷气发动机（Interstellar ramjet），以就地获取星际质子（H⁺），目前仍是一种科幻。另一个是电推进（Electric Thrusters，ET），以采集主恒星光能的光伏电池或航天器自带的核电反应堆（Nuclear Electric Propulsion，NEP）作为推力的动力，电推进的比冲比化学推进要高得多，目前我们已经做到高于液体火箭发动机（LRE）的 10 倍以上，其喷射速度（v_c）达到 40km/s。

在 IAA 的 IPM 一书中的第 4 章提到用电力实现太空旅行的概念可能是由施图林格在第二次世界大战期间提出来的（Possibly the first suggestion to apply electric power to space travel was by Stuhlinger during WW Ⅱ）。在书中的参考文献中，我只引用了施图林格（Stuhlinger）的一篇文章，即 1964 年写的《太空飞行的离子推进》（Ion Propulsion for Space Flight，McGraw-Hill，New York）。

他所以提出电推力的主要原因是这种推力系统可以获得比化学能高得多的比冲。他认为核电可以为其提供动力源。

如果说爱因斯坦的质能关系表示小质量转化成巨能量，那么利用电推进就是以高喷射速度得到小质量下的大比冲。

二、施图林格解的解析

图 3　恩斯特·施图林格博士
（美国 NASA 航天专家）

施图林格给出了一个连续常值推力的方法，也即飞行器所受到的推力不是常规化学推进剂的短时间加速过程，关机后它将按圆锥曲线轨道运行（图 3）。用我们习惯的说法，深远空常值推进系统是长时间处于主动段飞行的飞行器。正是在这个设定下，施图林格开发了加速度（速度增量）为常值条件下的方法。有关加速度为常值情况的全面分析，还有待进一步研究，所以它只是一个原始的方法。

IAA 的 IPM 给出了这个解的结论。我这里的主要内容是将书中没有表征的过程和推演过程中涉及的一些概念和方法做一个解析，解析过程中是否存在不准确之处，还请有关学者指正。

1. 施图林格方法的原始出发点是齐奥尔科夫斯基方程

$$u_\tau = v \cdot \ln \frac{M_0}{M_0 - M_\rho} \tag{2.1}$$

式中的符号采用 IPM 文章的写法：

u_τ 为时间 τ 时的航天器速度；

v 为航天器推进系统的排气速度；

M_0 为航天器总质量；

M_ρ 为 τ 时刻排出的推进剂总质量。

也即
$$-u_\tau \Big/ v = \ln \frac{M_0 - M_\rho}{M_0}$$

$$\mathrm{e}^{-u_\tau/v} = \frac{M_0 - M_\rho}{M_0}$$

若令
$$M_0 = M_\rho + M_w + M_L$$

其中 M_ρ 为推进剂质量，M_w 为推进系统的干重（不计推进剂系统质量），M_L 为有效载荷质量（是任务需要的有效部分），则有 $M_\rho = M_0 - (M_w + M_L)$

代入式（2.1）：

$$\mathrm{e}^{-u_\tau/v} = \frac{M_0 - M_0 + (M_w + M_L)}{M_0}$$

$$= \frac{M_w + M_L}{M_0}$$

施图林格解表征的是任务的"有效载荷"比 $M_L \big/ M_0$，所以我们要将 M_w 表征为与 M_0 有关的方式，为此定义了推力系统的"功率密度"概念。α 为功率密度。

令 $\alpha \equiv$（功率 P）$/ M_w$。

理想状态下，推进系统的喷出速度 v 等于其比冲（I_{sp}）（比冲单位为"推力/单位时间消耗的质量"，m/s）。

在 α 的定义中，功率 P 应是推进系统在恒定加速度下所贡献的能量。如果我们是在 τ 时间内稳定地以 v 速喷出 M_ρ 的推进剂，则其功率 P 为

$$P = \frac{1}{2} \cdot \frac{M_\rho}{\tau} \cdot v^2 \tag{2.2}$$

所以，α 的定义表达式为

$$\alpha = \frac{1}{2} \cdot \frac{M_\rho}{\tau M_w} \cdot v^2$$

$$M_w = \frac{M_\rho \cdot v^2}{2\alpha\tau} \tag{2.3}$$

将式（2.3）代入 $M_\rho = M_0 - (M_w + M_L)$ 式中

$$M_\rho = M_0 - \frac{M_\rho \cdot v^2}{2\alpha\tau} - M_L$$

$$M_\rho\left(1 + \frac{v^2}{2\alpha\tau}\right) = M_0 - M_L$$

$$M_\rho = \frac{1}{1 + v^2 \big/ 2\alpha\tau}(M_0 - M_L) \qquad （2.4）$$

将其代入式（2.1），有

$$e^{-u_\tau/v} = \frac{M_0 - M_\rho}{M_0} = 1 - \frac{M_\rho}{M_0}$$

$$= 1 - \frac{1}{1 + v^2 \big/ 2\alpha\tau}\left(\frac{M_0 - M_L}{M_0}\right)$$

$$= 1 - \frac{1}{1 + v^2 \big/ 2\alpha\tau}\left(1 - \frac{M_L}{M_0}\right)$$

有

$$1 - \frac{M_L}{M_0} = (1 + \frac{v^2}{2\alpha\tau})(1 - e^{-u_\tau/v})$$

$$\frac{M_L}{M_0} = e^{-u_\tau/v} - \frac{v^2}{2\alpha\tau}(1 - e^{-u_\tau/v}) \qquad （2.5）$$

此式即称为施图林格解（Stuhlinger's solution）。

我们讨论一下这个解。

（1）施图林格解给出的是有效载荷比 $\frac{M_L}{M_0}$ 与最终速度 u_τ、喷出速度 v 及推进剂工作时间 τ 和推进系统功率密度 α 这 4 个参数的关系。

（2）它的分析基础是齐奥尔科夫斯基定律，从此定律出发，可以推演出我们工程所需的各参数之间的关系与规律。这个解的核心思路是独立出一个"功率密度 α"的参数。

（3）在下面的解析里，我们将根据不同的需要形成 M_L/M_0、u_τ、τ 及功率 P 之间的关系表达式。

2. 距离增量 S_τ 的精确表达式

在 IPM 任务中，有关内容反映在 4.4 节，题目是"通用精确解"（General exact solution）。这里我将从前面导出的施图林格解出发，由速度增量 Δu_τ，导出距离增量 S_τ。

我们仍然假定推进剂喷射速度 v 是平稳的常值（也即比冲不变），且推进剂的秒耗量也是平稳的，那么推进剂在 t 时刻的消耗量为 $\dfrac{M_\rho}{\tau} t$。

将它代入式（2.1），有

$$u_t = v \cdot \ln \frac{M_0}{M_L + M_w + (M_\rho - \dfrac{M_\rho}{\tau} t)}$$

$$= -v \cdot \ln \frac{M_L + M_w + M_\rho - \dfrac{M_\rho}{\tau} t}{M_0}$$

$$= -v \ln \left(1 - \frac{M_\rho}{M_0} \cdot \frac{t}{\tau} \right)$$

$$dS_t = u_t \cdot dt \text{，及} \int \ln x \, dx = x \ln - x$$

即 $S_\tau = \int_0^\tau u_t \cdot dt$

$$= -v \cdot \int_0^\tau \ln(1 - \frac{M_\rho}{M_0} \cdot \frac{t}{\tau}) dt$$

$$= v \cdot \tau \cdot \frac{M_0}{M_\rho} \cdot \int_0^\tau \ln(1 - \frac{M_\rho}{M_0} \cdot \frac{t}{\tau}) d(1 - \frac{M_\rho}{M_0} \cdot \frac{t}{\tau})$$

$$= v \cdot \tau \cdot \left[\frac{M_0}{M_\rho} (1 - \frac{M_\rho}{M_0} \cdot \frac{t}{\tau}) \cdot \ln(1 - \frac{M_\rho}{M_0} \cdot \frac{t}{\tau}) - \frac{M_0}{M_\rho} (1 - \frac{M_\rho}{M_0} \cdot \frac{t}{\tau}) \right]_0^\tau$$

$$S_\tau = v\tau\left[\left(\frac{M_0}{M_\rho} - 1\right)\ln\left(1 - \frac{M_\rho}{M_0}\right) + 1\right] \tag{2.6}$$

我们的目的是求解 S_τ 和 M_L/M_0 的关系，则应将 S_τ 的表达式中 M_ρ/M_0 转化成 M_L/M_0。为此，我们仍需用到施图林格解的参数定义。将式（2.4）代入式（2.6），有：

$$\frac{M_\rho}{M_0} = \frac{1}{1 + v^2/2\alpha\tau}(1 - M_L/M_0)$$

$$S_\tau = v\tau\left[\left(\frac{1 + \dfrac{v^2}{2\alpha\tau}}{1 - \dfrac{M_L}{M_0}} - 1\right)\ln\left(1 - \frac{1}{1 + \dfrac{v^2}{2\alpha\tau}}\left(1 - \frac{M_L}{M_0}\right)\right) + 1\right]$$

$$= v\tau\left(\frac{\dfrac{v^2}{2\alpha\tau} + \dfrac{M_L}{M_0}}{1 - \dfrac{M_L}{M_0}}\ln\frac{\dfrac{v^2}{2\alpha\tau} + \dfrac{M_L}{M_0}}{1 + \dfrac{v^2}{2\alpha\tau}} + 1\right)$$

$$= v\tau\left(1 - \frac{\dfrac{v^2}{2\alpha\tau} + \dfrac{M_L}{M_0}}{1 - \dfrac{M_L}{M_0}}\ln\frac{\dfrac{v^2}{2\alpha\tau} + 1}{\dfrac{v^2}{2\alpha\tau} + \dfrac{M_L}{M_0}}\right)$$

有：

$$f\left(\frac{M_L}{M_0}\right) = S_\tau - v\tau\left(1 - \frac{\dfrac{v^2}{2\alpha\tau} + \dfrac{M_L}{M_0}}{1 - \dfrac{M_L}{M_0}}\ln\frac{\dfrac{v^2}{2\alpha\tau} + 1}{\dfrac{v^2}{2\alpha\tau} + \dfrac{M_L}{M_0}}\right) = 0 \tag{2.7}$$

式（2.7）即为其 S_τ 与 $\dfrac{M_L}{M_0}$ 关系的精确解。

小结：

（1）在 $f\left(\dfrac{M_L}{M_0}\right)$ 的求解中，我们将 α 作为参数，且认为是已知的，它是推

进系统的功率密度。这里的密度是指其功率与推进系统的干重 M_w 之比，这是一个发动机本身具有的技术特性（从 $M_0 = M_\rho + M_w + M_L$ 的定义，我们知道 M_w 是除了有效载荷 M_L 及推进剂 M_ρ 之外的质量，也即不只是单元发动机的质量而是航天器的总干重）。由 $\alpha \equiv \dfrac{P}{M_w}$ 可知其量纲是 W/kg，也即 m²/s³，而 τ 为任务的工作时间，所以表达式中的 $2\alpha\tau$ 的量纲为 m²/s²，所以 $\sqrt{2\alpha\tau}$ 具有速度量纲，**$\sqrt{2\alpha\tau}$ 即是所谓的特征速度（characteristic velocity，v_c）。**

（2）功率密度 α 值随不同的推进系统而有很大的变化，施图林格主要是针对核电推进作为背景，对核电推进而言，它可能达到 MW/kg 级，如果在一年的任务中 $2\alpha\tau$ 可以达到 10^{13} 量级，即：

$$2 \times 1 \text{MW} \Big/ \text{kg} \times (365 \times 24 \times 3600 \text{s})$$
$$= 2 \times 10^6 \, \text{m}^2 \Big/ \text{s}^3 \times 0.315 \times 10^8 \text{s} = 0.63 \times 10^{14} (\text{m} \Big/ \text{s})^2$$

v_c 达到 10^7 m/s 量级。

在这样的 v_c 下，除非 v（比冲 I_{sp}）与其相近，否则式（2.5）的第二项是可以忽略的，也即式（2.5）变成：

$$\frac{M_L}{M_0} = e^{-u_\tau / v} \tag{2.8}$$

式（2.8）即为所有化学推进系统的情况，**也即式（2.8）是式（2.5）的收敛值。**

实际上，在 α 值的定义中，只是推进系统本身的结构质量 M_w 比值，如果将所有非有效载荷部分的质量一并考虑在 M_w 里时 α 值还是较小的。据 IPM 任务的描述，核电推进系统的 α 值的保守估计为 $0.01 \sim 0.02\,\text{kW/kg}$（即为 $10 \sim 20 \dfrac{\text{m}^2}{\text{s}^3}$）。NASA 使用太阳能电池板驱动的太阳能技术的验证试用发动机（NSTAR）的 $\alpha = 0.17 \sim 0.25 \dfrac{\text{m}^2}{\text{s}^3}$。

（3）对式（2.5）进行归一化处理，并将 u_τ 和 $v_c = \sqrt{2\alpha\tau}$ 作为参数。表达

$\dfrac{M_L}{M_0}$ 与比冲的关系：

$$\frac{M_L}{M_0} = \mathrm{e}^{-u_\tau^*/v^*} - (v^*)^2(1 - \mathrm{e}^{u_\tau^*/v^*})$$

$$\left(\text{其中 } u_\tau^* = \frac{u_\tau}{v_c}, \quad v^* = \frac{v}{v_c}\right)$$

3. 施图林格解的应用

在 IPM 任务中，将有效载荷比 $M_L\big/M_0$、最终速度 u_τ、比冲 v、推进系统任务时间 τ、发动机特征速度 v_c、功率 P 及功率密度 α、深远空目标距离 S_τ 作为研究分析的关键参数，并分析其相应的规律，我认为弄清楚这些概念是非常重要的。在这个领域中，美国、苏联（俄罗斯）自 20 世纪 50 年代以来，积累了大量的研究成果。而弄清楚这些参数之间的关系，则是这些知识的重要部分。

在上述七个参数之中，特征速度 v_c 与 α 和 τ 相关，而 α 又与 P 相关。所以，在 $f\left(\dfrac{M_L}{M_0}\right) = 0$ 的"精确"解里，只含有 S_τ、v、τ、α 及 $M_L\big/M_0$ 这五个物理量。为描述其中两个量之间的关系，必须将其他的三个变量作为参数（parameter），在这三个参数取值的条件下，得到所需研究的其他两个变量之关系。

在 IPM 任务中，将 $S_\tau = 73\mathrm{AU}$ 及 $520\mathrm{AU}$、$\alpha = 0.1$ 及 0.4、$\tau = 5 \sim 28$ 年作为参数，求出 $\dfrac{M_L}{M_0}$ 与 $v(I_{sp})$ 之间的变化规律。

$f\left(\dfrac{M_L}{M_0}\right) = 0$ 是非线性的方程，可通过迭代方式求解，我将这一过程中的概念说明如下。

首先，将（$S_\tau - v\tau$）从方程中移出，然后用 $v\tau$ 除两边，得到

$$\frac{\dfrac{v^2}{2\alpha\tau}+\dfrac{M_L}{M_0}}{1-\dfrac{M_L}{M_0}}\ln\frac{\dfrac{v^2}{2\alpha\tau}+1}{\dfrac{v^2}{2\alpha\tau}+\dfrac{M_L}{M_0}}=\frac{v\tau-S_\tau}{v\tau}=1-\frac{S_\tau}{v\tau} \qquad (2.9)$$

式中，$\dfrac{S_\tau}{v\tau}$ 是任务距离与推进系统在任务时间 τ 内，推进剂喷出的 "名义总距离" 之比，（我将 $v\tau$ 定义为名义总距离），**我们将 $(1-\dfrac{S_\tau}{v\tau})$ 单列出来作为一个独立子项分析是有意义的。等式左边：**

$$\frac{\dfrac{v^2}{2\alpha\tau}+\dfrac{M_L}{M_0}}{1-\dfrac{M_L}{M_0}}>0 \ , \quad \ln\frac{\dfrac{v^2}{2\alpha\tau}+1}{\dfrac{v^2}{2\alpha\tau}+\dfrac{M_L}{M_0}}>0$$

所以 $$1-\frac{S_\tau}{v\tau}>0$$

也即 $$\frac{S_\tau}{v\tau}<1$$

所以 $$v\tau>S_\tau \qquad (2.10)$$

这是任务距离、任务时间及发动机比冲的边际条件，如果出现 $v\tau\leqslant S_\tau$，则表明发动机以 v 的比冲在任务要求的时间 τ 内到达不了 S_τ 的距离，也即其载荷比已经不可能存在。从表达式中也可看出，$\dfrac{\dfrac{v^2}{2\alpha\tau}+\dfrac{M_L}{M_0}}{1-\dfrac{M_L}{M_0}}$ 是不会小于 0 的，只有对数项内为 1 时，也即 $\dfrac{M_L}{M_0}\to 1$ 时，才有 $1-\dfrac{S_\tau}{v\tau}=0$ 的情况。据此，**我们可以称 $1-\dfrac{S_\tau}{v\tau}$ 为任务能力被截止的极点（截比 J）。而 $\dfrac{v^2}{2\alpha\tau}=(\dfrac{v}{v_c})^2$ 定义为特征值 L。**

例如：求在 $S_\tau=73\text{AU}$，$\tau=8$ 年的任务要求时，设 $\alpha=0.1\text{kW}/\text{kg}$，比冲 $v=100\text{km}/\text{s}$ 的载荷比 $\dfrac{M_L}{M_0}$。

首先计算截比值：

$$J = 1 - \frac{S_\tau}{v\tau} = 1 - \frac{73\text{AU}}{100\,\frac{\text{m}}{\text{s}} \times 8 \times 0.315 \times 10^8\,\text{s} \Big/ 1.5 \times 10^8\,\text{km}}$$

$$= 1 - \frac{73\text{AU}}{168\text{AU}} = 0.565$$

有了截比 $J = 0.565$，则可以迭代求解

$$\frac{\frac{v^2}{2\alpha\tau} + \frac{M_L}{M_0}}{1 - \frac{M_L}{M_0}} \ln \frac{\frac{v^2}{2\alpha\tau} + 1}{\frac{v^2}{2\alpha\tau} + \frac{M_L}{M_0}} = 0.565$$

其中　$\dfrac{v^2}{2\alpha\tau} = \dfrac{(100\text{km}/\text{s})^2}{2 \times 0.1\,\frac{\text{kW}}{\text{kg}} \times 8 \times 0.3154 \times 10^8\,\text{s}}$

式中　$1\text{kW}/\text{kg} = 10^3\,\text{kg} \cdot \frac{\text{m}}{\text{s}^2} \cdot \frac{\text{m}}{\text{s} \cdot \text{kg}}$

$$= 10^3\,\frac{\text{m}^2}{\text{s}^3} = 10^3 \times 10^{-6}\,\frac{\text{km}^2}{\text{s}^3} = 10^{-3}\,\frac{\text{km}^2}{\text{s}^3}$$

则 $\dfrac{v^2}{2\alpha\tau} = \dfrac{10^4\,\text{km}^2/\text{s}^2}{2 \times 0.1 \times 10^{-3}\,\frac{\text{km}^2}{\text{s}^3} \times 2.523 \times 10^8\,\text{s}} = 0.1981$

代入上式

$$\frac{0.1981 + \frac{M_L}{M_0}}{1 - \frac{M_L}{M_0}} \ln \frac{0.1981 + 1}{0.1981 + \frac{M_L}{M_0}} = 0.565$$

经迭代有 $M_L\big/M_0 = 0.22$ 时左式值为 0.564，误差值在 0.001 位上可以接受这个结果。

当比冲为 150km/s 时，其截比为 $1 - \dfrac{73}{150 \times 8 \times 0.315/1.5} = 0.710$

此时特征值 $L = \dfrac{v^2}{2\alpha\tau} = \dfrac{(150)^2}{2 \times 10^{-4} \times 8 \times 0.315 \times 10^8} = 0.446$

迭代后得 $M_L/M_0 = 0.31$

验证 $\dfrac{L+0.31}{1-0.31}\ln\dfrac{L+1}{L+0.31} = 0.710$

说明从 $v = 100\text{km/s}$ 提高到 $v = 150\text{km/s}$ 时，M_L/M_0 是上升的。

我们再取一点 $v = 250\text{km/s}$ 时：

其截比 $J = 1 - \dfrac{73}{250 \times 8 \times 0.315/1.5} = 0.826$

特征值 $L = \dfrac{v^2}{2\alpha\tau} = \dfrac{(250)^2}{2 \times 10^{-4} \times 8 \times 0.315 \times 10^8} = 1.24$

迭代后得 $M_L/M_0 = 0.31$

验证 $\dfrac{L+0.31}{1-0.31}\ln\dfrac{L+1}{L+0.31} = 0.827$

说明从 $v = 150\text{km/s}$ 到 $v = 250\text{km/s}$，M_L/M_0 没有提升，在此段比冲的影响不大。

我们再取 $v = 300\text{km/s}$ 时：

其截比 $J = 1 - \dfrac{73}{300 \times 8 \times 0.315/1.5} = 0.855$

特征值 $L = \dfrac{v^2}{2\alpha\tau} = \dfrac{(300)^2}{2 \times 10^{-4} \times 8 \times 0.315 \times 10^8} = 1.786$

经迭代得 $M_L/M_0 = 0.27$

验证 $\dfrac{L+0.27}{1-0.27}\ln\dfrac{L+1}{L+0.27} = 0.855$

说明从 $v = 250\text{km/s}$ 到 $v = 300\text{km/s}$，M_L/M_0 是下降的。

它表明在 $v = 150\text{km/s}$ 到 $v = 250\text{km/s}$ 之间有一个 M_L/M_0 的极值点。

如果我们取 $v = 200\text{km/s}$ 时：

它的截比 $J = 1 - \dfrac{73}{200 \times 8 \times 0.315/1.5} = 0.783$

特征值 $L = \dfrac{v^2}{2\alpha\tau} = \dfrac{(200)^2}{2 \times 10^{-4} \times 8 \times 0.315 \times 10^8} = 0.793$

迭代得 $\dfrac{M_L}{M_0} = 0.33$

验算 $\dfrac{L+0.33}{1-0.33} \ln \dfrac{L+1}{L+0.33} = 0.784$

我们可以从这个例子中看到在 8 年左右的旅行时间情况下，确实存在一个比冲值，使 $\dfrac{M_L}{M_0}$ 达到最大。

τ 的增加和 α 的增大，都使特征值 $L = \dfrac{v^2}{2\alpha\tau}$ 减小，$\dfrac{M_L}{M_0}$ 与 $v(I_{sp})$ 的关系曲线变得更平坦。这可以从 $\tau > 16$ 年的曲线清楚地看出。

动力飞行时间 τ 和比冲 v 是特征值的关键参数，**在 τ 比较短（比如几年）时，α 值比较重要，也即发动机的功率密度影响比较大。如果 τ 比较大（比如 20 年），则 α 值的重要性就低得多。**我们可以通过两个例子说明这个结果。

若令 $\tau = 8$ 年，$S_\tau = 73\mathrm{AU}$，$v = 500\mathrm{km/s}$，$\alpha_1 = 0.1$ 和 $\alpha_2 = 0.2$ 两个值时的 $\dfrac{M_L}{M_0}$ 来比较。

此时的特征值：

$$L_1 = \frac{v^2}{2\alpha_1\tau} = \frac{(500)^2}{2 \times 0.1 \times 10^{-3} \times 8 \times 0.315 \times 10^8} = 4.960$$

$$L_2 = \frac{v^2}{2\alpha_2\tau} = \frac{L_1}{2} = 2.480$$

截比 $J_{1,2} = 1 - \dfrac{S_\tau}{v \cdot \tau} = 0.913$

当 $\alpha = 0.1$ 时，经迭代有 $\dfrac{M_L}{M_0} = 0.035$

验算：$\dfrac{L_1 + \dfrac{M_{L_1}}{M_0}}{1 - \dfrac{M_{L_1}}{M_0}} \ln \dfrac{L_1 + 1}{L_1 + \dfrac{M_{L_1}}{M_0}}$

$$= \dfrac{4.96 + 0.035}{1 - 0.035} \ln \dfrac{4.96 + 1}{4.96 + 0.035}$$

$$= 5.176 \ln 1.193 = 0.913$$

当 $\alpha = 0.2$ 时，经迭代有 $\dfrac{M_{L_2}}{M_0} = 0.43$

验算：$\dfrac{L_2 + \dfrac{M_{L_2}}{M_0}}{1 - \dfrac{M_{L_2}}{M_0}} \ln \dfrac{L_2 + 1}{L_2 + \dfrac{M_{L_2}}{M_0}}$

$$= \dfrac{2.48 + 0.43}{1 - 0.43} \ln \dfrac{2.48 + 1}{2.48 + 0.43}$$

$$= 5.105 \ln 1.196 = 0.913$$

可以看出在 $\tau = 8$ 年，时间比较短的条件下，α 从 0.1 变化到 0.2 时，$\dfrac{M_L}{M_0}$ 从 0.035 变化到 0.43 达到 12 倍，影响是很大的，α 对载荷比的作用很大。

若令 $\tau = 20$ 年，S_τ 仍为 73AU，$v = 500\text{km/s}$，$\alpha_1 = 0.1$ 和 $\alpha_2 = 0.2$ 时的两个值时的 $\dfrac{M_L}{M_0}$ 来比较：

此时的特征值：

$$L_1 = \dfrac{v^2}{2\alpha_1 \tau} = \dfrac{(500)^2}{2 \times 0.1 \times 10^{-3} \times 20 \times 0.315 \times 10^8} = 1.984$$

$$L_2 = \dfrac{v^2}{2\alpha_2 \tau} = \dfrac{L_1}{2} = 0.992$$

截比 $J_{1,2} = 1 - \dfrac{S_\tau}{v \cdot \tau} = 0.965$

当 $\alpha = 0.1$ 时，经迭代有 $\dfrac{M_{L_1}}{M_0} = 0.8$

验算：$\dfrac{L_1 + 0.8}{1 - 0.8} \ln \dfrac{L_1 + 1}{L_1 + 0.8}$

$$= \dfrac{1.984 + 0.8}{1 - 0.8} \ln \dfrac{1.984 + 1}{1.984 + 0.8}$$

$$= 13.92 \ln 1.0718 = 0.965$$

当 $\alpha = 0.2$ 时，经迭代有 $M_{L_2}/M_0 = 0.865$

验算：$\dfrac{L_2 + 0.865}{1 - 0.865} \ln \dfrac{L_2 + 1}{L_2 + 0.865}$

$$= \dfrac{0.992 + 0.865}{1 - 0.865} \ln \dfrac{0.992 + 1}{0.992 + 0.865}$$

$$= 13.755 \ln 1.0727 = 0.965$$

看出在 $\tau = 20$ 年时，α 从 0.1 变化到 0.2 时，M_L/M_0 从 0.8 变化到 0.865，只变化 8% 左右。

所以 α 的作用在任务时间长的时候，其重要性降低。

4. 关于任务时间

对于深远距离的任务，只有采用新型的推进系统，否则难以在可以接受的时间内完成任务。**这个可接受的时间"IPM 任务"中称为"人的平均工作年限"（Mean Human Job Time，MHJT）**。这个可接受是指一个人，而不是一个团队，从确定任务到完成任务（接收到第一批数据）的时间超出了领导这个项目主要专家的工作年龄，认为是不可接受的，一般可以按 20 ~ 30 年为好。

下面我们分析任务时间与 α 值和 v 的关系对深远空任务的影响，我们以 S_τ 为 73AU 到 730AU 作为例子来研究。

在有载人的深远空任务中，必须要有较大的载荷比，为此目的，必须有比冲更高的推进系统。

我们以 $S_\tau = 73$AU、$v = 50$km/s 为例，分析一下任务时间 τ 与功率密度 α 的关系。

这时截比 $J = 1 - \dfrac{73AU}{50 \times \tau \times 0.315 \times 10^8 / (1.5 \times 10^8)} = 1 - \dfrac{6.952}{\tau}$

特征值： $L = \dfrac{v^2}{2\alpha\tau} = \dfrac{(50)^2}{2 \times \alpha\tau \times 0.315 \times 10^8}$

当 α 单位为 kW / kg 时，须变换成（ $\times 10^{-3} km^2 / s^3$ ）

$$L = \frac{(50)^2}{2 \times \alpha \times 10^{-3} \times \tau \times 0.315 \times 10^8} = \frac{0.03968}{\alpha\tau}$$

此时施图林格解表达式为

$$1 - \frac{6.952}{\tau} = \frac{\dfrac{0.03968}{\alpha\tau} + \dfrac{M_L}{M_0}}{1 - \dfrac{M_L}{M_0}} \ln \frac{\dfrac{0.03968}{\alpha\tau} + 1}{\dfrac{0.03968}{\alpha\tau} + \dfrac{M_L}{M_0}}$$

令上式的 M_L / M_0 为任务需求，作为参数确定并取 0.1 值来分析。

将 $M_L / M_0 = 0.1$ 代入上式：

$$1 - \frac{6.952}{\tau} = \frac{\dfrac{0.03968}{\alpha\tau} + 0.1}{1 - 0.1} \ln \frac{\dfrac{0.03968}{\alpha\tau} + 1}{\dfrac{0.03968}{\alpha\tau} + 0.1}$$

式中只含 α 和 τ 两个量，我们以 α 为变量（量纲为 kW / kg ）迭代求解：

当 $\alpha = 0.1$ 时

$$1 - \frac{6.952}{\tau} = \frac{\dfrac{0.3968}{\tau} + 0.1}{1 - 0.1} \ln \frac{\dfrac{0.3968}{\tau} + 1}{\dfrac{0.3968}{\tau} + 0.1}$$

可求出 $\tau = 10.1$ 年

验算： $J = 1 - \dfrac{6.952}{10.1} = 0.3117$

$L = \dfrac{0.3968}{10.1} = 0.039287$

即 $\dfrac{L+0.1}{1-0.1}\ln\dfrac{L+1}{L+0.1} = \dfrac{0.039287+0.1}{1-0.1}\ln\dfrac{0.039287+1}{0.039287+0.1}$

$$= 0.1548\ln 7.462 = 0.3111$$

在 $v=50\text{km}/\text{s}$ 时，因其比冲比较小，所以特征值 L 也比较小：

$$L = \dfrac{v^2}{2\alpha\tau} = \dfrac{(50)^2}{2\times\alpha\times10^{-3}\times\tau\times0.315\times10^8} = \dfrac{0.03968}{\alpha\tau}$$

从 $\alpha=1 \sim \alpha=10^4$，其 L 从 $\dfrac{0.03968}{\tau} \sim \dfrac{0.03968\times10^{-4}}{\tau}$。

而 τ 往往是 10 年左右，则 L 值在 $4\times10^{-3} \sim 4\times10^{-7}$，所以，在 $\alpha>1$，L 趋于极小量时特征表达式取饱和值 E（即 $L\to 0$）

$$E = \dfrac{L+0.1}{1-0.1}\ln\dfrac{L+1}{L+0.1} = \dfrac{0.1}{0.9}\ln\dfrac{1}{0.1} = 0.2558$$

即当 $M_L/M_0 = 0.1$ 时，其 E 的饱和值为 0.2558。

由 J 的定义 $J=E$，知 $1-\dfrac{S_\tau}{v\cdot\tau}$ 亦近似为常值。

即 $1-\dfrac{S_\tau}{v\cdot\tau} = E$

有 $1-E = \dfrac{S_\tau}{v\tau}$

则 $\tau = \dfrac{S_\tau}{v\cdot(1-E)}$

τ 的单位是 s，v 的单位为 km/s，则 τ（年）

$$\tau = \dfrac{S_\tau\times1.5\times10^8}{v(1-E)\times0.315\times10^8} = \dfrac{S_\tau}{v(1-E)\times0.21}$$

写成通式为 $\tau = \dfrac{S_\tau(\text{AU})}{v(1-E)\times0.21(\text{AU})}$，单位为年。

$M_L/M_0 = 0.1$，$v=50\text{km}/\text{s}$，α 从 $1\sim10^4$ 的范围内 S_τ 与 τ 的对应关系，是

将 $E=0.2558$ 代入，$\tau = \dfrac{S_\tau}{7.81}$ 年，也即 S_τ 与 τ 是线性关系，这就是因为此时

特征值 L 趋于极小。

相应有：

$$S_\tau = 73 \text{时} \quad \tau = 9.34 \text{年}$$

$$S_\tau = 100 \text{时} \quad \tau = 12.79 \text{年}$$

$$S_\tau = 540 \text{时} \quad \tau = 69.1 \text{年}$$

$$S_\tau = 730 \text{时} \quad \tau = 93.4 \text{年}$$

即在 $v = 50 \text{km/s}$，S_τ、M_L / M_0 确定的情况下工作时间 τ 与 α 的相关性减弱，几乎是一条直线。τ 与 S_τ 的相关性极大。

这是在 $v = 50 \text{km/s}$ 下的情况，**如果比冲增加到 350km/s 时，情况是不一样的，我们来讨论这个情况。**

当 $v = 350 \text{km/s}$ 时，令 M_L / M_0 仍为 0.1，S_τ 仍为参数，设 S_τ 为 730AU（其规律与 73AU 时相同），求任务时间 τ 与功率密度 α 的关系。α 量纲为 kW/kg。

此时：

截比 $J = 1 - \dfrac{S_\tau}{v \cdot \tau} = 1 - \dfrac{730\text{AU}}{350 \times \tau \times 0.315 \times 10^8 / (1.5 \times 10^8)} = 1 - \dfrac{9.932}{\tau}$

特征值 $L = \dfrac{v^2}{2\alpha\tau} = \dfrac{(350)^2}{2 \times \alpha \times 10^{-3} \times \tau \times 0.315 \times 10^8} = \dfrac{1.944}{\alpha \cdot \tau}$

施图林格解表达式为

$$1 - \frac{9.932}{\tau} = \frac{\frac{1.944}{\alpha\tau} + \frac{M_L}{M_0}}{1 - \frac{M_L}{M_0}} \ln \frac{\frac{1.944}{\alpha\tau} + 1}{\frac{1.944}{\alpha\tau} + \frac{M_L}{M_0}}$$

令 M_L / M_0 的任务需求为 0.1 时，上式为

$$1 - \frac{9.932}{\tau} = \frac{\frac{1.944}{\alpha\tau} + 0.1}{1 - 0.1} \ln \frac{\frac{1.944}{\alpha\tau} + 1}{\frac{1.944}{\alpha\tau} + 0.1}$$

式中只含 α 和 τ 两个量，以 α 为变量迭代求解 τ。

若 $\alpha = 0.1$，迭代得 $\tau = 29.3$。

验算截比：$J = 1 - \dfrac{9.932}{29.3} = 0.6610$

特征值：$L = \dfrac{19.44}{29.3} = 0.6635$

则 $\dfrac{L + 0.1}{1 - 0.1} \ln \dfrac{L + 1}{L + 0.1} = \dfrac{0.6635 + 0.1}{1 - 0.1} \ln \dfrac{0.6635 + 1}{0.6635 + 0.1} = 0.6610$

当 $\alpha = 1$ 时，$J = 1 - \dfrac{9.932}{\tau}$

$$L = \frac{v^2}{2\alpha\tau} = \frac{(350)^2}{2 \times 10^{-3} \times \tau \times 0.315 \times 10^8} = \frac{1.944}{\tau}$$

则有：

$$1 - \frac{9.932}{\tau} = \frac{L + 0.1}{1 - 0.1} \ln \frac{L + 1}{L + 0.1} = \frac{\dfrac{1.944}{\tau} + 0.1}{1 - 0.1} \ln \frac{\dfrac{1.944}{\tau} + 1}{\dfrac{1.944}{\tau} + 0.1}$$

迭代得 $\tau = 16.44$ 年。

验算：$J = 1 - \dfrac{9.932}{16.44} = 0.3959$

$L = \dfrac{1.944}{16.44} = 0.1182$

$\dfrac{L + 0.1}{1 - 0.1} \ln \dfrac{L + 1}{L + 0.1} = \dfrac{0.1182 + 0.1}{1 - 0.1} \ln \dfrac{0.1182 + 1}{0.1182 + 0.1} = 0.3961$

表明当 α 从 0.1 变化到 1 时，τ 从 29.3 年降到 16.44 年。

当 $\alpha = 10$ 时，迭代有 $\tau = 13.73$ 年。

验算：$J = 1 - \dfrac{9.932}{13.73} = 0.2766$

$L = \dfrac{0.1944}{13.73} = 0.01416$

$$\frac{L+0.1}{1-0.1}\ln\frac{L+1}{L+0.1} = \frac{0.01416+0.1}{1-0.1}\ln\frac{0.01416+1}{0.01416+0.1} = 0.2769$$

当 $\alpha = 100$ 时，经迭代得 $\tau = 13.346$ 年

验算： $J = 1 - \dfrac{9.932}{13.346} = 0.2558$

$$L = \frac{v^2}{2\alpha\tau} = \frac{(350)^2}{2\times100\times10^{-3}\times\tau\times0.315\times10^8} = \frac{19.44}{\tau}\times10^{-3}$$

$$\frac{L+0.1}{1-0.1}\ln\frac{L+1}{L+0.1} = \frac{0.1}{0.9}\ln\frac{1}{0.1} = 0.2558$$

说明当 $\alpha > 100$ 时，其特征值 $L = \dfrac{v^2}{2\alpha\tau} \approx 0$，而特征表达式

$$E = \frac{L+0.1}{1-0.1}\ln\frac{L+1}{L+0.1} = \frac{0.1}{0.9}\ln\frac{1}{0.1} = 0.2558$$

也即 $\tau = 13.35$ 年。即是我们前面得到的结果，**当 $L \approx 0$ 时，E 为饱和值 0.2558**。

所以其曲线是饱和的，但这个饱和值是在 $\alpha > 100$ 时。

上述解析过程说明，**当比冲 I_{sp} 比较小时（如 50km/s），任务时间 τ 与功率密度 α 的关系不大，几乎是饱和的水平线，它与有效载荷比及任务距离相关。当比冲 I_{sp} 比较大时（如 350km/s），在 $\alpha < 1$ 的情况下，τ 随着 α 的增加而下降；在 $\alpha > 1$ 的情况下，τ 与 α 的提高无甚大影响，也是一个饱和线。**

5. 关于推力系统的功率与比冲

我们从式（2.6）出发：

$$S_\tau = v\tau\left[\left(\frac{M_0}{M_\rho}-1\right)\ln\left(1-\frac{M_\rho}{M_0}\right)+1\right]$$

$1 - \dfrac{S_\tau}{v\tau} = \left(1-\dfrac{M_0}{M_\rho}\right)\ln\left(1-\dfrac{M_\rho}{M_0}\right)$，**可以写作 $J = E$。**

在实际的系统中，$M_L\big/M_0 < 1$ 是必然的，前面已经交待过 $\ln\left(1-\dfrac{M_\rho}{M_0}\right) < 0$，

109

且 $1 - \dfrac{M_0}{M_\rho} < 0$ ，即 $1 - \dfrac{S_\tau}{v\tau} > 0$ ，这也是必然的。

前面已经讲过，**截比 $J = 1 - \dfrac{S_\tau}{v\tau} > 0$ ，这是实际系统存在的必要条件**，如果满足不了这个条件，则没有实现目标的系统存在。**这是我们将其称为"截比"的原因，也是我们将其分离出来作为一个概念的存在理由。**

在我们研究功率 P 与比冲 v 的关系时，将初始质量 M_0 作为参数，因功率 $P = \dfrac{1}{2} \cdot \dfrac{M_\rho}{\tau} v^2$ ，所以 $M_\rho = \dfrac{2\tau P}{v^2}$ 。

代入式（2.6）中：

$$E = \left(1 - \frac{v^2 M_0}{2\tau P} \right) \ln \left(1 - \frac{2\tau P}{v^2} \cdot \frac{1}{M_0} \right)$$

为求解方便，我们令

$$Q = \frac{2\tau P}{M_0 v^2} \tag{2.11}$$

可称 Q 为特征参数，无量纲中含有功率和比冲的关系。

则 $E = \left(1 - \dfrac{1}{Q} \right) \ln(1 - Q)$

由 $J = E$ 可以迭代求出 Q ，而特征参数 Q 里包含功率 P 和比冲 v ，也即在 τ 和 M_0 为参数条件下可以得到功率 P 与比冲 $v(I_{sp})$ 的关系。

我们以 $S_\tau = 73\text{AU}$ ， $\tau = 20$ 年， $M_0 = 10\text{kg}$ 的任务作为一个例子来求解功率 P 与比冲 v 的关系。

首先求截比

$$J = 1 - \frac{S_\tau}{v\tau} = 1 - \frac{73\text{AU}}{v \times 20 \times 0.315 \times 10^8 / (1.5 \times 10^8)} = 1 - \frac{17.381}{v}$$

（ v 的单位为 km / s ）

我们以 $v = 500$ 、 300 、 150 、 50 四点为变量求解其相应的功率值：

$$v = 500 \text{km/s} \text{ 时，} \quad J_{500} = 1 - \frac{17.381}{500} = 0.9652$$

$$v = 300 \text{km/s} \text{ 时，} \quad J_{300} = 1 - \frac{17.381}{300} = 0.9420$$

$$v = 150 \text{km/s} \text{ 时，} \quad J_{150} = 1 - \frac{17.381}{150} = 0.8841$$

$$v = 50 \text{km/s} \text{ 时，} \quad J_{50} = 1 - \frac{17.381}{50} = 0.6524$$

由 $J = E = \left(1 - \dfrac{1}{Q}\right) \ln(1-Q)$，可以迭代得到近似值：

$$Q_{500} = 0.0680, \left(E = \left(1 - \frac{1}{0.068}\right) \ln(1 - 0.068) = 0.9652\right)$$

$$Q_{300} = 0.1115, \left(E = \left(1 - \frac{1}{0.1115}\right) \ln(1 - 0.1115) = 0.9420\right)$$

$$Q_{150} = 0.2144, \left(E = \left(1 - \frac{1}{0.2144}\right) \ln(1 - 0.2144) = 0.8841\right)$$

$$Q_{50} = 0.5511, \left(E = \left(1 - \frac{1}{0.5511}\right) \ln(1 - 0.5511) = 0.6524\right)$$

由 $Q = \dfrac{2\tau P}{M_0 v^2}$，可求 $P = \dfrac{M_0 v^2}{2\tau} Q$，则当 $M_0 = 10\text{kg}$，$\tau = 20$ 年时有：

$$P = \frac{10}{2 \times 20 \times 0.315 \times 10^8} \times v^2 \times Q$$

此式表示当 M_0、v^2、τ 确定的情况下，功率 P 与特征参数 Q 之间的关系。

将 $v_{500} = 500$，$Q_{500} = 0.0680$

$v_{300} = 300$，$Q_{300} = 0.1115$

$v_{150} = 150$，$Q_{150} = 0.2144$

$v_{50} = 50$，$Q_{50} = 0.5511$

代入，且 v 以 m/s 为单位。则 $(500\text{km})^2 = (500)^2 \times 10^6 \text{m/s}$

有 $P_{500} = \dfrac{10 \times 10^6}{2 \times 20 \times 0.315 \times 10^8} \times v^2 \times Q$

$\quad\quad\quad = 0.79365 \times 10^{-2} \times v_{500}{}^2 \times Q_{500}$

$\quad\quad\quad = 0.79365 \times 10^{-2} \times (500)^2 \times 0.0680$

$\quad\quad\quad = 1.349 \times 10^2 \,\text{W}$

$P_{300} = 0.79365 \times 10^{-2} \times (300)^2 \times 0.1115 = 0.796 \times 10^2 \,\text{W}$

$P_{150} = 0.79365 \times 10^{-2} \times (150)^2 \times 0.2144 = 0.383 \times 10^2 \,\text{W}$

$P_{50} = 0.79365 \times 10^{-2} \times (50)^2 \times 0.5511 = 10.93 \,\text{W}$

当 M_0 变化时，因各参数皆没变化，所以功率 P 与 M_0 成正比增加。

若 S_τ 仍为 73AU，τ 为 8 年时，其截比：

$$J = 1 - \frac{S_\tau}{v\tau} = 1 - \frac{73\text{AU}}{v \times 8 \times 0.315 \times 10^8 / (1.5 \times 10^8)} = 1 - \frac{43.45}{v}$$

（v 以 km/s 为单位）

仍将 M_0 作为参数，计算 P 与 v 的关系。

令 M_0 值为 10kg 时：

截比 $J = 1 - \dfrac{43.45}{v}$

将 $v = 500$、300、150 及 $50\text{km}/\text{s}$ 代入，有

v	500	300	150	50
J	0.9131	0.8552	0.7103	0.1311

$$E = \left(1 - \frac{1}{Q}\right)\ln(1-Q) \quad\quad\quad (2.12)$$

由 $J = E = (1 - \dfrac{1}{Q})\ln(1-Q)$ 迭代求解有：

$$Q_{500} = 0.164, \left(E = \left(1 - \frac{1}{0.164}\right)\ln(1 - 0.164) = 0.9131\right)$$

$$Q_{300} = 0.2629, \left(E = \left(1 - \frac{1}{0.2629}\right)\ln(1 - 0.2629) = 0.8552\right)$$

$$Q_{150} = 0.4775, (E = \left(1 - \frac{1}{0.4775}\right)\ln(1 - 0.4775) = 0.7103)$$

$$Q_{50} = 0.9612, (E = \left(1 - \frac{1}{0.9612}\right)\ln(1 - 0.9612) = 0.1311)$$

由式（2.11）

$$P = \frac{M_0 v^2}{2\tau} Q = \frac{10 \times v^2 \times Q}{2 \times 8 \times 0.315 \times 10^8} = 1.984 \times 10^{-2} \times v^2 \times Q$$

（此处 v 以 m/s 为单位：计算 P 时，v 以 m/s 单位计算，即为 $(v \times 10^3)^2 = v^2 \times 10^6$，所以 P 的单位是（w））

所以，$P_{500} = 1.984 \times 10^{-2} \times 25 \times 10^4 \times 0.164 = 8.134 \times 10^2 \text{W}$

$P_{300} = 1.984 \times 10^{-2} \times (300)^2 \times 0.2629 = 4.694 \times 10^2 \text{W}$

$P_{150} = 1.984 \times 10^{-2} \times (150)^2 \times 0.4775 = 2.1315 \times 10^2 \text{W}$

$P_{50} = 1.984 \times 10^{-2} \times (50)^2 \times 0.9612 = 4.767 \times 10^1 \text{W}$

同样由于 P 与 M_0 成正比关系，所以随 M_0 的增加，P 呈等比上升的趋势。

下面我们讨论 S_τ 为 540AU、τ 为 24 年时的情况（M_0 仍为 10kg）：

此时的截比 $J = 1 - \dfrac{540\text{AU}}{v\tau}$

为保证截比条件，$\dfrac{540\text{AU}}{v\tau} < 1$，则有 $v\tau > 540\text{AU}$，也即在任务时间内其比冲 v 的约束是

$$v > \frac{540\text{AU}}{\tau} \tag{2.13}$$

在 $\tau = 24$ 年的任务要求时

$$v > \frac{540 \times 1.5 \times 10^8 \text{km}}{24 \times 0.315 \times 10^8 \text{s}} = 107.14\text{km/s}$$

说明在比冲小于 107km/s，是无法到达任务距离的。所以在 100km/s 以下，不应有数据，也即这样的条件下在 24 年内是达不到的。

我们以 $\tau = 24$ 年，$M_0 = 10$kg 为参数，v 仍取 500、300、150 及 50km/s 为变量，此时的截比：

$$J = 1 - \frac{S_\tau}{v\tau} = 1 - \frac{540\mathrm{AU}}{v \times 24 \times 0.315 \times 10^8 / (1.5 \times 10^8)} = 1 - \frac{107.14}{v}$$

（此处 v 以 km/s 为单位）

则有 $J_{500} = 1 - \dfrac{107.14}{500} = 0.786$

$J_{300} = 1 - \dfrac{107.14}{300} = 0.643$

$J_{150} = 1 - \dfrac{107.14}{150} = 0.286$

$J_{50} = 1 - \dfrac{107.14}{50} = -1.14$

出现 $J_{50} < 0$，不在任务可行范畴（**截比小于 0，任务被截止**）。

由式（2.12）求 E

$$E = \left(1 - \frac{1}{Q}\right)\ln(1 - Q)$$

由 $J = E = \left(1 - \dfrac{1}{Q}\right)\ln(1-Q)$，经迭代：

J_{500} 时有 $Q_{500} = 0.371, \left(E = \left(1 - \dfrac{1}{0.371}\right)\ln(1 - 0.371) = 0.786\right)$

J_{300} 时有 $Q_{300} = 0.562, \left(E = \left(1 - \dfrac{1}{0.562}\right)\ln(1 - 0.562) = 0.643\right)$

J_{150} 时有 $Q_{150} = 0.882, \left(E = \left(1 - \dfrac{1}{0.882}\right)\ln(1 - 0.882) = 0.2859\right)$

由式（2.11）

$$P = \frac{M_0 v^2}{2\tau}Q = \frac{10 \times v^2 \times Q}{2 \times 24 \times 0.315 \times 10^8} = 6.6 \times 10^{-3} \times v^2 \times Q$$

（此处 v 以 m/s 为单位，即 v^2 表示为 $(v \times 10^3)^2 = v^2 \times 10^6$）

有：

$$P_{500} = 6.6 \times 10^{-3} \times (500)^2 \times 0.371 = 61.215 \times 10 = 6.1215 \times 10^2\,\mathrm{W}$$

$$P_{300} = 6.6 \times 10^{-3} \times (300)^2 \times 0.562 = 3.34 \times 10^2 \, \text{W}$$

$$P_{150} = 6.6 \times 10^{-3} \times (150)^7 \times 0.882 = 1.31 \times 10^7 \, \text{W}$$

同理，它随 M_0 的增加量比例提高。

6. 关于最终速度 u_τ 与比冲的关系

由式（2.5）可得：

$$\frac{M_L}{M_0} = (1 + \frac{v^2}{2\alpha\tau}) \mathrm{e}^{-u_\tau/v} - \frac{v^2}{2\alpha\tau}$$

可知：

$$\mathrm{e}^{-u_\tau/v} = \left(\frac{M_L}{M_0} + \frac{v^2}{2\alpha\tau} \right) \cdot \frac{1}{\left(1 + \frac{v^2}{2\alpha\tau} \right)}$$

$$-u_\tau/v = \ln\left(\frac{M_L}{M_0} + \frac{v^2}{2\alpha\tau} \right) - \ln\left(1 + \frac{v^2}{2\alpha\tau} \right)$$

$$u_\tau = -v \left[\ln\left(\frac{M_L}{M_0} + \frac{v^2}{2\alpha\tau} \right) - \ln\left(1 + \frac{v^2}{2\alpha\tau} \right) \right] \qquad （2.14）$$

这里面含有 v、M_L/M_0、α、τ 和 u_τ 这五个变量，我们要求的是 u_τ 与 v 之间的关系。

为此我们将 α、τ 作为参数，而将其 S_τ、α、τ 条件下的 M_L/M_0 作为中间待求量，则可得到在这些约束下的最终速度 u_τ 与比冲 $v(I_{\text{sp}})$ 的关系。

下面我们以 $\tau = 8$ 年、$\alpha = 0.1 \text{kW}/\text{kg}$（$10^{-4} \text{km}^2/\text{s}^3$）、$S_\tau = 73\text{AU}$ 为例具体分析。

在这个例子中，特征值为

$$L = \frac{v^2}{2\alpha\tau} = \frac{v^2}{2 \times 10^{-4} \times 8 \times 0.315 \times 10^8} = 0.1984 \times 10^{-4} \times v^2$$

在 S_τ 任务距离要求下，由式（2.9）可以求出对应的 M_L/M_0。

当 $v = 150\text{km}/\text{s}$ 时：

$$L = 0.1984 \times 10^{-4} \times (150)^2 = 0.4464$$

由式（2.9）对应的 $M_L / M_0 = 0.31$，代入式（2.14）：

$$u_\tau = -150[\ln(0.4464 + 0.31) - \ln(1 + 0.4464)] = 97.2\mathrm{km/s}$$

同样的过程可得下表数据。

$v/(\mathrm{km/s})$	150	200	250	300	350	400	450	500
L	0.446	0.794	1.240	1.786	2.430	3.174	4.018	4.960
M_L/M_0	0.31	0.33	0.31	0.27	0.22	0.16	0.10	0.04
$u_\tau / \left(\mathrm{km/s}\right)$	97.2	93.53	92.06	91.17	90.29	89.86	88.96	87.81

由 $v = 150\mathrm{km/s}$ 到 $v = 500\mathrm{km/s}$ 比冲下的 $S_\tau = 73\mathrm{AU}$、$\tau = 8$ 年、$\alpha = 0.1\mathrm{kW/kg}$ 约束的最终速度 u_τ。我们从 $J = 1 - \dfrac{S_\tau}{v\tau} = 1 - \dfrac{73}{v \times 8 \times 0.315 / 1.5} = 1 - \dfrac{43.45}{v}$ 看到，当 v 从 $50\mathrm{km/s}$ 到 $100\mathrm{km/s}$ 增加时，J 从 0.131 变到 0.566，变化幅度为 0.44 左右，但从 $200\mathrm{km/s}$ 增加到 $500\mathrm{km/s}$ 时，J 从 0.782 变到 0.913，其变化幅值仅为 0.13，所以 u_τ 在大于 $200\mathrm{km/s}$ 之后变化幅值较小，几乎是一条直线。

我们再以 $\tau = 28$ 年为例，S_τ 仍为 $73\mathrm{AU}$、α 仍为 $0.1\mathrm{kW/kg}$，这时的特征值：

$$L = \frac{v^2}{2\alpha\tau} = \frac{v^2}{2 \times 10^{-4} \times 28 \times 0.315 \times 10^8} = 0.05669 \times 10^{-4} \times v^2$$

当 $v = 50\mathrm{km/s}$ 时：

$$L = 0.05669 \times 10^{-4} \times (50)^2 = 0.01417$$

由式（2.9）对应的 $M_L / M_0 = 0.58$，代入式（2.14），得：

$$u_\tau = -50[\ln(0.01417 + 0.58) - \ln(1 + 0.01417)] = 26.73\mathrm{km/s}$$

按同样的过程得到下表。

$v/(km/s)$	50	100	150	200	250
L	0.01417	0.05669	0.12755	0.22676	0.3543
M_L/M_0	0.58	0.75	0.82	0.85	0.87
$u_\tau/\left(km/s\right)$	26.73	26.99	26.088	26.084	25.23
$v/(km/s)$	300	350	400	450	500
L	0.51021	0.69445	0.90904	1.14797	1.41725
M_L/M_0	0.88	0.89	0.89	0.89	0.89
$u_\tau/\left(km/s\right)$	24.838	23.49	23.76	23.65	23.28

这个从 $50km/s$ 到 $500m/s$ 比冲下的 $S_\tau=73AU$、$\tau=28$ 年、$\alpha=0.1kW/kg$ 约束的最终速度 u_τ 与 $v(I_{sp})$ 的关系即为 $\tau=28$ 年的曲线。

这个最终速度的求解问题在齐奥尔科夫斯基公式中已经完整表达，这里只是经过施图林格对其中推进系统装置的功率密度定义后将变形为关于有效载荷比 M_L/M_0 的施图林格解的形式。

7. 有关有效载荷比的归一化解

由 $\dfrac{M_L}{M_0}=e^{-u_\tau/v}-\left(\dfrac{v^2}{2\alpha\tau}\right)(1-e^{-u_\tau/v})$

其 $\dfrac{M_L}{M_0}$ 与 $v(I_{sp})$ 的关系取决于 α、τ 和 u_τ。

为了绘制一个统一的图，将 u_τ 和 v 都用特征速度 $v_c=\sqrt{2\alpha\tau}$ 进行归一化处理，即 $u_\tau^*=\dfrac{u}{v_c}$，$v^*=\dfrac{v}{v_c}$，这种归一化处理，并不改变 M_L/M_0 的值。

以 v^* 为横坐标、u^* 为参数、载荷比 M_L/M_0 为纵坐标，得到归一化的表达式。

$$\frac{M_L}{M_0}=e^{-u^*/v^*}-(v^*)^2(1-e^{-u^*/v^*}) \tag{2.15}$$

选取 v^* 为 0.01、0.02、0.05、0.2、1、10 这六个点及 $u^*=0.01$、0.02、0.05、0.1 的值求解 M_L/M_0：

我们将其写成 $\dfrac{M_L}{M_0}=(1+v^*)e^{-u^*/v^*}-(v^*)^2$ 的形式进行计算更为方便。

当 $u^*=0.01$ 参数下：

变量 $v^*=0.01$ 时，$M_L/M_0=0.3678$

变量 $v^*=0.02$ 时，$M_L/M_0=0.6065$

变量 $v^*=0.05$ 时，$M_L/M_0=0.8182$

变量 $v^*=0.2$ 时：

$$\frac{M_L}{M_0}=e^{-0.01/0.2}-(0.2)^2(1-e^{-0.01/0.2})=0.9492$$

变量 $v^*=1$ 时：

$$\frac{M_L}{M_0}=e^{-0.01}-(1)^2(1-e^{-0.01})=0.9800$$

变量 $v^*=10$ 时：

$$\frac{M_L}{M_0}=e^{-0.01/10}-(10)^2(1-e^{-0.01/10})=0.8990$$

可以看出当 $v^*=1$ 时，M_L/M_0 比 $v^*=10$ 和 $v^*=0.2$ 都要大，也即当比冲 v^* 接近特征速度 $\sqrt{2\alpha\tau}$ 时，其载荷比近为极大值。

按同样的过程，求得 $u^*=0.02$ 的载荷比的变化情况，见下表。

v^*	0.01	0.02	0.05	0.2	1	2	10
M_L/M_0	0.1353	0.3676	0.6695	0.9010	0.9604	0.9502	0.7982

也表明 $v^*\doteq1$ 时，M_L/M_0 出现极大值。

下面我们讨论当 M_L/M_0 趋于极小情况下的 u^*、v^* 关系，因 M_L/M_0 取值在（1，0）之间，即不可能没有有效载荷，也不可能全部都是有效载荷，即 $0 < M_L/M_0 < 1$。

为了绘制 M_L/M_0 与 v^* 的关系图，我们可以将小于 0.04 作为 M_L/M_0 的最小边值来考虑。

当 $u^* = 0.05$，$v^* = 0.015$ 时：

$$\frac{M_L}{M_0} = \mathrm{e}^{-0.05/0.015} - (0.015)^2(1 - \mathrm{e}^{-0.05/0.015}) = 0.03545 < 0.04$$

同样可求 u^* 为各值下 v^* 值见下表。

u^*	0.1	0.2	0.3	0.4	0.5	0.6	0.7	0.8
v^*	0.023	0.045	0.07	0.11	0.15	0.18	0.26	0.5

在 $v^* > 1$ 时，其 M_L/M_0 取下降趋势，在这一段 $M_L/M_0 < 0.04$ 时的 u^*、v^* 的对应关系计算如下：

当 $u^* = 0.1$，$v^* = 9.9$ 时：

$$\frac{M_L}{M_0} = \mathrm{e}^{-0.1/9.9} - (9.9)^2 \ln(1 - \mathrm{e}^{-0.1/9.9}) = 0.00493 < 0.04$$

同样可得到 $v^* > 1$ 情况下的相应 u^*：

u^*	0.1	0.2	0.3	0.4	0.5	0.6	0.7
v^*	9.9	4.7	3.2	2.2	1.7	1.3	0.94

我们这样一个点一个点求取，就是为了说明 M_L/M_0 存在一个极值点，在 $v^* = 1$ 的两旁有两个使 M_L/M_0 近似趋向于零的 v^* 值。

对于 $M_L \big/ M_0$ 在每个 u 条件下都有一个 v 使其达到最大值，而这个 v 近似等于发动机的特征速度 $v_c = \sqrt{2\alpha\tau}$ ，**也即当比冲 $v \cong v_c$ 时其载荷比为最大值**。这在我们上述的演算中得到了说明。

在 u^* （ u_τ / v_c ）较大时，其极值表现得较为突出，即两侧的 $M_L \big/ M_0$ 与 $(M_L \big/ M_0)_{\max}$ 差异比较明显。在 $u^* > 0.05$ 之后，任务选择时，对 u_τ / v_c 的组合值要慎重设计，否则会因 u^* 越大而 $M_L \big/ M_0$ 变小（也即由于 u_τ 和 v_c 的增大，而使载荷比减小）。

此处， $v_c = I_{\mathrm{sp}}$ （近似值）取极大值是在上述具体数据下明显反映出来的，但我们没有给出解析式说明，据"IPM"介绍，这个研究结果出现得比较早，但经常被人们遗忘（This result is old and often forgotten）。

8. 关于 $M_L = 0$ 时的极限速度

在最终速度 u 的表达式（2.14）中，其比冲是关键的参数，我们可以得到它的极值解析式 $\dfrac{\mathrm{d}u}{\mathrm{d}v} = 0$ 。

下面将其结果推演如下：

由式（2.14）可得

$$\frac{\mathrm{d}u}{\mathrm{d}v} = \frac{\mathrm{d}}{\mathrm{d}v}\left(v \cdot \ln \frac{1 + v^2 \big/ 2\alpha\tau}{M_L \big/ M_0 + v^2 \big/ 2\alpha\tau} \right)$$

$$= \ln\left(\frac{1 + v^2 \big/ 2\alpha\tau}{M_L \big/ M_0 + v^2 \big/ 2\alpha\tau} \right) + v \cdot \frac{M_L \big/ M_0 + v^2 \big/ 2\alpha\tau}{1 + v^2 \big/ 2\alpha\tau} \cdot \left(\frac{1 + v^2 \big/ 2\alpha\tau}{M_L \big/ M_0 + v^2 \big/ 2\alpha\tau} \right)'$$

其中 $\left(\dfrac{1 + v^2 \big/ 2\alpha\tau}{M_L \big/ M_0 + v^2 \big/ 2\alpha\tau} \right)' = \dfrac{2v}{2\alpha\tau} \cdot \left(M_L \big/ M_0 + v^2 \big/ 2\alpha\tau \right)^{-1} -$

$$\left(1 + v^2\!\big/2\alpha\tau\right) \cdot \left(M_L\!\big/M_0 + v^2\!\big/2\alpha\tau\right)^{-2} \cdot \frac{2v}{2\alpha\tau}$$

$$= \frac{v\!\big/\alpha \cdot \tau\left(M_L\!\big/M_0 - 1\right)}{\left(M_L\!\big/M_0 + v^2\!\big/2\alpha\tau\right)^2}$$

$$\frac{\mathrm{d}u}{\mathrm{d}v} = \ln\left(\frac{1 + v^2\!\big/2\alpha\tau}{M_L\!\big/M_0 + v^2\!\big/2\alpha\tau}\right) +$$

$$v \cdot \frac{M_L\!\big/M_0 + v^2\!\big/2\alpha\tau}{1 + v^2\!\big/2\alpha\tau} \cdot \frac{v\!\big/\alpha \cdot \tau \cdot \left(M_L\!\big/M_0 - 1\right)}{\left(M_L\!\big/M_0 + v^2\!\big/2\alpha\tau\right)^2}$$

$$= \ln\left(\frac{1 + v^2\!\big/2\alpha\tau}{M_L\!\big/M_0 + v^2\!\big/2\alpha\tau}\right) + \frac{v^2}{\alpha\tau} \cdot \frac{M_L\!\big/M_0 - 1}{\left(1 + v^2\!\big/2\alpha\tau\right) \cdot \left(M_L\!\big/M_0 + v^2\!\big/2\alpha\tau\right)}$$

令 $\dfrac{\mathrm{d}u}{\mathrm{d}v} = 0$ ，则得到 u 对 v 的极值。

将第二项移到等式另一端则有

$$\ln\left(\frac{1 + v^2\!\big/2\alpha\tau}{M_L\!\big/M_0 + v^2\!\big/2\alpha\tau}\right) = \frac{v^2}{\alpha\tau} \cdot \frac{1 - M_L\!\big/M_0}{\left(1 + v^2\!\big/2\alpha\tau\right) \cdot \left(M_L\!\big/M_0 + v^2\!\big/2\alpha\tau\right)} \tag{2.16}$$

此式即为 u 达到极值的条件，**这个结果是 Stuhlinger 得到的**。

我们将式（2.16）再代回到式（2.14），即将式（2.14）中

$$\ln\left(\frac{M_L}{M_0} + \frac{v^2}{2\alpha\tau}\right) - \ln\left(1 + \frac{v^2}{2\alpha\tau}\right) = \ln\frac{M_L\!\big/M_0 + v^2\!\big/2\alpha\tau}{1 + v^2\!\big/2\alpha\tau}$$

注意此式与（2.16式）的分子、分母是颠倒的，所以差一个负号。

用式（2.16）的右端表达式表示，得到其 u_{max} 的表达式为

$$u_{max} = v \cdot \frac{\left(v^2 \middle/ \alpha\tau \right) \cdot \left(1 - M_L \middle/ M_0 \right)}{\left(1 + v^2 \middle/ 2\alpha\tau \right) \cdot \left(M_L \middle/ M_0 + v^2 \middle/ 2\alpha\tau \right)}$$

$$= \frac{v^3}{\alpha\tau} \cdot \frac{1 - M_L \middle/ M_0}{\left(1 + v^2 \middle/ 2\alpha\tau \right) \cdot \left(M_L \middle/ M_0 + v^2 \middle/ 2\alpha\tau \right)} \tag{2.17}$$

u_{max} 是在 α 和 τ 作为参数，而不是作为变量的条件下求得的。

将 $M_L \middle/ M_0$ 从式（2.17）中重整有

$$\left(M_L \middle/ M_0 + v^2 \middle/ 2\alpha\tau \right)\left(1 + v^2 \middle/ 2\alpha\tau \right) \cdot \frac{\alpha\tau}{v^3} \cdot u_{max} = 1 - M_L \middle/ M_0$$

$$\left(M_L \middle/ M_0 \right)\left[\left(1 + v^2 \middle/ 2\alpha\tau \right) \cdot \frac{\alpha\tau}{v^3} \cdot u_{max} + 1 \right]$$

$$= 1 - \frac{v^2}{2\alpha\tau}\left(1 + v^2 \middle/ 2\alpha\tau \right) \cdot \frac{\alpha\tau}{v^3} \cdot u_{max}$$

$$M_L \middle/ M_0 = \frac{1 - \dfrac{1}{2v}\left(1 + v^2 \middle/ 2\alpha\tau \right) \cdot u_{max}}{1 + \left(1 + v^2 \middle/ 2\alpha\tau \right)\dfrac{\alpha\tau}{v^3}u_{max}}$$

即 $M_L \middle/ M_0 = \dfrac{1 - \left(u_{max} \middle/ 2v \right)\left(1 + v^2 \middle/ 2\alpha\tau \right)}{1 + \left(u_{max} \middle/ 2v \right)\left(1 + v^2 \middle/ 2\alpha\tau \right) \cdot \dfrac{2\alpha\tau}{v^2}}$

$$= \frac{1 - \left(u_{max} \middle/ 2v \right)\left(1 + v^2 \middle/ 2\alpha\tau \right)}{1 + \left(u_{max} \middle/ 2v \right)\left(1 + 2\alpha\tau \middle/ v^2 \right)}$$

以上表述的就是在最终速度达到 u_{max} 的时候，发动机参数 α、比冲 v 和工作时间 τ 下的 M_L/M_0 的值，即任务的载荷比能力。

当 $v \approx \sqrt{\alpha\tau}$ 时，u_{max} 可写成

$$
\begin{aligned}
u_{max} &= v \cdot \frac{v^2/\alpha\tau \left(1 - M_L/M_0\right)}{\left(1 + v^2/2\alpha\tau\right) \cdot \left(M_L/M_0 + v^2/2\alpha\tau\right)} \\[2ex]
&= v \cdot \frac{1 - M_L/M_0}{\left(1 + \dfrac{1}{2}\right)\left(M_L/M_0 + \dfrac{1}{2}\right)} \\[2ex]
&= v \cdot \frac{1 - M_L/M_0}{\dfrac{3}{2} \cdot \dfrac{1}{2} \cdot \left(1 + 2 \times M_L/M_0\right)} \\[2ex]
&= \frac{4}{3}\sqrt{\alpha\tau} \cdot \frac{1 - M_L/M_0}{1 + 2 \times M_L/M_0}
\end{aligned}
\tag{2.18}
$$

对于极端情况，当有效载荷为 0 的时候，它的最终速度将是个什么情况，也即最极限的状态下，$M_L = 0$。

这时由式（2.5）

$$
\frac{M_L}{M_0} = \mathrm{e}^{-u_\tau/v} - \frac{v^2}{2\alpha\tau}\left(1 - \mathrm{e}^{-u_\tau/v}\right)
$$

$M_L = 0$ 时有：

$$
\mathrm{e}^{-u_\tau/v} + \frac{v^2}{2\alpha\tau}\mathrm{e}^{-u_\tau/v} - \frac{v^2}{2\alpha\tau} = 0
$$

即 $\mathrm{e}^{-u_\tau/v}\left(1 + \dfrac{v^2}{2\alpha\tau}\right) = \dfrac{v^2}{2\alpha\tau}$

$$e^{-u_\tau/v} = \frac{v^2/2\alpha\tau}{1+v^2/2\alpha\tau} = \frac{v^2/2\alpha\tau}{v^2/2\alpha\tau\left(1+2\alpha\tau/v^2\right)}$$

即 $\dfrac{1}{e^{u_\tau/v}} = \dfrac{1}{1+\dfrac{2\alpha\tau}{v^2}}$

$$e^{u_\tau/v} = \frac{2\alpha\tau}{v^2}+1$$

$$e^{u_\tau/v} - \frac{2\alpha\tau}{v^2} - 1 = 0$$

也可以表示为

$$\frac{u_\tau}{v} = \ln\left(1+\frac{2\alpha\tau}{v^2}\right)$$

$$u_\tau = v\ln\left(1+\frac{2\alpha\tau}{v^2}\right) \tag{2.19}$$

我们仍对其求导得到极值速度 $u_{\tau_{max}}$：

$$\frac{\mathrm{d}u_\tau}{\mathrm{d}v} = \ln\left(1+\frac{2\alpha\tau}{v^2}\right) + v\cdot\frac{v^2}{v^2+2\alpha\tau}\cdot\left(\frac{2\alpha\tau+v^2}{v^2}\right)'$$

其中 $\left(\dfrac{2\alpha\tau+v^2}{v^2}\right)'$ 为

$$\left[\left(v^2+2\alpha\tau\right)\cdot v^{-2}\right]'$$

$$= 2v\cdot v^{-2} + \left(v^2+2\alpha\tau\right)v^{-3}(-2)$$

$$= \frac{2}{v} + \frac{(-2)\left(v^2+2\alpha\tau\right)}{v^3} = \frac{2v^2-2v^2-4\alpha\tau}{v^3}$$

代入原式有

$$\frac{\mathrm{d}u_{\tau}}{\mathrm{d}v} = \ln\left(1 + \frac{2\alpha\tau}{v^2}\right) + v \cdot \frac{v^2}{\left(v^2 + 2\alpha\tau\right)} \cdot \frac{-4\alpha\tau}{v^3}$$

$$= \ln\left(1 + \frac{2\alpha\tau}{v^2}\right) - \frac{4\alpha\tau}{2\alpha\tau\left(1 + v^2/2\alpha\tau\right)}$$

$$= \ln\left(1 + \frac{2\alpha\tau}{v^2}\right) - \frac{2}{1 + v^2/2\alpha\tau}$$

$\dfrac{\mathrm{d}u_{\tau}}{\mathrm{d}v} = 0$ ，即

$$\ln\left(1 + \frac{2\alpha\tau}{v^2}\right) = \frac{2}{1 + v^2/2\alpha\tau}$$

这个表达式类型为

$$\ln\left(1 + \frac{1}{Q}\right) = \frac{2}{1 + Q} \quad \left(\text{其中 } Q = \frac{v^2}{2\alpha\tau}\right)$$

迭代求解有 $Q = 0.255$

即 $\dfrac{v^2}{2\alpha\tau} = 0.255$

所以 $v = \sqrt{0.255} \cdot \sqrt{2\alpha\tau}$

$$= 0.505 \cdot v_c$$

v_c 为特征速度，如果用 $\sqrt{\alpha\tau}$ 表示，则

$$v = 0.505 \times \sqrt{2} \times \sqrt{\alpha\tau}$$

$$= 0.714\sqrt{\alpha\tau}$$

将此处的 v 代入式（2.19）有

$$u_{\tau\max} = v\ln\left(1 + \frac{2\alpha\tau}{v^2}\right)$$

$$= 0.505v_c\ln\left(1 + \frac{1}{\left(0.505\right)^2}\right)$$

$$= 0.505 \cdot v_c\ln 4.9212$$

$$= 0.805v_c$$

当用 $v = \sqrt{\alpha\tau}$ 表示时

$$u_{\tau_{\max}} = 0.714\sqrt{\alpha\tau} \cdot \ln 4.9212$$

$$= 1.14\sqrt{\alpha \cdot \tau}$$

如果 $u_{\max}$ 用 $v = 0.505\sqrt{2\alpha\tau}$ 表示时（也即比冲是特征速度的 0.505 倍，使 u 达到极值时的速度）。

有 $u_{\tau\max} \doteq \dfrac{0.805v_c}{0.505v_c} = 1.594 \doteq 1.60$

所以 $u_{\tau\max} = 1.60v$ 是载荷比为 0 时的极限速度。

上述讨论的是当 $M_L \to 0$ 时的情况，由 $M_0 = M_w + M_L + M_\rho$，当 $M_L \to 0$ 时 $M_0 = M_w + M_\rho$。

这个状态的物理描述，就是有效载荷 M_L 已经不单独存在于 M_w 和 M_ρ 之外，而是纳入 M_w 之中，也可以说 M_L 不再与 M_w 分离，它成为动力系统的一部分，它的质量已纳入 M_w 之中，并反映在发动机的功率密度 α 参数表达里。

这个解释，用质量定义表达就是

$$M_0 = M_L + M_w + M_\rho$$

$$= (M_L + M_w) + M_\rho$$

$$= M_e + M_\rho$$

其中，M_e 为 $(M_0 - M_\rho)$，火箭的干重，当 $M_L \to 0$ 时，$M_e = M_w$。

至此我们得到了如下关系：

当 $M_L \to 0$ 时，有 $M_e = M_w$，此时的终速最大值 $u_{\tau\max} = 1.60v$（1.6 倍比冲），我们继续来分析其质量的关系，此时由 $u_{\tau\max} = v\ln\dfrac{M_0}{M_e}$

$$\mathrm{e}^{u_{\tau\max}/v} = \frac{M_0}{M_e} = \frac{M_0}{M_w}$$

将 $u = 1.60v$ 代入有

$$\frac{M_0}{M_e} = \frac{M_0}{M_w} = e^{1.60\frac{v}{v}} = 4.953 \text{，此值即是前页的} \left(1 + \frac{1}{(0.505)^2}\right) = \mathbf{4.9212}$$

所以
$$\begin{cases} M_e = M_w = \frac{1}{4.953} M_0 = 0.202 M_0 \\ M_\rho = M_0 - M_e = (1 - 0.202) M_0 = 0.798 M_0 \\ \frac{M_\rho}{M_w} = 3.95 \end{cases}$$

上述质量关系虽是从 $M_L \to 0$ 时取得的，但其结果是极具价值的。反过来讨论，也即在 $M_\rho = 0.8 M_0$，或推进剂是干重的 **4** 倍左右时火箭的最终速度取极值，其速度可到 **1.60** 倍比冲，而此时的比冲值为 **0.505** 倍的特征速度 $\sqrt{2\alpha\tau}$。

在 $u_{\tau\max} = 1.60v$ 中，其 v 是表达在 $\alpha = \frac{M_\rho \cdot v^2}{2 M_w \cdot \tau}$ 之中的，所以

$$\alpha\tau = \frac{M_\rho}{2 M_w} v^2$$

其 M_ρ / M_w 已经上面的运算得到近似为 $\frac{0.8 M_0}{0.2 M_0} = 4$

$$\alpha\tau = 2v^2$$

$$\sqrt{\alpha\tau} = \sqrt{2} v$$

即有 $\dfrac{u_{\tau\max}}{\sqrt{\alpha\tau}} = \dfrac{1.60v}{\sqrt{2}v} = 1.1313$

而在前面式（2.18）中

$$u_{\tau\max} = \frac{4}{3} \sqrt{\alpha\tau} \cdot \frac{1 - M_L / M_0}{1 + 2 M_L / M_0}$$

将 $M_L \to 0$ 代入

$$u_{\tau\max} = \frac{4}{3} \sqrt{\alpha\tau}$$

$$\frac{u_{\tau\max}}{\sqrt{\alpha\tau}} = \frac{4}{3} = 1.33$$

这两种方法得到的解中，以 1.1313 为精确解，因式（2.18）是在 $v = \sqrt{\alpha\tau}$ 时得到的，所以 1.33 则为近似解，相差近 17%。

上述结论是施图林格在 1964 年给出的，我感觉他不但给出了结论，而且贡献了方法，这点对我们的启发则更大。这也是我们"工程方法"论研究值得关注的地方。

当我们将 M_L 的质量纳入总干重里时，如果任务要求的 M_L 已经确定下来，则要在其他的干重质量上减重，如果发动机的 M_w 项或火箭其他的质量降不下来，则 M_L 就难以实现了。这是我们在工程权衡中值得重视的地方。

在齐奥尔科夫斯基公式或施图林格的变形表达式中，其最终速度 u_τ 只与推进系统的质量相关，所以，**其他一切概念的引入实质上都是质量关系的变形。**

比如 v^*，它等于 $\dfrac{v}{\sqrt{2\alpha\tau}}$，而由 α 的定义可知 $\alpha = \dfrac{M_\rho \cdot v^2}{2\tau M_w}$

所以，$v^* = \dfrac{v}{\sqrt{2\tau \cdot \dfrac{M_\rho}{2\tau M_w} \cdot v^2}} = \sqrt{\dfrac{M_w}{M_\rho}}$

也即 $(v^*)^2$ 的物理定义是推进系统干重与推进剂质量之比的物理量。

当 v^* 增加时，表明 M_w 的相对量在增加，而推进剂 M_ρ 的量相对在减少，所以在获得一定的速度 u_τ 下其载荷比要下降。这点在前面分析的趋势中 $v^* > 1$ 之后的下降段可以明确地看到。

一个发动机的 α 值和 τ 是相关的，也即它与任务时间要求相关，这点我们要进一步讨论。

我们验证一下 $v^* = 1$、$u^* = 0.2$ 时的载荷比 $\dfrac{M_L}{M_0}$ 为 0.637（参见式

（2.15））。因为我们所讲的 v^* 为 $\sqrt{\dfrac{M_w}{M_\rho}}$，则通过施图林格解得到的 u^* 和通过齐

氏公式得到的结果必然是一致的。

将 $v^* = 1 = \sqrt{\dfrac{M_w}{M_\rho}}$，即 $M_w = M_\rho$ 代入 $u_\tau = v \cdot \ln \dfrac{M_0}{M_w + M_L}$ 中，从施图林格解

中得到 $M_L = 0.637 M_0$

所以 $M_\rho = M_w = \dfrac{1}{2}\left(1 - 0.637\right) M_0 = 0.1815 M_0$

$$M_w + M_L = 0.637 M_0 + 0.1815 M_0 = 0.8185 M_0$$

则 $u_\tau = v \cdot \ln \dfrac{M_0}{0.8185 M_0} = 0.2v$

而施图林格解为

$$\frac{M_L}{M_\rho} = \mathrm{e}^{-u^*} - \left(1 - \mathrm{e}^{-u^*}\right) = 2\mathrm{e}^{-u^*} - 1 = 0.637$$

所以 $u^* = 0.2$

这两者的结果是相同的。

三、深空探测的轨道转移方式

行星际飞行的基本条件是飞出地球，然后才能讨论飞往其他行星。所谓飞出地球，从动力学而言，就是地球的引力势已经近乎为 0。

当飞行器的主动力工作结束，它只受空间某个主星体作用时，其"推引比 ρ"为 0，$\rho \equiv a(t) / g(R(t))$。

其中，$a(t)$ 表示非引力作用引起的加速度，在光帆作为推力器时，它就是光压产生的加速度，此时也称 ρ 为"压引比"（lightness number），在 IPM 任务的中译本中称为"明度"。

$g(R(t))$ 是空间中存在的星体对飞行器产生的引力加速度。

所以，我将其形象地称为推力和引力之比。在只有 $g(R(t))$ 的作用下，它的运动规律完全符合我们在地球引力场中所研究的结果：

轨道方程：$r_i = \dfrac{h^2}{\mu} \cdot \dfrac{1}{1 + e\cos\theta}$

动量矩守恒：$h = \sqrt{r_p \mu (1 + e)}$

机械能守恒：$\dfrac{1}{2} v_i^2 - \dfrac{\mu}{r_i} = E$

式中，r_i、θ 为轨道极坐标参数的矢径和近点角；μ 为主星的引力常数；r_p、e 是轨道的形状、近拱点和偏心率；h 为角动量（E 为"比机械能"，即单位质量具有的能量）。

因能量是守恒的，在轨道动力学分析时，往往选择特征点（如 r_p、r_a 两点）来分析是方便的。

由 $E = \dfrac{1}{2} v_p^2 - \dfrac{\mu}{r_p}$

$r_p = \dfrac{h^2}{\mu} \cdot \dfrac{1}{1 + e}$

$v_p = \dfrac{h}{r_p} = \dfrac{\mu(1 + e)}{h}$

即 $E = -\dfrac{1}{2} \cdot \dfrac{\mu^2}{h^2} (1 - e^2)$

这个表达式对任何主星情况下都是适用的，只是改变其引力常数 μ。

当 $e = 1$ 时，能量 $E = 0$，这是一条动能和势能处处相等的抛物线轨道。

r_i、v_i 都随着 θ 角的变化而改变着，而（$1 + e\cos\theta$）项将从"2"变为"0"，其 r 将趋于无穷，轨道是随着 θ 的增加而越来越远的抛物线。

由 $E = 0$，有 $\dfrac{1}{2} v_p^2 - \dfrac{\mu}{r_p} = 0$

即 $v_p = \sqrt{\dfrac{2\mu}{r_p}}$

这个近地点的速度 v_p 就是 r 可以趋于无穷的轨道速度，在深空探测中它可以完成向远程空间输送航天器脱离主星引力的基本任务。但由于此时的能量已经为 0，所以它没有剩余能量飞向深远太空，我们称这个速度为逃逸速度。对深远太空而言，它可以完成逃逸任务。

在 $e > 1$ 时，能量 $E > 0$

$$\theta = 0°，\quad r_0 = \frac{h^2}{\mu} \cdot \frac{1}{1+e}$$

$$\theta = 90°，\quad r_{90} = \frac{h^2}{\mu}$$

$$\theta = 180°，\quad r_{180} = \frac{h^2}{\mu} \cdot \frac{1}{1-e} < 0$$

所以，不会出现 $\theta = 180°$ 的状态，这是一条开放的双曲线。在直角坐标系描述下，此点是以纵轴对称的一实一虚两条对称曲线，其中一条是不实现的，只是实轨道的一个影像。但在计算双曲线的半长轴时，我们还要用到这个概念（虚的远地点）。讲到这里**我想加一句文外之话，在轨道动力学的研究中，其轨道的几何特征表现得很充分且有神来之意，所以我曾讲过，我们应当有一章专门讲"轨道的几何学"。**

双曲线的奇点出现在 $(1 + e\cos\theta) = 0$ 处，这时的 $\theta = \arccos(-\frac{1}{e})$，记作 θ_∞，它是在 $r \to \infty$ 时的近点角。

由于 θ 是在 $0° \sim 180°$ 之间，所以有 $\sin\theta_\infty = \sqrt{e^2-1}/e$。在双曲线几何里称 θ_∞ 为渐近线近点角，也称 $\delta = 2\theta_\infty - 180°$ 为两渐近线的转向角。

因 $E > 0$，航天器的总能量大于主星引力势且有剩余能量，靠其剩余能量可以飞向更深远的空间，但前提是 $g(R(t))$ 不对其影响，对于太阳系行星际飞行，其太阳的 $g(R(t))$ 是存在的。

双曲线轨道下的总能量

$$E = -\frac{1}{2} \cdot \frac{\mu^2}{h^2}(1-e^2) = \frac{1}{2} \cdot \frac{\mu^2}{h^2}(e^2-1)$$

我们仍沿用 r_a、r_p 这两个特殊点来计算其能量。

因为 $|r_a| - r_p = \left| \dfrac{h^2}{\mu(1-e)} \right| - \dfrac{h^2}{\mu(1+e)} = \dfrac{2h^2}{\mu(e^2-1)}$

双曲线几何学的半长轴 a 有

$$2a = |r_a| - r_p = \frac{2h^2}{\mu(e^2-1)}$$

所以 $a = \dfrac{h^2}{\mu(e^2-1)}$

代入能量 E 的表达式有 $E = \dfrac{\mu}{2a}$

即
$$\frac{1}{2}v^2 - \frac{\mu}{r} = \frac{\mu}{2a} \qquad (3.1)$$

当 $r \to \infty$ 时

$$v_\infty = \sqrt{\frac{\mu}{a}} \qquad (3.2)$$

v_∞ 称为双曲线轨道下的剩余速度，我们以 v_∞ 表示 E，则有

$$E = \frac{1}{2}v_\infty{}^2$$

因
$$v_{逃逸} = \sqrt{\frac{2\mu}{r}} \ , \ 则 \ \frac{\mu}{r} = \frac{1}{2}v_{逃逸}{}^2$$

将 E 和 $v_{逃逸}$ 代入式（3.1），有

$$\frac{1}{2}v^2 - \frac{1}{2}v_{逃逸}{}^2 = \frac{1}{2}v_\infty{}^2$$

即
$$v^2 = v_{逃逸}{}^2 + v_\infty{}^2 \qquad (3.3)$$

这个关系是双曲线轨道下任何一点都满足的，是一个比能量的关系（消去了质量项）。它表明双曲线轨道的总能量包括两部分：一个是超出主星中心引力逃逸所需的能量 $v_{逃逸}{}^2$ 及超出这个逃逸能量的剩余部分。对于每个任务的不同，形成的双曲线的形状不同（即半长轴 a），v_∞ 是不同的。称 $v_\infty{}^2$ 为特征能量，它只与主星的引力常数 μ 和轨道半长轴有关，记为 C_3（$C_3 = v_\infty{}^2$）。

因为 C_3 是逃逸后剩余的能量，所以要由深空探测任务给出特征值 C_3 的

需求，并在工程实践中要有充分的运载能力来保证，$C_{3(运载)} > C_{3(任务)}$。

C_3 的形成是运载火箭所赋予的，从工程的角度说它是任务所需求的。式（3.2）表明 C_3 的大小可以从轨道的几何表达里唯一确定（即半长轴 a）。

在当今的深空探测工程中，仍然是以化学推进系统产生巨大的推力将航天器送入逃逸轨道（对地球而言就是双曲线轨道），然后由航天器上的动力系统实现对目标星体的速度增量。如果我们有足够推力的运载火箭，可以实现 $C_{3(火箭)} \geq C_{3(任务需要)}$ 的条件，则可以大大减小航天器本身的推力系统的压力。

以火星探测轨道需求，火箭提供给航天器的能量应满足

$$v^2 = v_{逃逸}{}^2 + v_{\infty}{}^2$$

其中 $v_{逃逸}{}^2 = \dfrac{2\mu_{地}}{r_{地-器}}$

（$r_{地-器}$ 为航天器与地球中心距离）

$r_{地-器}$ 以（6378+300）km 计算时

$$v_{逃逸}{}^2 = \frac{2 \times 398600}{6678} = 119.377 \, \text{km}^2 \big/ \text{s}^2$$

例如，对某一次具体的任务，若入轨时火箭提供的速度为 $11.473 \dfrac{\text{km}}{\text{s}}$，则

$$v_{\infty}{}^2 = (11.473)^2 - 119.377 = 12.25 \, \text{km}^2 \big/ \text{s}^2$$

即运载火箭能够给探火星航天器的特征能量是

$$C_3 = v_{\infty}{}^2 = 12.25 \, \text{km}^2 / \text{s}^2$$

但对于深远空探测任务而言，只利用大推力火箭实现需求速度往往是难以办到的，因为它的比冲难以得到足够得大。**而施图林格的连续推力系统是加速度积分的机理，它是在任务时间（MHJT）内完成目标的较为有希望的方案。**

从已经实现的人类探测太阳系行星的工程来看，还没有实现在 MHJT 的理想时间内完成所关心的深远目标星的探测期望，飞行器还需要几十年的巡航时间过程。

以我们现在的火箭能力，如果在日地影响球边缘处（距地 $9.25 \times 10^5 \text{km}$）使航天器具备 C_3，那它按这个速度奔向火星的话，它要在太阳的引力势内飞

行，所以 C_3 仍然是进入环绕太阳的大椭圆路径；如果火箭在日地影响球边缘处使航天器具有逃逸太阳的能量，则这时的剩余能量则可以直奔太阳系边缘而去，而不受太阳引力势的作用，那么这个速度应当是多少呢？

我们先计算在地面脱离地球的能量

$$v = \sqrt{\frac{2\mu_{地}}{r_R}} = \sqrt{\frac{2 \times 398600}{6378}} = 11.18 \text{km} / \text{s}$$

在地表处地球自转的牵连速度

$$V_e = \frac{2\pi \cdot 6400}{24 \times 3600} = 0.465 \text{km} / \text{s}$$

要想脱离地球引力势，其速度一定要大于（11.18～0.465）km/s。在日地影响球半径（$r_{\text{SOI}} = 9.25 \times 10^5 \text{km}$）时，地球引力势和太阳引力势分别为

$$\frac{\mu_{地}}{r_{地/器}} = \frac{398600}{925000} = 0.43 \text{ km}^2 \Big/ \text{s}^2$$

$$\frac{\mu_{日}}{r_{日/器}} = \frac{1.327 \times 10^{11}}{(1.5 + 0.00925) \times 10^8} = 0.879 \times 10^3 \text{ km}^2 \Big/ \text{s}^2$$

可见此时太阳的作用是地球的 2000 倍，所以此时只考虑太阳的作用是合理的。

我们怎样实现从原轨道向目标星轨道的大椭圆转移呢？

如果设定这个转移时刻是准确的，则在航天器飞行到目标星的预测点时，目标星也正好到达该点，两者交会。太阳系内各行星的运动规律，我们已经充分掌握，所以这个假定在工程上可以实现。但深空探测对空间飞行体的跟踪与观测要求要比近地空间活动更高，在下面讨论的转移轨道问题中，精确的外测保证是十分重要的条件。

航天器已经脱离了地球的引力势，我们的分析就只是太阳和航天器的两体问题。若此时航天器的位置是 A，目标星的期望到达点是 B（也即是两者交会点的期望值）。

我们的任务就是要构建一个大椭圆轨道，使其成为霍曼轨道上的两个点，且目标星位置正是近点角为 π 的远地点 B（r 角称飞行路径角，是 A 点的

切线，也即速度矢 $\dot{r}$ 与位置矢 $\boldsymbol{r}_A$ 的法线 $v_{n\perp}$ 的夹角，图 4）。

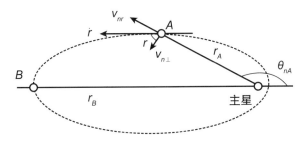

图 4　新构建的大椭圆轨道示意图

我们将新构建的轨道参数写作 r_n、θ_n、h_n、e_n，其拱线为目标星的期望点 B 与主星中心的连线，已知的参数是 θ_{nA}、r_A、r_B 以及主星的引力常数 μ。

从轨道方程

$$r_A = \frac{h_n^2}{\mu} \cdot \frac{1}{1 + e_n \cos\theta_{nA}}$$

$$r_B = \frac{h_n^2}{\mu} \cdot \frac{1}{1 + e_n(-1)} , \ (\ \theta_{nB} = \pi\ )$$

其中 h_n 和 e_n 是两个待求量

$$\frac{r_A}{r_B} = \frac{1 - e_n}{1 + e_n \cos\theta_{nA}}$$

得到：

$$e_n = \frac{r_B - r_A}{r_B + r_A \cos\theta_{nA}} \tag{3.4}$$

将 e_n 代入 r_B 式，有

$$r_B = \frac{h_n^2}{\mu} \cdot \frac{1}{1 - \dfrac{r_B - r_A}{r_B + r_A \cos\theta_{nA}}}$$

$$h_n^2 = \mu \cdot r_B \cdot \frac{r_A\left(1 + \cos\theta_{nA}\right)}{r_B + r_A \cos\theta_{nA}}$$

$$h_n = \sqrt{\mu \cdot r_A r_B} \cdot \sqrt{\frac{1 + \cos\theta_{nA}}{r_B + r_A \cos\theta_{nA}}} \tag{3.5}$$

得到 e_n 和 h_n，我们就得到了这个新构建的从 A 点到 B 点的一个大椭圆轨道。

$$r_n = \frac{h_n^2}{\mu} \cdot \frac{1}{1 + e_n \cos\theta_n}$$

这是我们从轨道的几何关系里求得的，但这个轨道能否实现，要看工程上能不能使 h 值达到这个能量需求。

A 点的能量需要也即轨道的需求速度，A 点的速度 v_A 可以分解为对矢径的径向和垂向两部分。

其中，垂向 $v_{n\perp} = \dfrac{h_n}{r_{nA}}$

$$= \frac{h_n}{\dfrac{h_n^2}{\mu} \cdot \dfrac{1}{1 + e_n \cos\theta_{nA}}}$$

$$= \frac{\mu(1 + e_n \cos\theta_{nA})}{h_n}$$

径向 V_{nr} 是矢径 r_n 方向的速度，也即

$$v_{nr} = \dot{r} = \left(\frac{h_n^2}{\mu} \cdot \frac{1}{1 + e_n \cos\theta_{nA}} \right)' = \frac{h_n^2}{\mu} \cdot \frac{e_n \cdot \sin\theta_{nA}}{(1 + e_n \cos\theta_{nA})^2} \cdot \dot{\theta}_{nA}$$

而 $\dot{\theta} = \dfrac{v_\perp}{r_{nA}} = \dfrac{h_n}{(r_{nA})^2}$，将 $\dot{\theta}_{nA}$ 及 $r_{nA} = \dfrac{h^2}{\mu(1 + e_n \cos\theta_{nA})}$ 代入 V_{nr} 中得到

$$v_{nr} = \frac{\mu}{h_n} e_n \cdot \sin\theta_{nA}$$

则所需的速度矢量与航天器和主星中心的连线的夹角（称为飞行路径角）γ（γ 角定义为 $\dot{r}$ 与 $v_\perp$ 的正切值 $\tan\gamma = v_r / v_\perp$，则

$$\gamma = \arctan\left(\frac{e_n \sin\theta_{nA}}{1 + e_n \cos\theta_{nA}} \right) \tag{3.6}$$

我们只有在工程上实现航天器的飞行路径角 γ 及速度值 $\sqrt{v_{n\perp}+v_{nr}}$ ，才能保证转移轨道的实现。

以上讨论的就是在太阳系的行星际探测中大椭圆转移的方式。不论其初始轨道时的状态为何，最终都要满足我们分析的状态。

工程实践上就要在测控系统的支持下完成 $v_{\perp}$ 、 v_r 及飞行路径角 γ 的实现。

针对连续推力的施图林格方案，在 $g(R(t))$ 的作用相对 $a(t)$ 已经很小时，比如在太阳帆方案时，太阳帆飞行器的质量比较轻。

下面我们就连续推力的太阳帆的有关问题作为例子来讨论。

太阳光直射太阳伞反射面时，它的平面功率密度为 1368W/m²（地表面处）。

功率是力与速度之积，而光速是已知的，所以其地表处的太阳光压 p 可以表示为

$$p = S_O / c$$

式中， S_O 为太阳辐射功率（ 1368W/m² ）； c 为光速（以 $3 \times 10^5 \, \mathrm{km/s}$ 计）。

则地球表面的太阳光压

$$p = \frac{1368 \times 10^6 \, \mu\mathrm{W/m^2}}{3 \times 10^8 \, \mathrm{m/s}} = 4.56 \mu\mathrm{N/m^2}$$

我们讲的"压引比"，则是太阳帆上的太阳辐射压力与太阳帆所受太阳引力的比值（ the lightness number, which is the radio of solar radiation pressure force on the sail to solar gravitation force on the sail ）。这个定义与"推力引力比"的概念是一样的，如果不是太阳帆，而是其他的推力系统，**则这个比值可统称为"推引比"，即 $\rho = a_c(t) / g(R(t))$** ，其中 $a_c = \dfrac{P}{m}$ （此处 m 为质量），如果我们都以太阳帆面积 A 作为衡量的基准，则 P 是单位面积上分摊的动力（ P/A ，单位是 N/m² ），而 m 则是单位面积的质量。

即有 $\sigma = \sigma_{\mathrm{sail}} + m_{\mathrm{PL}} / A$

式中， σ_{sail} 为太阳帆的面质量密度； m_{PL} 为航天器有效载荷质量； A 为太阳帆的面积。

在实际工程上还要考虑太阳帆的反射率、为控制合理温度而增加的太阳帆结构涂层的发射率等，还有太阳光入射方向与太阳帆法线的太阳光压角等因素要在 $q_\perp$ 上得到反映，即形成有效光压 p_{eff}。在垂直入射时：

$$p_{eff} = 2 \cdot (S_O / c)_{q_\perp}$$

$$a_c = P_{eff} / (\sigma_{sail} + m_{PL} / A)$$

若 p_{eff} 按 $2 \times 4.56\mu N / m^2$ 计算，A 为 $100m^2$，$\sigma_{sail} = 10g / m^2$，$m_{PL} = 10kg$，则在地球附近可获得的加速度为

$$a_{c1} = \frac{2 \times 4.56 \dfrac{\mu N}{m^2}}{10 \dfrac{g}{m^2} + 10 \times 10^3 \dfrac{g}{100m^2}}$$

$$= \frac{2 \times 4.56 \times 10^{-6} kg \cdot \dfrac{m}{s^2}}{110 \times 10^{-3} kg}$$

$$= 0.0829 \times 10^{-3} \frac{m}{s^2} = 82.9 \times 10^{-3} \frac{mm}{s^2}$$

如果我们仍保持太阳帆的总质量不变，而将 σ_{sail} 从 $10g/m^2$ 降到 $1g/m^2$，则因太阳帆总质量不变，所以其帆的面积将扩大 10 倍，相应的 m_{PL}/A 将缩小至 $\dfrac{1}{10}$，其加速度将为

$$a_{c2} = \frac{(2 \times 4.56\mu N/m^2) \times 10}{(10 \dfrac{g}{m^2} + 10 \times 10^3 \dfrac{g}{100m^2}) / 10} = 100a_{c1}$$

（ a_{c2} 是 a_{c1} 的 100 倍）

所以太阳帆的质量密度 σ_{sail} 是极其重要的技术参数。

在 G. L. Matiloff 的 "Deep-Space Probes, Springer-Praxis, chichester, UK 2005" 中给出了另一种表达式：

加速度 $a_{S/c} = (1 + \rho_{sail}) S / (c\sigma_{S/c})$

式中，ρ_{sail} 为太阳帆对日光的发射率；S 为单位时间照射到太阳帆单位面积的太阳能，$S = S_O / r^2$；r 为太阳距地球表面距离 r_0 与航天器距太阳距离 r 之

比，以 AU 为单位；c 为光速；$\sigma_{S/c}$ 为压引比。

在这个表达式中，光压为 $(1+\rho_{\text{sail}})S/c \cdot r^2$，我们把加速度 $a_{S/c}$ 整理为两部分

$$a_{S/c} = \frac{S_O}{c \cdot r^2} \cdot \left[(1+\rho_{\text{sail}})/\sigma_{S/c} \right]$$

第一部分是自然参数，太阳辐照 S，光速 c 和距太阳之距 r。

第二部分是与太阳帆航天器相关的物理参数，帆的反射率 ρ_{sail} 和航天器的帆面积的分摊质量 $\sigma_{S/c}$。

定义 $\eta_{S/c} \doteq (1+\rho_{\text{sail}})/\sigma_{S/c}$ 为"压引比"，$(1+\rho_{\text{sail}})$ 项表示太阳帆具有的光压，而 $\sigma_{S/c}$ 则表示受到引力作用的质量项，是光压与引力之比，这也是将其称为压引比的原因。

如果我们将"外太阳系"理解为仍在太阳引力范畴，这里的行星体仍以太阳为主星，环绕太阳运行，而不是指"太阳系外"的其他星系。这就把"Outersolar System"和"Outer Space"分开了（但这点只供参考）。

在 20～30 年的"MHJT"可承受时间内要求到达 200AU 处，则航天器的平均飞行速度不能小于 7AU/年。

$$\text{平均速度}\ \overline{v} \geqslant \frac{7 \times 1.496 \times 10^8\,\text{km}}{365 \times 24 \times 3600\,\text{s}} = 33\,\text{km/s}$$

逃逸太阳的速度

$$v_{\text{逃逸}} = \sqrt{\frac{2\mu_{\text{日}}}{r_{\text{日/地}}}} = \sqrt{\frac{2 \times 1.32712 \times 10^{11}}{1.496 \times 10^8}} = 42.12\,\text{km/s}$$

因地球的公转速度是可以利用的。

$$v_{\text{公转}} = \frac{2\pi \times 1.496 \times 10^8}{365 \times 24 \times 3600}\ 29.8\,\text{km/s}$$

速度增量 $\Delta v_{\text{III}} = v_{\text{逃逸}} - v_{\text{公转}} = 42 - 29.8 = 12.2\,\text{km/s}$

对于一个脱离太阳引力的航天器，首先要具备逃逸地球的能力，所以从地球出发的航天器具有的能力应为

$$v_{\mathrm{III}}^2 = v_{\mathrm{II}}^2 + \Delta v_{\mathrm{III}}^2 = 125 + \left(12.2\right)^2 = 273.84$$

$$v_{\mathrm{III}} = 16.55\mathrm{km/s}$$

这就是从地球表面出发脱离太阳引力的第三宇宙速度。

由 $v^2 = v_{逃逸}^2 + v_{\infty}^2$

其中 $v_{逃逸}^2 = v_{\mathrm{III}}^2 \left(16.55\mathrm{km/s}\right)^2$

$$C_3 = v_{\infty}^2 = \left(\overline{v}\right)^2 = \left(33\mathrm{km/s}\right)^2$$

所以 $v^2 = \left(273.9 + 1089\right)\mathrm{km^2/s^2} = 1362.9\,\mathrm{km^2/s^2}$

这对目前的火箭能力而言是难以实现的。

美国新地平线实现的 $C_3 \cong 160\,\mathrm{km^2/s^2}$，它要奔赴 100AU 处需 37 年以上。

即使我们采用太阳帆或利用太阳能的电推进系统，都会因为随着飞离太阳的距离增加而衰减。这也给航天器携带高比冲的连续推力系统方案加了权。还有一个问题是，如果有对目标星体的环绕探测或驻留特殊点的探测要求时，一定要具备航天器的制动能力。我们在前面有关连续推力过程中没有涉及制动阶段（braking stage）的问题。

在太阳帆技术的研制方面，我认为材料的研制是关键，特别是帆载荷 σ，这是个关键参数。

以石墨烯的应用为例，其面质量密度是有希望达到 $1\mathrm{g/m^2}$ 的。碳原子间距约为 0.14nm，所以在 $1\mathrm{m^2}$ 的面积内，可布有 51×10^{18} 个碳原子（$1\mathrm{m^2} \Big/ (0.14 \times 10^{-9})^2\,\mathrm{m^2}$）。

原子质量单位 $1\mathrm{u} \cong 1.66 \times 10^{-27}\mathrm{kg} = 1.66 \times 10^{-24}\mathrm{g}$

碳原子为 12 个原子质量单位，则 $1\mathrm{m^2}$ 的质量为：

$51 \times 10^{18} \times 12 \times 1.66 \times 10^{-24}\,\mathrm{g/m^2} \doteq 1\mathrm{mg/m^2}$，如果能采用这个轻质材料的资源，根据太阳帆工作状态下的热量、刚度、展开强度等工程要求而增加其他的聚合物，是可以在 $1\mathrm{g/m^2}$ 的指标下有所作为的。

NASA 在 1999 年提出的星际探测方案中，质量只有几百千克，其中有效载荷 25kg，太阳帆直径 400m。初始椭圆轨道近日点（0.25～0.3）AU，航天器在此处展开太阳帆，借助近太阳的辐射压，此处是地球（1AU）处的 16～11 倍。报告称，它可以让航天器在大约 20 年内到达太阳风层顶（200AU 处）。

以上说明的是连续推力系统的深空探测问题。还有一种方案是选择相应的机会，**利用空间天体的 $g(R(t))$ 做动力，这种方式被称为行星际探测的借力飞行问题**。

就其深空探测的轨道实现而言，大致包括三种可采用的方式：连续推力系统、脉冲推力的大椭圆转移和空间的借力飞行。

关于连续推力系统中受到重视的是太阳帆离子推子和核动力，有关这些方面的技术研究要引起关注。

四、后记

施图林格提出实现太空船的电力推动问题可能是在第二次世界大战期间，但他在《离子推进的空间飞行》一书中所引用的文章《Possibilities of Electrical Space Ship Propulsion》是在 1954 年发表的，不知他是否还有更早时间发表的文章中谈及电力推进的概念。

我得到 IPM（Interstellar Precursor Mission）是在 2013 年 IAA 会议上，由中国宇航出版社出版，主编是（美）Claudio Bruno 及（美）Gregory Mattoff，中译本译者是陈杰、殷前根先生。

看过之后，启发诸多，总想把其中的几个重要的概念性东西（比如施图林格精确解的推导；精确解中应当单独提出来的几个概念；太阳帆的压引比及最终速度 u_r 的分析等）解析一下，今天算初步做了一点讨论。

为能得到 Stuhlinger 的原著《Ion Propulsion For Space Flight》全文，我请国防科工局科技与质量司及中国航天科技集团有限公司系统研究院的同志帮忙，他们费了不少功夫，总算找到，并复印给我。据说原本已经很陈旧，共 373 页，署名 ERNST STUHLINGER（George C. Marshall Space Flight Center National Aeronautics and Space Administration）。在这里感谢同志们的帮助，使我看到了原著，也让我思考了不少东西。特别是施图林格从齐奥尔科夫斯基公式中提出"功率密度"，并展开一系列推演的思路，是具有科技方法论意义的。

我希望在研究深空探测的推力系统和工程的实施方案时能关注施图林格的方法和成果，并能有所创新和发展。

附录

在施图林格的原著和 IPM 的任务中有若干图表，这些图表的形成，我用"计算任务书"的形式表达如下，供有兴趣的同志们参考。

（任务书 1）：求有效载荷比与比冲的关系

以 M_L/M_0 为纵轴（最小值 0、最大值 1.0，分格间隔 0.2），$\log v^*$ 为横轴（v 最小值 0.01、最大值 10，分格按步长 0.01），以 $u_\tau{}^*$ 为参数，计算 $\dfrac{M_L}{M_0}=\mathrm{e}^{-u_\tau{}^*/v^*}-(v^*)^2(1-\mathrm{e}^{u_\tau{}^*/v^*})$ 或 $\dfrac{M_L}{M_0}=\left(1+v^*\right)\mathrm{e}^{-u_\tau{}^*/v^*}-v^{*2}$。

$u_\tau{}^*$ 分别为 0.01、0.02、0.05、0.1、0.2、0.3、0.5、0.6、0.7、0.8、0.81 时，$v^*=0.01\sim10$，步长 0.01，计算 M_L/M_0 并对每个 $u_\tau{}^*$ 下的数据连成曲线。

（任务书 2）：

任务距离 $S_\tau = 73\mathrm{AU}$

以 M_L/M_0 为纵轴（最大值为 1.0，分格间隔 0.1），v 为横轴（最小值 50km/s、最大值 500km/s，分格间隔 50km/s），

以 $\alpha = 0.1\times10^{-3}\,\mathrm{km^2/s^3}$ 为固定参数，

以 τ 分别为 $5\times0.315\times10^8\mathrm{s}$，$8\times0.315\times10^8\mathrm{s}$，$12\times0.315\times10^8\mathrm{s}$，$16\times0.315\times10^8\mathrm{s}$，$20\times0.315\times10^8\mathrm{s}$，$24\times0.315\times10^8\mathrm{s}$，$28\times0.315\times10^8\mathrm{s}$ 条件下，变量 v 由 $50\sim100\mathrm{km/s}$，步长 $50\mathrm{km/s}$ 的 $\dfrac{v^2}{2\alpha\tau}$，$J=1-\dfrac{S_\tau}{v\tau}$，

求解：

$$1-\frac{S_\tau}{v\tau}=\frac{\dfrac{v^2}{2\alpha\tau}+\dfrac{M_L}{M_0}}{1-\dfrac{M_L}{M_0}}\ln\frac{\dfrac{v^2}{2\alpha\tau}+1}{\dfrac{v^2}{2\alpha\tau}+\dfrac{M_L}{M_0}}$$

得到 $\dfrac{M_L}{M_0}$，按每一 τ 值下的 $\dfrac{M_L}{M_0}$ 连成一条曲线。

（任务书 3）：

任务距离 $S_\tau=73\text{AU}$

以 $\dfrac{M_L}{M_0}$ 为纵轴（最小值 0.3、最大值 1.0，分格间隔 0.1），v 为横轴（最小值 50km/s、最大值 500km/s，分格间隔 50km/s），

与任务书 2 相同，将 $\tau=20\times0.315\times10^8\text{s}$ 作为固定参数，在 α 分别为 0.1kW/kg（ $0.1\times10^{-3}\text{km}^2/\text{s}^2$ ）、0.2kW/kg、0.3kW/kg、0.4kW/kg 作为参数条件下，以 v 为变量，v 从 $50\sim500\text{km/s}$、步长 50km/s，

求解：

$$1-\frac{S_\tau}{v\tau}=\frac{\dfrac{v^2}{2\alpha\tau}+\dfrac{M_L}{M_0}}{1-\dfrac{M_L}{M_0}}\ln\frac{\dfrac{v^2}{2\alpha\tau}+1}{\dfrac{v^2}{2\alpha\tau}+\dfrac{M_L}{M_0}}$$

得到 $\dfrac{M_L}{M_0}$，按每一 α 值下的 $\dfrac{M_L}{M_0}$ 连成一条曲线。

（任务书 4）：

任务距离 $S_\tau=540\text{AU}$

以 $\dfrac{M_L}{M_0}$ 为纵轴（最小值 0、最大值 0.3，分格间隔 0.05），v 为横轴（最小值 50km/s、最大值 500km/s，分格间隔 50km/s），

以 $\alpha=0.1\times10^{-3}\text{ km}^2/\text{s}^3$ 为固定参数，

在 $\tau=22\times0.315\times10^8\text{s}$、$24\times0.315\times10^8\text{s}$、$28\times0.315\times10^8\text{s}$ 情况下，以 v 为变量，v 从 $50\sim500\text{km/s}$、步长 50km/s，计算施图林格通用精确解，

求解：

$$1-\frac{S_{\tau}}{v\tau}=\frac{\dfrac{v^2}{2\alpha\tau}+{M_L}\big/{M_0}}{1-{M_L}\big/{M_0}}\ln\frac{\dfrac{v^2}{2\alpha\tau}+1}{\dfrac{v^2}{2\alpha\tau}+{M_L}\big/{M_0}}$$

解出相应 ${M_L}\big/{M_0}$，按每一 τ 值下的 ${M_L}\big/{M_0}$ 连成一条曲线。

（任务书 5）：

任务距离 $S_{\tau}=540\text{AU}$

以 ${M_L}\big/{M_0}$ 为纵轴（最小值 0、最大值 0.6，分格间隔 0.1），v 为横轴（最小值 50km/s、最大值 500km/s，分格间隔 50km/s），

以 $\tau=24\times0.315\times10^8\text{s}$ 为固定参数，在 $\alpha=0.1\times10^{-3}\text{ km}^2/\text{s}^2$、$0.2\times10^{-3}\text{ km}^2/\text{s}^2$、$0.3\times10^{-3}\text{ km}^2/\text{s}^2$、$0.4\times10^{-3}\text{ km}^2/\text{s}^2$ 的情况下，以 v 为变量，v 从 $50\sim500\text{km}/\text{s}$、步长 $50\text{km}/\text{s}$，求解施图林格通用精确解：

$$1-\frac{S_{\tau}}{v\tau}=\frac{\dfrac{v^2}{2\alpha\tau}+{M_L}\big/{M_0}}{1-{M_L}\big/{M_0}}\ln\frac{\dfrac{v^2}{2\alpha\tau}+1}{\dfrac{v^2}{2\alpha\tau}+{M_L}\big/{M_0}}$$

解出相应 ${M_L}\big/{M_0}$，按每一 α 值下的 ${M_L}\big/{M_0}$ 连成一条曲线。

（任务书 6）：任务时间 τ（年）与功率密度 α 的关系

S_{τ} 分别为 73、100、540、730AU，

τ 以年计，v 以 km/s 计：

$$J=1-\frac{S_{\tau}}{v\tau\times0.315\times10^8\big/1.5\times10^8}=1-4.762\frac{S_{\tau}}{v\tau}$$

当 $L=\dfrac{v^2}{2\alpha\tau}$ 式中，α 以 kW/kg 计时：

$$L = \frac{v^2}{2 \times 10^{-3} \times \alpha \tau}$$

计算施图林格通用精确解：

$$J = \frac{L + M_L/M_0}{1 - M_L/M_0} \ln \frac{L+1}{L + M_L/M_0}$$

求解 L，因 J、L 中含有 M_L/M_0、α、τ、v、S_τ 五个参数，此题可以按四种组合分别计算。

1. $v = 50\,\text{km/s}$，$M_L/M_0 = 0.1$，S_τ 分别取 73、100、540、730AU，求 τ 与 α 的关系。

$$J = 1 - \frac{4.762}{50} \cdot \frac{S_\tau}{\tau}$$

$$L = \frac{(50)^2}{2 \times \alpha \times 10^3 \tau} = \frac{1.25}{\alpha \tau}$$

施图林格解：

$$1 - \frac{0.09524 S_\tau}{\tau} = \frac{\dfrac{1.25}{\alpha \tau} + 0.1}{1 - 0.1} \ln \frac{\dfrac{1.25}{\alpha \tau} + 1}{\dfrac{1.25}{\alpha \tau} + 0.1}$$

令 α 依次取 0.1、1、10、100、1000、10000，可得到相应的 τ。

以 τ 为纵坐标（最小值 0、最大值 100，分格间隔 20），以 $\log\varDelta$ 为横坐标作图（最小值 0.1、最大值 10000，分格间隔 $\log\varDelta = 1$，即从 $-1\sim4$）。

变换 S_τ 则得到另一条关系线。

此图有对应 S_τ 的四条关系线。

2. $v = 50\,\text{km/s}$，$M_L/M_0 = 0.6$，其余过程同 1。

作图：其纵轴 τ 最小值 0、最大值 320，分格间隔 40；α 最小值

0.1、最大值 10000，分格间隔 $\log \Delta = 1$。

3.　$v = 350\,\text{km/s}$，$M_L / M_0 = 0.1$，其余过程同 1。

作图：纵轴最小值 0、最大值 40，分格间隔 10；横轴最小值 0.1、最大值 10000，分格间隔 $\log \Delta = 1$。

4.　$v = 350\,\text{km/s}$，$M_L / M_0 = 0.6$，其余过程同 1。

作图：τ 纵轴最小值 0、最大值 70，分格间隔 10；α 横轴最小值 0.1、最大值 10000，分格间隔 $\log \Delta = 1$。

（任务书 7）：求解功率 P 与比冲 v 的关系

求解步骤如下：

1. 首先求截比 J

$$J = 1 - \frac{S_\tau}{v\tau}$$

在 $\tau = 20$ 年、$S_\tau = 73\text{AU}$ 任务条件下，令 $v_i = 50 \sim 500\,\text{km/s}$、步长 $50\,\text{km/s}$，则 J 是一个简单的计算，可得下表：

（ $\tau = 20$ 年、$S_\tau = 73\text{AU}$，$J = 1 - \dfrac{43.45}{v}$ ）

v_i	50	100	150	200	250	300	350	400	450	500
J_i	0.131	0.5655	0.7103	0.7828	0.8262	0.8552	0.8759	0.8913	0.9034	0.9131

2. 由 $J_i = E = \left(1 - \dfrac{1}{Q_i}\right) \ln\left(1 - Q_i\right)$

求解 Q。

3. 由 $P = \dfrac{M_0 v_i^2}{2\tau} Q_i = \dfrac{M_0 \times 10^6 \times v_i^2}{2 \times 20 \times 0.315 \times 10^8} Q_i = 7.937 \times 10^{-4} M_0 v_i^2 Q_i$

4. 以 M_0 分别为 10kg、100kg、1000kg、10000kg、100000kg 计算相应的 P_i（M_0、v_i、Q_i 已取值）。

5. 以 $\log P$ 为纵轴，以 v 为横轴，画出 P 与 v 的关系。

作图：纵轴 $\log P$ 的最小值 1、最大值 7（即 1.E+0.1～1.E+0.7），横轴 v 最小值 50km/s、最大值 500km/s，步长 50km/s）。

6. 以 $S_\tau = 73\text{AU}$、$\tau = 8$ 年任务条件下重复上述（1～5）步骤，作图的各坐标标度与上面相同。

7. 以 $S_\tau = 540\text{AU}$、$\tau = 24$ 年任务条件下重复上述（1～5）步骤，作图的各坐标标度与上面相同。

本文要点

1. 施图林格解从齐奥尔科夫方程中推导出来，特点是火箭发动机连续推力作用下的解。

2. 为表达大比冲小推力、长时间的工作特性，施图林格提出发动机的本身工作状态特性"功率密度 α"，它的量纲是 m^2/s^2，这个思路在我们分析其他问题时也是有启发借鉴作用的，具有工程方法论的意义。

3. 在解析的过程中，我们设立的条件是发动机工作过程中，其工质的喷出速度 v（也即比冲）是常值，且推进剂在整个工作过程中是能提供保证的。

4. 火箭的总体质量已包含推进剂 M_ρ、有效载荷 M_L 和发动机干重 M_w。所以，在改变火箭的其他部分质量时，应当依据具体状态将其归入这三者之中。

5. 若推力持续工作时间为 τ，则 $2\alpha\tau$ 的量纲为 m^2/s^2，也即 $\sqrt{2\alpha\tau}$ 具有速度的量纲，我们称其为特征速度，记为 v_c。

   从施图林格的精确解，我们看出其 $\left(v^2/2\alpha\tau \right)$ 是 $\left(v^2/v_c^2 \right)$。当特征速度很大，如核电推进，它的功率密度达到 $M_w\big/\mathrm{kg}$ 级时，若工作时间达到一定时，v_c 可达 $10^7 m/s$。这时，除非发动机比冲中 v 与 v_c 相近，否则施图林格的第二项 $\dfrac{v^2}{2\alpha\tau}\left(1-e^{-u_\tau/v}\right)$ 可以忽略。此时施图林格解退化为一般的化学推进系统的表达式：$M_L\big/M_0 = e^{-u_\tau/v}$，也即

$$u_\tau = -v\ln\frac{M_L}{M_0}$$

6. 若将 $v\tau$ 定义为"名义总距离"，则可将 $\left(1-\dfrac{S_\tau}{v\tau}\right)$ 的 $\dfrac{S_\tau}{v\tau}$ 理解为飞行器运行距离与名义总距离之比。因精确解中的

$$\left.\left(\frac{v^2}{2\alpha\tau}+\frac{M_L}{M_0}\right)\middle/\left(1-\frac{M_L}{M_0}\right)\right.>0$$

$$\ln \frac{\dfrac{v^2}{2\alpha\tau}+1}{\dfrac{v^2}{2\alpha\tau}+\dfrac{M_L}{M_0}} > 0$$

有 $\left(1-\dfrac{S_\tau}{v\tau}\right)>0$，即 $v\tau>S_\tau$。我们称 $1-\dfrac{S_\tau}{v\tau}=J$ 为截比。

7. 将截比 J 作为一个探测任务是否可以在规定时间 τ 内完成的判据，$J\geq 0$ 则可以完成，$J<0$ 则不可能完成。

8. 为求解方便，我们定义 $\dfrac{v^2}{2\alpha\tau}=\left(\dfrac{v}{v_c}\right)^2$ 为特征值 L。

9. 通过 $\dfrac{M_L}{M_0}$ 与 v（比冲）变化的结果可以看出，这两个参数之间有一个极值点。当 $S_\tau=73\text{AU}$，$\tau=8$年，$\alpha=0.1\dfrac{\text{kW}}{\text{kg}}$ 时，极值点出现在 $v=200\text{km/s}$ 附近，其极值 $\dfrac{M_L}{M_0}=0.33$。

10. 在精确解的表达式中，比冲 v 与功率密度 α、任务工作时间 τ 是以特征值 $L=\dfrac{v^2}{2\alpha\tau}$ 出现的。所以当 L 与 $\dfrac{M_L}{M_0}$ 相比，比较小的时候，它的作用是不大的，也即比冲的价值与 $\alpha\tau$ 是相比较而变化的。当比冲相同的情况下，τ 比较小（几年时），α 值比较重要，也即发动机功率密度影响比较大。τ 比较大（几十年时），则 α 值的重要性就低得多。所以当 L 值减小时，$\dfrac{M_L}{M_0}$ 的值与 v 的关系曲线变得更平坦。

11. "人的平均工作年限"（Mean Human Jab Time, MHJT）：指一个人（不是指一个团队），从确定任务到完成任务（收到第一批数据）的时间超出这个项目主要专家的工作年龄。一般可以按 20~30 年计算。

12. 精确解在 $\dfrac{v^2}{2\alpha\tau}=L$ 较小时，有饱和值 E。

$$E = 1 - \frac{S_\tau}{v\tau} = \frac{L + \dfrac{M_L}{M_0}}{1 - \dfrac{M_L}{M_0}} \ln \frac{L+1}{L + \dfrac{M_L}{M_0}} = \frac{\dfrac{M_L}{M_0}}{1 - \dfrac{M_L}{M_0}} \ln \frac{1}{\dfrac{M_L}{M_0}}$$

当 $\dfrac{M_L}{M_0} = 0.1$ 时，饱和值为 $\dfrac{0.1}{0.9} \ln \dfrac{1}{0.1} = 0.2558$。

由 $0.2558 = 1 - \dfrac{S_\tau}{v\tau}$ 有 $\dfrac{S_\tau}{v\tau} = 0.75442$。所以当 v 为 50km/s 时，

$$\tau = \frac{S_\tau 1.5 \times 10^8 \text{km}}{0.7442 \times 50 \text{km} / \text{s} \times 3600 \times 24 \times 365} = \frac{S_\tau}{0.7442 \times 50 \times 0.21} = 9.34 \text{年} 。$$

此条件下 S_τ 与 τ 成线性关系。

13. 当我们在 $p = \dfrac{1}{2} \cdot \dfrac{M_\rho}{\tau} \cdot v^2$ 式中可以写成 $M_\rho = \dfrac{2\tau p}{v^2}$，令 $\dfrac{M_\rho}{M_0} = Q$ 时，则

  E 可以写成

$$E = \left(1 - \frac{v^2 M_0}{2\tau P}\right) \ln \left(1 - \frac{2\tau P}{v^2} \cdot \frac{1}{M_0}\right) = \left(1 - \frac{1}{Q}\right) \ln (1 - Q)$$

  这是一个无量纲的参数。

14. 在分析归一化解时，我们得到在 $v^* = 1$ 时，即比冲值近似等于特征速度 $\sqrt{2\alpha\tau}$ 时，其载荷比取极大值。

  也即 $v^* > 1$ 时，$\dfrac{M_L}{M_0}$ 取下降趋势，这个概念对我们选择 u_τ 和 v_c 的组合时要慎重设计，否则会使 u^* 越大，而 $\dfrac{M_L}{M_0}$ 变小。

15. 当我们假设有效载荷为 0 的时候，飞行器的极限最终速度由 $\dfrac{\mathrm{d}u_\tau}{\mathrm{d}v} = 0$ 求取时，得到 $\ln \left(1 + \dfrac{2\alpha\tau}{v^2}\right) = \dfrac{2}{1 + \dfrac{v^2}{2\alpha\tau}}$ 的表达式，其表达形式为

$$\ln \left(1 + \frac{1}{J}\right) = \frac{2}{1+J}，\quad J \text{ 为特征值} \left(J = \frac{v^2}{2\alpha\tau}\right) 。$$

迭代求解 $J = 0.255$

所以有 $v^2 = 0.255 \cdot (2\alpha\tau)$，$v = \sqrt{0.255} \cdot \sqrt{2\alpha\tau} = 0.505 v_c$。

有时也用 $\sqrt{\alpha\tau}$ 表示 v_c，则这时的表达式是 $v = 0.505 \times \sqrt{2}\sqrt{\alpha\tau} = 0.714 v_c$，要注意不同文章里对特征速度的定义是有不同的。

有了 v 的表达式，则由式 (2.19) 可得

$$u_{\tau\max} = v\ln\left(1 + \frac{2\alpha\tau}{v^2}\right) = 0.714\sqrt{\alpha\tau}\ln\left(1 + \frac{2\alpha\tau}{0.714^2\alpha\tau}\right)$$

$$= 0.714\sqrt{\alpha\tau} \cdot \ln 4.923 = 1.14\sqrt{\alpha\tau}$$

如果用 $v_c = \sqrt{2\alpha\tau}$ 表示，则 $u_{\tau\max} = 0.806 v_c$。

即此时的极值速度是 $0.806 v_c$，而喷出速度（或比冲）则是 $0.505 v_c$，即极值速度是喷出速度的 $0.806 v_c \big/ 0.505 v_c = 1.60$ 倍，$u_{\tau\max} = 1.60 v$。

16．综上分析，$v = 0.505 v_c$，$u_{\tau\max} = 0.805 v_c$

可知比冲近似特征速度 v_c 的一半；$u_{\tau\max}$ 近似特征速度 v_c 的 0.8 倍。

特征速度 $> u_{\tau\max} >$ 比冲。

17．由 $M_L \to 0$ 的极值状态分析，我们得到 $M_\rho = 0.798 M_0$，也即 $M_\rho \approx 0.8 M_0$ 时最终速度取极值，此时的比冲为 $0.505\ v_c$，速度是 1.6 倍的比冲。

18．我们在施图林格的解析时是以齐奥尔科夫等式开始的，所以火箭最终速度在理论上只与相应的各项质量相关，其他一切的分析实质上都是质量关系的变形。

19．在研究轨道力学时，其轨道的几何学特征表现得很充分且有神来之笔，我们应专门研究一下"轨道几何学"。

20．在空间飞行的飞行器欲飞向某一目标行星时，我们可仍以霍曼转移方式进行，则在已知目前飞行器距离主星矢径 r_A、目标点距主点的矢径 r_B 及以交会点与主星矢径为拱线的真近点角 θ_{nA} 时，可以构建一个大椭圆轨道。

这个新椭圆的角动量 h_n 及轨道方程 $r_n(\theta_n)$，可在工程保证下得以实现。在测控（或飞行器内装置有空间自定位系统）的支持下完成 v_L、v_r 及飞行路径角 γ 的实现。

21. 定义 $\rho = a_c(t) / g(R(t))$ 为"推引比"。

22. 在以太阳帆作为空间动力时，因在相同的载荷需求下，如果帆的质量密度减小到 $\dfrac{1}{10}$，则可使帆的面积扩大 10 倍，即太阳帆的加速度作用将提高 100 倍，所以太阳帆的质量密度 σ_{sail} 是极其重要的技术参数。

23. 目前，在深空探测工程中，可以采用的方式大致为连续推力系统、脉冲推力和空间借力飞行。

2

探索浩瀚宇宙　建设航天强国 [①]

摘　要：2016 年是中国航天创建 60 周年、中国开展深空探测 12 周年，又是"中国航天日"的设立元年。回顾这 60 年来几代航天人的持续奋斗和取得的辉煌业绩，心情无比兴奋和激动，其情难以言表。按照中华传统文化，60 年一甲子，12 年一轮回。转眼之间，作为我国深空探测起始标志的"嫦娥工程"已走过了 12 个年头，我说今年是"嫦娥工程"的本命年。回顾 12 年前，我们为"嫦娥工程"立项、研制、发射工作的情景又清晰地浮现眼前，在此我想就深空探测立项的论证和实践中的一些思考做一个记录。

2016 年是中国航天事业创建 60 年，也是中国开展深空探测 12 周年，又是"中国航天日"的设立元年。回顾这 60 年来几代航天人的持续奋斗和取得的辉煌业绩，我的心情无比兴奋和激动，其情难以言表。

4 月 23 日，习近平总书记为首个航天日作出重要批示："探索浩瀚宇宙，发展航天事业，建设航天强国，是我们不懈追求的航天梦。"这是祖国的呼唤、党的号召，是民族的期盼。"广大航天科技工作者要牢牢抓住战略机遇，坚持创新驱动发展，勇攀科技高峰，谱写中国航天事业新篇章，为服务国家发展大局和增进人类福祉作出更大贡献。"这是习总书记下达的动员令和对中国航天发展的总要求、总目标。

---

① 本文原标题为《探索浩瀚宇宙　建设航天强国——纪念中国深空探测 12 周年》，发表于《深空探测学报》，2016 年第 4 期。

李克强总理在 4 月 23 日作出重要批示，要求我们在大众创业、万众创新、激发全社会创新活力方面，继续努力奋斗，为促进经济社会发展、提升国家综合实力作出新贡献，让"航天梦"助推"中国梦"早日实现。

党中央、国务院对我们的期望和要求，为中国航天事业的发展指明了方向，增加了我们前进的动力。中国航天人绝不会辜负党的要求和祖国的希望，一定会以航天日的设立为新的发展起点，在十八大精神的鼓舞下，为中华民族伟大复兴的"中国梦"早日实现，去夺取更大的胜利，以成功报效祖国！

2016 年是我国确定首个深空探测工程——"嫦娥工程"的第 12 周年，所以我说 2016 年是"嫦娥工程"的本命年。12 年前，我们为"嫦娥工程"的立项、研制、发射成功所做的工作情景又清晰地浮现在我们的面前，这里我想就深空探测的论证和实践中的一些思考做一个记录，供同志们参考。

图 1　2007 年 12 月 12 日，庆祝我国首次月球探测工程圆满成功大会在人民大会堂举行

一、进入新千年的中国航天

1998 年，我受国家派遣，与近 50 位航天战线的同事一起来到国务院新组建的国防科技工业委员会（简称科工委）任副主任，兼任国家航天局局长。

根据时任国务院总理朱镕基同志的指示，新组建的科工委要负责国防科技工业的行业管理，**具体指行业规划、行业标准、行业监督、行业法规和行业政策等方面的内容**。而对行业发展而言，制定行业发展规划是其重中之重。当时管理航天的部门是科工委系统一司，有关国家航天局的工作也归入该司，委里分工由我主管该司的工作，我们讨论和关注的中心议题就是中国航天怎样面对新的世纪，以怎样的姿态进入新千年。我和系统一司司长郭宝柱同志及一司的同志们经过反复思考、研究、筹划，得到了如下四点基本认识：

1. 我们要以开放的姿态面向 21 世纪，揭开中国航天神秘的面纱，展示出中国航天人大步迈入新世纪的风采。

2. 我们要以改革的精神，开创新的发展局面，以"大航天"拓展观念，推动中国航天事业的进步和领域的扩展。

3. 我们要以重大工程和重大项目为带动，夯实中国航天技术的基础建设和关键技术突破，提升我国在国际航天界的地位，并为科技发展和国民经济建设服务。

4. 我们要以履行国家航天行业主管部门的责任心，筹划国家航天发展的规划目标和对外的国际合作方针与政策。

上述四点认识，完整地反映在 2000 年发表的《中国的航天》白皮书中，它是我国国防科技工业的首个白皮书，它的发表引起了国内外极大的反响。我们在白皮书中，**第一次将空间技术、空间应用和空间科学纳入"大航天"范畴**，表明中国航天已经从航天科技工业扩展到整个航天事业和航天产业，表明我们不仅筹划空间技术（火箭、卫星、地面、测发控等），而且也关注并服务于航天活动的应用，使航天为国民经济、国防建设服务，发挥其作为国家战略性产业的战略作用。特别是在空间进入能力、空间平台建设能力这两个核心技术上实现系列化发展，在空间应用上形成**"天地统筹一体化的应用体系"**发展，以及**启动以月球探测为切入点的深空探测活动**，带动和牵引空间科学进步，这些重要思路和理念在白皮书上都有明确表述和展望，集中起来就是我们所说的"211"工程计划（即火箭、卫星两个型谱，一个空间应用，一个深空探测）。白皮书发表后，国内外对此反响极其强烈，国内许多老同志、老专家、老领导打电话来表示祝贺，并嘱咐我们一定要做好、做细，不能放空炮，一定要实现这个目标。还有其他行业的同志们打来电话，表示他们也期盼有一个相应的白皮书的发表。为了向国内外宣传好白皮书内容和"211"工程计划（图2），系统工程一司和科工委宣传部门做了广泛的宣传和报道。

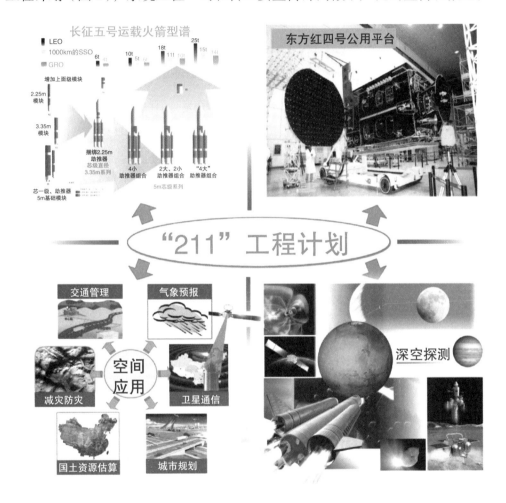

图2　"211"工程计划示意图

就深空探测而言，虽然白皮书已经写上了，全国各界都知道了，但那时这项工程并没有获得国家立项，而讨论立项问题又经过了两年多的时间（2000年发表白皮书，2002年10月才上报论证报告）。我们不得不扩大队伍，增加我们的论证依据，特别是回答我们的火箭能力、探月平台能力和测发控能力，因为这是我们第一次到达近40万km深空的航天任务，深空测控、轨道设计和平台姿轨控技术都面临关键的新要求和新考验。在中国航天科技集团、中国航天科工集团、中国电子科技集团及总装备部、中国科学院等有关单位和专家的全力支持下，我们的工程目标实现得到了有效保证。同时，我们还要回答到月球去干什么；外国已经去过了，中国人还去干什么等问题。对于这些问题，我们工业部门的同志是难以回答的，所以我们在论证中请来科学院的有关同志做了极大的努力，列出了我们可以并可能实现的科学目标。科学院的同志们还承担了月球探测工程中与科学目标相适应的有效载荷与探测器的研制工作，以及为科学成果的应用研发应用系统（图3）。

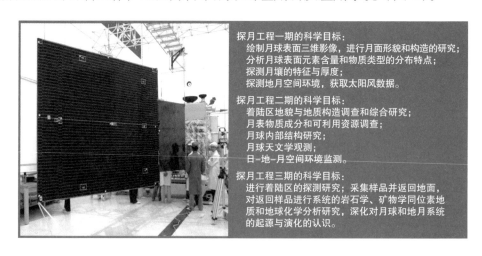

探月工程一期的科学目标：
　绘制月球表面三维影像，进行月面形貌和构造的研究；
　分析月球表面元素含量和物质类型的分布特点；
　探测月壤的特征与厚度；
　探测地月空间环境，获取太阳风数据。
探月工程二期的科学目标：
　着陆区地貌与地质构造调查和综合研究；
　月表物质成分和可利用资源调查；
　月球内部结构研究；
　月球天文学观测；
　日-地-月空间环境监测。
探月工程三期的科学目标：
　进行着陆区的探测研究；采集样品并返回地面，对返回样品进行系统的岩石学、矿物学同位素地质和地球化学分析研究，深化对月球和地月系统的起源与演化的认识。

图3　"嫦娥工程"的科学目标

正是在全国大力支援、支持，特别是在党中央和国务院的坚定决策下，工程得到批准。

从2000年发表白皮书至2016年已过去16年，当我们回首并盘点白皮书中所提出的发展目标时，我们可以宽慰的是，当时的形势分析和决策是完全准确的，国务院决定发表《中国的航天》白皮书是非常正确的。我们航天人没有辜负党和祖国的期望与信任，没有辜负政府各部门和全国各界的支持。为了实现我们确定的目标，所有参与工作的同志奉献了他们的智慧和力量，他们的贡献应当载入我国深空探测史的记录，他们默默无闻地实践着，奉献于祖国的深空探测事业，我们应当向他们致敬，其中包括许多航天界的老领导、老前辈、老同事和老战友。我可以代表他们说：航天人说话是算数的，我们没有放空炮！

无毒无污染的大火箭是"211"工程计划中运载火箭型谱的重头戏，现在已经完成研制阶段，目前正在海南发射场准备进行发射阶段的考核（图4）。

图4　远眺海南发射场及长征五号运载火箭

大平台的代表东方红四号卫星已经完成研制，并在国内外的卫星上得到实现。

应用卫星和卫星应用得到了发展，天地统筹一体化建设得到了规划认可；我们的卫星应用得到了巨大进步，正在"一带一路"的战略发展中发挥其作用。

以月球探测为切入点的"嫦娥工程"已经胜利完成前两期任务，2017年在新的海南发射场用新的长征五号运载火箭发射我国首个月球采样返回探测器"嫦娥五号"。中国航天的"三新集结号"已经吹响。

正如李克强总理在批示中所说："经过几代航天人的持续奋斗，我国航天事业创造了以'两弹一星'、载人航天、月球探测为代表的辉煌成就。"

在进入21世纪的前两年，我们取得的成就深刻表明，中国共产党领导的社会主义中国正在创新驱动的光辉道路上大步前进，伟大复兴的"中国梦"一定会实现！

二、深空首役"月球探测"

自从嫦娥一号卫星进入发射场，人们的目光就聚焦在那里，从进场、测试、发射、入轨以及各调相轨道的实现，从中途修正到月球捕获形成绕月轨道器，从完成绕月探测任务到实施受控撞月并准确落到预定目标点，整个过程一直受到世人瞩目，公开报道、现场直播、数据与图示即时公布，其开放程度是继1990年我国第一次承担外星发射服务（亚洲一号卫星）之后最高的，而且任务实施与国家重要媒体互相配合，其宣传力度、工程进展状况的透明度也是空前的，客观上是一次丰富多彩的重大科技工程与广泛的科学普及活动紧密结合的成功实践。一时间，嫦娥一号卫星、嫦娥工程、月球探测成为新闻报道中的常见词，"变轨""发动机关机""捕获""环绕轨道周期""绕、落、回"等，成了大众通晓的基本概念。广大中小学生积极参与到探月热潮中；大学生们对工程所涉及的技术抱有更大的热情；北京航空航天大学、哈尔滨工业大学、上海交通大学等高校举办专题报告会、研讨会、科学论坛；中国科协还邀请港澳台科学家座谈，体现了国人对我国科技发展的关注和热情，也反映了国人对中国航天事业的支持和鼓励。

图 5　中学生为"嫦娥工程"签名的条幅

作为一个重大工程的领导群体，我们**首先关注的是工程的技术路线**。技术路线选择得如何，决定着工程的实施难度和取得成功的把握程度。根据当时我们已经具备的条件，可以这样描述我们"嫦娥工程"的技术路线，概括起来就是**"采用成熟的技术、花费较低的成本，以集成创新实现我国首次探月活动；以工程目标实现为主、科学目标为辅，走出中国深空探索的第一步；在工程研制中以卫星系统为主线，以测发控为重点，适度建设基础设施"**，简言之为"成熟技术、有限目标、突破关键、确保成功"。

现在来看，我们所以能在 4 年时间、以 20 亿元投入，获得"嫦娥一号"工程的圆满成功，这条技术路线的确定是适合当时整体状态的。

有同志认为，将"嫦娥工程"简练地归纳为"绕、落、回"是创新，我看不能这样讲，因为在我们之前，国际上已经开展了一百多次探测活动，归纳起来大致可以分为飞越、撞击、环绕、降落、返回、有人登月。我大略地将此归归类：飞越月球 10 次、撞击月球 10 次、环绕月球 38 次、降落月球 27 次、返回 16 次、其他试验性探测活动 4 次、有航天员参与的载人探月活动 9 次。在上百次探月活动中成功 59 次。按其进行的顺序是飞越、撞击、环绕、载人试验性返回、降落、月面返回、载人登月及返回，这个过程并不是充分必要的顺序安排。

从降低工程风险、先易后难来看，先行进行撞击试验是有其合理性的，因为在进行撞击试验的时候，如果未能实现撞月，可能出现的过程有两种：一是飞越，一是环绕，而这两个过程并不是失败性的结果。如果将飞越或环绕确定为目标，它若出现撞击的现象，则是一个失败的结局。权衡这个关系，我认为苏联将撞击试验作为探月的首选目标是一个合理的选择。我对中国探月的第一步也倾向于先进行撞击月球的试验，这是比较简单和比较容易实现的选择。大家可能还记得我当时讲的话："我们一定要去月球，就是在月球上放一个铁块子，写上'中国造'，也是成功的。"因为它表达了我们的一个能力！

苏联从 1958 年 9 月 23 日到 1959 年 9 月 12 日首次撞月成功，历时一年，失败 5 次，其中由火箭故障引起的失败有 3 次，因控制系统引起的故障有 2 次（其中 1 次是没有击中月球，变成了飞越，从距月球约 6000km 处掠过，另一次是因制导系统故障，未能进入奔月轨道）。

相比当时的苏联，我们的运载火箭技术是成熟的，控制系统的能力对完成探月目标而言也是充分的，所以在论证我国探月工程时，我曾讲过："目前我们的核心任务是验证我们的工程能力和实现我们的工程目标。"那时，在我的思考中还没有完整地建立"科学目标"这一需求，因为我们还没有证明我们是否有能力完成奔月这一新的宏伟计划。实现工程目标首先要保证火箭技术的可靠性，当时长征三号乙运载火箭已经研制成功，采用"长三乙"将增加我们工程的实施可行性，减少有效载荷的质量压力，但因"长三乙"发射次数太少，尚没有得到实际工程应用的更充分的可靠性验证，所以我们选择了比较成熟的长征三号甲运载火箭（图 6）。

图 6　首次探月任务选择了发射成功率高的长征三号甲运载火箭

同样，我们在"嫦娥一号"平台的选择上也是以成熟的平台技术东方红三号卫星平台为基础，结合我国其他平台的优点，使平台的可靠性以及技术的成熟性得到保证（图 7）。

对于我们不熟悉的科学目标，则请科学院的同志们提出意见。他们比较集中的倾向性意见是进行环绕探测获得对月表的基本科学认识，然后在月表进行就位探测，以对月表地质进行适度研究，希望能从月球取回一些物质在

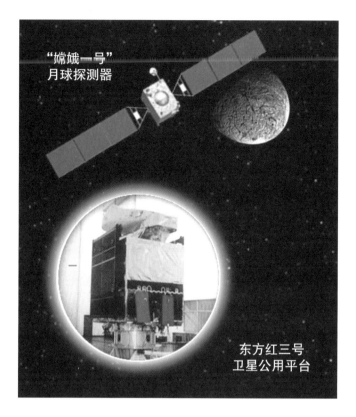

图 7　嫦娥一号月球探测器选择东方红三号卫星公用平台

地球上开展分析。这个科学目标的提出，是对我前面提到的以撞击开始的否定，但我支持这种否定，这是一个向更高水平跃升的否定，但关键问题是，我们的技术水平和工程能力能否满足实现这个科学目标的要求，这是工程领导必须审慎决策的问题。我们应当选择有一定把握实现的科学目标，如果没有科学目标的支持，工程难以批复，所以这个问题不容回避。如果我们为了实现科学目标而不顾当时的能力而仓促决策，将会给后续工程实现带来难以克服的困难，甚至会使工程"流产"。所以，"嫦娥工程""绕、落、回"三步走，是在充分论证和各方面技术充分权衡的支持下确定的。

　　"绕、落、回"三个字简明地表述了我们探月的三步走，虽然它并不是什么创造，也不是什么创新，是别人在一百多次探月活动中走过的路子，但我们确定的这三步走并不是简单的重复，我们在技术上要超过飞越和撞击这两步，直接进入环绕探测，这在探索过程上来说是一个技术上的跨越。科学目标的确定，要服务于科学家的需求，但我们工业部门在接受这个目标的时候，就表明我们要为完成这个目标作出巨大的努力。在苏美探月历程中，苏联飞越8次，美国飞越2次，这10次飞越任务，失败了4次，部分成功3次，只有3次是圆满完成的，而在飞越任务中有5次是试验从月球返回技术。我们在缺少工程前期的先导性试验的基础上，实现"绕、落、回"的目标，必定会遇到技术、基础、试验、队伍、管理等诸多问题，也为我们在工程研制过程中遇到的测控难题埋下了伏笔。

技术路线的确定是一项工程最重要的一个决策，每一位工程的领导者都必须慎重权衡。我们在确定"嫦娥工程"的技术路线和"绕、落、回"三步走的过程中，绝不是领导小组一拍即定的。我们反复地征集各关键系统的意见，没有中国航天科技集团公司一院、五院、八院，总装备部测发控系统部门及科学院有效载荷研制部门和应用系统的认真研究，就不会也不可能定下"绕、落、回"这三步走，特别是工程两总系统能团结一致，共同决策、共同攻关，为统一的目标共同努力，是全体队伍能统一意志、顽强攻关的重要保证。

我在回顾这段历程的时候，特别将技术路线的确定作为一个重点，就是想把这个关键问题，放到一个关键的地位去认识它。反观我们有些工程没能实现目标，或者半途下马，或者更改目标要求甚至更改原定的方向，就是因为在技术路线的确定上没有吸纳各方面的建议和意见，没有将工程立足在成熟技术保证的基础上。

路线确定之后，队伍建设是决定因素。我们集中了我国航天界的顶级专家组成两总系统，孙家栋院士为总设计师，火箭专家龙乐豪、测控专家陈炳忠、卫星专家叶培建、有效载荷专家姜景山，他们既是行业专家，也是各专业有威望的决策者，这就有了我们工程各系统并行工作的技术保证（图8）。在我们遇到地月传输信道余量不足的时候，同志们尽力尽责，各方都为总体目标的实现而努力。当时我们的方针就是"按住西安，补充测控"。即卫星不能再降低一个分贝，余量由测控补充大口径接收天线来实现。卫星发送和地面接收两个系统携手，按时完成技术攻关和条件建设，保证了嫦娥一号月球探测器的成功。

图 8　绕月工程专家领导（左起：孙为钢、李洪、李开民、吴燕生、袁家军、孙家栋、栾恩杰、姜景山、马兴瑞、龙乐豪、吴艳华、梁小虹、赵晓晨）

在诸多科学目标的实现上，我们的着重点在相机研制，即"科学目标，以拿下月全图为主"，压力加到了西安光机所，观测相机总师赵葆常同志带领他的团队，圆满完成了任务。当科学院地面测控大厅显示大屏上实时传来第一条带月球的清晰影像时，赵葆常总师与全场的同志们热泪盈眶。我们两眼含着泪水，双手紧紧地相握。

国防科工委作为工程责任部门，成立了由各任务承担单位组成的领导小组，先后由张云川主任、张庆伟主任任组长。"嫦娥一号"成功后，党中央、国务院和中央军委在人民大会堂召开庆祝大会，胡锦涛总书记为工程题词——"嫦娥"，温家宝总理"高标准、高质量、高效率"完成嫦娥工程的指示，都极大地鞭策、鼓舞着我们。"嫦娥二号""嫦娥三号"任务取得成功后，又在人民大会堂召开庆祝会，习近平总书记作出重要指示。这是党和祖国给予中国航天人的最大荣誉，是我们所有参研参试人员、全国各行各业支持我们的同志们的共同荣誉，是党的光荣和祖国的光荣。

经过近10年努力，我国已开辟了深空探测这一航天新领域，已经形成深空探测的一支完整配套的队伍，建设了可以初步满足空间深空探测的基础体系。

在各有关部门、研究院（所）、高等院校的支持下，成立了中国宇航学会深空探测技术专业委员会，有了一份深空探测期刊。

我们现在的首要任务是要做好"嫦娥五号"任务，使我们"绕、落、回"三步走的目标得到全面实现。

三、深空探测，走向未来

十八大以来，深化改革深入人心，各行各业全面贯彻十八大战略部署，大众创业、万众创新、产业转型、调整结构逐步深入。我国"十三五"发展规划已经发布，我有幸作为国家"十三五"规划的专家组成员，参与其中的学习、讨论、修改完善，我学习到很多东西，对国家发展前途充满信心，备受鼓舞，同时也深感其难度很大，方方面面的困难极多。针对国防科技工业发展，诸如空间进入能力和重型运载火箭、空间基础设施、空间应用、遥感应用、国际合作、强化基础建设等方面，应受到广泛关注和重视。

"十三五"发展规划的提出，是我国现代化建设进入经济、社会、科学、技术全面发展，民生、环境、文化、文明协调推进的新时期，在这个新时期、新形势面前，我们科技工作者要以创新的思维理念、创新驱动的前沿意识和决胜的国防目标，审视我们的计划和部署。

就深空探测而言，我们在 10 年探月的实践基础上，在工程目标和科学目标的确定上，既要有对先进技术的跟踪和系统集成的成果，也要有独立自主的开拓和先进技术的创新。就科学目标而言，我们不能满足于一般性的普通考察，要在人类未知领域上有所探索，这就需要科学家和工程师的密切配合。美国激光干涉引力波天文台（简称 LIGO）对引力波的发现，就是工程师和科学家合作的典范。

经过多次反复论证，我国行星探测已经起步。火星被确定为中国深空行星探测的第一站，这颗红色星球（在尘暴期呈火－黄色）像太空中的一团火光，在召唤着我们、等待着我们。美国人去了，欧洲人去了，印度人去了，中国人也准备好了，只等一声令下，我们的火星探索之旅可以马上起航！

现在的问题是在向深空出发之前，我们应当做好哪些准备工作？作为一个"工程"去实施，我们应当完成哪些必要条件的准备（也即"系统工程"中的"必要条件说明"）？我认为以下几个方面的准备，是我们必须完成的。

1. 成熟的火箭能力

进入空间的能力是航天强国的重要标志。经过近 20 年的研制，我国大型火箭技术取得了突破性进展，以无毒、无污染、大推力为标志的我国新一代长征五号系列运载火箭正式进入发射考核阶段，以长征五号主发动机为动力系统的长征七号运载火箭首飞成功，2017 年将以长征五号火箭为运载，实施嫦娥五号月球探测器的飞行任务。

长征五号运载火箭的近地轨道能力可达 25t，这为我们深空探测活动的开展提供了基础性的进入空间能力的保证。以火星探测能力论，如果探测器 5t 量级，则其长征五号运载火箭的特征能量 C_3 在 8～15km^2/s^2。有了长征五号运载火箭的运载能力作为保障，为我国深空探测铺就了一条天路。

先进航天国家在进入空间能力方面，包括从地球进入外层空间以及在外空进行姿轨控和机动飞行的能力也在加快发展。以空间探测和载人空间活动为牵引的重型运载技术、空间推进技术，进入了快速发展时期。

其一，在重型运载技术方面

俄罗斯在化学推进系统的研发上一直处于国际先进水平，液氧－煤油发动机保持领先地位，在其200t级（RD-191）、400t级（RD-180）、800t级（RD-171M）以及低成本液体发动机的研制上具有重大优势。为满足载人登月和火星探索任务，俄罗斯曾提出发展80～130t级运载能力的重型运载火箭的愿景，在RD-171M的基础上开展新型大推力液氧－煤油发动机的研究，同时开展液氧－甲烷（300t级）发动机的设计和研发。

美国为了实现载人探索火星目标，NASA启动了重型运载火箭"空间发射系统"（SLS）的研制计划，第一步通过采用4台RS-25液体发动机和捆绑2台5段式大型固体助推器（FSB），达到近地轨道（LEO）70t运载能力；第二步通过采用新型探索上面级（EUS）等措施，实现105t运载能力；第三步通过增加芯级发动机数量、采用先进捆绑助推器等措施，达到130t运载能力（图9）。

图9　左图：美国RS-25氢氧发动机，海平面推力约1860kN
右图：俄罗斯RD-171M液氧－煤油发动机，海平面推力约7260kN

美国新兴航天企业 Space X 公司在现役猎鹰 -9 火箭的基础上，通过捆绑 2 台通用助推器（每台装 9 个海平面推力 620kN 的"隼 -1D"发动机），使火箭起飞推力超过 1700t，可实现 54t 的 LEO 运载能力。该公司目前正在研发推力约 235t 的"猛禽"（Raptor）液体发动机，启动了 800t 级"隼 -2"发动机的论证。

用于进入空间的大型固体发动机得到快速发展。2016 年 6 月底，美国进行了迄今推力最强大的 5 段式固体助推器（FSB）的地面静态试验。该大型固体发动机装药约 630t，平均推力约 1600t，将用于美国"空间发射系统"重型火箭的固体捆绑助推器。欧空局利用固体发动机研制了"织女星"运载火箭，其固体发动机（P80）直径 3m，装药 88t，质量比达 0.92 以上。固体分段式发动机可以实现大推力、大装药量、大质量比，已成为国外发展进入空间能力的重要选择。

此外，航天运载器的重复使用也成为研发的热门课题。火箭助推器的垂直起飞垂直降落、垂直起飞水平降落、海上平台回收，以及从空中平台发射火箭等都受到高度关注。

针对未来天地往返运输系统和太空摆渡的可控、可达性保证，高超发动机、变推力发动机也受到技术先进国家的极大重视，美国已突破亚燃冲压发动机技术，超燃发动机正在加紧研发并取得重要突破。英国正在为"云霄塔"研制"协同吸气式火箭发动机"（SABRE），并引入氦作预冷解决高超热防护技术。SABRE 具有吸气式推进和火箭推进两种工作模式，既可在大气层内工作，也可在大气层外工作，目前英国已突破该发动机预冷器热交换器等一批关键技术。

其二，在先进的空间推进技术方面

先进航天国家加大电推进与核动力技术的研发，NASA 提出采用功率 150~200kW 的太阳能电推进系统执行载人火星探测的货物运输任务，正在开发高功率的太阳能电推进系统。美国研制的变比冲磁等离子体火箭（VASIMR）样机 VX-200 比冲达 5000s、功率 200kW，已进入地面验证阶段。美俄均启动了空间核推进计划，美国正在开展的"核低温推进"项目，将研制功率 500MW 的核热推进系统（图 10）。

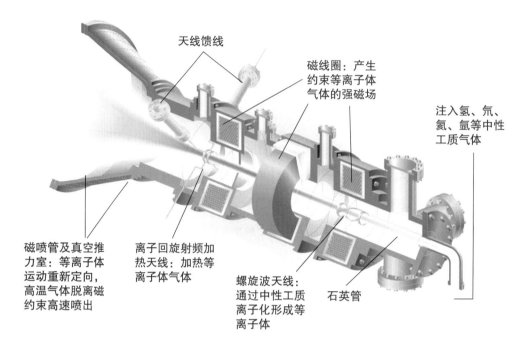

图 10　VASIMR 发动机结构示意图（资料来源：《航天员》杂志 2019 年第 2 期）

2. 新的工程目标、科学目标

我们为什么要到外太空？花钱在太空值得吗？经常会有人向我们问到这个问题。不但我们会遇到这个问题，国外的同行们也会遇到同样的问题。

人类是生活在地球上的智慧生物，人类的智慧表现在他们的思考，人类优越于其他生物的地方在于他们有探索真理的追求。他们总在给自己出题目，也总是在寻求答案。在这个真理的追求中，人类开始认识自己的家园地球、太阳系，产生了谓之为"科学"的理论和用于改变人类生存过程、条件、环境的技术。人类还把他们的眼光投向深邃的宇宙，探索宇宙的开始和可能的未来，他们将宇宙演化和太阳系的存在、地球和人类的文明联系起来苦苦地求索着，试图回答人类从哪里来、宇宙从哪里来。

人类的智慧正在将我们的感知触摸到物质的本源、宇宙的边缘，引力波的提出和验证又为人类观测宇宙打开了一扇窗户。如果说"硬 X 射线的辐射可以表征黑洞的存在"是造物主留给人类以探其真容的"天窗"，人类为窥视这个"天窗"而设计的各类探测手段就是"天眼"，我们航天人就是为科学家探索宇宙在搭设"天梯"。

所以我们可以回答，为什么要开展深空探测：为了人类的求知、为了人类的真理追求、为了揭开宇宙的奥妙。航天正是为这些探索提供支撑，铺就"通天路"。中国行星探测的先锋号将于2020年奔赴火星。2020年将是人类探测火星的"热点活动年"，届时美国将实施"火星2020"任务；欧洲和俄罗斯联合发射火星着陆和巡视器，开展"火星生物学2020"任务；印度和法国开展"联合火星环绕探测"；阿联酋"希望号"轨道器也将在2020年发射。

自20世纪60年代开始，人类实现了40余次火星探测活动，成功率近50%。通过这近20次的成功探测，人类已对火星的地貌、地质、大气层、土壤与岩石成分、内部结构、磁场和重力场诸多状况，有了一定的了解和掌握（图11）。

在行星探测任务中，重点主要放在对行星的"表、气、土、水、磁、重"这六个方面的认识上，即重点获得行星的表面特征（物质、地质）、大气特征（组分、气候与气象）、水及痕象（有无水、水冰或水存在过的痕迹）、表面土壤（与着陆行星有关的地表风、尘暴、土壤尘埃、尘埃厚度密度、表/浅层物质）、重力场（构建行星重力场模型）、磁特性（行星磁场、太阳风与极光、宇宙射线及空间环境等）。

有学者将人类探索火星的历程分为三个阶段，其中1960—1980年为第一高潮期，1981—1991年为平静期，1992年至今为第二高潮期。从人类探索火星的频数上讲，这个分期有道理，也符合事物发展的间歇式推进规律。若从科学和技术进步的时间看，我以为应将1960—1991年作为一个时期，即以"工程目标"的验证和试验为目的的技术能力的实现期。

1964年11月美国发射的"水手四号"首次成功飞越火星，表明人类已有能力到达火星；1971年5月苏联发射的"火星三号"首次着陆火星，1971年11月美国发射的"水手九号"首次环绕火星，表明人类已有能力进入火星轨道；1975年5月美国发射的"海盗一号"首次实现软着陆，表明人类已有能力到达火星表面，机器人的足迹踏上火星。

这个时期的一系列活动都是**以工程目标为主攻目标，以科学目标为牵引**

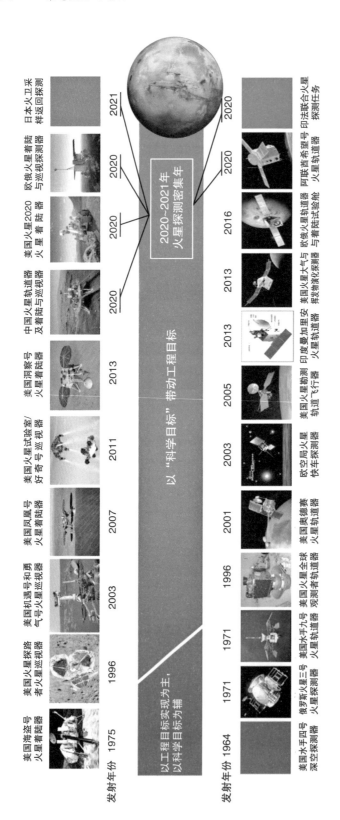

图 11　世界成功开展的重要火星探测任务及近期重大计划

性目标。这点与我国探月活动确定的方针："以工程目标实现为主"、以"科学目标为辅"是一致的。这也是世界各国的共同经历。

从 1992 年开始，以"奥德赛"和"火星勘探轨道器"为标志的一系列环绕、落火、就位探测、火星车巡视探测任务，包括"火星快车""机遇号""勇气号""凤凰号"和"好奇号"任务等，都有明确的科学目标，并且都经过科学论证和选择，在普查基础上聚焦某些有限的重点科学研究项目进行探测。这时期的探测装置表现为高的分辨率，为大气、地表、亚表层、内部结构探测所需的各类传感器、遥感器研制；巡视器智能化水平、现场操作能力大幅度提高，所以我将这一时期称作"科学目标"的实现期，它是探测活动从以"工程目标为主"到以"科学目标"带动工程目标的阶段，以科学目标确定工程规模、载荷形式和运行状态。

纵观国际上这段时期科学目标的总牵引是生命科学，即回答"火星的生命痕迹，火星上水的存在与水的痕迹，生命起源；火星生存研究与探索、原位资源利用、生命保障和人居环境建设与保护"等。

以 2010 年美国政府提出"2030 年载人火星探测远景目标"为标志，人类对火星的探索进入了一个新的时期，向"实现载人登火"的目标进军。

我国的行星探测先锋号正是在这个时期开始启动的。依据我国的空间进入能力和首次探火所必备的基本探测能力和测通能力，我们本可以在 2013 年实现火星探测，航天界的很多专家、学者都力促 2013 年到达火星的目标，但由于多种原因，当时未能实现。人类探索火星活动的第三个时期，我们赶上了，我们不应当失去这个机会。

我们确定的目标是"绕、落"一次完成，实现火星巡视探测，科学目标有创新，工程目标要可靠。为此，我们要以此次工程为牵引，突破关键技术，推动未来深空探索活动发展。

3. 关键技术突破

从深空探测的任务需求出发，国外在相关的关键技术研发上已取得了重大突破。

其一，深空探测对新能源系统的需求

太阳能和核能在火星探测器上的应用已较为成熟。美国"好奇号"火星巡视器采用以钚–238作为燃料的"多用途放射性同位素温差发电器（MMRTG）"，可以产生2kW热功率，用于热控和发电。美国已开展裂变空间电站和外太空星体驻留核反应堆设计研发。我国也已采用同位素热源用于"嫦娥工程"上。

在核能的太空利用方面，我们应进行外太空环境保护性的研究，特别要重视采样返回样本的"纯洁性"和所在星体的"本底"保护，要研发无污染的太空能源。

其二，进入下降和着陆技术（EDL）

进入地外行星、降落并着陆地外行星技术，统称为EDL技术，这既是将其描述为一个整体过程，又是将其归纳为统一的设计任务。在EDL技术中，第一位的是控制技术。

从国际上看，针对有大气层的目标行星，EDL一般经历"形、伞、推、缓"四个阶段，即首先是气动外形减速，其制动的双曲线的近拱点（也即制动后的椭圆近拱点）的选择要慎重，如果过低，航天器会在目标星大气层的减速下急剧下降，甚至会形成撞击；如果过高，则起不到近拱点大气减速作用。这个选择既要在设计时确定，又要有能力进行自主管理，我们应在自主管理上下功夫，使其能达到精确的制导控制（"伞"指用大气制动的降落伞，"推"指反推火箭，"缓"指缓冲器）。

其三，自主管理系统

对于深空运行的航天器，指挥人员很难做到及时操控管理，所以航天器本身应有中途的主动感知能力和管理系统，以进行自主判断和控制。我们可以将具有这种能力的系统称为"有自主管理能力"的系统。这种系统必须具备几种基本必要能力：自主定位定向、自主GNC、自主状态感知、自主状态控制、自主诊断分析、自主结构重组、自主能源管理和自主运行规划。

具有这些自主功能的系统，可以称之为自主管理系统，其主要标志是自主运行规划，因为其他各项自主功能是自主运行规划的基础和必要条件。

在自主管理系统开发上，我们要加强航天控制系统的基础建设和原始创

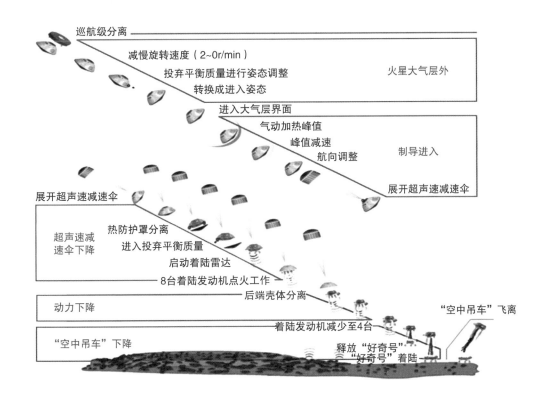

图 12 美国"好奇号"火星巡视器 EDL 示意图

新的推动，特别是系统的仿真条件、仿真技术的基础研究，在仿真建模和模型数据库建设方面要发挥重点实验室的作用。

其四，深空环境适应技术

深空强烈的空间辐射、大温差、小流星体、高真空、人造空间物碎片以及小行星、彗星及行星造成的轨道摄动等，将为深空探测带来新的挑战。开展深空探测必须解决这些问题。在地球磁场外，空间辐射可对电子设备和航天员形成极大威胁，需要解决强烈的空间辐射问题，开展保护、减轻电子设备和航天员损害的技术。高辐射、超低温、高温差的环境对深空探测器采用的材料提出了新的挑战，巡视器或太空舱采用的结构与材料、轻质可长期执行任务的机械装置均要适应深空环境条件。深空探测活动周期长，需要解决如何应对长期性的空间环境问题。美国"朱诺号"探测器在太空飞行历时 5 年，于 2016 年 7 月 4 日到达木星，在环绕木星的一年中，还要承受超强的宇宙射线的照射，这将是对其总体设计和防护功能的严峻考验（图 13）。

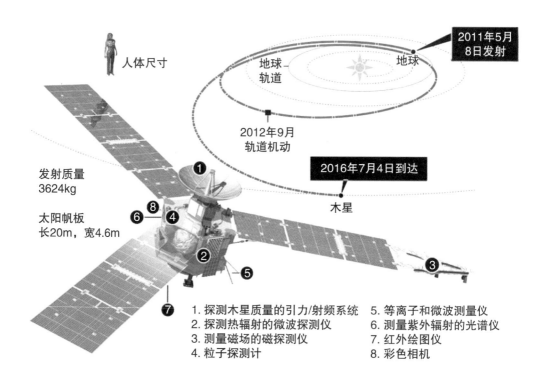

图 13　美国"朱诺号"探测器示意图（资料来源：网络）

有人参与的太空探索活动，为我们提出了空间环境感知、空间环境条件与生命生存的适应性保障等技术挑战，这些问题是我们首先必须认识并采取措施解决的。这些技术必然会对地球生物的辐射防护、地球生物圈的感知与保护具有重大意义。

除了上述关键技术，未来开展行星探测等任务还需要突破传感器或遥感器（遥感探测几乎需要全频谱探测）、深空通信技术、表面上升技术、GNC 技术、机器人技术、原位资源利用技术、航天员健康以及极端条件下的生存技术等。这些技术的开发和利用，与人们的未来生活息息相关。

此外，有关深空资源利用问题，虽然**我并不认为 NASA 的"小行星采矿"是解决地球资源问题的一个出路**，但这样的设想却也不乏创意，也许在若干时代后，它会成为现实。现在可以看得到的利用太空微重力环境，确实已经为我们的"太空工厂"提供了广阔的思考联想和创造的时间和空间。"太空制造"也许会在不远的未来，在材料加工、药品制造、晶体材料生成、太空特有环境的利用上成为人们新的选择。NASA 开展了"空间经济学研究"，并奇希望从未来的空间制造业中获利。

四、建设航天强国，任重道远

习近平总书记在 2016 年 4 月 23 日的批示中要求我们广大航天科技工作者要牢牢抓住战略机遇，坚持创新驱动发展，勇攀科技高峰，谱写中国航天事业新篇章！建设航天强国是祖国和人民托付给我们的历史使命，我们必须以极大的责任感和勇于承担的精神，"继承传统，奋力拼搏""为服务国家发展大局和增进人类福祉作出更大贡献"。

在落实习总书记部署的伟大征程中，我们首先要回答的问题就是在当代具有什么样的条件或能力，才算是航天强国；我们应当在哪些方面去实践并实现我们的航天强国梦。这是一个很复杂的问题，也是一个必须回答的问题。这里我就自己的初浅理解提出几点思考，供同志们研究。

我认为一个国家要成为航天强国，必须具备的必要的基本能力是：

（1）强大的空间进入能力；

（2）强大的科学、技术基础和重大工程实现能力；

（3）强大的研制、生产、试验和验证能力；

（4）强大的人才队伍和队伍的创新能力；

（5）强大的应用能力及与国民经济、国防建设、民生发展的融合能力；

（6）强大的空间基础设施的构建能力，包括其保护、持续发展的领先能力；

（7）比较充分地满足社会发展所提出的需求能力。

这里因篇幅所限不再展开，只是点出题目。

除了这七大能力之外，诸如国际合作能力、发展资金保证渠道能力、基础条件（元器件、材料）保障能力等都可以归入上述能力之中。我们要**在补短板上加大力度**，要**在卡脖子问题上下大功夫**，集中力量，突破瓶颈，为我们的航天强国建设打开通道。

在落实习总书记部署的伟大征程中，我们要安排好的第一项重要任务是做好发展规划。实现航天强国的目标是一项重大的系统工程，而系统工程的开启项就是需求分析和任务分解结构，所以我们要从社会进步的需求入手，确定我们的发展方向和发展目标，以及我们的行动安排。我有幸参加中国工程院组织的"中国工程科技 2035 发展战略研究"项目中的"经济预测与需求分析"专题研究工作，现将我在研究中的一点体会，在这里提出来供大家参考。

从国家层面而言，航天工程科技的发展需求包括民生发展需求、科技推动需求、国防需求、新兴产业推动和发展需求、空间科学与空间技术需求，以及空间应用需求。民生方面包括导航定位、遥感、通信，这些都是与人民生存和生活、环保息息相关的技术；国防方面包括未来战场的信息化、智能化和网络化，这些都离不开太空基础设施保障，甚至深远海的信息，通信更要依赖空间的链路保障；新兴产业中的太空生物学、太空制药、太空材料、太空农业、太空医学等已经开始进入人类社会之中；空间科学的进步，促进了太空天文学、空间物理学、太空宇宙学、空间地球科学、太空环境学、比较行星学、太空生命科学的创新和发展。

早在 20 年前，我们就开始研究的"小行星附着"课题，现在已经得到了极大的发展，取得了诸多成果，这使人类探测、确定危害地球的小行星，并使其改变危害状态的目的成为可能。

在未来深空探测活动中，我们要有独特的创新思路，我们的工作不是对前人已进行的探索活动的某些重复，而是在前人尚未进行的活动或尚未到达的领域上有所创新，为人类的认知作出我们的贡献。

中国科学院近些年进行的空间科学探索及利用空间基础进行的科学活动是极具创新性、前沿性的活动。2016 年 8 月 16 日，我国发射了"量子科学实验卫星"，这是我国科学家率先行动，它一定会在"量子密钥生成""远距量子纠缠存在""星地间量子隐形传态的实现"上有所发现、有所发展，对人类量子通信作出独特的贡献。我赞赏这样的空间科学活动，即便我们没有完全达到最圆满的预想成果，也是值得支持和鼓励的。一个没有任何风险、一个完全可以预知的试验，那只能是一种验证，它绝不会是一个原始性创新。习总书记号召青少年要"崇尚科学、探索未知",要有"敢于创新的热情",正是对原始性创新的鼓励和支持。

在规划我国深空探测的发展路径时,我们要密切关注国际发展动向,而且要有极大的国际合作热情,我们是国际宇航联合会的成员国,我们应积极投入其中的活动。太空属于全人类,NASA 科学家卡尔·萨根曾将地球描述为"硕大宇宙夜幕中的一个孤独的圆点",我们只是太空这个小点上的一员。

在规划发展计划时,我们要吸取国外同行已经取得的经验和教训,使我们的计划既有继承又有发展,既有补充也有创新。

在确定具体工程项目任务时,我们要充分利用我国的基础条件,特别是发挥全国大协作的优势,做到科学上有所贡献、技术上有突破性进步、工程上有各种资源保证、资金上各方努力可承受,做到出成果、出人才、出效益,使我们的深空活动建立在可持续发展的基础上。

火星探索的先锋号任务已经确定,小行星、内行星、彗星及木星也将成为我们的探测目标。任务艰巨,前途光明,任重道远。让我们共同努力,实现伟大的强国梦!

本文要点

1. 1998 年新科工委成立，50 余位航天战线的同志们汇聚科工委，拉开了中国国家航天局新的一段历史。

2. 国务院对科工委的任务是国防科技工业的行业管理，包括行业规划、行业标准、行业监督、行业法规、行业政策。

3. 大航天概念：空间技术、空间应用、空间科学。

4. 中国航天"211 工程"：火箭和卫星两个型号、天地统筹的一体化应用体系、以月球探测为切入点的深空探测。

5. 首次探月工程面临的重大挑战：火箭能力、平台能力、测发控能力、科学探索能力以及相应的关键技术和队伍组织建设。

6. 中国航天的三个里程碑："两弹一星"、载人航天、探月工程。

7. "嫦娥工程"的工程路线：以成熟技术、工程目标、卫星为主线。

8. 综合国外探月的过程大致包括：飞越、撞击、环绕、载人试验性返回、降落、月面返回、载人登月后返回七种形式。

9. 人类首次探月活动是苏联在 1958 年 9 月首次撞月成功（失败 5 次，其中有一次是没有击中月球，成为飞越）。

10. 我们选择"长三甲"作为首次探月运载火箭的主要原因是"长三乙"的发射次数尚少。

11. "嫦娥工程"确定的"绕、落、回"三步走是在空间技术方面完全论证和权衡后确定的工程路线和技术发展路线。

12. 温家宝总理指示："高标准、高质量、高效率"地完成"嫦娥一号"任务。

13. 中国宇航学会建立"深空探测技术"专业委员会，出版《深空探测》期刊。

14. 我作为国家"十三五"规划专家组成员参加"十三五"规划的制定和咨询，在空间进入能力、重型运载、空间基础设施、空间应用、遥感应用、国际合作、强化基础建设方面提出建议。

15. 人类总在给自己出题目，也一直在不断地寻找答案，这就是人类对真理的追求。

16. 我认为人类探索火星的阶段应这样来划分：1960—1991年为工程目标的实现为主的"技术能力实现期"；从1992年至今为以"科学目标"带动工程目标实现的空间科学探索期；下一步将是以"实现载人登火"为技术目标的太阳系载人行星探索期。

17. 自主管理治理至少要具有以下八种功能：自主定位定向、自主GNC、自主状态感知、自主状态控制、自主诊断分析、自主结构重组、自主能源管理和自主运行规划。

18. 太空制造将会是未来"空间经济"的重要组成部分。

19. 我认为一个国家要成为"航天强国"，它必须具备七种能力。

20. 我有幸参加中国工程院组织的"中国工程科技2035发展战略研究项目"中的"经济预测与需求分析"专项研究。

21. NASA科学家卡尔·萨根曾将地球描述为"硕大宇宙夜幕中的一个孤独的圆点"。我们地球人类只是太空小点上的一员。

3

第三个里程碑：探月工程的动员与启动 ①

摘 要：2000 年 11 月 22 日，国务院新闻办公室发表了《中国的航天》白皮书，提出了我国开展以月球探测为主的深空探测的发展目标，明确了成功实施月球探测工程将是我国航天活动发展的第三个里程碑。2003 年 9 月 27 日，温家宝总理主持中央专委会，听取栾恩杰的专题汇报，会议讨论决定同意实施绕月探测工程，工程报告经胡锦涛总书记、江泽民主席圈阅同意。2004 年是全面开展绕月探测工程的第一年，也是关键的一年，任务十分繁重。为了回应党中央国务院对这项工程的殷切希望和高度重视，各单位领导必须深入一线，准确掌握工程进展，及时解决各种问题，有力保障研制工作，切实达到"立下军令状，定下时间表，明确责任人，实现责任制"的要求，圆满完成绕月探测工程今年各项任务，为实现工程的总目标奠定坚实的基础（图 1）。

同志们：

在十届全国人大二次会议和全国政协十届二次会议胜利闭幕，全国人民深入学习"两会"精神，全面部署今年工作之际，我们召开了备受全国各族人民关注的我国绕月探测工程的第一次工作会议。我代表工程两总系统向大会做工作报告。

---

① 本文为 2004 年栾恩杰总指挥在绕月探测工程第一次工作会"启动动员会"上所作报告。

图 1　中国航天第三个里程碑："嫦娥一号"发射成功

一、绕月探测工程是一项对我国政治、经济、科技具有重大意义的战略工程

　　人类航天活动主要包括发射人造地球卫星、载人航天和深空探测三大领域。根据我国的国情，研制和发射人造地球卫星，特别是应用卫星始终置于我国航天活动发展目标的首位，成果令人瞩目。随着"921"工程的实施，载人航天技术已取得重大突破，唯有深空探测尚未实施。从科学目标和工程目标两方面看，月球探测工程是深空探测活动的第一步，我国作为一个世界大国和主要航天国家，理应在这一领域占有一席之地，有所作为。纵观世界各国深空探测的发展历程，月球是人类开展深空探测的首选目标，2000 年 11 月 22 日，国务院新闻办公室发表了《中国的航天》白皮书，明确提出了我国开展以月球探测为主的深空探测的发展目标。成功地实施月球探测工程将是我国航天活动发展的第三个里程碑（图 2）。

　　月球是研究地球、地－月系和太阳系的起源与演化的关键对象，月球还

图2　2000年发布《中国的航天》白皮书

具有可供人类开发和利用的独特资源、能源和环境，是人类向外层空间发展的理想基地和前哨站。虽然联合国1984年通过了《月球协定》，规定月球及其自然资源是人类共同财产，任何国家、团体和个人不得据为已有，但推行实力政策，谁先开发谁先得益，已成为客观事实。

月球探测工程是当今世界高新科技中极具挑战性的领域之一，是众多高新技术的高度综合。实施月球探测工程将直接推动新型运载火箭、月球探测器、深空测控网等工程技术的发展，有力地促进我国航天技术跨越式发展，提升整体水平；同时，带动其他高新技术的发展，如信息技术、新能源技术和新材料技术等，这些高技术的进步在国民经济各方面的推广应用，将极大地促进我国经济社会的全面发展。

国外月球探测始于1959年，从1959～1976年是月球探测的第一次高潮期，美国和苏联共发射成功45个月球探测器，1969年7月，美国阿波罗十一号飞船实现了人类首次登月探测取得了划时代的成就，并带动了一系列高新技术的飞速发展。20世纪90年代初至今是月球探测第二次高潮期，美国、日本、欧空局、俄罗斯，以及印度等提出了面向21世纪的重返月球计划。今年初美国总统布什宣布了雄心勃勃的新太空计划，争取最早在2015年让美国宇航员重返月球，在月球上长期停留，建立宇宙船队，开发和利用月球资源，并将月球作为未来载人火星探测的"跳板"，为下一步将人送上火星甚至更远的星球做准备。2004年2月4日，欧洲也宣布了自己的"曙光女神"计划，提出了首先飞向月球，再火星取样，继而登上火星的30年计划。月球探测将成为21世纪初世界各航天大国深空探测的热点。

考虑到我国科学技术水平、国家财力和国家整体发展战略，在今后二十年内，我国月球探测工程将分为三个阶段实施，即：绕月探测、月球软着陆和自动巡视勘察、自动采样返回。我们当前正在开展的绕月探测工程是我国月球探测的第一步（图3）。

根据中国探月工程总体规划，2020年前，中国月球探测工程以无人探测为主，属人类探月三阶段中的"探"，分"绕、落、回"三个步骤实施，分别实现绕月探测、月面软着陆探测与月面巡视勘察、采样返回等目标。

第一步"绕"
即中国探月工程一期，2004~2007年研制和发射中国首颗月球探测卫星。实施绕月探测。这一步主要任务是：研制和发射月球探测卫星，突破绕月探测关键技术，对月球表地形地貌、部分元素及物质成分、月壤特性、地月空间环境等进行全球性、整体性与综合性的探测，初步建立中国月球探测航天工程系统。

第二步"落"
即中国探月工程二期。2013年前后进行首次月球软着陆和自动巡视探测。主要任务是：突破月球软着陆、月面巡视勘察、深空测控通信与遥操作、深空探测运载火箭发射等关键技术；研制和发射月球软着陆探测器和巡视探测器，实现月球软着陆和巡视探测，对着陆区地形地貌、地域构造和物质成分等进行探测，并开展月基天文观测。

第三步"回"
即中国探月工程三期，2020年前进行首次月球样品自动取样返回探测。主要任务是：突破采样返回探测器小型采样返回舱、月表钻岩机、月表采样器、机器人操作臂等技术，在现场分析取样基础上，采集关键性样品返回地球，进行试验室分析研究，深化对地月系统起源与演化的认识。

图3　中国探月"绕、落、回"三步走

实施月球探测工程的重大意义体现在：它将充分地展示我国的综合国力，极大地提高我国的国际威望，增强民族凝聚力；它将有力地维护我国在外空事务和月球开发中的国家利益；它将积极地促进我国基础科学的创新和发展；它将跨越式地提升我国航天技术的整体水平；它将广泛地推动其他高新技术的进步，全面地带动国民经济的发展；它将为我国深空探测的未来发展奠定坚实的基础；它也将有利于促进国际交流与合作，加快我国空间科学和空间技术的发展。

二、绕月探测工程是党中央国务院十分重视、各方面大力支持、全国人民热切期盼的重要工程

2003年9月27日，温家宝总理主持中央专委会讨论决定同意实施绕月探测工程，工程的报告经胡锦涛总书记、江泽民主席圈阅同意。温总理在2004

年 1 月 23 日即大年初二批准工程正式立项，温总理在 2004 年 2 月 19 日批准成立绕月探测工程领导小组。这些方面体现了党中央国务院对这项工程的殷切希望和高度重视。

绕月探测工程得到了各个方面的大力支持，总装备部李继耐部长为探月工程题词，国防科工委和财政部联合上报了工程立项请示，科技部将探月工程二、三期列入国家科技发展中长期规划正在组织专家论证，国家发改委等部门也给予了积极支持，航天科技集团、中国科学院、总装备部做了大量的论证和研制工作。

绕月探测工程还体现了全国人民的热情期盼。绕月探测工程领导小组第一次会议宣布工程正式启动，各大媒体争相报导。最近，中央电视台制作了专题节目，《人民日报》发表了专版报道，探月已成为各大网站的热点栏目。很多群众给我们发来了信件，主动设计探月工程的标志，提出了很多很好的建议。在科技部组织的探月工程二、三期的专家论证中，各行各业的专家们对我国进一步开展月球探测给予了充分的肯定和高度的评价。

三、绕月探测工程的各项工作克服了重重困难，取得了可喜的进展

我国月球探测工程 1991 年由航天专家提出，1998 年国防科工委开始组织论证和攻关，2003 年 9 月 27 日中央专委会研究同意，今年 1 月 23 日温家宝总理批准了工程一期立项绕月探测工程正式启动，全面进入了工程研制阶段。

绕月探测工程是我国首次进行远离地球 38 万 km 以上的航天飞行，也是我国首次进行地球以外天体的近距离观测。大家面对许多未认识到的技术问题，认真开展了一系列技术攻关和科学研究工作。在立项还没批准、任务尚未落实、经费没有到位的情况下，各有关单位克服了重重困难，积极主动地开展了很多工作。到目前为止，绕月探测工程已经取得了可喜的成绩。

国防科工委对绕月探测工程极其重视，张云川主任亲自主抓，提出要像抓"载人航天工程"一样来抓绕月工程。工程刚刚立项，就报经国务院批准，

成立了张云川主任为组长、国家有关部委领导为副组长的绕月探测工程领导小组，并即时召开了第一次会议。在第一次领导小组会上，任命了工程总指挥、总师，副总指挥、副总师和首席科学家，建立了工程研制的顶层指挥机构；审定了绕月探测工程研制总要求，明确了工程的科学、技术、计划等任务要求；通过了工程命名为"嫦娥工程"，既体现了工程的特点，又反映了中国文化和民众愿望。

第一次领导小组会后即向全国宣布了绕月探测工程正式全面启动。这次会议为工程实施的各项工作奠定了基础。为抓实工程的组织实施工作，国防科工委决定组建月球探测工程中心，全面负责月球探测的论证、攻关、实施、运行的组织与管理工作。目前中心还未正式成立，正在报批，但已开展了大量富有成效的工作。起草了《绕月探测工程研制总要求》，编制了《绕月探测工程研制程序》，进行了工程技术问题的协调，组织召开

图 4　中国探月标志

工程第一次工作会和大总体协调会，组织了月球探测工程二、三期的可行性论证，正在由科技部组织专家论证列入国家科技发展中长期规划，开展了工程进展跟踪、计划经费协调等工作。

卫星、运载火箭、发射场、测控、地面应用五大系统的工作进展顺利，成绩显著。五大系统都已建立了两总系统，落实了组织体系。中国科学院组建了中科院月球探测工程总体部，航天五院成立了月球探测项目办。

卫星系统从 2002 年 4 月开始进行月球探测卫星的方案阶段工作，编写了绕月探测工程可行性论证报告，分解确定了卫星系统的技术指标，取得了轨道设计技术的两项突破，紫外敏感器技术攻关已完成原理样机，定向天线技术攻关完成了方案设计。到目前，卫星平台已全面进入初样研制阶段，确定了工程研制技术流程和计划流程，完成了初样设计的院级评审，正在进行系统接口控制文件编制、总体及分系统研制规范编制、总体参数设计、整星布

局设计、整星总装设计、结构热控星研制、电性星研制、地面设备研制及正样星准备等工作。有效载荷完成了总体方案的设计、原理样机的联试工作，以及初样详细设计方案，目前正根据该方案进行研制。

运载火箭开展了 CZ–3A 发射月球探测卫星的适应性改进方案研究。

发射场开展了发射月球探测卫星的建设方案研究。

测控系统开展了工程测控方案研究。甚长基线干涉 (VLBI) 测轨分系统建立了分系统组织结构，完成了 VLBI 测轨分系统的总体设计方案，对我国与欧空局合作的双星计划中的探测一号卫星和"北斗 03 星"进行的观测，目前正在进行该系统的详细设计方案的研制工作。

地面应用系统完成了总体方案及其分系统的设计；50m 天线主要部件加强已接近完工、已开始基座施工 40m 天线，签订了研制协议；软件开发完成了系统方案设计和需求分析；在科学应用与研究方面，制定了科学探测计划，进行了探测仪器定标，初步建立了月球基础科学数据库、月理坐标系统，开展了月球探测科学数据处理方法、原理的研究与演练。

四、绕月探测工程的总体目标和今年的主要任务

绕月探测工程是我国的首次月球科学探测活动，是科学研究与工程技术的高度结合和相互促进。总体目标是在 2007 年发射嫦娥一号月球探测卫星，开展月球科学探测与研究。

主要科学目标是勘测月球表面可利用资源。嫦娥一号月球探测卫星的探测重点为获取并分析月球表面三维影像、探查月壤厚度并估算氦 –3 资源量、分析月球有用元素和物质类型的分布特点以及探测地月空间环境。我国首次月球探测成果将为人类月球研究和资源调查提供大量有用的新资料。

主要工程目标是首次实现从地球走向其他天体并进行科学探测。

重点是：（1）突破月球探测的基本技术。研究地—月飞控技术，验证航天器飞出地球并进入其他天体引力场的轨道设计与 GNC 系统技术；实施远距离测控和通信，为深空测控与通信打下技术基础；研究月球飞行的热环境条件，验证航天器的热设计，探索深空探测器的热控解决途径等。（2）研制

和发射嫦娥一号卫星，开展月球科学探测。（3）初步建立我国的月球探测航天工程系统以及研制和试验体系，包括运载火箭、月球探测卫星、发射场系统、地面测控系统和地面应用系统等五大系统。

2004年是全面开展绕月探测工程的第一年，也是关键的一年，任务十分繁重。今年的主要任务是：

工程总体要编制、下发研制总要求，开展大总体协调，与各系统签订研制合同，制定工程管理规章制度，按研制程序与规章制度进行工程管理。

卫星平台要完成初样设计、复核与评审，签定系统接口文件；完成结构热控星、电性星总装并进行相关试验；完成地面设备研制与交付；完成关键技术紫外敏感器、数传定向天线的试验与鉴定；开展正样元器件、原材料及星上引进部件的订购。

有效载荷要完成光学成像探测系统、激光高度计、γ射线谱仪、X射线谱仪、微波探测仪、空间环境探测仪数管系统的初样研制；进行初样综合电测；交付初样产品；开展正样元器件的引进工作。

运载火箭要进行长征三号甲火箭的备料、投产。

测控系统要完成初步方案设计，签定系统接口控制文件，完成USB设备改造方案和任务书。VLBI甚长基线干涉测轨分系统要完成台站天线卫星跟踪功能的开发，开展三台站卫星观测试验，进行三台站相关处理机正样研制，启动分系统指控中心建设工作，实现各台站观测资料准实时传送，实现卫星目标的实时VLBI观测。

发射场系统要完成发射塔架及相关设施的检测和改造，开展发射基地地面远距离发控系统研制。

地面应用系统要完成数据接收分系统中50m天线的装配、40m天线的方案设计和馈源系统研制、接收机的方案评审和招标；完成系统软件的需求分析，开展软件设计；开展运行管理、数据处理中心的建设。

今年任务特点是：工程全面启动，头绪多，任务重；管理关系与技术关系协调量大；技术攻关与工程研制并行。

五、提高认识，加强领导，科学管理，严抓质量，确保绕月

工程总体目标和今年各项任务必须圆满完成。按照国防科工委张云川主任在 2004 年国防科技工业工作会上提出的"绕月工程是一项举世瞩目的重大科技工程，要像抓载人航天工程一样，抓紧抓好绕月工程的组织实施工作，立下军令状，定下时间表，明确责任人，实现责任制，确保完成任务"精神，以及针对召开绕月探测工程第一次工作会所做的要"精心组织，充分看到难度，确保成功"的批示，对今年工作提出以下要求。

（一）提高认识，高度重视

绕月探测工程是一项对我国政治、经济、科技具有重大意义的战略工程，也是党中央国务院十分重视、各方面大力支持、全国人民热切期盼的重要工程。**是我们承担的重大政治责任，也是光荣的历史使命**。同时我们也要看到这项工程系统复杂、协作面广、创新性强，是我国科学探测领域和航天技术领域新的探索，任务艰巨、难度很大。

所有参加工程研制的单位和全体研制人员对此要有充分的认识和高度的重视。

（二）加强领导，落实责任

绕月探测工程是所有研制单位的政治任务，各系统各级领导思想上要高度重视，组织上要切实保证，工作上要扎实到位。做好各级系统的产品分解结构与工作分解结构，将产品责任和工作责任落实到各级设计、工艺、生产、采购、检验和管理人员，形成闭环，**依此建立健全技术责任体系和管理责任体系，做到责任层层落实，职责人人明确，要求项项清楚**。各单位领导必须深入一线，准确掌握工程进展，及时解决各种问题，有力保障研制工作，切实**达到"立下军令状，定下时间表，明确责任人，实现责任制"**的要求。

（三）科学管理，经济高效

绕月探测工程是一项复杂的航天系统工程，工程管理要遵循系统工程的规律，运用系统工程的方法，实行科学管理。今年的重点是完善规章制度与产品规范，制定研制程序并严格按程序运行，建立技术、计划、经费的管理与运行机制。各级系统要制定研制程序、产品保证大纲、技术评审规范、合同管理办法、计划与调度管理办法、经费管理办法等。各单位要积极探索科学先进的工程项目管理方法，保证工程质量、进度、经费的综合最优，让绕月探测工程充分体现出我国的科学技术水平和管理水平。

（四）严抓质量，优质可靠

绕月探测工程要在三年的时间内完成月球探测卫星及有效载荷、地面应用系统的研制，完成运载火箭、发射场和测控系统的改造，实现我国首次探测月球的航天飞行，质量是各项工作的首要关键。各单位必须贯彻落实国防科工委《关于加强国防科技工业质量工作若干问题的决定》（即质量"三十条"）和《关于加强高新工程研制的若干要求》（即"五十六条"）的要求。要加大管理力度，落实质量责任；深化体系建设，强化素质教育；严格过程控制，健全监督机制。要严格技术状态管理，强化设计过程质量控制，加强可靠性、安全性的设计、试验与评定，严格元器件、原材料、软件的质量控制，严格按"五条标准"进行质量问题归零，以规范的工作来保证优质的产品（图5）。

同志们，让我们用"三个代表"重要思想来指导我们的工作，发扬"两弹一星"精神和载人航天精神，求真务实，严肃对待，严密组织，严格要求，扎扎实实做好各项工作，真正做到"严肃认真、周到细致、稳妥可靠、万无一失"，圆满完成绕月探测工程今年各项任务，为实现工程的总目标奠定坚实的基础。

图 5　研制人员认真落实"高标准、高质量、高效率"的总体要求

本文要点

1. 2000 年 11 月 22 日发表《中国的航天》白皮书，将探月工程作为深空探测的首选目标。

2. 国际空间协议《月球协定》与"资源共有，谁先开发谁先得益"的客观事实。

3. 国际月球探测始于 1959 年；

   1959～1976 年是第一次高潮。美苏共发射 45 个月球探测器；1969 年 7 月阿波罗 11 号实现人类首次登月，取得划时代的成就；

   1990 年至今是第二次高潮。美、日、欧、俄、印提出面向 21 世纪的月球计划。

   2004 年欧洲宣布"曙光计划"，首飞月球并提出登陆火星的 30 年计划。

4. 我国探月工程三步走：绕月探测、月球软着陆和自动巡视勘察、自动采样返回。

5. 我国探月活动的七项重大意义。

6. 2003 年 9 月 27 日，温家宝总理主持中央专委会，听取栾恩杰的专题汇报，决定同意我国实施绕月探测工程。报胡锦涛总书记、江泽民军委主席圈阅同意。

   2004 年 1 月 23 日（阴历大年初二）正式批复立项。

   2004 年 2 月 19 日批准成立绕月探测工程领导小组。

7. 总装备部部长李继耐上将为探月工程题词。

8. 我国探月工程早在 1991 年由航天领域专家提出，1998 年国防科工委开始组织论证和攻关。

9. 工程领导小组第一次会议：任命工程总指挥、总设计师、副总指挥、副总设计师及应用系统的首席科学家。审定工程研制总要求，通过工程命名"嫦娥工程"。

10. 建立月球探测工程中心。进行工程大总体协调及二、三期可行性论证。

11. 落实五大系统组织建设。

12. 首次探月工程的重大政治责任和光荣的历史使命。

13. 建立健全技术责任体系和管理责任体系。做到责任层层落实、责任人人明确、要求项项清楚。做到"立下军令状，定下时间表，明确责任人，实现责任制。"

14. 贯彻落实国防科工委《关于加强国防科技工业质量工作若干问题的决定》（即质量"三十条"）和《关于加强高新工程研制的若干要求》（即"五十六条"）。

4

绕月探测工程 2005 年工作会的工作报告

摘　要：本篇报告为探月工程首次发布工作会的工作报告，以中央领导对绕月探测工程有关指示的精神为指导，本篇报告总结 2004 年的工作，明确 2005 年的工作目标。动员全体研制人员，对后续工作有重大作用。

在刚刚过去的 2004 年，嫦娥工程正式启动，开始实施，这项工程得到了中央领导的热切关注和全国人民的热情支持，一年来取得了可喜的进展。今天，我们召开嫦娥工程 2005 年工作会，主要任务就是以中央领导对绕月探测工程有关指示的精神为指导，总结 2004 年的工作，明确 2005 年的工作目标，动员全体研制人员，认真贯彻落实第二次专委会上中央领导同志的讲话精神和第二次领导小组会的要求，抓质量、保成功，圆满完成 2005 年的各项建设任务。

一、牢记光荣而艰巨的使命，认真学习、贯彻、落实各级领导指示，努力开展工作

（一）认真学习中央领导指示，提高我们对工程重要意义的认识和任务艰巨性的认识

刚才，来燕同志传达了中央专委第二次会议上领导同志关于绕月探测工程的重要指示。对一个工程，领导同志几次做重要指示、几次听汇报，在全国都是不多的。温家宝总理和黄菊副总理在 2004 年 4 月对工程做了重要批示，2004 年 12 月，在中央专委会上又专门听取了绕月探测工程工作情况的汇

报，而且做了非常有针对性的、非常及时的指示。通过认真学习中央领导的指示，特别是通过一年的时间，我们更加深刻地认识到了这个工程确实是一个国家战略性、标志性的工程，是一项光荣而艰巨的任务。

1. 月球探测工程是一个标志性工程

温家宝总理在中央专委会上指出：绕月探测工程是一项对我国政治、经济、军事、科技都有重大意义的战略工程，是我国国防高科技领域重要的标志性的工程，党和国家领导高度重视，全国人民寄予厚望，在国际上也产生了一定影响，对于推动国防科技繁荣、促进国防科学技术不断进步、加快国防现代化建设、增强我国的综合国力、激励全国人民为全面建设小康社会而团结奋斗，都具有极大的现实意义和深远的历史意义。总理强调，我们这个工程虽然规模小，但意义重大，并要求深化二、三期工程的论证工作，推动我国深空探测领域的科技进步，促进我国空间科学、空间技术和空间应用技术和空间应用事业持续发展。

2. 月球探测工程是一个开放性的工程

我国的月球探测工程以促进科学和技术的发展为宗旨，在社会上也产生了很大的影响，全国人民、各个行业的同志，特别是工程界、科学界的同志对这个工程都寄予了殷切的希望，港、澳、台同胞和国外也对这个工程给予了极大的关注，社会各界对工程的开放性要求很强烈。自立项以来，月球探测成为各大新闻媒体争相报道的热点，中央电视台对我们的工程进行了跟踪报道，制作了多期的节目，《人民日报》也发表了整版报道，各大网站也很关注，全国各科研院所、高等院校等科研机构对我国月球探测工程表示了极高的热情，有的还积极踊跃地提出参与工程研制的请求。据初步统计，仅一期绕月探测工程就有120余家研制单位参与有关方面的工作。一年来，许多热情的群众发来了信件，还有巨幅的签名横幅，表达了他们对祖国的嫦娥探月计划取得成功的祝愿。在珠海航展上，有关月球探测工程的展示，引起了强烈的反响。在上海重大工程技术论坛上，我们月球探测工程成为热门话题。同时，这项工程在国际上也产生了重大影响，世界上许多国家都对我国月球探测工程十分关注，而且希望我们国家来举办2006年月球探测和应用的国际会议。所有这些都使我们深刻地认识到，这项工程是有很大的社会影响和开放性需求的工程。

3. 月球探测工程是一个连续性工程

在第二次中央专委会上，总理专门研究了工程备份问题。第一，解决了我们在第一次工作会上提出的后顾之忧。我们只有一发箭、一颗星，要完成任务就没有退路，现在增加备份，不是说就不用保首发成功，而是要我们有充分的余地，使我们的工程在保证质量的情况下也要稳稳妥妥的，在总体安排上也是万无一失的；第二，专委会定下来了6个亿的盘子来做备份，但是总理说要论证。刚才来燕同志讲了两条，首先是必须完成备份的任务，同时，还要考虑科学进步。这就是要保证任务的连续性，我们的工作是绕月，但不是绕完就完了，中央领导同志对绕月工程，对二、三期工程都很重视。完成绕月本身有战略任务，发展也有战略任务，绕月工程是后续工程的第一步，是探月工程的启动，是我国深空探测的起步。

4. 月球探测工程是一个机遇性工程

随着工程的开展，我们更加深刻地认识到系统的复杂、任务的艰巨和我们在这个领域经验的缺乏。同时，我们也感到，这也是一次机遇，学习的机遇、攻克难关的机遇、争取胜利的机遇、为国争光的机遇。

5. 月球探测工程是一个特别强调科学目标的工程

温总理在批示中指出：绕月探测工程是一项复杂的、多学科的、高技术集成的系统工程，要统筹规划，合理确定科学和工程的目标，充分调动和整合各方面的资源，加大重大关键技术的攻关力度，各部门要精心组织，团结协作，高标准、高质量、高效率地完成绕月探测工程任务。"要合理确定科学目标和工程目标"，在学习时我们反复推敲这样一个概念，从某种意义上说这么强调科学目标是第一次，《中国的航天》白皮书上说中国航天的概念扩大了，变成是空间技术、空间应用和空间科学三个部门组成的大航天的概念。能不能说这是一个领域的扩大？从空间科学的角度来看，应该说嫦娥工程是空间科学在工程上体现的重要一步，各行各业包括科学院的同志、高等院校的同志都对科学目标很感兴趣，所以科学目标的确定在嫦娥工程中占很重要的一部分，工程不但要达到工程目标，还要达到科学目标。

有了以上认识，我们就能更深刻地理解总理对工程提出的"高标准、高质量、高效率"的要求，"三高"要作为我们嫦娥工程的口头禅，到哪儿都要讲。黄菊副总理在批示中指出：国防科工委及有关部门要认真贯彻中央专委会部署，精心组织，加强协调，确保各项研制工作顺利进行。两位总理说得非常具体，认认真真按这些话办，我们的工作会任务就能完成好。在研究这次工作会时，我们提出一个宗旨，就是坚决贯彻中央和国务院领导同志的指示精神，学习透、认真贯彻，就是我们这次会议的宗旨。

（二）认真贯彻落实中央领导的指示精神，紧张有序地开展工作

所有参与工程的各级领导、同志，要严肃对待中央领导的指示，中央专委是这个工程的最高决策机关，要定期听汇报。我们有领导小组、有指挥部，要向中央专委负责，各级领导同志对工程的组织实施要负起责任、严格把关。

2004 年 2 月，领导小组第一次会议审定了工程研制总要求，确定了工程两总系统，建立了工程组织实施的决策指挥机构，建立了两条指挥线。2004 年 11 月，领导小组第二次会议审议通过了工程由方案阶段转入初样阶段，卫星、测控、发射场、地面四个系统也转入下一个阶段的研制、建设工作，并且做了关于加强绕月探测工程管理的决定，提出要加强工程的组织、技术管理、质量管理和制度建设。

中央领导的指示和各级领导的要求，极大地鼓舞了全体研制人员，为工程的研制工作指明了方向、明确了要求。我们把总理的指示做成了宣传材料下发各个单位。通过学习，全体同志都感觉到这项工作是无上的光荣，也是祖国和人民交给的历史使命，同志们的热情非常高。为了落实好中央领导的指示和各级领导的要求，工程两总认真分析了工程研制工作的状况，提出了各项工作的总目标，同志们执行得很好。

国防科工委领导对工程的组织实施提出了明确的要求，2004 年国防科技工业工作会议报告中说：绕月工程是一项举世瞩目的重大科技工程，要像抓载人航天工程一样，抓紧、抓好绕月工程组织实施工作，立下军令状、定下

时间表、明确责任人、实现责任制，确保完成任务。在嫦娥工程第一次工作会时，张云川主任要求我们精心组织，充分看到工程的难度，确保成功。5月20日，云川主任在听取工程进展情况汇报时指出：工程的组织实施要做到"程序规范、紧张有序、分级负责、系统协调"。并要求通过组织实施这样的国家重大工程我们要"出成果、出人才、出经验、出模式"。在第二次工作会上我们把这些要求重提一下，我们人员、组织、体系都已经到位，都已经建立起来，下面的关键就是落实起来，各负其责，严肃认真地落实中央领导同志关于工程的具体要求。

抓质量、保成功，是我们落实各级领导要求抓的中心工作。其具体要求就是：所有设计的指标都要有依据，没有依据的要定一个大家认可的依据，搞工程要有统一的依据，设计要有规范，验证要有标准。嫦娥工程各管理机关要养成一种工作作风，就是**深入**、**细致**、**快捷**。**各级机关深入下去**，不能光听汇报、看简报，要和同志们在一起了解情况、掌握情况。对工作情况中出现的问题，要了解细致，反映情况才能准确。以质量来保成功，质量是中心、是重点，但是进度，对我们来说也不是可以随意拖的。当质量和进度发生矛盾了，进度让质量，如果什么理由都没有，应该完成的没有完成就不行，要讲清楚理由。总理要求我们2007年完成任务，我们向中央表态也说2007年，所以没有理由不按时完成。如果不是由于安全问题，不是由于质量问题，或其他客观理由的问题，同志们还要抓紧、要快捷，不要把事情拖到解决问题的周期和时机以外，如果这样扔掉一两个月，很可惜。

一年来，各研制单位认真学习贯彻了中央领导指示和各级领导要求，不断地提高对工程重要意义和艰巨性的认识，深刻牢记着光荣而艰巨的历史使命，把能够参加我国月球探测工程作为无上光荣的任务，发扬"两弹一星"精神和航天传统精神到我们的工程里来，为工程创造了良好的开局。总理和二次领导小组会以及二次专委会，都对同志们一年来工作给予了充分肯定，这些成绩的取得，一是由于中央领导、国务院领导的指示说得非常全面、具体，给我们工作明确了方针和指导，再就是由于参与工作的各级机关和领导同志都非常重视，参与工作的同志都非常努力。

图 1　2007 年 11 月 24 日，嫦娥一号卫星按计划完成
发射任务（左为孙家栋）

图 2　绕月探测工程研讨会（左一为张荣桥，左二为栾恩杰，左三为胡浩，
站立者为赵葆常总师）

二、2004 年主要工作

（一）落实了组织体系，确立了各种制度，理顺了管理关系

从 2004 年的工作看，我们的指挥协调还是高效率的，总体上说我们工程通过一年的磨合走上了正轨。工程立项以后，在国防科工委的领导下逐步

建立起整个工程的组织体系、学术体系。首先，在充分研究的基础上确定了绕月探测工程管理体制，也就是在国务院统一领导下成立月球探测工程领导小组对整个工程全面负责，在领导小组下设以总指挥为首的工程指挥系统，设以总师为首的工程技术系统，全面负责工程的实施工作；国防科工委组建月球探测工程中心并承担了领导小组办公室职责，具体负责工程的实施工作；将工程划分为五大系统，建立了五大系统的行政和技术两条指挥线，负责各自系统的实施工作。月球探测工程中心与五大系统主管部门——总装备部、中科院、航天科技集团协调，对五大系统进行合同制的项目管理。

今年2月，国务院批准成立了由国防科工委张云川主任为组长、国家有关研制单位和部门组成的绕月探测工程领导小组，第一次领导小组任命了工程总指挥、总设计师、地面应用系统首席科学家，国防科工委及时任命了卫星、运载火箭、发射场、测控、地面应用五大系统总指挥和总设计师，组建了工程顶层的两师系统。在这个基础上，工程各级研制单位，落实了各自的组织机构和研制队伍，中科院成立月球探测应用系统总体部，五院成立了月球项目办公室，航天科技集团、总装备部也迅速落实了组织队伍。五院做得好，科学院也做得好，他们有眼光抓前沿的组织落实，我相信有航天科技集团公司、总装备部和科学院这三支大军抓前沿发展的组织落实，必然会推动我国深空探测科学的发展和技术进步（图3）。

一年来，月球探测的管理体制逐步完善，运转有效，基本实现了理顺管理关系、建立运行机制的目的。我们可以说是平地起雷，有一批热衷于深空探测的科学家、工程技术专家参与这项工程，工程两总先后到了中国科学院、电子科技集团、总装备部等20多个单位，进行现场办公，向各研制单位传达温家宝总理、黄菊副总理对月球探测的重要指示，对研制中的问题也做出了处理和研究。两总系统还定期召开例会，一年来共召开了17次会议，确定了70余项事项，并就运载、卫星、测发控、应用各有关问题进行专题协调，对工程进展中的问题和影响后续工作进展的问题，也及时地进行了研究。总的来看，我们研制的进度和预想的进度大致合拍，稍有拖延，大致相差一两个月，我们计划的严肃性还是有的。

绕月探测工程组织体系					
	组长	张云川：国防科工委主任			
		总指挥		总设计师	
领导小组	总指挥	栾恩杰：国防科工委专家咨询委主任	总设计师	孙家栋：中国科学院院士	
	副总指挥	江绵恒：中国科学院副院长 孙来燕：国防科工委副主任、国家航天局局长 雷凡培：航天科技集团副总经理 胡世祥：总装备部副部长	副总设计师	陈炳忠：航天测控专家 姜景山：中国工程院院士 龙乐豪：中国工程院院士	
五大系统	卫星系统	叶培建：中国空间技术研究院		叶培建：中国空间技术研究院	
	运载火箭系统	岑拯：中国运载火箭技术研究院		贺祖明：中国运载火箭技术研究院	
	发射场系统	李尚福：西昌卫星发射中心		周凤广：西昌卫星发射中心	
	测控系统	董德义：西安卫星测控中心		董光亮（副总设计师）	
	地面应用系统	艾国祥：国家天文台		李春来：国家天文台	
		月球应用科学首席科学家	欧阳自远：中国科学院院士		

图3 绕月探测工程组织体系

工程总体完成了绕月探测工程的顶层设计，编制了工程研制总要求、五大系统研制任务书，组织完成了月球手册的编制工作，研究制定工程计划流程和年度计划，组织了研制方案的深入论证和大系统协调，研究解决了发现的各类问题，组织开展了与工程五大系统的合同签订工作（图4）。为保证工程程序规范、紧张有序、系统协调、分级负责，组织编写了工程技术、质量、计划、经费等系列的管理性文件。制定了调度会的制度，每月下旬对一个月的工作进行检查、总结，对存在的问题进行协调，对后期工作进行部署。建立了绕月探测工程信息通报制度，及时向各级研制单位反馈工程研制信息。组织进行了月球探测二、三期工程的论证工作。工程中心成立以来，按照工程管理的要求，实施技术、质量、进度、经费的统一协调管理，各项工作步入了正轨。这一年来，经费基本到位，进展基本顺利，反馈问题基本及时，处理也还比较及时。

图 4　绕月探测工程手册

（二）工程进展基本顺利，整体进入初样阶段

一年来，各系统团结协作、精心组织，全体研制人员奋发努力、顽强拼搏，工程进展基本顺利，工程整体进入初样阶段。

卫星系统完成了方案的可行性分析、方案论证设计、初样初步设计、初样详细设计、转初样评审。同时两项关键技术攻关也初见眉目，其中紫外月球敏感器已经完成了第一阶段原理样机的调试，定向天线、电性星产品已交付卫星总装测试。有效载荷分系统是卫星探测过程中采用新技术比较多、要求比较高的部分，先后完成了总体方案设计、模样产品和初样产品的研制，按时交付卫星。

运载火箭系统开展了长三甲发射月球探测卫星的实验性改进方案，以及提高火箭可靠性采取的 47 项措施的研究，完成了火箭与卫星、测发控的技术协调，签署了初步星箭接口的控制文件，全面启动了火箭的生产。火箭系统的同志很努力、很负责。

发射场系统本着实用、可靠的原则开展了西昌发射场月球探测卫星发射的方案研究，完成了发射场改造的现场勘查、技术协调、总体方案设计论证及发射场改造方案的评审，开始进行发射场改造的初步设计和施工图的设计。

测控系统开展了总体方案的设计工作，进行了天地接口协调、VLBI系统的试验、系统的详细方案设计并与卫星系统进行了多次星地卫星协调，完成了方案评审。经反复深入地分析论证，确定了前段存在的信道电平余量不足的解决方案。北京指控中心开展了轨道动力学模型确立、月球坐标系以及地月飞行坐标系转换关系的工作。

地面应用系统完成了总体方案及各分系统方案的论证和系统设计，完成了系统设计评审，突破了50m天线在建造和设计工程中的关键技术，开始进行系统的研制建设工作。50m天线的主要部分已经完成加工并已开始吊装，40m天线正在抓紧研制，软件开发开始进行系统的需求分析，初步建立了月球基础科学的数据库，为"科学目标"的实现开展了很多基础性研究。

一年来，基本解决了一些新暴露的问题，为后续研制工作争取了主动。随着工程研制进展的深入，工程两总系统已经组织各个方面，对出现的问题进行专题调研和协调，总师、副总师认真负责，与设计师队伍共同承担问题的研究、分析工作，真正做到了有问题共同商量、有困难共同克服、有余量共同掌握。

（三）二、三期工程积极争取纳入国家中长期科学和技术发展规划

国家开始提出制定中长期科学和技术发展规划纲要的时候，全国共上报了100多项重大专项，经过一轮的论证，压缩到了56项，现在又经过一轮论证，凝聚成23项，在23项里还包含着月球探测二、三期工程。只要我们继续努力，充分做好论证工作，二、三期工程纳入中长期规划还是大有希望的，但是也别掉以轻心，要继续做好工作，保证今年就要纳入规划。

三、2005年主要工作和要求

在工程研制的第一年，工程总体转入初样阶段，各项工作顺利有序地展

开，取得了良好的开局，来之不易。这是党中央国务院的极大关怀，鼓舞士气，并且具体指导，指明了研制的方向和工作的方针的结果，是领导小组的周密部署、严格要求以及各有关部门的大力支持的结果，是各研制单位领导重视、同志们团结协作的结果。全体研制人员在 2004 年内为研制工作作出了突出贡献，在 2005 年的工作中，还需注意以下几个方面。

（一）月球探测是我国航天事业一个新领域，在这个极具挑战性、探索性、艰巨性和复杂性的领域里，我们没有自己的经验可以借鉴，同时我们队伍有些新同志第一次参加航天工程，缺少有工程目标和科学目标的管理经验。在以往的工作中出现了一些问题，还暴露了一些没有预想到的问题，这是正常的，如果没有遇到问题，倒是不正常的，这一点同志们要认识到。在研制过程中，要始终抱着有些问题可能还没有认识、很多问题可能还没有暴露的想法，出了问题心里要能承担。有可能出现的问题并不是高科技问题，但是想到了，要跟踪地提出。最近有同志提出月食出现的时候会不会引起卫星工作状态、情况变化的问题等，应表扬。月食不算高科技，但对工程有影响，能大胆提出这个问题，非常好。

（二）我们技术上有些问题还没有完全攻下，来燕同志传达的七条指示里，总理专门提出技术攻关问题。比如全向天线、紫外敏感器，进展很好，还没有完全拿下的还要好好研究，下决心把它拿下。对技术攻关也要有信心，学会一分为二看问题，有些技术问题攻关，可能就是一点点窍门，要学会剖析，抓好技术攻关。指挥部已经决定，这个会议之后，我们将用两个月的时间和同志们在一起研究这些问题，总师、总指挥都下去，要深入一线，现场研究解决问题。

（三）面对技术难度大、时间紧，在严峻的形势面前，一定要紧张有序。我们的进度余量并不多，因为我们还有很多没想出的问题，要留出攻关的时间，留出可预见的风险的时间，不能拖，不能等，节点的时间不等人。各系统都要往前赶，早做准备、早做安排，在管理上、技术上、工作强度上都还要加大力度。我们准备开一次关于技术基础的工作会议，提出一些具体要求，争取主动做一些技术基础工作。要按时保质地完成工程建设任务，需要我们各级领导同志在技术难度大、要求高的严峻形势下，紧张起来，工作到位。要列一个表，统计总师、总指挥到位没有，用的是百分之多少的工作量在干活，用在探月上有多少。这个工程难度大，任务紧，要靠各级指挥线有效、科学的指挥，靠各位总师系统同志深入基层，用质量保进度。

（四）今年的任务是抓质量、保成功。2005年的研制工作要以确保卫星系统由初样转入正样和开始正样星组装为主线来展开，为此卫星系统要确保2月完成结构热控星的组装，4月完成与测控系统的对接试验，5月完成整星热平衡试验，6月完成电性综合测试，第3季度完成初样转正样评审，11月完成正样分系统验收；运载火箭系统要确保2月完成星箭耦合分析，12月完成星箭电磁兼容试验，年底完成可靠性增长的二期项目；测控系统要确保4月完成与卫星的对接试验，年底完成VLBI改造以及USB和VLBI的联合测轨试验；地面应用系统要确保完成40m、50m天线的改造和软件的编制工作；发射场系统要确保按期开始施工建造。这是大的、总的盘子，同志们按这个盘子抓紧。

总结分析2005年的工作，有以下几个特点。

1. 2005年是任务攻坚年。整个工程的研制任务非常繁重，卫星系统更是重中之重，要完成初样电性星、结构热控星以及关键技术攻关，确定正样状态、完成分系统的正样交付，不仅任务重而且难度大，是工程能否顺利转入正样阶段的关键，不仅卫星，2005年对各系统来说都是攻坚年，技术攻关工作今年年底要做完，如果今年技术攻关不完，拖到2006年，那2007年年底可能就难以完成任务，因此，大量的问题都要在今年解决。**我在指挥部推荐一本书《决战朝鲜》，希望同志们有空时读读看**，确实能振奋精神，增强我们完成任务的决心和信心。

2. 2005年是系统集成年，大型试验多、相互协调量大、工程各系统全面进入软硬件研制和试验阶段，各系统之间接口协调将从纸面转向实物，全年将进行多项系统对接的协调试验。大型试验项目的组织和协调将是今年试验的重点，各级指挥系统、两总系统，协调工作量很大。

3. 2005年可能是问题的暴露年，在系统集成和大量的大型试验中，各种问题，特别是协调问题、参数不匹配问题、程序中的问题都可能存在。随着各种实验验证的进行，各种问题都可能暴露出来。

4．2005年是工程技术上见底的一年，所有技术上的问题必须在转正样以前解决。随着研制工作的进一步深入，各种深层次问题，或没经过协调的问题都会暴露出来，工程的技术风险在2005年就逐渐清晰了，希望工程两总系统心中有数，对出现的关键技术问题要加强攻关，彻底解决。

总而言之，**今年是任务攻坚年、系统的集成年、大型试验年、问题暴露年、技术见底年**，今年的工作要根据这几个特点来抓质量、保成功。

5．要以抓质量为中心、保质量为目标，重点抓好几项工作。

一是计划调度。2005年繁重的研制工作，以卫星为主线进行全面的、细致的、合理的安排，严密组织各项工作的实施，严格控制关键节点和短线，继续实行调度会制度，实行细化和量化，强化对计划调度进行情况的考核，保证信息畅通、反应快捷、指挥有力、行动高效，达到"三高"要求。

二是试验的组织管理。各系统一定要协调匹配，要以全状态模拟、匹配、试验为目标，保证所有的状态都能得到验证，能进行验证的都做好安排。

三是技术攻关。各级领导要高度重视、配备精兵强将保证各项条件，加大过程管理和对关键技术的攻关力度，保证按时完成各项关键技术的攻关。对随着工程进展不断暴露的新问题，要本着**有问题共同商量、有困难共同克服、有余量共同掌握、有风险共同承担的原则来做工作**，尽量降低后续工作的风险。

四是正样状态的确定和备份工作。卫星正样状态的确定对工程能否转入正样阶段，整个工程正样状态的固化以及各项研制工作的开展是至关重要的。为科学、合理地确定卫星正样的状态，必须在卫星系统转正样前，完成相应的技术攻关，完成电性星、结构热控星和鉴定产品的有关试验，完成星地对接试验，完成星箭耦合分析，完成各类问题归零，确保工程技术方案不存在漏洞和隐患。有些型号创造很多名词，甩项归零、有限归零，要全去掉，做到严格归零。同时为确保成功，要贯彻中央领导的指示精神，在正样确定之前完成工程的备份方案论证，争取今年6月以前把论证方案做好。

图 5　与陈求发（右）讨论工作

五是要抓好落实上述工作的几项措施。

（1）工程各级指挥线要深入一线，及时准确地掌握情况，严格检查各项工作的要求和落实情况，稳妥快捷地解决各项工作中出现的各种问题，保证指挥线的畅通。

（2）我们准备召开关于技术状态和计划协调的第二次大总体协调会。为科学合理地确定工程的正样状态和研制计划，将在卫星初样阶段各项试验完成转正样评审之前召开工程第二次大总体协调会，全面协调、确定工程正样研制工作的技术状态和计划安排。

（3）召开绕月探测工程技术基础和质量的工作会议。为强化和提升我国月球探测及深空探测的基础能力，研究绕月探测工程质量状态，提高质量管理能力、产品质量水平，将适时召开绕月探测工程技术基础会议和质量工作会议，这个会议将由月球探测工程中心和国防科工委**科技与质量司**共同来办。会议将全面分析工程标准工艺计量档案、质量可靠性、元器件材料等各个方面现在的状况，提出为保证工程成功需采取措施。这个会议很重要，国防科工委正在搞基础能力的战略研究，我们过去搞的技术改造条件建设是根据型号走，型号一来，就有条件保障，没型号的什么也没有，型号多的吃得流油，型号少的穷得瘦骨嶙峋。同志们要补补基础，我们探月也要留点基础，要全面地把基础能力搞起来、缺什么补什么。目前各个方面都缺基础，基础不做好，我们搞航天工程，在地面没办法去验证，不出问题不知道是个问题，这样不行。我到欧空局，他们的探测中心在荷兰，在验证中心，不需要人跑来跑去，卫星装在卡尔登环里来回转动，人的工作姿势很舒服。同样的工作，我们歪歪曲曲地卧下去工作，身体很受委屈。加强基础能力建设，是我们的国防科技工业发展的关键之所在，是中国这么多年摸来摸去认识到的东西，所以我们要把这个会开好，好好利用国防科工委现在开展的技术基础的工作、基础能力战略，为我们深空探测多加强一点基础。

（4）要开展质量相关的培训，开展宣传中央领导指示精神和领导小组要求的活动，提高全体研制人员对工程重要意义、工程艰巨性、工程社会影响和工程的"三高"要求的认识，将抓质量、保成功作为整个工程各项工作的核心与目标。组织相关单位、人员学习第二次领导小组会议关于加强绕月探测工程管理的决定和国防科工委关于工程管理的有关条件，督促检查各单位落实决定和文件要求的情况。开展质量培训，对各研制单位的有关人员开展工程质量和技术管理要求培训，重点针对某些工程经验比较少的单位进行航天工程的培训，以提高全体研制队伍的能力和水平，保证工程研制工作的需要。这项工作由科学院、科技集团等单位来做，中心也要组织这样一些培训。严格管理，一丝不苟，确保质量，达到首发必成，是我们全线同志要贯彻的精神。各级领导同志要严格管理、敢于管理、敢于严格要求，"严"字当头。松松垮垮带不出队伍，只有严肃认真才能出成果、出人才，所有参与工程的同志要认真细致，严上加严、细上加细。

在领导小组的正确领导下，同志们要树立首发必成的信心，努力工作，全面完成2005年各项工作任务，为圆满完成党和国家赋予的神圣使命而努力奋斗。

本文要点

1. 探月工程是一个标志性工程，探月工程是一个开放性工程，探月工程是一个连续性工程，探月工程是一个机遇性工程。

2. 探月工程是一个有科学目标的工程。

3. 嫦娥工程各管理机关的六字作风，就是深入、细致、快捷。

4. 2005年是任务攻坚年、是系统集成年、是大型试验年、是问题暴露年、是技术见底年，我推荐指挥部的同志们读一读《决战朝鲜》，振奋我们的精神，增强我们的信心。

5. 坚持"有问题共同商量、有困难共同克服、有余量共同掌握、有风险共同承担"的精神。

5

嫦娥工程"高标准、高质量、高效率"的总要求 ①

摘 要：绕月探测工程实施一年多来，中央领导同志多次作出重要指示，并听取汇报。温家宝总理提出"高标准、高质量、高效率"的要求，工程领导小组组长、国防科工委主任张云川同志对落实工程实施的各项工作高度重视，做出了一系列指示。

一、工程的意义，高层的关注与要求

1. 绕月探测工程是一项对我国政治、科技、军事都有着重大影响的战略工程，是我国航天领域的第三个里程碑，得到了中央领导的高度关注和全国人民的热情支持，在国际上也产生了重要影响。

2. 工程实施一年多来，中央领导同志几次作重要指示，几次听汇报。温家宝总理和黄菊副总理在 2004 年 4 月对工程作了重要批示，2004 年 12 月在中央专委会上又专门听取了绕月探测工程的汇报并作了非常有针对性的指示，2005 年 2 月中央政治局常委听取了载人航天工程和绕月探测工程的专题汇报。

---

① 本文为 2005 年栾恩杰总指挥在卫星系统工作会上的讲话。

栾恩杰在绕月探测工程质量工作要求宣贯会上讲话

3. 通过学习中央领导的指示精神和一年多的工程实践，我们更深刻地认识到这项工程同载人航天工程一样确实是一个国家战略性、标志性的工程，同时，这项工程还是一个开放性的工程、一个连续性的工程、一个机遇性的工程、一个科学与技术有机结合的工程。

4. 总理对工程的实施提出了**"高标准、高质量、高效率"**的要求。工程领导小组组长、国防科工委主任张云川同志对工程实施的各项工作高度重视，作出了一系列指示，提出了严格的要求，多次听取汇报。对卫星系统更是关注，今年3月率领导小组到卫星系统来检查研制工作。

5. 大家所承担的是一项非常光荣而又极其艰巨的历史使命。

二、对卫星系统工作的评价

1. 成绩

（1）组建了研制队伍，并成立了深空探测总体室。

（2）完成了方案阶段转入初样阶段，为整个工程转入初样阶段奠定了基础。

（3）初样研制进展顺利，完成了电性星和结构热控星的总装并开始测试，见到了实物。

（4）技术攻关取得显著进展，定向天线已突破、紫外敏感器已确定方案、全向天线有了应对措施、月食问题已基本解决，初步解决了已发现的风险。

（5）进行了技术状态清理，明确了技术状态的状况和需落实的问题。

（6）完成了质量策划，分阶段开展了质量问题归零。

2. 不足

（1）由于对月球环境和深空探测领域的认识不足（如轨道、月食、热环境、测控与通信要求），带来了工作的增加，进度受到一定的影响。

（2）有的工作还不到位，如顶层的规范文件不完善（较之东方红四号尚缺一些可靠性方面的分析与规范）、全向天线未达到预定指标等。

三、传达云川主任在检查卫星系统工作时的指示

今年3月2日，张云川主任率领导小组检查了卫星系统的研制工作，针对五院和探月卫星的情况，张主任指出：

1. 五院是令中国人民骄傲的高科技研究院，能够用自己的重大产品成果展示实力和水平。五院要在思想建设、组织建设、工作制度建设、人才培养、机制增强各方面走在前列。

2. 探月的工作要总体协调、精密细致、分析透彻、采取措施果断到位。关键是要有求真务实的态度和严慎细实的作风。

3. 工作要百分之百，对可能遇到的问题要问十万个为什么，并做到自己能解答，心中有数，要反复考核。

4. 接口要非常清晰，指标要匹配协调。

5. 要搞好方案优选，要有成熟可靠的技术作支撑。

6. 进度要服从质量。

7. 搞备份，决不能降低对01星的要求，要以确保 CE−1 的成功为工作标准。

8. 要采取各种措施，突破关键技术，如轨道问题国际研讨，月食问题要想周全，紫外敏感器和全向天线要认真攻关。

四、认真学习贯彻上级领导的指示，全面落实第二次工作会部署的各项工作

1. 第二次工作会明确今年的主题是"抓质量、保成功"。

2. 今年任务的特点：任务攻坚年、系统集成年、大型试验年、问题暴露年、技术见底年。整个工程以卫星系统为主线，这些特点卫星系统尤为突出。

3. 重点要抓好的工作

（1）搞好系统工程管理，做到系统组成层层清晰，责任层层落实，各项工作环环相扣，接口协调匹配，技术托底，不留隐患。

（2）严抓质量，在转阶段前重点抓设计质量，在转段后重点抓产品质量。

（3）严肃调度会制度，做好计划调度工作，保证各项工作紧张有序、协调匹配、高效快捷。

（4）严格按嫦娥工程大型试验管理办法完成好各项试验。

（5）强化对技术攻关的组织，确保不带风险转入正样，本着四个共同的原则解决好出现的问题。

（6）严格控制技术状态，抓紧落实技术状态清理中的问题。

（7）做好第二次大总体协调，明确工程进入正样后的状态和计划。

本文要点

1．今年是嫦娥工程的任务攻坚年、系统集成年、大型试验年、问题暴露年、技术见底年。

2．卫星系统是整个工程的主线。

6

落实"三高"要求 为实现嫦娥工程首发成功而奋斗 ①

摘　要：本篇报告为绕月探测工程第三次工作会暨决战动员会的工作报告。报告围绕中央领导关于绕月探测工程的指示，总结2005年各项工作，表彰初样阶段先进个人，开展决战动员，部署2006年工作任务，下达责任书，落实第三次领导小组会提出的要求，制定高标准、高质量、高效率完成全年各项任务的措施。

同志们：

在中央领导的亲切关怀和全国人民的热情支持下，在全体研制人员的共同努力下，绕月探测工程取得了可喜的进展，已全面进入正样阶段。今天，我们召开绕月探测工程第三次工作会暨决战动员会，会议的任务是：以中央领导关于绕月探测工程的指示为指导，总结2005年的各项工作，表彰初样阶段的先进个人，进行决战动员，部署2006年的工作任务，下达责任书，落实第三次领导小组会提出的要求，制定高标准、高质量、高效率完成全年各项任务的措施。

现在，我向大会做工作报告。

---

① 本文为2006年3月24日栾恩杰总指挥在绕月探测工程第三次工作会"决战动员"上所作报告。

一、肩负历史使命努力工作，两年完成两个阶段

绕月探测工程是继人造地球卫星和载人航天之后，我国航天活动又一个重要的标志性工程，是一项对我国政治、经济、科技具有重要意义的战略工程，受到了党中央和国务院的高度重视，得到了全国人民的热情支持。在我国中长期科技发展规划纲要和"十一五"规划中，将月球探测工程列入重大专项，这是党中央、国务院高瞻远瞩，推动我国科技创新的重大举措。我们肩负着开创中国航天事业新领域、引领航天事业迈向新天地的历史使命，既是无尚的光荣，也是重大的责任。

2004年是绕月探测工程的开局年。2004年1月，温家宝总理批准绕月探测工程立项；2月成立工程领导小组；3月召开第一次工作会和大总体协调会；4月温家宝总理、黄菊副总理对工程作出重要批示。通过一年的努力，基本实现了落实组织体系、理顺管理关系、指挥协调顺畅、总体步入正轨的管理目标。完成了可行性论证、方案设计、初样设计和转初样评审，突破了三体运动的轨道设计与控制、三体定向的姿态控制等关键技术，解决了一些新暴露的问题。2004年11月，第二次领导小组会议审议通过了工程整体进入初样阶段。2004年12月20日，中央专委听取了绕月探测工程进展情况汇报，对工程的进展给予了充分肯定。

2005年是工程的攻坚年，也是绕月探测工程的系统集成年、大型试验年、问题暴露年、技术见底年。就是要以质量可靠性为中心，以工程转正样为目标，以高标准、高质量、高效率为准则，全面展开初样产品研制、试验与技术攻关工作。2005年2月4日，中央政治局常委听取了绕月探测工程进展情况的汇报；4月22日，中央政治局常委、国务院副总理黄菊同志视察工程研制工作并作重要指示，极大地鼓舞了全体研制人员。3月2日，工程领导小组组长、国防科工委主任张云川同志率领导小组到卫星系统检查研制工作，对工程研制提出了明确要求。一年来，在全体研制人员的努力下，完成了总体技术协调，确定了系统间接口；完成了测控可靠性、月食影响等关键技术攻关，逐步化解了技术风险；完成了电性星、结构／热控星研制和11项

大型试验，验证了技术方案正确性；完成了相应的产品生产、设备改造与建设工作；开展了对俄、对欧技术合作。召开了第二次工程大总体协调会，确定了接口关系，制定了正样阶段工作计划。12月29日，第三次领导小组会议认为通过初样阶段的技术攻关、系统集成和大型试验，各种问题得到了充分的暴露和解决，工程的技术风险逐渐化解，系统间接口关系明确，各系统技术状态确定，后续工作安排合理可行，审议通过了工程总体由初样研制阶段转入正样研制阶段。

图 1　栾恩杰（左二）在工作现场

2005 年工程的主要工作：

（一）工程总体

工程实施以来，工程总体以高标准、高质量、高效率地完成绕月探测工程为目标，着力抓顶层输入、抓关键、抓重点、抓短线、抓组织管理。制定了工程顶层技术与管理要求，协调确定了系统接口，强化了研制计划的协调，深化了对重大技术问题的研究，严格对关键项目和节点进行把关。

为贯彻落实绕月探测工程领导小组的要求，嫦娥工程第二次工作会对全年各项工作进行了动员和部署，制定了初样阶段工程研制流程和年度工作计划，落实了年度研制建设经费。按过程跟踪、节点控制、里程碑考核的要求，深入一线，沟通系统间的关系，坚持实行周计划、月调度，出现问题专题研究，对促进工程顺利开展起到了积极作用。

针对工程研制过程中出现的问题，召开了绕月探测工程两总扩大会，向各研制单位和全体研制人员传达了中央领导的指示精神和领导小组的要求，总结了工程研制进展情况，统一了对工程形势的认识，明确了后续工作重点，做出了《关于深入贯彻五中全会精神，学习载人航天经验，全力以赴抓好绕月探测工程的决定》。

组织了五大系统之间的接口协调，五大系统签署了接口控制文件。组织编写了《嫦娥工程月球手册》《绕月探测工程时间和坐标系统规范》，完善了各系统的设计输入。

抓住飞行控制方案这一牵一发而动全身的关键环节，组织专项技术协调，成立技术协调组，完成了飞行控制大纲的编制，研究解决了动量轮卸载对测定轨精度的影响等问题。

积极组织开展国际交流与合作，在立足于国内测控站完成绕月探测工程任务的基础上，组织开展与欧空局测控国际联网；组织俄罗斯航天专家对嫦娥一号卫星的电源、热控等关键技术进行咨询合作。

组织工程五大系统开展全面质量复查工作，重点复查了系统间接口的协调匹配性、设计与指标的符合性、产品与设计的符合性、试验测试的覆盖性，以及技术状态控制、关键项目控制、质量问题归零、产品质量把关等情况。

由三位工程副总师牵头，聘请同行专家，组织成立了绕月探测工程运载卫星专家组、测控专家组、载荷与地面应用专家组，开展了系统方案复核、天地信道链路复核、飞控方案咨询等工作，参与转阶段评审，协助把关。

（二）卫星系统

初样阶段完成了初样设计与复核复算、电性星研制、结构/热控星研制、鉴定产品研制、专项试验、关键技术攻关、转正样评审、正样设计等工作。为更好地促进电性星、结构 / 热控星及鉴定产品的研制工作，两总扩大会之后，五院领导每周调度，使整星转正样评审在 11 月顺利通过。

图 2　长征三号甲 Y14

在总体技术方面，完成了系统接口协调、轨道初步设计、月食条件下整星方案设计、初样接口单负荷信道编码专题协调等工作。针对 2007 年发射面临两次月食的情况，对嫦娥一号卫星方案进行了补充论证，完成了 3 个专项试验和整星月食工况热试验，验证了月食应对方案的合理性。试验表明嫦娥一号卫星可以度过两次月食。

电性星的研制工作，先后完成了单机研制、分系统联试及验收、电性星总装及四个阶段的测试和整星电磁兼容性试验、整星表面充放电试验，验证了整星电性能及电气接口设计的正确性。

结构 / 热控星的研制工作，完成了星体总装测试、整星力学试验、热试验改装、整星热平衡试验，验证了整星结构设计、单机力学环境试验条件和整星热控设计的合理性，为正样改进提供了依据。

关键技术项目定向天线、紫外敏感器和测控全向天线，经过近两年的艰苦攻关，定向天线和紫外敏感器达到的各项指标满足总体范围要求；测控全向天线为满足远距离测控要求，较以往卫星天线指标有很大的提高，实现难度较大，经工程总体批准，对测控全向天线正样指标进行了修改，目前已达修改后的要求。

完成了载荷舱热平衡试验、电池舱热平衡试验、定向天线鉴定级力学试验、太阳翼鉴定级力学试验、与测控系统对接试验、与地面应用系统对接试验等9个专项试验，验证了设备设计合理性和与其他系统的协调性。

整星确认鉴定产品53件，其中卫星平台30件，有效载荷23件。目前鉴定产品研制已全部完成，结果表明产品的性能满足规范要求。

在产品单机研制、电性星测试、结构/热控星试验过程中，对34个问题完成了归零。

通过初样阶段的工作，卫星系统验证了技术方案的正确性，确定了正样星的技术状态。

（三）运载火箭系统

开展了火箭总体技术方案、初步轨道参数和测控要求、电磁兼容分析、星箭耦合分析等研究设计工作。

完成了47项可靠性增长工作中的40项，其余7项2006年完成。

完成了用于嫦娥一号的遥14运载火箭用的"03"批液发-75发动机鉴定验收试车。

按计划组织了火箭产品的生产。

（四）发射场系统

2005年进入系统建设及任务准备阶段，完成了发射场系统建设总体规划、测发模式协调和工程设计等工作，大部分施工建设项目已进入现场实施阶段。

图3 西昌卫星发射场准备发射"嫦娥一号"的三号发射塔架准备就绪

（五）测控系统

随着工程进展，为满足 40 万 km 远距离测控要求，针对卫星全向天线的技术状态变化，对原技术方案进行了优化设计，对甚长基线干涉测量分系统（VLBI）总体技术方案进行了复审；有效强化了 VLBI 分系统的工程化设计。采取了一系列提高可靠性的措施，使测控系统的方案更加合理，支持任务的能力进一步提高。

针对星地测控信道电平余量不足问题，进行了指标的复核复算，在喀什和青岛站各增配了 1 个 18m 单收天线系统；为提高系统能力和增强系统可靠性，在立足国内测控设备完成绕月探测工程任务前提下，积极开展国际联网，确定了利用国外测控资源提高测控覆盖率的方案。

完成了统一频率源航天测控网（USB）和甚长基线干涉测量分系统（VLBI）的综合测轨试验。结果表明联合使用 USB 和 VLBI 的测量数据进行定轨是可行的，合理的使用方法和定轨策略有助于定轨精度的提高。

完成了测控系统与卫星系统初样对接试验，初步验证了星地接口正确性。

按照工程总体的要求，测控系统牵头成立了飞控技术协调小组，开展了飞行程序、变轨策略、卫星动量轮卸载对飞行轨道和定轨精度的影响等方面的分析和飞控实施方案的协调工作。

根据嫦娥一号测控任务的需要，与欧空局进行了洽谈，达成了在中欧航天合作框架下各自承担经费的合作协议，签署了欧空局地面站支持嫦娥一号测控任务的工作纪要，并将通过对欧空局智慧一号（SMART-1）的测定轨试验来验证我国测控网进行月球卫星测控的能力。

新增的两套 18m 单收天线设备和其他设备的改造工作已进入研制生产阶段。

（六）地面应用系统

通过技术论证确定了定轨精度指标要求，对星地数传链路进行了复核。完成了与卫星系统初样对接试验，验证了接口技术状态。确定了与卫星系统和测控系统的接口控制文件。

接收分系统的 50m 天线已完成全部吊装工作，进入设备安装阶段，40m 天线已开始安装，关键设备通过对接试验。系统建设的硬件完成了招标，应用软件进入详细设计阶段。确定了地面应用系统网络通信方案。

开展了绕月探测工程科学目标实现方案的研究。制定了有效载荷实验室验证的初步方案和工作计划。确定了三维相机、成像光谱仪、激光高度计和空间环境探测器的数据处理和反演的方案。完成了《地面应用系统科学探测数据处理流程》。完成了三种模拟月壤的研制。

虽然我们较好地完成了 2005 年的工作任务，但我们还必须清醒地看到工作还有差距。初样阶段，在质量方面暴露了几十个问题，甚至有低层次问题；在技术方面，对变轨控制、测控的链路可靠性、工程软件等还没有完全做到心中有底；在进度方面，转正样时间推迟了 2 个月，正样用的陀螺供货滞后，测控的国际合作、VLBI 的研制工作、地面接收站的建设进度都已经比较紧张。

工程开展两年来，按照党中央和国务院领导的指示精神，在工程领导小组的领导下，科技部、财政部、信息产业部、总装备部、中国科学院、航天科技集团等国家各有关部门齐心协力、密切配合，有力保障了工程组织实施各项条件的落实；全体参研人员奋发努力、顽强拼搏、精诚团结、无私奉献，不畏艰难、勇于攻关，涌现了一大批特别能战斗、能攻关、能吃苦、能奉献的先进个人；工程的研制建设工作按"高标准、高质量、高效率"的要求，两年完成了两个阶段，取得实质性进展。

两年来组织绕月探测工程的实施，我们的体会是：

1. 党中央国务院领导的亲切关怀、英明决策和重要指示，极大地鼓舞了全体研制人员的士气，为工程研制指明了方向。

2. 由国家有关部门领导组成的工程领导小组，抓工程实施的全局、重大阶段和重大问题的决策，是工程协调稳步推进的有力保证。

3. 工程两总紧紧抓住工程实施的总体方案、总体进度、工程质量和重大技术问题的研究、协调和处理，有效地解决工程实施中的关键问题，保证了研制建设工作的顺利展开。

4. 国防科工委成立月球探测工程中心并作为领导小组办公室是组织实施好绕月探测工程的有力举措。工程中心负责落实领导小组决策，按工程两总要求组织工程有关事项的研究和有关问题的处理，按系统工程的要求开展工程顶层技术与管理要求的制定、工程计划编制、系统接口控制，对工程实施情况进行过程跟踪、节点控制、里程碑考核，是抓好复杂系统工程的组织协调、管理的有力保障。

5. 承担工程研制建设任务的各研制单位按程序规范、系统协调、分级负责的原则在主管部门的直接领导下，以总体下达的要求为依据，逐级落实责任制，逐级抓产品研制和系统建设的组织、协调和管理，是工程得以顺利解决各种问题，产品研制和各项工作得以按时保质完成的坚实基础。

6. 绕月探测工程的实施，带动了一支月球及深空探测研制队伍的建立，培养造就了一批年轻有为的空间技术人才、空间科学人才和重大工程的管理人才。

7. 我国航天事业50年的不断发展，建立了较为完善的工业基础，积累了丰富的航天工程经验，形成了科研生产试验体系，是开展月球探测工程的坚实基础。

8．"两弹一星"精神和载人航天精神是我们完成国家重大科技工程的强大精神力量和思想保证。工程全体人员将继续发扬这种精神来迎接决战的到来。

二、立下军令状　定下时间表　明确决战目标

2006 年是工程的决战年。我们面临的形势是任务重，进度紧，今年要完成全部飞行产品的生产和地面系统的建设，具备待命出厂、执行任务的条件，没有退路，不能反复；要求高，责任大，各项工作和产品至为关键，都将直接影响工程的成功，我们必须保证设计正确、生产规范、验证全面；任务新，难度大，这是我国首个飞往地球外天体的卫星，从人类已进行的 115 次月球探测活动来看，成功率只有 48.7%，美苏进行的无人掠月、绕月、落月探测，首发均失败，我们将面临首发的严峻挑战。

决战的任务是：卫星、运载火箭系统完成正样飞行产品的研制生产，发射场、测控、地面应用系统完成系统的集成、联试，具备执行任务的能力。

我们的目标就是实现 2007 年 4 月绕月探测工程首发成功。要求：

1．卫星系统要确保精确变轨、绕月飞行、有效探测、一年寿命；

2．运载火箭系统要确保成功发射、准确入轨；

3．测控系统要确保跟踪完整、测量准确、指令无误；

4．发射场系统要确保精心组织、保障到位、测试规范、确保安全；

5．地面应用系统要确保可靠运行、精心处理、取得成果。

决战的控制节点是：

1．2006 年 3 月完成有效载荷及正样星产品交付；

2．2006 年 5 月完成正样星总装；

3．2006 年 8 月完成应用系统与卫星系统对接试验，完成测控系统与卫星系统的对接试验；

4．2006 年 9 月完成星箭对接试验，完成整星电测；

5．2006 年 12 月底测控系统、地面应用系统、发射场系统具备执行任务

能力；

6. 2007 年 1 月 15 日前完成卫星出厂评审；

7. 2007 年 1 月底完成运载火箭出厂测试；

8. 2007 年 4 月 20 日前完成卫星发射。

为实现这一目标，必须确保：

卫星系统 2006 年 3 月 20 日完成有效载荷及正样星产品交付，5 月 15 日完成正样星总装；8 月 15 日完成正样软件交付；8 月完成与测控系统和地面应用系统的正样对接试验；9 月 15 日完成正样星电测；10 月完成与运载火箭的对接试验和整星力学试验；12 月完成整星热平衡试验；2007 年 1 月 15 日完成整星出厂评审。

运载火箭系统 2006 年 3 月完成三级箱体，一、二、三级发动机和姿控发动机齐套，6 月完成电气系统齐套和控制系统半实物仿真试验,9 月完成全部产品齐套，10 月完成与卫星系统对接试验,11 月开始全箭总装；2007 年 1 月，完成全箭出厂测试,待命出厂。

发射场系统 2006 年 3 月完成设备改造，12 月完成技术准备，具备执行任务能力。

测控系统 2006 年 2 月完成与欧空局地面站的测距兼容性试验，6 月完成对智慧一号的测定轨试验，8 月完成 USB 设备研制、VLBI 建设、北京中心建设和通信系统建设,12 月完成系统联试和技术准备，具备执行任务能力。

地面应用系统 2006 年 3 月完成 50m 天线，5 月完成 40m 天线安装调试，6 月完成系统集成，12 月完成系统联调、演练和技术准备，具备执行任务能力。

三、抖擞精神　严细慎实　以质量为核心　确保首发成功

2006 年 2 月 8 日，温家宝总理对绕月探测工程再次做出重要批示："要加强基础工作，突破关键技术，严格对工程全过程的管理，坚持质量第一，确保绕月探测飞行任务圆满成功。"张云川主任在第三次领导小组会上，针对正样阶段的工作，要求我们要强化过程控制，确保产品质量，实现全系统各级

产品、全过程各个环节透明受控；要坚持严细慎实，狠抓关键技术和薄弱环节，实现全系统放心、可靠；要坚持质量第一，进度服从质量，保证工程整体稳步推进；要加强统一指挥，加强团结协作，层层落实责任，按照"三高"要求，实现出成果、出经验、出模式、出人才的"四出"目标。我们有信心、有把握完成决战的任务，我们也清醒地认识到要实现这一目标，任务是艰巨的，时间是紧迫的，影响是重大的，形势不可乐观。

图 4　栾恩杰在嫦娥一号试验队出征仪式上签字

嫦娥工程的研制队伍深深地感到"使命高于一切，责任重于泰山"。航天五院负责工程主线卫星系统的研制工作，面对任务新、技术新、队伍新、要求高的严峻挑战，在管理上、技术上、队伍建设上狠下功夫，严格管理、周密计划、顽强拼搏，攻克了一个个技术难关，两年完成了一个全新卫星的方案和初样两个研制阶段的任务；测控系统从工程大系统角度出发，在天地信道链路、飞控技术协调等方面做了很多工作，为工程的顺利推进作出了突出贡献。西安光机所是一个首次参加航天工程的单位，为了按时完成主载荷三维相机和干涉成像光谱仪的交付，今年春节期间，20多人从除夕到初三一直在北京进行试验，最终实现了产品零缺陷交付。全体研制单位要学习这种精神，学习这种作风。

然而，在这样一种形势下，卫星正样用的 490N 发动机出现了严重的质量问题。在这里，要对航天科技集团 ××× 所提出严肃的批评。今年 1 月 10 日，拟交付嫦娥一号正样星使用的 490N 发动机，在完成各项试验做最终检验时，发现发动机喉部下方内表面出现了严重的损伤，造成该发动机不能使用，被迫换用指标稍差的发动机，导致卫星推进剂余量减少，影响了交付进度。此问题一出现，各级领导高度重视，集团公司张庆伟总经理亲自处理，雷凡培副总经理到现场调查，××× 所陈副所长春节前到北京向工程两总作了汇报，今年 2 月 14 日完成了技术归零和管理归零，使问题得到了较快的处理。造成这个问题的原因是试验人员操作不当，致使工装与发动机内表面发生碰撞摩擦，同时工装在设计上缺少容错能力。这个问题说明，即使是生产了十几年、交付过几十套的老产品仍然存在工艺不完善、工装不合理、产品出问题的情况，即使是工作了几十年的老工人也存在操作不当的问题。工程整体刚进入正样阶段就出现如此严重的质量问题，这是一个危险的信号。全系统的同志们要以此为戒，警钟长鸣，时刻保持高度的警惕，始终坚持严细慎实。

确保完成决战任务的工作要求如下。

一要聚精会神，真抓实干。各系统要按"全、定、前、齐"四字要求开展正样工作。全体研制人员要以高度的政治责任感、光荣的历史使命感和极大的工作热情，全身心地投入到嫦娥工程之中，完成全部工作，解决所有问题；要切实落实责任制，所有参研参试人员都要定岗位、定职责、定要求、定措施；各级领导和型号指挥要深入一线、亲临现场，靠前指挥，把问题想在前面，把工作做在前面。各个研制单位要集中人力、物力，把抓好绕月探测工程的正样研制工作作为今年的头号任务；各系统要继续发扬团结协作的精神，齐心协力，齐头并进。全系统要形成工作指标不降、反复复查不烦、出了问题不推、手头工作不拖的良好作风。

二要始终把产品质量和可靠性作为决战的核心。进入正样阶段，产品质量是研制工作的中心，也是质量工作的重点。在思想上牢固树立质量第一、成功是硬道理的意识，坚持进度服从质量。在组织上、制度上、工作安排上，落实保证产品质量的各项措施，确保每一个产品都全过程受控，做到知其历史，心中有数，眼见为实，详细记录，严格考核，全面验证，把好每一关，不留任何疑点。我们要有继续暴露问题、不断攻克难关的思想准备，要对全系统薄弱环节有清醒的认识。各个系统要开展自我质疑，相互质疑，深挖细究，反复验证，各环节都不能"大概、可能、差不多"，而要真正做到心中有底。对事关成败的关键问题和薄弱环节要集中力量，加强分析验证，化解风险。地面不可验证的部分要从工程分析、过程控制、工艺保证等方面加严控制，最终实现全系统放心、可靠。

三要坚持严细慎实，确保万无一失。进入正样阶段，各系统的研制任务更加繁重，时间非常紧。全系统要精心组织，指挥畅通，做到程序规范，紧张有序，系统协调，用高可靠、高质量来保证工程的进度和工程的成功。要在全系统强调严细慎实，让"细节决定成败"的观念深入人心。严，就是要求要严格，检查要严格，处理要严肃；细，就是安排要细致，操作要细心；慎，就是考虑要周到，决策要科学，办事要稳妥；实，就是责任要落实，工作要落实，措施要落实。只有做到了严细慎实，才能有效地控制系统、分系统直到元器件各级产品的质量，才能有效地控制设计、工艺、操作、检验、管理的各个环节，才能最终确保工程的成功。

确保完成决战任务的工作措施如下。

1. 加强基础建设，确保工作规范

绕月探测工程已经制定并下发了12份工程管理文件及五大系统任务书、系统间接口控制文件、《嫦娥工程月球手册》等设计依据，各系统也已应用或编制了较为完善的研制建设规范。针对正样阶段的研制工作，做出了《关于加强绕月探测工程质量与可靠性工作的决定》。进入决战年，要进一步完善这些规章制度、技术标准和技术规范，关键是要在工作中严格执行、切实落实。

为此，今年将在全系统动员各级质量管理人员、各方面专家开展对这些规章制度和技术标准的培训和监督检查，以确保各项工作依据充分、实施规范。

2. 狠抓关键技术和薄弱环节，确保系统可靠

一要严格控制技术状态。进入正样阶段，系统间接口已经明确，系统内

部状态已在初样阶段得到了验证。技术状态管理的重点是，全面清理技术状态，确保设计、工艺、产品的状态一致，文实相符，特别是要认真复核与有继承关系的其他型号的区别和相对于初样阶段的更改；严格按五条标准控制技术状态的变化；强化技术状态验证，全面检查系统间、系统内部的各个接口关系以及飞行任务中各事件之间的链接关系。

二要突破关键技术。进入正样阶段，重点是针对不同于地球轨道卫星的多次变轨和卫星在整个任务期间的环境适应能力。集中力量对空间环境、轨道设计、飞行控制、环境控制等开展深入细致的分析论证与设计复核。

三要加大对薄弱环节的管理力度。重点针对航天工程经验不足的单位开展管理培训和监督检查；针对关键重要产品的性能质量，如卫星系统的供配电能力、推进剂余量，VLBI的测轨精度，具有单点失效特点的部位等，加强关重件项目控制；针对产品生产过程中的薄弱环节，加强关键工序的控制。

四要加强产品可靠性工作。重点是抓好可靠性工作的落实，开展各级产品的可靠性验证，拿到可靠性指标。

五要深入细致地做好各项预案。重点要做好工程实施、飞行任务、各系统内部三个层次的预案设计，充分考虑到可能出现的各种偏差和故障，设计好各项故障对策，细化预案实施的每步程序。

3. 狠抓过程控制，确保产品质量

要通过严格的全过程控制来保证产品质量，使形成产品的整个过程透明受控。正样阶段重点要抓好以下工作：

一要使全系统在研制建设过程中环环相扣，层层落实责任制，明确各单位行政一把手是各单位产品的第一责任人，型号两总是实现任务目标的直接责任者。

二要健全质量保证体系，充分发挥质量监督部门和人员的积极作用，保证质量信息的及时性、准确性。

三要成立质量和可靠性专家组，开展对关键重要产品的咨询把关工作；要加强对评审工作的管理，保证各项评审的有效性。

四要重视原材料、元器件的质量，从源头抓，开展原材料、元器件选

用、采购、筛选、检验、装配情况的复查；产品在生产、试验、交付的过程中要工艺完善、操作规范、记录完备。

五要强化对产品的验收把关，严格执行拒收拒付准则，确保不带隐患交付、不带隐患接收。

六要加强软件质量的控制，建立绕月探测工程软件评测保障体系，重点把好软件的测试关，A、B级软件必须经第三方独立评测；充分发挥软件专家组作用，开展软件工程化的培训、咨询、监督和把关。

七要严格按标准抓质量问题归零。在正样阶段，不得降低归零标准，未按标准归零的不允许放行。

4. 狠抓试验验证，确保系统协调

从单机到系统都要在发射前做到测试全面、验证充分，地面试验要想周到、做彻底。重点要抓好以下工作：

一要抓好各产品的测试覆盖性。从元器件、原材料筛选检验开始抓，对部（组）件、单机、分系统、系统、软件要做到每一步都把产品的性能、功能查到位，把可靠性查全。对不可测试件必须从原材料、元器件的检验到工艺处理、加工制造及组装全过程加严控制。

二要完成好大型试验，特别是系统间的对接试验。绕月探测工程确定的27项大型试验，在初样阶段已完成11项，今年要完成14项，进入发射场后要完成2项。对于系统间的对接试验，各单位齐心协力、密切配合，在试验方案的设计、组织安排上要加强协调。加强试验的组织管理，保证试验的质量和安全，全面达到试验目的。

同志们，绕月探测工程已经吹响了决战的号角，我们要以高昂的斗志、饱满的精神、百倍的努力、扎实的工作，确保2007年4月嫦娥一号卫星成功发射、精确测控、可靠飞行、有效探测、取得成果，高标准、高质量、高效率地圆满完成绕月探测工程任务。

本文要点

1. 2004 年是工程开局年，2005 年是攻关年，2006 年是决战年，2007 年是决胜年。1 月温家宝总理批准立项，2 月成立工程领导小组，3 月召开第一次工作会，4 月温家宝总理、黄菊副总理做重要批示。

2. 经过一年努力：落实组织体系，理顺管理关系，指挥协调顺畅，总体步入正轨。

3. 2004 年 11 月第二次领导小组会通过工程总体进入初样阶段，12 月 20 日中央专委听取工程情况汇报会，肯定工程总体工作。

4. 2005 年是工程攻关年、大型试验年、问题暴露年、技术见底年。
   2 月 4 日，中央政治局常委听取工程进展情况；
   3 月 2 日，工程领导小组组长张云川到卫星系统检查研制工作；
   4 月 22 日，中央常委、国务院副总理黄菊视察并做重要指示。

5. 2005 年 12 月 29 日，召开第三次领导小组会，通过初样转正样的审议。

6. 2006 年是决战年。

7. 2007 年是决胜年，实现首飞成功！

8. 2006 年 2 月 8 日，温家宝总理对探月工程再次做出重要批示："要加强基础工作，突破关键技术，严格对工程全过程的管理，坚持质量第一，确保绕月探测飞行任务圆满成功。"

9. 老产品仍然存在"工艺不完善、工装不合理、产品出问题"的情况。

10. 全系统要形成"工作指标不降，反复复查不烦，出了问题不推，手头工作不拖"的良好作风。

11. 各环节都不能"大概、可能、差不多"。

7

万无一失、力保首发成功——
延迟进场的决策 ①

摘　要：2007 年 2 月 3 日发射的北斗一号 04 星出现了严重的故障，考虑到嫦娥一号与该星使用了相同的平台，需要针对该星出现的问题进行举一反三。2 月 3 日晚，我们做出了暂缓进场的决定；2 月 8 日，工程指挥部充分听取各单位意见，经过慎重研究，决定将嫦娥一号的发射时间调整到今年 10 月。在嫦娥一号卫星即将进场的最后时刻，要在全线落实工程指挥部调整发射窗口的指示精神，统一思想，正确认识发射计划调整，树立"退是为了进，缓是为了成，成功才是硬道理"的思想；珍惜机会，针对 10 月发射窗口，用好 6 个月时间，工程总指挥部要抓好 15 项工程重点工作，进一步提高系统可靠性。

同志们：

　　1 月 25 日，中专委批准了绕月探测工程进入发射准备阶段，按 4 月的首选窗口组织实施发射。1 月 29 日，温家宝总理和曾培炎副总理亲临嫦娥工程研制一线视察工程研制情况时，做出了"高度重视，全力以赴；安全可靠，质量第一；团结奋战，大力协同；尊重科学，勇于探索；力保首发成功"的重要指示。此后，全体参研参试人员认真学习总理指示精神，积极备战我国

---

① 本文为 2007 年栾恩杰总指挥在两总扩大会上所作报告。

首颗探月卫星的发射准备工作，并计划于 2 月 4 日卫星系统地面设备和参试人员进场，2 月 10 日卫星空运进场。

图 1　2007 年 10 月 23 日，在西昌卫星发射中心发射嫦娥一号卫星发射塔架前
栾恩杰（左二）与沈荣骏（左一）、孙家栋（右一）、胡世祥（右二）等亲切交谈

　　但是，**在 2 月 3 日发射的北斗一号 04 星出现了严重的故障**，考虑到嫦娥一号与该星使用了相同的平台，需要针对该星出现的问题进行举一反三。**2 月 3 日晚，我们做出了暂缓进场的决定**；2 月 8 日，工程指挥部充分听取各单位意见，经过慎重研究，决定将嫦娥一号的发射时间调整到今年 10 月。

　　在嫦娥一号卫星即将进场的最后时刻，调整卫星的发射窗口，工程各系统都面临着严峻的考验，从人员队伍的思想状态到产品设备的技术状态，需要做大量的调整工作，全体参研参试人员**务必顾全大局、服从指挥，务必加强研究、加强协调、抓紧落实**，做好各方面工作。

　　今天，召开工程两总扩大会就是要在全线落实工程指挥部调整发射窗口的指示精神，统一研制队伍思想，珍惜机会，用好这六个月，进一步提高系统可靠性。下面，我讲几点意见：

一、正确认识发射计划调整，树立"退是为了进，缓是为了成，成功才是硬道理"的思想

我们多次提到，绕月探测工程是我国深空探测的第一步，是我国航天发展的第三个里程碑，受到党中央国务院的高度重视，受到全国人民的高度关注，同时还是第一个展示在全国人民面前的重大中长期工程，因此工程不能有任何的闪失，只能成功，不能失败。

近半年来，鑫诺二号、尖兵五号、北斗04星三颗星陆续出现了问题。特别是在2月3日，西昌卫星发射中心完成发射的北斗一号04星发生严重问题。北斗04星的故障定位、分析和排除工作难以在短期内完成，致使嫦娥一号在4月中旬择机发射的时间不能保证。

另外，绕月探测工程到了最后的关键阶段，仍然暴露出一些质量问题。航天五院在最近的"两个百分之百"复查复审工作中，发现卫星定向天线驱动机构A轴的极性与GNC分系统设计使用状态不符，目前已经完成归零；航天一院在测试检查过程中发现在运载火箭三级冷氦增压系统的放气电磁阀门中存在多余物，目前归零工作尚未完成。这些问题的进一步暴露，虽然为进一步提高工程的质量和可靠性作出了贡献，同时也说明，各系统的产品质量还没有真正做到百分之百地放心，离首发必成的要求还存在一段距离。

综合考虑目前的形势，工程领导小组组长、国防科工委主任张云川同志于2月8日召集工程指挥部会议，全面听取了各方面意见，经慎重研究后决定，绕月探测工程选择第二发射窗口即今年10月下旬实施发射。

三年来，在工程领导小组的指导下，在各部门的大力配合下，全体参研人员呕心沥血，加班加点，狠抓产品质量，为打造高质量建设、高可靠发射的绕月探测工程做了大量工作，成绩斐然。**在工程领导小组第四次会上和国务院领导视察的时候，我代表工程全体研制人员向各级领导作了汇报**，也提出4月份发射窗口是我们的最佳选择并得到了批准。从各系统前期的质量工作和研制进度来看，这个决定到现在也是正确的，对我们的工作，对我们的产品，我们仍然是充满信心的。

图 2　嫦娥一号试验队出征仪式

雷凡培（左四）、孙来燕（左五）、栾恩杰（左六）、孙家栋（左七）、

胡浩（左八）、李开民（左九）、叶培建（左十）

由于嫦娥一号卫星发射窗口的局限性，原定 4 月的发射窗口受到了外部环境的约束，面临着可能引起的风险。工程指挥部及时选择第二窗口来实施嫦娥一号卫星发射任务，这一决策是非常正确的，是工程指挥部审慎应对当前的形势，主动做出的选择。我们既充满自信地请战，又在遇到问题的时候，冷静地主动开展举一反三工作，我们的目的就是落实总理指示，确保万无一失。各级领导要向全体研制人员进行传达，让同志们都清楚地认识到"退是为了进，缓是为了成，成功才是硬道理"。

二、坚守岗位，精密安排，鼓足干劲，扎实工作，充分利用调整发射窗口的机会，以全面提高工程可靠性为中心开展工作

发射时间从 4 月调整到 10 月，给我们增加了 6 个月的可用时间。这 6 个月的工作目标就是确保产品质量，提高系统可靠性。到今年 8 月卫星进场，我们要完成北斗 04 星故障的举一反三，要完成产品质量复查和提高系统可靠性的工作，要完成发射窗口变化带来的一系列工作，任务并不轻松。各系统

要根据实际情况，尽早调整计划，周密安排后续工作，变被动为主动，充分利用这6个月时间。为做好这段时间的工作，我提几条要求。

一要坚守岗位。为了保证这6个月中各项工作能够正常顺利开展，各系统要妥善组织好队伍，要求骨干人员坚守岗位，不离岗，全力完成绕月探测工程的工作。同时，要适当安排好队伍的修整，保持好队伍的战斗力（若无特殊情况，可以放假到正月十五日）。

二要精密安排。技术上，要深入研究、认真分析、充分论证各项测试、检查和试验的必要性、可行性、操作流程与规范，以确保对产品有益无害；计划上，要根据发射时间调整后的工作，周密安排好这半年的工作计划，确保各项工作协调有序地开展，确保8月卫星进场，10月下旬发射。

三要鼓足干劲。6个月的时间并不很长，要完成这么多工作，容不得我们有丝毫的松懈。几年来，同志们一直斗志昂扬，精神饱满，才有了我们今天所取得的成绩。劲可鼓不可泄，要保护同志们的士气，动员同志们鼓足干劲，再接再厉，圆满完成各项工作。

四要扎实工作。在后续工作中，要继续坚持严慎细实的工作作风。无论是举一反三的工作，质量复查的工作，还是状态更改的工作，都要坚持做到**严上加严、细上加细、慎之又慎、实而又实**。特别是发射窗口从4月更改到10月，对工程来说是一项重大的技术状态变化，也是对我们后续工作的一项挑战和考验。各系统都要**静下心来，冷静思考，全面检查**与新发射窗口的要求是否有不协调、不匹配之处，对发射窗口变化带来的影响要全面深入地分析，要想全、想透，扎扎实实地抓好每一项工作的落实。

各单位要始终坚持把力保首发成功作为最高目标，围绕提高系统可靠性这个中心开展各项工作。各系统要从北斗04星的故障中汲取教训，深刻认识到隐含的故障所造成的严重后果。04星在发射场测试、加注过程中，一直非常顺利，未发生任何质量问题，大家都很有信心。可是上天之后，问题就暴露了，这非常值得我们深入思考。这说明地面试验和各项测试还有不充分的地方，还有覆盖不到的地方，也说明对各种非正常情况的故障模式与对策还不完善，演练工作也不充分。

我们要利用好这 6 个月，查找薄弱环节和隐患，做好各项预案，加强预案演练。我们要仔细想想我们的系统中是否有设计不放心的地方，是否有测试不到的地方，我们的**预案是否完善，是否可行，是否可靠，是否演练充分**。

三、针对 10 月份发射窗口，工程总指挥部将重点抓好以下工作（共 15 项）

1. 工程总体（1 项）：要针对 10 月发射抓好大系统协调。

2. 卫星系统（6 项）：要完成北斗 04 星故障的举一反三工作；要根据 10 月份的发射窗口，完成标称轨道的复核复算；要进一步完善飞行方案以及飞行预案；针对运载火箭发射工位和测发模式可能引起的变化，要加强协调，使系统间的接口得到进一步确认；要利用此次机会，安排好嫦娥一号卫星及有效载荷的可靠性增长试验。

3. 运载火箭系统（3 项）：要对发射工位和测发模式的可能变化进行深入研究，尽早确定实施方案；要针对 10 月发射窗口，修改相应的轨道设计和飞控软件；要对火箭的有效期开展全面检查，确认火箭 10 月发射时，各元器件在有效期内。

测控系统（3 项）：要根据 10 月的发射窗口制定好相应的测控方案；要进一步完善飞控预案；开展大回路演练工作。

发射场系统（1 项）：要制定好 10 月实施发射任务的组织实施工作，完成与卫星、火箭有关接口的协调。

地面应用系统（1 项）：要积极开展大回路演练。

同志们，今天召开两总扩大会，目的是在工程决定调整发射窗口后，在全系统统一大家的思想，明确后续工作的目标和要求。会后，请各系统将会议的精神传达到每一位参研参试人员。领导干部更要以身作则，将思想统一到一切为可靠，一切为成功上来。互相理解、互相支持、互相配合，按照新的部署扎实做好工作。

新春佳节快要到了，我代表绕月探测工程两总和月球探测工程中心向工程全体研制人员表示节日的问候，祝大家新春愉快、工作顺利、家庭幸福、身体健康！

本文要点

1. 2007年2月3日发射北斗一号04星出现了严重的故障，因嫦娥一号与该星平台相同，必须做好举一反三工作。2月3日召开紧急会议。决定推迟进场，设备拉回。

2. 树立"退是为了进，缓是为了成，成功才是硬道理"的理念。

3. 今年发射任务陆续出现问题，使得4月中旬择机发射嫦娥一号不能保证。

4. 领导小组决定选择第二发射窗口今年10月下旬。

5. 抓紧发射日从4月调整到10月的6个月时间。抓好"确保产品质量，提高系统可靠"的工作。实现8月卫星进场，10月下旬发射。工作作风："严上加严，细上加细，慎之又慎，实而又实""静下心来，冷静思考，全面检查"。

6. 预案设计："是否完善，是否可行，是否可靠，演练是否充分"，这四项"是否"是查找薄弱环节和隐患的重要切入点。

三、工程方法论的研究

只有用本国语言表达出来的，
才算是自己的东西。

——黑格尔

1

辩证唯物基础的现代知识 ①

摘　要："工程知识的系统集成"是工程知识研究的重要内容。其基本内核是理论和实践的集成，是经验知识与抽象知识的集成，是自然科学知识与社会科学知识的集成。"分析—综合"方法的还原论与"全局观—系统"方法的整体论相结合是现代工程知识的辩证唯物论的基础思维。从现代工程知识的唯物辩证特征、现代工程知识的跨学科集成切入分析，提出了工程知识的实用性、工程知识的积累与追求、工程知识归纳的局限性、工程知识的两分观、现代大型工程的能力目标系统等概念，并认为人类社会必定在知识积累的过程中不断进步，在集成知识的创新中飞跃发展。

在《工程知识论》的研究课题里，"工程知识的系统集成"分析是其重要内容。在近一年的思辨过程中，我感到现代工程知识的集成在**其本质上是理论和实践的集成，是经验知识与抽象知识的集成，是自然科学知识与社会科学知识的集成**。从"系统集成"的这三个剖面去分析现代工程知识，它既包含有牛顿的"分析—综合"的所谓"还原论"的方法（实际上是后人加在牛顿头上的"还原"二字），

《工程知识论》殷瑞钰 李伯聪 栾恩杰 等著

---

① 本文原标题为《关于现代工程知识的辩证思考》，发表于《工程研究：跨学科视野中的工程》，2019 年第 3 期。

也包含着现代的"联系性—系统性"的所谓"整体论"的思考。

一、还原论与整体论的结合

我认为说到还原论，还得从数学的分析学开始。在数学的分析学产生过程中，牛顿开始称其为"无穷的代数"。这使我想起历史上曾有人将代数戏称为"懒人的算数"。牛顿将微积分称为"无穷的代数"，也即初等代数的扩张。牛顿用形象语言描述的这个定义，表述的却是其分析学知识的核心本质。后由韦达（Vieta）建议将"algebra"用"analysis"代替，"分析学"成为数学的一个重要分支。如果我们认为"分析—综合"是现代科学的一个方法论，并将近400年来人类科学活动所遵循的这个方法论归称为"还原论（reductionism）"，那么，这个科学方法论则始于一个基本的理性信条，或者将其称为一个基本的理念，那就是**"部分可以重构整体""部分清楚了，那么整体就可以明白"**。而这个"追溯明白"的过程则是先将被分析的系统从大环境下分离开来，然后将这个分离出来的系统在保持"不受污染的清洁"条件下孤立起来进行研究，这个不受污染的清洁条件，我们称之为"理想状态"。余下的则是在理想状态下像剥洋葱皮式的一层层解析，由解析得到的成果反推向整体，再一层层地"综合"，或者称其为"重构"，这样就构成了现代科学的一系列学科。这种还原论的方法为我们人类认识世界和改造世界发挥了决定性的作用，并已经取得了辉煌的成功。

随着人类社会的进步和科学认识的发展，也即我们所能触摸的世界在不断扩大和深入，有些问题、矛盾和现象已经不是表达在事物的细分层，也不是产生在系统的低层次，而是产生在高层次、整体层次上。在这些层次上的大系统并不一定表现为一因一果或一果一因的线性推演，它更多地表现其复杂性、不具叠加性质的非线性、发展进程的突变和各类组织行为（时变、分岔、混沌、熵变、耦合、环境相关等），这个整体性的行为并不能简单地由子系统解析中得到。所以系统学将只在整体性描述中出现的性质称其为"突现（emergence）"。突现出来的新的性质不能由子系统解析中产生。

这就必然会引起我们产生一种新的思考，如何突破"分析—综合"还原论的思维模式，从整体性去思考和研究那些只有在整体条件下存在的现象和问题。美国《科学》杂志在 1999 年 4 月 2 日发表了一篇"复杂系统"的专辑，在前言中以"超越还原论"的提法点出了整体论（holism）的观念。当我们以整体性去观察一个复杂系统的时候，我们可以看到一些在系统中的单元（部分）那里所没有的东西，以及无法从个体（部分）单独推演出来的东西。小到分子，大到社会，都有大量的事实在显示给我们"整体不是部分的总和"。**亚里士多德"整体大于部分之和"的表述，则更接近于整体的突现性。**

现在我们已经普遍接受系统论、整体论这样的理念，因为大量的现实都在说明，从整体的行为，整体存在的状态，整体演变的过程，整体遇到的矛盾、问题，整体带来的挑战、机遇，都不同于单元个体的情况。"整体大于部分之和"这个命题是普遍存在的。

我认为现代科学的描述框架，应当是以牛顿力学为代表的确定性描述和以统计力学、量子力学为代表的概率性描述的结合。而在现实的科技工程领域里，比如在控制理论和运筹学等学科中则是两者兼容的。

考察现代整体论的研究，我觉得在整体层面大系统的不确定性和复杂性表达，是我们应当着重考察的主要问题。究其内因，则是系统中每个个体行为特征及其各个个体之间的相互作用、影响，相互激励、制约，并不是简单的线性表达，而是系统状态与关系的复合式表述，如果用一个表达式来说明的话，则系统 S 是系统状态与相互之间关系的函数。

$$S = \langle A, R \rangle$$

系统 S 是由元素集合 A 及关系集合 B 共同决定的，在 A、B 之间存在着诸多状态的随机性、表述的模糊性、信息的失稳，不能通过以前经历过的行为来预测将来行为的混沌（chaos），以及系统控制参数变化到分岔点上出现的从一种定态向另一种定态的突变（sudden change）。特别是工程系统的突变往往是灾难性的，比如桥梁突然断裂、房屋突然坍塌、炉罐突然爆裂、飞机突然失速。从系统学看，渐变导致突变，对应着 $S = \langle A, R \rangle$ 中 R 的改变，即对应着系统结构稳定性的转化，在结构稳定的区域内系统存在渐变，一旦走出结构稳定区域，就会出现从此一稳定态向彼一稳定态的突变。上述因素的存在是系统整体性表现的内因。

如果我们不了解系统各元素的状态，不清楚组成系统的各元素的关系集合，我们就无法理性认识系统的内部细节与整体的相关；如果我们不从系统整体性把握系统的宏观表达，我们就看不到系统宏观与微观的巨大差异，这也是我们认识事物的重要视界。所以我们在研究工程知识论的时候，应当采取宏观上的系统整体论与微观上的分析—综合（还原论）相结合的辩证方法论，我想用《中庸》大哉篇的一句话"致广大而尽精微，极高明而道中庸"作为这节的小结，**这是以"分析—综合"还原论尽其精微而以整体性、整体论而研其广大的有机结合。**

二、现代工程知识的唯物辩证特征

研究思考现代工程知识的特点是非常丰富的一个课题，现代工程的多样性使其特点、特征的归纳升华也必然具有多样性，工程的跨领域、跨行业也使特点具有诸多的集成性、协同性。我这里只是一种抛砖引玉式的讨论，由于我个人从事的航天行业并不能覆盖更多的产业，所以只能是一孔之见，权作一次"工程知识论"方面的一个探讨。

1. 工程知识的实用性

2018 年有则新闻这样报道："2018 年 11 月 5 日，从美国旅行者二号传回地球的太阳风数据中，发现粒子数量突然下降，此时旅行者二号正处于 100AU 之外（180 亿 km）的地方，科学家由此确认它已穿过日球层顶，进入星际空间。"（图 2）

这段描述中，哪些是知识点呢？"人造飞行器到达 100AU 外；太阳风粒子数突然下降；确认已穿过日球层顶。"这几点只能说是一个测量结果的表述，它还构不成所谓的知识。说到这里，我们在知识普及中**要注重"情况"和"知识"的区别、"消息"和"信息"的些许差异。**而科学家对"已穿过日球层顶进入星际空间"的确认，则具有"知识"的内容。可以从这里产生：

什么是日球层顶？怎么判断它的存在？它在太阳系空间内的特性与其他部分空间有什么差异？为什么会有这些差异？什么是星际空间？这个空间的起点在何处？它的特征由什么性质来表达？进入星际空间后的人造飞行器轨道将有什么变化等问题，我认为对这些问题的思考和解答或者是对尚未确定问题的启发性思考，才构成我们所说的"知识性"。知识是一个思考和追问的成果，是终止于"实践"的认可（这个"实践"包括被证实、被承认，并可以被实践）。

图2　旅行者二号

"信息对我们来说是指我们目前尚不知道的那些东西，是一个不定性的变量，也就是分析和处理这些信息所包含的知识量。"

我们讲的知识是指在人们的生活、工作、活动中所需要了解和知道的东西；对某些特定人群而言，他们对某些特定知识的知道和了解还要有更深刻掌握的需求。知识的力量是在人类实践中被认知的。

先哲亚里士多德认为"追求知识的理想才是绝对的光荣。"但亚里士多德定义的知识是最高层的哲学，他在《形而上学》中有一段话："探索哲理只是为想脱出愚蠢，显然，人们为求知而从事学术，并无任何实用的目的。"他在"求知、实用"之间，给我们设置了一面隔板——"学术"，使求知成为无实用目的的"形而上之物"。亚里士多德是继承其老师柏拉图的哲学理念，他的最终目的还是在特殊中求得一般的结论，坚持拒绝把实际应用作为理论探索的目的，并且坚信理念才是人类实现的最高层次。

柏拉图对实用的否认是从两方面入手的，一是他的理想国就是把那些从事哲学探索的人和那些从事手工技艺的人（工程技术人员和实践者、工匠们）彻底分开，并给前者以更高地位。再是哲学家所寻找的唯一实在就是一般形式或理念，而不是我们所熟悉的世界里的物体。这种"知识的探索"排除实用的这种偏见，影响是极深的，就连阿基米德这位物理学巨匠和发明家在他大量的著述中也都没有提到机械学和工程学的字眼。

反之，自公元前 5 世纪，距今 2500 年前的希波克拉底时代，为了找到治疗外伤、骨折和疾病的方法，希腊医学就已经深入到解剖学、生理学的知识领域，这些医生们从人类生存的实际需求出发去寻找认知，他们从解剖动物和死刑犯尸体中获取知识，使希腊医学成为欧洲科学的基础。**正是"知识的实用性"推动了希腊医学的进步和发展**。

"归纳法"第一人、英国哲学家弗朗西斯·培根提出"知识就是力量"，他的这种实用思想与伽利略、笛卡尔、惠更斯以其才能贡献给人类技术进步的实践一样，被言之为"功利主义"。培根的思脉是"从自然出发，得到知识，从而达到超出自然的力量"，所以培根认为科学的目的是超出自然而控制自然。他说"人的知识和人的力量合二为一，因为只要不知道原因，就不知道结果。**要命令自然就必须服从自然**"（见 F. 培根，Novum Organum（1620）第一册. 格言 3，摘自《基础科学与技术创新》第 26 页）。培根相信：力量的实用的、物化的结果将进一步证实知识的分量。知识为人类服务的实用性是其力量之所在，非此，"知识就是力量"则是一句空话。

2. 工程科技知识之积累产生于人类工程活动的不断追求

人类如果没有好奇心、没有探寻根源的想象力和灵感的激发，就会失去对知识的渴望和不懈的追求。从这点看，知识是人们追求而得来的。同样对工程知识而言，它是人类在开展工程实践中所需用的认知，也是在开展工程实践中产生的认识，所以需求是工程知识的发源处。

美国科学发展协会（AAAS）主席阿兰·T. 沃特曼将基础研究分为"自由"

研究和"任务定向"研究（mission-oriented），后者必定有其实用价值。所谓"任务定向"研究则是直接从"需求"中产生的工程知识的创新性开发，也即我们常提到的**"应用基础研究"，包括工程技术、工程知识这类工程学的内容**。

我国人工合成胰岛素晶体的发明是 1965 年医学界的重大事件，它的出现是人类控制血糖、治疗糖尿病的需求所推动；我国在 1972 年提取青蒿素，是国家征服疟疾症工程项目的重大成果，其领衔科学家屠呦呦获 2015 年诺贝尔生理医学奖，为祖国争得荣誉。现代医学在应对目前所谓"绝症"以及提高人类健康的挑战这两大任务需求面前，中国的医药工作者正在向新的知识领域进军。

思维的敏感和探索的坚韧是知识的特质需求。我们以"太空微波背景幅射"知识的获得为例，故事的第一位主人公是贝尔实验室的一位工程师杨斯基（K. G. Jansky），他在建造岸—船通信装置时，发现信号中存在各种干扰现象，而且分析发现耳机监测里除雷电因素外，还有一个稳定的"嘶嘶"声，有人认为那是太阳的辐射影响。如果事情真是这样，那么追求活动也就到此为止，在"知识"的层面上我们没有任何"新"的认识产生，也仅是一个具体的观测结果。但杨斯基没有这样简单地承认这个结论，他继续追求下去，按照理论的说法就是继续"在时域上观测其状态"的变化，当太阳离开其观测区时，其"嘶嘶"声依然存在，这时的指向是银河系中心。他反复确认这个结果后，于 1932 年发表了一篇论文——《在银河系中心方向探测到新的射电波》。对此，《纽约时报》做了专题报道。

这个"银河系中心射电波"是知识吗？它仍然是对一个观测结果的描述。它只给了我们一个新的认识。从这个认知需求出发，杨斯基没有顾及科学界的冷淡，贝尔实验室的工程师们继续着他们对知识的渴求。1965 年，他们制定了一个弄清这个"疑问噪声"的计划，由彭奇亚斯（A. A. penzias）和威尔逊（R. W. Wilson）负责，他们将杨斯基观测的方向从银河系中心扩展到太空的各个方向。按理论的说法就是"对太空背景进行全域"的考察。他们得到了"背景噪声的平滑分布"。这个"知识"的发布引起了广泛关注，我们现在将其称之为"平滑分布的微波背景辐射"（空间域的分布）。

这个知识的获得，引起了一个新的追求——"这个背景辐射向我们传递着什么更深刻的知识呢?"在这个追求和追问中出场的是荷兰莱顿天文台台长奥尔特（J. H. Oort），他在杨斯基的"时间域"，彭奇亚斯、威尔逊的"空间域"基础上思考。这个微波背景辐射除这两域之外，它的平滑分布在频域上探索有无价值呢? 如果这个"嘶嘶"声在频域上有某种特殊性，则这个观测对深空探测，对恒星、气体云的研究都具有更大的价值。为此，他和他的学生赫尔斯特在当时"知识"可达的基础上，提出了"背景辐射在特殊谱段存在的可能性研究"的课题。这是一个知识的探索，一个有创新思维的灵感激发，表明一位睿智的奥尔特的存在。1944 年，他们从观测中进一步提出"氢原子跃迁"具有存在的极大可能性，他们的预想得到众多科学家证实，21cm 的原子氢谱线使人们得到了银河系的原子氢分布。射电探测为人类太空探索打开了一扇窗口，今日之毫米波天文学已成为天文学、宇宙学研究的一个重要手段，也是一个重要的领域。这个知识探求的脉络是:

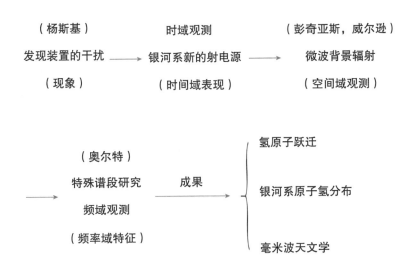

这每一步的深入探索都是在好奇心和想象力支持下，促使人们不断追求新知识的产物。

工程知识在科学探索中的这种追求，表达得十分充分，是需求推动着工程师的不断思索。怎么清除观测中的干扰、怎么判定干扰不是由内部设备产生、怎么断定干扰不是由太阳造成、怎么完成设备的时域跟踪、怎么完成全空域的稳定测量、怎么进行特殊频率段的测量、怎么处理所获取的数据……没有这些工程技术的突破和保障，就实现不了这项科学的探索，反之也推动不了无线探测技术的进步和提高。

所以我们可以说工程技术的进步、工程知识的积累，是从人类活动的需求里产生的，并在不断深入的发展中得到提高。

3. 工程知识归纳的局限性

工程知识是工程实践和工程理论研究中产生和提炼的，由于工程的目标设定和实施条件、环境的差异，工程知识的提炼必有与具体工程相适应的归纳，而这个归纳对别类工程或同类工程的别类环境也必有其不适应之处，我们可以将之视为"工程知识归纳的局限性"。**即工程知识并不都是放之各处而皆准的。**

我们在研究工程知识的局限性这一命题时，务必要关注其局限性的特征，不可不加分析地复制与仿造推广。工程实施者必须经过对别人、别处的经验和数据，"边界、条件、要求"的约束等问题进行消化，**要做到知其然且知其不可以然**，然后经过自己的再设计，方可采纳应用。工程知识不可盲目复制利用；"知识"的可用边界，不可随意逾越，这是工程知识的局限性特征。

在工程理论研究中，提炼的定义、范畴、指标、特征量……，大多是经由实物到模型的抽象，或是非线性到线性化的描述，或是将难以分析的复杂性变换成可以切入到主要影响因素分析的简单性上来，还需有将多因素分析变换为单因素分析后进行综合的方法。这些方法往往都没有摆脱掉牛顿的"分析—综合"法，也即所谓的还原法。这样得到的工程知识一定要在具体工程实践中去智慧地应用。现代工程往往是复杂的、非线性的，且受多因素制约，对工程系统的运行要求则是可靠的、精准的和安全的，且需具有较强的适应性和可维修性。这是现代工程师在"工程知识归纳局限性"特征下，创造性工作的激励，是继承创新、消化吸收经验的再创新，是产生工程知识原始创新的动力之所在。

由工程知识的局限性，我们可以方便地得出："在新工程任务不断产生的今天，**其成功的工程知识的不充分性问题会更加显著地表现出来**。在不断变化的条件下，新的知识需求和新知识的产生则是与工程共生共进的。"这个推论将是现代工程师理性思维的重要内容，是新工程学产生的时代要求。

4. 工程知识的两分观

我们用工程知识产生的过程和表现状态的两个方向去观察和研究工程知识的另一个特征：两分观。

（1）工程知识是由应用基础研究与工程经验积累的两个部分所组成的

狭义而言，工程知识是工程师从各种渠道获取的与工程有关的应用基础知识和工程师自己（或同行工程师）在工程实践中积累的经验所提炼的知识，是向前人学、向外人学与自己感悟、自己学的组合。这是每个工程师必须具备的第一个两分观。

（2）工程知识是经过成功的工程实践中验证过的成熟经验和从失败、失利的工程实践的教训这两部分丰富起来的。

工程知识的精彩与智慧在于它有坚实的成果表示。如果说当今宇宙学之暗物质、暗能量、黑洞等，还有猜想的因素，激励人们去探索、去证实（证伪）的话，那么工程知识则是必须时时经受真实的考验。它的可实现性和实用性是工程师工程知识的承载体。

成功的工程经验和失败（失利）的工程教训，是工程实现性和实用性知识的两个来源。正是这两个充满活力的滥觞，使工程知识得到不断丰富、越发精彩。

依我的经历，我更看重那些失败（失利）教训所给予的启示和警告、思考与省察，这在我们工程知识的成熟上起到的作用是胜利的经验所不可比拟的。

三、跨学科集成的现代工程知识

现代大型工程是由一系列"能力"组成的"目标系统"。这个定义初看起来只是将"能力"作为一个概念单元来表述工程系统，实际上这个定义更应当重视的是"一系列"这三个字，从工程系统组成的纵向剖面看，它是由数层子系统组成，也即由数层"能力"组成。工程目标无疑是要实现一种功能，而工程则要提供实现这种功能的能力，所以从工程目标实现这个剖面分析，必然是以一系列能力来定义的。

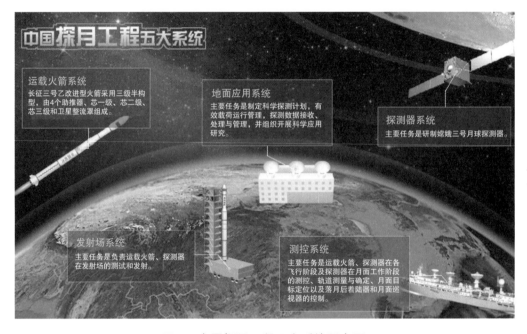

图3　中国探月工程五大系统示意图

为了将其具体化，不妨以我国月球探测一期工程为例。这个工程的目标是"将中国研制的探测器送到月球，对月球进行遥感探测，有效探测时间大于六个月，以得到月球全月面的光学影像、微波影像为主（以物质分布探测为辅）的成果，并实现探测数据的完整、准确的传输和地面接收"。以"能力"来描述这个总目标，我们必须具备如下几方面能力。

1. 进入能力

进入能力包括：

● 将带有有效载荷的飞行器送入地球轨道的能力；

● 将地球轨道上的飞行器送到地月转移轨道的能力（或者具备直接把有效载荷飞行器送入奔月轨道的能力）；

● 将进入月球引力影响球的飞行器引导到环绕月球轨道的能力；

● 将飞行器的轨道控制到对月球进行正式观测轨道（工作轨道）的能力。

我们将上述能力统归于我们对完成一期探月工程（绕月）的"进入能力"。

2. 探测能力

探测能力，即为完成工程的科学目标所确定的任务能力，包括：

● 研制、生产、交付满足探月工程全过程、全寿命周期、全指标实现的探测仪器能力；

● 探测仪器在轨工作期间所需工作条件与工作环境的保障能力；

● 探测器准确观测、数据搜集、存贮、工作状态、按指令下传及月－地指控指令实现的能力。

我们将上述能力统归于探测器工作的实现能力。

3. 地月测控和信息传输能力

这次任务是当时我国飞得最远的飞行器，它的地月测控和信息传输能力是我们的重点着力之处，包括：

● 地面指控系统对飞行器的各段工作状态的感知、跟踪能力；

● 根据调相轨道实现的状况进行综合判断，并对轨道调整进行决策，使奔月全过程受控的能力；

● 保障地－月上下行链路信息畅通、故障处置、应急预案实施的能力。

我们将上述能力统归于地－月测控能力。

4. 工程保障基础能力

工程保障基础能力包括：

● 满足探月工程所需的发射场条件，以及执行任务所需的发射条件（如发射日、窗口时、气象、风场、测量船、测控点配置等）；

● 重要时段和空间的测通及安全保障、不利状况的预报和应急；

● 发射场工作阶段，特别是转移、加注、点火过程中各类风险的应急处置能力；

● 在基础能力里，还有科学数据获取后的科学家利用、研究、形成认识和成果能力，以及实现工程总目标的系统工程能力。从这个具体工程的分解而言，它是由四个能力来支撑工程目标的实现的，而在这四个目标里，又有若干子能力来支持。同样分解下去，每个子功能又是由若干个下层功能的集成来实现的。

所以一个工程从其组成架构而言，是由"系统—分系统—子系统—单元—器体"组成的；从其功能架构而言，是由"工程目标—分系统功能—子系统功能—部件功能"支撑的；从其知识架构而言，则是由各层次的一系列"知识"集成而实现的。

在上述探月工程的例子中，在其知识层面的架构里，每个能力的实现所需的知识、所属行业和领域、学科和专业，都有所差异，大多数是跨领域、跨学科和跨专业知识集成的。从一级学科而言，它涉及运载、动力能源、信息、控制、生命保障系统、材料、化工、天体物理、轨道、数学（模型与仿真）、纺织、火炸药、核物理、光学、统计、技术基础（质量、计量、标准）、系统工程，等等。这张表如果再延伸下去，它所涉及的知识将呈现链式反应式的扩展。

由此可见，现代大工程知识的跨学科集成性愈来愈突显。

四、现代工程知识的创新需求

"创新"于当代是一个普及至广的"常态"词，而且创新与社会发展、企业生存、国家进步相关联，可见创新的重要地位。

我在某大学讲座时，曾将创造、创业和创新并列提出来，并以 MIT 培养人才的状况为例，大致将人才类别分为三种：**创造型人才、创业型人才、创新型人才。这里的创新也是以"改写过去""颠覆原态"为主调来理解的**。这里我只就现代大工程必然会有"产业集成创新"这样一个特点来讨论。

从工程知识所具有的知识集成的复杂性，以及对一个具体工程所涉及的"知识域"中的知识所具有的技术成熟性这个视角而言，所谓的"技术"大致可以分为三类：通用技术、成熟技术和工程所需的待开发技术。

有的学者可能会说，还有很多可能引发工程的革命性变革的技术或颠覆性技术。其实，从"工程"或"已确定的工程"而言，它的目标是已经被确定、规模被限定、经费数被约束，其可靠性、安全性、运行保证都有严格界定的条件，所以它不应有无期限探索的可能，而应建立在通用、成熟和可预期突破、无颠覆性失误的技术支撑下进行，这是我在另一篇文章《工程的必要条件和说明》讲过的概念。所以这三类知识可以涵盖工程知识的类型。

对于通用类技术，它不是某一具体工程所独有，对工程知识而言，属于常识性一类，它有一整套规范约定，是执行性的知识群。

所谓成熟技术，它有类似工程的案例经验、有比较完整的可借鉴的方法和手段，这些成熟的知识在具体工程任务实施中进行适应性的完善外，其应用是可信的。

所谓需突破技术，则是在"工程可行性论证"中，确认可以在工程任务实施周期上实现突破的新技术，大部分表现在技术状态和技术指标的要求与现有成熟技术有较大的提高，或缺少成熟的国内案例支持，但有突破该技术的知识基础、设施以及突破该技术的技术路线也是基本明确的。以我从事过的航天型号工程而言，每个新技术战术指标下的型号系统有十几个关键技术需要突破，约占型号系统重大技术项目数的30%，成熟通用技术占70%左右。如果新技术数量少于10个，其继承性较好，但整体指标的先进性和博弈的优势可能难以实现。如果新技术数量大于30%，则其突破关键性技术的目标难度会增加，可能给工程带来较大风险，出现"进度后推、指标下降、经费超支"的问题。我们也曾遇到过这种尴尬局面。

在关键技术突破的需求牵引下，推动着新技术的研究和工程实现，在工程实现的过程中也同时实现了新技术的基础理论、基础工艺、基础条件的成熟。这个逻辑中间的新技术基础，就是我们所说的创新，就是工程对创新的需求，也是对创新的推动。

第二次世界大战时期，空战作用的强化，制空权的需求，推进了航空业的发展。各类战机的威慑又促进了侦测技术——雷达的出现；雷达系统的成熟和部署，构成了防空系统的完善和对空中战机生存能力的挑战，从而激起对雷达的隐身技术的研究。在这种需求推动、技术创新的博弈下，空中武器系统、地面防御系统的军事工程在"需求—创新—新需求—再创新"的反复中实现着航空器（飞机）和探测器（雷达）的不断进步，我们现在仍处在"现代工程知识的创新需求"一个波次接着一个波次的浪潮中。

现在这个浪潮的波峰是"轻质、高强、多批、有人/无人机动、高超声速"的空中系统，以及"广域、广谱、快速反应、多目标预警和有效打击"的地面系统的工程知识的创新。

向"传统挑战"，向"不满意发威"，这就是创新的源泉和动力，获得的成果一定会具有某种颠覆性。这应当成为我们的共识！

在矛盾中产生动力，在困难中逼出方向；在技术进步中探索出路，在工程实践中获得成果；在积累知识的过程中人类在不断进步，在集成知识的创新中社会在飞跃发展。

这就是辩证唯物基础的现代知识为我们提供的认知，是创造奇迹的伟大知识的力量！

本文要点

1. 工程学的知识集成至少包括"理论知识和实践知识、经验知识和抽象知识、自然科学与社会科学"这三项核心知识的集成。

2. 工程学的方法论是"分析—综合"的还原论与"联系—系统"的整体论的融合集成。

3. 还原论的基本理念是"部分可以重构整体"。

4. 整体论的基本理念是"整体性行为并不能简单地由子系统解析中得到"。亚里士多德"整体大于部分之和"的表达更接近整体性。

5. 在整体层面大系统的不确定性和复杂性表达,是我们应当着重考察的重要问题。

6. 工程知识论应采取宏观上的系统整体论与微观上的"分析—综合"(还原论)相结合的辩证方法论。也即《中庸》大哉篇里的一句话"致广大而尽精微,极高明而道中庸"。

7. 要注意"情况"和"知识"的区别、"消息"和"信息"的些许差异。

8. 亚里士多德认为"追求知识的理想才是绝对的光荣"。他在《形而上学》中说:"探索哲理只是为了想脱出愚蠢,并无任何实用的目的。"他继承了其老师柏拉图的理念,哲学家寻求的唯一实在就是一般形式和理念,而不是我们熟悉的世界。

9. 正是"知识的实用性"推动了希腊医学的进步和发展,2500年前的希波克拉底深入到解剖学,奠定了欧洲医学的基础。

10. "归纳法"第一人培根与伽利略、笛卡尔、惠更斯被言之为"功利主义"。培根的思维脉络是从自然出发,得到知识,从而达到超出自然的力量。

11. 从"太空微波背景辐射"的知识探索看人类对工程知识在科学探索中的追求。

12. 工程知识归纳的局限性概念:要知其然,且要知其不可以然,并要关注成功的工程知识不充分性问题。

13. 工程知识是由应用基础研究和工程经验积累两部分组成，工程知识是由成熟经验和失败失利的教训这两部分丰富起来的。

14. 现代大型工程是由一系列"能力"组成的"目标系统"。

15. 向"传统挑战"，向"不满意发威"，是创新的源泉和动力。

2

工程与科学技术的关系 ①
——论工程在创新驱动发展中的作用和意义

摘　要: 本文从工程与科学技术辩证关系的角度，在四个方面讨论了工程在创新驱动发展中的作用和意义。从劳动与劳动工具对人类进化和发展过程中的关键作用入手，讨论了工程的本质以及科学、技术、工程三者的关系，认为三者处于"无首尾逻辑"的不断循环的融合体状态，工程在这一循环中起着"扳机"和载体的作用。以中国航天58年的发展历程为例，论述了以重大工程带动科技发展对我国来说是一条成功之路，讨论了工程成果对于科学发展的基础作用，提出工程成果不仅是现代基础科学取得重大突破的必要手段和基础，还牵引着诸多基础学科的生成，完善和推动基础学科的发展。工程师要与科学家携手，通过"科学—技术—工程"无首尾逻辑的综合运用，共同解决当代民生难点课题，这是当代工程师的使命。

关于科学、技术与工程的关系，许多学者多有论述，在这里只就工程在其中的作用并结合航天工程中的实践讲几个观点。

---

① 本文原标题为《论工程在科技及经济社会发展中的创新驱动作用》，发表于《工程研究：跨学科视野中的工程》，2014年第4期。

一、"无首尾逻辑"中的"扳机"作用

宇宙万物皆有初始和终末，有因有果，故而有先有后。我们称这种因果演生为逻辑，也即为客观的规律性。一种概念的形成，以及被社会认可，需有一个相当长的语境磨炼。成熟后，则出现这一概念的语言或文字时，即同时产生一个被社会认可，且基本共识的概念之内涵。但当客观世界在其生生息息、不断繁衍的过程中，**会将原始之初的演化突变掩盖住**（这种掩盖，终将会被人类所认识，只是时间问题），**留给我们的是难以简单回答其首尾的一种过程。这个现象，我称其为"无首尾的逻辑现象"**，就像是鸡生蛋，还是蛋生鸡，哪个为第一初始的问题一样。它不是混沌态的无因果，也不是没有因果的上天独赐。

科学技术是第一生产力，而科学推动技术进步与技术支撑技术工程的实现，这是人类社会进步与发展的推动力，构成了一个科学—技术—工程的因果关系，但当科技高度发展的今天，它似乎也进入了无首尾逻辑的状态之中。因为我们经常会观察到重大工程带动技术进步、技术进步又保证了并促进着科学发现的实现。

人之进化始自工具之制造，所以才有石器时代、铁器时代之分别，有了工具才有了人类生存状态之转变，才有了对自然界认识的深化和提高，从这一逻辑上看，是劳动和工具的制造成熟了人类，又是劳动和工具提高了人类认识自然的能力。

科学技术创造于劳动，在科学和技术从人类活动中抽象出独立概念后，我们也可以将人类有目标性的劳动作为广义的工程，那么，有了这种人类劳动就有了内含的工程意义的存在。就人才形成而论，也是先有劳动者、工程师，后有技术专家和科学家。

科学发展推动了技术更新，带动了重大工程的实现，从而改变了人类生存状态，这是"工程—技术—科学—技术—工程"这个循环的下半段。当这个循环运行到当代，我们已经很难将其头尾分开，似乎像鸡生蛋、蛋生鸡式的"无首尾逻辑"一样（因为在这个逻辑中找不到何处是始发点，找不到逻辑的头，所以我将其称作"无首尾逻辑"）（图1）。

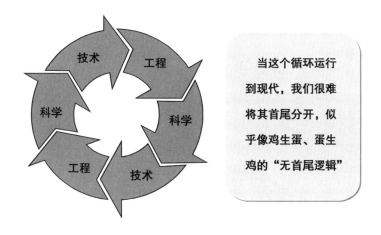

图1　"无首尾逻辑"图

对科学、技术、工程这三者关系的现实表征应当是：互相依赖、互相依存、互相推动的融合体状态，是融合体的共同发展、协同推进的态势。在我们分析工程—技术—科学—技术—工程的不断循环中，我们仍然感受到"工程"在其中所起的"扳机"作用和基础性载体的地位，因为是工程直面人类的生存需求，工程又直接联系着技术的应用和科学的基础。

二、重大工程在创新推动发展中的意义

以我国航天工业的发展为例，说明重大工程在创新推动发展中的作用和意义。

中国的航天纪念日定在10月8日，那是由于1956年10月8日组建国防部第五研究院，标志着中国航天事业正式拉开帷幕。在苏联帮助下，引进了短程地地、地空、岸舰、空空四种导弹的样品，开始了仿制阶段。

待到20世纪60年代，苏联撤走在华1300余名专家，中断了两国科技合作，逼着我们必须走独立自主研发的道路，我们可以将这段过程称为仿制阶段（8年）（图2）。

从1964年到1972年，落实十二年科学规划，进行了中近程导弹、中程导弹、中远程导弹和远程导弹独立自主研发。我们将这8年时间称为

"八年四弹"。"两弹一星"获得成功，我们可以称其为独立自主研发阶段（图3）。

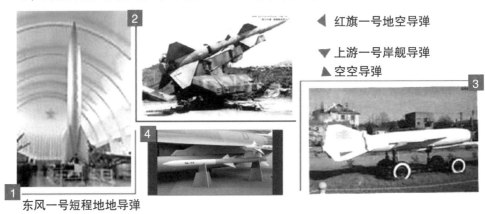

1956—1963年，仿制的8年

1956年10月8日组建国防部第五研究院，标志着中国航天事业拉开序幕。在苏联帮助下，引进了短程地地、地空、岸舰、空空四种导弹的样品，开始了仿制阶段。

◀ 红旗一号地空导弹

▼ 上游一号岸舰导弹

▲ 空空导弹

东风一号短程地地导弹

图2　仿制的8年

1964—1972年，独立研发的8年

1964—1972年，落实十二年科学规划纲要，独立研发中近程导弹、中程导弹、中远程导弹和远程导弹（八年四弹）。"两弹一星"获得成功。

| 东风二号甲 | 东风三号 | 东风四号 | 东风五号 |

图3　独立研制的8年

从 1973 年至 2013 年这 40 年，经过"文革"和改革开放，时间跨度大。这段时期主要是以跟踪世界先进国家的发展脉络，缩小其差距，填补我们在航天领域的科技空白为目标，完成了导弹的型谱化发展和航天产业的形成，实现了国防能力的提升和空间活动的成就。载人航天工程、嫦娥探月工程、北斗导航工程、高分工程，取得了辉煌业绩，这个阶段可以称为跟踪发展阶段。

从 2012 年党的十八大开始，我国航天与祖国社会主义现代化建设同步进入了创新驱动发展的新时期。

这个时期我国航天发展的特点是：总体上我们已跻身于世界航天大国行列，型号谱系基本完整，技术及战术指标已接近国际先进水平，某些领域某些技术已经得到重大突破，进入了国际领先位置。

我们的任务是：整体性达到国际水平，大部分要达到国际先进水平，一些关键重要技术要有所突破，有所创新，为人类的科技发展、航天事业的进步作出创造性贡献。我这里讲的创新驱动不是一个方向性的趋势，而是有基础支撑的，是现实的，经过努力是可以达到的。

从仿制（1956—1963 年）—独立自主研制（1964—1972 年）—跟踪发展（1973—2013 年），中国航天这 58 年的历程，我们可以看到一个清晰的脉络，那就是以重大工程带动科学技术发展，在我们这样的发展中国家是一条成功的道路。

设想，**如果我们没有举全国之力抓"两弹一星"工程，如果我们不及时树立独立自主观念，不抓"八年四弹"工程；如果我们不奋起直追进行"921"工程和嫦娥工程，中国航天就不会有创新驱动发展的今天！**

在科技落后的旧中国连火柴都是洋的，在这样的起点上开拔的中国科技，必然会有一个相当长的跟踪发展阶段，而在跟踪发展中，工程带动则是一个重大的抉择。

在科技发展已经达到相当进步的今天，是否就不需要以工程来带动科技发展了呢？我认为，在我们这个发展中国家的发展过程中，我们仍应当坚持以重大工程带动这条成功之路，但在这个阶段应当加上一项"要将基础科研按其本身的特点并吸纳抓重大工程的成功经验制定其发展规划。"这句话，让我想起我们在制定 1956—1969 年科技发展规划时，当规划小组提出"以任务带动学科"的口号时，周总理曾询问："还有一些任务带不起来的学科怎么办？"并说"是不是再补充一个基础科学的规划？"我认为这两段话是我们在创新驱动中必须坚持的两个重点方向。

近现代以来，随着科学技术融合发展的特点愈来愈明显，以重大工程带动科技进步和学科发展已成共识。一些先进国家纷纷制定专项计划，实施专项工程，走以工程带动之路。**美国的曼哈顿计划、阿波罗计划、空间导航工程、信息高速公路、国家导弹防御计划等重大工程**，在近现代科技发展中起到了关键的助推作用。

所以我认为，以工程带动科技发展是当前各国推进科技发展和社会进步的重要引擎，在我们创新驱动发展中具有重大作用。

三、工程成果的科学基础作用

当代基础科研离不开技术进步的支持，这一点已被广泛认知，单靠实验室的实验，独自个人成功的案例愈来愈少。如果没有太空观测手段的进步，就难以推进天文学、宇宙学的发展。美国科学家约翰·马瑟和乔治·斯穆特由于 COBE 卫星的发射获取空间背景的信息，而获得当年的诺贝尔奖。而依靠大型工程设施的保障及团队力量的奋斗，这种工程化的科研是基础科学进步的重要形式和重要条件，这样的成功例子则比比皆是。

以我国探月工程为例。通过嫦一、嫦二、嫦三的工程实践，我们获取了深空轨道设计、太空驻点的实现（L2 点）、月球引力场模型修正、月球微波辐射特性描述、软着陆地外星体的 GNC 技术、深空环境科学、空间通信与遥感遥测遥控技术、轨道器变推力控制技术以及比较行星学等基础科研成果（图 4）。

人类活动的范围已经从陆海空到天，又从近天到深空不断扩展。在空间探索的牵引下，空间两个字，就像一个机车头，牵引着诸多基础学科的生成，如空间物理学，空间材料学，空间机械学，空间生命科学，空间制药学，空间通信导航学……，人类活动的范围越走越远，人类认识自然、认识宇宙的能力越来越深刻。

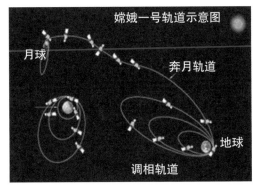

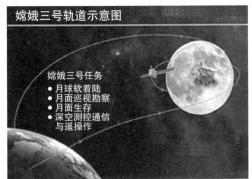
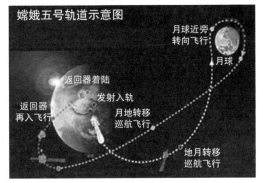

图 4　我国探月工程的科学基础运用

所以我认为：由于重大工程的实施，涉及的学科领域在不断扩大，它必然对基础科学提出新的期望、产生新的课题，同时也完善和推动基础学科的发展。

航天工程实施和所有其他行业的工程一样，我们必须了解对象的特性，其有效的手段就是运用相似性原理，对各类对象进行建模仿真，这是工程设计中必须进行和运用的手段，不论是几何结构仿真、机电式仿真，还是数字式仿真，在现代工程设计中都具举足轻重的地位。比如各类风洞试验，可以说有什么样的风洞条件，就掌握到什么程度的空气动力特性，大型电子对撞机、核电站仿真控制模拟、铁路运营调度仿真系统等，我们很难将其划分为**设计阶段的工具**，还是**验证阶段的手段**，或是**运营阶段的装置**。这些工程设施所提供的成果，既是设计成果，也是验证结果，也是运营的伴行装置；既是对象的物理表现，也是其模型化认识的基础科学。

清华大学的物理学教材上有一句话讲得十分准确：**没有自动控制、电子**

学、计算技术等一系列高精尖技术的支持，就不可能有今天对粒子的认识。
在许多情况下，工业所提供的最高水平的技术还不足以满足粒子物理实验的要求，这又反过来促进工业技术的进一步发展。

射电天文学是工程师开创的学科。1932年至1935年，美国无线电工程师杨斯基（K. G. Jansky，1905—1950）用他的旋转天线接收来自银心的无线电波，从而开创了射电天文学。

荷兰天文学家奥尔特（Jan Hendrik Oort）与其研究生赫尔斯特从理论上分析可供观测的射电谱线，1944年提交论文指出，中性氢原子两个子能级间的跃迁，能产生波长约为21cm的射电谱线，由于星际空间的中性氢原子极其丰富，这条谱线很可能被观测到，并在以后被银河系射电观测证实，并由此诞生射电天文学的重要分支——"射电频谱学"。1958年，奥尔特绘制出著名的银河系中性氢原子分布图，有助于揭示银河系具有漩涡结构和多条旋臂。奥尔特通过对19颗长周期彗星半长径的统计，认为它们来自距太阳2万~15万天文单位的空间区域，这一区域内约有1900亿颗彗星，然而总质量则小于地球质量。该区已处于太阳和最近的恒星之间，恒星的摄动可以使小量彗星的轨道改变，进入太阳系内部。当这些彗星受到木星等大行星的摄动或变成短周期的彗星时，或被抛出太阳系。由于奥尔特云的彗星始终跟随太阳系运动，所以它是太阳系的一部分。这一假说改变了人们对太阳系尺度的估计，并被广泛认可，称其为奥尔特云（图5）。

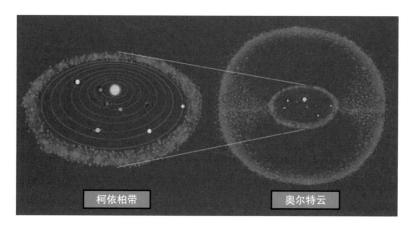

图5　柯依伯带和奥尔特云的位置关系

四、当代工程师的使命

十八大给中国的改革开放注入了新的动力和目标，将中国的改革开放事业推向更深的层面、更高的阶段，作为社会主义强国的建设者和我国科技进步的实践者，我们肩负的责任和义务是十分艰巨和光荣的。

工程师的职责就是为了使人们生活得更美好，他们所从事的每一项工程都是为了让世界变得更美丽。工程师所描绘的每一座桥梁、大厦，每一条铁路、公路，以及空中和海上的航线，都似一条条彩链把人们生存的家园装扮得多姿多彩。工程师的画笔挥在蓝天，那就是一架架翱翔的银鹰；挥在宇宙，就构造起一座座星辰。科学使人类逐渐地认识我们的宇宙和自身，技术使我们自身的实践和生存能力不断地增强，而一项项工程在不断地实现着我们人类的梦想。

简言之，**科学是"认识"，技术是"能力"，而工程则是"实现"**。就这个意义而言，今天我们所享用的一切，无不是人类工程实践的结果，无不是工程师们心血的杰作。

在我谈工程师使命的时候，我只强调以下几点：

（一）关于工程系统和系统工程

钱学森院士说："工程这个词，18 世纪在欧洲出现，本来指作战兵器的制造和执行服务于军事目的的工作。"在中国，工程这个词的采用可能更早些，有文献说是在南北朝。而现在称之为工程，往往是指那些周期长、影响深、投入较大人力、物力、财力的项目，而非一般的工作或任务。而这类工程往往是多学科交叉的复杂系统，要完成这种复杂的工程系统，则需要有一整套系统的组织和管理，我们将这套组织和管理称为系统工程。所以，**系统工程在"进行跨学科、跨领域、跨层次的交叉性、综合性和整体性研究与实践上具有非常重要的意义。"**（见《钱学森文集》）。

同志们如果对此有兴趣，还可以读《航天系统工程运行》（图 6）。

如何保证工程目标的实现，且完美的实现，是系统工程所以成为"组织

图6　《航天系统工程运行》
栾恩杰著

管理系统的技术"（钱学森语）的关键。在中国航天工程的50余年实践中，已经有了较为成熟的积累，如果没有我们自己的亲历实践，就不会形成我们自己的系统工程学。正如钱学森院士说："我必须说，在1978年以前，对于什么系统、系统科学、系统工程，什么运筹学这些东西，我也是糊里糊涂的，并不清楚，仅仅是感到有那么些事要干。"（见《钱学森文集》）

认识、总结国内外航天工程实践的经验和教训，不断完善我们的知识和本领，用系统工程的理念和概念，以及系统工程的经验和方法，依系统工程的程序和原则来指导工程实践，是我们航天工程成功的基本经验。

> "只有用本国语言表达出来的，才算是自己的东西。"
>
> ——黑格尔

我在说系统工程理念时，不是一种表达性语句，如"×××工程是复杂的系统工程"之说，而是讲它所具有的理性认识后的内容，如一项重大工程系统的系统工程，它必然要包括**"非拥护性评审"（Non-Advocate Review（NAR））**，它是系统工程运行当中，不只一次进行的必须的程序。而我看到的，或者有些工程失效后的教训都可以看到，它们缺少这个程序，或者并不认真地进行这个程序，甚至连"非拥护性评审"这个程序都没做过，倒是有丰富的支持性的论据和多数的拥护性表述。

再者，任何一项工程，特别是重大工程，它一定会伴生着相应的机会成本的付出，我们在社会性系统的建设中，更要注重机会成本的权衡。我在《航天系统工程运行》中所讲系统工程的8条综合规划即是其表述，其主要内容是：（1）工程对自然资源的耗费；（2）自然资源的无竭和有竭；（3）工程的伴生物分析；（4）污染的社会可承受性；（5）工程的有污责任；（6）工程的能耗责任；（7）工程的社会责任行动；（8）工程的"食物链"设计。世上没有只有好处、没有坏处的事情存在，我们需要的是扬其善、抑其恶。这方面的例子我们已经承受了很多！

（二）重大工程的启动论证要充分

系统工程实施的第一步是工程需求论证，而复杂工程系统的需求论证是全域性的，它可能牵扯到技术、经济、社会的诸多方面，如果这项论证工作完成得不好，它所产生的损失将是巨大的。

以航天为例：

（1）铱星

"铱星"星座由几十颗运行在 780km 高度轨道上的卫星组成，是世界上第一个投入使用的大型低轨移动通信卫星系统，于 1998 年 11 月正式投入运营，耗资 50 亿美元，历时 10 余年建成，运行仅 14 个月，2000 年 3 月 17 日铱星公司宣告破产，同时停止向用户提供服务。这个技术一流的先进卫星通信系统怎么会这么快就破产呢？究其原因，则是论证不完整，市场定义不当，手机笨重，决策失误。它告诫我们，从高新技术的成功到产业化应用，仍有相当遥远的距离，这点在工程论证时要充分估计到（图 7）。

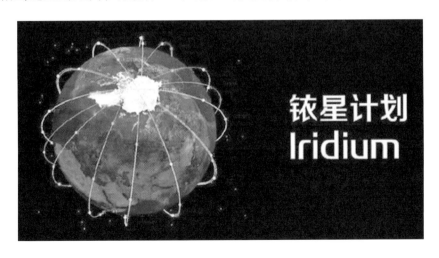

图 7　铱星计划

（2）高超

所谓高超是指飞行器在大气层中具有马赫数大于 5 的速度，20 世纪 60 年代美国用火箭发动机推动实现了 X-15 的首次高超飞行（$Ma>5.3$）。在这次成功的启发下，美国转为吸气式发动机的高超探索，开展超燃冲压发动机的研制。一直到 1986 年，美国 NASA 提出单级入轨的空天飞机计划，但此时高超的关键技术——吸气式发动机仍无着落。注意，NASA 在基础性关键技术尚未突破的情况下，花费了 30 亿美元的资金后，不得不在 10 年后的 1995 年将该项目下马。

（三）工程师要迎着当代的民生难点课题进军

科技进步将我们人类社会推到了信息化时代、高科技时代，同时把我们也带进了为科技进步和工程建设而付出的各种代价的报复中。我们在重新审视我们所进行的各种活动，我们在更清醒的层面去面对我们不愿意看到的现实。

我们必须回答：雾霾从何而来？它绝非一两个简单的理由可以完整解答，它需要跨界的科技工作者共同思考、共同努力，我们应当以复杂的系统，以系统工程处置的理念，是科学—技术—工程的无首尾逻辑的综合运用，是科学家与工程师的携手行动。

我们必须回答：新的能源出路到底在哪？它绝非一两项技术的突破就可以解决，它需要跨学科的科技工作者，甚至包括社会学工作者参与，不但在科技进步的突破、化工能源的小局域淘汰、可循环性生物能源的逐步替代等方面进行努力，还需要在综合性社会小区的规划、减少人群无效益交通等方面，进行系统工程的设计。

社会进步、民生需求都在呼唤着工程师们，我们要迎着这些民生问题的难度进军，我们有信心取得成功！这是我们的责任！

本文要点

1. "无首尾逻辑"的概念。

2. 工程在科技发展中的扳机作用。

3. 中国航天发展的几个时期：仿制（1956—1963 年）—独立自主研制（1964—1972 年）—跟踪发展（1973—2013 年）—创新驱动（2013 年至今）。

4. 1956 年制定十二年发展规划时，周恩来总理作出"补充一个基础科学的规划"的指示。

5. "空间"两个字就像一个机车头，牵引着诸多基础学科的生成。

6. 仿真系统和装置，是设计阶段的工具，是验证阶段的手段，是运营阶段的装置。

7. 没有自动控制、电子学、计算技术等一系列的高精尖技术的支持，就不可能有今天对粒子的认识。

8. 科学是"认识"，技术是"能力"，工程是"实现"。

9. 黑格尔说："只有用本国语言表达出来的，才算是自己的东西。"

10. 非拥护性评审（Non-Advocate Review，NAR）。

11. 工程的 8 条综合规划。

12. 在我们享用高科技建造的成果时，我们也可能正在承受它们给我们带来的各种代价和报复。

3

国家重大工程是科技进步的牵引力 ①
——再论工程、技术和科学的关系

摘　要：通过对工程、技术和科学关系的辩证思考，论述了国家重大工程是科技进步的牵引力。以 2014 年诺贝尔物理学奖和化学奖为例，分析了技术进步在科学发展中的基础作用；以 6000 年工程师历史为切入点，总结了历史上大型工程和现代科技工程中工程实践的特点，分析了工程对科技发展的牵引作用；通过分析现代高等院校科系分类和新型学科建立不甚合理的现状，总结了当今科技发展中跨学科跨领域发展的基本属性和基本模式，提出应重视重大工程的跨学科特征及其工程实施方法。

一、技术是科学发展的基础

我从一篇文章说起。2015 年《科技导报》有一篇文章，是北京大学物理学院沈波、于彤军和清华大学葛惟民教授撰写的，题目是《2014 年诺贝尔物理学奖解读》，我看过之后很有感慨和启发。他们在介绍由日本两位科学家和一位日裔科学家获得的"发明了高效 GaN（氮化镓）基蓝色发光二极管，带来了明亮而节能的白色光源的贡献"时，讲了下面一段话：当瑞典皇家科学院 2014 年 10 月 7 日公布这项诺贝尔物理学奖时，国内物理学界惊讶、惊叹与惊喜并存。**惊讶的是它不在前期预测的热门获奖人和获奖成果之中，惊叹**

---

① 本文发表于《工程研究：跨学科视野中的工程》，2015 年第 4 期。

的是应用性和技术性如此之强的成果获得了物理学奖，惊喜的是看到了在这个被认为"不很物理"的领域内拼搏的同行们获得的巨大成就被理论物理学界的认同。

我不是搞理论物理的学者，也不是应用物理方面的专家，所以对上面提到的惊讶和惊喜没有体验，但对现代科学技术发展进入了互相促进、互相推动、互相支撑的无首尾逻辑状态却是已经深有感触了。跨越狭义科学和技术界面进入跨学科、跨领域的创新驱动的时代已经来临，所以，我很赞同上述三位作者对获奖感到惊叹并赞赏对这一现象的敏感和关注，其重要的一点是技术在科学发展中起到了什么作用？在当代科技发展的重大命题、需求面前，我们的科技工作者对这一问题将做怎样的思考？获奖的三位物理学家中有一位名叫中村修二的先生，他是一位工程师。工欲善其事，必先利其器。参与这项工作后，他从装置改造开始，发明了用低成本氮气退火方法代替电子束辐射、用氮化镓缓冲层代替氮化铝缓冲层，为氮化镓基蓝色发光二极管研制成功，作出了关键的贡献。在半导体技术发展的 100 年间出现过九项诺贝尔奖，从这些成果的属性看，既有基础物理，也有应用物理。而这些成果的获取无一不是在相应关键技术的突破和关键装置的保证下完成的。无独有偶，2014 年诺贝尔化学奖授给了发展超分辨率荧光显微成像技术的三位科学家，其随机单分子定位技术、单分子光吸收测量技术、单分子信号实现技术的突破是实现超分辨率技术的关键，使人类医学、生命科学的研究实现多色、三维的高速成像，所获取的技术进步和技术手段必然会带动物理学、化学和医学的发展。

中村修二　　　赤琦勇　　　天野浩

图 1　2014 年诺贝尔物理学奖获得者，中村修二是工程师

在这里，我很忐忑地表述我的第一个命题：技术是科学发展的基础。我讲这个命题时，并没有否定科学进步是技术发展的基础性条件。

二、工程是技术进步的牵引力

图2 《工程师史——一种延续六千年的职业》

我从一本书说起。最近我读了一本由吴启迪教授作序的《工程师史——一种延续六千年的职业》（图2）。吴教授一定参与了这项工作，费了很大的心血，因为2014年她曾向我提起过这本书。该书是德国工程师协会为庆祝该协会成立150年而作。我用两周的时间将其读完，受益匪浅。作为一名工程师，看过之后，我为自己是《工程师史》的无知者而惭愧，是这本书给我补了课，使我得到启蒙。

我头一次知道，力学工具的工作原理是在公元前5世纪医学文献的外科手术一节中详细记载的。《论骨折》一书，作者对夹板、拉伸复位与绞车、杠杆、斜面楔的原理及控制力做了详细描述，在当时较大的城市已经使用了"希波格拉底工作台"（图3），这是一块又宽又厚的木板，两端装有绞车、配有杠杆的凹槽、固定肢体的装置。我看这个2500年前的装置完全可以定义为"现代先进医疗器械"的先驱和鼻祖。

图3 希波格拉底工作台示意图

是人类文明与进步的需求牵引着人类的探索欲和创造力，是人类不断创新的工具发明和使用产生了相应的理性思索和规律探讨，进而产生了相应的技术和理论。无论是"培根的科学分析范式""布鲁尔的社会建构范式"，还是所谓的"常人方法论"，我认为有几点值得我们重视和研究。

1. 科学不应被看作仅仅是知识，还应被看作是一种实践

科学知识社会学（Sociology of Scientific Knowledge（SSK））学者安德鲁·皮克林在他发表的《从作为知识的科学到作为实践建构的科学》一文中，具体分析了这一重要转变（见《科学与社会》2015 年第 1 期马光川、林聚任文）。

2. 科学和技术在现阶段是相融合的，一般而言，它已失去了鸿沟式的界面

非但如此，很多非原本界定的"科技"领域的学科也在与科技相接，甚至社会领域、政治领域、经济领域，都以科学和技术进行表述。一个新的名称"科学技术社会论"（Science，Technology and Society（STS））已经出现。STS 学者们跟实践行动者、科学家、决策者、工程师诸多人员一起进行跨学科的研究。

3. 近几十年的科学社会史学的进展，已经超越了传统默顿学派，出现了不少分支（下面所有内容均见《科学与社会》2015 年第 5 卷第 1 期）

比如默顿（Merton）的四种规范论：普遍主义、公有性、无私利性、有组织的怀疑主义，构成了现代科学的基本特性；按库恩说法，"离开科学共同体，科学知识就什么也不是"；波义尔认为，"合法的知识只要是集体产生，且获得构成这个集体成员的自愿的同意就可以说它是客观的"，波义尔的事实生产过程涉及三项技术，即物质技术、书面技术和社会技术；社会建构主义的科学观反对"无主体的认识论"，人的因素被置于视野的核心，科学知识被揭示为人的作品；海德格尔把科学的本质归结为技术；皮克林把科学知识看作物质的、概念的及工具的因素在实践中不断"搅拌"的结果（这已经不是无首尾逻辑，而是不停地搅合"饺子馅"了）；康德主张"人为自然立法"；休谟科学知识构成里，心理因素不可或缺；阿达玛将数学发明分为有意识的

准备、无意识的酝酿、顿悟和有意识的整理四个阶段；科学的社会性最突出的代表现象是抗议化工、抵制核能、反对转基因、质疑干细胞、怀疑气候变化论，等等。

我以方法论的观点去理解其含义，这样可以使我们能在其分歧和争论中得到方法论上的综合和提炼。这样做不是实用性的捏合，而是将现代科技特点进行提炼和综合。在工程方法论研究中值得我们关注。

世界留给我们的七大奇迹，无一不是人类大型工程的伟大成就，而其中所包含的土木、水利、机械、自动装置、铸造工艺、蓄水和排污等，以及我国先民留下的万里长城、南北大运河、长江水利工程，无一不是当今这些学科的开山之作。

古希腊的两位杰出工程师科泰西维奥斯和阿基米德，他们不但解决了当时的工程实践的任务，而且能**对工程进展中发生的现象凝聚成题、穷追不舍，使其还原成理、形成一学。**

理论知识的发展赶不上实用技术的进步是人类科技发展的常见态势，新知识产生于针对新技术进行的试验之中。历史上通过对蒸汽机的研究，萨迪·卡诺创立了热力学理论；第一个火车头的设计师罗伯特·斯蒂芬森是个敢吃螃蟹的人，他还建造了世界上第一座可以承受铁路运输载荷的大桥——布列坦尼亚桥，该桥用锻造钢板铆接起来，**斯蒂芬森和其助手进行了一系列试验，这些数据为建桥的理论基础形成提供了依据。**工程师从系统试验中得到的技能和知识又一次走在了理论的前面，差不多在 40 年后，人们才有了合适的理论模型（见《工程师史—— 一种延续六千年的职业》第 143 页）。**设计师那维尔总结自己对于吊桥的理论思索，成为那维尔—斯托克斯方程的创立者**（见《工程师史—— 一种延续六千年的职业》第 197 页）。这种例子举不胜举。现代工程的科技带动尤为突出，纵观近现代国内外开发海洋工程、开发陆地资源工程、开发太空资源工程，更显示出它对科学技术发展的牵引性。如果说科学是技术的基础、技术是工程的保证，也即"科学—技术—工程"这一链条的建构是准确的，那么我可以说"工程—技术—科学"这又一链条更是正确的。

《工程师史—— 一种延续六千年的职业》这本书总结了 6000 年的工程师职业生涯，并在其"科学化的新浪潮"一节中，归纳出"**工程技术科学**"这一概念。这个概念的提出不是因为它由工程师协会的角度而产生，而是因为它是现代科技发展的正确道路的规律性表述。

所以我今天讲的第二个命题是：工程是科技发展的牵引力。

三、跨学科是当代工程的基本特点

我从一个现状说起，我没有把握这种说法是否准确，供专家们讨论批评。**科学史家波普尔**认为"对手之间的理论争论是科学界的组成部分，**科学家互相批判构成了科学进步的引擎**"（见《科学与社会》2015 年第一期贾鹤鹏、闫隽文）。

现代高等院校科系分类愈分愈细，大格局上仍按照几十年前的模式和格局，即使是新型学科的建立也是将独立起来（或者叫作孤立起来）进行构建。似乎一门新的学科没有从其他相邻学科中分离出来，就没有表示出新意，或者说不够独立成为一个学科的资格。这种愈分愈细的专业教育，在科学性较强的理论领域，**或者说以"还原论"作为其科学思维为主流的学术范围内是合理的，那么在工程教育、技术传授为主的专业教育，或者说以系统整体论作为哲学思维的科技领域则是不甚合理的，因为时代变了！**

跨学科、跨领域的发展是当今科技发展的一个基本属性和模式。各领域间的交融、渗透、交叉是其基本特点，我们可以普遍地感受到信息技术为我们社会进步带来的普惠，现在还有哪一门学科不和信息技术相关？当我们把信息技术普遍地应用到各行业、各领域时，我们还会只在信息学院或某一专业院校的信息工程系讲这门学问吗？学科建设如此，工程实施、工程设计、建造、运营和应用更是如此。

重大工程，特别是国家重大工程，它需要动员全国的或者是某一地方的力量，为一个工程的目标共同努力、共同协作。在这个过程中会不断产生新的技术需求、新的理论推动。只从美国的曼哈顿、阿波罗、信息高速、星球大战工程计划到雄心勃勃的 2030 登陆火星无一不是牵动了各部门的活力，它所衍生的核能技术、控制技术、动力技术、能量技术、测量技术、通信技术、导航技术、天体理论、空间生命保障技术、计算技术、材料技术及与之相应的传统的物理学、化学、数学、天文、地理、生命科学的发展，都产生了巨大的推动作用。

以现代火箭技术而言，我们怎样去认识它本身定义的"技术"呢？就其动力而言，不论是固体推进，还是液体推进，它都属于化工范畴。而使火箭产生有效动力和有目的行为的是其相关的控制系统和相应的阀门、管路和传感器，它应当属于系统的控制、传感器和执行机构的范畴，按现在语言属于信息与控制。它的最大部分是有极高的特殊要求的各种容器，比如推进剂贮箱、各种高压气体贮箱，等等，它又属于材料、工艺、机械范畴。除此之外，它是什么呢？我们不能用盲人摸象的方式只从某一个角度去定义为一个机电信息控制的装置或系统，我们也不能因为火箭是一个燃烧产生推力的过程就将此定义为燃烧构件。所以火箭是一个综合体，是跨专业、跨学科的综合的系统性成果（图 4）。

图 4　栾恩杰在新一代运载火箭总体发展思路评议会上

在工程方法论的研讨中，我们更应注意重大工程的这个跨学科性的特征及其工程实施方法。跨学科要求我们跨出具体学科的视角，**需知单从某一门**

学科发展而确定的工程是不成立的，它必须要有与其相应的学科成果支持。所以确定一个工程的时候，一定要询问与它相关的技术准备得怎么样了，这是工程确立的"必要条件说明"。现在有的学者大谈人类移居火星，要把火星变成适于人居住的星球，这是非常诱人的计划。美国近年来更是大肆宣扬载人登火，建设适于人居住的火星这样一些科幻性的科普。我是从事航天的，理应对其勇敢的探测给予响应，但我们不能违背工程方法论的原则——以**"必要条件说明"**去决策，科普工作者、科技工作者都有责任去激发人们的科学热情，但如果讲到"工程"，而不是科幻里的未来性的"理想工程"，那就要认识、思考再决定。当我们人类把一个好端端的非常适于人居住的家园——地球，搞得污水、污山、污地、污食、污气、污人，目前尚未完全治理好的时候，我们的科技工作者应联手干点好事、实事，保护好、维护好、爱护好我们的家园，这才是当务之急，在没干好自己的事之前，我们没有资格去改造别的星球，我也不相信会把别的星球搞好，我们暂时不要幻想把荒凉的月球、火星改造成像地球一样适于人居住，但千万不要把我们美好的地球家园变成荒凉的月球和火星。据英国《每日邮报》报道，NASA 有能力在 2033 年将人送入火星轨道，并在 2039 年首次实现人类登陆火星。《每日邮报》近期又有报道，由于有新型能力的火箭，地月旅行时间仅需 4 小时，称该发动机突破了动量守恒定律。中国某报纸发布消息称到达火星只需 39 天。我对这类报道的内容感到兴奋，但如果将这些没有经过"必要条件说明"的事情作为工程实践去运作，是会碰壁的。**这种轰轰烈烈上马、凄凄惨惨收场的工程，我们见得不少了**，连德国的飞机工程、核技术工程都是这种结局，所以我们在论述"工程是科技发展的牵引力"命题时，是以科技的基础性作用下所起到的扳机的作用而存在的。NASA 2014 年发展战略规划中专门制定了"STEM 教育与责任"计划（Science Technology Engineering Mathematics（STEM））（STEM Education and Accountability Program），他们力图将科学、技术、工程与数学作为四项重大的普及教育推向全民，可见"工程"已经作为一个重要的发展牵引力，与科学和技术一起支撑起人类发展的大厦。

本文要点

1. 2014 年诺贝尔物理学奖颁给了日本科学家，获奖的成果是"发明了高效 GaN（氮化镓）基蓝色发光二极管，带来了明亮而节能的白色光源"的贡献。

2. 国人惊叹诺贝尔物理学奖颁给应用性和技术性的成果，这个"不很物理"的成果被理论物理界认可。

3. 获奖者中有一位名叫中村修二的先生，他是一位工程师，他为该发明的技术突破和工艺创新作出关键性贡献。

4. 2014 年诺贝尔化学奖颁给发展超分辨率荧光显微成像技术的三位科学家。

5. 科学和技术已失去了鸿沟式的界面。

6. "科学技术社会论"（STS）已经出现，正是表明其界面的渗透、范畴的扩展。

7. 库恩认为"离开科学共同体，科学知识就什么也不是"。

8. 海德格尔把科学的本质归纳为技术。

9. 康德主张"人为自然立法"。

10. 科学技术的社会性最突出的代表现象是：抗议化工、抵制核能、反对转基因、质疑干细胞、怀疑气候变化论等。

11. 《工程师史——一种延续六千年的职业》。

12. 科学家互相批判构成了科学进步的引擎。

13. 以现代火箭技术而言，我们怎样去认识它本身定义的"技术"呢？

14. 单从某一门学科发展而确定的工程是不成立的。

15. 工程的"必要条件说明"概念必须树立。

16. 那种轰轰烈烈上马、凄凄惨惨收场的例子已经不少了。

4

我们的知识战略^①
——工程知识问题的讨论

摘　要：在知识爆炸的时代，那些尚有存在价值的传统理念、经过反复验证的实用可靠的传统方法、长期积累的丰富数据、心血换来的经验归纳及相应法则存在快速忘掉和批量丢失的危险。怎样使我们已获取的工程知识得以传承，使我们对新出现的工程知识尽快得到吸纳和获取非常重要。本文聚焦"知识"层面，首先从知识获取渠道和知识存贮的两个载体辨析信息与知识的关系。其次，由知识引入工程知识，提出对工程知识的特征、工程知识的市场价值及其经济价值的衰减、知识的有效共享的几点思考。通过对从知识的来源、传播的两个渠道、两种传承记忆的分析，认为知识发展战略应包括知识资源的贮备积累、知识成果的载体保护、特殊的知识瑰宝、知识文化的建设内容。

在这篇文章里，我不想就《工程知识论》成书这个问题本身进行讨论，我想表达的是我们在知识爆炸的时代，怎样使我们已获取的工程知识得以传承，使我们对新出现的工程知识尽快得到吸纳和获取。

新科技层出不穷、颠覆性技术的研究在全球开展、新概念的科技创新业态兴衰共存，这几近成为常态。科技人员新老交替加快，新方法、新装备、

---

① 本文为作者在 2019 年 11 月 12 日第 304 场中国工程科技论坛"工程知识与工程创新"上所作报告。

新理念、新思路、新工艺等随着新人的涌进使其相关知识的增长呈现应接不暇的态势；同时随着老科技工作者的退去，那些尚有存在价值的**传统理念**、经过反复验证的实用可靠的**传统方法**、长期积累的**丰富数据**、心血换来的**经验归纳**及**相应法则**也**存在快速忘掉和批量丢失的危险**。

一、信息是否等同于知识

在当今信息社会，人们已离不开手机，丢了手机就像丢了魂一样手足无措。靠手机交流信息、靠手机办公、靠手机了解社会和世界，这是现代 IT 技术进步、网络化业态的巨大成功。但如果以此认为获得信息就等同于获取知识，甚至认为信息就是知识的认识则是不准确的。

纵观人类知识的获取大致可以分为两个渠道：第一个渠道是通过社会的传播、教育的授予、别人实践的被理解而获得，这可以称为是它方赋予我们的（不论它方是先人、后人；是国人、洋人）；第二个渠道是个人或群体在自身参与的社会活动中（包括一个具体的工作、任务和一项工程的实践）获取的经验教训的体验、思考，并被升华为可感知和记忆的知识，这可称为是自己感知的。所以，"知识"可以被定义为"人们在改造世界的实践中所得到的认识和经验的总和"（见《现代汉语词典》，中国社会科学院语言研究所词典编辑室编，商务印书馆 1996 年版）。

从人类知识的存贮方式上也可以归纳为两大类：第一类是可以被认识、被经验、被提炼并被记录在各类载体上的信息。这类信息在存贮和复制使用中不被磨损，但会由于时间的流失而产生遗忘或被新知识所替代（淘汰）。这类知识的特点是可传递、可复制、可继承应用。第二类则是存贮在个人的脑海里（或一部分圈内人的头脑中、记载中），这些知识是个人认知的成果，且受到内外诸多因素的制约而密不传人，不被广知，甚至不被记录。这些知识极易因个人的消亡而消失，也即我们所谓的技艺的"失传"，它的特点是"大众难知、小众易失"。在我国近代发掘的三星堆遗址中，"铜树"铸造工艺之谜则属于这类失传（图 1）。

从知识的两个渠道和知识存贮的两个载体，我们可以看出"信息之中包括着知识"，信息中的知识需要我们去挖掘和思考。"信息就是知识""信息等于知识"都是不确切的定义。

图 1　三星堆青铜神树

二、现代工程知识的思考

现代社会的进步靠知识去建构，现代社会的美景靠工程知识去建造。知识正在创造奇迹，知识正在创造价值。认识世界和改造世界的能力反映在掌握知识和创造知识的本领上。知识是人类力量的表现，所以我们不得不再次提起培根的名言"知识就是力量"。工程知识则是人类顺应自然、构建地球美丽家园的力量。

1. 知识宝库的不断积累与更新

人类生存在地球上，人类能够长久地生存在地球上，首先一个任务就是了解和认识他所生存的条件；怎样适应保持并创造生存条件。这些关于生存的知识，在地球这个具体环境下生存的知识构成了人类知识的压仓。**人类的生存奋斗史也即是人类这些压仓知识的积淀史。**

17世纪之后，伴随着现代科学技术的开端，人类认识自然的知识空前丰富和深刻起来。直到今天的信息时代，人类知识的宝库已经从精微的量子诠释到无边的宇宙结构，都有了丰厚的积累。

知识是人类不断积累的产物，也是不断更新的产物。

古代先民在观察和认识太阳系方面的知识是早有成就的。很多人认为我们人类是在麦哲伦环绕地球之后才知道地球是圆的，其实早在公元前500年希腊人就已经知道大地是球形，而麦哲伦证实了这一认识的实在性。

在1687年牛顿出版《自然哲学的数学原理》之前的180多年前，哥白尼就写出了《天体运行论》（图2）。

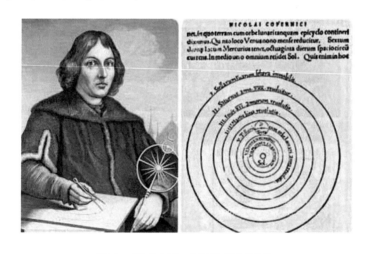

图2　哥白尼与《天体运行论》

正是在哥白尼（1500年）、第谷（1572年）、开普勒（1596年）和伽利略（1632年）的一个半世纪的观测、分析、假设、推理的基础上，牛顿才有可能依据这些知识在1689年产生牛顿的伟大成就，开辟了"现代科学"的新纪元。

伽利略1609年第一次使用望远镜，1675年建立格林尼治天文台，直到1937年雷伯建立9m全可动抛物面天线，使得人类的观察能力在300年间从望远镜变革到天线，从而催生了1939年雷达的出现。

继而 1950 年形成射电天文学、1967 年在加拿大形成 3000km 的 VLBI、1993 年在美国形成 8000km 的 VLBI。

我国有专家分析后认为：人类社会进步促使科技项目的研发速度加快，新技术的更新在 18 世纪时是 80 年、19 世纪（初）是 30 年、20 世纪（中）是 10 ~ 15 年、21 世纪则是 5 年左右。如果这个数据是准确的，那么每 100 年，其新技术的更新时间平均降低为三分之一。

正如英国在其《英国政府的知识原则》（见 2016 年版《英国政府的知识原则》）中写到的"知识是无价之宝"。

2. 工程知识的特征

在知识这个无价之宝的宝库中，工程知识则以它无比的实在魅力展示在我们面前，以其千百年来的工程成就和工程遗迹承载着人类工程知识的历史辉煌。**虽然这些载体已经被岁月斑驳，但它的世纪包浆却更增加了它的卓异与珍贵，它的意义不但没有磨损，随着时间推移，其历史价值在不断增值。**

工程知识的最大特点，它与科学知识、技术知识的最突出的差异、区别在于它有一个具象的"工程目的物"。工程目的物的实现是从人的"意识存在"开始到"实体存在"结束的。在这个意识存在到实体存在之中，包容着广泛的理论知识和巨量的实践知识。

在现代工程中，这些知识的载体则是工程的各类标准、规范、教程、手册，以及各类设计、制造、试验、总成、考核、验收、运行的数据、指标、定义，为完成工程实现而必备的相关工具、装备、设备的技术知识，环境保护、人身保护等相关知识文本。

工程知识中还有大量的知识存贮在工程技术人员、各类工匠头脑中和手头上，甚至有些知识封闭在密不示众的家族传承中，我们提倡大国工匠精神，但要注意的一点是有些传统的工匠手艺是不向外公开的，为了生存和保住家族的生机，他们只做不说。这个传统则是不利于工程知识传承的。

工程知识的实物展现、载体记录和个体传承是它与其他类知识所不同的三个传载特征。

正是由于工程知识的这三个特征，我们在工程知识宝库的积累中就要针对其特征，有效地进行收集和归纳。如中国航天就具有成熟的资料、档案管理制度，为保证资料载体的"不可抗"损失，我们设置"前、后"两库，备份存档。**"文、图、表、声、像"各项资料的完整性，为航天知识的发展与积累提供充分的保障，可以说航天档案工作是航天知识体系的重要组成部分。**

1996 年是中国航天创建 40 周年，正赶上第一代航天人的退休潮（当时 20 岁的年青人，此时已是 60 岁老人），大量有经验、有贡献、有成就的老专家将离开工作岗位，如果不及时将他们的经验知识保存下来，必将造成航天知识宝库的重大损失。保存他们存贮在头脑中、笔记上的工程实践知识，则是一项迫切的任务。当时的中国航天工业总公司党组决定**立即开展"三大规范"**①**的形成和建设工作。**我在动员这项工作的会上特别指出这是一项"抢救性"的任务，如果不抓紧，将会造成大量"经验知识"的流失；有些知识有可能要下代人重新接受教训、造成损失才能重新获得，**形成"失败—总结经验—认识（知识）—忘却—再次失败"的循环。**英国国防部《国防知识战略》**1.0 版中将其描述为"失败、总结经验、彻底遗忘、重新寻找解决方案"的**习惯。

到 2000 年，航天行业的三大规划已形成 5000 余份，三大规范工作在国防科技工业战线各行业普遍推广。以现在的认识，这项工作是一项"工程知识的保护和传承"工程。

3. 工程知识（含工程技术知识）的市场价值及其经济价值的衰减

工程知识是工程实施的理论和实践的基础条件，所以在工程的市场价值和社会的经济价值中，工程知识则是其价值的内核。

从知识、技术成就为商品，商品具有交换价值而言，工程知识（技术知识）也必具备独立进入市场的能力和交换价值的存在。

这种能力则表达在"知识产权"的保护。我国的知识产权保护观念、法规和实施上，虽有总体完善性和细节操作性的某些不足，但从整体而言都已进入国际水平。**承认知识产权、尊重知识产权、执行知识产权法规**已逐渐形

---

① 三大规范是指"设计规范、工艺制造规范、验证规范"这三项工程三大阶段的执行规范。

成社会责任，正在推动和促进知识的交流、技术的推广和社会的进步。

随着社会产品的不断丰富、技术的不断更新、替代性产品和技术的不断演变；随着成熟工程的不断复制以及相似工程的相继推新，工程知识也在不断地丰富、改进和创新。这使得被保护的专利会逐渐衰失其先进性、新颖性和市场价值，直至被新一批专利所淘汰。或到专利期满，则其知识产权将从个人拥有变为社会共有共用。所以，工程知识（技术知识）的社会经济价值是衰减的，直至变成共享共用。

我再强调一点，这里讨论的价值，并不是指工程知识本身的社会历史属性。因为知识的积累、新技术在积累中产生的知识链，已把各层面知识的发展紧密联系起来，各层面、各阶段的工程知识都具有不会衰失的历史价值。

习近平主席在 2014 年国际工程科技大会上所说"让工程科技造福人类、创造未来"，这就是工程知识的历史价值！

不保护知识的产权、不重视知识的产权管理，则会使知识的积累和运用受到损害；过度的产权拥有，也会造成知识价值的无效衰减。这两种倾向都是工程知识研究中不得不重视的课题。在我国的工程教育中，要对知识的社会性问题加以重视。

4. 知识的有效共享

"工程知识的反复应用，充分利用，可以获取最大的利益"。这个命题的产生，是由于工程知识本身并不由于反复应用和充分利用而损耗，反而会随着应用、利用的广泛和充分使其社会价值得到更大增值，而且随着各种工程的反复应用使知识的成熟度得到提高、内容得到丰富、知识应用的范围得到扩展、数据知识的精确度得到确认，这本身就成为**知识的"实践拓展性增值"**。从高德纳曲线我们可以看出知识在其发展中不断完善、不断成熟的过程，所以有人称高德纳曲线为"成熟度曲线"。

为了使知识能尽快成熟，其共享共用是一个最佳选择。从某种意义上说，所谓的"产学研"相结合、"国际合作促进发展"，都是以知识的共享共用为基础。没有共享的理念，无从得到"结合"，也没有可能"合作"。封闭和保守不是时代的主流，封闭只能是"作茧自缚"，不但会使旧知识的社会价值衰减，而且新知识的获取渠道亦会被阻隔。

当今大数据、互联网支持下的高速信息化时代，如何实现知识的共享共用，已经成为共同面临的课题。

如何找到有效的知识共享共用渠道，如何找到获取新知识的方法，这是摆在我们科技工作者面前的一个社会性挑战。习近平主席在有关产业融合发展战略的指示中，特别提出**"拆壁垒、破坚冰、去门槛"**①的重要方针，这是使知识共用共享、产业融合发展的基础条件和基本环境要求。

三、我们的知识战略建议

改革开放的一个重要理念是尊重知识、尊重人才，重视知识分子作用、发挥知识分子的首创精神，定义"科学技术是第一生产力"。

知识和知识分子，成为国家建设的骨干力量。由前面两节的讨论，从知识的来源、传播的两个渠道、两种传承记忆的分析，我们的知识发展战略应包括如下几部分的内容。

1. 知识资源的贮备和积累

关于知识资源的贮备和积累，特别是工程知识资源的及时整理和贮存，在每个工程（重大工程、重点工程和特殊意义工程）完成时，就要将其产生的专业知识、业务知识和经验知识进行梳理、归纳。这项知识的贮存、贮备工作要作为各岗位人员和相关团队的一个重要任务。这是知识战略的一项重要任务。

我们国家近 20 年启动了数十项国家级重大工程。这些工程都是产生工程知识的资源，如果我们只进行工程成绩的宣传、工程成果的应用，而不注重工程知识的梳理和积累，那就没有贯彻和落实重视知识的理念，会丢失掉很多应该得到的宝贝。

这个工作要纳入知识战略之中。

---

① 2017 年 3 月 12 日，习近平出席十二届全国人大五次会议解放军代表团全体会议时的重要讲话。

2. 知识成果的载体保护

在工程实施中产生的各类标准、规范；各类矛盾、困难的解决过程和办法；各类数学模型、实物模型的形成原理和结果；各种试验、实验的方案与实践；各层次系统在设计、建造、验证中产生的大量数据；得到不同层次认可的创造、改新、创新及专利；与技术基础相关的计量、方法与工具；与工程组织管理、质量管理、可靠性管理、安全性管理、维修性管理等相关的理论、方法、要求和监管办法等。这些知识成果的保护，是工程知识成果的重要载体。

建设好这个载体工作是知识战略不可或缺的内容之一。

3. 特殊的知识瑰宝

这个"特殊"主要是表述那些如果不经历过就难以取得或难以深刻获得的知识。这些特殊知识主要产生于工程研发建造中那些刻骨铭心的故障和失败中。

谁能从这些失败中早警醒，深入思考；真动心，抓住不放，**不查个水落石出不行，非弄个穷理尽微不可**，谁就能从这些特殊事件中得到特殊的知识瑰宝。我常说，我的很多知识不仅是从书本中来，是从实践中来，特别是从失败中来。**如果说我有一点长项，那就是"抓住不放"，不把自己真正搞明白就不撒手，一直到弄清楚为止。**

在工程技术问题上，还有些内容需要长时间去考核才能暴露的问题，是靠时间去弄明白的问题。对这些特殊性问题，我们也要有相应的特殊安排。由于技术上的差异、环境上的差异，都可能产生特殊性的知识需求。

在成功中总结经验可以产生知识，在失败中总结教训产生的往往是瑰宝。认真吸取教训，可以极大地提高成功率，"失败乃成功之母"是也。

成功案例、失败案例都是我们知识战略的重要内容。

4. 知识文化的建设

重视知识是理念，而知识文化则是知识财富的总和。我们在论述工程知识的时候，必然是研究工程知识中必然包括的物质财富和精神财富。文以载道。"工程知识论"必以承载工程知识的理论和实践的经纬，也即以知识文化建设为主旨，这是"工程知识论"的现代价值和意义。

在知识文化建设中，现代工程知识的作用和地位、现代工程知识的反思与提炼、现代工程知识的更新与交流、现代工程知识的集成性挑战、现代工程知识的标准趋同和国际化共享等，都是我们知识战略的应用之意。

英国国防部《国防知识战略》将"反思和学习"作为一个文化看待（"review and learn" culture），也包括工程文化的意念。

我们在贯彻产业融合的国家战略中，知识文化就要把"军民知识共享""军民知识共体"作为一种文化① 来思考。

中华民族伟大复兴呼唤着我们自己的知识战略！

以上所述只是一个思考，供学者们研究，不确之处请批评。

---

① 《现代汉语词典》中有关"文化"一词的定义为：人类在社会历史发展过程中所创造的物质财富和精神财富的总和。

本文要点

1．在知识爆炸时代，怎样使我们已获取的工程知识得以传承。

2．有传承价值的传统理念、实用可靠的传统方法、长期积累的丰富数据、心血换来的经验归纳和相应法则等，存在快速忘掉和批量丢失的危险。

3．"信息就是知识"的认识是不准确的。

4．认识的两个渠道和知识存贮的两个载体。

5．人类的生存奋斗史也即是人类这些压仓知识的积淀史。

6．工程目的物的实现是从人的"意识存在"开始到"实体存在"结束的。

7．工程知识的实物展现、载体记录和个体传承是与其他类知识不同的三个传载特性。

8．航天档案工作是航天知识体系的重要组成部分。

9．"三大规范"的形成和建设工作是一项"抢救性"的任务。

10．教训："失败—总结经验—认识（知识）—忘却—再次失败"的循环"，英国将其定义为"习惯"。

11．工程知识（技术知识）的社会经济价值是衰减的，直至变成共享共用。

12．工程知识的"实践拓展性增值"。

13．特殊的知识现实——从失败、失利中得到的"知识"。

5

工程方法论之"定义与说明" ①
——兼论"工程问责"

摘　要：目前我国正在进行"十三五"规划的部署和落实，其中包括诸多具体的工程项目，即应当有具体目标、时间表和路线图的工程任务，应当广泛地应用工程方法论的研究成果，重视工程的"定义和说明"工作，同时要有相应的阶段性问责，以保证工程项目达到预想的要求和目标，不再发生后来人承担前任责任的"损失性追责"现象。

我们在研究科学技术的工程问题时，除其三者有紧密相联的内含不可分之外，它们的各自形成和发展又有诸多相异之处，这是科学、技术、工程之特点所决定的。

科学工作是探索性的人类活动，是只有人类才有的独特的社会性活动。在科学前沿的探索中，科学工作者要有超过常人的智慧思维和飞跃性的归纳与联想、要有坚韧不拔的勇气和毅力，在可能一无所获的荒漠中去找寻人类通向真理的道路。一旦打开科学探索的一扇窗户，人类就可能在窗口吹拂的信息中，创造出奇迹，人类的生存和社会便会得以进步，人类本身也得以发展。**但这种探索的历程是无人可以给出时间表的，也无人会给出一份成熟的路线图，其所体现的则是科学家们默默耕耘和持久的拼搏或等待。**他们需要条件的支持、资金的保证和人才精力的投入，但却不能期盼他们会及时地回

---

① 本文为作者在 2016 年 6 月 28 日第 223 场中国工程科技论坛"工程方法论前沿"上所作报告。

报。不要和科学工作者算账，因为这不是他们之所长，他们不应把宝贵的精力和时间花费在加减法的训练上。一个有希望的社会，对科学家的尊重应表现在给他们以尽力的支持和保证，社会要求他们的不只是对取得成果的期盼和浮躁的催促，社会也要有与其相适应的坚持和信念。

技术创造为我们建造好地球家园、保护好我们人类的生存活动提供了不断更新的工具和手段，今日之世界，技术进步已使人类社会的节奏变快了，空间变小了，月球已不是遥不可及的天体，人类的脚步已经踏到了月宫，人类的名片拟将送到火星和太阳系更遥远的边缘。

存在主义哲学家克尔凯郭尔认为，"人生就是一系列选择""这些选择给人生带来意义"。今天，技术进步一步步地推着世界在改变，这些改变带给了人类能力的扩展，似乎只要我们能想到，我们就一定能做到。曾任 NASA 局长博尔登说："我们要把不可能变为可能！"改造世界的雄心何其大也。然而技术的进步也为人们带来诸多的苦恼，特别是近几十年，"技术"带给人们的思考和反思也是非常深刻的，科学技术在改变人类活动方式的同时所带来的对人类生存的挑战也愈来愈尖锐和强烈，这些强烈的挑战更要靠科学技术的进步得以消解。

科学技术成果向民生领域的需求转化已成为世界各国促进经济社会发展的重要手段，技术转化率已被诸多国家作为一项考核性指标来推行。当今的信息手段为技术转化提供了非常便捷的渠道和广泛的交流平台。技术发明创造在企业的竞争中具有决定性的作用，创新成了当今的"明星词"，我们已经有些应接不暇，新技术引发了新产品、新产业，新产品下的新品种、新功能、新式样，更是层出不穷。一个品种可以占据市场几十年的模态已经变为不可能，当我们为产品快速更新换代而高兴的时候，是否也会突然想到，这种进步的代价是不是资源的浪费和财富的消耗。

如果说对科学探索性的研究，我们无法给出具体的时间表和完善成熟的路线图，对其探索性活动给予约束，那么对于技术创造性的研究则与其不尽相同，它在某些具体突破的方向上是可以给出具有一定置信度的技术攻关性的约束和要求，因为这些突破方向的选择往往已经具备相应的技术条件、技术基础，或已经取得某些前沿性的技术成果，甚至有些技术关键在其他系统已经得到比较成熟的应用，所以从技术进步的循序推进的技术攻关这个角度看，它是可以或应该具有一定的约束性要求的，这点从航天 60 年实践的过程中已经得到验证，我们也是这样走过来的。

工程作为国家经济发展的重要推动力，始终受到世界各国政府的重视。我在之前的文章中曾讲过工程作为科技发展行动的"扳机"作用，这些观点逐步被各方面认可。工程项目对科技发展的带动，以及重大工程建设对经济发展的推进作用得到各方面的认同，所以每到国家制定五年规划和年度计划时都在争取工程项目，安排各类工程建设也就不足为怪了。与此相适应，有关科技工程的方法论研究，也受到各方面学者的关注。在中国工程院殷瑞钰院士的促进下，有关学部的专家和社会上的诸多学者，甚至国外的工程学会、协会的同仁也报以积极的关切和投入。特别是中国工程院 2015 年在广州召开的国际研讨会上，很多学者和专家、工程师从哲学、社会学、科技史学、美学、系统工程学和工程管理学诸多方面进行讨论，**使工程方法论这一课题向本体外延的广度和本体内含的深度两个层面展开**。我感到"工程方法论"研究这一命题一旦推开，它的生命力就被唤起，新的思考、新的归纳、新的案例、新的矛盾和问题将会井喷式地跃出，它可能是一个充满活力且永无止境的一个命题。它将随着工程的领域特点、工程的规模、工程的本体需求、工程的环境适应、工程的独立性和工程的社会性、工程的自主性和复杂的相关性、工程的生命周期性与工程建造完成后的效果延续性、原有工程技术方法的继承与新方法的创新与变革、工程建造的可完成节点与工程运行的长期责任、工程牵引科技推动与工程进展中技术攻关、工程科技政策的支持和约束、成果的保护与推广转化、工程科技人才的培训与养成等内容的不断扩展，使其成为一个需要不断充实、内容不断创新的命题。在讨论这个命题的清单之中，今天我想重点讲的是关于"工程方法论中的定义和说明"问题，兼讨论"工程的问责"问题。

和我前面提到的科学探索和技术进步所具有的开创性和先进性不同，工程更强调的是建造性和实现性。**我们不能在一个具体的工程项目上去搞探索**

研究，不能在一项具体工程进展中摸石头过河（我这里排除泛工程化的某些内容，如城市美化工程、市民素质提高工程、城市交通便利化工程等），我所强调的工程是指那些有具体目标、具体指标、具体方案、具体要求、具体投入、具体完成时间等"具体实体"的工程，而这些具体的内容都是可实现、可检可验的，而不是用描述性语句、素描勾勒来表达的，如"应有好的质量、美观的设计、耐用的品质、安全放心"这类似有又无的描述性文字，要由系统工程师将其变为系统工程的指标体系和必须进行的可验证清单之中。

在《航天系统工程运行》一书中，**我专门将"定义和说明"的概念单独提出来**，就是为了表达一个根本的系统工程理念，即系统工程是"运行"的。没有"运行"就没有系统工程，因为系统工程是对工程系统的实现，一旦工程系统被确定，系统工程必同时被催生，它与工程系统并生。在工程系统进行"产品分解结构"（Product Breakdown Structure（PBS））的同时，必伴生与其相适应的"工作分解结构"（Work Breakdown Structure（WBS））。"产品分解结构"是工程系统的，而"工作分解结构"则是系统工程的。在工程系统的建造过程中，在方法论层面上的一个核心表达是"定义和说明"。其中，"定义"是一切工程系统开始形成时由工程任务提出方给出的，这个定义不是我们日常工作、生活中的概念，它是对工程系统任务目标和任务要求的指标性表达；"说明"是工程系统完成"定义"表述后，系统工程开始运行时的第一步，即由工程任务承接方给出，它是对"定义"的理解和认同，可以认为这是工程系统和系统工程进行的第一次接口协调，而这个"说明"要能够达到与"定义"一致，使工程的提出和承接两方达到对这一具体工程目标的相同的理解，只有如此才能使我们完成的工程确实是要求方所要求的系统，兑现了对工程的承诺。所以**"定义""说明"的一致性是工程方法论中最重要的首件事项**。

在工程进展中，有系统工程的一系列内容支撑着工程系统的建造，如系统工程要津、目标函数、系统工程管理计划（Systems Engineering Management Plan（SEMP））、系统工程的综合规划等，这些工程系统所要达到的指标都要有系统工程的运行去保证和兑现各项任务目标的实现。

对于没有实现定义和说明所确定的指标，是要问责的，这是工程与科学、技术不同的一个重要特征。正如我前面所讲，如果说科学探索研究无法确定明确的时间表和路线图去完成我们的设想，技术进步具有部分的约束或要求的话，那么工程则是必须有具体的时间表和明确的路线图，而且必须要在定义和说明的共识下完成这些目标，否则是要"问责"的。

所谓问责，就是对工程所确定的那些具体内容进行全面审计、审查并进行补充完善的过程。这是工程与科学、技术所不同的内容，对科学的完成时间和投入是不能很好预测的，技术的创造和革新也是不好明确计划的。而对于工程则不然，它要有问责这一项。我认为问责这个特点应在工程方法论中占有一个重要的位置，它的具体内容可以放在系统工程的一章内，而且从航天系统工程运行而言，"管理问题归零"就属于问责的范畴。

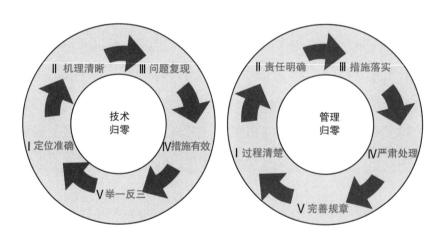

航天工程归零五条

问责工作是一个检讨和进步的过程，我们以美国政府对 DARPA 技术转化成功率进行的审计问责报告可见其作用。

美国政府问责局（U.S. Government Accountability Office（GAO））（可以视其为审计署、政府问责局、政府问责署、政府责任办公室）选取 NASA 的 10 个项目进行分析，发现 DARPA 技术转化记录与项目的实际情况不符，GAO 无法根据 DARPA 的数据做真实估评，GAO 最后的评语认为：

国防部未给多部门提供正式的技术转化定义。

2005 年 6 月，美国国防部办公室和国防采办大学发布过一份指南，有一个技术转让的定义，但并没有提出具体要求，各部门也没有按它的定义去分类，现在看 10 年前的东西也已经过时。

那么对这个问题，DARPA 是怎么做的呢？

DARPA 自己定义的技术转化成功的标志，是指技术项目的部分内容改变了已有知识或提出了新知识，并由项目执行者将其传播出去。

DARPA 的这个定义侧重于新技术的可扩展性，而在商业、作战使用之前，尚需进一步开发。这与 GAO 界定的成功转化存在分歧。

我将 DARPA 的 7 种转化途径简单地进行归纳，可以这样描述：

（1）直接应用：技术可以直接在作战中使用，在任务中采用。

（2）间接应用：将相同的技术推广到其他部门或任务中。

（3）等待应用：被其他部门、部分关心、备案，可能在今后被采用。

（4）市场应用：DARPA 将其技术作为商品出售。

（5）内部采用：在 DARPA 本身的其他项目中采用。

（6）外部开发：由国防部的另一个部分去开发。

（7）形成标准：DARPA 将新标准或影响其他标准的内容作为技术转化。

GAO 对所选择的 10 个项目（高级军用无线网络、二极管高能激光器系统结构、生物淤积的动态预防、猎鹰联合循环发动机技术、感性材料、预测健康和疾病、Quint 网络（Quint，五重）、自适应系统、军用口语交流及翻译系统、军用水下导航系统）在"军事或商业需求""DARPA 的关注度""与潜在可转化方的合作""明确设立转化目标"这四个有助于转化的方面进行相关性分析，得出的结论是凡成功转化者，在这四项中必有两项以上是"完全存在"的，其成功转化率占 50%。

GAO 还发现，DARPA 认为未转化的，而实际情况是已经转化。这个问题的存在有可能是为了再次得到该技术的资金支持。

在我们进行的工程项目和技术开发项目中，以总目标、宏观目标是否完成为主要评价成分，而其原定的子目标、详细的具体情况有些是被略掉的，**有些甚至是以"一好遮百丑"的形式模糊掩盖住了**。这在我国进行的某些重大工程中是存在不少例子的。

我这里举美国 GAO 问责 DARPA 的例子，也是想以此启示我们在工程方法论中，问责应有其重要位置！

目前我们正在进行十三五规划的部署和落实，其中包括诸多具体的工程项目，也即应当有具体目标、具体时间表和路线图的工程任务。我们应当广泛地应用工程方法论的研究成果，要重视工程的"定义和说明"工作，同时要有相应的阶段性问责，以保证我们的工程项目达到预想的要求和目标，不再发生后来人承担前任责任的"损失性追责"现象，使我们的工程管理方法更加科学和完善。

本文要点

1. 存在主义哲学家克尔凯郭尔认为，"人生就是一系列选择""这些选择给人生带来意义"。

2. 我们不能在一个具体的工程项目上去搞探索研究，不能在一项具体工程进度中摸石头过河。

3. "定义和说明"是系统工程学的一个重要概念。"定义和说明"一致性是工程方法论中重要的要求和准则。

4. 对于没有实现定义和说明所确定的指标，是要问责的，这是工程与科学、技术不同的一个重要特征。

5. 在工程评估中有可能存在"一好遮百丑"的情况，模糊问责的追究。

6

关于"工程方法论"研究的几个理论问题 ①

摘　要：现代工程论是一个涉及面广、思辩性强、理论与实践结合深刻的一个命题。中国航天科技的领路人、奠基者钱学森院士关于工程实践的系统性论述和系统工程在中国航天科技发展过程中的实践具有深刻的指导意义。本文在继承钱学森系统科学理论的基础上，首先对工程、系统工程和运筹学的概念和层次关系进行了辨析和梳理，在回顾钱学森对于系统工程的准确定义后，探讨了工程实践的多途径可能性问题，得出工程方法论的架构应当是不断发展变化的，而工具的创造和使用在工程实践中起到了决定作用，创新又是工程方法论研究的核心。基于以上的论述内容提出三点建议，用于指导以创新的精神来研究工程方法论。

工程方法论是一个很大的题目，而现代工程方法论问题又是一个涉及面广、思辩性强、理论与实践结合更深刻的一个命题。我接触这个问题很晚，借中国工程院这次学术会的机会，谈几点体会或是认识，供各位专家学者参考，不对之处请批评。

我是从事国防科技工业工作的，主要是在航天领域，从导弹武器的研制特别是潜地导弹的研制，到陆基机动导弹以及我国的空间活动。在国家确定的各种重大工程的实践中，我对科技工程事业有了一些认识和理解。中国航

① 本文为 2014 年 4 月 22-24 日，栾恩杰在第 178 场中国工程科技论坛"工程思维与工程方法论"上所做报告。

天科技的领路人、奠基者钱学森院士为我国国防科技发展立下的丰功伟绩已经载入史册，其中关于工程实践的系统性论述和系统工程在中国航天科技发展过程中的实践，得到普遍认可，他的论述仍然具有深刻的指导意义。今天我想就钱学森院士的论述，结合工程方法论的命题谈几点建议。

钱学森回国后受老一辈国家领导人的重托，投入国防尖端工程事业，为祖国"两弹一星"工程的完成，建立了丰功伟绩，钱学森被授予"国家杰出贡献科学家"称号。"两弹一星"工程的成功，不但在科技发展、技术进步上取得成功，使我国科技水平上了一个大的台阶，而且在人才培养、基础建设和重大工程组织实施上也取得了巨大成功，积累了丰富的经验。特别是在系统工程理念的指导下，航天科技工业完整的科技工程体系得以建立，为取得今天的辉煌成就打下了坚实的基础。

1. 关于工程、系统工程和运筹学

18 世纪欧洲出现"工程"一词（我国可能更早），它是指作战兵器的制造和执行服务于军事目的的工作。这里，"工程"包括了"制造兵器和服务军事"两个内容。

从"服务于军事目的的工作"这项含义中，引申出"服务于特定的具体的工作"的内容，这部分内容的总体则成为"某某工程"。这是第一个层次。

如果这个特定的目的是系统的组织建立起来，或是系统的管理实践，则可以全部看成是系统工程。这是第二个层次。我们要充分重视这个定义域，它必须要系统的组织建立且系统的管理，并不是任何工程实践都可以称为系统工程。我们不能把系统工程平凡化，一旦觉得问题比较复杂就以系统工程来描述。

从国内外工程实践的分析和归纳，社会上和学界称之为运筹学、管理科学、系统科学、系统研究以及费用效果分析的工程内容，均可用系统的概念统一归入系统工程，其中所涉及的数学理论、算法、工具与方法都可以统一地看成是运筹学。这是第三个层次，也即工程方法论的理论层次。

2. "系统工程是组织管理的技术"

系统工程不是指系统性的工程，不能简单地将系统工程作为复杂工程系

统的描述性的语句，我认为，钱学森院士的这句话"系统工程是组织管理的技术"，是准确的完整的定义。

系统工程是组织管理系统的规划、研究、设计、制造、试验和使用的科学方法，是一种对所有"系统"都具有"普遍意义的科学方法"。导弹武器系统是现代最复杂的工程系统之一。

钱学森在这里把工程系统和系统工程解析得十分清楚。而工程技术实践在不断地充实两者的内含，使工程系统和系统工程成为人类工程活动的两个支柱，具有普遍意义的科学概念。钱学森说："系统工程是对所有'工程'都具有普遍意义的科学方法。"我国国防尖端技术的实践，已经证明了这一方法的科学性。

我们在研究工程哲学及其工程方法论这一重大理论问题时，应当结合国内外重大工程系统及系统工程的实践经验，并对此进行总结，形成一个比较成形的科学。在讲到经营科学和工程管理学的形成过程时，钱学森说：人、物质、设备、财、任务、信息这六个要素把一个复杂的生产体系组织管理好，需要科学，而这门科学也只是千百年来人们生产实践经验的总结，到20世纪初才有了一些具体结果；20世纪40年代之后终于成了一门比较成形的科学。

"管理作为一门科学萌芽于20世纪初，可能第一个发明是'工时定额'，第二个发明是线条图，后面是'计划协调技术'，再后来出现质量控制，我们可以看到，数理统计或数学进入经营管理的领域，这个所谓科学被引进到工程的事务中。"

我想说的是，我们在总结实践经验和教训的时候，提炼并凝聚成科学的方法和科学的理念，将其工程的社会活动属性和科学规律属性、经验属性和技术属性结合起来，使工程系统的功能实现与系统工程的管理实践达到完美的结合，做到理性升华，以促进我国工程事业的更大发展。

3. 工程实践的多途径可能性问题

在探讨工程方法论的时候，把多途径可能性问题提出来是为了强调工程系统的多样性和相应的系统工程的复杂性。

钱学森院士讲道："自然科学里好像有三个部分：直接改造客观世界的是

工程技术；工程技术的理论像力学、电子学叫技术科学；再往上升，那就是基础科学了。""我说科学技术体系有六大部分：自然科学、社会科学、数学科学、系统科学、思维科学和人体科学。""以后又加上文艺理论、军事科学和行为科学共九个部分。""系统科学直接改造客观世界的工程技术就是系统工程了。"

就当代人们所遇到的工程系统，它所对应的对象、所要求的目标、实现的结果以及实际的运行，往往不是一个单一的参数、简单的过程、清晰的条件、不变的环境来描述和实现的系统。为实现这个系统目标的任务的系统工程，它要适应科学、技术、自然、社会各方面的条件约束，使得系统工程极为复杂。

NASA 在应对载人深空探测工程面临的挑战时，提出了三个重大的难题：太空环境、太空后勤、太空可靠性。我以太空后勤为例，讲讲受到的挑战。从地球出发到火星，行程 6~9 个月，如果要在火星进行探测活动，则往返需要 500 天。

这 500 天如何解决乘员的生活，如果依靠食物链的循环，收集人体放出的水分，或者造成太空食物的生长再生环境，这些方案在地面的模拟和太空船上的实现都将是大问题；如果在运行中有些突发事情发生，需要地面支援，从通信、得知、方案预案确定到后勤支援实现，都牵扯到地面能力和地面应急发射的适应。而深空探索、空间交会的要求，并不像发射一颗地球卫星那样受比较少的约束，其轨道实现也要接受考验。

我这里只是把系统工程可能遇到的复杂性表述一下。而如何应对这个挑战，NASA 提出了所谓的多途径策略（Multi-pronged approach）。这是我们在研究各类复杂工程的规律、寻求其共性认识的时候应当特别注意的一个原则，我们不能只做单一选择的决策，我们也不能企盼在实施中不会出现突发性的矛盾或问题。

我们要保证的是不产生颠覆性的问题，我们要思考的是多途径的应对。

丰富的现实需求会激发人们去寻求多样化的方法，无论在理论层面、技术层面都会有各种方法的涌现。所以，我认为工程的方法论研究必须是一个不断完备和不断丰富的过程。

4. 关于方法论和论方法

钱学森院士关于工程总体部有这样一段论述：总体设计部一般不承担具体部件的设计，却是整个系统研制工作中必不可少的技术抓总单位。总体设计部把系统作为若干分系统有机结合成的整体来设计。**总体设计部体现了一种科学方法，这种科学方法就是"系统工程"。**

钱学森："系统工程才是我一生追求的"（来源：《光明日报》）

我想我们在讨论工程方法论的时候，要对系统工程这个工程管理的科学方法给予特别的地位。它属于方法论的范畴，即工程总体、工程分系统及各级子系统、辅助系统（相应）支持形成一个完备的工程体系，这是工程方法论的基础，在这个基础上建立各种方法的骨架。

所以，我认为工程方法论应包括唯物主义哲学的认识论层面和辩证思维的理念层面，也即实践性和理论性的结合，使其升华、提炼为工程的方法论之内容。如此引申，我感觉工程方法论的内容是极其丰富的。比如，工程方法论的主线应当是实践的，没有工程的需要也就无从谈起工程方法，它不可能独立于工程的实践而存在。比如，工程方法论的来源应当是实践产生的认识，没有丰富的具体工程实践，也不可能凭空产生出可以指导工程实践的方法论来。比如，**工程方法论的架构应当是不断发展变化的，它要随着人类社会进步、科技发展、工程规模的不断变化而不断地充实、不断地做适应性的改变**。钱学森在谈到每个学科部门到马克思主义哲学时，谈到 9 个桥梁的概念，即每个学科到马克思主义哲学的桥梁是"自然辩证法"；社会科学到马克思主义哲学的桥梁是"历史唯物主义"；数学科学到马克思主义哲学的桥梁是"数学哲学"；思维科学到马克思主义哲学的桥梁是"认识论"；人体科学到马克思主义哲学的桥梁是"人天观"；文艺理论到马克思主义哲学的桥梁是"美学"；军事科学到马克思主义哲学的桥梁是"军事哲学"；至于行为科学到马克思主义哲学的桥梁是什么？是不是可以叫马克思主义"人学"；系统科学到马克思主义哲学的桥梁是"系统论"。上述 9 个桥梁，9 个部分。我讲这些不是为了表述钱学森 9 个桥梁的具体内容，而是为了表述方法论的组成架构的概念。**此处所谓的架构是指工程方法论的组成体系。**

如果说方法论强调了其工程的唯物辩证法的哲学、理念方面的人类工程实践成果，那么方法论里还有一部分**更为精彩、活跃的论方法一章**。这一章将工程实践推进到科学技术的殿堂，工程将不仅仅是一个单一工匠的手艺，不是一个简陋、狭小的空间，它是集自然科学、工艺技术、精细工具、重大装备、严密管理和社会人文、经济市场等诸多因素于一体的社会性科学、技术、工程活动。在科学、技术、工程三者"无首尾逻辑"的相互推动下，改变着人类生活、工作和活动状态和模式。与此相对应在工程研究、设计、建造、运行的全寿命周期中，必须有一系列行之有效、用之有得的方法与技术产生出来，这些方法与技术要能对工程实施的各个阶段、各个过程、各项指标所要求的目标实现，予以有效的保证和可靠的使用。这些指标应包含系统功能指标、产品技术指标、经济指标及社会责任指标。

所以，**从具体的方法而论，我将其归结为"论方法"**，它有极其丰富的内容，它需要综合人类文明的各种成果。以仿真为例，我们已从简单的线路模型、系统模拟，到系统数字仿真、半实物仿真、攻防对抗仿真、赛博靶场演习。从某种意义上说，随着工具和手段的改进，工程设计方法也进入了计算机辅助时代、智能化的设计和加工建造时代。

在方法论的论方法章，要有开放式的格局，在科学层面、技术层面、工艺层面、社会层面都要有不断创新的容量。**NASA 在 2012 年提出的"基于模型的系统工程"（MBSE）**，使其方法与基于模型的设计、基于模型的工程等方法结合起来，由此带动工程分析模型、产品验证模型、硬件模型、软件模型，形成了一套系统性的"模型驱动架构"。

这些动向是系统工程方法论的一些有价值的进展，值得我们关注。

5. 工具与方法论

人类的社会进步和发展，突出表现在人类各种能力的延伸，即工具的创造和使用上。当今智能化工具、超大型动力工具以及微细加工与成型工具的使用，使现代工程技术的实践产生了革命性的改变，所以，**人类使用的工具形态影响并决定着工程实现的方法**。

我们在探讨工程方法论这一课题时，应将工程工具作为一个重要的支撑性甚至是决定性的因素给予重视和分析。

美国兰德公司（RAND）的高质量研究工作的 10 条标准，值得我们在研究方法论时借鉴。

我将这 10 条标准归纳和简述为：

（1）目的清晰、系统阐述；

（2）途径研究、严密分析；

（3）解释异同、产生新意；

（4）数据详列、可以查实；

（5）确认假设、分析结局；

（6）引发讨论、影响决策；

（7）建议依据、逻辑支持；

（8）文本直白、定义说明；

（9）现实实用、坚守责任；

（10）阶段评审、同行评议。

这 10 条标准包含着诸多具体内容和要求。我们从事研究工作可以参考这些内容。

实际上在工程实践的过程中，由诸多经验提炼的设计规范、工艺规范、验证规范（即所谓的三大规范）则可称为工程方法论中的"经验指导法"，它如同法律界的案例，随着设计工具、制造工具、认证工具的不断变化，相应的各种规范将不断地产生，旧规范的废止、新规范的建立，旧方法的淘汰、新方法的采用，将是工程界的一种常态。所以，工具与方法论之间存在着必然的联系。

对工具与方法论之间联系的深入论述，应当采用类似兰德公司 10 条标准的要求进行，因为这方面的内容在工程方法论研究中占有重要的位置。

创新是工程方法论研究的核心，这个问题我想从以下几个方面来表述。

（1）工程院工程管理学部所研究的问题往往涉及一些重大的国家级的科技工程。我们从国家的重大科技规划到重大科技专项工程的论证和实施中，都可以看到工程院院士的身影，他们身先士卒、集贤合力、攀峰登顶。我们有丰富的经历、充分的能力分析和提炼出具有中国工程界特点的方法论成果，我们要借鉴世界上的工程实践经验和教训，我们要珍惜前人的真知灼见，在这些基础上我们一定会有新的突破和新的提高。

所以，创新是我们今天研究工程方法论的一个特点和基本要求。

（2）现代工程的特点是多学科跨学科的综合性，在重大工程设计、施工和运行中，要有诸多相关学科的参与和共同投入。它不可能被简单地描述为土建工程、电气工程或机械工程，即便是有这种归类，而现代的土建、电气和机械也并不是过去的狭义概念，现代工程所呈现的这种复杂的多学科跨学科综合性的特点，决定了在工程的实施方法上、工程目标的实现上会产生新的需求和新的手段与工具，所以，现代工程的方法论必将以创新的形态和构建去应对。

《中庸》里有一句话"致广大而尽精微"，则反映了这个创新的特点。所谓"从大局着眼、全局安排和细节决定成败"，这些语言反映了在方法论上的一个思考。

（3）现代社会是高科技发展、民生方式改变的时期，而且这种发展和改变还在不断地加速着。这给人类生存环境和资源问题带来了巨大的压力，所以，我们在进行工程建设的时候，必须要兼顾到各方面的承受能力和可持续发展的可能。从工程开始的需求分析、工程设计、施工建造到运行运营都要保障社会的利益实现，并不仅是工程本身目标的达到。

这是和国家有关的社会责任性法规相联系的东西，也是工程从业者道德层面的内容。所以，在我们今天研究工程方法论的时候，要有这些新的理念、新的观念的作用。

我仅从这三个方面简要地表达一个意思，我们必须以创新的精神来研究工程方法论。

本文要点

1．"工程—系统工程—运筹学"工程方法论研究的三个层次。

2．系统工程是对所有"工程"都具有普遍意义的科学方法。

3．"论方法"应是"方法论"中最精彩、最活跃的一章。

4．人类使用的工具形态影响并决定着工程实现的方法。

7

关于创新生态的思考 ①
——兼论六条创新文化

摘　要：在落实习近平总书记的"创新抢占先机"的指示中提出，建设创新生态是一个重要的课题。创新生态的一个重要条件是创新环境和创新氛围，这样就可以在新需求中创新、在突破中颠覆、在发展中融合。创新源于设想，但不止于猜想，同时逻辑推理催生新理论。在创新生态建设中，创新文化是极重要的一个问题。本文提出了六条创新文化的重要内容，包括以历史使命感，投入到以社会需求所激发的创新活动中；创新是一种"想到就开始做"的时敏性快速反应的行动模式；"针对特点""切入问题""协同攻关"是创新文化的重要理念；抓住苗头、锲而不舍、不断积累、逐步逼近目标的奋斗精神；重视"基础知识＋应用知识"的积累是创新的基础原发力；宽松的环境、开放的政策、条件的支持是繁荣创新事业的重要保证。

2019 年 2 月 20 日，习近平总书记在会见探月工程嫦娥四号任务参研参试人员代表时指出："实践告诉我们，伟大事业都基于创新。创新决定未来。建设世界科技强国，不是一片坦途，唯有创新才能抢占先机。"

在落实习近平总书记的"创新抢占先机"的指示中，其创新生态的建设是一个重要的课题，就此我讲几点有关的思考，特别是"创新文化"方面的

---

① 本文发表于《中国航天》，2019 年第 9 期。

创建更是十分重要的议题。

在激励发明、鼓励创新上，人类已有丰富的经验，特别是在科学技术发展和数学研究方面的表现极为丰富。从这个方面去思考今日的创新生态问题，我感觉是十分有益的。

1. 创新环境和前沿思辨

公元前 300 年的古希腊，柏拉图的学园、吕克昂学堂（亚里士多德好友安提伯特（Antipater）在吕克昂建立）、亚历山大学宫，都聚集了当代各学派之翘楚。在这里讨论、辩论的内容都是当时的学问的前沿或热点、矛盾或悖论、理性与精神。

图 1　拉斐尔壁画作品《雅典学院》

正是在学园的环境下，使几何学在公元前 3 世纪达到巅峰，出现了诸多科学巨匠如欧几里得、阿基米德和研究圆锥曲线的阿波隆尼亚斯，并有伟大著作《几何原本》的创立（实际上《几何原本》（《The Thirteen Books of The Elements》）既不是教本，也非纯粹几何，是集前人成果之大成，是一个逻辑结构严谨的数学原理，所以很早就有人提出《The Thirteen Books of The Elements》应当译为《数学原理》。但古希腊数学是以几何为主干、全面几何化的，所以称《几何原本》也不无道理，但书中第七、八两章的整数数论与几何学没有直接关系。

我认为创新生态的一个重要条件是创新环境和创新氛围，有一个聚集人才的环境，他们在思考中学习、在思辨中成长、在各种思路交织中成熟，这样他们就可以在新需求中创新、在突破中颠覆、在发展中融合。与古希腊同时代的是我国东周（公元前770—公元前256年）末期，正是春秋战国百家争鸣、诸子百家思辨炙热之时，在齐国都城临淄（今山东淄河）谡下之地**齐桓公陈午开创了一个"谡下学堂"，相当于现在的社会科学院，史称"谡下学"**（图2）。一时各路学者云集、名流荟萃，聚者有阴阳家（邹衍、邹爽）、儒家（孟子、荀卿、公孙固、鲁仲连）、名家（宋钘、田巴、尹文）、法家（慎到）、道家（淳于髡、田骈、接予、环渊），还有一些难以归入哪一家的游学之士。谡下学堂学派纷繁复杂，各学派之间互辩、互融、互学、互渗，一直贯穿于此后齐国的全部历史。这种百花齐放、百家争鸣的学堂环境推动着诸子百家学说更加经得起论辩、产生出新意、创新出新的思维。这个时期产生的诸多思想延续至今，已成中华文明之精髓。

图2　谡下学堂

2. 创新源于设想（猜想），但不止于猜想

法国数学家费马（Pierre de Fermat, 1601—1665）在图卢兹上大学，并在

图卢兹获法院官职，以迄终老。人们知道费马是因为数论，特别是他在 1637 年提出、在 1994 年才被英国数学家证明的费马大定理（$z^n = x^n + y^n$，$n > 2$）（Fermat's Last Theorem，FLT）。但费马的成果不仅仅如此，他还发现：单未知数方程决定点、双未知数方程决定线、三未知数方程决定面；计算导数可以求出极大值或极小值、计算二阶导数可以知道是极大值或极小值。

费马是早于牛顿和莱布尼茨接近发明微积分，他的差距是他止于这一步，他始终未能发现微分与积分之间的互易关系。他与微积分的发明擦肩而过，对他而言，数学是一种乐趣或游戏，虽然他聪明超人且善于提出问题，但他止于此，所以在数学上并没取得重大成就。这点是值得我们引以为思考的。

再如对数原理和计算方法是英国苏格兰贵族纳皮尔（John Napier, 1550–1617）在 1614 年发现的。牛津数学家布里格斯（Henry Briggs）为此专程造访过纳皮尔，他们还共同完成以 10 为底的对数表。但在深入研究对数的使用意义上，却是另外一个人：**剑桥的牧师奥特雷德**（William Oughtred, 1574–1660），他认定对数必然有其应用价值，是他锲而不舍地努力与坚持，**使自己成为计算尺的发明人**，以对数应用于计算的成功而载入史册。

从这里我们得到一个启示，创新源于敏锐地思考、尖锐地提出问题、大胆地进行逻辑延伸的猜想；但科学技术上的创新则是在这个基础上的深入研究、思索和实践，**如果止于猜想，对创新成果而言，那只是隔岸的仙桃**。

3. 逻辑推理催生新理论

牛顿在其《自然哲学的数学原理·宇宙体系》中，提出"哲学推理规则"（图 3）。因为原文比较长，我将它的 4 条规则用我理解后的语句表达如下，供参考。

牛顿的 4 条推理原则：

原则 1：真实性原则（现象必须存在，不可杜撰、假设）；

原则 2：归一化原则（同一现象，不可有多种解释）；

原则 3：推广原则（共有的特性，应视为普遍属性）；

原则 4：自信原则（在没有颠覆性现象出现前，坚信已归纳的命题）。

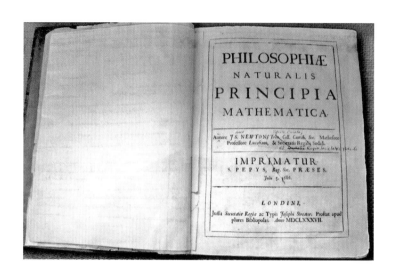

图3　牛顿的《自然哲学的数学原理·宇宙体系》

牛顿提出的**实验哲学（experimental philosophy）**的思维逻辑过程，首先是将定律应用于**高度简化、理想化的虚构世界**，在这个虚构世界得到充分解决后，再将它逐步引入到现实世界的复杂情况，并用更复杂的数学技巧加以解决，这种从简而繁、从理想和虚构而逼近现实的方法就是牛顿所经历的过程，**有人将这个过程称为牛顿风格（Newton's style）**，在这个基础上形成了现代科学方法。在这个方法上建立了高度精确和具有普遍意义的牛顿力学体系（现在称之为"古典"）；这个体系的上一层则是"现实世界"，即：

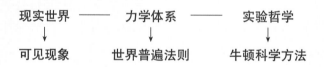

在这个逻辑推理下（也即所谓的分析—综合的还原论）成就了我们经典物理世界的模式。有些媒体和哲学家称之为"决定性的还原论（Deterministic Reductionism）"。

现实中，还有很多的领域、万千现象不被我们所认识，我们仍然需要用牛顿的科学方法去产生新的知识和新的科学与技术的突破。直至今日，这个思维范式仍在发挥着重大作用。

牛顿的万有引力定律的核心点 $\left[\dfrac{1}{R^2}\right]$，也即力是"距离平方反比"关系。实际上在牛顿产生定律之前，17 世纪 80 年代初，惠更斯发表了离心力公式（惠更斯摆的周期 T 与摆长 R $\left[F \Rightarrow \dfrac{R}{T^2}\right]$），胡克、哈雷也意识到开普勒第三定律（行星周期 T 与轨道半径 R 的关系 $T^2 \Rightarrow R^3$）也可以逻辑推演出 $\left[F \Rightarrow \dfrac{1}{R^2}\right]$ 的关系。

牛顿正是在 $\left[\dfrac{1}{R^2}\right]$ 的关系启示下，结合第谷行星观测的大数据，并在开普勒归纳的定律基础上经过严密地逻辑推理，提出万有引力定律这一伟大发现。

所以，胡克曾与牛顿有过谁先提出 $\left[\dfrac{1}{R^2}\right]$ 的规律之争和牛顿"我是站在巨人的肩膀上"这句名言。

4. 创新文化的建立

在创新生态建设中，创新文化是极重要的一个问题。

每个人、每个团队都应当具备凝聚在一起奋斗的韧性（坚定性）、不被困难压倒，做到始终如一的坚持和坚守。这是"创新"所必备的一个优良品质，每个创新团队都应当树立这个优良品质。但如果坚守的是已经不适宜的东西，这种坚守就是不思变革的守旧，是我们不应当提倡的。而创新则是**勇于开拓、勇于变革、勇于弃旧**的胆识和能力的体现。

我们常看到足球运动员在双方都为"0"的开局阶段，往往表现出保守状态，而一旦被对方打进一球后，被攻入的一方便会立刻激起奋斗雪耻的活力。这个动力是因为地位发生了改变，是输了 1 分的被动方。我看"创新"也是如此，如果没有一定的压力，则会缺少激励和动力。没有激励、动力的创新文化，很难产生出影响深刻的创新成果。从这个意义上说，创新也如一场足球赛！

● **创新文化第一条：以历史使命感，投入到以社会需求所激发的创新活动中**

时时把自己摆到"被动"的位置，处处主动地逼迫自己去思考怎么夺回主动权（即使尚没有失去）。

美国国防先进研究计划局在思考几百年来人们是怎样激励发明家和创新者的经验时，提出"针对重大的社会需求难题，以重奖悬赏的方式，推动问题的解决，使自己处于主动地位"。这句话就是这种占领制高点、争取主动权的体现。

比如，解决确定地理经度的难题，是1714年英国政府发出悬赏征求地理定位经度的解决方案，奖励2万英镑（相当于今天的200万美元）。海上的经度测量问题的提出源自1707年10月22日的一场战时灾难，当天4艘军船极大可能是由于在恶劣天气情况下航海员无法准确计算它们的位置，在康涅狄海岸附近的锡利岛失事，使1550名英国水兵丧生（如果有准确定位系统，是可以就近避难的）。

经过半个世纪的努力，没有人拿到大奖，但人们对这个目标的追求并没有放弃，一位木匠兼钟表匠因其可以提供海上领航员精确、稳定的计时功能而获得部分奖金。

再比如，法国政府1795年设立"储存大量食品的方法"这一悬赏题目。拿破仑曾就战场上食品供给问题的重要性时说"士兵是靠胃来打仗的"。6年后（1810年），厨师（腌渍品制造人员）尼古拉斯·阿伯特发明瓶装灭菌技术获得1.2万法郎（相当于今天4万美元）的奖金，标志着现代食品包装的开始。

1865年，John W. Hyatt用一种纤维素塑料替代象牙制造台球，获1万美元奖金，标志着聚合物时代的到来。

现今，这种针对性极强的由各院校、学术团体组织的比赛，或由国家组织的挑战赛已成为激励创新的常态方式。

目标与激励是创新生态、创新文化的重要内容。没有激励，缺少激情；没有目标，会忘却初心、丢失方向。

创新不能只停留在号召上，不能只期盼在成果的自发形成中。抓住时机、占据先机是实现创新的关键性因素，如果你想到了，但没有占据先机，就像在"深蓝"团队已经取得国际象棋团队战胜世界冠军的计算程序之后，你也取得成功，但你拿不到"弗雷德奖金"（Fredkin Prize，10万美元），你不是失败在能力上，而是失败在"时间"上，从这个意义上讲，时间就是金钱，时间就是能力。

● **创新文化第二条：创新是一种"想到就开始做"的时敏性快速反应的行动模式**

我感觉这点十分重要。我们可以看看 DARPA 是怎样对待创新思考、是怎样"想到就做的"。

2009 年，DARPA 举办"红气球挑战赛"，最终 MIT 的团队以少于 9 小时，正确判断 10 个秘放气象气球位置获奖（4 万美元），这一成果对战场感知"不明来路飞行器的定位"具有重要意义。

2015 年挑战赛主题是"机器人"，赛程包括开车、爬楼梯、搬运工具、转动阀门，这些技术的实现对人们救灾抢险、探险活动具有重大支持作用。这些活动既有趣，又产生出竞争的激励，还能以低投入产生大成果。

2009 年，全美范围内的"H1N1 流感"、2013 年印第安纳州的"中东呼吸综合征"、2014 年得克萨斯州"埃博拉"病毒，这些病毒的传播性极强，再加上现在世界交通的便捷，DARPA 认为 36 小时之内就可以通过客机传播到世界各地。

这只是自然爆发疾病的风险，还有人类的合成生物学和基因编辑技术发展，使得那些极端分子制造"人为生物威胁"的门槛大大降低。

在这些风险和威胁面前，人类急于尽快提出对策。这个创新需求非个人所能完成，它是集医学、生物学、流行病学、遗传学、生命科学、工程学、信息学、社会学等多学科联合的行动。 鉴于此，DARPA 于 2014 年成立"生物技术办公室"，以应对全方位的挑战。这个办公室既是国家战略性的，又是专项领域的战术性工作体制，以应对目前"几乎任何地方的任何人都可以进行基因工程实验"的意外风险，应对生物技术这把"双刃剑"。DARPA 这个快速反应、迅速组织权威性的"生物技术办公室"来应对问题挑战的时敏行动，是"想到就开始做"的创新文化的实际表现。从课题的"想到就做"到组织管理的"快速有组织的实施"，是 DARPA 取得突破性成就的关键所在。

所以我认为，"快速反应的时敏性"是创新文化的重要一条。

● **创新文化第三条："针对特点""切入问题""协同攻关"是创新文化的重要理念**

美军视我国 DF-21 为远程攻击航母的杀手武器，他们将自身置于被摧毁的境地（见美国公开的有关国防报告）。他们在思考航母真的在未来战争中有用吗？如果将航母放在近敌战区，它将受到廉价导弹大量攻击，使其失去起降战机的能力。从资产上看，航母造价 130 亿美元，配置 5000 名船员，装备先进防御武器，如果被几枚导弹所摧毁那无疑是以黄金换钢铁。如果退到安全距离，他们的战场活动半径将大大缩短，失去了航母对战机远程输送的作用。**航母处于要么逃得远远的没有用，要么遭到摧毁用不成的两难选择。**DARPA 据此提出一个"没有航母投送能力"支持的未来战斗。"他们已经在行动，已经开始研究，已经启动计划"（此句见 DARPA 的公开报道《制造技术发展》，作者弗雷德·肯尼迪）。

陆战的最后阶段是近战（我军更有丰富的交战战绩），在以挫败对手为目的的物理域格斗中，怎样以自动、网络域实现非近战模式，这是世界军事大国在思考的紧迫问题，而且武器的自动化、智能化进步、信息感知的网络化发展，都为**这个"非士兵近战"模式的形成（这是我为表示与传统"近战"的不同而称谓之），提供了支持。**

为此，DARPA 立即着手部署相关问题的研究，启动"城市监督自主侦查"（URSA）计划，以实现使用机器人在复杂、杂乱、不确定和不安全的城市近战中自主发现敌军、识别敌人，然后利用小型、自主的分布式战斗行动，消除那些"昂贵的中心"的新格局。我认为这是一种**"以小代大""以分布集群代集中""以无人代有人""以非士兵代替士兵"**的攻城战术，实现以敌人无法预见的行动打击敌人。

他们还启动"进攻性蜂群（OFFSET）"项目（也可称为"蜂群式进攻"）开展无人机群系统架构（计划部署 250 架或更多小型或微型无人机）研究，以及无人地面车辆配署能力，自主无人机对街道、房屋的飞入能力（无需人员控制、无 GPS 支持）的技术攻关及演示验证；启动"快速自主（FLA）"项目，实现在杂乱环境下高速导航的算法（见《DARPA 60 年》，2018 年 9 月）。

我认为这些项目的快速启动一定要在"各类传感器"的支持下才能取得。非此所谓的自主则是"无准确性的盲控"。**我们不要低估美国的创新环境的作用，也不要高估现在他们所表述的战力，我看"盲控"及"传感器短腿"是阻碍这些创新得以实现的关键性障碍。**

在越战和伊拉克战争中，地洞、地道战成为对美军的挑战。鉴于此，DARPA 开展了"地下（SubT）领域"的研究，以实现在地下环境中快速导航、搜索和绘图，并能自主判断及将信息传输地面的能力。这些成果不但对攻击地道、地洞有用，对人工隧道、地下城市空间和天然洞穴的探索，对地质研究、矿山安全、地下水矿、斜井暗洞的救灾都有贡献。

我认为要从自适应性的人工智能向自感知性人工智能的发展，必须使我们设计的自主系统具有对现实未知场景的完全解释和全域思考的能力。

鉴于此，以下几点"技术需求性"的思考题目是值得研究的。

1. "地下探测系统"的导航将如何实施（不使用 GPS）；

2. 如果城市机场、重要集会、关键敏感时间出现"低空、慢速、小目标"飞行器，你设想将用什么方法将"定位、跟踪、预警、得以'无波及性'判毁或击落"；

3. 地下人造物（地铁、矿井），地下自然形成的洞穴、内河的探索、绘图或适时上传地面，分析其形状、种类、特征的技术与算法。

完成这些任务目标，似乎应当分为三步实施：

首先给出一个总体设想，然后拿出一个方案，最后将方案形成一个可实施的工作任务或工程，最终一定要落实到一个具体任务或工程上。

凡此类"技术需求性"题目对军、对民、对社会、对经济都有十分重要的价值。

● **创新文化第四条：抓住苗头、锲而不舍、不断积累、逐步逼近目标的奋斗精神**

现代 AI 产生于 1960 年，计算机学家 J.C.R. 利克里德发表了关于未来计算机如何增强人类能力的观点，随后"人机交互"概念即被 DARPA 捕捉。

这项工作由信息处理技术办公室时任主任利克里德负责，开发可视化信息、交互信息的技术，最终形成了目前互联网和个人计算机的基础。到 2013 年美国白宫宣布启动"脑计划"，DARPA 投资 5 亿美元，促进创新神经技术的发展。

斯坦福大学开发可呈现完整脑组织的三维细节，更好地了解大脑的工作原理。

20 世纪 90 年代，DARPA 进行了直接神经接口进行人机交互的研究。

20 世纪 90 年代后期，在信息技术、材料科学和传感器等支撑下对大脑结构和功能的研究。

21 世纪，DARPA 加大投资，启动"脑机接口"项目，旨在记录神经元模式，解码与记忆、感应知觉和运动意图相关的神经状态。

以这种文化，反观我们的诸多成果："两弹一星""载人航天""探月工程"三大里程碑，也都具有我们自己的创新文化。但这些工程的一个共同点是人类已经有了前期行动，我们是在追赶中突飞猛进的。与前无榜样、胜负两存状态下的"创新和颠覆"是不十分相同的两种状态，我们应当在前沿科技探索中具备这种新的创新文化，从抓住苗头入手，这是我们应当继续努力的方向。

● 创新文化第五条：重视"基础知识 + 应用知识"的积累是创新的基础原发力

20 世纪 50 ~ 60 年代，计算机局限在计算功能的应用上，比如代替人工的资金核算，或复杂的数学方程运算（包括 MATLAB 的工作），在完成阿波罗登月计划以及我国探月工程中，计算月球着陆的轨道（以确定何时启动制动火箭以及持续工作时间）上的工作都是将其视为人类的一个工具，算法则是一组指令。经过近 50 年的历程，我们没有让计算机像人类一样可以思考。早期人工智能的研究人员发现，**智力不仅取决于思考，还取决于知识，因为知识是思考的基础**。与机器相比，人类仍然是更有效的学习者。我们从老师、书籍、观察和经验中学习，快速将学到的知识运用到新的情景中，特别在有关工程知识的体验和实践中，所积淀的知识将是相关人工智能技术开发的基础（见我写的《辩证唯物的现代知识》一文，2019 年 4 月）。

日本福岛核事故的技术原因是一个阀门出现故障，使冷却水从反应堆安全壳中溢出。反应器的热量使剩余的水变成蒸汽，增加了容器压力，操作人员认为高压意味着水过多，使得反应器超出了自动应急冷却系统的参数限制，使故障进一步恶化（参见《一种千变万化的技术》，约翰·埃弗雷特）。

这个例子使我想起，我们自己的飞行器失败的一个例子，那是因为一个测压导管破裂漏压，而逻辑判断是由于发动机没有建立起压力，也即发动机没有工作，为防波及成更大的损失，没工作的发动机必须实施自毁。与福岛核事故的这个故障模式有相似之处。

这个例子正说明，**我们在故障模式的判断知识上存在盲点**。在故障模式中没有把"阀门故障""测压管破裂"的现象纳入一个准确的全面故障链分析中，误判造成失败。也即没有实现"完全解释"和"全域思考"的要求（见本文创新文化第三条）。

当然如果在人工智能的理解学习中有这些知识的支持，则可能避免那些可以避免的重大失误。

● **创新文化第六条：宽松的环境、开放的政策、条件的支持是繁荣创新事业的重要保证**

创新必然含有一部分革旧的内容，创新就具有某种颠覆。不改变过去熟悉和成熟的，怎么能属于创新范畴呢，所以，允许失利、允许多次试验、允许反复性探索是创新文化的必备特征。这种宽松环境的建立是开展繁荣的创新事业的必备条件。如果说"确保成功"是对执行成熟性工作的目标要求的话，对创新性的探索则是不完全正确的，特别是在创新性探索工作的前期，我们对该事物的认识尚不清晰，或者正处在使其清晰的阶段，我们就不能要求创新工作者不得出现失误，或者不出现某些"反复"。我们应当将每次失利、每次反复都作为创新过程的"成果"去看待，而正是从这些失利中才使我们有可能寻觅到通向成功的道路，它值得我们特别加以珍惜和重视。

开放系统这个词在普里高律的耗散结构理论里指的是可以同外界进行能量和物质交换的系统（包括信息的交换，**系统论者近来把信息与物质、能量**

并列为宇宙三基元）；封闭系统是指只能进行能量交换而不能进行物质交换的系统；孤立系统是指既不能进行能量交换也不能进行物质交换的系统。我们讲开放的政策就是指在这个政策支持下，可以进行充分的"知识交换"和"能力交换"。因为在当代科技发展态势下没有这种充分的知识能力的交换，特别是在需求大工程支撑、多学科支持、跨部门协同的状态下，更需要一种开放的政策才能保证创新事业的繁荣和可持续。

条件支撑是创新活动的重要保证，这个命题是一个基本的认识，基本上不会有人提出异议，但到具体实施层面，反而成为一个共识差异项，实施起来却是重重困难的事情。

条件无非是"人、财、物"这三件事，正是这三件事，对执行创新事业的人员而言是最难的事，不但中国有现实难题，就是发达国家，他们的问题也好不到哪里。这类问题已经在"科学社会学"的研究中得到分析。

改革开放 40 年来，我们党为创新环境形成、创新生态建设付出了巨大的努力。中国制造、中国创造、中国产权已经成为新时代强国建设的主旋律。习近平总书记在"庆祝改革开放 40 周年大会上的讲话"中指出，中国的开放只能是越开越大。

哪里的开放政策好、哪里有宽松的科技创新环境，哪里就会聚集人才、哪里就会产生出创新成果，我们国家的开发区、深圳的发展经验、华为的成功、武汉光谷的创建、北京中关村的创业都昭示着这一点。

5. 创新是永无止境的事业

人类的文明史、科技发展史实质上就是人类认识世界、适应自然、创造生活的进步史。而创新则是人类所独有的能动力量。人类存在一天，认识世界、顺应自然、创造生活的活动就进行一天，人类创新的能动作用就发挥一天。创新与时俱进，探索永无止境。

从当今世界而言，各种矛盾、利益冲突仍然存在，世界并不安宁。建设祖国、保卫我们国家的安宁和维护世界和平的责任要求，更催促我们以更快的速度、更高的质量实现我们的强国梦，要实现这些目标，完成这样的任务，只有坚持党的路线、坚持改革开放、坚持创新引领，非此别无他路。

面对新的技术挑战、面对实现新模式下的创新需求、面对突破旧模式的颠覆性格局，我们必须以**统观全局的战略眼光、机敏灵动的战术智慧、锲而不舍的战斗精神，建立起以创新文化为核心的创新生态**，在我们所从事的领域努力奋斗，创造出新的辉煌成就，奉献给振兴中华的伟业。

本文要点

1. 在落实习近平总书记的"唯有创新才能抢占先机"指示中，建设创新生态是一个重要的课题。

2. 创新与聚集人才的环境。

3. 古希腊"柏拉图学园"、中国"谡下学堂"。

4. 在思考中学习、在思辨中成长、在思路交织中成熟；在新需求中创新、在突破中颠覆、在发展中融合。

5. 创新源于敏锐地思考、尖锐地提出问题、大胆地进行逻辑延伸的猜想。

6. 牛顿的四条推理原则。

7. 牛顿的实验哲学的思维逻辑过程：理想化状态——现实复杂状态的研究。有人将这个过程称为牛顿风格（Newton's Style）。

8. 决定性的还原论（Deterministic Reductionism）也即"分析—综合"的还原论。

9. 创新文化在创新生态的重要位置。

10. 创新是一种"想到就开始做"的时敏性快速反应的行动模式。

11. 航母受到的挑战：处于远地没有发挥其战力；处于近地会遭到导弹摧毁；美军开展的"没有航母投放能力"的研究。

12. 智力不仅取决于思考，还取决于知识，因为知识是思考的基础。

13. 创新文化的六条重要内容。

14. 我们必须以统观全局的战略眼光、机敏灵动的战术智慧、锲而不舍的战斗精神，建立起以创新文化为核心的创新生态。

8

科学知识的发现

——论工程师的敏锐性和坚韧性特质

摘　要：思索的敏锐性和探索的坚韧性是我们获取认识世界、获取知识的必备特质，有了这样"我疑故我思，我思故我在"的理念特质，才能在科学的道路上有所发现、有所发明、有所前进、有所创造。仅仅有正确理论思维是不够的，还需要以科学的方法论为支柱，从科学和技术以及工程的方法论而言，科学技术的共同进步，观测、分析、再观测、再分析的科研历程及手段工具的技术保证，则是取得成果的重要支撑。

一、我疑故我思

哲学家迪卡尔有一句名言"我思故我在"，此处之"思"，是指"怀疑"和"思索"。如果我们没有怀疑和思索，怎会洞察出新的存在？没有新的产生，只能是旧的重复，没有新的创造，怎能体现我们的存在！所以，我倾向于在"我思故我在"之前，附骥攀鸿解释性地加一句**"我疑故我思"**。

我们可以回忆一下"太空微波背景辐射"的例子。主人公是贝尔电话实验室的一位无线电工程师杨斯基（K. G. Jansky），他在建造岸－船通信装置时，研究信号中的各种干扰现象。他们发现耳机监测里除雷电干扰外，还有一个稳定的"嘶嘶"声。有人认为那是太阳的辐射影响，但杨斯基没有简单地做出这个结论，他怀疑另有其因，便坚持进行观测。他发现当太阳离开观测区之后，其"嘶嘶"声依然存在，并指向银河系中心。经反复确认，1932年，杨斯基发表了《在银河系中心方向探测到新的射电波》论文。《纽约时报》为此做了专题报道。

杨斯基的观测结果，并没有引起当时科学界的注意。但贝尔实验室的工程师们没有停止他们的思索。1965年，他们制定了一个弄清这个"疑问噪声"的计划，由彭奇亚斯（A. A. Penzias）和威尔逊（R. W. Wilson）负责。他们从杨斯基发现的银河系中心，扩展到太空背景，得到了背景噪声的平滑分布。这个知识的获取引起了广泛的关注。这个结果就是现在我们称之为"平滑分布的微波背景辐射"（空间域的分布）。

这段往事，到此似乎可以结束了，但"我疑故我思""我思故我在"，对彭奇亚斯、威尔逊的发现感兴趣的还大有人在，其中典型的是荷兰莱顿天文台台长奥尔特（J. H. Oort）。他思考"微波背景辐射"除空间的平滑分布外，在频域上有无价值。如果"嘶嘶"的干扰声能在频域上有某种特殊性，则这个观测对深空探测，对恒星、气体云的研究则具有更大的价值。为此，他和他的学生赫尔斯特（Hendrik van de Hulst）就当时的"知识"可达的认识基础上提出了"背景辐射在特殊谱段存在的可能性研究"这样的命题。我看这个命题的提出正是表明这位睿智的奥尔特的存在。1944年，他们提出"氢原子跃迁"具有存在的极大可能性，这一重大预测被众多科学家证实，21cm的原子氢谱线被国际认可，在这个"知识"的支持下，人们得到了银河系结果的原子氢分布。射电探测为人类太空探索打开了一扇窗口，今日之毫米波天文学已成为天文学、宇宙学研究的重要手段，也是一个重要的领域。

从这段历史的简单回放，使我们对杨斯基和奥尔特这两位科学家对观测现象的敏锐性和他们对现象观察的坚韧性的特质由衷感佩，在他们的思索和成就中深刻地感到"我思故我在"这句名言对我们的巨大激励！

思索的敏锐性和探索的坚韧性是我们获取认识世界、获取知识的必备特质，有了这个特质，才能在科学的道路上有所发现、有所发明、有所前进、有所创造，正如习近平总书记指示：中华民族要实现伟大复兴，一刻也不能没有理论思维[①]。

二、我思故我在

科学家对黑体辐射的研究，揭示了物质辐射的频率特性。在很多情况下，我们可以近似地将所观测的对象视为黑体，它的辐射能量可以按普朗克曲线去分析。在这个辐射能量的分布下，其低频端所占的比重是比较小的。当我们把电磁波的谱段按 γ 射线（$\lambda < 2.5\text{pm}$）、硬 X 光（$0.0025\text{nm} \leqslant \lambda < 0.1\text{nm}$）、软 X 光（$0.1\text{nm} \leqslant \lambda < 10\text{nm}$）、极紫外（$10\text{nm} \leqslant \lambda < 150\text{nm}$）、紫外（$150\text{nm} \leqslant \lambda < 300\text{nm}$）、可见光（$300\text{nm} \leqslant \lambda < 750\text{nm}$）、红外（$0.75\mu\text{m} \leqslant \lambda < 1000\mu\text{m}$）、射电（$\lambda \geqslant 1\text{nm}$）区分时，射电谱能量很小。所以，天文学家普遍认为（至 20 世纪 40 年代）即便地球大气对射电波是透明的，人们也很难在射电谱段去观测宇宙。

第二次世界大战促进了雷达工程的进展，这些工程师们在实验室开展各种性能试验，而且得到了一些发现。1930 年，贝尔电话实验室曾为建造频率为 $2 \times 10^7\text{Hz}$ 的船岸间通信设备，进行过有关各种干扰现象的研究。为了摸清引起干扰的性质和特点，我们在上面介绍了杨斯基的开拓性工作，他们建造了一架 30m 宽、4m 高的可旋转的天线，从 1931 年开始整整干了一年，1932 年他在提交的论文中称：除了本地雷电引起的激烈干扰和远处区域雷电引起的持续性干扰外，他还在耳机中听到一种稳定的嘶叫声，这种嘶叫声会随着天线的转动而变化。当时太阳正好位于嘶叫声最严重的方向，很自然地会被认为太阳是嘶叫声产生的地方，但杨斯基并没有这样简单地确定，这正应合了"我疑故我思，我思故我在"的理念。杨斯基的思索为他带来了丰硕的成果。几个月后，太阳慢慢离开了那块天区，但嘶叫声依然存在，也就是说这个嘶叫声不是从太阳发出的，而是从那块天区产生的，那块天区是我们银河系中心所在的方向。可以肯定，杨斯基听到的嘶叫声在排除仪器设备和太阳的原因外，只有一个可能，它来自太空。为此，《纽约时报》做了题为《在银

---

① 习近平总书记在纪念马克思诞辰 200 周年大会上的讲话。

河系中心方向探测到新的射电波》的报道。当时这样的一个观测结果，并没有引起科学界的关注，因为那时的科学家正沉浸在量子力学的热情和核物理的热门中，所以对此反响不大。但工程师们没有停止对在实践应用中产生的干扰问题的探讨，至 1965 年，贝尔实验室制定了一个解决**地面和卫星之间的通信设备的噪声干扰问题的计划**。这个项目交由彭奇亚斯（A.A.Penzias）和威尔逊（R. W. Wilson）负责。他们在开展工作后也遇到了与杨斯基遇到的相同问题。与杨斯基不同的是，干扰源在太空中呈现出平滑的分布（现在我们将这个平滑分布的射电波称为微波背景辐射）。这次的发现引起了广泛关注，科学界感到这可能是一项具有重大意义的发现，这个来自太空且具有平滑分布的射电波有可能敲开揭示宇宙结构理论的大门，或者它可能牵涉到宇宙时间历程的痕迹。

对杨斯基的发现，第一位重要的反应者是荷兰莱顿天文台台长奥尔特（J. H. Oort）。他认为如果这种嘶叫声不表现为频率上的某种特殊性，那对于恒星和气体云的研究将没有多大价值。但若有可能发现某一种特定的频率存在，那情况就完全不同。为此，他把这个搜索射电谱线中有价值谱段的工作交给了他的学生赫尔斯特，作为他的博士论文。1944 年，赫尔斯特得到了这样一个结论：频率为 $1.42 \times 10^9 \mathrm{Hz}$ 的氢原子跃迁有着最大的可选性。1945 年，他进一步提出，对星系中氢云所发出的这种辐射进行搜索，在技术上也是可行的。1951 年，他们成功地探测到了 $1.42 \times 10^9 \mathrm{Hz}$（即 21cm）的原子氢谱线，而且被多名天文学家的探测所证实。

此后的 10 年，人们花费了很大的经历及巨大的兴趣，借助 21cm 辐射描绘出我们银河系中旋臂结构的原子氢分布。

射电探测为人类的太空探索打开了一个窗口，为我们增加了一个新的手段和能力。毫米波天文学已经成为当今天文研究的一个重要领域。

我对射电天文学的这一小段过程讲述其目的，为的是让我们反思一些东西，特别是杨斯基和奥尔特这两位从事的关键性任务，他们对**观测现象的敏锐性和对现象观测的持久性**都是取得成果的重要因素，或者说是一位科学家、工程师们的一个重要的素质要求。如果杨斯基随同一般人的认识，将干扰源定位于太阳，而结束这个现象的定论，那就不可能发现太空的射电辐射和微波背景辐射这些重大认识上的飞跃；如果没有奥尔特的独特思考，搜索其有益频段的存在，也就不会有 21cm 氢原子谱线的旋臂结构的原子氢分布图。

所以，从科学和技术以及工程的方法论而言，科学技术的共同进步，观测、分析、再观测、再分析的科研历程及手段工具的技术保证，则是取得成果的重要支撑。正如英国著名天文学家霍伊尔和印度著名天文学家纳里卡所著《物理天文学前沿》一书中所说：**天文学家能加以利用的技术手段是多么重要，仅仅有正确的概念是不够的，概念必须以十分先进的仪器为支柱，这样才能应用概念、发展概念，不然的话，概念始终不会开花结果。**

本文要点

1. 思索的敏锐性和探索的坚韧性是我们认识世界、获取知识的必备特质。

2. "我疑故我思""我思故我在"。

3. 仅有正确的概念是不够的，概念必须以十分先进的仪器为支柱，这样才能应用概念、发展概念，不然的话，概念始终不会开花结果。

四、系统工程的研究

中华民族要实现伟大复兴，一刻也不能没有理论思维。

——习近平总书记指示

中国航天的系统工程 ①

摘 要：工程系统、系统工程和运筹学是钱学森院士系统工程理念的三个重要组成，是中国航天从失利中成熟起来的重要抓手。当中国航天遇到新技术、新型号、新任务的挑战时，根据出现问题的属性及其问题被潜延至发射场的各路关口入手，中国航天提出了几十项系统工程措施，在改变被动局面和保持高可靠发射上起到了重要作用。航天系统工程随着航天科技工业和国家科技水平的提高不断发展、不断变革和不断创新，为更好地发挥其技术与管理优势，必须遵循规划性的筹划、程序性的设计、风险分析和处置预案以及阶段评价（含非拥护性评审）等工作要求。

随着我国现代化进程的发展、重大工程和复杂工程系统的实施，特别是"十二五"之前的 16 项重大科技专项、"十三五"的 165 项重大工程项目的进行，工程系统与系统工程成为科技界、经济界和社会学界广泛关注的问题。今年是钱学森院士发表《组织管理的技术——系统工程》一文 40 周年，所以，在今年的"系统工程"研讨会上，**专家、学者们呼吁将"系统工程"设为一级学科**，我想就这个方面的问题，介绍一些情况。

一、关于工程、系统工程和运筹学

"工程"这个词出现在 18 世纪的欧洲，是指作战兵器的制造和执行服务

---

① 本文发表于《航天工业管理》，2019 年第 10 期。

于军事目的的工作，即"制造兵器和服务军事"两个内容。

按《不列颠百科全书》的定义："科学家的职责是如何认识世界，而工程师则是如何实现现实。"同志们作为医生，首先要肩负"认识"的职责，又要具备"实现"的本领，你们既是科学家也是工程师，具有双重品格。我国"工程"的说法可能更早。华夏先民给我们留下的四川都江堰、陕西郑国渠和广西桂林灵渠是世界上最完整最精彩的古代大型水利工程，可以称为古代科技工程的辉煌杰作（图1）。灵渠建于秦始皇三十三年（公元前214年），都江堰建于秦昭襄王五十一年（公元前256年），所以，我国科技史的工程概念在2000多年前就有。

图 1　都江堰水利工程

按钱学森院士的定义："把服务于特定目的的各项工作的总体称为工程，如水利工程、机械工程、土木工程、电力工程……"，那么这个特定系统的"组织建立或者是系统管理，就可以统统看成是系统工程"，而"国外所谓管理科学、系统分析、系统研究以及费效分析等工程内容之数学理论和算法可以统一看成是运筹学"。

在谈到工程的系统性概念时，钱学森说："我们把极其复杂的研究对象称为'系统'，即由相互作用和相互依赖的若干组成部分结合的具有特定功能的有机整体，而且这个'系统'本身又是它所属的一个更大系统的组成部分。""导弹武器系统是现代最复杂的工程系统之一。"

钱学森的这段论述包含三个概念：工程系统、系统工程和运筹学。以航天而言，载人航天工程、探月工程、"两弹一星"工程，这些复杂的工程都如导弹武器系统那样是一个复杂的工程系统；而实现其工程目标的组织管理，则是与这个工程系统伴生的系统工程。所以，钱学森说："系统工程是组织管理系统的技术。"

"系统工程的概念并不神秘，这是我们自有生产活动以来，已经干了几千年的事。"上面提到的我国 2000 多年前的水利工程，"按今天系统工程的观点是一项杰出的大型工程建设"，也是杰出的系统工程的实践。

近代将系统工程概念提出并以相应的理论进行分析、规划、决策和运行，以最佳路径、最可靠保证和最小消耗达到工程系统所追求最优目标的首次实现，是在 20 世纪 60 年代末美国阿波罗登月计划上表述的。就我国而言，研究系统工程，或集中力量建设研究队伍是 1979 年 7 月中国自动化学会在芜湖召开系统工程学术讨论会，10 月由一机部到八机部、中科院、社科院、总参谋部、总后勤部、军事科学院、国防科委在北京举办系统工程学术讨论会，提议成立中国系统工程学会，并在西安交通大学、清华大学、天津大学、哈尔滨工业大学、国防科技大学等高等院校成立系统工程研究室、研究所开始的。"我国科技工作者已经认识到，系统工程同现代化建设各个领域的组织管理工作是紧密联系在一起的""系统工程师，它的理科是培养从事基础理论研究工作的组织管理科学家""我们需要的组织管理科学家和系统工程师，其数量和质量都决不会少于或次于自然科学家和一般工程技术的工程师"。

任何一门学科的成熟性表达是其概念的描述和逻辑推理的数学形式。系统工程的数学支撑则是运筹学，在现代数学理论和电子计算机技术的支持下，各种定量描述、模型方法、模拟实验和优化设计，以及大数据和计算机能力的提高构成的人工智能正在促进现代系统工程的科学与技术基础发展。经典的线性规划、非线性规划、博弈论、排队论、搜索论、库存论、决策论、可靠性以及大系统理论、算法论等都可以纳入运筹学之中。

我认为，工程系统、系统工程和运筹学是钱学森院士系统工程理念的三个重要组成。

二、从失利中成熟起来的中国航天系统工程

1996 年，中国航天遇到新技术、新型号、新任务的挑战，在市场、改革、队伍建设等各种新环境下，航天遇到了从未有过的困难，导弹试验、火箭发射相继失利。党中央、国务院、中央军委领导十分关注我们的问题，明确指示抓质量、抓管理、保成功、没有退路。在原航天工业总公司党组的领导下，我们认真研究和思考如何从困境中走出来。

当时是技术问题与管理问题并存，细究起来很多技术问题并非只能到发射时间才出现，它可以通过管理，**使薄弱环节得以早期暴露并得到早期解决**，所以，技术问题的背后仍然存在管理问题。而管理正是系统工程的核心任务，因此必须从上到下，全面反思。从理性认识层面看，就是重塑中国航天的系统工程理论，重振中国航天传统精神，续写"两弹一星"伟业。根据出现问题的属性及其问题被潜延至发射场的各路关口入手，中国航天提出了几十项系统工程措施。当时最著名的是质量管理的"72 条""28 条""质量归零双五条"（实际上"质量归零双五条"是包含在"72 条"之内的），但对于故障出现后，彻底解决问题的"技术问题归零"的 5 条准则是早于总纲性的"72 条"的。这 5 条准则是指对研制中出现问题时必须执行的处置程序及充分必要的技术要求，所谓"归零"就是"问题消账"，将问题解决到底，不留隐患。下面我逐条进行介绍。

5 条中的第 1 条是定位问题。这是故障出现后首先要分析清楚的，从理性思考而言，任何一个问题的产生必有其原因，或者反过来讲，由某个原因的存在必然会有产生某种问题的可能。在这样一个思考逻辑下，我们可以形成两个集合，即内含的原因集和外部的显现集，我们在分析故障原因的时候，大多是将获取的现象（光测（含目视）雷测）和数据（遥测）作为外部显现集，反推寻找内部原因。

我们以（A B C，a b c）三元素的简单例子，说明其定位的逻辑。A（a b）表示 A 因可以引起（a b）两种表现，B（a c）、C（b c）表示 A 因和 B 因的显现。

如果故障的"显现集"出现（a b），则它必为 A 因所为；如果出现（a c），

则 A、C 皆有可能是其"原因"。如果这个故障只是一个原因引起，则说明按目前获取的"显现集"尚不能准确定位，我们必然再构造充分的显现集。这项内容就是"故障定位"工作，其要求是"定位准确"。

原因集和显现集的映射关系是可逆的，如果将显现集作为原因，也能找到它内部的显现（图 2）。

说明：

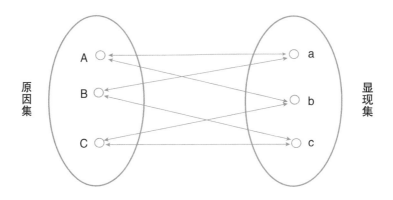

图 2　原因集和显现集的映射关系

定位准确是故障分析的第一件事，有点类似于医院里把挂号的病员归于哪科去进一步诊断。

第 2 条是机理问题。在准确定位之后，根据系统工程运行要求，要将这个部位产生问题的机理搞明白。也即以已经准确定位的事件为顶事件，产生这个顶事件的所有的可能的事件作为底事件，将其故障的传递链梳理清楚。

（注意：系统工程里的故障树分析方法（FTA）的元素是"事件"而不是"部件""环节"。）

这就是 FTA，这项工作的要求是把故障的传递关系弄明白。根据 F_1、$F_2 \cdots F_n$ 各底事件实际存在的状态，或根据充分的旁证将不可能项 F_i 去掉，则可以获得比较充分的故障传递过程和比较清楚的机理认识（图 3）。

第 3 条是问题复现。上述两项工作完成后，要进行分析结果是否真实和准确的验证工作，即在各种模拟、仿真的状态下，进行定位和机理的"复现"性检验。

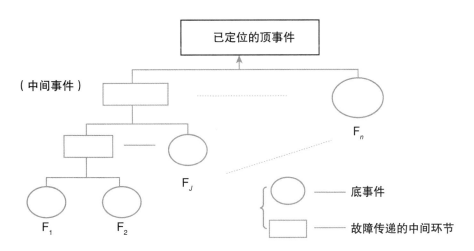

图3　故障树分析方法示意图

此处的复现不是让这种故障在实际的系统再进行一次重复，而是问题的复现，这个复现是从验证定位和机理分析的准确性出发的。在5条准则贯彻之前，曾发生一个型号因为一个原因连续几发相继失利的案例，其教训是十分沉痛的，就是因为缺少这个复现的环节，使有些故障没有得到彻底解决而反复出现（图4）。

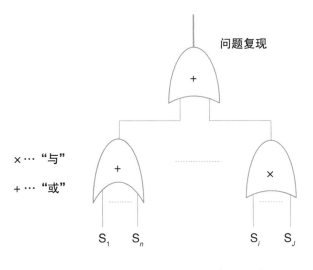

图4　问题复现示意图

这一步的要求是问题得到复现，得不到复现说明因果集缺项或故障树不完整。

第 4 条是措施有效。在定位准确、机理清楚、问题复现后，针对问题的解决办法就可以提出来了。在措施方法的设计和实施中，必须按工程设计程序的要求进行，需经部分实物验证，经系统试验验证，以及各环节的技术评审。

第 5 条是举一反三。对已发生的故障，本系统、本型号要举一反三，进行思考，对类似环节、同批次产品（器件）要进行相应的处置。其他型号也要以这个故障作为案例，完成相应的复查和复核，有些重大的典型案例，其举一反三的范围还要扩大。同时，**对国外航天领域出现的故障也要进行举一反三的思考**，比如国外某型号的双星发射软件问题，其释放程序是先释放双星中的甲星，并以甲星已发射为条件，再释放乙星。但在发射单星时，采用的软件却是双星状态，没有甲星，以至于始终建立不了甲星已发射的条件，使得任务失利。对类似的问题也要像对自己出现类似问题一样进行举一反三的思考，全面检查软件版本与实际状态的匹配性。举一反三是将经验和教训逐步扩展的过程，是使多方受益、多领域提高的过程。

归纳起来，"定位准确、机理清楚、问题复现、措施有效、举一反三"这5 条准则的严格贯彻，在改变被动局面和保持高可靠发射上起到了重要作用。其解决故障问题的程序和要求全面、合理且具工程实践性，已作为中国航天系统工程的重要成果，被国际宇航界认可和采用，现已成为"国际标准"（2015年，ISO 18238《航天质量问题归零管理》（《Space systems—Closed Loop Problem Solving Management》））。

需特别说明的是，这 5 条准则是出现了故障之后的技术处理的规定，而更重要的是在故障没有发生前的工作，那是从源头处防止和杜绝问题的发生，它更是系统工程要研究的内容。这类前期性工作，更值得我们深入思考和总结提炼。

三、系统工程不可缺少的几项工作

系统工程内容极其丰富，特别是航天系统工程内容已包括从规划—设计—制造—交付—服务—退役的全寿命周期活动。由于时间关系，我这里只就几点必要（不可缺少）的、也许与同志们从事的工作有关的系统工程要求介绍一下。

1. 规划

此处规划应包括计划和筹划。而在英语语境下，规划和计划是同一个词。这里的规划则是广义的。现代系统工程的起步是从需求分析开始，而且将工程系统立项前的论证工作纳入工程的前期准备。从系统的规模和学科形态而言，现代工程已不具备单一行业性质，它往往是跨行业、跨学科的工程行为，且其科学性、技术性、专业性交叉在一起，已非某一专业人员的独立行为，是一个大协同的系统性行为。这就使得系统的规划成为系统工程的重要前提。

如果是以工程立项为目标的工程规划，那这个规划的内容要比工程设计所涉及的内容和领域则更广泛，需要相关的领域专家参与研究，甚至还需要社会科学领域的专家参加。

做任何一件事，事先都要进行筹划，从工程而言，则都属于"规划"的内容，从系统运行的可靠性和适应性而言，有些工程系统还设置有"任务规划系统"，比如战术导弹的最安全路径或最短路径、最快路径、最经济路径选择，则是这类系统要完成的工作。

可以说没有规划的研究、没有站在全局的观点分析工程系统的存在及运行，没有规划指导下的大力协同，则不是系统工程。

2. 程序

我们用"系统工程"这一名词来定义工程的实现与管理，它一定具有系统性。钱学森院士是这样定义"系统"的："所谓系统是指由一些相互关联、相互作用、相互影响的组成部分构成并具有某些功能的整体。"

这个整体的运行必须是有序的，是不能随机随意、杂乱无章、各行其事的运行，它的互相关联、作用和影响都要为实现某种功能而贡献。"从20世纪40年代末形成的控制论科学，50年代诞生了工程控制论和生物控制论，60年代现代控制论发展形成了大系统理论"，以及当代的"人工智能控制"，都是人类按照他们的意图创造的系统，它不是自然物，而是一个人造物，所以其系统实现的功能性、各分系统的支持性和整体的协同性，就是这个人造物在自然物环境下运行的基本条件。

所以，程序化工作和程序性管理则是使系统工程得以运行的基本要求，**上下环节的无缝连接、左右部分的匹配相容、各分系统子功能对系统总目标的贡献，是系统工程运行的核心任务。**

钱学森之所以说导弹武器系统是现代最复杂的工程系统之一，是在实现这个武器系统功能的系统工程必须有极其严密、充分正确的程序下保证的。一个没有程序设计的工程管理，不称其为系统工程。而一个优秀的系统工程师，他的工程实现就像一个乐队的指挥在演奏一曲优美的乐章一样，节奏的混乱将破坏动人的乐曲，而程序的混乱则必定会造成一个工程系统的失败，所以，没有"程序"设计就不是系统工程。

3. 风险

世界上没有风险的事是不存在的。任何工程皆有风险，**差异只是风险出现可能性的大小，风险引起的危害和损失的多少，风险规避的难易、程度之高低**，根据这三点的不同，我们一般要对风险进行比较统一的分级管理，以避免不同组织、不同项目因自建格式标准，而引起同行或异域的困惑和误解。NASA与其他政府组织、工业部门共同确定了广泛应用的定义：低、中、高三级风险（见《NASA系统工程手册》2007年本）（图5）。

图5 《NASA系统工程手册》2007年本

低风险：不影响性能降低、进程中断、费用增长，可接受的风险。

中等风险：可能引起性能降低、进程中断、费用增长，需采取特殊行动的风险。

高风险：性能大幅降低、进程停止、费用极大超支，需采取重大的附加行动和优先管理的风险。

NASA 将这三种风险表征在"风险矩阵"中（图 6）。

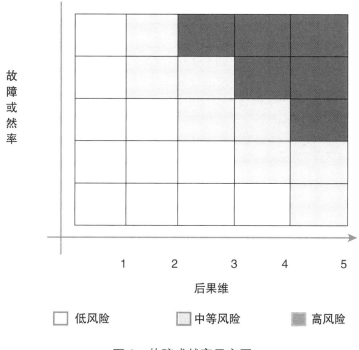

图 6　故障或然率示意图

（故障或然率：风险故障出现的概率；后果维：风险出现的后果大小。）

该矩阵大多为 5×5，是为方便风险讨论时使用，它兼具或然性、后果的定性、定量度量方法，它的不足是没有办法处理聚集的风险（总风险），这个二维的 5×5 矩阵，反映不出风险对工程环境的敏感性。风险与任务目标共生，所以风险是人造工程必然存在的；正因为是人造物，所以风险也是可以通过人们的努力去规避的。

这里只是做一个介绍供参考。

系统工程对风险的处置主要体现在两个方面，一个是风险的分析，即风险源的筛选。根据本系统的技术特点，确定可能产生风险的源头（或称为"风险因素"），特别是对相似系统已经出现问题的先验性经验与教训、历史文献和故障文档的启示和启发，以及预案设计（图 7）。

预案设计的产生是由设计者根据"系统各阶段所经历的过程和事件"中可能出现的非期望状态及其后果；假定该状态已经发生；我们为保证系统正常运

行（或可接受的条件下运行）应采取的措施。这是在系统及相关环节设计时就进行的预先设计方案，所以称为"预案"。这个概念和过程在各类系统运行中都是相同的，大家对此并不陌生。我要强调的是，要把预案按其非期望状态出现和应当采取的处置方案，都纳入到正常运行程序之中，不应把预案和正案分开单独设置。所以，预案就成为根据运行状态决定是否运行的正案。

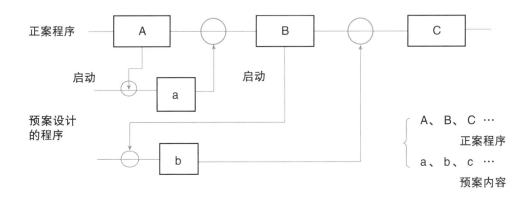

图 7　风险分析及预案设计示意图

在预案设计中常用的方法是故障报告、分析和纠正措施系统（FRACA）、失效模式影响与危害性分析（FMECA），我们在 1996 年质量整顿中，将上两种技术和故障树方法（FTA）统称为"3F"，在全系统进行普及和推广，现都已成为中国航天的设计规范。

可以说，没有"风险分析"，就不是完整的"系统工程"。

4. 评价

我这里讲的评价包括各阶段、各类别的技术方案、实施方案、试验验证的结果、各阶段向下一个阶段的转变、出厂与进场放行准则的实现等评审、鉴定和决策建议。近些年，大家对"成果评审"和"进级评审"都比较熟悉，因为搞得太多了，我想重点强调的是系统工程运行中必不可少的"非拥护性评审"，由参与评审的专家从被评审对象的各角度、各切面去审视与分析，尽量挖掘出系统可能存在的问题和隐患。非拥护性评审是 NASA 首先提出来的概念，他们在整个工程全寿命周期内设置几十个关口进行这种评审、评价工作。这是航天高可靠性要求的具体实践。实践证明，在关键技术攻关、技术状态控制等方面，严格的非拥护性评审是十分必要的。

在评价过程中，可以提升认识问题的深度和分析问题的角度，增加我们的能力。比如，软件复杂度问题，随着需求的不断增加，为增加新的功能，软件则具有极大优势，所以这种软件快速增长的趋势给我们提出了一个新的课题。仅从飞行软件而言，NASA 做过统计，结论是每隔 10 年，飞行软件增加一个数量级。他们认为飞行软件就是航天器的一块"复杂度海绵"，轻易地吸纳着越来越多的内容。以空军为例，软件规模从 F-4A 的 1000 行增加到 F-22 的 170 万行，而到最近的 F-35 战斗机软件包含 570 万行代码。这为飞行系统提出一个新的课题，系统工程如何应对工程软件的快速增长，以及由此引发的软件复杂度和软件风险。

目前一个完美的软件开发流程的缺陷率为万分之一（1 万行代码 1 个缺陷），100 万行代码的系统可能存在 100 个左右的缺陷，对于这种状况，我们将如何应对。

我对医学领域软件工作的占有量不很清楚，但从现在的诊断、处置、手术器械、自动装置、控制系统的应用规模及操作使用的复杂程度而言，其软件数量必然是在不断增加。就软件架构（包括功能性和非功能性需求）而言，其复杂性、可维护性、可测性、可扩展性和可交互性这些软件的质量特性都要得到很好的满足，这也就是我们中国航天已经实施了 20 余年的"软件工程化"工作，使软件可测、可评、可知、可透明。NASA 为此提出建立"软件架构评审委员会"和培养"软件架构师"的要求。NASA 正在研究和开发"基于模型的软件可简化故障防护的工程实现、提高系统健壮性"。而麻省理工学院（MIT）则开始重视"双语人才"的培养，按 MIT 校长拉斐尔·里夫所言，这个双语是指"人类的专业性语言和现代计算机语言"，他说："为了培育双语人士，我们必须创建一个新的架构。"简而言之，在特定项目中"参考架构"是一个作为共同参考、可重用的架构，以使项目在一个较好的架构基础上开展设计。

总结起来，我强调了四个方面的问题：**没有规划性的筹划，就不是系统工程；没有程序性的设计，就不是系统工程；没有风险分析和处置预案，就**

不是系统工程；没有各阶段的评价（含非拥护性评审），就不是系统工程。

四、为建设航天强国而努力

2016 年，习近平总书记为首个中国航天日（4 月 24 日）题词："探索浩瀚宇宙，发展航天事业，建设航天强国"，这是党中央向中国航天人发出的伟大号召，它要靠全国人民的共同奋斗才能取得。今天，同志们在航天中心医院召开研讨会，就是你们对祖国航天事业的支持和鼓励。在航天发射场，你们为工程技术人员保驾，遇到故障时，你们投入紧张的救护，你们和靶场的应急部队一起，构筑了中国航天早期的生命保护和保障体系，历史不会忘记你们的奉献和业绩。在探索浩瀚宇宙面前，载人航天事业的唤起与发展，你们又在太空医学方面接受挑战。太空已经成为现代医学研究、探索和发展的重要平台，随着人类太空活动的增加、活动领域的扩大、人员驻留时间的延长，太空人已经开始与人类的极限生态挑战，空间微重力状态下的系统，"比较均压"下的液态流动对生命活动的影响，已经出现的航天员骨质疏松，"有限交流"的孤独感与工作内容造成的厌烦与乏味对神经系统的影响（**1973 年，美国天空实验室曾出现一次航天员集体罢工，切断与地面的联系**）；太空宇宙线照射对长期驻留者的伤害与预防。太空制药出现一些好的预兆。

未来太空探索的最大障碍可能不仅仅是空间技术问题，还有医学问题。我们现在有能力离开地球进入太空，**科学家们却发现了另一个阻碍人们进入太空的绊脚石：我们自身的免疫系统**（据英国《科学报告》报道）。

来自俄罗斯和加拿大的一组科学家分析了微重力对 18 名俄罗斯航天员的影响，他们在国际空间站生活了 6 个月，分析了他们血样中的蛋白质状况，结果发现免疫系统发生了令人担忧的变化，如果这个结果属实，就意味着航天员甚至很难抵御像普通感冒这样的小病。

自 20 世纪中叶以来，科学家们就一直在研究宇宙飞行对人体的影响，现在已经证实的影响包括微重力影响新陈代谢、热量调节、心率、肌肉张力、骨密度和呼吸系统。

2017 年，美国开展的研究还发现，与只进入近地轨道或从未离开地球的人相比，执行登月任务进入深空的航天员死于心血管疾病的可能性要高出 4 倍，这可能是由于他们受到了致命的太空辐射影响，这个影响的生理变化与其分子机制现在尚不清楚。我们需要理解造成免疫系统机能失调的机制，如果我们能发现其影响的路径，我们就可以提供新的医疗产品以阻止这种不利过程的发展。这个成果不仅可以应用在太空人，也可以有利于地球人。

像航天中心医院、北京航天总医院、中国航天科工集团 731 医院等，你们的服务对象是航天行业的专业技术人员，你们具有谱域广泛的人群，你们具有时域丰富的数据，这些海量的数据是你们人工智能深化研究的宝贵资源。2018 年在深圳举行的"医疗健康大数据新应用大赛"，就是一次大数据和人工智能时代的一次医学应用大阅兵。东南大学仪器科学和工程学院的刘澄玉团队对来自不同医院重症监护病房（ICU）的 148 名心梗患者心电信号的数据挖掘分析方法与算法，使冠心病早期预警检测准确率超过 90%。各位专家、学者，让我们再拓展我们的思路：**利用我们五千年中国医学积淀的辩证理念和丰硕的中医药成果，加上现代西方医学体制实证的科学技术及其方法，再加上航天科技创造的太空环境和实验研究平台，我们中华民族一定能在人类生命科学和医药基础研究领域作出不辜负时代的伟大成就**。我相信，中国航天医院、中国航天医学一定会与国家强国建设的发展同步，并在其特长领域——中国航天医学的创立和空间生命科学的研究、探索、发展中有所作为、有所进步、有所创造！

本文要点

1. 工程系统与系统工程已成为科技界、经济界和社会学界广泛关注的问题，专家、学者们呼吁将"系统工程"设为一级学科。

2. 任何一门学科的成熟性表达是其概念的描述和逻辑推理的数学形式。

3. 我认为，工程系统、系统工程和运筹学是钱学森院士系统工程理念的三个重要组成。

4. 很多技术问题并非只能到发射时间才出现，它可以通过管理，使薄弱环节得以早期暴露并得到早期解决，所以，技术问题的背后仍然存在管理问题。

5. 对已发生的故障，本系统、本型号要举一反三，对国外航天领域出现的故障也要进行举一反三的思考。

6. "定位准确、机理清楚、问题复现、措施有效、举一反三"这5条准则的严格贯彻，在改变被动局面和保持高可靠发射上起到了重要作用。

7. 上下环节的无缝连接、左右部分的匹配相容、各分系统子功能对系统总目标的贡献，是系统工程运行的核心任务。

8. 我们一般要按照以下三点的不同，对风险进行比较统一的分级管理：风险出现可能性的大小，风险引起的危害和损失的多少，风险规避的难易、程度之高低。

9. 总结起来，系统工程必须包含以下四个方面：规划性的筹划、程序性的设计、风险分析和处置预案、阶段的评价（含非拥护性评审）。

10. 未来太空探索的最大障碍可能不仅仅是空间技术问题，还有医学问题。我们现在有能力离开地球进入太空，科学家们却发现了另一个阻碍人们进入太空的绊脚石：我们自身的免疫系统。

2

如何在嫦娥工程中运用系统工程的理论 [①]

摘　要：本篇报告主要结合嫦娥二号任务的特点，以《航天系统工程运行》为参考，从中国航天工程的实践及系统工程的发展、系统工程的基本概念、系统工程运行的基本知识、系统工程运行、系统工程管理及方法五个方面，阐述了航天系统工程运行质量工作的有关理论。重点归纳了系统工程运行的特点，指出了非拥护性评审和关键技术评审的必要性，明确了质量问题归零的五条标准和质量管理的三个阶段等航天系统工程运行的观点。

今天，探月与航天工程中心组织召开嫦娥二号任务决战阶段质量宣贯培训会，向全系统副主任设计师以上人员宣贯后续质量工作要求，计划利用嫦娥二号卫星进场前的几个月时间，重点开展"查隐患、补缺陷、防差错、保安全"的质量复查复审工作。前期，我详细了解了有关情况，我认为在嫦娥二号任务的决战阶段开展这项工作，很有必要。

我今天主要结合嫦娥二号任务的特点，从航天系统工程运行的角度，向大家讲讲关于航天工程系统质量工作的有关理论，希望能给大家开展工作提供一些理论支持和参考，更好、更系统地完成好工作。

今天我讲的内容，主要是以刚刚出版的《航天系统工程运行》为参考。我写这本书有两个背景，一是美国国家航空航天局（NASA）的《系统工程手册》，这本手册内容丰富、条理清晰，对航空航天活动具有很强的指导性，我

---

① 本文为作者在嫦娥二号任务决战阶段质量宣贯培训会上的讲话。

深受启发；二是中国航天事业 50 余年的实践，为系统工程的发展积累了大量的素材。我们应当有一本既与国际接轨，又有中国航天实践特点的系统工程教科书。

一、中国航天工程的实践及系统工程的发展

（一）系统工程的初步形成阶段

20 世纪 50 年代末到 60 年代中，中国航天普遍采用计划进度管理，对工程进行任务分解和工程阶段的划分，并对其进行控制，标志着系统工程理念在航天领域已经初步形成。我们可以称这个阶段为中国航天系统工程理论和实践的形成阶段，其标志为计划管理纳入工程的实施和运行之中。航天工程的实践不断地丰富了计划管理的内容。

（二）系统工程的发展阶段

20 世纪 60 年代末到 70 年代，中国航天开始普及全面质量管理的理念，开办了各种研讨班，以宣传贯彻国内外质量管理的方法、技术，并结合中国航天特点形成行业的标准或规章。我们可以称这个阶段为中国航天系统工程理念和实践的发展阶段，其标志为质量保证体系纳入系统工程实践和运行之中。

（三）系统工程的成熟阶段

随着中国航天事业的不断发展，其工程的复杂性、技术的难度、参与单位和人员的增加等都给系统工程提出了新的要求，特别是国内外几十年航天活动的经验和教训，促使航天系统工程运行得到不断完善，诸如组织管理、计划管理、技术状态管理、质量管理、经费管理等逐步纳入系统工程运行之中。这个阶段从 20 世纪 80 年代到 90 年代，我们可以称其为中国航天系统工程理论和实践的成熟阶段，其标志是所有的航天工程项目、所有的承制单位、所有的工程人员都要严格、认真地贯彻系统工程的要求。

这三个阶段可以表征中国航天系统工程在实践中不断完善、进步和成熟的历程。

二、系统工程的基本概念

（一）什么是系统工程

系统工程不是工程系统本身，而是对工程系统所要达到的目标及实现该目标的措施进行整体研究，并对工程系统进行建造及运营的过程。

（二）系统工程与工程系统

将"工程"和"系统"进行不同的组合，可以形成两个不同的概念。"工程系统"是指具体的某个工程，并且该工程具有系统性；而"系统工程"不是工程系统本身，是工程系统的建造过程。

"工程系统"和"系统工程"是两个不同的概念，它们类似于"应用卫星"和"卫星应用"的区别，决不能混淆。例如，嫦娥工程本身是一个工程系统，而不是系统工程。实施嫦娥工程，实现其既定目标，使其成功运营才是一项系统工程。

系统工程是为实现工程系统目标而进行的整体研究，工程系统是实现工程目标要求的所有组成，侧重于技术保障，系统工程侧重于管理保障，工程系统和系统工程是实现工程目标的两个支柱。

（三）工程系统的特征

工程系统包括两个方面，一是工程，二是系统，两者互为补充，缺一不可。

首先，这里的工程不是指那些孤立的、简单的、小规模的工程，而是指规模庞大，关系复杂，由许多紧密联系、相互配合的组成部分组成的大型工程，即指这个工程具有系统性。

其次，这里的系统指的是工程系统，而不是其他系统。因此，并非一切工程都是系统，也并非一切系统皆是工程。

整体性和层次性是工程系统的第一特性，统一性和协同性是工程系统的第一要求，目标一致性是工程系统的第一原则，匹配性是工程系统的第一准则。

（四）工程系统的层次

工程系统的层次划分是将一项工程系统划分为可以描述其组成关系的层次结构。一个工程系统可以划分为工程系统、系统、分系统、子系统、单元、零组件六个层次。工程系统的层次划分具有全息性。即在系统工程师眼里，无论哪个层次，其组成模式都是相同的，即具有相似的层次性，只是具体内容不同。在工程实践中，这种全息性指导着系统工程的运行。

（五）系统工程的作用

工程实践中，我们需要将完美的技术设计，通过严密的建造过程变成现实工程。对于一个设计者，如果没有任何约束条件，可以充分利用各种所需要的资源，可以有多种途径去实现目标。为了获得所需要的性能，可以不计成本，不考虑工期，不顾及各方面所具备的能力。对于这样的设计者，可以不需要系统工程的概念。所以，如果没有约束，就不需要系统工程。系统工程的产生，是因为工程系统在建造过程中，受到诸多条件的约束。可以说，在各种约束条件下完成工程系统建造的任务，是系统工程产生的原因。所以，系统工程源于工程系统建造的约束条件，系统工程的任务是在约束条件下完成工程目标。

系统工程师的任务，就是在一项工程系统的建造过程中，认真反复地进行均衡和比较，在允许的时限内，用可接受的成本，完成工程系统的建造，并使之达到工程目标。

系统工程师的第一个思路是：在限定工程系统成本的前提下，寻求可能达到的最佳性能指标；第二个思路是：在限定工程系统性能指标的前提下，寻求可能实现的最合适的费用。

（六）工程系统的风险分析

在工程系统的建造过程中，必须重视风险分析。任何工程系统都存在一定的风险。没有进行风险分析的系统工程不能称为系统工程。进行风险分析，不是为了回避风险，而是为了更好地规避风险，降低风险出现的概率，减轻风险出现时对系统功能的损坏程度，使危害控制在可承受的范围之内，以及更快地恢复系统的功能。

NASA 给出的性能、成本和风险之间的规律：性能 = 成本 × 风险，即性能等价于成本和风险的乘积。该关系式表达了性能、成本和风险之间的关系。

在性能一定的情况下，成本与风险成反比，降低成本会增加风险，欲降低风险必须增加成本；在成本一定的情况下，性能与风险成正比，提高性能即提高了风险，欲降低风险也要降低性能；在风险一定的情况下，性能与成本成正比，提高性能需增加成本，欲降低成本也要降低性能。

三、系统工程运行的基本知识

（一）系统工程运行的定义

系统工程运行就是系统工程的运动过程。从时域上讲，系统工程运行是指从工程系统的论证开始，到工程系统的设计、建造、完成并交付，以及工程系统的运营、维护，一直到其寿命期结束。从内容上讲，系统工程运行则指工程系统任务书的形成（论证、立项结束）、工程系统的技术设计、工程系统的建造及验证、工程系统的最终验收和交付，以及工程系统寿命期（合同确定的运营期）的服务和保证。

关于系统工程的运行，系统工程师必须建立三个基本概念：系统工程运行是从工程系统的论证开始的；系统工程全面运行的标志是工程系统任务书的形成；系统工程运行包括工程系统的运营。

（二）系统工程运行的特点

系统工程在运行过程中有自身的特点，并且这些特点与工程系统的特点有着一定的对应性。系统工程师必须充分把握这些特点，才能对系统工程的运行建立全面的认识，并保证系统工程的顺利实施，确保工程系统建造的成功以及正常运营。

1. 系统工程运行的连续性。系统工程的运行是一个连续的过程，是一个环环相扣的过程。在工程实践中，系统工程的工作是分阶段的，每个阶段都要保证工程系统的建造达到某种预设的状态。系统工程的运行就是要保证这些阶段紧密地连接起来，形成一个连续进行的工程建造过程。系统工程师尤其要关注各阶段转换时的系统工程工作，确保在系统工程的一个环节完成前就要安排和布置下一步的工作。此外，不但要在阶段转换时保证工程系统建造的连续性，而且在各阶段推进过程中的小节点上也要保证连续性。在工程实践中，工程总体或层级最高的系统工程师必须理清并且明晰工程系统建造的脉络，**使系统工程的运行具有节奏感，并且使所有参与工程的单位和个人能够感受到这个节奏。**

2. 工程目标的量化。工程目标的量化是指用具体的数量的形式表示工程系统、系统、分系统直到零组件的性能指标及要达到的目标属性。这些量化的指标说明了系统工程必须完成和实现的任务。工程目标的量化保证了工程具体目标的实现、保证了工程目标的度量和测试验证。对于工程实践中难以量化表达的内容，为了在程度上表示出差异，这些指标通常用百分数的形式来量化表达其大致的可能和大致的要求。为保证系统工程的运行，系统工程师必须使用量化的语言，不接受诸如"较好""较强""较优""认真完成""基本满意"之类的非量化的语言。特别需要指出的是，量化语言的使用也是评判系统工程师是否合格的一个标准。如果一个工程管理者经常使用非量化的语言，则他就不是一位合格的系统工程师。系统工程师必须认识到这一点，即工程目标是量化的，所有性能指标必须量化表示。

3. 性能指标的均衡性。性能指标的均衡性是指在重视工程系统重点目标或某系统的重点属性的同时兼顾工程系统的其他目标或系统的其他属性。一个工程系统，特别是大型的工程系统，往往是一个复杂的工程系统，它的目标由多个指标来描述。在成本和时间约束下，系统工程师所追求的工程目标是在性本比达到最佳的条件下使所有的性能指标达到某种均衡。

4．方案的集优性。方案的集优性是指在确定工程系统的方案时综合考虑不同方案的优点并将其集成，形成一套综合各家所长的新的方案。在系统工程的运行过程中，系统工程师务必注意方案的集优性，在任何层面的系统设计和建造中，都要贯彻这个概念。

5．可信度的逐深性。可信度的逐深性是指对工程系统的了解和认识是随着系统工程的运行而不断深入的。在工程的初期，对工程系统的认识可能是不全面的，不深刻的，只有随着工程系统建造过程的深入，才能对其有一个全面深刻的认识。如果系统工程师从工程开始就对工程系统报以很高的信心，不进行认真严密的工作，忽略并放任问题的存在，必定会在工程的某个阶段受到惩罚。系统工程师要养成一种品格，没把握的不轻易承诺；时间没到，可信度的逐深程度没有达到也不可轻易自信，要使人们对系统工程师有很高的可信度。

6．性能指标的流动性。性能指标的流动性是指在系统工程运行中要将工程总体要求的量化指标按照对工程系统层次的划分逐层地分解、传递，一直达到工程系统的最底层，并且保证在整个过程中的量化指标不发生改变。量化的性能指标必须逐层流动到工程系统的最底层，确保相应的各级单位及个人都得到量化指标，并且，量化指标在流动过程中不能发生改变，工程系统的最底层得到的指标与工程总体的指标要求必须保持一致。只有进行逐层流动，才能使这些指标融汇到相关的设计之中，并在建造中实现。

7．最佳概念的相对性。最佳概念的相对性是指没有绝对"最佳"的工程系统，"最佳"的评价是相对而言的。系统工程师必须明确"最佳"性本比是相对的。系统工程师要明确所采用的方案、设计的评价也是相对的，没有"最佳"的方案和设计。工程的总目标是诸多因素进行加权后确定的，反映系统工程师偏好的权值不同，目标函数也会变化，则采用的方案、设计也是不同的。

8. 系统工程要求的全息性。系统工程要求的全息性是指要在工程系统的各个层面上确保要求的一致性，进而在系统工程的运行上确保行动的统一性。在工程系统的各个层面，要有一致的总要求及原则，各个层级的系统工程师必须无例外地贯彻这些要求和原则，并执行系统工程的所有要求，不能存在由于处于工程系统的较低层次就放松要求的情况。即使是在工程系统的最底层，其系统工程师与工程的两总（总指挥、总设计师）一样，都必须按照工程总体的要求进行工作，推动、落实每一条要求和指令。

（三）系统工程要津

系统工程师的工作千头万绪，但任何工作都要理清其脉络，找到规律，抓住要害和重点，这是系统工程师做任何工作都必须具备的能力。过程跟踪、节点控制、里程碑考核是系统工程的三条要津。

1. 过程跟踪。系统工程师对工程系统研制的实施状况及发展（进度）要时时跟踪，要知其情。要有一套过程跟踪的要求和规定，最好形成规范，使系统工程师能够及时掌握工作的情况及工作的状态，从而能够及时地分析出可能出现的问题和整个工程发展的趋势。过程跟踪作为系统工程的要津之一，在工程系统的各个层面具有全息性。

2. 节点控制。可以把工程系统的建造过程划分为若干节点，这些节点应当具有相对的阶段性，既不能划分得太细，也不能划分得太粗。若划分得太细则可能丧失工程系统的整体性，不利于节点控制的力度；若划分得太粗则难以掌握节点的脉搏。节点的划分反映了系统工程师的知识和经验，以及其对工程进展的理解和认识程度。在节点处，系统工程师的主要任务就是发现问题、提出问题、报告矛盾，并提出解决办法。

3. 里程碑考核。里程碑是指系统工程运行的重大阶段。里程碑的设置要依据系统工程运行中的重大阶段，并要具备明确的阶段性成果。考核是指里程碑处系统工程师要有确切定义的放行准则，并对这些准则要求逐项得到认可。

过程跟踪、节点控制、里程碑考核构成了整个系统工程运行的三个重要环节和基本要求，也是系统工程师必须理解和掌握的最基本、最核心的内容。通过过程跟踪及时掌握工程系统进展情况，通过节点控制及时调整工程系统状态，通过里程碑考核对工程系统的转阶段做出决策。

四、系统工程运行

系统工程是一个严密的体系，该体系既不是一些具体方法的堆积，也不是一般叙述性的说明，而是一系列有待深度开发和系统化的工作。任何一项工程都要经过需求分析、方案论证、方案设计、系统建造、试验验证、工程系统交付等阶段，在此不做详细讲解。

（一）系统工程师对评审的关注点

评审是系统工程师在工程的节点及里程碑处进行的一项重要工作，其目的有两个：一是得到工程可以向下转阶段的结论，二是发现上阶段出现的问题及下阶段应注意的事项。为了达到这两个目的，系统工程师在评审中要关注如下问题。

1. 评审团的组成。评审团组成的依据有两种情形：一种是当工程有规定评审团组成的相关文件时，依据规范产生评审团；一种是由需求方与工程两总（或工程上级领导）协商产生评审团。

2. 非拥护性评审。非拥护性评审是系统工程运行的一个重要概念，这点在我国的工程管理中还没有受到应有的重视。非拥护性评审的目的，不是为了得到可以转阶段的结论，而是对工程系统可能存在的问题进行深入的挖掘。

3. 关键技术评审。关键技术是指该技术在工程系统中具有重要的地位和作用，对完成工程任务、实现需求方要求是非常关键的。从某种意义上讲，关键技术往往是系统工程运行中的拦路虎，对工程的整体进度、质量有着重要影响。

系统工程师一定要在系统工程运行中选好评审团，抓好非拥护性评审，到现场进行关键技术评审。

（二）技术状态控制

一个工程系统的技术状态确定之后，对该工程系统技术状态的控制就成为系统工程师的一项重要任务。就航天工程而言，一般情况下，无论是工程总体部进行总体设计，还是专业设计所进行系统设计，所有设计过程都要经过严格的审核、评定和批准程序，而这些程序的规范化及标准化，实际上就是确定技术状态的依据。任何技术状态的更改，无论是否合理，都必须严格按照工程事先规定和形成的程序进行。根据航天工程实际，技术状态的严格控制主要按照确有必要、方案可靠、各方认可、试验验证、越级审批等五条要求进行。

1. 确有必要。技术状态更改首先要做到确有必要。对技术状态进行更改前，必须详细说明更改的必要性，要从源头（技术状态更改的原因）进行论述，并说明更改后对工程系统的改进情况。

2. 方案可靠。技术状态更改方案必须成熟可靠。在说明技术状态更改确有必要的基础上，还要确保技术状态更改方案是成熟可靠的，并且在技术指标和可靠性上要有所提高，保证更改后的技术状态确有把握，有利无害。

3. 各方认可。技术状态更改方案必须得到工程总体与相关系统的认可。技术状态更改过程，实际上就是对技术状态新方案的一次协调和评审过程，该方案所引起的工程进度和经费变化也必须加以说明，并得到相关方面的认可。

4. 试验验证。技术状态更改完成后，必须按照相应的要求进行试验验证。只有通过必要的试验验证，才能得到"正确、可靠"的结论。

5. 越级审批。上述四条的具体执行方案及具体要求，必须经过设计师的审核和上级设计师的批准。所谓越级，一般是向更高一级申请并由其审核批准。如果原来的技术状态是主任设计师批准的，则技术状态更改要由副总设计师批准。技术状态更改需要严格按照规范和程序，依据工程两总系统配置的具体情况，执行越级审批。

（三）技术故障处理

航天型号研制中不断出现的重复性技术故障，促使系统工程师必须查找产生问题的根本原因，采取正确方法加以处理，才能有效提高产品的质量和可靠性。问题归零的五条标准：定位准确，机理清楚，问题复现，措施有效，举一反三。所谓归零，就是指真正解决问题，彻底消除使产品产生隐患的各种问题，该消除的过程即为"归零"。

以下对问题归零的五条标准进行具体阐述。

1. 定位准确。定位准确是寻找问题的切入点。如果定位是模糊的，故障就得不到彻底解决，容易重复出现，并且会形成一种不求甚解、扩大范围去处理问题的粗放型工作模式。达到定位准确这一要求的过程，实际上就是工程技术人员对故障开展一场围歼战，各有关环节共同努力，不断逼近故障点的会诊过程。定位准确，有助于彻底解决问题，并在避免重复性故障方面发挥重要作用。在问题定位过程中，通过对故障点的分析、研究、置疑和答辩，工程各方面人员都能对相关技术有一个更加深刻的认识和理解。定位准确，有助于彻底解决问题，并在避免重复性故障方面发挥重要作用。

2. 机理清楚。机理清楚是解决问题的切入点。寻找问题作为技术故障问题归零的第一个环节，必须严格遵循定位准确的标准，才能正确确定故障位置，为故障解决奠定基础。而在解决问题环节中，必须严格遵循机理清楚的标准，做到对问题产生的技术机理清晰明了。因为产生问题的技术机理不同，解决问题的方法和处置措施也会不同。例如，同样是断电，产生的技术原因可能是电源故障，也可能是线路短路，技术机理不同，最终需要采取的处置措施也必然不同。

3. 问题复现。问题复现是对定位准确、机理清楚这两个环节的确认。之所以提出问题复现这个要求，是由于过去曾不止一次地发生所确认的故障并没有在试验中复现。因此，需要把能否使问题复现出来作为对定位准确和机理清楚的确认标准，从而得到对问题的完整认识。针对问题复现，需要特别指出两点：第一，为了做到问题复现，并不需要再生产一件相同的产品，使其达到同样的状态，在运行过程中重复相同的故障；第二，这里所强调的"问题复现"，并不是故障复现，而是一种问题的复现。所谓的"问题"是指出现故障的问题，不是将故障重演，其复现的工具和平台可以是模块、单机或者系统，等等。所谓的"复现"是指试验过程，该过程可以是仿真和模拟的过程，而其目标是对故障结果的一种确认。

4. 措施有效。措施有效是对故障处置结果的要求，即采取什么办法可以有效地解决所确认的问题。其中的"有效"是指所采取的措施可以解决问题，而且是彻底解决，不允许再发生同类问题。措施有效是杜绝同类问题发生最基本的要求。在保证措施有效的同时，还要保证措施可靠，即所采取的措施不会带来新的不可靠问题或引发新的故障。需要指出的是，因为所采取的措施是针对故障而设计的，所以也属于技术状态的更改，也必须按照技术状态控制的五条要求进行。这也说明，**技术故障问题归零的五条标准和技术状态控制的五条要求是互相嵌套的**。

5. 举一反三。举一反三是故障出现后，多方面吸取教训并进行同类问题清理和修改加固的过程，是把故障的出现作为提高技术水平、增加产品可靠性、强化各项管理的机遇。因此，举一反三也是对故障处置扩大成果的过程。举一反三作为技术故障问题归零的最后一条标准，要求全系统都把其他工程出现的故障和对故障的处理作为自己的教训和经验，使得全系统内任何一方的教训都成为大家共同的知识和经验。

任何工程系统的系统工程师都要完全理解、严格遵循和认真执行技术故障问题归零的五条标准。不允许在推行五条标准时，出现所谓的"后期归零""甩项归零""简易归零"等现象。

（四）质量理念和质量管理

1. 质量理念

质量理念主要包括以下两个方面：

（1）质量是第一位的。系统工程师的职责很多，但第一位的责任是质量责任。从工程系统研制开始，到工程系统交付运营，工程周期内的任何质量问题都由相应的系统工程师负责。因此，一般情况下，工程研制中的质量责任是系统工程师的基本职责，不需要任务提出方专门定义，也不需要任务承接方专门说明。质量责任是系统工程师的第一责任，主要体现在三个方面：**第一，第一时间开始质量管理工作**。系统工程师从系统工程运行的零时起，就必须把质量放到重要地位，作为第一时间就开始抓的第一位工作。**第二，第一目标为质量目标**。基于系统工程师的第一责任，系统工程师在确立工程目标时，其第一位的目标也必须是质量目标。**第三，第一准则为一切服从质量**。系统工程师在进行进度、质量、经费、技术指标权衡时，一个最根本的准则是一切服从质量。在航天工程诸多应遵循的准则中，只有保成功才是航天工程的硬道理。为了保成功，进度可以延；为了保成功，某些技术指标可以适当调整；为了保成功，经费必须得到保证。

（2）质量是设计进去的、建造出来的、试验增强的、实战考验的

"质量是设计进去的"，技术工程师在进行技术设计的同时，就要开展质量设计。设计师的任务不仅是设计出满足技术目标要求的系统和产品，而且要设计出高质量、高可靠的系统和产品。多年来的航天工程统计数字表明，设计原因造成的故障约占 20% 以上，因此，系统工程师必须树立把质量设计到工程系统中去的理念。

"质量是建造出来的"，强调产品的研制过程就是质量建造过程。中国航天工艺水平的提高为质量建造奠定了良好基础。中国航天是以研究院为主体的研究设计模式，长期存在重设计、轻工艺的倾向。经过十几年的努力，现在已有很大的好转，特别是近年来，加大了对工艺的投入，工艺水平得到极大提高，为质量建造提供了良好基础。正是基于航天工艺水平的提高，嫦娥工程首次明确提出并全面推行了**"质量建造"**的概念和理念。质量建造是在系统工程运行过程中，将质量设计进去、生产出来、复核验证、建造在工程系统中的过程。"质量建造"理念包括：质量是建造出来，产品的生产制造实质是在生产和制造质量，每个岗位的每一项操作都与质量相关，每个成员都要担负不合格品绝不向下一环节流动的责任。在质量建造理念中，强调产品只是质量的载体，没有质量保障的产品不但无用，而且有害。对于航天产品

而言，质量是产品的生命，必须把质量视作建造的主体进行管理和落实。

2. 质量管理

我将质量管理归纳为三个阶段：**第一阶段，问题处理阶段；第二阶段，规范管理阶段；第三阶段，道德约束阶段。**

第一阶段，问题处理阶段。当出现质量问题后，组织人员，采取合理措施及时解决。

第二阶段，规范管理阶段。当质量管理积累了一定的经验和教训后，通过认真解决并认真思考，制定若干有针对性的质量管理要求、规章和办法，该阶段也是质量工作的逐渐成熟阶段。

第三阶段，道德约束阶段。该阶段的表现是工程系统中人人重视质量，人人认真按技术规程工作，认为不认真开展质量工作并造成损失是违背道德的。

质量工作是全息的，没有任何一项工作是没有质量要求的，**甚至质量工作本身也有质量要求**。在错综复杂的质量工作中，本文将重要的或者系统工程师们必须掌握的几点加以说明。

（1）抓好质量体系建设

建立健全质量体系是开展质量管理的基本要求。所谓质量体系是指为了使质量满足要求所组织起来的有机整体。该有机整体包括组织机构、责任制、资源和力量等，并由若干质量体系要素组成。航天工程质量体系在 ISO 9000 标准基础上，形成了 20 余项基本要素，其中包括质量审核、质量认证、安全和责任、技术状态管理、质量改进等。就质量体系的构成而言，一般包括硬件和软件两部分，即不仅要配备足够的人力、物力等，还要设置必要的机构，明确隶属关系和职责权力等。

（2）抓好质量审核

质量审核是保证产品质量的一项重要活动，是贯彻质量法规、标准程序，促使质量体系正常有效运行的基本活动。质量审核过程是质量体系不断完善的考核过程，每个单位内部都要建立自我质量审核机制来保证产品质量，同时，也要建立外部审核机制，其作用体现为对产品质量的承认和促进。

（3）抓好质量文件

质量文件是否齐全是判断质量体系是否完善的基本依据，对于提高系统工程师质量管理水平至关重要。质量体系要有一套严谨的文件作为载体，除各种质量法规性文件外，各系统应形成自己的质量文化、质量政策、质量手册、产品保证大纲，以及针对性很强的型号研制程序、标准化要求、关重件分析报告等。另外，在质量文件中必须积累大量的案例文件。

（4）抓好责任制

责任制是系统工程正确运行的基本保证。**没有责任制就不能保证系统工程的正确运行**。完成好所承担的责任，是系统工程各环节必须尽到的义务。完不成责任，又没有合理理由，则必然要受到处罚，这就是责任制的基本内涵。

在责任制里，值得推荐的是"留名制"，"留名制"要求设计文件、工艺文件、各种技术报告的编写、校对、审核和批准要留名，并且是承担相应责任的"留名制"，"留名制"不是只将签字作为一个必要的手续，忽视相应责任的承担，不承担责任的"留名制"不是真正责任制下的"留名制"。责任制下的"留名制"要求生产的产品，每条焊缝、每个线路板都要留名，并且要有记录，可以回访。

（5）抓好常见、多发、"卡脖子"的质量问题

对于常见、多发的质量问题，必须认识到这类质量问题的产生本身也是一种质量问题。在系统工程运行的各个阶段，会出现一些常见的、多发的质量问题，例如元器件中出现多余物，焊接中焊缝质量问题等。这些质量问题严重影响着工程系统的总体质量，而其出现的普遍性对系统工程师的质量管理带来了挑战。如果采取出现一个问题就解决一个问题的策略，系统工程师将会疲于奔命，不但工作强度会急剧增加，而且工作效果也不会理想。对于系统工程师来说，当出现常见、多发的质量问题时，其责任不只是针对某一个具体技术问题去思考，而是要想方设法采取多种措施，提供在科研条件、生产条件、验证条件上的保证。

"卡脖子"的质量问题是指在某一元器件或某一系统中出现的对工程总体质量造成重大影响的质量问题，这个问题不解决，将影响相关环节继续开

展工作，就像"卡"住了工程质量的脖子，无法将质量要求贯穿到整个工程系统中。"卡脖子"质量问题不像一般的技术攻关，只限于某个部位或某个产品，改善工艺条件，废止落后工艺，采用先进工艺，是解决"卡脖子"质量问题的关键，而是影响和波及面比较广的技术难题。这类问题的出现原因清晰，但技术突破难度较大，往往反映在工艺上。因此，改善工艺条件，废止落后工艺，采用先进工艺，是解决"卡脖子"质量问题的关键。

3. 质量管理要津

在系统工程运行的各个阶段，都有不同的质量工作要求和工作重点。质量管理要津：设计阶段，质量设计进去；建造阶段，质量建造出来；交付阶段，质量跟踪增强。

在设计阶段，将可靠性和质量要求设计进性能指标。设计阶段的任务是将功能转化为性能指标，因此，可靠性和质量要求也必须转化为相应指标。只有通过这种方法，才能在研制全过程落实可靠性指标和质量要求。系统工程师必须树立"质量是设计进去"的理念，在设计阶段就抓好质量管理工作。这也是对系统工程师的一项基本要求。

在建造阶段，要将设计的质量指标建造进元器件等实物中。其中，系统工程师要注意以下两点：

（1）要运用已经成熟的各种质量管理方法，特别是可靠性技术，可靠性增长等成熟技术，为确保工程系统质量提供技术支撑。系统工程师必须学习可靠性技术，并且制定具体的行动计划来应用该技术。

（2）在建造阶段，对各生产环节要有独立的质量要求。这是因为质量与生产条件、生产环境等有着密切的关系，而且不同生产单位的具体情况也各不相同，因此，必须提出明确的、统一的质量要求。对于任何一个元器件，对于每个生产单位，都要将工艺设计、工具选择、产品误差分布、生产环境和状态管理、检测工具与要求等纳入质量监督范畴。

（3）在交付阶段，要及时跟踪反馈现场出现的问题，并认真进行研究处理，不能认为产品已经交付了，质量管理和质量责任就结束了。现场出现问题自然要按五条标准进行管理，只有这样才能使产品质量不断地得到增强。

4. 质量管理原则

质量管理原则是每位系统工程师、每个承研承制单位质量管理工作的行为准则。

质量管理原则：质量责任，不留盲点；问题归零，不走过场；全过程跟踪，坚持放行准则；从源头抓起，坚持拒收拒付。

第一，系统工程师要明确自己是质量责任者，各层次的系统工程师要对本层次的质量工作负责。系统工程师要制定切实可行的措施、办法，将质量责任制落实到每位参研参试人员。例如，在生产、装配过程中坚持"留名制"和三检制。在整个系统落实责任制，能够提升全员的责任心，以此为切入点，保证整个系统工程的运行不存在责任制的盲区。也只有通过这种措施，才能减少并杜绝"平时不过问、出事互相扯皮"的现象。

第二，在任何阶段出现任何质量、安全问题，都要进行认真归零。要一丝不苟地执行归零五条标准，绝不能走过场。如果确实归零难度太大，周期太长，则要明确后续工作的重点，尽一切可能避免重复问题的发生。

第三，系统工程师要制定规范，保证对工程全过程的跟踪。首先，要通过现场办公等方式主动进行监督，特别是在工程节点和里程碑处做好监督；其次，要制定畅通、及时、自下而上的周报、月报制度，使系统工程师全面掌握工程进展情况。对于任何一项管理工作，系统工程师都要有标准。在节点和里程碑处，如果达不到标准就不得放行，不得进入工程项目周期的下一个环节。系统工程的运行决不能出现无标准的管理，并且该要求要贯穿系统工程运行的全过程。

第四，要从材料和元器件入库的源头开始，通过拒收拒付措施，保证材料和元器件的质量与可靠性。凡技术指标与要求不符者，皆拒收；凡出库检查时发现与要求不符者，皆拒付。对采用新品种、新厂家、新标准的产品以及进口件，都要有历史追问记录，包括此件产品是何种等级、在何处应用过、出现过什么问题、与所需产品的要求有何差距、使用这种产品应注意什么事项，等等；对已成熟的产品，应有目前状态的询问记录，包括此件产品为何批产品、上批次产品与本批次的差异、过去发生过什么问题、现在是否已经解决、本批次产品是否经过了严格的检验，等等。

5. 航天型号研制的质量管理

"成功是硬道理"。与其他工程相比，航天型号及军工产品有"一次成功"的强烈需求。**航天型号的质量包含技术指标"可达"和具体实现"可靠"两个核心内容。**

技术指标"可达"是指设计过程中，实现功能要求的性能指标必须是在现有技术、工艺水平下可以达到的，这是从技术层面对质量的要求。因此，系统工程师必须对性能指标、工期、成本和质量等管理要素进行综合考虑，做到"有所为，有所不为"。在航天工程中通常采用成熟技术，也是为了满足指标"可达"的要求。该过程是将质量"设计"进工程系统的过程。

具体实现"可靠"是指在建造过程中，通过制度设计及可靠性技术等管理措施，使元器件、子系统、分系统的建造实现技术指标设计要求，达到可靠性目标，这是从可靠性层面对质量的要求。因此，系统工程师必须建立规范和标准，学习可靠性技术，改善环境，提高条件水平，保证可靠性的实现。该过程是将质量"建造"出来的过程。

航天工程的质量工作具有全域性、全员性和全时性。质量工作的全域性是指工程系统的所有组成系统都要开展协调一致的质量工作，从这个意义上说质量工作具有全息性；质量工作的全员性是指所有参研参试人员都要树立"质量第一"的观念，在各自的工作中落实质量工作的各项要求；质量工作的全时性是指在系统工程运行的所有阶段均要有重点地开展具体的质量工作，在工程系统设计阶段将质量设计进去，在建造阶段将质量建造出来，在交付阶段将所有的质量问题收集起来。

6. 质量工程化

所谓质量工程化，是指质量工作与工程同步进行，超前管理，从制定质量工作策略、研究质量目标、明确质量要求、建立质量责任、强化质量保证、确立质量管理方法等一系列工作入手，将看起来是**零散的、无序的、随机的质量管理工作设计成系统的、连续的、有计划的一项工程。**质量工程化**"是把工程的质量工作纳入整个工程研制过程的一种谋划，是使质量工作融入**

到整个工程研制中的系统性、计划性的一种闭路管理"。

质量工程化的谋划包括六个方面的内容：质量目标、质量责任、质量程序、质量大纲、质量资源和质量风险。

7. 抓好设计验证

本着质量是"设计"进工程的质量管理理念，抓好设计的验证工作，能够有效提高航天型号质量，降低质量风险。

我们所使用的方法、工具，都可能存在一定的不足。因此，在纸面上和计算机仿真层面上的设计结果会与实际产生偏离，有时偏离还会很大。所以，对设计的试验和验证应当引起系统工程师的高度重视。

由于工程系统的层次性及系统工程运行的阶段性，设计验证要注意以下几个方面。首先，要注意设计验证的层次性，要在系统的各个层次进行设计验证；第二，要注意设计验证的阶段性，要在研制的各个阶段进行设计验证；第三，要注意设计验证的迭代性，即由设计到验证，由验证到改进设计，由改进设计到再次验证的几次迭代来完善设计；第四，要注意设计验证的多样性，要采用具有针对性的、能够较好暴露问题的验证方法。

8. "三个保证"

"三个保证"是指元器件保证、软件保证和工艺保证。

（1）元器件保证。元器件是组成工程系统的单元，所以，元器件的质量是工程系统质量的源头。在航天型号中，元器件的数量很庞大，即使每个元器件的可靠性很高，工程总体的可靠性也不一定很高。元器件的质量问题主要表现在两个方面：一是元器件的固有质量问题，这是由于元器件生产厂在设计、工艺、材料选用等方面存在缺陷造成的，据统计，这类问题占元器件质量问题的 40% ~ 50%；二是元器件的使用不当问题，这是在元器件选用、采购、使用过程中产生的。

（2）软件保证。随着微电子技术及芯片技术的发展，软件在航天型号中发挥着越来越重要的作用，数据采集、处理、状态判定、决策、控制、执行大量地靠软件完成，其数量及规模也急剧增加，因此，软件故障（如软件陷阱、软件潜通、软件版本错置等）已成为危害航天工程质量的重要原因，由软件引发的故障已经占了航天型号故障的很大比例。为了保证软件质量，当时的国防科工委颁发了《军工产品软件质量管理》文件，全面推进软件工程化。软件工程化的核心是软件透明化。要像硬件产品管理一样，对软件做到可视、可查、可控。同样，软件设计也会存在缺陷，也要像硬件一样进行试验验证。软件的接口更多，也更复杂，必须进行全系统、全过程、全状态覆盖性演练。由于软件的验证是以考验软件设计中被忽略的内容为中心，所以要避免设计人员自编自检产生的问题，因此，测试软件的设计及第三方软件评测，是软件验证的重要关口。

（3）工艺保证。中国航天工业多年来存在"重设计、轻工艺"的现象，尽管经过近十年的努力，使这一现象有所好转，但工艺落后的局面还没有发生根本性的变化。1998年提出"设计上台阶、工艺上水平、验证上规模"的政策措施，其目的就是在重视设计的同时，要保证工艺的进步和发展。

（五）系统工程师必须掌握的 3F 技术

在系统工程运行中，以下三种技术是质量与可靠性管理的核心技术，系统工程师必须掌握。因其英文缩写均以 F 开头，所以简称 3F 技术，这三种技术是：故障模式、影响及危害性分析（FMECA）；故障报告、分析和纠正措施系统（FRACAS）；故障树分析（FTA）。

1. 故障模式、影响及危害性分析

故障模式、影响及危害性分析（FMECA）分为两部分：故障模式及影响分析（FMEA）和危害性分析。

FMECA 在系统工程运行的各个阶段均应针对各阶段的主要工作开展相应的故障模式、影响及危害性分析。

（1）定义阶段：从产品的功能性故障分析开始，对故障模式及危害性进行分析、评价，进而提出修改完善的建议。

（2）设计阶段：由于此时硬件已经基本确定，所以 FMECA 以硬件为主，自下而上进行分析和评价，从而保证上一层次技术状态的可靠性。

（3）生产阶段：主要是对工艺工作进行 FMECA 工作，并且对每一项工艺

都要进行分析，消除潜在的工艺隐患，确保产品质量和生产安全。

2. 故障报告、分析和纠正措施系统（FRACAS）

故障报告、分析和纠正措施系统（FRACAS）是系统工程师在产品研制过程中掌握产品可靠性状态的一项制度要求。该系统的重要任务是收集数据，建立信息丰富的数据库。系统工程师可以根据该系统进行可靠性设计，并获取扩展可靠性增长的知识和采取可靠性措施的依据。

3. 故障树分析（FTA）

故障树分析方法（FTA）是美国在分析"民兵"导弹发射控制系统时首次提出的一种故障分析方法。我国航天系统在 1996 年提出质量归零五条标准之后，开始广泛采用 FTA 方法。根据故障归零要求，每次出现故障后，必须按照"定位准确，机理清楚，问题复现，措施有效，举一反三"的要求认真归零。而 FTA 则是实现故障定位准确、机理研究清楚的有效工具。FTA 是以系统可能发生或已经发生的具体故障为分析目标，列出所有可能产生此故障的原因，一层层地剖析到最底层的部件、零件、元件，找出可能产生故障的逻辑链条。

（六）系统工程师应了解的几种方法

1. 有限元分析方法（FEA）

所谓有限元分析，是将产品分解成一个或多个可以用理想结构的数学模型表示的元素，这些元素可以是二维的梁、架模型，也可以是三维的块状单元模型，并且在分解时，要确定它的边界和负载条件，其目的是把结构减小到一个小的区域，并用普通的微分方程来描述该区域。如果能得到解析解，则这种直接方法是有效的。分解完后，应用故障应力和故障周期进行应力分析。

2. 潜通分析方法（SCA）

潜通是指设计中并不存在但在实际建造和运行中"潜伏"的通路。这种潜伏的通路会造成系统故障，甚至会引起重大灾难事故。潜通的出现原因与工程系统的特性及系统设计人员的认识误差有关。一个工程系统的复杂性、接口关系和系统功能的综合性、状态转换的多阶段性和频繁性，均是产生潜通的客观原因。技术工程师对状态理解的不准确、时序执行的时差、质量设计产生的漏洞等是产生潜通的主观原因。

3. 热分析

热分析也称热设计，其主要目的是保证高耗能、热敏部件等在极端的温度环境下、极端的工作区域及高密度的封装器件区域正常工作。热分析的目的就是估算元器件工作时的节点温度，最为常见的方法是对安装在电路板上的元器件进行温度估算，建立"热模型"并采用计算机辅助设计是提高热分析水平的重要条件。对于具有上千个节点的热模型，必须借助高速计算机和复杂设计程序进行热分析。

4. 电路最坏情况分析（WCCA）

电路最坏情况分析的主要做法是，设定极端的环境条件或处于临界值的参数，对电路进行验证，评价电路的性能。

五、系统工程管理及方法

（一）技术管理

技术管理应在系统工程师的责任层面去思考。所谓"管理"，在某种意义上说就是要"管得有理"。而管得有理就是该管的要管住，而且要管好。要达到管住、管好的目的，系统工程师必须掌握一些已被广泛应用并取得良好效果的方法和策略，并在实践中去应用。

1. 技术性能度量。任何一个工程系统都是由诸多互相联系的部分组成的，具有统一性、协调性和匹配性的特点。所以，从一些可以度量的重要性能指标上可以起到"抓重点，带全局"的作用，**从关键、重要的指标实现过程可以透视出工程系统的技术实现的脉搏。采用技术性能度量（TPM——Technical Performance Measure）方法**可以把一系列基本的系统工程活动联系起来，因此这项工作起到了技术管理的核心作用。

2. 技术状态管理。它包括三个方面的内容：技术状态确定，技术状态控制，技术状态流动。

（1）技术状态确定：是指经过一定的权威程序确定的、经过验证或论证的技术指标或技术参数。系统工程师的职责主要是保证技术状态文本的完整性。工程系统在研制的各个阶段，均会发生技术状态的某些变化。

（2）技术状态控制：首要的任务是使工程系统能认真按确定的状态进行研制，同时要严格控制状态的变化。中国航天则按技术更改的有关要求和标准，由工程两总决策。

（3）技术状态流动：技术状态一旦确立，应及时将有关技术状态的文本及相应的技术指标流动到相关的各部分，并在各自的研制工作中执行技术状态的要求，共同为技术状态的实现而工作。

系统工程师在技术状态管理中，一定要做好原始资料的收集和管理。

（二）工程管理计划与系统工程过程矩阵

系统工程管理计划 SEMP（System Engineering Management Plan）和系统工程过程矩阵是系统工程运行中各层次的系统工程师必须完成的基本作业。

1. SMEP 的三个要素：指标有依据，设计有规范，验证有标准

指标有依据：要建立完整的设计依据，每一个设计的指标、参数都要有根据。这些根据包括：任务书的要求、技术分析的结论、工程总部的相关文本，以及工程技术主管的指令。这四个"根据"是逐项服从的，下层要服从上层，即技术分析要服从任务书，总部文本要服从技术分析，技术主管要服从总部文本。

设计有规范：近十几年来，我国航天在设计规范、工艺规范和试验验证规范方面做了大量工作，有了一定的基础。这些规范的制定和执行，为工程系统设计的集优性创造了条件。任何一项工程设计都不会是无继承性的，所以过去的经验、曾经的教训，都是一个设计工程师应当掌握的知识，而三大规范（设计、工艺、试验）正是这些经验和教训的总结。规范的水平表征了我们技术的水平，也反映了我们设计的成熟程度。

验证有标准：在安排试验和验证计划时，一定要有严格的试验标准，不

能为了使试验和验证通过而降低条件和要求，也不能设置过高的门槛，提出不切实际的要求。系统工程师的责任就是对试验前的评审把关，确立试验验证的通过标准，并做到拒收拒付。

从这三项重要工作来看，系统工程师在设计指标的确定、三大规范的执行和验证标准的把关上起着关键的作用。

2. 系统工程过程矩阵

系统工程过程矩阵是以系统工程的功能和相应的工作为元素构成的二维矩阵。所谓的系统工程的功能即指：对工程的各种要求及管理、各种规范及应用、各项验证与确认、各项评定和评审这四项内容。而相应的工作即指系统工程运行的具体安排和工作，对上述功能的安排和标记。

（三）计划管理

随着工程系统复杂性的增加，工程进度的统一性和协调性要求也愈来愈高。任何一个部分的拖期都可能拖延整个工程的进展，特别是在系统集成的阶段反映得更突出。为了保证工程进展的协同和状态的协调，计划管理是十分重要的，而且是工程总部实施指挥调度的主要依据。

1. 工作分解结构。工程系统的各组成部分的有序组合称为产品分解结构（Product Breakdown Structure，PBS）。将其相应的系统工程运行与产品的分解结构合称为工作分解结构，所以工作分解结构包括产品分解结构与相应的系统工程的工作结构。

2. 产品分解结构。产品分解结构是一个树状结构，而且是自上而下的有向树，其中顶层表示系统，下层表示分系统，并且这样一层层分解下去。产品分解结构要层次清晰，每个层次标识码在计划管理的网络图中要相互对应。

3. 工程流程图（Work Flow Diagram，WFD）。工程流程图中的节点由工程系统进展的若干工作节点和工程节点与里程碑组成。工程流程图（WFD）的结构与产品分解结构相同，最好与产品分解结构的树根的标识码相同。

（四）系统工程的可控和可测问题

系统工程师要善于推断未来一段时间系统状态的变化律。在系统工程运行的实践中，有些处于高层位置的系统工程师，如果只满足于了解其当时所能掌握的系统状态，而不善于推断系统状态的变化律，这样的系统工程师并不是合格的系统工程师。系统工程师必须拥有对于系统状态变化的一种推断能力，并具备不断推进系统状态向前进展的思考能力。

线性系统的可控制性，系统工程师在系统工程运行时，必须使得工程进展的各个要素都处于掌握之中，确保控制指令的贯彻与执行。

线性系统的可测性，一般来说，工程进展状态是可观测的，但如果系统工程师"带着墨镜"，那么有些谱段就会被隔离，因此而处于麻木的状态，发现不了问题，易犯失察的错误。在系统工程的运行中，系统工程师应以积极主动的态度，始终保持清醒、敏锐的状态。在线性系统里，设计工程师要设计若干观测部位，安放若干敏感、传感装置，用以感知系统运行的状态，并以此作为执行控制的依据。在系统工程运行中，系统工程师也要设置若干节点，特别是能反映较全面信息的节点，作为实施系统工程状态管理与控制的关键部位。

刚性进度，在工程进展中，有些工作的进度是不可以随意缩短的。不可压缩的进度我们将其称为刚性进度。对于刚性进度的项目，系统工程师的任务是确保实际进度的周期大于刚性进度的要求。各系统工程师在制定计划、协调工程的进展时，要明确其中有无刚性进度的存在。如果有此类问题存在，在制定 PERT 及 CPM 时，要落实其刚性进度，宁可延期完成而遭受某些经济损失，也不能轻易地减少刚性周期，给以后的正常运行带来隐患。这一点是千万要注意的！

（五）性能和效能

性能指标是基于需求分析得到的，已经制定的性能指标反过来则决定了需求的实现。对系统的一切技术要求都应包括在性能的分解和指标的实现上，因此，效能应反映在这些指标和设计参数之中。如果满足了性能指标却达不到效能要求，则这个设计是不成功的。所以就这个意义而言，性能和效能是一致的，都是需要设计到系统中去的。

效能是指工程系统交付后，能够有效实现任务目标的能力。效能与性能是直接相关的，但效能要在工程系统更大的范围内考量。

（六）风险管理

风险管理包括三个方面的主要内容：风险识别、风险分析、减少风险措施及其执行。

风险识别的主要任务是确定工程系统存在的风险清单或称风险项目。风险识别是风险管理的切入点和第一件事，由此对系统存在风险进行家底式的清理，并形成风险清单。有了风险清单，系统工程师就能对系统可能出现的风险做到心中有数，从而为风险分析和采取措施提供了基础。

风险分析可以对风险形成定量的描述，并对风险的"结果"和"后果"进行估计，为减少和降低风险提供依据。风险分析采用的分析技术有决策分析、概率风险评估、随机网络进度表等。

减少风险措施及其执行，在完成风险识别和风险分析工作之后，主要工作就是如何减少风险、采取什么样的措施以及怎样落实这些措施。减少风险的措施大致可分为四种情况：无作为，接受风险；适度作为，共同承担风险；采取主动措施避免和减少风险；制定风险问题出现时的应急行动。减少风险的活动是要耗费成本的，系统工程师的任务是在资源、时间、价值之间进行权衡。

（七）原始资料管理

一项工程项目的原始资料包括两个方面的内容：技术原始资料和商务原始资料。系统工程师负责这两部分原始资料的收集和管理工作，并将其纳入工程档案管理范畴。

在原始资料收集和归档的同时，要确定其技术秘密和商务秘密的级别属性。工程项目原始资料的收集要符合国家的有关规定，不应当存放的资料要及时送返。要完整、全面收集与工程项目相关的资料。

在工程项目中心（办公室）收集原始资料的过程中，往往会发生下层系统不愿意或不情愿向上层提供原始资料的现象。这种现象大多数发生在工程项目管理责任制不明晰的部位。因此，在工程项目管理的责任内容里，关于原始资料的形成及送存，甲、乙双方或上、下层次之间要对双方的责任和义务给予明确。除技术资料和商务资料之外，工程项目的各类重大活动资料也是原始资料管理的一个很重要的内容。

工程项目的原始资料和行政资料的收集、保护、保密及保管是工程项目管理的基础性工作，系统工程师要高度重视，保密工作应慎之又慎，九分九不行，非十分不可！要做到专人专务、专室存放、专款保证。

上面从五个方面，向大家大概讲解了航天系统工程运行的有关理论，错谬之处，希望各位批评指正；希望能给各位后续工作提供一些参考。

祝全体同志工作顺利，祝嫦娥二号任务旗开得胜。

本文要点

1. 中国航天的系统工程理论和实践的三个阶段：

   初步形成阶段（1950—1960 年）、发展阶段（1960—1970 年）、成熟阶段（1970—1990 年）。

2. 并非一切工程都是系统，也并非一切系统皆是工程。

3. 整体性和层次性是工程系统的第一特征；

   统一性和协同性是工程系统的第一要求；

   目标一致性是工程系统的第一原则；

   匹配性是工程系统的第一准则。

4. 工程系统的层次划分具有全息性。

5. 系统工程运行具有节奏感，并且使所有参与者与工程的单位和个人能够感受到这个节奏感。

6. 系统工程运行的特点：

   系统工程运行的连续性（节奏感）；

   工程目标的量化（排斥描述性语句）；

   性能指标的均衡性（性本比最佳）；

   方案的集优性（博采众长）；

   可信度的逐深性（不轻易承诺，不轻易自信）；

   性能指标的流动性（流动到底层，建造中实现）；

   最佳概念的相对性（是系统工程师偏好的结果）；

   系统工程要求的全息性（全面贯彻总要求、总原则）。

7. 系统工程师要津：

   "过程跟踪、节点控制、里程碑考核"。节点的划定反映系统工程师的知识和经验，及对工程的理解和认识程度。

8. 非拥护性评审和关键技术评审。

9. 技术状态更改的严格控制，五条标准："确有必要，方案可靠，各方认可，实验验证，越级审批。"

10. 技术问题归零的五条标准和技术状态控制的五条要求是互相嵌套的。也即技术归零的五条中的"措施有效"必须纳入技术状态与控制的要求中来。

11. 质量理念包括两点：

质量是第一的：第一时间就开始抓质量；第一目标就是具有质量目标；第一准则是一切服从质量。

质量是设计进去的、建造出来的、试验增强的、实战考验的。

12. 质量管理的三阶段：

问题处理阶段、质量管理阶段、道德约束阶段。

质量工作本身也有质量问题的存在。

13. 质量管理要津：

质量设计进入，质量建造出来，质量跟踪增强。

14. 质量管理原则：

质量责任，不留盲点；

问题归零，不走过场；

全过程跟踪，坚持放行准则；

从源头抓起，坚持拒收拒付。

15. 指标"可达"和实现"可靠"是航天质量的两个核心内容。

16. 质量工程化：

质量工作与工程同步进行，超前管理。将零散、无序、随机的质量管理工作，设计成系统、连续、有计划的一项闭路管理工程。

包括质量目标、质量责任、质量程序、质量大纲、质量资源和质量风险六项内容。

17. 三个保证：

元器件保证，软件保证，工艺保证。

18. 1998年提出要"设计上台阶，工艺上水平，验证上规模"的改革措施。

19. 故障模式、影响及危害性分析（FMECA），故障报告、分析和纠正措施系统（FRACAS），故障树分析（FTA）。我们称其为"3F 技术"。

20. 系统工程师应掌握的几种方法：

有限元分析方法（FEA）；

潜通分析方法（SCA）；

热分析及电路最坏情况分析（WCCA）。

21. 技术性能度量（TPM——Technical Performance Measure）：

这个是对"关键、重要的指标实现过程可以透视出工程系统的技术实现的脉搏"的重要方法。如果能提炼出一些特征的参数状态，甚至可以反映一个大系统的运行特征。关于这个问题，我有专文分析。

22. 系统工程管理计划（SEMP——System Engineering Management Plan）的三个要素："指标依据、设计规范、验证标准。"

23. 在工程系统中可能会存在系统工程中的"刚性进度"问题，系统工程师要对这类问题有充分了解和重视。如有些特殊要求的"环境老化性"处置等。

24. 风险管理的三部分内容：风险识别，风险分析，减少风险措施。

25. 工程资料的收集、保护、保密和保管是工程管理中的重大问题。

3

"系统工程"之实践观
——学习钱学森院士系统工程论述

摘　要：钱学森系统工程理念产生于他对国际工程科技的发展及重大工程中的成功实践，以实践观深入认识并应用这一科学观念以及其程序和方法，具有重要时代价值。实践性是钱学森系统工程理念的核心，没有系统工程的实践，就没有工程的成功建构。随着时代的进步、科技工程的发展，与其相适应的系统工程也要有相应的进步与发展，所涉及的现代数学理论和计算机技术、网络技术，已经将工程系统和系统工程紧紧地融合在一起。新时代，对工程方法论领域的不断探索和研究，是一代又一代系统工程师不断添砖加瓦的建构工程，是对国家工程建设活动的重要支撑。

"系统工程"在社会各界的广泛应用，表明它具有对现代系统性工程的大量出现以及人们对多因素多变量复杂系统分析研究的描述性语句的需要，使得本来是狭义表达的"系统工程"成为一个泛化的广义表述的语词。对这种已经被广义使用的泛化定义，我们无意去个案说明。我要讨论的是"系统工程"的科学观念是什么？特别是在中国工程界的语境中，我们应当怎样认识并应用这一科学观念以及系统工程的程序和方法。自 1978—1995 年 18 年间，钱学森院士有关系统工程的重要著作、文章和讲话，统计有 20 份以上，其中 1980 年前有 3 份、1980—1990 年有 13 份、1991—1995 年有 3 份，被收集到《钱学森论系统工程》选集中，可以看出钱学森在系统工程的概念描述、系统工程的理论深化和系统工程的实践推进上所做的巨大努力和成就。他以深入浅出、旁征博引的讲解，致广大而尽精微的分析与归纳，既有传统还原论的逐层剖析、造微入妙之功底，又具广义系统观的宏大建构、聚智熔慧之气韵。在我们探讨系统工程这一课题的时候，不可不认真学习钱学森的这些经典论著，这些著述既是我们的入门向导，也是我们深入系统工程大厦的路标。

下面我就自己的学习心得讲几点体会，供参考（其中的加黑字是钱学森原著中的内容，来源可查文后参考文献）。

一、钱学森院士是我国系统工程的理论奠基人

钱学森院士的系统工程理念产生于他自 20 世纪 40 年代始对国际工程科技的发展及重大工程中的成功实践，并从系统观的层面透视系统工程结构。

1. 钱学森对系统的定义

所谓系统是指由一些相互关联、相互作用、相互影响的组成部分构成并具有某些功能的整体。

这个由层次性组成且具有某些功能的"系统"定义，它从形式上描述了"系统"的"结构"，又从作用上描述了"系统"的"功能"，这是任何一个系统都必须具备的充分必要的要件，缺一则不称其为系统。

2. 钱学森对工程和系统工程的定义

服务于特定目的的各项工作的总体称为工程。如果这个特定目的是系统的组织建立或者是系统的经营管理，就可以统统看成是系统工程。

在这个"工程"和"系统工程"的钱学森定义中，其内含"清晰"而"简明"，正因为其内含简明，使其外延广泛而丰富。所谓工程就是服务于特定目的的总体（或整体），所以，我们才有各种各类的工程存在，**"如水利工程、机械工程、土木工程、电力工程、电子工程、冶金工程、化学工程，等等"**。

如果这些工程的特定目的是系统的组织建构起来的，或者说是系统管理的，那就是系统工程。所以，"系统工程"的基本定义是"管理"，是"系统管理"。

以此定义为内含，则国外称之为**"运筹学、管理科学、系统科学、系统研**

究以及费用效果分析的工程内容，均可以用系统的概念统一归入系统工程"。

"系统工程内容的数学理论和算法可以统一地看成是运筹学"。在这里，钱学森将系统工程的数学理论和方法归纳为"运筹学"。

3. 系统工程的实践性

钱学森系统工程观的核心是实践性，所以"系统工程"不是一个描述性的语句，而是实践性的工程科学。

钱学森详细地论述了系统工程因其不同的体系实践而分成不同门类的性质时写道："系统工程属于工程技术，是一个总类名称。因体系性质不同还可分为不同的门类，如工程体系的系统工程叫工程系统工程，生产企业或企业体系的系统工程叫经济系统工程，国家行政机关体系的运转叫行政系统工程，科学技术研究工作的组织管理叫科研系统工程，打仗的组织指挥叫军事系统工程，后勤工作的组织管理叫后勤系统工程，计量体系的组织管理叫计量系统工程，质量保障体系的组织建立与管理叫质量保障系统工程，信息编码、传输、存贮、检索、读出显示系统的组织管理叫信息系统工程……各类系统工程，作为工程技术的共同特点在于它们的实践性。"

正是由于系统工程的实践性，所以它是一个实践的概念，是组织管理方面人类实践的总结、提炼、凝聚而成的理论和概念，这也是我的《航天系统工程运行》一书中"运行"二字的要津。没有系统工程的实践，就没有工程的成功建构。

所以，用归纳的语句表述就是"系统工程是组织管理系统的技术""系统工程是工程技术，是技术就不宜像有些人那样泛称为科学。因此，我不想在系统工程层面加一个'学'字，也还有另外一个意思，那就是想强调系统工程是要改造客观世界的，是要实践的。"

二、钱学森院士是我国系统工程的实践先行者

钱学森院士作为我国"两弹一星"工程的领导者，他不断地从实践—理论—实践的过程中，深刻地思考、睿智地提炼并逐步地构建了既有国际工程历史经验积累又符合中国国情条件、现实状态的中国系统工程大厦。

钱学森是我国系统工程实践的先行者，他推动了我国系统工程概念的建立、理论的奠基和体系的形成。

钱学森的主要理念是：

1. 系统工程的任务是"怎样在最短时间内，以最少的人力、物力和投资、最有效的利用科学技术成就，来完成一项大型的科研、建设任务"

系统工程产生于要以最少的时间、人力、物力、财力（我将其称为资源投入）在最新科技成就支持下完成一项大型科研、建设任务的需求，所以，它是从过去的简单任务中沿革而来。"**历史上个体劳动者，他是管理者也是劳动者，两者是合一的；后来生产进一步发展，有了职能分工，有了'总体'和'协调'问题，需要有个指挥，在产业革命后出现的大工业的生产中，这个指挥就是'总工程师'**""**1940 年后，美国制造原子弹的'曼哈顿'计划的参加者 1.5 万人；20 世纪 60 年代，美国'阿波罗载人登月计划'的参加者是 4.2 万人，靠一个'总工程师'或'总设计师'是不可能的。**"

那么，怎么才能解决这个巨大系统能够做到"总体"完整、运行"协调"，在最少资源的投入下完成任务呢？这个工程建设的科学方法就是系统工程，其体现是"总体设计部"。

钱学森说："**总体设计部一般不承担具体部件的设计，却是整个系统研制工作中必不可少的技术抓总单位。总体设计部把系统作为若干分系统有机组合成的整体来设计。总体设计部的实践，体现了一种科学方法，这种科学方法就是"系统工程（Systems Engineering，SE）。**"

正是在钱学森的系统工程理念下，国防科技工业，特别是航天科技工业，形成了以总体设计部设立和相应专业系统研究所建制为格局的研究院体制的建立，并延续至今。

2."系统工程是组织管理'系统'的规划、研究、设计、制造、试验和使用的科学方法，是一种对所有'系统'都具有普遍意义的科学方法，我国国防尖端技术的实践，已经证明了这一方法的科学性"

系统工程是工程实践的科学总结，所以它的管理内含、内容、内质具有各类"系统"的普遍性，是一个具有共性意义的科学方法，是工程方法论的一项重要内容，这也是今年出版的《工程方法论》中包含工程系统和系统工程这一重要章节的存在依据。

3. **"系统工程的概念并不神秘，这是我们自有生产活动以来，已经干了几千年的事""李冰父子（公元前 250 年）""岷江鱼嘴分水工程""飞沙堰分洪排沙工程""宝瓶口引水工程"，按今天系统工程观点是一项杰出的大型工程建设**

实际上，系统、分系统的层次性、系统观、工程、复杂工程及其系统工程，都不是什么神秘的东西，它是我们人类社会活动早已有了实践认识和知识积累的东西，只不过我们没有用"系统工程"这个词去描述和提炼。

"导弹武器是现代最复杂的工程系统之一""我们把极其复杂的研制对象称为'系统'，即由相互作用和相互依赖的若干组成部分结合成的具有特定功能的有机整体，而且这个'系统'本身又是它所从属的一个更大系统的组成部分。"

这里，钱学森将导弹武器定义为复杂的工程系统。我认为这是他对系统工程深刻内含的睿智解析，是使我们对工程系统和系统工程这两个概念的物理清源，是我们对工程系统研究及系统工程实践的理论基础。

4. **"系统工程师：它的理科是培养从事基础理论研究工作的组织管理科学家"**

"把与系统有关的数量关系归纳成为反映系统机制和性能的数学方程组，即数学模型，然后在约束条件下求解这个数学方程组，找出答案""这个过程叫系统的数字模拟。"

"我国在科学的组织管理工作中的先行者是华罗庚教授。他在 20 世纪 60 年代初期就对'统筹方法'进行了系统的研究，并在大庆油田、黑龙江省林业战线、山西省大同市等推广应用，取得良好效果。"

系统工程既然是一个学科，它一定有任何一门学科都具备的工具、方法和手段，而且这些工具、方法和手段必定要与系统工程的实践、与这门学科的数学归纳和数学提炼相结合，并使其共同发展。

在系统工程的实践中，从最初应用的线性规划（linear programming）、非线性规划（non-linear programming）、博弈论（game theory）、排队论（queuing theory）、搜索论（search theory）、库存论（inventory theory）、决策论（decision theory）、可靠性理论（reliability theory）、算法论（algorithm theory）、大系统理论（theory of large scale system），以及费用 – 效果分析方法（cost-effectiveness analysis method）、价值工程方法（value engineering method（VE））、计划评审技术法（program evaluation and review technique method（PERT））、关键线路法（Critical Path Method（CPM））、系统分析和系统管理方法（System Analysis and System Management Method（SASMM））等，到如今方兴未艾的不断充实、完善提高的基于模型的系统工程方法（model-based system engineering method（MBSE））。除上所述的理论方法之外，还有依据不同的工程系统过程、不同的行业领域所独具的各类设计规范、工艺制造规范、试验验证规范以及各阶段各状态下的评审技术和方法、质量管理、仿真模拟技术，等等。

5. 系统工程从概念的形成到理论的提炼都是工程师的心血凝聚

"人类在知道系统思想、系统工程之前，就已在进行辩证的系统思维了，这正如恩格斯所说'人们远在知道什么是辩证法之前，就已经辩证地思考了'。"

在经历了辉煌而艰巨的"两弹一星"研制之后，钱学森敏锐地提出了系统工程理念，并在中国首次将系统工程引入"科学技术工程"这一大学科范畴。

他说："**在 1978 年以前，对于什么系统、系统科学、系统工程，什么运筹学这些东西，我也是糊里糊涂的，并不清楚，仅仅是感到有那些事要干。**"

正是钱学森这一科学巨匠的敏慧一感，才有了我们将系统、系统科学和系统工程结合的中国航天发展的"工程哲学"思考和"工程系统与系统工程"的工程方法论探讨。正是钱学森的感到有那些事要干，才有了中国航天系统科学研究、工程系统的实践以及一些具有中国工程特点的系统工程方法。

"**20 世纪 40 年代末形成控制论科学，50 年代诞生了工程控制论和生物控制论，60 年代，现代控制论发展形成了大系统理论。**""**系统工程是 20 世纪 60 年代兴起的一类新的工程技术。系统工程是各类系统的组织和管理技术。**"

这里提到的"控制论"三个字是维纳借用法国科学家和数学家安培《论科学的哲学》（Essai sur la Philosophie des Sciences）一书中的名字（Cybernetique），维纳就是这样来称呼他创立的这门新科学。

这里的工程控制论，是研究这门科学中能够直接应用在工程上设计被控制系统或被操纵系统的那些部分。其里程碑性著作是钱学森的《工程控制论》及钱学森、宋健两位院士的合著本《工程控制论》。

钱学森引用控制论奠基人维纳的话，说"**把自然科学中的方法推广到人类学、社会学、经济学方面去，希望能在社会领域取得同样程度的胜利。**"正如殷瑞钰院士所言，从某些意义上讲，与人类面对自然的活动先于科学的形成、人类观天早于天文学的形成一样，人类的工程活动是与生俱来的，人类有了思考、群居和社会的组织，就必然有其工程实践，所以，科学乃是人类工程实践的认识论的结果。

美国 1861 年建立麻省理工学院，20 世纪 20 年代初为了同一目的创办加州理工学院，正是这种"**理工科结合的科学技术高等院校，突破了传统的院校模式，为美国培养了高质量的科学技术人才，使美国科学技术在 20 世纪中叶达到了世界水平。**"

三、我们的责任——需要不断充实的工程方法论

今天是《工程方法论》一书的出版日，工程院组织了有关工程方法论的一系列论坛，一定会引起关心我国科技工程建设的各方面研究者、学者和大工程实践者、技术工程师、系统工程师的关注和思考，它必然会推动我国工程方法论领域的探索和研究并期望对国家工程建设活动能有所帮助。

国家的科技发展、科技强国建设的实现，召唤众多系统工程师的产生。钱学森曾语重心长地说："**因为我们知道，我们需要的组织管理科学家和系统工程师，其数量和质量都决不会少于或次于自然科学家和**

《工程方法论》

一般工程技术的工程师。"

作为系统工程这门"工程的组织管理系统的技术"，在今天"进行跨学科、跨领域、跨层次的交叉性、综合性和整体性研究与实践，具有非常重要的意义。"

"1940年以后，由于工程技术的发展，人们对于系统的一个重要属性——信息反馈，逐渐加深了认识""生产越自动化，对信息传递的速度和准确性的要求越高""信息这一因素成为经营管理科学研究中的中心议题之一。"

在当今的信息时代，科技工程早非20世纪40年代可比，其系统的复杂性、功能的整体性、指标的精准性都与当代科技发展紧伴相随，其手段已由定性、综合、分析及可行向定量精准、模型描述、模拟仿真、目标优化和人工智能转变，所涉及的现代数学理论和计算机技术、网络技术，**已经将工程系统和系统工程紧紧地融合在一起。**

"国内国外都有不少来自原来搞自动控制、研究控制论的人，他们能敏锐地抓住这一科学技术的新发展，超出自己原来工作的范围，这应当受到欢迎。"

"今天为了适应我国四个现代化的需要，在我国创办理工结合的、培养组织管理科学技术人才的新型高等院校，并在其他高等院校设置这方面的课程，那我们一定能后来居上，使我国组织管理很快地达到世界先进水平！"这句话是钱学森的殷切希望，也是他对我国系统工程师队伍建设的迫切企盼！

"因为系统工程是一个新生事物，所以大家对其涵义、范围等，说法不一，例如有的同志就罗列了八种不同的解释。当然，一个问题大家意见不同，并无坏处，可以交流讨论，互相启发，认识可以因而深化。"

随着时代的进步、科技工程的发展，与其相适应的系统工程也要有相应的进步与发展，它的哲学观念和方法理论也会有不断的变化。所以，工程方法论就其本体而言，是一个不断完善、不断进展的课题，是一代又一代系统工程师不断添砖加瓦的建构工程。

这是我学习钱学森院士系统工程观的一点体会，与同志们商榷，请批评指正。

本文要点

1. 在中国工程界的语境中，系统工程的科学观念是什么。

2. 钱学森院士以深入浅出、旁征博引的讲解，致广大而尽精微的分析与归纳，逐层剖析，造微入妙之功底，广义系统观的宏大建构，聚智熔慧之气韵，对系统工程的深刻阐述。

3. 关于系统工程的实践性，按我的思考，我们的工程学应当定义为"实践工程学"，而不是"案例工程学"或抽象性的"理论工程学"。

4. 钱学森院士是我国系统工程的理论奠基者，是我国系统工程的实践先行者。

4

《工程知识论》发布后的思考（一）
——知识的工程元素作用

摘　要：庄子在其《齐物论》中有这样一句话："可乎可，不可乎不可。道行之而成，物谓之而然。"这句话正是我们在研究工程中的系统工程问题时提出的"运行论理念"的重要观点，这个观点已收集在《工程知识论》的系统工程学"运行学派"的定义中。它是"道行之而成的唯物史观"在工程学中的概念扩展，而书中的"工程知识扩展及集成的创新功能是在工程运行中产生的"这个论点在当今"巨型规模、多学科融合、多领域集成"的长周期的工程建设中表现得尤为突出，"道行之而成"的理念表现得更为明确、清晰和深刻。《工程知识论》一书的出版和工程知识的集成性研究，必将引起工程师们在工程思维，工程实践，工程成就、成果的获取和工程运营等方面的工程知识层面的思考和提炼，也必将提升我们对工程知识集成性的理论认知。

一、"道行之而成"的工程知识观

庄子在其《齐物论》中有这样一句话："可乎可，不可乎不可。道行之而成，物谓之而然。"意思是说"可有可的道理，不可有不可的理由。道路是人走出来的，事物的名称是人叫出来的"。这段话正是我们在研究工程中的系统工程问题时提出的"运行论理念"的重要观点（见《航天系统工程运行》），这个观点已收集在《工程知识论》（103 页）的系统工程学"运行学派"的定义中。它是"道行之而成的唯物史观"在工程学中的概念扩展，而书中的"**工程知识扩展及集成的创新功能是在工程运行中产生的**"这个论点在当今"巨型规模、多学科融合、多领域集成"的长周期的工程建设中表现得尤为突出，"道行之而成"的理念表现得更为明确、清晰和深刻。

《工程知识论》一书的出版和工程知识的集成性研究必将引起工程师们在工程思维，工程实践，工程成就、成果的获取和工程运营等方面的工程知识层面的思考和提炼，也必将提升我们对工程知识集成性的理论认知。我相信，这将是我国工程界关于工程知识深入思考的一次重大推动，它必将在我国工程实践的运行中形成具有中国工程知识特色的、以实践理论为基石的系统工程运行学并使其逐步成熟和不断创新。

纵观人类科技发展的历史，以及工程的实践，使我们认识到"需求"是技术、知识发展，科学发现的动力，如果将科学发现和人类的主动追求也视为一种"只有人类才具有的需求"，那么需求则可以视为是科学、技术、知识发展、发现的推动力。这是工程运行学的需求动力观点，"**只有运行才产生工程系统的知识和系统工程的理念和方法**"，这是系统工程运行学派的方法论。系统工程是工程运行的需求，它的知识和学科建立、建成都依其运行而成，也是庄子"道行之而成"的理念，这个理念既符合实践论的观点，也符合工程学的规律，而系统工程知识正是工程运行的产物。我们可以看到这样一个逻辑链：

"工程系统的实施需要知识"→"系统工程伴随工程系统而共生"→"系统工程的知识在工程系统的运行实践中丰富和完善"→"知识—实践—工程物—扩展的工程新知识—工程发展"。

在这个逻辑链中，知识成为实践的第一桶水，而实践则推动了新知识的产生和原有知识的丰富或升华。知识在工程设计、工程建设和系统工程运行（工程实践的高级方式）中不断完善。注意这个发展进程中**工程物是物化的知识或叫做知识的物化**，而知识则是人类认识世界、不断适应自然界的积淀物。这个积淀物则表达了人类文明的程度和人类生存的能力。这就是"道行之而成"的工程知识观。

二、知识的工程元素

我们知道牛顿力学研究的方法论是将其研究的对象视为质子（指质量体，而非基本粒子的质子）的理论，也即在牛顿力学所表达的是理想的质子之间的作用。小到分子大到星体，它们之间的作用表达为与质量成正比、与距离平方成反比的牛顿定律。实际上在牛顿之前开普勒已经根据第谷的观测数据将行星的观测数据结果统计为椭圆方程。按现在的 AI 思维，将大量的有用数据（观测量）输入到深度神经网络（deep neural networks），也可以学习得到牛顿定律的表达式 $\ddot{r} = -\dfrac{\mu}{r^3} \cdot \vec{r}$，当然这个过程是在我们已知的情况下进行的，但我们相信总有一天，我们技术会从海量（Datasets）数据中得到基础理论规律方面的发现（AI 技术实践将其称为 "Receive Reward" 回报）。

如果我们将理想质点与化学的元素，与计算机的数据都统视为分析科学、技术问题的原材料，那么人们一定会提出一个与之相似的问题，即工程学的原材料是什么呢？

我认为工程作为一个知识集成物（见《工程知识论》第二章），所以从工程知识层面去看待工程，它的基本元素应当是"知识"。所谓集成即是"知识的集成"。工程知识则是工程的原材料，而知识的集成则是这些元素的集成物。

在我们分析现在人工智能技术的发展时有一个共识，那就是为什么现在 AI 叫得这么热闹呢，而且其工程应用极其快速地普及起来，其原因无异是：计算机能力的提升、机器算法的发展、开放的源代码库、海量数据集增加。这四条可以归纳为算力、算法、代码库和数据。前三条是 AI 工程化必备的条件，它像建筑房屋的土地一样，但有了土地并没有成为人类可利用的房屋，所以它不是 AI 工程的基本元素，而第四项数据才构成基本元素的特征，也即在现阶段（弱人工智能）有什么样的数据就有什么样的 AI。

那么数据是什么呢？我们这里抽象的"数据"是按与工程指标相关的那些参量的数据，也即 AI 技术中所谓的"**达到 AI 系统性能所需的那些数据**

（types of data required in order to guarantee that performance）"。这些数据将是进行 AI 运行的第一桶水，在人工智能的这个关键的基本元素——数据的选择和使用则构成了 AI 工程的基本问题。

人工智能是由一系列功能定义的，而不是由实现这些功能的特定技术方法定义的（见 https: //www.linkedin.com/company/old joint artificial intelligence center/Understanding AI technology），而剖析这些功能我们可以发现其基本的功能块则是基于规则的"如果给定输入 x，则得到输出 y"（if given x input, then provide y output）。1997 年击败国际象棋冠军的深蓝（DeepBlue）就是这种由程序员手写的计算机代码算法。**这个"如果 x，则 y"的功能模块是人们知识形成的**。没有人的知识形成不了逻辑链的基本功能块，也就没有人工智能的产生。由于这些功能模块是由手工完成的知识系统，我们称这种方法为"手动知识系统（Handcrafted knowledge system）"。只要有了上述基本的知识块"如果 x，则 y"，那么成百上千甚至上万、上百万这种基本元素组合成为"程序"时就能得到一台似乎很聪明且很实用的机器系统、识别系统、博弈系统，也能使旧的工程系统在启用 AI 技术的系统工程下变得很"智慧"。

现在很时髦的所谓"机器学习"（ML）与手工知识系统（HK）的区别不是别的什么，而只是**"知识的来源"**。手工知识系统是人手工编写知识块来提供知识，而机器学习系统是自行生成规则来提供知识，人类向系统提供训练数据，在这些数据集上的运用产生人工算法，实现"数据输入 x，提供正确的输出 y"这个知识块。

这里，数据成为 AI 系统的原材料。所以数据的质量、数量、代表性和状态覆盖性直接关系到学习系统的运行性能。在多个数据（能够产生正确知识的）生成知识的机器学习中，人类的作用表现在选择算法和数据集，格式化数据，设置学习参数、解决方法。

我们在讨论手工识别系统、机器学习系统时，都是将知识作为原材料来进行的。如果划成一个逻辑链，我们可以采用上面引用的"Understanding AI Technology"一文中的表述。

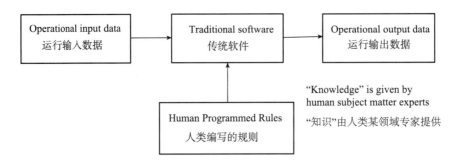

"Handcrafted Knowledge AI"
手动知识系统人工智能

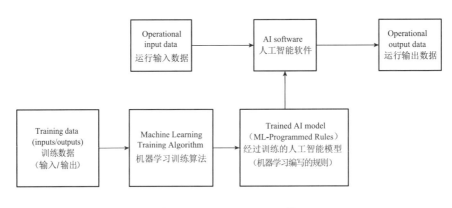

"Machine Learning AI"
机器学习系统人工智能

在这个图示中，其手工知识 AI 和机器学习 AI，都是以运行输入数据作为系统软件的输入（不论是传统软件还是 AI 软件），而输出都是运行输出数据。这个过程在模式识别（pattern recognition）、图像分析（image analysis）、语言翻译（language translation）、内容生成（content generation）和语言转录（speech transcription）都是很成功的示例。

我做上述的说明是为了表达数据作为 AI 的原材料所占据的工程定位，它既是系统的输入也是系统的输出，而数据是以基本知识元素"如果 – 那么"构成的一串串程序。"知识"在 AI 中"基本、基础、原料、元素"的作用，已经充分表明在现代工程知识论中，**从抽象的语言表达工程知识已经成为工程的输入，也是工程的输出**。也表明所谓的"软件定义系统""软件定义产品"这些描述确是有其合理性的表达。

三、以工程知识论的出版推动中国工程学的建设

在建设中国特色社会主义的新时代，中国经济发展、中国科技发展、中国工程科技的发展正以前所未有的势头前进。中国探月工程三步走"绕、落、回"的圆满收官，以及其他一些重大工程的实施和成功，振奋了我们的精神。习近平总书记在给嫦娥五号的贺信中提出的"探月精神"，更是对我们科技工作者的巨大鼓励和鞭策。我们的工程师们应当有能力形成我们中国的工程学，我们也有责任完成这一任务。

从嫦娥一号到嫦娥五号，历时 16 年的重大工程，它的工程知识集成性表达得十分充分，它已从一般知识的集成到多阶段串接的功能集成。嫦娥一号奔月＋绕月，嫦娥三号奔月＋绕月＋落月，嫦娥五号是奔月＋绕月＋轨道器与着陆器分离＋落月＋着陆器采样＋月面起飞＋月球轨道交会对接＋返回器与轨道器对接＋采集物品的交接＋轨道器与返回器分离＋返回器奔地＋返回器与轨道器分离＋返回器落地。所有这些过程都是功能性工程知识的集成，在这样功能集成中只要出现一个功能的失败，则整体工程即告失败。这种"与门"式的功能块一旦失败，功能前的工作就可能被视为前功尽弃。在复杂巨系统的功能链里，其工程可靠性随着串接环节的成功完成，呈现出不断提升的形态。我们以嫦娥五号这 14 个串接功能步骤为例，若每个功能的工程可靠性是 0.95，则整个工程的可靠性为 0.49；若在一个环节中有 1 万个器件，则器件的可靠性应高于 0.99999；若有 1000 个器件，则高于 0.99995。在发射时刻，只有火箭系统工作的条件下其发射成功的可靠性为 0.95，而此时对全工程的可靠性评估为 0.49；若火箭已经成功地将飞行器送入轨道，则下阶段任务的可靠性将变成 0.95^{13}=0.51。而此时被月球捕获实现绕月飞行的可靠性，则是该工作系统可靠性 0.95。当实现了"返回器奔地"任务进入返回地球的轨道时，它前面只有 2 个功能的串接，这时任务的可靠性已经升为 0.95^2=0.9。所以在我们分析复杂系统时，它的工程状态是不断变化的，而功能性串接的工程一旦某一功能失效，则是前功尽弃，也是无功可建。它的知识块则表现为每个串接功能块内的"如果，那么"的完整、完善和自识别、

自适应、自挽救的功能上，也即形成 AI 的知识链结构。这将是我们智能火箭、智能飞行器、智能工程应当实现的工程知识结构应当完成的历史使命。

这是我们在建立工程学内容时应当借鉴的工程系统的思考。

我们只有进行了这些复杂的工程实践后，才有能力来建造这种串行功能块、串联"与门"式的工程知识集成理论中"工程可靠性随工程进展的增值"的认识。建立可靠性的概念对复杂工程系统的分析和设计。在我国重大工程实施的条件下，呼唤着我国工程师们创造出有中国特色的中国工程学！

在人工智能快速发展的当下，AI 技术的应用和推广极其迅速，而在 AI 系统进入工程技术的应用中，我们不能忘记"AI 系统是一种知识系统""AI 系统的建立是由软件人员和对象的技术专家共同合作产生的"。没有技术专家的知识贡献，只靠程序设计者是产生不出相关的系统软件的，也构成不了学习系统。所以**在当今 AI 发展时代，工程师的知识仍然是 AI 技术的核心**，工程师在工程实践中产生的有用的、关键的数据仍然是 AI 工程的基本元素和原材料。

美国 DOD 的 AI 技术部专家讲过一句话，**"世界上没有什么科技是天生安全可靠的"**。我们常说"艺高人胆大"，我看在技术上是"技高人敢言"，且"言之有力"。我们有诸多重大工程之实践，我们的工程学研究就是要在没有技术是天然安全可靠上来实现并保证工程运行的高安全和高可靠。这是我们面对现代复杂工程和 AI 时代智能化工程的重大挑战和历史使命！

本文要点

1. 庄子《齐物论》中有"可乎可，不可乎不可。道行之而成，物谓之而然"。这句话是系统工程学运行学派"道行之而成的唯物史观"在工程学中的概念扩展。

2. 巨型规模、多学科融合、多领域集成、长周期建设和运营、多状态工作的复杂工程系统是当代重大工程的重要特征。

3. 工程物是物化的知识或叫做知识的物化。

4. "如果 x，则 y"的功能模块是人们知识形成的工程的基本元素。

5. 复杂环节或状态的串联工程系统，前阶段状态的成功将提高整个工程的整体可靠性。

6. AI 技术中，工程师的知识仍然是 AI 技术的核心，没有技术工程师的知识，则形成不了"如果 x，则 y"的知识块，也即构不成由知识块形成的知识链，也就没有 AI。

5

《工程知识论》发布后的思考（二）

——工程知识系统和系统知识工程

摘　要："工程知识集成"是现代工程学的一个重要理念，也是一个重大特点。这个观点在《工程知识论》第二章"工程知识集成"中有充分的讨论。而就"当前工程技术是由大型计算技术支撑下的知识系统组成"，这个认识则是逐渐被理解，且在 AI 技术深化和普及的状态下才在世界各国的工程界得到共识。而 MBSE（基于模型的系统工程）则是与工程知识系统相对应的系统知识工程。我对相关问题产生了极大兴趣，2020 年课题研究将进入"案例调研、方法研究、试行运行"的"深化论证"阶段。因为 MBSE 是一种方法、是一个理念、是一个体系，所以它与实际工程是紧密结合的。它是一个知识工程，是一个系统工程的知识体系。我们的系统工程作为工程知识体系的整体性和集成性而言，MBSE 就是其工程知识体系的 3.0 版本。

"工程知识集成"是现代工程学的一个重要理念，也是一个重大特点。这个观点在《工程知识论》第二章"工程知识集成"中有充分的讨论。

而就"当前工程技术是由大型计算技术支撑下的知识系统组成"，这个认识则是逐渐被理解，且在 AI 技术深化和普及的状态下才在世界各国的工程界得到共识。不但如此，在"知识系统"这个概念下，已经派生出诸多新型的知识系统学科，其中的 AI 则具有形成和定义知识系统的意义。而 **MBSE（基**

于模型的系统工程）则是与工程知识系统相对应的系统知识工程。

MBSE 的产生不是工程师们利用计算技术发展而进行的工程游戏，它应现代工程系统的规模增大、子系统（分系统）的工程层次的增多、工程运行环境要求的扩展、工程性能及可靠性与安全性要求不断提高，使得工程系统的复杂度在不断地增加而产生。认识到这个问题并给予高度重视的首先是美国NASA，我想就 NASA 所进行的研究与我们自己的工程实践体会提出如下几项命题，供关心 MBSE 的学者和工程师参考。

在工程规模和复杂度不断增加下，工程师将如何面对这个局面？工程师要以什么方法解决现代工程的多学科、多领域技术集成下的工程系统设计和系统工程实施？如何保持各层分系统对全系统全状态透明？复杂系统的系统间、系统级及系统环境之间交互耦合的有害性如何分析？潜在风险的存在以及如何在设计阶段就使其消除？在没有知识的基础上如何建造一个能可靠实现复杂系统功能的系统工程体系，使系统工程从现在的基于成熟度较高的工程系统向应对成熟度有待提高的复杂系统转变的新的系统工程模式。

将上述这段表述总结成一句话就是，**"找出一个新的系统工程方法或工具，以应对信息化知识工程的复杂性需求"**。

20 世纪以来，美国 NASA 在复杂的深空探测任务推动下产生的基于模型的系统工程方法得以萌芽，并很快得到 NASA 各有关中心的支持。我是在2010 年一篇关于 NASA 在火星探测中采用 MBSE 的报道里首次看到 MBSE 这个概念的。我当时不清晰 NASA 为什么不采用原来成熟的以标准和规范为基础的系统工程理念，而改变为基于模型的系统工程。而"模型"在我的脑子里是技术系统建模而利用的方法，也即在控制系统中的设计模型、仿真模型和各种验证模型，并不理解**基于规范的系统工程怎么变化为"基于模型"**。在复杂的深空探测工程中怎么组织和表达这些复杂系统的相互交叉关系，条件与性能之间内部存在的**诸多逻辑因素而构成的关系将是一个立体的相关性结构**，基于模型的系统工程是怎样解决这些问题的？它在我国的深空探测任务（特别是即将进行我国的火星探测）中将有什么迫切需求？这些问题使我对 MBSE 产生了极大的兴趣，随即向中国航天战略研究院（这条信息的发布

单位）索要原始资料（中、英文两份）。这些问题的存在和思考就是我关心
MBSE 的初衷。

航天战略研究院于 2012 年组织了专题队伍。2018 年国防科技工业科技委
立专题开展研究。课题组在科技委组织下召开了 7 次汇报会，并逐步进入专
题分析和调查阶段。这个阶段可以称其为"学习、提纲、概念、分析阶段"，
2020 年进入"案例调研、方法研究、试行运行"的"深化论证"阶段。**因为
MBSE 是一种方法、是一个理念、是一个体系，所以它与实际工程是紧密结
合的。它是一个知识工程，是一个系统工程的知识体系**。它的基本理念符合
《工程知识论》第二章"工程知识集成"这个重要的现代工程学思想。

我认为，目前我们开展 MBSE 研究应当统一以下几点认识，即有关
"MBSE 的认识提纲"。

1. 我国的系统工程（SE）至今已经过原始阶段（如我国的都江堰工程、
长城工程、紫禁城工程、大运河工程、"两弹一星"工程等）和规范标准阶段
（在我国"两弹一星"完成后总结其任务和经验后），由钱学森主倡了"系统
工程"开始在航天工业（国防工业）内执行，主要表现在对工程的总体性、
整体性、顶层性、系统性、综合性、验证性、试验性、接口协调性、指标匹
配性，以及总体部、总指挥及总设计师系统、分系统及配套组合、技术基础
建设（计量、标准规范、质量）、各种能力的基础条件建设……这个阶段的系
统工程可以称为基于规范的系统工程（或基于标准的系统工程）。如果将原
始阶段的管理（为完成一个具体目标而进行的独立工程管理）作为系统工程
的 1.0 版本，而基于规范的系统工程则是 2.0 版本，在应对复杂系统的信息时
代，我们的系统工程作为工程知识体系的整体性和集成性而言，"基于模型的
系统工程（MBSE）"就是其**工程知识体系的 3.0 版本**。

2. MBSE 是由基础模型块组织的知识架构，这个架构则不仅仅是一种管
理规范，而是使系统工程成为一门科学学科的开拓性起点。

3. MBSE 是一个知识体系，所以它必须有专业技术工程师和系统工程
师的合作才能完成。没有专业技术工程师的参与则缺少基于模型的"模型基

础"，如果缺少系统工程师参与则形成不了全系统技术模型的集成，也就构架不出完整的系统工程运行。

4. 技术建模产生于技术实践、抽象于知识基础，所以技术模型是工程的知识模型的核心部分，它产生于对专业知识的分析利用和建模的理论支撑，其工程知识中计算技术、经验数据，以及 1.0、2.0 版本下的系统工程实践，构成了产生 MBSE 的基本知识要素（这个基本知识要素是由"建模知识、计算知识、技术与经验知识"这三类基础知识组成）。

5. MBSE 是复杂工程系统中相关知识进行综合和集成的方法，而模型是表达系统知识的相关性，所以它是一个工程系统整体的综合、协同和集成。在时域上它是表述全系统"功能实现"和"状态转换"的运行关系与运行结果。所以 MBSE 是工程系统设计、仿真、验证的方法、工具和相应的技术。

在前面"知识提纲"中第 2 点，我写到 MBSE 将是系统工程作为一门学科新分支的开拓性起点。任何一门学问能成为一个科学学科的现代标志（新分支）不是它的知识结构，而是**它的知识结构是不是已经抽象为数学描述**。我所讲的系统工程将成为一门学科也在于它的描述不只是语言叙述，而是它建筑在一个个严格的数学表达式的建构中。任何一个工程系统，它的工程知识体系中不论是器件的、部件的、分系统的、系统的、整体工程的各个层级在性能、状态的模型中，都是有"输入 x—输出 y"的一系列功能块的逻辑下表达的，它所以能提高到模型描述就是它的表达方法。我这里引用《科技导报》2019 年中国航天系统科学与工程研究院邓显晨、毛寅轩等四位学者的文章《基于模型的系统工程的应用及发展》一文中提到的 1993 年美国学者 Wymore "基于模型的系统工程"里讲到的"**通过严格的数学表达式对系统工程过程中各种状态和元素进行抽象表达的方法，并且以数学形式的模型体系建立系统工程中各种状态元素之间的联系，这是面向系统工程的模型化描述方法的雏形**。"对于工程系统的软件知识体系也以建模方式用于 MBSE。1997 年"目标管理组织（OMG）"发布了一种统一建模语言（Unified Modeling

Language，UML）用于软件工程过程的建模，我们国内也在开展用于 MBSE 的软件建模标准化研究（见"八八论坛"软件研究报告——何熊文的文章 [①]）。我国航天系统工程处于规范化的、标准化的系统工程（也即 2.0 版本）的成熟期，它支持了我国国防发展和航天工程的现代化进步，使我国从航天大国走向航天强国的发展之路。在航天强国建设的系统工程将也以建设"具有中国工程特色"的"基于中国的航天知识体系建造的模型化的系统工程"来适应新时代的要求，它既有国际发展趋势的推动，也有我国航天发展的需求。我们进行基于模型的系统工程的核心动力是我们已经有能力、有充分的案例和数据、有丰富的各分系统的模型基础进入模型化的系统工程阶段。这是中国航天工程知识体系成熟的体现。

MBSE 的工程知识是研究和建立基于模型的系统工程，以及复杂工程系统是工程知识集成的核心理念，是我要重点论述的观点，这个理念在讨论 MBSE 的概念里也是其核心概念。INCOSE（国际系统工程学会）在《系统工程 2020 愿景》中是从 MBSE 的定义开展的。**它的定义是"对系统需求、设计、分析、验证与确认等活动的建模行为的形式化与标准化的应用，这种建模应用从系统概念设计阶段开始并贯穿系统开发及之后的生命周期。"**（见 International Council on Systems Engineering, systems engineering vision. 2020[R]）。这个系统工程过程不再是过去各个阶段的一种过程性说明，而是其建模行为的一种形式化与标准化，是从系统概念设计始至生命周期止的全过程、全系统的系统性开发。而**工程系统的 MBSE 的开发是在基于模型的设计（MBD）和计算机辅助设计（CAD）的基础上**，又与其不同的是它面向系统工程过程的建模，重点在 MBD 和 CAD 没有关注的系统需求、系统分析、系统设计、系统验证（不是仅单机、单环节、单系统的）等过程中涉及的分析，并将其模型化，**在这些模型的支持下保证工程系统的正确组成，实现与系统论证的一致性与可追溯性**，也即 MBD、CAD 面向技术设计，而 MBSE 面向系统工程。如果说 **MBD、CAD 是工程师技术知识的模型化，而 MBSE 则是工程师工程知识的**

---

① "八八论坛"指有关软件专家学者的交流活动。

模型化。这两部分知识是现在工程知识体系的两大支柱（见《系统工程运行》P12，"关于工程系统和系统工程两大支柱的论述"）。

OMG（目标管理组织）2010年的调查表明，美国国防军工企业的MBSE应用情况：47.2%已经将系统建模集成进入流程，24.1%企业正在制定建模计划，19.1%正在考虑制定计划，仅有9.3%尚无安排。强国"工业4.0实施规划"将"利用模型掌握系统复杂性"列入未来8项重大活动之一。

就软件复杂度而言，工程知识体系建设也到了必须研究和重视的阶段。在"八八论坛"的组织下，我国的软件复杂度研究已经取得诸多共识。

摆在复杂系统庞大信息量和数据量的面前，呈现在我们面前的是其**数据的极度分散性、有用数据的缺乏性、公用数据的分离性、数据在时域和状态域的残缺性和矛盾性；数据定义的模糊性、理解的歧义性、导致系统集成时的误解和漏洞；复杂系统中某些数据（参数）的更改难以在细节处及时准确改进，且系统性功能的增加往往倾向于利用软件上更改，从而导致的软件复杂度增加；软件系统及全系统状态的全域覆盖性测试、测试环境与实际使用环境的差异导致的性能适应性不足。**我们希望类似这类问题在建模的基础上得到有效解决或缓解上述困难的产生。

NASA已经明确要求，各系统论证的交付物必须是模型，而不能是一种描述性语句（见《系统工程运行》）。洛马公司潜艇团队则将原来的文档转换成系统模型，花费了近一年的时间，建模对象有35个分系统、5000个接口实体模型、1.5万条模型间的关系。通过模型化解决过去复杂系统工程中一些不易开展的工程问题。

在MBSE的工程知识体系的归纳、提炼中，总结出从需求分析（任务）→行为设计（功能）→结构总成（系统总体架构）→参数实现（指标完成）的工程任务分析模型。我相信在我们的《工程知识论》出版和工程知识的认识，以及知识工程的建造中，一定会有中国工程学的产生与发展。

特别是在当今信息化的竞争时代，**知识是今后科技发展的资源和底气，是科技进步的底层压舱石。**而工程技术发展也随着现代复杂性大工程的实践与知识的积淀进入了"工程知识"牵引发展的新阶段。我们有能力、有条件、有义务研究我们经历的国家重大工程中所获取的经验和教训、学习和体验、现实和领悟之"知识"，提高我国工程学发展的水平，使其工程理论研究能够适应未来工程目标的需要，这是中国工程师的时代使命。

本文要点

1. "工程知识集成是现代工程学的一个重要理念"，这个观点在《工程知识论》第二章有充分的讨论。

2. 基于模型的系统工程则是与工程知识系统相对应的系统知识工程。

3. 现代工程系统的整体规模增大、子系统（分系统）的工程层次的增多、工程运行环境要求的扩展、工程性能及可靠性与安全性要求不断提高，以及工程的社会性问题不时渗入，使得工程系统和系统工程都变得复杂起来。

4. "找出一个新的系统工程方法或工具以应对信息化知识工程的复杂性需求"——对现代系统工程的挑战。

5. 基于规范的系统工程怎么变化为基于模型的系统工程。

6. 复杂系统各环节、各模态、各状态、各种功能，不同架构所形成的工程系统的"立体相关结构"。之所以这种描述是针对复杂的深空探测工程而提出的。

7. MBSE 是一种方法、是一个理念、是一个体系。它本身就是一个知识工程，是一个系统工程的知识体系。

8. 系统工程：从原始自发需求阶段到部分形成规范标准阶段，这个阶段可以称为系统工程的 1.0 版本；完全基于规范标准程序的系统工程为 2.0 版本；基于模型的系统工程（MBSE）也即其工程知识体系的系统工程就是系统工程的 3.0 版本。

9. 模型产生于技术实践，抽象于知识基础。

10. "建模知识、计算知识、技术与经验知识"是 MBSE 的基本知识要素。

11. MBSE 将是系统工程作为一门学科的开拓性起点。它的知识结构是已经抽象的数学描述。

12. 我国的 MBSE 不是 NASA "MBSE" 的复制，是我们工程知识体系成熟的体现。我们有充分的案例和数据资源，有丰富的实践经验知识，我们有能力形成我们自己的系统工程 3.0 版本。

13. 如果说 MBD、CAD 是工程师技术知识的模型化，那么 MBSE 则是系统工程师工程知识的模型化。

14. 数据的极度分散性、有用数据的缺乏性、公用数据的分离性、数据在时域和状态域的残缺性和矛盾性；数据定义的模糊性、理解的歧义性、导致系统集成时的误解和漏洞；复杂系统中某些数据（参数）的更改难以在细节处及时准确跟进和协调改进；系统性功能的增加往往倾向于利用软件上更改，导致的软件复杂度增加；软件状态的全域覆盖性测试、测试环境与实际使用环境的差异导致的性能适应性不足等问题，都催促系统工程的模型化。

6

我国古代先贤的系统工程观

摘　要：钱学森院士明确指出系统工程是一门工程的管理学科，这门学科的数学基础是"运筹学"。而运筹学也正是在军事需求的牵引下不断丰富和成熟起来的。1956 年在中国科学院力学所成立运筹学小组，1958 年建立研究室，1980 年成立运筹学会。特别是以钱学森领军的航天系统工程实践，我国的运筹学在建设社会主义的实践中，在国家重大工程和重大战略问题的规划中，不断得以普及、提高和完善。运筹学的诞生既是管理科学发展的需要，也是管理科学深化研究的标志和成果。本文举管子、孙子和庄子三位我国古代先贤，在他们的思维和理念中所表达的系统工程观点是极其深刻的，当我们对工程技术的某些问题的定义产生诸多困难时，我们不妨从其对立面去研究和思考，从"非"和"否"的切面去定义也是一个很重要的整体观、系统观的思路。

系统工程正式作为一门学问在我国的工程实践中研究和应用，应当是在钱学森提出"系统工程"这个词的 1978 年，在钱学森的启蒙和推动下，首先是在中国的"两弹一星"工程研制中得到应用，其标志是形成总指挥、总设计师的两条指挥线；负责工程总体规划和具体实施保证的总体设计部；分系统专业研究所，以及保证工程系统能够可靠运行的技术基础建设体系的建立（包括计量、标准、工艺、规范、工程各分支层次的仿真、模拟、试验、验证、评定、评审、评价）。

以钱学森为代表的第一代航天科技工业的领军者，他们以敏锐的眼光感觉到，一项以举国体制为基础、动员全国力量进行的重大工程系统，没有一套与其相适应的管理体系作为保证是不行的。

这应当是系统工程这个课题产生的必然条件。钱学森明确指出系统工程是一门工程的管理学科，这门学科的数学基础是"运筹学"。下面我将分成三个题目来讲述。

一、运筹学的形成

科技界正式采用"运筹学"这个术语是在 1938 年，那年 7 月，英国在"空袭警报"系统研制中，彼得赛（Bawdsey）雷达站负责人罗伊（A. P. Rowe）提出"整个防空系统的运营"并使用"operational research"一词。我国科学家用《史记·高祖本纪》"运筹帷幄之中，决胜千里之外"中的"运筹"二字，来表达"系统性的研究和运营"这个概念，在汉语语境下它兼有"筹划、权衡、策略、决胜"的含义。我认为这个翻译极其优秀、准确，且具开放和激发思路的内涵。

1940 年 9 月，英国成立由物理学家布莱克特（P. M. S. Blackett）为领导的第一个"运筹学小组"，且在之后不久，发展到每个英军指挥部都成立运筹学小组。实际上，运筹学小组类似我们习惯上理解的"参谋与筹划部"，所以战略、战役筹划初期的指向是军事系统工程，其基础科学即是运筹学。而运筹学也正是在军事需求的牵引下不断丰富和成熟起来的。可以说没有第二次世界大战的激发，就不会有运筹学的快速发展。

如果我们继续往下列出运筹学的发展表，则可以简单地归纳如下。

1945—1950 年（**创造期**）：关注的人少，研究的范围小。其中：

1947 年，丹齐克（G. B. Dantzig）研究线性规划并提出通用解法——单纯形法。

1948 年，建立运筹学俱乐部，在 MIT 开课。

1950 年，在英国伯明翰大学开课。

1951—1959 年（**成长期**）：电子计算机发展、动态规划在推广应用。其中：

1952 年，美国卡斯（Case）工业大学设硕士、博士学位。

1957 年，英国牛津大学召开第一次国际运筹学大会，并确定以后每三年召开一次。

1959 年，国际运筹学联合会成立（International Federation of Operation Research Societies (IFORS)）。

1960 年至今（**发展期**）：这个时期中，通过细化各分支，运筹学被认可并纳入数学，用于复杂系统的分析，如：城市交通、环境、国民经济、人口理论等领域。

在我国，则是在中华人民共和国成立后的 20 世纪 50 年代，1956 年在中国科学院力学所成立运筹学小组，1958 年建立研究室，在改革开放后的 1980 年成立运筹学会。

二、我国运筹学的历程

我国科学家对运筹学的关注是敏锐的，反应也是快速的。特别是在改革开放后，中科院力学所、数学所的科学家们不但对运筹学的理论研究取得了对中国运筹学发展的奠基成果和科学普及，而且在工程应用上作出了诸多实际贡献。特别是以钱学森领军的航天系统工程实践，我国的运筹学在建设社会主义的实践中，在国家重大工程和重大战略问题的规划中，不断得以普及、提高和完善。比如在运输问题，存贮论、目标规划、线性规划、动态规划、非线性规划方面的理论研究；在网络计划、决策分析、系统工程的运行管理等方面，我们都形成了具有中国特色的**以工程应用带动学科发展的诸多成果**。

运筹学也在随着科学技术的进步和复杂工程实践的需要而不断发展。**马克思讲过："一种科学只有在成功地应用数学时，才算达到了真正完善的地步。"**

运筹学的诞生既是管理科学发展的需要，也是管理科学深化研究的标志和成果。

纵观运筹学的 80 年，我感觉这门学科有如下三大特征。

1. 系统的整体观

运筹学的分科是多样的，它与对象的不同和目标的差异会产生不同的数学描述，形成不同的数学分支，如线性规划、非线性规划、动态规划及各阶段决策、图论与网络、存贮论、排队论、库存论、对策论、决策论（产生最优目标的抉择），等等。但所有这些不同的离散的分支都有一个共同点，那就是以系统的整体性去分析和思考，以达到系统的最终整体目标为准则。

2. 多学科的综合观

运筹学是独立的一门对策性学问，但它是开放的学问，它的方法和理论基础必须与对象、环境、目标的变化相适应，它必须善于综合各领域、各行业、各学科的成果于自身，它的方法工具也将随着社会进步和科技发展而与时俱进。这个多学科的综合观表明，运筹学不同于其他学科有很强的封闭、自洽性理论体系支撑，而是一个如何灵活机动地进行理论判断，对具体目标的可靠实现的理性思维；是一种以工具方法的运用与社会人（包括团队、指挥员）的决策相结合的综合性的科学体系。

3. 模型方法的抽象观

运筹学所以能称为科学，在极大程度上是由于人们可以通过理性分析将研究的对象进行数学的模拟，将其特性和行为进行模型化的表述。如果没有这个模型的抽象，或者所研究的对象根本无法给予抽象，那这个对象也就无法纳入运筹学的研究之中。

我这里将模型问题表述为抽象观，主要是想表达一个哲学的意识，"客观运行的事物本无模型"是人们在研究客观事物的运行规律时产生的一种分析方法，所以模型因研究人员的**"经验、认识、理解"（可以统称为"知识"）**的不同而产生不同的模型，在"知识经济"的今天，模型也成为了"知识的凝聚物"，具有知识产权的性格。模型的建构、变量的选择、状态的描述、运行的逻辑以及相应的软件架构、语言应用、信息变换与传输、算力与算法的开发、数据的占有和运用等都已成为建立模型的资源基础。而通过对模型的研究，所谓最优、次优、满意解的求取、求证则是工程系统在模型方法的抽象层面的准确和精确程度的表征。为了区分模型上取得的最优与实际系统真实实现的结果的非一致性，**我将模型系统研究的最优称作"自描述最优"，**是研究人员自己得到的个人的开发结果。

三、我国古代先贤的系统工程观

在我们推广系统工程方法以指导中国航天系统工程的初期，有很多从事工程管理的专家并不理解什么是系统工程，以为它是一个新颖、华丽的学科。当他们掌握了这个朴实的，具有提炼、归纳、升华意义的工程实践性理论后，他们常说："原来我过去做的工作，就是系统工程理论呀！"

系统工程是人类进行工程活动，特别是复杂性的重大工程活动时总结、归纳、提炼出来的学问。它和人类认识 $F \backsim R^{-2}$、π、ε（介电常数）、$c^2 = a^2 + b^2$ 一样，是从实践中归纳的。开普勒如果没有第谷的观测数据，就归纳不出它的三个定律。

所以，凡是科学的，是客观存在的，它一定是人们主观提炼的；是事物规律性在人类面前呈现，它一定是人类对这些呈现的一个聪敏的抽象表达。不论是现代人，还是古代人，或是未来人，都离不开这个认识论。

这里我举管子、孙子和庄子三位我国古代先贤，在他们的思维和理念中所表达的系统工程观点是极其深刻的，他们的有些观点并不输于当世人！

1. 管子《立政》的系统工程观

管子是我国古代具有爱民思想的政治家、政论家，之所以称其为政论家，是从他留给我们丰富的为政思考、至今仍有教义的论述。如果管子不是思政者、理性思辨者，他就不会留下那么多深刻的论理和至今仍使我们受到启发的观念和观点。

这里我以管子《立政》篇的其中一段进行学习，我们是否可以从中得到启发和教育。管子在人与自然的一段论述中写到：

修火宪（制定防火法规），**敬山泽，林薮，积草**（敬畏自然为我提供的环境，管理好山林、水泽和草木），**夫财之所出，以时禁发焉**（对于自然资源丰富的地方，要按时封禁和开发），**使民足于宫室之用，薪蒸之所积**（以使百姓筑房建屋有足够的木材，烹蒸炊事有足够的柴草），**虞师之事也**（这些事的责任人是虞师，由他来负责）（注："虞"指预料和忧虑之意，所以虞师的工作有规划、筹划的含义，不知是否这样理解，请语文学者批评）。**决水潦**（排积水），**通沟渎**（疏通沟渠），**修障防**（修建堤坝），**安水藏**（加固水库），**使时水虽过度，无害于五谷**（做到虽然雨水过多而不伤害庄稼）。**岁虽凶旱，有所粉获**（年逢大旱而仍能有所收获），**司空之事也**（这是主管水利的官吏司空的职责，责任人是司空）。**相高下**（观察地势高低），**视肥墝**（分析土壤肥瘠，"墝（qiao）—地里不肥"），**观地宜**（查看土地适宜于种植哪些农作物），**明诏期**（明确农民应征服役的日期），**前后农夫**（农事的先后），**以时均修焉**（这些都要及时做出安排），**使五谷桑麻，皆安其处**（使五谷桑麻的种植各得其适），**由田之事也**（这是主管农业的官吏由田的职责，责任人是由田）。**行乡里**（巡视乡里），**视宫室**（察看房屋），**观树艺**（观察树木长势），**简六畜**（检查六畜），**以时均修焉**（对这些事情做出及时安排）。**劝勉百姓**（鼓励生产），**使力作毋偷**（不怠工偷闲）。**怀乐家室，重去乡里**（留恋家室，不离乡），**乡师之事也**（这是主管民政的官吏乡师的职责，责任人是乡师）。**论百工**（考核各种行业工匠的技艺），**审时事**（安排不同季节的农事），**辨功苦**（辨别产品质量的好坏），**上完利**（达到产品的精致耐用），**监壹五乡**（统一管理五乡），**以时均修焉**（及时做出全面的安排）。**使刻镂文采，毋敢造于乡**（使刻画、文饰、彩绣等奢侈品不能在各乡村生产和制造），**工师之事也**（这是主管手工业的官吏工师的职责，责任人是工师）。

上述这段文字，在个人和自然的大系统观之下，不但讲到人与自然的敬畏、保护、和谐、互利、利用与发展的关系，而且将水利、农业、畜业、民生、手工业的精细管理分列其中，且明确各项目的负责人，设立虞师、司空、司田、乡师、工师之责任人和责任岗位。不知在别的古迹文献中是否有更早的工师岗位记录。我是第一次在管子的《立政》篇中看到的。如果我们认同在两千年前就有工师之岗、工师管理和工业之责，那么是否可以认为我国正式的"工程师"称呼产生于那个时代。而责任岗位责任人的明确论述也表明，我国先贤的系统工程观念和系统工程方法，以其朴实的社会管理理念和立政原则出现在古代的社会实践。

这就是我们所谓的管子《立政》的系统工程观。

2. 工程学原则与孙子论兵法

在载人航天、探月工程的实践中，我始终坚持"各级工程技术指挥员（含总指挥、总师两条线），必须由有类似经历的专家组成，他们知晓哪些指标可以成（或经过攻关可以成），同时也要知道哪些指标我们目前不可以成（或在有限的工程任务期间内难以攻克）；其次是明确工程任务中哪些环节具备有丰富知识的成熟技术支持，哪些部分是我们知识的短板，并采取相应的技术路线、试验验证条件去实现这种不同层次的工程组织模式；第三是工程队伍要上下一心，有统一目标，确定统一的任务主线，各系统主动与之配合，实现工程目标；第四是工程进展的全过程都要有预先安排、部署，在出现各种矛盾、困难时，有相应预案和充分的技术储备；第五是在工程执行中发挥各系统、分系统指挥线的独立指挥权，使各级指挥员在工程中锻炼，出人才，而上级则不轻易去制约和牵制各部分的积极性"。

上述五条，我们用系统工程语言表达就是：每个工程系统在其论证以及实施、运行的每个阶段都要有"不可行"问题的质疑，开展"非拥护性评审"；在确立工程任务的立项时，务必坚持"目标明确，路线清晰""安全可靠""经济可承受""责任有落实"；第三是大力协同，重大工程要有动员举国之力的能力；第四是要有成熟技术支持和新技术攻关、能力储备，保障工程系统有稳妥的技术成熟度、创新的技术进步，使工程系统能够带动技术进步、新技术的应用和推广；第五是系统工程运行中建立统一指挥与各岗位责任制落实的独立研发的融合体制，使工程实现出成果、出人才、出产品、出效益（含社会效益）的总目标。

我们看一下《孙子兵法·谋攻篇》中论述："**知胜者有五：知可以战与不可以战者胜；识众寡之用者胜；上下同欲者胜；以虞待不虞者胜；将能而君不御者胜。此五者，知胜之道也。**"我认为孙子用兵之法，与工程组织（特别是复杂的系统工程）的系统工程思路是相同的。我们可以说《孙子兵法》就是古代军事家以其智慧的理念，思考军事的系统工程思想。无怪乎，我国系统工程理论的奠基人钱学森将运筹学视为系统工程的一个基础理论，而运筹学早已成为现代军事理论的重大应用，也是对军事理论的重大推动。

3.《庄子·大宗师》"人之有所不得与，皆物之情也"

这句话所言为实。人有不能得，这是智慧之言；人无不能得，此言狂语。人为自然所生，生之规律乃自然法则，科学者生之追求自然真理，死亦循自然之法则。庄子在《大宗师》的同篇文中说："**佚我以老、息我以死。**"谈到这八个字，让我们对庄子有如此天地之胸怀而感叹！他把人老作为自然赋于我们的安逸，而将死亡视为自然给予的休息。这种博大的自然观，除惊叹之外就是神奇。两千年前，我先贤竟有如此清彻、轻松、融入自然的生死观，真乃哲人之思！

我受益更深的是对科学之为科学的感悟，在高速发展的科技创新时代，我们对科学力量的认识得到空前高涨，而在思维层面，则似乎科学是无所不能的。我以为，让人们认识知识就是力量的同时，也要真诚地告诫他们，科学不是什么都能做的，科学并不是万能的，科学并非直接产生技术，工程不一定来源于科学发现。"**人之有所不得与**"是自然的一条哲理。**我们不能把自己抬起来，我们不能把自己抱在自己的怀里**，我们不能创生地球，我们更不能创生另外一个星球。太阳系有生有死，这是自然之规律，人类也只有好好耕耘地球家园才是科学的正路！

关于系统工程的辩证理念里，一个非常重要的思想是以系统的整体性去认识人造工程的功能表达，也即"任何一种功能的存在必有满足系统整体的需求，也必然存在对系统性能破坏的影响"。这种影响表现在这项功能能力的某些改变，或者状态的某些变化。这些变化对系统整体性的影响可能是可包容性的（可允许的，可承受的），也可能是整体颠覆性的（不可承受的）。所以，系统工程师们在进行系统工程的设计和运行时要有没实现正常功能表达时的应对方法。庄子在《齐物论》中讲到："物无非彼，物无非是，自彼则不见，自知则知之。""因是因非，因非因是。"即是说，事物没有不是"彼"的，也没有不是"此"的。从彼方看不清的，从此方看就可以知道了。

这是庄子的万物两相合一、阴阳共体的齐物论观点。它与我们所能接触到的观察是一致的，除非我们对宇宙的认识更加广大或更加精微（《中庸》大哉篇"致广大而尽精微，极高明而道中庸。"），使我们对客观世界的认知有深刻的变革。

当我们对系统工程观进行研究时，我国古代先贤的这些观点是值得我们研究的。当我们对工程技术的某些问题的定义产生诸多困难时，我们不妨从其对立面去研究和思考，从"非"和"否"的切面去定义也是一个很重要的整体观、系统观的思路。

本文要点

1. 1956 年中国科学院力学所成立运筹学小组。1980 年成立运筹学会。

2. 运筹学的三大特征：系统的整体观、多学科的综合观、模型方法的抽象观。

3. "客观运行的事物本无模型"，所以模型因研究人员的"经验、认识、理解"（可以统称为"知识"）的不同而产生不同表达形成的模型。

4. 模型是"知识的凝聚物"，具有知识产权的性格。
   模型的建构、变量的选择、状态的描述、运行的逻辑以及相应的软件架构、语言应用、信息变换与传输、算力与算法的开发、数据的占有和运用，已成为建立模型的资源基础。

5. 我将模型系统研究的最优称为"自描述最优"。

6. 科学是客观的存在，但它一定是人们主观提炼的。

7. 工程组织的系统工程五个要点与《孙子兵法》的五胜之道。

8. 我所谓"我们不能把自己抬起来，我们不能把自己抱在自己的怀里"这句话，与庄子《大宗师》的"人之有所不得与，皆物之情也"是一致的。

五、以成功报效祖国

在乱云飞渡中把牢正确方向，在风险挑战面前砥砺胆识，坚毅前行，开创属于我们这一代人的历史伟业。

——习近平总书记指示

1

打好"亚星"为国争光[①][②]

摘　要：1990 年 4 月 7 日北京时间 21 时 30 分，我国自行研制的长征三号运载火箭在西昌卫星发射中心成功地发射了亚洲一号卫星。由中国长城工业公司承揽的这次发射亚星服务的合同，是 1989 年 1 月 23 日在北京签订的。从签订合同到发射前后仅14 个月。在党和政府的领导和支持下，广大科技人员秉承航天精神，无私奉献、攻坚克难，仅用 8 个月就完成了这次发射任务，在首次现场直播发射中精确入轨，在国际上彰显了我国成熟的航天发射和测控技术。"长征三号"是社会主义大协作的产物，打好"亚星一号"，不仅标志着我国火箭、卫星进入实用和国际市场阶段，同时也极大地振奋了民族精神，是我们社会主义制度的又一伟大成就，是航天事业为祖国争光的一个重要里程碑。

4 月 7 日，我国自行研制的长征三号运载火箭准确地把亚洲卫星通信公司的亚洲一号卫星送入了同步转移轨道并成功地进行了首次电视现场直播。卫星发射成功后，在国际和国内都引起了强烈反响（图 1）。广大群众为此欢欣鼓舞，也很关心这件事情。现在我就把这次发射"亚星"的一些情况向大家

---

① 栾恩杰. 打好亚星，为国争光［J］. 时事报告（半月谈）特刊，1990, 6.
② 作者时任航空航天工业部总工程师、试验大队队长。

作一介绍^①。

图 1　我国成功发射亚洲一号卫星报道

一、精良的长征三号运载火箭

这次打"亚星"的长征三号运载火箭是三级火箭，全长 43m，第一、二级直径 3.35m，第三级直径 2.25m，起飞重量 202t，起飞推力 280t。我们从1974 年开始对这种火箭进行方案论证，到 1983 年就进入了试飞阶段。它的第一级和第二级是由航空航天工业部上海航天局研制和生产的，采用的是常规燃料；第三级是由航空航天工业部第一研究院研制生产的，采用的是液氢液氧发动机，这种技术在国际上是很先进的，掌握这种发动机技术较早的有美国和西欧联合体，我国掌握这种技术早于苏联和日本，而且已经比较成熟。在发射亚洲一号卫星之前，我们已经发射了 6 枚长征三号火箭，除第一枚火箭有点故障外，其余发发都取得了成功，这次打"亚星"用的就是这种型号

---

① 我国首次成功地为国外用户发射卫星，引起了广大干部群众的极大关注。1990 年 4 月 27日，中央宣传部、中直工委、中央国家机关工委、解放军总政治部、中共北京市委、全国总工会、共青团中央和全国妇联共同举办报告会，请刚从发射现场返京的栾恩杰、沈辛荪同志介绍这次卫星发射情况。本文是栾恩杰在会上所作的报告。

的第7枚火箭。由于这次发射的美国卫星与我国卫星在技术上有所不同，美国方面要求我们帮他的卫星"起旋"，就是在星箭分离之前通过起旋火箭先使卫星自旋。我们长征三号火箭第三级的星箭配合部分、整流罩、仪器舱等都做了改装（图2）。

图2　吊装完毕的搭载亚洲一号卫星的长征三号火箭

二、庞大完备的发射、测控系统

发射卫星是一项庞大的系统工程。光有了火箭和卫星还不行，还要有完备的发射场、发射装置，要有发射控制设备，在整个发射过程中还要有遥控系统、跟踪测量系统等。这些系统凝聚着许多尖端技术，分布在祖国辽阔的大地上，许多台站设在荒无人烟的重山峻岭之上、牧区和沙漠之中。我国的远望一号和远望二号测量船，还要提前半个多月开赴远离祖国7000km以外的太平洋赤道附近执行任务。在这些发射、测控系统工作的同志们生活条件都很艰苦，在海上工作的同志，遇到风浪时常常呕吐不止，头晕目眩。但这些同志都以无私奉献的精神，在自己的岗位上默默无闻地工作了几十年，操纵着我们自己的仪器，一次又一次地完成了火箭、卫星发射的测控任务（图3）。

图3 "亚星一号"科研人员正在进行观测工作

三、从蹉跎到复活的亚洲一号卫星

发射亚洲一号卫星的合同，虽然是由我国的长城工业公司与亚洲卫星通信有限公司签署的，但这颗卫星是由美国的休斯公司生产的，最初并不属于亚洲卫星通信有限公司。这颗卫星重 1.24t，有 24 个 C 波段转发器，分南北两个波束，用途比较广，定点于东经 15.5° 赤道上空，覆盖面积可达亚洲 30 多个国家，能为东南亚、朝鲜半岛和中国部分地区的 25 亿人口提供先进的通信服务。1984 年，美国的挑战者号航天飞机曾经把这颗卫星送上太空，但因发生故障，卫星没有进入预定轨道，白白荒废在天上。发射这颗卫星时是由英国公司做的保险，因此美国发射失败后，英国保险公司赔了款。1985 年美国又发射航天飞机把这颗卫星抓了回来，归英国保险公司所有。休斯公司把它修好后又四易其主，最后才由亚洲卫星通信公司买下来。也就是说，我们这次打的"亚星"是一颗美国人没有打成功的卫星，美国人没打成，而我们中国人打成了。

四、斗争赢得"发射权"

利用我们的长征系列火箭承揽外国卫星发射业务，这是我国改革开放的重大步骤之一。邓小平同志 1986 年 10 月接见美国国防部长温伯格时，就提出过一定要促成对外发射工作。我们请温伯格参观了西昌卫星发射中心，温伯格说西昌已完全具备了对外发射条件。1988 年 10 月和 12 月，中美两国政府进行了两轮谈判，签署了空间技术方面的三个协议，因此 1989 年 1 月 23日我们才得以同亚洲卫星通信公司签订了发射亚洲一号卫星的合同。合同签订以后，我们开始了紧张的准备工作。可恰在这时，北京发生了动乱和反革命暴乱。我国制止动乱、平息反革命暴乱后，西方资本主义国家纷纷根据假情报对我国进行所谓制裁，尤其是美国带头。因休斯公司是美国的，美国国会里有一帮子人就提出不让美国政府批准发给中国发射美国卫星的出口许可证，不让休斯公司把卫星运往中国。

面对严峻的局面，我国政府展开了正义的外交斗争。我们航天战线的全体同志也积极努力，积极为打外星创造条件。国际上一般完成这样的任务需要 36 个月时间，最短也要 30 个月，而我们的合同执行期只有 14 个月。北京动乱后，美方中止了合同的执行，又耽误了几个月。只余下 8 个月的时间，却要完成 14 个月的工作，我们的困难就更大了。我们广大科技人员，镇定自若，工作有条不紊。当时"亚星"公司的人员，一天给长城公司打几次电话，问你们那里是不是乱了。休斯公司在北京的工作人员到我们南苑的工厂去观察，因为他们听信了我们的军队在南苑那儿打起来了的谣言。结果到那儿一看，我们的工作一切照常进行，根本不像他们的报纸和美国之音说的那个样子。美国国内来电催他们回去，他们就说，这里一切正常，我们不回去。

我们就是这样，在党和政府的领导和支持下，以自己坚定不移、兢兢业业的工作为打"亚星"创造了可靠的条件。随着我国形势的迅速好转，我们终于赢得了发射"亚星"的许可证。

五、确定发射日期的争议

按照合同，亚洲一号卫星确定在 4 月 20 日左右发射。但是，据我们 16 年的气象统计，4 月 6 日以后西昌的天气会逐步转坏，经常阴天、下雨，而且因为进入了雨季越往后气象条件越不利。根据气象资料，4 月 5 日的天气比较好，我们初步选择了 4 月 5 日，所以同他们商谈的是 4 月 7 日，加减两天发射。

可是美国方面不同意 4 月 5 日发射。原因有两条，一条是他们说，根据英国皇家气象台的预报 4 月 7 日是个好天气。皇家气象台在国际上有名气，他们就以此为由。我们同他们争论，中国的天气怎么能听英国的呢？他们不知道我们西昌还有特殊的小气候，天上的云彩过去后还有生成云，就是山峦里长出来的云彩，也叫"山戴帽"。所以我们说皇家不如我们中国的土专家。他们还有一个原因，就是那些日子美国的"大力神"发射的一颗卫星没有成功，带着发动机在天上转，如果掉下来会对美国造成威胁，他们想利用休斯公司的测控站操纵它，把卫星从火箭上弹出去。完成这项工作最早也得 4 月 7 日。

香港人也不同意 4 月 5 日。为什么呢？因为这一天是清明节，香港人认为清明节不宜走出家门，否则一年的生意就"不吉利"，希望我们 4 月 7 日打。我们是唯物主义者，不信什么吉利不吉利。不过我们还是查了一下香港的黄历，查的结果是"诸事不宜"。

几方面争论不休，不知听谁的好。最后我们决定，还是听用户的，用户就是"上帝"。为了协调与美方的合作，我们对自己的设备又有充分的信心，困难再多也能克服。用户说 7 日打，我们就 7 日打，我们要用实际行动把"诸事不宜"变成"诸事都宜"。所以最后公布的发射日期就是 4 月 7 日。

六、现场直播与我们的胆略

这次发射采用了现场电视直播的方式，对我们来说这还是第一次。我们中国航天是从搞武器方面转过来的，所有参试人员都在自己的岗位上默默地工作，从未向外界亮过相。这次现场直播确实给我们增加了压力，假如不能按时发射，或者火箭飞行途中出了问题，播音员说"各位听众、各位观众，这次发射不行了"，那样的影响就太坏了。其实技术上我们没有问题，只是一种心理压力。

为打好"亚星"，江泽民总书记、李鹏总理都作了重要指示。我们一致认识到，确定这次现场直播，是党中央、国务院对我们航天战线广大科技人员的绝对信任，是我国航天事业成熟性的一个标志。我们觉得，这次发射除了它的技术和经济意义，更重要的是政治意义。特别是在当前形势下，坚持社会主义道路，坚持改革开放，都需要用我们的成功发射来振奋民族精神。事实上"长征三号"就是社会主义大协作的产物，我们一定要打好它，为祖国争光。

从发射前线，到后方的每个车间，每个同志都自觉地把压力变成动力，一丝不苟地工作。国防科工委和航天部的领导同志，都多次亲临现场，仔细视察每一个部位，与技术人员并肩战斗。

我们全体同志只有一个信念——为了祖国，一定要做到准时发射，可靠飞行，准确入轨。只许成功，不许失败！

七、严守合同，竭诚服务

按照发射"亚星"的合同，我们必须严格遵守中美协议。这个协议的核心是，美国的卫星在我国属过境性质，运进来就上天，中间不许看他们的技术。美国人耽心我们看他们的技术，在他们的试验队中专门编入 12 名美国国防部负责监督安全保密的官员，他们还在卫星厂房装了监视器。开始他们对我们并不十分信赖，但我们信守合同的实际行动改变了他们的看法。

我们不仅严格地履行各项协议，而且想方设法，千方百计地满足外商的要求。亚洲一号卫星是用波音 747 飞机从美国整体包装运到北京的。由于它们体积比较大，减振与抗冲击的指标非常之高，装卸、运输十分困难。我国的民航和铁路部门克服了许多障碍运送卫星。运到四川时，桥涵超宽，卫星过不去，于是我们就改走公路。山区的公路条件大家是知道的，可是我们沿途的民工，边削山坡边行进，说平路就平路，就这样走一段开一段，平安地运到了目的地。我们还专门研制了装有油汽弹簧的运输车。整个运输过程中卫星保护得非常好，美方感到非常满意。

美国的卫星与我们的火箭对接中有一些技术问题，我们都按美方的要求顺利攻克了。休斯公司的人说我们的技术超过了"阿丽亚娜"，对我们竖起了大拇指。他们还风趣地说，你们中国专家不但技术上行，而且回家还会做饭。为打好"亚星"，我们还建了一座亚洲第一流的测试厂房，美国人看了赞叹不已。西昌是个比较贫困的地区，为了外商生活方便，我们还专门为他们修了高级的小宾馆。我们的竭诚服务赢得了很高的信誉。

八、不忘为发射"亚星"无私奉献的人们

为发射"亚洲一号"卫星，我们组织了试验大队，下设两个中队，分别由航空航天工业部在北京的第一研究院和在上海的上海航天局组成，共有近400人，其中有2/3是参加了2月发射国内卫星后一直坚持在那里的同志。他们一连几个月工作在发射场，春节也没有休息，精神高度紧张，都很疲劳了。但他们始终以满腔热情连续作战。75岁的任新民总设计师是这样，68岁的"长三"总设计师谢光选是这样，范士合、龚德全、王之任副总师以及各级工程技术人员都是这样。要知道，我们试验队的平均年龄是四十八九岁，而在第一线上的同志差不多都是50多岁的人啦。他们顾不得自己的家庭、子女，也顾不得自己的身体，一干就是几个月。这样的连续作战何止是这一次啊。

发射基地有一位指挥员，上一次发射正赶上他母亲去世，这次发射又赶上他岳父去世，他都没有离开过发射场，臂戴黑纱，镇定指挥。

"长征三号"上有我国许多工厂的产品，这些产品的质量都是一流的、最过硬的。可这些厂家的代表却始终负责地跟随着仪器、设备，直到发射成功他们才回去。

特别是保卫我们火箭专列和发射场的那些无名的武警战士和公安干警们，他们的奉献精神更是令人感动。我们的专列有时中途停车几个小时，他

们始终警惕地守卫在列车周围。铁路沿线有许多民警同志，对我们来说，他们只是匆匆而过，而他们为迎护我们，不知在那里已经等了多久。专列到四川北碚时，有个坏家伙看我们专列和别的车不同，就围着列车转，被公安人员抓到派出所。不料这个家伙突然拔出枪，对准派出所的同志开了两枪，派出所所长和另一位同志就这样光荣地牺牲了（图4）。

图 4　四川北碚铁路段

九、精确入轨折服外商

亚洲一号卫星是一颗地球静止轨道通信卫星，发射难度是相当大的。这个"静止"是相对地球而言的，也就是地球自转一周是 24 小时，卫星沿轨道绕地球一周也是 24 小时，这样从地球上看卫星是与地球同步的，看上去是不动的。要达到这种"静止"的效果，必须把卫星送进距地球 36000km 的同步轨道。但这么远的距离并不能一下子打到，中间还有几个过程。为了节省燃料，先要把卫星送入一个距地球 200km 的"停泊轨道"。大家在电视里可能看出来了，长征三号火箭的第一、二级工作完毕后曾经有一段滑翔期，这就是在停泊轨道上"停泊"，待火箭滑翔到一个最好的位置后，第三级火箭点火，把卫星送入近地点 200km 左右、远地点 36000km 的同步轨道，也叫"同步转移轨道"；当卫星运行到远地点时，星上发动机点火，把卫星推入以 36000km

为半径的大圆轨道——准同步轨道，然后再漂移到预定的定点位置便开始绕同步轨道运行了。这其中的"停泊"、第二级火箭的点火及入轨等，都是极为复杂的技术。

不过，仅仅发射得好还不行，还必须测得准。按照合同，把卫星送入大椭圆轨道我们的任务就完成了，但我们还必须把卫星入轨的参数测算出来，并及时通知外商。

外商也知道发射这颗卫星的难度，他们曾经怀疑我们能不能打好这颗卫星。我们"长征三号"的手册里介绍，说可以打 1.4t 重的卫星，可他们知道我们并没有打过"亚洲一号"这么重的星，有些不放心（图5）。亚洲卫星通信有限公司聘请了加拿大太列卫星公司的技术人员做他们的技术顾问，又聘请了卫星的制造商休斯公司的人做雇员，也组成了一个90多人的试验队，实际上是组织了一支由英国、美国和加拿大人等组成的"国际联队"来考验我们。他们都是卫星方面的专家，目前休斯公司制造销售的商用卫星占整个国际商用卫星的 40% 左右，而我们这次发射的 HS—376 型卫星又占国际商用卫星的 35% 左右，因此他们技术上很内行，并且对我们要求非常高。他们还专门请保险公司保了险，保险金达 2500 万美元。我们中国人民保险公司也参加了保险，保险额占 20%。

图 5　已完成"亚星一号"测试的长征三号火箭

面对重重困难，我们航天战线广大科技人员毫无畏惧，以我们严谨过硬的技术，攻克了一道又一道难关，以我们的拼搏，迎来了提前发射的关键日子。

4月7日这一天，天气果然很不好，靶场上空有雾和下雨，并且打了20多个雷，中科院的同志带了测雷设备，经测试，最大的雷达到16kV，是很厉害的，发射不得不推迟了1小时30分钟。

晚上9点钟左右，发射场上空的云散了，也露出了星星，看起来是"明月当空"，可实际上云层仍然是带电的，危险依然存在。但我们相信我们箭上的防雷装置，而且这是这一天里最后一个发射的时间"窗口"了，如果再不发射，整个发射就得推迟一天。然而，我们知道，"国际联队"的外商以及包括美国驻华大使李洁明在内的400多名来自世界各地的外国客人和港澳贵宾，就在距发射塔6.8km的指挥大厅控制室的屋顶上观看着我们的发射，几亿电视观众也在电视机前期待着这次发射，同时，我们也坚信我们周到细致的准备工作，我们有严谨的科学依据，对我们的"长征三号"充满信心，因此火箭于21时30分准时点火升空了。

点火前，指挥大厅里的气氛十分紧张，好像空气都凝固了，许多人能听到自己心脏的跳动。点火后大厅里气氛活跃起来，大家按捺不住激动的心情，一次又一次地鼓掌，其实那时候还没成功呢。大厅里的人一听到报告"飞行正常"就鼓掌，其实报一段正常，并不等于以后都正常。我坐在前边心里直打突突。最关键的是第三级火箭的二次点火，那时火箭已达到第一宇宙速度，箭内液氢液氧已处于失重状态，如何确保点火成功是个极难的技术问题。这个问题我们已经解决了，在国际上也是一流水平，是有把握的，但我还是担着一点心。直到二次点火成功后才放下心来（图6）。

这里还有一个难点，就是火箭飞出国境后要靠测量船测量。但我们的"远望一号"和"远望二号"离得较远，中间有个空档，全靠计算机及时捕捉到目标才行，否则就会失控。我们的测量船迅速地抓到了目标，这个担心也过去了。

以后就是"卫星起旋""星箭分离"等几个过程，至此发射才真正取得了成功。这时大厅里掌声雷动，大家互相祝贺。在外面参观的许多华人，其中有香港的、澳门的，也有台湾的，他们都流下了激动的泪水。

图6　1990年4月7日现场直播长征三号火箭升空

按规定，我方在20分钟内将卫星入轨参数提供给美方即可，而我们只用了10分钟就向美方提供了数据。卫星进入了大椭圆轨道，近地点误差1.7km，误差量为5.6‰；远地点偏差47km，偏差量为127‰；入轨倾角错差量仅为0.01‰，即十万分之一，创造了我们发射国内星都没达到的精度，这在国际上也是不多见的成绩。

美方对此十分满意，非常佩服我们发射和测控的精度。从他们讲话的神态以及与我们的接触中可以看出，他们对中国的发射技术是彻底信服了。卫星发射成功后，亚洲卫星通信有限公司在西昌市举行盛大宴会，专门向我们表示祝贺。席间我和他们的副总裁坐在一起，他高兴地对我说："你们这次打得真好，亚星公司还有第二颗星，也准备由你们中国打。"

目前"亚洲一号"卫星上的绝大部分转发器已被许多国家和地区争相租用。亚星公司的总裁还宣布在北京亚运会期间他们将无偿向中国提供6个转发器，专门为亚运会服务。

十、神箭升空，意义非凡

亚洲一号卫星发射成功后，发射场内外一片欢腾。江泽民总书记、杨尚昆主席、邓颖超同志都打电话来祝贺。邓小平同志亲自向发射现场打电话表示祝贺。李鹏总理在北京指挥中心观看了发射全过程，成功后他激动地发表了即席祝词。国务院也发了贺电。全国各地的亿万电视观众，也通过各种渠道向我们转达了他们衷心的祝贺。

我们从指挥大厅走出来时，发现四周的山头上、马路上到处都是人群，有当地的少数民族群众，也有华侨和"老外"。他们看到火箭托着耀眼的火焰直刺夜空的时候，都不约而同地使劲欢呼、鼓掌。成功后"老外"们从车厢里拿出一箱箱啤酒、饮料，一边笑，一边喝。当地的老乡见到我们更是倍感亲切。整个山谷都沉浸在胜利的喜悦之中。

对我国这次成功发射亚洲一号卫星，外电也做了大量的报道。美国、苏联、日本、西德等许多国家的通讯社迅速地播发了消息。香港的电视台还中断正常节目，转播中央电视台发射现场的电视直播。香港、澳门以至台湾的电台、报刊也都发表了大量的消息和评论。这些消息和评论都对我们这次发射给予了很高的评价，说我们的长征三号火箭技术精良，性能可靠，称赞中国打破了到目前为止一直由美国和西欧所垄断的卫星发射服务市场；说这次发射对中国来说，不仅是一项技术成就，而且也是一项重大的外交成就。港澳同胞、台湾同胞、海外侨胞以及分散在各国的中国留学生们也深为这次成功的发射感到骄傲和自豪。我国驻美国大使馆的全体同志在地球的另一端也看到了电视的现场直播，他们给祖国发回电报，表示一定要向航天战线的同志们学习，努力做好外交工作。

说心里话，我们试验大队和所有参加发射"亚星"的同志，都为这次发射成功感到无比高兴。但我们知道，这次成功完全是在党和政府的领导下、在社会主义制度的全国大协作之下取得的。

没有社会主义制度，就没有我国的航天事业；没有党的十一届三中全会以来改革开放的正确路线，没有我们国内安定团结和稳定的社会局面，我们也不可能在这么短的时间里完成发射外星这样复杂的高科技任务。我们完全可以说，这次发射成功，是我们社会主义制度的又一伟大成就，是全国人民支持的结果，是人民的光荣，是祖国的光荣，也是党的光荣。

十一、再攀高峰，任重道远

这次打好"亚星"，标志着我国的火箭技术已经进入了国际商用卫星发射服务市场，也标志着我国的长征系列火箭已经进入实用阶段，这一点，连这次与我们合作的美国人也作了很高的评价。但是我们也清楚地知道，打入了国际市场，敲开了大门，并不等于站稳了脚跟。要长期占领国际市场，在开放的道路上，我们还有很长一段路要走。

通过第一次与外国人合作，我们既树立了信心，又看到了差距。在火箭测试过程中也出现了一些问题，其中90%都是一些管理性的问题。我们曾提出过，这次打"亚星"打的是什么，技术上我们没有问题，连美国人都挑不出什么，这次打的主要是质量，打的是责任心。质量搞好了，责任心加强了，一切都好办。因此我们提出一定要加强各个环节的管理工作，做到万无一失，绝对可靠。

在发射服务上我们有明显的不足，通信、交通、生活服务等基础设施和服务设施，与承揽外星发射服务的要求还有很大差距。我们的邛海宾馆比较小，不能接待庞大的外商代表团。交通、通信也不太方便，这次美国客商往美国打电话，仅电话费就用了10万美元以上，通信联络十分频繁，我们的设备还跟不上。

我们的技术是比较过硬的，但我们的工作条件和基础设施还很差，有些外国朋友去参观设备时还以为我们是为了技术保密不让他们看，其实那些东西都是我们的技术人员凭着经验和责任心干出来的。在培养年轻人才方面，我们的任务也很重。

我国是第三世界国家，在国际航天事业的某些领域里我们处于世界先进行列，这的确是很了不起的，但与发达国家相比，我们又确实有很大差距。这次与外商合作，使我们打开了眼界，向着高科技的先进水平更贴进了一步，更明确了我们的努力方向。

目前，我们准备明年发射"澳星"的队伍已赴西昌，新型号的更大推力的火箭已经进入了试射阶段，新的工作又开始了。

我们深知我们肩负的任务的艰巨，前进的道路上还会遇到挫折和困难，但我们坚信，在党中央、国务院和中央军委的领导下，在坚持四项基本原则、坚持改革开放的正确方针指引下，在全国人民的支持下，我们中国的航空航天事业，一定会取得更大的进展！

报道

我国成功发射亚洲一号卫星 [1]

——长征三号火箭进入国际空间技术商务领域

江泽民　邓小平　杨尚昆　李　鹏　邓颖超等热烈庆贺

我国自行研制的长征三号运载火箭于今晚北京时间 21 时 30 分，在西昌卫星发射中心成功地发射了亚洲一号通信卫星。21 分钟后，卫星准确进入转移轨道。我国首次承揽国外商用卫星发射服务的圆满成功，标志我国已进入国际空间技术商务领域。

亚洲一号卫星于今晚北京时间 21 时 30 分由竖立在巨型塔架上的长征三号运载火箭发射升空。在电子计算机和发射场指挥员下达"点火"指令后，"长征三号"喷着绚丽耀目的烈焰，在山呼海啸般的轰鸣声中拔地而起，直冲云天。发射升空后，一、二级火箭先后脱落成功，三级火箭相继两次点火，载着亚洲一号卫星在太空飞行。三级火箭工作 16 分钟以后，星箭分离，卫星进入近地点距地球 200 千米、远地点距地球 36000 千米的大椭圆轨道。从火箭点火起飞到实现星箭分离，为时 21 分 22 秒。

亚洲一号卫星的制造厂商美国休斯公司和亚洲卫星公司的专家，与中国航天专家一道进行了这次发射合作。成千上万的汉、彝、藏等各族人民，以及来自 17 个国家和香港、台湾地区的 200 多位佳宾，聚集在发射现场，目睹了中国运载火箭发射外国卫星的壮观景象。这是长征三号火箭连续成功进行的第六次发射。自 1984 年 4 月 8 日以来，长征三号火箭已成功地将我国自行研制的五颗通信卫星送入地球同步转移轨道。

---

[1] 该报道发表于 1990 年 4 月 7 日 22 时《人民日报》第 15247 期。

由中国长城工业公司承揽的这次发射亚洲一号卫星服务的合同，是1989年1月23日在北京签订的。从签订合同到发射为时仅14个月。

（本报西昌4月7日22时电，记者张何平报道）

2

中国的航天事业伴随改革开放腾飞 ①

摘　要：《亲历改革开放 30 年征文集》包含了由中央到地方，由改革开放初期到现在所发生的方方面面的变化，由亲历者叙述，真实再现了农村改革、城市改革、经济体制改革、特区改革、住房体制改革等各个层面的变化，展现了改革开放政策所带来的新风貌、新发展。本文总结了中国航天事业 30 年的发展，提出了新发展思路，是研究航天发展的有意义的文章。

今年是我国改革开放 30 周年。30 年前，我正值壮年，是一个普通的工程师。伴随着改革开放的伟大进程，我逐渐走上了领导岗位，参与组织了中程、潜射、远程战略导弹，载人航天，探月工程等多种航天项目的研制任务。作为一名科技工作者，我不仅感受了伟大祖国 30 年翻天覆地的变化，也见证了我国航天事业 30 年的辉煌发展。是改革开放给了我施展才华的机会，是改革开放给中国航天插上了腾飞的翅膀。

一、改革开放为中国航天事业创造了全新的发展机遇

我国的航天事业是在导弹事业的基础上发展起来的。20 世纪 50 年代，我国处在帝国主义的封锁和包围之下，为了建立独立的国防工业体系，我们必须拥有现代化的武器装备。但是，当时我国的经济技术还不发达，国力有限，只能选择最重要、最能影响全局的方面突破。为此，党和国家决定重点

---

① 本文发表于《亲历改革开放 30 年征文集》，中国文史出版社，2008 年 12 月。

发展原子弹、导弹为代表的国防尖端技术。1956 年 10 月，我国导弹研究机构——国防部第五研究院正式成立。**1960 年 11 月，我国自己制造的第一枚东风一号近程地地导弹发射成功**。这是我国军事装备史上一个重要转折点。**1964 年 6 月 29 日，我国独立研制的中近程东风二号导弹成功发射**，揭开了我国导弹、火箭、卫星全面发展的序幕。随后，提出了符合国情的"八年四弹"发展规划，确定从 1964 年至 1972 年研制液体中近程、中程、中远程和远程共 4 种地地导弹。正当我国导弹、航天事业进入全面发展阶段时，"文化大革命"开始了。这场史无前例的政治风暴，使航天事业的发展受到严重干扰和冲击。但广大航天科研人员排除干扰，顶着压力，坚持不懈地进行科研生产，我国的中近程、中程和中远程导弹相继研制成功，液体远程导弹完成首次低弹道试验飞行。这项工程不但使我国的导弹、火箭研制生产能力上了几个台阶，在技术上取得重大突破，而且在工程的组织管理上积累了丰富经验。以"八年四弹"为代表的武器装备研制工作，加快了我国战略和战术导弹技术的发展，特别是解决了我国战略导弹的有无问题，打破了核大国的垄断，增强了国防实力。**1970 年 4 月 24 日，我国用自己研制的长征一号运载火箭成功地将东方红一号人造地球卫星送上太空（图 1）**。1975 年 11 月，首次成功地发射和回收了返回式遥感卫星。

图 1　1970 年 4 月 24 日，我国成功发射东方红一号卫星

　　在改革开放前的 20 年，我国尖端技术具有里程碑意义的成果就是"两弹一星"。在当时国家经济技术条件贫乏、西方技术封锁、苏联中断技术援助十分艰难的情况下，能够创造出那样举世瞩目的奇迹的确了不起，这奠定了中国航天事业发展的基础。正如邓小平同志所说"如果 60 年代以来中国没有原子弹、氢弹，没有发射卫星，中国就不能叫有重要影响的大国，就没有现在这样的国际地位。"

　　1976 年，十年动乱结束，党的十一届三中全会作出改革开放的重大决策，我国航天事业的发展出现了新的转机。1977 年，中央正式批准实施潜艇发射固体火箭、地球静止轨道通信卫星的研制和液体远程运载火箭研制三项重大航天工程，史称"三抓"。在当时国家百废待举的困难条件下，航天人凭着赶超世界先进水平的一股劲头和踏踏实实的科学态度，自力更生，勇于登攀，**1980 年成功地向南太平洋海域发射了远程运载火箭，1982 年又成功地发射了潜射固体火箭，1984 年东方红二号静止轨道通信卫星取得试验成功**。三大工程的圆满完成，使中国的航天技术上升到一个新的高度，大大地缩短了我国与先进国家的差距。

　　在改革开放的新时代，在国家转入以经济建设为中心的快速发展阶段，中国航天事业的发展面临着新的机遇和挑战。当时摆在所有航天人面前的一个重大问题，就是航天与国民经济的发展是什么关系、航天怎样为国民经济建设服务，推动新时期航天事业的发展必须科学地回答这些问题。当时主管航天工作的领导同志，敏锐地认识到这是一个重大机遇，在组织深入思考、广泛研究的基础上，航空航天工业部党组科学地提出了**"两抓一突破"的发展思路，即：抓应用卫星和卫星应用，抓技术改造，突破载人航天技术**。这个发展思路的关键在于提出了两大新的领域：一是卫星应用，它把航天事业与国民经济建设结合起来，服务于国民经济建设的主战场，这在中国航天发展史上是一个重大的战略转变；二是载人航天技术，它推动了我国载人航天技术的先期发展，为后来圆满实现载人航天飞行奠定了基础。"两抓一突破"对航天事业的发展起到了承前启后的重要作用，开启了航天事业为国民经济服务的大门。

回顾这段历史，我深深感到，正是改革开放的伟大时代给航天事业提供了前所未有的发展机遇和良好环境，为中国航天铺就了一条通向未来的光明大道。

二、改革开放极大地解放了生产力，为中国航天插上了腾飞的翅膀

20 世纪 90 年代末，国防科技工业管理体制进行了重大改革。1998 年的政府机构改革中，国防科技工业原来政企不分的管理体制被打破，政府授予新成立的国防科工委（国家航天局）代表政府履行对航天的管理职能。中国航天空间技术、空间应用和空间科学由航天科技工业部门、广大的应用部门和空间科学研究部门分别规划、分割管理的局面得到改变，从总体上规划航天发展的体制条件已经具备。我作为国家航天局局长被历史推到了规划航天发展的舞台上，亲自经历了中国航天的一系列重大变化和发展。

（一）规划中国航天发展蓝图

当时，经济体制改革向纵深发展，经济建设和社会面貌日新月异，处在新世纪门槛的中国航天向何处去？形势给我们提出了如下课题。

第一，中国航天活动如何更好地服务于国民经济建设。当时处在计划经济体制下的中国航天，仍然披着神秘的面纱，只参与了很少一部分经济建设。虽然已经研制了通信、气象等应用卫星，但尚未自觉地开展卫星应用产业建设，航天应用领域没有形成蓬勃发展的格局。

第二，中国航天如何可持续发展。航天技术方面基础能力不强，未来的发展能力不足。例如长征运载火箭由于型号过多，型谱状态比较复杂，成本难以降低，"长征"火箭在国际市场上几乎没有价格优势。面对国际市场技术指标、经济性、可靠服务，以及满足环境保护需求的竞争，显然不占优势。

第三，中国航天如何统筹空间技术、空间应用和空间科学的协调发展。当时对中国航天的定义，"航天"活动只是进行运载火箭和人造卫星的研制与生产，人们提起"航天"时总是说"航天工业"。尽管"两抓一突破"推进了观念的重大转变，推动航天走进了应用领域，但应用刚起步。当时我参加

航天国际会议时有两点很深的感触，一是世界上拥有运载火箭和航天发射能力的国家并不多，但是参加会议的航天国家有 100 多个，其中 90% 都是航天应用国家。一些航天应用国家也是航天强国，比如英国，它没有运载火箭，也很少研制大型卫星，但它在欧洲空间局的框架下，空间技术、空间应用领域取得了广泛的成就，不能说它不是重要的航天国家。加拿大也没有运载火箭，但在航天技术和空间应用领域，对美国的航天做了重大补充，也可以说是一个重要的航天国家。二是在航天国际会议上，各国关注的不再是生产多少枚火箭，而是介绍宇宙和空间科学研究成果。航天大国也不再关注制造多少颗卫星，而是谈论怎样探索宇宙和生命的起源、太阳系的变化、宇宙环境对地球的影响以及与人类生产生活的关系等，而在这些空间科学研究领域，我们与国外存在很大差距，航天活动与国际航天活动尚未接轨。

针对我国在空间应用和空间科学重要领域落后于一些国家的现状，如何抓住时代脉搏，与时俱进，谋划未来 10 年、20 年中国航天的发展蓝图，有所突破，缩小我国与先进航天国家的差距，是必须回答的问题。

在我头脑里思考的一个中心问题就是"面向 21 世纪的中国航天"。经过广泛研究，认识逐步深化，初步形成了未来规划的蓝本，并开始着手编制《中国的航天》白皮书。经过两年多的精心酝酿和准备，在即将踏入 21 世纪之时，国务院新闻办公室在 2000 年 11 月向全世界公布了《中国的航天》白皮书，阐述了中国航天事业的宗旨原则、发展现状、国际合作等，提出了 2000 年至 2015 年中国航天的发展目标和总体思路等。白皮书第一次向国际社会阐述了中国航天的一系列重大问题，全面描绘了进入新世纪中国航天发展的蓝图，是中国航天史上一件意义重大、影响深远的事件，向世界揭开了中国航天的神秘面纱，中国航天以新的思路和更加开放的面貌展现在世界面前。

（二）创新航天发展观念

我们首次提出了"大航天"概念。"大航天"涵盖了空间技术、空间应用、空间科学三大领域，拓展了中国航天的内涵，突破了长期以来只是把航天定义为"航天技术""航天工业"，仅仅看作是一种工业活动或技术活动的传统观念，实现了我国航天发展史上基本观念的一次重大转变，对此国内外反响热烈，特别在中国科学技术界反响强烈。其中，将空间应用纳入"大航天"中，明确了航天与国民经济发展的关系，指明航天活动要广泛参与并服务于国家的经济建设；而将空间科学纳入"大航天"之中，表达了中国人进军月球、探索宇宙奥妙的雄心，为航天事业持续发展和与国际航天接轨提供了途径和方向。"大航天"概念的提出，也进一步敞开了航天活动的大门，使更多的高等院校、科研院所有机会参与航天活动。

（三）启动航天重大工程

重大工程是提升航天技术水平，带动基础能力建设，推动跨越式发展的重要途径。经过多方论证，我们启动了"211"工程：即在"十五"及未来一段时间内，形成卫星公用平台和新一代运载火箭两个型谱；建立天地统筹一体化的综合卫星应用体系；实现空间科学、深空探测和载人航天计划。

在卫星平台型谱方面，通过"211"工程，改变目前一个卫星一种平台的被动局面，以现有成熟的卫星平台为基本框架，形成若干卫星公用平台型谱。卫星公用平台建设是卫星型谱化的核心，是国家航天局重点抓的一件事。目前"东方红四号"大平台已经进入了工程阶段，其他公用平台正在逐步发展过程之中。在运载火箭的型谱方面，将采取模块化、组合化、系列化的设计思路，以 50t 级推力的液氢／液氧、120t 级推力的液氧／煤油发动机为动力，形成无毒、无污染、高性能、高可靠和低成本的新一代运载火箭型谱，改变目前长征火箭型谱过多、型谱状态复杂的局面。

实施"211"工程以来，开展了多种型号的研制工作。至今，已经突破了 50t 级液氢／液氧和 120t 级液氧／煤油发动机的关键技术，通过了多次长程热试车；新一代运载火箭已批准工程立项并开工建设；开展了大型地球静止轨道卫星平台、大型太阳同步轨道对地遥感卫星平台、微小卫星柔性平台等公用平台的研制，其中大型地球静止轨道卫星平台"东方红四号"已经用于多颗通信卫星的研制，包括向尼日利亚出口的通信卫星、鑫诺二号通信卫星等。还研制了资源一号 03 和 04 卫星、海洋一号和海洋二号卫星、环境与灾害监测预报小卫星星座、风云二号 02 批卫星、风云三号地球极轨道气象卫星、育种卫星等多种应用卫星。其中的一些卫星已经在国民经济建设中发挥了重要作用。

（四）推动基础能力建设

中国航天与国外相比，技术基础比较薄弱，技术储备少，在总体设计、工艺制造、试验和验证等方面同国外有较大差距。基础能力不足限制未来的发展，也无法适应"大航天"发展和"211"工程的需求。因此，在我任国家航天局局长的 7 年间，下决心投入大力量提升中国航天的基础能力，建设了一系列基础技术平台和手段，航天的**设计上台阶、工艺上水平、验证上规模，为可持续发展打下了良好基础**。

（五）推动中国航天走向世界

改革开放前，中国航天同其他国家也有一些交流，但只是个别的、偶然的。改革开放打开了国门，为中国航天对外交流合作提供了良好环境，使航天以开放的形象走向世界。改革开放也使中国航天快速发展，具备了开展国际合作的实力，说话有了分量。在"和平利用、平等互利、取长补短、共同发展"等原则指导下，中国航天对外合作谱写了新篇章。

国家航天局积极拓展与发展中国家的合作，巩固与欧洲国家的合作，不失时机地与美国等西方国家进行接触。目前，我国已与俄罗斯、欧洲空间局、亚太地区国家等几十个国家和国际组织建立了良好的航天合作关系。1998 年以来，我国对外航天合作不仅形成了政府层面高层交流的渠道，还在航天技术层面上进行广泛的接触和交流。

作为国际航天活动的一员，中国航天不仅要为国民经济建设服务，也要走向世界，为人类探索太空做贡献。近些年来，我国在联合国及有关组织的外空事务中发挥着越来越重要的作用。**1999 年 7 月，我作为中国政府代表团团长，率中国政府代表团出席了在奥地利举行的第三次联合国探索及和平利用外层空间会议，并在全体大会上向来自联合国 98 个成员国和有关国际组**

织及航天工业界的 2700 名代表介绍了中国航天事业所取得的巨大成就；重申了中国政府主张在**和平利用、平等互利、取长补短、共同发展**的基础上，增进和加强与其他国家在外空领域开展国际合作的原则；阐明了中国一向支持和平利用外层空间的各种努力，反对空间垄断及外空军事化的鲜明立场；指出所有国家都享有平等权利，可以自由探索和利用外层空间。会议期间，我还出席了空间机构和航天工业界高层圆桌会议，并与欧洲空间局、俄罗斯航空航天局、意大利航天局、法国国家空间研究中心和巴基斯坦空间外大气层研究委员会等空间机构的领导人举行了会谈。会议期间，中国代表团利用一般性辩论、议题审议、航天展览等各种活动积极宣传我国和平利用外层空间的政策，我国空间技术与空间应用的成就，在维护中国作为空间国家的国家利益的同时，积极支持发展中国家的合理要求和主张，从而取得了良好的效果，扩大了中国在外空领域的影响。

中欧空间合作是改革开放后中国航天最早进行国际交流的领域，中国航天与欧洲各国建立了良好的合作关系。**2001 年我作为中国国家航天局局长在巴黎与欧洲空间局局长罗多达签署《中国国家航天局与欧洲空间局开展双星计划合作的协议》。**这项协议的签署启动了第一个中国独立研制的卫星参与国际空间探测活动的工程，是我国在科学技术领域直接参与的一项重要的国际科学研究，也是中国空间科学走向世界的重要标志。目前，这项工程已经圆满完成，它不仅使我国了解了地球空间的环境现象及发生、发展机理，而且通过国际合作直接缩短了我国在空间探测方面与其他国家的差距。

中俄空间合作有良好的基础和传统。1998 年后，双方的合作有了长足的发展，并在中俄航天合作的组织建设、规划建设和项目管理等三个方面不断取得进展。**1999 年 8 月，俄罗斯航空航天局局长高普切夫访问中国国家航天局，双方讨论了中俄空间长远合作的问题，建立了中俄两国总理定期会晤委员会航天合作分委会。**分委会第一次会议，就空间科学技术及其应用领域的合作达成原则性建议并签署了会议纪要。中俄航天合作项目和领域正在不断扩大。在项目的管理方面，国家航天局加强了对中俄合作项目实施完成情况的监督，保证了合作项目的顺利开展。

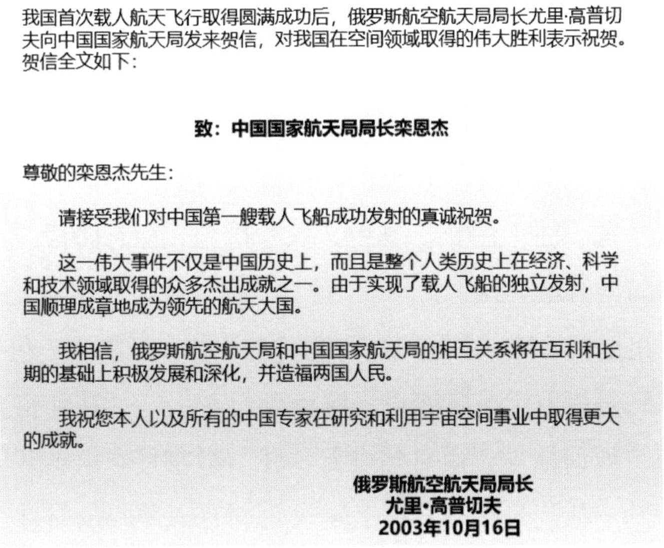

我国首次载人航天飞行取得圆满成功后，俄罗斯航空航天局局长尤里·高普切夫向中国国家航天局发来贺信，对我国在空间领域取得的伟大胜利表示祝贺。贺信全文如下：

致：中国国家航天局局长栾恩杰

尊敬的栾恩杰先生：

请接受我们对中国第一艘载人飞船成功发射的真诚祝贺。

这一伟大事件不仅是中国历史上，而且是整个人类历史上在经济、科学和技术领域取得的众多杰出成就之一。由于实现了载人飞船的独立发射，中国顺理成章地成为领先的航天大国。

我相信，俄罗斯航空航天局和中国国家航天局的相互关系将在互利和长期的基础上积极发展和深化，并造福两国人民。

我祝您本人以及所有的中国专家在研究和利用宇宙空间事业中取得更大的成就。

俄罗斯航空航天局局长
尤里·高普切夫
2003年10月16日

图2　2003年10月16日，俄罗斯航空航天局局长为我国
首次载人航天飞行成功发来贺信

同时，我国与亚太地区许多国家建立了空间合作关系，发起并与一些国家共同建立了亚太空间合作组织，亚太合作小卫星以及亚太减灾卫星项目进入了实质性的工程阶段。与一些发展中国家先后建立了空间合作关系。中国与巴西联合研制的地球资源卫星在太原卫星发射中心成功发射，双方的空间合作取得了丰硕成果，在世界上产生了良好的影响，一些发展中国家纷纷探讨与我国开展空间合作事宜。智利空间局局长、秘鲁空间局局长等先后访问中国，并与我国签订合作协议，"南南合作"迈出了新的步伐。

三、在科学发展观的指引下，首次月球探测工程圆满成功，我国进入了具有深空探测能力的国家

随着改革开放的深入发展，我国综合国力和航天技术水平大大增强，在突破载人航天之后，基本具备了向深空领域进军的能力，我们适时启动了月球探测工程。首颗月球探测卫星"嫦娥一号"成功进入环月轨道并传回月面图像。最近，我们已经获得了根据"嫦娥一号"传回的数据制作的我国首幅月球全图，中华民族千年奔月之梦在我们这一代实现了。首次月球探测工

程圆满成功，是继人造地球卫星和载人航天之后第三个标志性重大的航天工程，是我国实现深空探测"零的突破"的起点。作为绕月探测工程总指挥，经历了工程从立项论证到全面展开的整个过程，是我终生难忘的一段经历。

纵观人类探月活动与未来发展，各国都离不开三个阶段，**我将这三个阶段归纳为"探、登、驻（住）"**。其中"探"指无人探月阶段，是人类派出无人月球探测器访问月球、认识月球。"登"指登月阶段，是航天员登上月球，完成探测后很快返回地球。"驻（住）"也称驻（住）月阶段，包括两层含义，第一层的"驻"是指航天员带着设备降落到月球上，短期停留并把设备安置好，然后航天员返回地球，而科学设备"驻"留在月球上，开展长期探测和研究；第二层的"住"是指在月球上建设短期有人照料的月球前哨站或永久性的月球基地。**我国开展的探月工程处于"探"的阶段，整个工程分三步"绕、落、回"完成**。目前完成的是一期工程，即：发射月球卫星，进行"绕"月探测；第二步我们将派月球着陆探测器和月面巡视探测器"落"在月球上，进行现场探测；最后，我们派出月球自动采样返回探测器，取回月球样品。

中国首次月球探测工程从设计到研制再到试验，都是依靠中国人自己的力量完成的。工程从立项开始，就立足于独立研制、独立制造、独立试验，独立打造了一个自主创新的"中华牌"月球探测工程。在五大系统中，数十项关键技术和设备在国际或国内领域均属于首次应用，"中国制造"和"中国创造"的标识无处不体现在整个系统的研制当中。主要技术创新点体现在以下几个方面。

（一）总体集成技术

综合卫星工程、火箭工程、测控通信、月球科学、系统工程等多学科技术，进行大系统顶层优化，兼顾继承和创新，高起点地确定工程总体方案，**获得工程大系统整体功能和整体最优**。

（二）远距离测控通信技术

创造性地设计了我国首个深空探测测控数传星载系统，在没有深空站的条件下，立足于国内现有的资源，首次实现了我国地月距离的可靠的测控数传，具有国际先进水平。

（三）高精度测定轨技术

通过我国现有的 S 频段航天测控网和 VLBI 天文测量系统的集成创新，首次建立了 USB–VLBI 综合测定轨系统。采用新的窄带测量技术改造 USB 测控设备，使测速精度较原有指标显著提高，处于目前国际同类设备先进水平；采用窄带测量和高采样相关处理技术改造 VLBI 观测网，实现了轨道测量的准实时工作，突破了射电天文原有的事后处理工作模式，实现了绕月探测工程卫星轨道的高精度测量。

（四）高可靠发射技术

根据任务要求，对 3# 发射工位及相关设施进行了全面升级改造，实现发射场远距离测试发射，达到高可靠发射场建设要求。选择优化基础建设方案，解决了新建塔架结构体系难题，在我国首次实现了原址翻建发射工位。采用光纤中继代替微波无线中继传送宽带射频信号技术，满足卫星 RF 信号传输要求。首次采用可伸缩的回转小吊车，优化了卫星 / 整流罩分体吊装对接流程。首次使用焊接式真空连接低温管路、多层绝热远控低温截止阀等技术，实现低温系统性能的整体提升。

（五）火箭可靠性增长技术

控制系统采用了平台及激光惯组主从冗余、速率陀螺冗余和故障诊断技术，实现了控制自主切换，提高了控制系统的飞行可靠性；氢氧发动机对涡轮泵端面密封性能、液氧系统抗多余物能力、加载弹簧性能、减压阀对飞行环境的适应能力等进行改进，提高了产品可靠性；输送增压系统进行了增压单向活门、冷氦电磁阀、冷氦减压器、冷氦压调器、耗气组件等项目的设计改进，降低了出现单点失效故障模式的概率；地面发射支持系统进行了氢、氧加排自动脱落连接器低温二次对接，Ⅲ–2 常温连接器脱落等项目的技术改进，有效提高了火箭发射的可靠性。

（六）轨道设计技术

面临着地月相对位置、测控要求、运载发射条件、燃料携带量、月影分布、月食时机等一系列约束条件的限制，首创了包括调相轨道、最小能量地月转移轨道和多次制动的月球捕获轨道的轨道设计方案，确保了任务的可靠性和工程实施的可行性。

（七）飞行控制技术

通过系统优化设计、集成创新，建立了我国首个适应深空探测的高精度、高自主控制的 GNC 系统体系结构，创新研制了紫外月球敏感器、双轴驱动机构、星敏感器、加速度计等高性能产品，创造性地开发了多敏感器信息组合定姿、三体指向自主控制、高精度高可靠自主轨道控制、自主故障诊断隔离和系统容错重构等关键技术，轨道控制精度达到国内领先和国际先进水平。在完成类似深空探测的复杂任务所需的控制功能全面性、系统运行实时性及可靠性等方面均具有国内领先水平。

突破了基于最小燃料消耗和时间优化的轨道设计和重构技术，实现了地月转移轨道的最优控制策略，使实际速度增量与目标增量偏差降低到万分之三，地月转移轨道段仅实施一次中途修正便准确到达月球捕获点。

（八）环境适应技术

国内首次创立了月球表面温度场分布模型，采用了变红外星球外热流分析技术，完成了月球环境的外热分析；创造性地完成了适应地、月轨道卫星热控设计，充分应用了等温化设计技术、高适应能力的智能主动控温技术，满足了嫦娥卫星的绕地飞行、奔月飞行、绕月飞行等全过程热设计需求，实现探月任务目标。卫星的热控设计为国内同类飞行器中最复杂的系统。采用多母线／多域统一控制技术、多模式智能化电源控制技术、多级可转换全调节开关分流技术、氢镍蓄电池组设计技术等，成功满足了高轨（奔月轨道）、低轨（环月轨道）对能源的需求。

（九）月球科学探测、数据接收与研究技术

卫星所配置的 8 种科学探测仪器所能完成的科学目标和探测任务与国际上的主流一致，且具有一定的特色。国际上首次利用微波探测仪对月壤进行探测；国内首创了利用面阵 CCD 实现三线阵立体成像。其他项目可以补充或提高国外已获得的探测结果。

首次研制出国内口径最大的 50/40m 天线接收系统，攻克了距离 40 万 km 以上数据接收的关键技术；国内首次攻克并建立了嫦娥一号卫星 8 种有效载荷探测数据处理的方法与流程、融合与拼接技术、解译与反演模型；国内首次建立了月球探测数据的规范；首次研制和集成出国内可用于月球科学探测卫星的集有效载荷在轨业务运行管理和探测数据接收与处理、管理、应用与研究等功能于一体的技术支撑系统。我们自豪地说，**是自主创新铺就了嫦娥奔月之路！**

在工程实施过程中，建立了完善的组织管理体系，得到全国各地方、各方面的大力协同和密切配合。工程锻炼和造就了一支开展深空探测的人才队伍，形成了我国开展深空探测的基本力量。月球探测工程作为一项多学科高技术集成的系统工程，解决了工程实施过程中遇到的一系列核心技术和关键技术问题，拥有了一批在关键领域和科技发展前沿的自主知识产权，有力地促进了我国天文学、地质学、物理学、信息技术、新能源技术、新材料技术、微机电技术等科学技术的发展，必将激发国家科技创新能力，对科学技术产生重要带动作用。

实施月球探测工程是党中央、国务院根据世界科技发展的趋势和我国科技发展的需要，高瞻远瞩、审时度势，果断做出的一个战略举措。工程始终得到中央领导同志的关怀和支持。**2002 年 10 月在国务院的会议上，国务院总理朱镕基就指示要抓紧探月工程的论证工作。**以胡锦涛为总书记的中央领导集体对探月工程给予了亲切的关怀和支持，**2005 年 2 月 3 日，胡锦涛总书记在与中央政治局常委集体听取了探月工程的组织及工程进展情况的工作汇报**

后，亲切嘱咐全体参加研制和试验的同志，要精心组织、周密部署、科学管理、奋力攻关，夺取工程的圆满成功，给参加研制和试验的全体人员以莫大的鼓舞和鞭策。温家宝总理多次听取工程汇报，对工程做出了多项重要批示，并且提出了高标准、高质量、高效率完成绕月探测任务的殷切希望和要求。

去年年底，嫦娥一号卫星传回第一幅月面图时，我当面向温家宝总理汇报，当我在月球仪上把传回图像的相应位置指给总理看时，总理神情专注地用笔在月球仪上画了一个框，把这个位置标了出来。现在这支笔和月球仪已经被收藏，历史重重地记下了这一时刻。

去年12月12日，党中央、国务院、中央军委在人民大会堂专门召开中国首次月球探测工程成功庆祝大会，中央政治局所有常委出席大会，胡锦涛总书记发表重要讲话。他指出，我国首次月球探测工程的成功，是继人造地球卫星、载人航天飞行取得成功之后我国航天事业发展的又一座里程碑，实现了中华民族的千年奔月梦想，开启了中国人走向深空探索宇宙奥秘的时代，标志着我国已经进入世界具有深空探测能力的国家行列。这是党和国家对全体参研人员最高的奖赏。

今年2月21日，在中华民族的传统节日元宵节来临之际，中共中央在人民大会堂举行联欢晚会，我被安排在胡锦涛总书记就坐的第一桌，胡锦涛总书记紧紧握着我的手说："总指挥同志，感谢你们为国家作出的重大贡献。"我汇报说，我们的卫星状态良好，已经渡过了月食，一切顺利。总书记高兴地说："我看了简报，已经知道了。"吴邦国委员长告诉我说，他也知道了"嫦娥一号"顺利渡过月食的消息。中央领导的亲切关怀让我终生难忘，这是对全体研制人员的鼓舞和鞭策，也是今后搞好重大工程的不竭动力。

四、结束语

航天事业的发展水平，从某种程度上反映了一个国家的科技和现代化的水平。30余年来中国航天事业发展的历程，正是中国改革开放进程和现代化建设的缩影。航天事业的腾飞，是中国改革开放政策的重大成果。因为只有改革开放，邓小平提出"科技是第一生产力"的思想，党和政府实施科教兴国战略和可持续发展战略，才将航天事业发展作为国家整体发展战略中的重要组成部分；只有改革开放，才大大解放了生产力，中国的综合国力迅速提升，使国家有可能向航天事业投入更多资源；只有改革开放，科技人员才得到应有的尊重、地位得到全面提高，其积极性和聪明才智得到充分发挥，这加速了航天事业的发展；只有改革开放，才使中国在独立自主进行航天技术攻关和突破的同时，能够更多地进行国际交流和合作及引进必需的国外先进技术。

图 3　2013 年 5 月 18 日，栾恩杰在国际宇航科学院院士日上与 IAA 秘书长康坦亲切握手

　　30 年前改革开放的大潮，将我推向了航天事业发展的第一线。历史和实践使我深深体会到，作为一名知识分子，只有跟党走才会有出路，才有施展才华的机会和舞台；只有融入改革开放的伟大事业中，才能做出一点成绩；只有沿着中国特色社会主义道路前进，我们国家才会更加繁荣富强，兴旺发达，中国的航天事业也才会再创新辉煌，尽快由航天大国走向航天强国。抚今追昔，备感自豪，也深感任重道远，责任重大。我相信，只要沿着已经开辟的正确道路走下去，再过 30 年，我们伟大的祖国一定会更加繁荣富强，中国的航天事业也一定会"直挂云帆济沧海"，将风帆挂在火星上，挂出太阳系，挂在浩瀚的宇宙，为国防现代化和国民经济建设作出更大贡献。

本文要点

1. "两抓一突破"的发展思路。

2. 中心问题：面向 21 世纪的中国航天。
   ——2000 年 11 月公布《中国的航天》白皮书

3. "大航天"概念。

4. 新时期的"211"工程。

5. 1999 年 7 月，在奥地利举行的第三次联合国探索及和平利用外层空间会议，中国代表团在大会上发表了"和平利用、平等互利、取长补短、共同发展"的十六字原则。

6. 2001 年中国国家航天局局长与欧洲空间局局长签署了《中国国家航天局与欧洲空间局开展双星计划合作的协议》。

7. 1999 年 8 月建立中俄两国总理定期会晤委员会航天合作分委会。

8. 人类探月工程的"探、登、驻（住）"和我国探月工程"绕、落、回"三大步与三小步。

9. 独立打造一个自主创新的"中华牌"月球探测工程。

3

致广大而尽精微 ①
——哈工大航天学院成立 30 周年主题报告

摘　要： 从近年来国际科技界的动向中能够感知到一种新的发展脉动在博起，仅 2016 年就有诸多重大成果值得全球关注、吸纳世人注目。中国 2020 年、2025 年、2030 年、2035 年、2050 年的各阶段发展规划纷纷启动，各种各类科技重大工程、重点技术受到中国科技工作者的高度重视，各行业都力争在这轮科技发展的机遇期搭上头班车。各级智库活动的积极性非常高涨，科学创意、技术创造，以及大型工程的建议不断地提出。美国 DARPA 计划、规划及预先研究项目，它往往反映出美国在国防先导技术方面的战略思考和战术安排，从方法论层面去认识这个体会，就是局部的阶段性的实现，是总体整体性成功的基础。美国 MIT 的技术评论，对我们研究型和创造性大学建设是一个可供参考的范例。

从近年来国际科技界的动向，我们感到一种新的发展脉动在博起，仅 2016 年值得全球关注、吸纳世人注目的即有：

激光干涉引力波天文台（LIGO）首次探测到引力波的存在；

人工智能 AlphaGo 在人机围棋大赛中战胜了韩国棋手；

天文观测发现距地球最近的系外行星 "Proximab"（邻近星系宜居带）；

深远空探测，新地平线号（New Horizons）飞掠冥王星；

---

① 本文为作者在 2017 年 6 月哈尔滨工业大学航天学院成立 30 周年所作主题报告。

在国际空间站成功进行基因测序研究，彰显空间微重力条件下基因测序的重要突破；

商业航天公司 SpaceX 公司活动频繁，一级回收、空间站往返，激发了商业航天的活力；

我国 2020 年、2025 年、2030 年、2035 年、2050 年的各阶段发展规划纷纷启动，各种各类科技重大工程、重点技术受到我国科技工作者的高度重视，各行业都力争在这轮科技发展的机遇期搭上头班车。各级智库活动的积极性非常高涨，科学创意、技术创造，以及大型工程的建议不断地提出。

在科技进步、创造新的生产力这个发展模式和理念驱动下，**科技成为国之重器，科技人员成为国之重宝**，这不能不说是科技工作者百年来难遇的最好时期，现在的科技工作者赶上了发挥其才干、创造其成就、实现其梦想的时代；而目前在校的大学生们正处于学好本领、增强本事、积蓄力量，为不久的未来创造辉煌业绩的宝贵时光。

我很高兴来到航天学院和同志们交流。

在学院成立 30 周年之际，我向同志们祝贺，借此机会谈几个问题，供大家讨论。

一、我国航天事业开始了"换新"的时代

从大航天的空间技术、空间应用、空间科学三个领域而论。

空间技术：我们的运载火箭开始了新的型谱建构；轨道器开始了高精广域组合型建构；"测控通管"开始了无缝、无隙、全天时服务型建构。

空间应用：通信、导航、遥感三大领域全面进入应用服务型的转变；以落实产业融合发展战略为目标的空间基础设施进入综合效能型的转变；以空间产业发展为目标的应用体系建设进入做强自己和融入国际型的转变。

空间科学：我国科学发展对空间技术的需求包含两部分，一是利用空间基础设施开展天文学、宇宙学、地学、行星学等的研究，二是利用空间设施开展空间环境下的基础科学研究，也即**在太空研究太空与在太空研究基础理论这两个方面**。

充分利用我国已有的运载能力和有效载荷条件下实施经常性的科学试验搭载与组网；单独组织专项探测计划进行专项任务的探索模式已经形成。

现在的要求是要从**一般性普查、验证性重复，向创新性研究、补充验证性研究及先导性试验研究的转变；**

要综合各学科的空间项目需求，首先结合我国空间站计划的实施，再而结合国际合作，使我国空间科学成果有重大突破性进展，即从做空间科学研究向出空间科学成果的转变。

对上述三个换代性的描述，只是为了说明，我们已经到了一个新的发展时代的门槛，我们已经有能力迈过这个门槛，我们有自信会在新的发展时代获得中国人自己独特贡献的新的成就！

从技术队伍看，截至 2016 年，于"文革"开始的 1966 年上大学一年级的新生已经过去 50 年，如果那时他们是 16 岁（实际上那时的平均年龄是 18～20 岁），他们现在已经 66 岁，也就是说已经全部退休了。现在一线的新一代技术骨干已经撑起了中国航天这一宏伟的事业，只从型号总指挥、总设计师这一层面的骨干看，他们的年龄在 40 岁左右；他们正是在改革开放时期成长起来，新一代航天人的成长表明我们已经成功解决了曾经存在的人才断层，实现了人才划时代的换新。

经过 30 年的研制，2016 年，新一代大型运载火箭长征五号实现了具有自主知识产权的大推力液氧 / 煤油、液氧 / 液氢为推进剂的无毒无污染火箭的目标，使我们的运载能力提升到 25t 级（近地轨道）；"天宫""天舟""神舟"载人工程进入了"船、室、站"第三步空间实验站阶段；遥感卫星进入光学亚米级、雷达 1m 级高分阶段；空间科学试验已有量子实验（墨子号）、暗物质探测（悟空号）卫星升空；2016 年中国政府宣布设立中国航天日，这是祖国对航天事业发展成就的历史性表彰。

在这个"换新"的历史时期，除了欢庆胜利和成功之外，我们航天的有关部门和单位、高等院校以及专家学者，更需要**在兴奋中冷静地观察、在振奋中缜密地思考，**"过去已经过去，未来怎样前行！"这是我们航天人应当认真思索和对待的问题。

二、战略思考与创新驱动的紧迫性

大家知道，在我们研究怎样创建航天强国的时候，别人并不是站在原地欣赏着我们的进步。

有一篇文章讲到，**解放战争中，毛泽东主席在计算着我们消灭了多少国民党的有生力量，而蒋介石在计算着占领了多少城市**，这两种算法反映的是两个不同的战略观念，其结果我们积小胜为大胜，以消灭其有生力量而最终夺取了他们已无法再占据的城市，取得最终胜利！所以，**"消灭有生力量，还是占领城市地盘"是一个战略层面的思考**，这里我想起有一篇报道讲到日本战败后，日本战犯冈村宁次反思其战略失败的内容时就有一条是：就与中国军队的战术而言，几乎是每战皆胜，但在占领中国领土之后所获得的是战略上的巨大失败。"中国战争是持久战，它必须要经历战略防御、战略相持和战略反攻三个阶段，而最后胜利则是中国的。"（见毛泽东《论持久战》），这是毛泽东思想的光辉预见，是毛泽东主席战略决策的伟大胜利！这就是战略思想的作用，也是我们进行战略研究的典型范例。**但我们有些战略研究**，其标题也为"×××战略研究"，但统观其全部内容很难提炼出战略性思想或战略层面的分析，**往往是战术性的、战役性的，甚至是某几个具体项目的战斗性的安排。**

为此，我向大家推荐几份美国科技发展方面的报告，供同志们关注和参考，当然我不是说他们的研究全都具有战略性，而不包含战斗性的东西。

我建议同志们关注美国几个重要的报告：

美国麦肯锡全球研究所报告，它列出的 12 项颠覆性技术 [1] 值得我们关注。

美国 DARPA 计划、规划及预先研究项目，它往往反映出美国在国防先导技术方面的战略思考和战术安排。

美国 MIT 的技术评论，对我们研究型和创造性大学建设是一个可供参考

---

[1] 麦肯锡全球研究所报告的 12 项颠覆性技术：移动互联网、知识工作自动化、物联网、云计算、先进机器人、智能驾驶、下一代基因组学、储能技术、3D 打印、先进材料、先进油气勘探及回填、可再生能源。

的范例。

美国兰德公司报告。

美国 NASA 的规划及技术进展。

美国空军、海军及国防部的科学技术战略。

我列出的这些公开发表的美国重要的科技进展研究**并不一定代表他们真实的进展情况**，我只是说这些东西对我们分析和研究工作，会有一定的战略思考借鉴作用。

在高科技发展的今天，新概念、新理论、新产品的不断产生，使我们有些应接不暇，超算、大数据、人工智能、机器学习、物联网、虚拟现实、人脑模型以及定向能、高含能、赛博作战，成了新的热门焦点和关注话题。

习近平总书记在 2016 年 4 月 24 日航天日的指示中号召我们："探索浩瀚宇宙，发展航天事业，建设航天强国，是我们不懈追求的航天梦。"而在航天强国建设的战略研究中，首先要弄清楚的是我们现在所处的形势与状态。

就整体状态而言：

美国仍处于全面领先，并具有绝对优势，其目前发展速度未减，且有多模式共进，以颠覆性技术推动快速发展的趋势。

俄罗斯仍处于装备领先，具有快速待发的基础优势，目前强国强军的发展态势极强，意欲尽速超欧赶美，其空间能力及国防力量与美国的总体差距在减小。

欧洲空间发展走"独立自主和与美联合"的发展方针，它的伽利略系统表征他们在事关欧洲安全的重大关键问题上是独立的，欲摆脱全面依靠美国的局面；在不搞大型空间站上又可以看出它在获取实利的空间应用上积极依靠美国的合作以获取发展。这点和加拿大有相同的战略安排。

日本作为亚洲的航天大国，它已将太空发展作为其国力提升的重要领域，作为国家发展战略来安排其太空发展计划，在运载能力、轨道器指标、空间应用领域开发及深空探测都处于国际先进水平，虽然整体规模稍逊中国，但就其科学技术基础、空间科学能力方面具有快速发展的基本条件。

我们国家仍处于第二梯队的前面，15 年前我讲过我们处于"二锅头"的

位置。15 年来我们取得了辉煌的业绩，绝对进步量取得绝对成果，但与航天强国相比的相对差距量相对持平。我不是在贬低我们的成就，而是在提醒我们：**别人没有停止不动！**

我们在两个一百年奋斗目标的鼓舞下，相信一定会在绝对进步和相对差距上都能达到我们的目标，实现 2049 年航天强国的梦想！

我们的优势是什么呢？我认为有以下几点：

1. 航天在国家的战略地位被广泛认可。航天是战略性新兴产业这一命题在国内达到广泛共识，国家的重视是我们航天事业发展的根本力量，党中央、国务院、中央军委对航天重大工程建设的支持和推动，对航天事业每一步进展给予的关怀和厚爱，都表达了祖国对我们航天的关注和厚望，这是我们发展的根本性优势。

2. 航天的基础能力在不断加强，特别是近 20 年随着改革开放的深入发展，航天也赶上了快速发展期，航天的技术能力、技术基础和基础技术手段得到了长足进步，一些国外同行看到我们的空间试验装备、设计仿真条件，都羡慕不已。高等院校为培养航天人才，提升本校的学科建设，纷纷建立航天学院或与航天有关的专业科系，有些甚至有"不设航天专业就是落后于时代"的感觉。有人、有条件加上有工程任务和科技发展方向，这就是我们条件优势，有了这样的优势条件，我们一定会实现航天强国梦。

3. 空间技术、空间应用和空间科学的近期发展任务已列入国家"十三五"规划，我们要按习近平总书记指示的"撸起袖子加油干"的精神，一步一个脚印实现既定目标。

4. 国民经济的快速发展，推动着空间应用的产业化的强劲需求。我们要在通信、导航、遥感三大领域为国家信息产业和民生服务业的创新发展，发挥支柱、支撑作用，使"通、导、遥"为主的空间应用在国民经济发展和一带一路战略中成为我们国家的一张闪亮名片。

我国载人航天活动从 1992 年立项到现在 26 年，走过了"船、室"试验阶段，正在进行"站"的建设，与美国、俄罗斯空间站能力形成了三足鼎立的局面。

我们的月球探测活动，从 2004 年立项到现在 13 年，走过了"绕、落"阶段，正在进行采样返回的第三期工程，是继美国、俄罗斯之后第三个实现探测器月面软着陆的国家。

我们的空间通信技术**从 1984 年东方红二号定点静止轨道始**，我们以 2 ~ 4 个 C 波段转发器（两个频道电视转播，1000 路电话传输能力，卫星设计 3 年寿命）对国际主流通信卫星 24 个转发器的巨大差距，到 1994 年东方红三号（24 个转发器，卫星设计 8 年寿命）用了 10 年时间，到现在的东方红四号平台用了 23 年时间，我们已经达到美国 FS1300、法国 Pace Bus 3000 水平（38 个 C、16 个 Ku 转发器，卫星设计 15 年寿命，功率 1 万 W）。

遥感卫星从 1988 年风云一号 A 星成功发射到 1997 年风云二号 02 星升空，气象卫星形成极轨和同步轨道并行的观测体制，用时 10 年，资源一号卫星 01 星 1999 年发射、2000 年交付、几何分辨率 20m，到 2015 年高分系列卫星发射，几何分辨率达到亚米级，又用了 15 年，总共花了近 30 年时间，从无到有、从低到高，达到了国际水平。

导航卫星从 1983 年陈芳允院士提出"双星定位通信系统"北斗一号立项，2003 年年底"二用一备"三星构成的我国第一代卫星导航正式开通运行**（局部区域试验应用）**，到现在发展到由 5 颗地球静止轨道卫星、5 颗倾斜轨道卫星和 4 颗中地球轨道卫星组成的**北斗二代（2012 年）区域（亚太地区）服务**和将要在 **2020 年完成的全球导航系统**，现在已经走过了局部区域应用、亚太地区服务应用这两步，正在实现全球导航服务的第三步目标，历时 34 年。

所有这些跨越性的成就，就是靠上述 4 项基本优势取得的，没有党中央的英明决策和指挥，没有全国人民的支持，没有航天人的奋斗，就不会有今天向强国进军的基础。

从这个历程我有如下几点体会。

1. 航天工程，特别是重大的科技工程，它的发展历程都是以 10 年、20 年、30 年来计算的，这几个 10 年的历程，**技术攻关的艰辛和不屈意志的坚守，稍有懈怠或退缩就可能会失去前进的机遇和勇气**。

例如，1999 年载人航天工程在第一艘试验飞船（初样电性船改）的攻关期间，有专家向中共中央总书记写信反映情况，认为飞船技术不成熟，航天部门是借搞载人之名捞取国家之财，载人工程应停止，否则国家的经济将会受到更大损失（见《中国航天事业发展的哲学思考》），正是当时以刘纪原同志为班长的党组，以敢于承担的勇气和严谨务实的精神向中央表达了航天人的承诺。

再如，在探月工程正在立项的关键时刻，有些学者提出"美国人早就做了，我们还重复去做有什么意义"。冷风吹来，吹醒了我们应当与美国人有不同的创新意识，但绝吹不冷我们中国人独立自主迈向深空的决心。

2. 一项较为重大的航天工程往往要分几步去完成，不可能毕其功于一役。从北斗**"局部、区域、全球"三步走**、**探月"绕、落、回"三期**，到**载人航天"船、室、站"**，这样**循序渐进的发展**是航天工程和航天科技进步的成熟道路，它有助于不断地暴露各层面上的关键技术和技术难题，取得以积小胜为大胜、进而取得全胜的战略意图。**从方法论层面上认识这个体会，就是局部的阶段性的实现，是总体整体性成功的基础。**

3. 中国航天 60 年的历史，虽然经历了苏联撤走专家、自然灾害造成全国性经济困难、"文革"的干扰，但航天人始终没有在困难面前倒下，从来没有放弃理想，没有丢掉自己肩上的责任。国家推动航天发展的力量总是大于干扰其前进的阻力，事业总是在进步着。在科学研究特别是前沿科学领域工作的工程师、科学家们，经常会遇到来自多方面的困难，不但中国如此，国外也一样。我相信，这点在座的各位都是经历过的。

我举协和飞机的例子，协和飞机的发动机设计在 $Ma2$ 数下呈最佳效率，速度快且省油，但其结果是不能在亚声速下有效地运转。1969 年协和飞机放行后，它产生的声爆使地面的居民不堪忍受，但如改为亚声速飞行，则飞机的耗油量大增，承受不起成本，最终被迫停飞。

如何解决协和飞机的超声速飞行器？美国搞了一个"黑燕计划"，造一架高超声速的运载用小型验证机，它的技术路线是以喷气式涡轮发动机动力起飞，飞到 $Ma2$ 后，改变进气道径直接从出气口出去，变型为超燃冲压发动机，速度达到 $Ma6$，持续飞行一段时间，然后关闭冲压发动机，滑行至亚声速，再次启动涡轮发动机着陆。这个方案如果能实现将是高超的一个重大进展，可惜的是2008年国会削减经费，工程遇到经费困难，该计划被迫下马；协和下马，为解决协和问题而产生的"黑燕"计划的技术路线被阻止，这对研制队伍的影响是极大的。

但这个团队的领导人坚定地说："好主意总会有办法力挽狂澜，并最终得以实现！"

"黑燕"下马了，但它催生的低马赫数的涡轮发动机起飞，而后高马赫数的超燃冲压发动机驱动方式，却开启了一扇通向高超飞机、飞行器、天地往返可重复使用的大门。

这说明，方向正确的东西虽然也会有困难、挫折，甚至下马，但它一定会有成果留下，科研路上的失败往往是再起步的开始，下马必会留下重新上马的台阶。

4. 跟踪发展与跟踪创新。**作为发展中国家，也就是后发展型国家，它有一个后发优势，既有成功之路可借，也有失败之例可鉴。**在跟踪技术发达国家的追赶中，我们会以高于他们独自创造过程的速度获得进展。

纵观世界科技发展历史，现代意义的科学和技术源于古希腊、埃及，后传于并成熟于欧洲，近现代又从欧洲转移到美国。这条路径的演变可从克莱因的《古今数学思想》中窥其踪迹，美国在当代科技的领衔地位尚存。科学史学家开始推测未来的领军者或在东方。我们从中可以看到的轨迹是新科学、新技术的推进式发展和中心的转移，都是跟踪性的循序性的跳跃，即使有颠覆性的、革命性的新概念和新学科产生，也不是凭空臆造，而是对客观物理发现的理论建构。所以，跟踪不应是抄袭，应是共识和推进。中国航天60年正是在跟踪中创新、发展的结果，我们的导弹研制有苏联的帮助，但我们没有照抄，我们在学习中思考和创造，**在解决弹体振型、弹头热结构、控制系统、惯性制导（割尾巴）、潜地弹瞄准、水动力、大姿态稳定，到北斗导航等领域或课题都有原创性的发展。**

航天科技的动力先行、地面全域性仿真模拟、双五条归零及其整套技术状态控制和管理体系的创新理念和成果，是中国航天为人类系统工程理论作出的重大贡献。

所以，我们不能把跟踪和创新对立起来。跟踪是互相学习、互相融合的一个过程，是人类智慧的体现，是人类科学技术发展成果不断积累的社会性标志。**而创新是人类独有的区别于其他地球生物的"定义"性的品格**，因而，人类可以定义为"有创新思维，能进行创造性活动并创建出广义工具的哺乳动物。"（我们把人们建造的一切视为工具，房子是居住工具，车辆是交通工具，食品是生存工具……）

善于跟踪、发现和捕捉科技发展的脉动，是我们不断进取的方法论。这里我举英国"云霄塔"（Skylon）的例子，对火箭一级使用效率比较低的问题（我将其简称为"一级问题"，下同），从有火箭那天起就存在，只不过那时是实现"有""无"问题，实现冲出大气层进入太空的目标。随着火箭技术的成熟，"一级问题"就愈来愈引起人们的重视。早在 1958 年，美国就计划"空天飞机"（Aerospace plane）项目，开发一款吸气式发动机提供动力的单级入轨航天飞机。由于难度太大，又改为用液氢为燃料，用空气液化取氧代替火箭氧化剂，以降低起飞质量，但为了取得足够的液态氧，要在大气层中飞行更长时间，无形中又增加了气动热和气动阻力，反过来又需要更多的燃料来弥补，所以，该项目在 6 年后的 1964 年下马。该项目下马后，美国并没有停止对"一级问题"的探索，从 1986 年到 1995 年，他们尝试一种水平起飞、单级入轨、可重复使用的试验飞行器 X-30，以超燃冲压发动机为主体的吸气式组合循环动力系统。由于当时超燃冲压发动机尚处于概念样机阶段，工作特性掌握不透，地面又没有高马赫数的试验条件，无法保证"天地一致性"（仅能进行 $Ma8$ 以下的试验），所以，该项目在 1995 年又再次下马。

在这几轮的反复中，逐渐从"一级问题"演变为如何实现"单级入轨"和"重复使用"的目标问题，为此，美国启动了 X-33 项目，采用纯火箭发动机动力、水平起降的方式，研制中由于结构质量下不来，造成需求速度上不去，因而无法实现单级入轨。该项目于 2001 年再次下马。

与美国开展研究"一级问题"的同时，20 世纪 80 年代，英国政府支持罗·罗公司和英国宇航公司开发霍托空天飞机的项目，也因为技术问题和投资问题而终止。但在这个项目的基础上，英国人采用独特的预冷技术，可使发动机在 $Ma5$ 的速度下将 $1000℃$ 的空气冷却至 $-150℃$（在 $0.01s$ 内），这就是目前叫得很响的"佩刀"（SABRE）发动机和"云霄塔"（Skylon）飞行器。

2009 年、2013 年、2015 年，欧洲和英国政府不断增加投资，英国也动用国内力量支持 SABRE 的研制。2015 年原型机进行地面试验。在英国取得进展的情况下，2015 年美空军研究实验室为高超飞机与其合作，NASA 对"云霄塔"的气动特性进行仿真试验。

所以，跟踪和创新是当今世界发展的通畅的成熟之路和成功之路。我感觉，"佩刀"的吸气模式工作在大气层，它以液氢为燃料，以自带的液氧和压缩的空气为氧化剂，在空间段完全用氢氧发动机。"佩刀"构成的两种推力模式，采用一套燃烧室、喷管和涡轮泵，是航空、航天两种发动机状态的分阶段使用，是一个战略性的创新。

目前关于单级入轨和可重复使用，成为宇航界的热门话题，在 SpaceX 将一级回收以降低成本的试验成功后，又鼓舞了这个"一级问题"的热情。在"佩刀"发动机研制上，美国积极跟踪，及时赶上，反应极其迅速；发展中国家更应以快速反应的战略思考，去应对当今创新发展的局面。

三、战术安排与创新过程的渐进性

在大众创业、万众创新的年代，青年们思想活跃，跃跃欲试，都要在事业上大展宏图，在讲完创新的紧迫性这个问题后，我想谈谈创新的渐进性推动。我说"佩刀"和"云霄塔"是战略性创新，但从其产生过程来说是在思考"一级效率低"这个实践问题时产生的，在这个实践中不断地深化和转化、演变而来，如果没有美国的 4 次下马和英国霍托工程，就不会有欧美合体开发的局面。

从第一次世界大战的飞机参战到第二次世界大战的制空权争夺，促使了雷达技术的发展；由于雷达技术的进步，促进了雷达隐身技术的需求；雷达隐身技术的进步，又进一步促使了雷达一代代的改进。从 20 世纪 40 年代的单脉冲雷达，到 50 年代的合成孔径、60 年代的相控阵，从 20 世纪 70 年代合成孔径进入天空，到 80 年代固体相控阵到 90 年代雷达成像，所有这些进步创新都是从需求中催生，阶段性发展的。

就是现在的互联网也是在阿帕网（ARPA）的基础上产生的，而 ARPA 的初衷只是创造一个可以"自我修复"的通信网络，在部分设备被摧毁时，整个系统还能继续工作的需求而产生的。为此，在系统内产生了传输控制协议（Transmission Control Protocol（TCP））和交互协议（Internet Protocol（IP）），这个协议至今沿用。这是互联网前身，是 ARPA 网发展的必然。它有飞跃，但是渐进式的发展。

习近平总书记说："天上不会掉馅饼。"我们不会坐思超越，盼遇奇想，一举成功，功成名就，那是不大可能的。如果有，那也是以百年计的奇遇。我希望同志们在积累上下功夫，在知识的积累、经历的积累、失败的积累上多费心思；在学科发展，技术进步的问题上、难点上、矛盾上多下功夫，学无止境，**不只是指那些新的东西，有些已经很成熟的东西里，也会存在尚不清楚的东西**，我想起一位哈佛学者讲到希格斯玻色子的定义者本人在 2013 年获诺贝尔奖后说，当问他希格斯玻色子到底是什么东西时，他还说："不知道！"最近引起物理学界关注的"杨丘"命题[①]，建立超强粒子对撞机的必要性问题，美国诺贝尔物理学奖得主**安德森**（Philip W. Anderson，普林斯顿大学教授，**1977 年诺贝尔物理学奖获得者**）在 1987 年 4 月 7 日美国众议院科学、空间与技术委员会会议上做了题为 "The Case Against the SSC"（原载于《赛先生》2016 年 9 月 16 日）的发言，他说："很多高能物理学家的公众讲演中，第一页幻灯片都展示了从'普朗克长度'（远小于基本粒子的大小）一直到宇宙尺度的长度范围。他们轻慢地指向中间的尺度（即人、构成人的原子以及所有日常事物的大小）说：'当然了，那里的一切，我们都已经很清楚了，而探索极端的尺度才是基础科学的任务。然而，我们并没有把那里的一切都搞清楚。**我们还没能理解新的高温超导为什么超导，也不理解雪花是怎么形成**

---

① "杨丘命题"指物理学家杨振宁和数学家丘成桐有关在中国建设超强粒子对撞机的问题展开的"需求性"讨论，我认为这种讨论是有益的。

的，更不理解人的思维是怎样产生的，以及经济有什么规律'。"我只是想说，对这些已经很成熟的东西，仍然存在着如此巨大的分歧，所以，我们应当将心静下来，将气沉下来，既要有紧迫感，也要有稳稳干的渐进方法论。

渐进性也要求坚持和不退缩，我不赞成经常性的跳槽。要在平常中感受乐趣，兴趣是需要培养的，你愈深入进去，懂得它的规则，你就愈会产生出乐趣。就像下棋一样，起初是好奇，懂得了一点规律，觉得有趣，一旦连战连败，就会觉得乏味，没有什么乐趣了。如果你想成为九段，那就必须坚守下去，把棋艺真正学到家，那才能成才，才能达到你的梦想！这使我想起数学家、**集合论的创建者康托尔**，康托尔（1848—1918 年，出身于丹麦一个犹太血统的家庭，后和父母一起迁到德国）的工作，颠覆了许多前人的想法，他关于超限序数与基数的思想，引起数学权威克罗内克的敌视，并粗暴地攻击他的工作长达 10 年以上，为此，他一度精神崩溃，但最终还是坚持下来。许多科学家深为康托尔新的理论所震动，希尔伯特在德国传播他的思想，并赞誉他的成果为"数学思想的最惊人的产物，在纯粹理性的范畴中人类活动的最美的表现之一"；罗素把他的工作称为"可能是这个时代所能夸耀的最伟大的工作"（摘自《古今数学思想》）。

我们科技界也刮过风，我记得有过超声波热，到处都用超声波，过一段时间就冷下来了。超声波诊断并不是我们搞出来的，做不到精深的程度，缺少坚守的韧劲。我们还普及过优选法，但这方面的进步和创新也不多，运筹学的发展里也少有我们的脚印。我们还搞过一段射流。总之，往往在热门上聚堆，但时间一长，坚守下来的并不多。现在人工智能① 又是一个热门话题，

———————

① 人工智能：对"智能"的定义：

《韦氏大词典》：理解和各种适应性行为的能力。

《牛津词典》：观察、学习、理解和认识的能力。

《现代汉语词典》：智慧和能力。

1979 年，休伯特·德雷福斯在其著作《计算机不能做什么》中指出，"不可能产生人类的智能"。

1980 年，人工智能学家断言：建立在现代计算机基础上的机器系统知识执行指令、行动、推理与理解无关，机器系统和意识与理解无涉。

1990 年，休伯特·德雷福斯说：我们离实现人工智能不是近了，而是更远了。因为脑科学的进展使我们对智能有了比过去更确切的了解（Artificial Intelligence，AI）。

聚堆的人不少，但不知坚守下来的人会有多少。成功者一定是那些降温时还在坚守着的人。美国在仿生机械学、远程脑控制技术、无线心电感应技术、人工智能感知交互、识别和人脑意识活动的认知上已经进行了近10年的投入。我们的人工智能如果只满足于无人驾驶直升机、无人驾驶汽车这类"测量－处理－判断－操控"的自动控制系统上的成果，而不在更深层次的人类脑思维功能的研究，我认为起点不会高、成果也不会大。

为了在前沿性科学、颠覆性技术上有所成就，我们要有创新的紧迫性，也要有渐进性的方法论思维。

四、关于人才的养成

美国物理学家亨利·罗兰[①]（1848—1901年）是霍普金斯大学的第一位物理学教授，他在"呼唤纯科学"的讲话中（见《科学文化评论》第13卷6）讲过："中国人不注重纯科学，只重视应用，所以几代人出不来成果，被认为是野蛮人。"我不是批判他这句非常错误的话，**因为不懂现代科学的人，不一定是野蛮人；懂现代科学的人，也不一定是文明人。**亨利·罗兰还批评当时的美国教育，"美国现在到处是学院和大学，而且处处都有教授，实际上大学有三分之二是不合格的，教授也就是教师，为什么都要称教授呢。无非是荣誉，其实教师是应当受到人们尊敬的称呼，把这个称呼改为教授的话，实际上是在贬低这个光彩的职位。"

我们现在也是大学林立，越办越大，似乎感觉不叫大学称学院是掉价了。有些大学生毕业后，很难找到合适的岗位，这不得不说，学校的培养方针是不是出了问题，是不是有点"高不成，低不就"。**从学校的专业设置到课本的采用，大多是雷同的，有些是标准的、通用的。**各学校出来的学生都差不多，没有什么特色。社会上需要的人才是多方面的，而学校出来的学生是几个模子里铸造的，其社会适应性必然会受到现实的挑战。

---

① 亨利·罗兰（1848-1901），美约翰斯·霍普金斯大学教授，第一任物理系教授，物理系仍以其名字命名。他说："如果一个人有研究天赋，将总会以某种形式表露出来，但环境可以把这种研究天赋指引到新的方面，或培育它，以便适时开花结果，否则嫩芽就凋谢了。"

"研究型的领军大学在刺激和维持美国经济增长方面发挥着重要作用。这些大学培养的不仅是那些能创造价值的高效工作者如大型企业员工，同时也有将研究中的想法进行商业化并创办创新驱动型企业的创业者们。"

我认为在这里 MIT 讲了三个层面的人才，即能在大企业中创造价值的人才，能在研究中将成果商业化的人才，以及创办创新企业的创业人才，也即创造价值的人才、商业化创业人才和创新型创业人才，在这里我将其简称为创造性、创业型和创新型人才。

MIT 在 2014 年 2 月给 MIT 校友发出了一份调查表，共计 104169 份，回收 19730 份（回收率 19%）。2015 年 10 ~ 11 月，对未回应的校友进行电话调查，在随机联系的 1650 位美国校友中，有 254 位（占 15.4%）接受了简短的电话调查：

（1）在给予回应的校友中，31% 的人已经申请专利，34% 的人认为他们自己是专业发明者。

（2）25% 的线上被调查者成立了新公司。

（3）毕业五年内创立公司的数量从 20 世纪 70 年代的 6%，上升到 20 世纪 90 年代的 12%。

（4）22% 的校友曾为早期创业企业的雇员，38% 的早期雇员后来都创办了自己的公司。

（5）16% 的人已经投资于新建公司，17% 人已经参与众筹，为新产品或新服务的创新提供支持。

（6）17% 的人成为董事会成员，11% 在所属公司科学咨询委员会任职。

算算总体的概念：

有 31% 左右的毕业生是创造型人才（劳动创造世界，创造型人才是人才队伍的基础）。

有 25% 左右的毕业生成立了新公司，还有 16% 的人投资新建公司。

处于公司顶层和科学咨询委员会的人才有 28%，我们可以将这部分的人归类到具有创新能力的企业领军人物和科技带头人物。

如果简单而分，就是创造、创业、创新三种人才各占约 1/3。我们不妨以这个大致的状态来分析我们在培养学生上的启发。

首先要培养具有创造能力的劳动者，使他们能"一旦离开 MIT，他们就会采取行动，施展他们的报负"（MIT 报告中的话），使他们很快成为大型企业的骨干、先进产品的设计者，某一个系统的设计师，为社会提供其创造成果。为了达到这个目标，我觉得应当向他们传授牢固的科技基本知识和学问，让他们打下"创造"的基础，要教他们知识、教他们研究问题的方法、教他们科学技术理论的由来，以及为什么会形成这样的结果，**使他们从学科发展史的层面去掌握知识、学到真本事，而不是一般的、泛泛的掌握其结果**。在专业上要给他们以真功夫，而且功夫要到家。要使他们有一定的广域知识获得，对这部分知识不求其精，要有其广。对这些广域的知识可让他们从兴趣出发去选择，使学校的学习气氛更随和。

其次是具有创业能力的劳动者，使他们能在创造性劳动中积累的成果，实现商业化的转变和推广，一是将成果交给大企业作为知识投入，或是自己成立公司开始独自创业的实践。这部分人才除具有创造型人才的能力外，还要有善于创新、善于专利性的提炼和新应用的联想。技术上的超群是这些人才的基本特点。除此之外，他们还要有驾驭团队、共同奋斗的本事。所以，我们的大学要给他们以社会科学的基础教育。MIT 认为**"创业生态系统"的支持至关重要，他们的"创业教育计划基于三个准则"**。

第一准则是理论与实践（原文中是"手脑并用"，其语境与中国不符）。创业课程注重为想法付出行动，将发明推向市场，学者和实践者联合授课，将"实践经验"带入课堂，让成功企业家和投资者都到课堂，使老师和学生都受益。

第二准则是强调团队。在 MIT 决心致力于创业研究的前几年，发现个人创业和团队型创业相比较而言成功率很小，因而 MIT 将强调团队作为第二个创业教育理念的基础，所以大部分课程都设计了通过团队方式进行学习和开展活动，而不只是个人思考。**而我们的教育往往是个人的独立行为，考核也只是个人竞争的独立奋斗，表彰的也往往只是优秀个人。**

第三准则是跨学科合作。这也源于 MIT 早期的创业研究成果，结果表明，由互补型的或者来自于不同学科背景（如工程与管理）的联合创始人组成的团队，可以更好地为日后创新成就奠定坚实的基础。MIT 中与创业相关的学生社团和活动是多种多样的，其中包括 1990 年发起的 MIT 创业大赛。2015 年是 MIT 创业大赛 25 周年，有超过 1000 名学生组织的 300 多个团队参加庆典。这个竞赛包括六个板块：能源、生命科学、网络 /IT、移动、产品与服务、新兴市场，每个板块的第一名将获得 5 万美元奖金，2014 年又增加了艺术创造板块。所有相关创业团队都由学生组织和运作，没有教职工监管，使 MIT 的学生在创新创业的氛围中活跃成长。

除了前面讲的具有创造能力的劳动者和创业能力的劳动者之外，还有大型企业和技术学术单位的**领军人物**，即董事会层面和科学学术方面的领导者、带头人。对这部分人才的培养和形成，一靠学校，二靠实践。这样的人才不可能只靠教育培养出来。**这些人才各有其特殊性，一般不可复制**，有些人总想从他们成功的经历中找出一些妙法灵方，以图重复塑造，得到的却是没有什么模子可以铸成，他们是一个个千差万别的个体，但都具有创新的激情。MIT 建立了 MIT 创新计划，"创建科学创新和政策实验室、聚集多个学科的学者，分析和塑造理想创新成果和创新驱动经济增长的条件。"（摘自《国际工程教育前沿与进展 2016–17》）。

我们 HIT 要有赶上 MIT 的信心，他们是 M（中），我们是 H（高），要使哈尔滨工业大学成为名副其实的一流大学必定是有特色的，过去我们一说起清华大学就是建筑系，一说起浙江大学就是数学系，一说起哈工大就是电机系。当代的大学若失去特色，成为内置重复、水平相当，靠面积大、人口多去比拼，靠发表不一定有什么价值的论文排名，学生毕业后的失业率不断提高，那就没有希望了。那么哈工大的特色是什么呢？我看在航天高科技的阵地上，在航天学院。实际上非航天学院的科系也都在各自的专业技术上为祖国高科技发展贡献力量。在为祖国航天强国建设上同时要和黑龙江省发展、东北振兴结合起来，航天学院的责任就更重大，要和哈工大整体发展紧密结合起来。航天发展和中国航天事业的进步，为我们航天学院的学科建设、研究型大学的形成提供了广阔的前景；新技术需求的带动、探索宇宙及航天强国的建设，都为我们特色发展提供了强劲的动力，以此为牵引形成一流工业大学建设的引擎。

我们的航天学院更应紧密结合国家的航天发展战略，深层次地介入航天重大发展工程，在重型火箭研制中发挥专业技术支撑、新技术攻关的主力作用，在空间技术、轨道器技术、轨道器测控、综合利用、信息传输以及空间应用领域，拿出我们独特的长项的功夫。在深空探测中，我看前几天汇报的月球探索项目就是你们努力争取的且"在科学目标上有新意，在技术上有挑战"，这是我听后对你们的评语。**还有邓宗全副校长的空间机械装置，可以逐步扩大到空间站舱外机械手、行星际取样、驻星探测取样装置和移动探测的运动部件领域**，使其成为国内前列专业，就像过去乌克兰国家科学院的巴顿太空焊接手、加拿大太空站活动臂一样，在国际上叫得响。韩杰才副校长领导特种环境复合材料创新团队曾于 21 世纪初突破了大尺寸蓝宝石工业化生产技术，最近又荣获国家创新争先奖牌，任南琪副校长、曹喜斌教授、刘宏教授、王飞教授也因其各自的成就和贡献，荣获国家创新争先奖状。

要把我们航天学院已经搞了些成就的技术做实做大，且做出有影响的成果来，各系各科都要好好梳理，学院搞一个"夯实计划"，以参与国家重点工程为切入点，拿出实践和技术、方法和理论的成果和人才来。要在预估航天强国建设中各专业可能遇到的挑战和国际已经开始的攻关或引入其发展计划的前沿技术的基础上，提出我们的发展道路，并抓紧其实施行动。**要像美国 DARPA，它在 1960 年搞子午仪卫星，验证卫星导航定位而催生了 GPS、1958 年开发高能态的液氢 / 液氧推进剂催生了 NASA 的氢氧发动机、1972 年以"自我修复通信网"催生了阿帕网进而发展为互联网**、2010 年采用电力的静默追踪式自主导航无人舰艇项目可能催生以后的"无人海战"一样。学院结合哈工大学科发展搞了"先导计划"，由哈工大和航天学院充分利用各种智库的作用，形成未来 20～30 年的发展路径，这个路径不要搞成一个庞大的规划，而要立足前十年的具体切入点，**站得高，看得远，但下手要实**。从这些切入点入手，一步步走下去，到 2049 年百年强国目标、哈工大航天强校梦想一定会实现！

我在讨论航天动力发展的时候，曾提出把深空探测用"高小轻"动力作为一个独立的深空动力体系去研究，也即高比冲、小推力、轻结构，我希望这个深空动力的发展能得到哈工大、航天学院各有关专业的重视。粒子推进也已在我国得到应用，其他的方式和方案也有一定的研讨。IAA 在其星际科学先导任务项目的研究报告中提出使科学航天器飞抵"极远"的太空目的地，并将它定义为"星际先导计划"（Interstellar Scientific Precursor Missions（IPM ））。

如果想飞出太阳系，飞到太阳系边缘，如果没有新的动力系统，那将是极其遥远的事情，而"高小轻"则可能是一种很方便的选择。

我希望哈工大航天学院能在深空动力的理论和实践上有所进展，总之，我们要在工程的实践中把航天学院办成国家重点航天人才培养基地、航天技术攻关基地、航天发展创新基地、航天成果丰产基地，让哈工大和航天学院为祖国的发展作出贡献！30 年里，同志们开创了航天学院的光荣历史，现正在深化改革，在产业融合、航天强国建设中再立新功，未来的辉煌一定属于不断进取奋斗的哈工大人和中国航天人！

向同志们祝福，祝同志们成功！

本文要点

1. 科技成为国之重器，科技人员成为国之重宝——科技工作者百年来难遇的最好时期。

2. 空间技术开始新的型谱建构；空间应用开始进入服务型的转变；空间科学开始向新的科学成果转变。

3. 我国载人工程进入"船、室、站"第三步空间实验站的实施阶段。

4. 解放战争中，毛泽东主席在计算着我们消灭了多少国民党的有生力量，而蒋介石在计算着他们占领了多少个城市。这就是战略视角的差距。

5. 关注麦肯锡全球研究所报告（如其中的12项颠覆性技术）、DARPA、MIT、兰德公司、NASA等研究报告。

6. 我们的空间通信技术从1984年东方红二号定点静止轨道始，从2~4个C波段转发器、1000路电话传输能力、卫星设计3年寿命，到现在与美国FS1300（38个C、16个Ku转发器，卫星设计15年寿命，功率1万W）的水平相同。

7. 遥感卫星从2000年的几何分辨率20m到2015年的几何分辨率达到亚米级。

8. 导航卫星从2003年的"二用一备"北斗一号局部区域应用到2012年北斗二代（5颗地球静止轨道卫星、5颗倾斜轨道卫星、4颗中地球轨道卫星）亚太区域，至今的全球域系统。

9. 我们的航天强国建设的四个优势。

10. 载人航天工程攻关时期，冷风吹来："技术不成熟、航天搞载人之名，捞取国家之财。"

    探月工程立项关键时刻，冷风吹来："美国人早就做了，我们还重复去做有什么意义？"

    但航天人在党中央领导下，坚定信心，坚持不懈，坚忍不拔，获得成功！

11. 局部、阶段性的实现是总体整体工程成功的基础，我从事导弹研制的"台、筒、艇",载人航天的"船、室、站",探月工程的"探、登、驻"和"绕、落、回",都是这个工程方法论的体现。

12. 我们曾遇到的三大困难"撤、灾、乱"(苏联撤走专家、自然灾害、"文革"干扰)。

13. "协和"下马→"黑燕"上马(低马赫数的涡轮发动机起飞、高马赫数下变为超燃冲压发动机工作)→"黑燕"下马,"低—高—低"的技术路线被继承。

14. 跟踪不是抄袭,应是共识和推进。这也是人类智慧的体现。

15. "创新"是人类独有的区别于其他地球生物的"定义"性品格。

16. 我将火箭一级使用效率低的问题称为"一级问题",这个"一级问题"不是今天才认识到的,早在1958年美国研制"空天飞机"(Aerospace Plane)项目时就已经思考。

17. 航空、航天两种发动机的结合,一套结构(燃烧室、喷管、涡轮泵),两种工作模式——"佩刀"(SABRE)发动机及"云霄塔"(Skylon)飞行器。一次入轨。

18. 创新的紧迫性与渐进性的推动。

19. 有些已经很成熟的东西里又会有不清楚的东西。

20. 美国物理学家亨利·罗兰说:"中国人不注重纯科学,只重视应用,所以几代人出不来成果,被认为是野蛮人。"我说:"不懂现代科学的人,不一定是野蛮人;懂现代科学的人,也不一定是文明人。"

21. 要从学科发展的层面去掌握知识,学到真本事。

22. MIT创业教育计划的三个准则:理论与实践、强调团队、跨学科合作。

23. 领军人才各具特殊性,一般不可复制。

24. "高小轻"深空用动力推进系统。

4

感恩母校 ①
——院士回母校清华大学活动

摘 要：栾恩杰院士于 1965 年考入清华大学，师从严普强老师；毕业后，栾恩杰院士被分配到地处内蒙古的七机部第四研究院第四总体设计部，从事潜地导弹的研制工作。在党中央的领导下，我国历经 28 年在没有任何外援的情况下独立研制出导弹核潜艇，成功地完成了核潜艇导弹水下发射的全程实射，精确命中目标区，使中国有了二次打击能力。今年是中国航天事业创建 60 周年，从 1956 年国防部第五研究院成立，到今天载人航天、嫦娥奔月等诸多重大成果的成功，党中央高屋建瓴的英明决策、老一辈无产阶级革命家振兴中华的雄心壮志、全国人民倾其所能的全力支援和大力协同、几代航天人勇于登攀的无私奉献，使我们无比振奋和激动，也激励着我们不断地拼搏与奋斗。

今天有机会回清华大学，非常高兴。清华大学厚德载物的学风和深厚的文化底蕴，教我如何做事做人。我在清华大学加入中国共产党，清华大学给了我政治生命。我的导师是德高望重的严普强先生，在他的身上、在教研组诸位老师的身上，我深刻理解了厚德载物的清华精神、严谨务实的清华学风和深厚的清华文化底蕴，它时时教育着我、感染着我，使我懂得如何做事、做人；当我即将走出清华大学走上工作岗位时，清华大学的老师把我送到了

---

① 本文为作者在 2016 年 3 月 24 日清华大学"院士回母校"座谈会上所作报告。

当时的七机部，是清华大学为我选择了从事航天事业这条路。我永远不会忘记清华大学对我的教育、培养和期望，我永远感恩母校：我们的清华大学。

离开清华大学，我被分配到地处内蒙古的七机部第四研究院第四总体设计部，从事我国潜地导弹的研制工作。

中国核潜艇起步，源于 1958 年 6 月 27 日聂荣臻元帅向党中央、国务院、中央军委呈送的《关于开展研制导弹原子潜艇的报告》。1952 年 6 月，美国开工建造世界上第一艘核潜艇"鹦鹉螺"号。1957 年 8 月，苏联第一艘核潜艇下水。1958 年 10 月，我国代表团赴苏，参观了"列宁"号原子能破冰船和民用核项目，有关核潜艇问题被拒绝讨论。1959 年 9 月，赫鲁晓夫来华，周恩来总理、聂荣臻元帅提出核潜艇技术援建问题，赫鲁晓夫以"核潜艇技术复杂，你们搞不了，花钱太多，你们不要搞"拒绝援助。毛泽东主席得知苏方的回应后，十分气愤地说："核潜艇一万年也要搞出来。"在党中央的决策下，我国导弹核潜艇研制——在没有任何支援的情况下开始独立研制。为了集中发挥北京地区国防研制力量，我们潜射导弹总体部从内蒙古迁到北京，划归七机部第一研究院。"核潜艇一万年也要搞出来"这句话，成为当年所有参研人员的无穷动力。在这支队伍中，有很多清华学子。那时最好的仿真装备是 M2 型模拟机，程序编制由插孔面板连线实现，变系数由滚筒上的康铜丝来模拟，设计条件、工艺条件、试验条件、生产条件都是依靠同志们"为祖国争光，为国防争气"的精神力量和精细的工作作风、智慧才干拼搏而成。历经 28 年时间，我们成功地完成了核潜艇导弹水下发射的全程实射，精确命中目标区，中国人完全依靠自己的力量，拿下了核潜艇、拿下了潜射弹，我们国家有了二次打击能力。记得在 1988 年十三届三中全会的分组讨论会上，那时我们刚刚完成试验任务，我在发言中说：在党中央、国务院和中央军委的领导下，按毛主席一万年也要搞出来的号召下，我们的导弹核潜艇研制任务提前 9970 年完成了！今天，我也当着校友的面说：清华学子们没有辜负母校的培养，没有辜负母校对他们的期望，他们始终以曾经的清华学生而自豪，他们也一定会以他们之所学为伟大祖国的建设而付出的奉献让母校骄傲。

今年是中国航天事业创建 60 周年，从 1956 年 10 月 8 日国防部第五研究院成立，到今天载人航天、嫦娥奔月、北斗导航、高分遥感、高新武器装备的成功，党中央高屋建瓴的英明决策、老一辈无产阶级革命家振兴中华的雄心壮志、全国人民倾其所能的全力支援和大力协同、几代航天人勇于登攀的无私奉献，时时浮现在我们的记忆中，使我们无比振奋和激动，也激励着我们不断地拼搏与奋斗。

● **1956—1963 年为学习和仿制阶段**

在此期间，我们确立了"自力更生为主、力争外援和利用已有科技成果"的方针，用了 8 年时间，就《国防新技术协定》中的 P-2（地地）、C-75（地空）、C-2（岸舰）、K-5M（空空）四型导弹边学边反设计，于 1960 年成功仿制出 1059 导弹。1059 导弹的成功仿制，极大地鼓舞了我们，说明中国人有能力掌握先进的导弹技术。1964 年仿 C-75 红旗导弹、1966 年仿 C-2 上游导弹相继获得成功，标志着我们学习和仿制阶段结束。

● **1964—1972 年为独立研制阶段**

1960 年苏联停止援华，撤走在华 1300 余名专家，当时正逢我国遭受严重灾害。为了建设强大的国防，为了站起来的新中国能够挺直腰杆说话，老一辈革命家以"当了裤子也要搞尖端"的气概，中央决定 1964~1972 年研制液体中近程、中程、中远程和远程四种地地导弹，打破核大国的垄断。此阶段在中国航天史上被称为"八年四弹"。

此期间虽然受到"文革"的严重干扰，但"历史是人民写的"，中国的航天史也是人民写的，是所有参研参试的工程技术人员、工人、解放军指战员以无私奉献的爱国热情、严谨务实的科学态度、大力协同的奋斗精神，完成的独立研制历程；我们突破了运载技术、气动技术、弹道设计技术、结构技术，奠定了我国航天的发展基础，解决了有无问题，在中国航天史上具有开创性的作用，形成并创造了"**自力更生、艰苦奋斗、大力协同、无私奉献、严谨务实、勇于攀登**"的航天传统精神，它和清华大学"**自强不息、厚德载物**""**爱国奉献、追求卓越**"的精神是一脉相承的。

清华校训

● 1973—2013 年为跟踪研发阶段

这个阶段的时间是漫长的，在这 40 年里，我们完成了三个重大"扩展"：

1. 从导弹到航天的扩展

为国防建设服务，为提供先进的尖端武器以保卫祖国、保卫世界和平服务，是航天人的职责和天职。这 40 年里，我们有了地地弹、海防弹、舰舰弹、地空弹、空空弹，有了战术弹、战役弹、战略弹，构成了型谱化发展格局，提升了国家的核心战斗力，在保卫领土主权完整、保卫世界和平中发挥战略作用。

与世界各国发展相同，我国的航天事业也是从导弹转过来的。1957 年 10 月 4 日，苏联第一颗人造地球卫星上天后，我国科学家也纷纷上书。毛主席发出了"我们也要搞人造卫星"的号召。

40 余年来，我们建成了酒泉、西昌、太原航天发射场，我们有长征系列运载火箭，有东方红系列通信卫星、北斗系列导航卫星、风云系列气象卫星、返回式卫星以及各类对地观察卫星（海洋、国土普查、减灾），各地方、清华大学等高校也纷纷加入卫星研制和应用的大军。

2. 从航天工业到航天产业的扩展

1978 年十一届三中全会确定改革开放方针，国家转入以经济建设为中心的快速发展时期，与此相适应，中国航天进入了跟踪研发的新阶段。以航天为本，服务国防和服务国民经济建设是这一时期的总要求，以抓应用卫星及卫星应用、航天基础的技术改造和突破载人航天技术为主要目标的"两抓一突破"，使我国卫星及卫星应用的产业化发展得到形成。风云卫星日日看、东方红卫星村村通得到全国大覆盖，科学技术作为第一生产力得到了充分的发挥。

3. 从国防军工到产业融合的扩展

2000 年 11 月，我国发布了《中国的航天》白皮书，将空间技术、空间科学和空间应用作为大航天概念，描述了中国航天未来 10 年的发展目标。**今天当我们盘点 16 年前的规划时，可以说，我们全面完成了当时确定的目标。**

空间技术的进步，促进了空间应用的发展，军事工业的成果也不断向民生领域转移，同时民品和民营经济的发展，也不断被军事工业和空间技术扩充，这种产业融合的态势是科技发展的必然，用"军转民"和"民参军"这个概念已不能完整地表达现在的发展状态，中央提出产业融合的战略方针将是未来国防科技的必然趋势，其势不可阻挡。

在完成上述三个方面的重大扩展之后，中国航天进入了创新驱动的发展阶段。

习近平总书记指出："我们是一个大国，在科技创新上要有自己的东西，一定要坚定不移走中国特色自主创新道路。""高科技是买不来的""关键技术要靠自己""要突破自身发展的瓶颈，解决深层次矛盾和问题，根本出路在创新，关键要靠科技力量。"

我们已经不是无航天的国家，已经不是一穷二白的状况，我们不能满足于已经缩小了差距、已经填补了空白的最基本要求上，我们要有自己的东西，我们要为人类文明、社会进步作出我们创造性的贡献，这是当代中国人的历史使命。

同志们，下一步载人航天工程的行程即将开始，月球采样返回任务—月球探测三步走的收官之役已经准备就绪，新的大型运载火箭即将起飞，而未来 10 年、20 年的发展规划，将更加喜人。处于这样一个时代的同学们，你们一定会有更大的造诣，为祖国强盛而学习，为祖国强盛而奋斗，祖国的航天事业向你们展开双臂，在创新驱动的战略机遇期，创造我们共同辉煌的未来。祝我们共同的母校兴旺，祝同志们成功！

本文要点

1. 我在清华大学入党，是清华大学为我选择了从事航天事业这条路。我被分配到七机部。

2. 我的导师、德高望重的严普强先生。

   厚德载物的清华精神、严谨务实的清华学风、深厚的清华文化底蕴。

   "自强不息，厚德载物"的清华校训。

   爱国奉献，追求卓越的品格。

3. 1957年10月4日，苏联第一颗卫星上天。毛主席发出"我们也要搞人造卫星"的号召。

4. 1978年十一届三中全会确定改革开放方针，中国航天进入发展新阶段。

5

立足国防情怀　发展核安保技术 ①

摘　要：中国的国防科技工作到如今已有80多年的历史，国防工业的发展之路很艰苦，当下国防科技的科研人员必须立足国防情怀。在踏上国防工业大门的那一刻起，就要胸怀国防事业，以国防为主，将自己贡献给国防。核技术已成为当代高科技的前沿技术，核领域的进步，推动和改变人类的生活。以发展核安保技术为使命，让祖国和人民放心。

很高兴到这里与同志们见面，我们虽是邻居，但不住一层，故而：

君吾同一楼，同楼难碰头。不期偶相遇，无缘细品筹。

今天有机会和同志们交谈，也是缘分所投。来之前我与你们的同志询问，希望我谈点什么。你们提了一个大致的主题范围，让我讲讲对同志们有什么希望之类的鼓励的话，这些话我不是不会讲，而是当今的大学生和走向社会的青年都很有思想，很有独立思考的习惯和能力。有的时候，年老一点的同志给青年人寄语太多了，反而起不到想象的那点作用，所以我今天就和同志们务实地谈几个具体的事情，供同志们参考。

1. 关于国防科技工业

中国的国防工业从江西红军时期的弹药厂算起，已经走过了80多年的历史，前年召开了纪念国防军工创建80年大会。80多年来，国防军工战线的同志们在党的指导下，克服重重困难，从无到有、从小到大、从弱到强，走

---

① 本文为作者在2013年5月核安保技术中心上所讲党课。

出了一条在党的领导下，依靠我们自己的力量，发展国防科技工业的成功之路。当我们今天已经拥有了现代化战争所需要的武器装备，当我们今天敢于向世人告示，我们有能力打赢一场在高科技条件下的局部战争的时候，我们国防军工战线上的同志们可以自豪地说：我们没有辜负祖国和人民的希望！我们民族的强军之梦一定会在我们的手中实现！侵略者的铁蹄可以随意践踏中华大地的日子永远地消失了！

你们已经看到了近几年，以神舟载人上天、嫦娥飞天奔月、北斗星座导航、蛟龙深潜入海、辽宁舰机起飞、预警机升空值班为标志的巨大成就，展示了中国人的智慧，中国人的奋斗，中国人的力量！

近 30 年来，国家加大了国防投入，加大了国防科技工业基础建设的力度，今日之国防工业的水平与改革开放之初，已不可同日而语，我们的设计水平、工艺水平、试验验证水平、武器系统交付能力及其服务保障能力，得到了全面提升，过去那种鸡窝窝里飞出金凤凰的奇迹已不复存在，但那种精神还在，那种奋斗拼搏、无私奉献、不被条件束缚的品德，在不断地发扬光大，武器系统技战指标、研制周期、交付规模、投放速度等方面正在缩短与国际方面的差距。

美国过去**将战略轰炸机、潜地导弹和洲际导弹作为三大战略威慑手段**，即所谓的小三角，近十年美国改变了这个威慑三角形，**将战略进攻、战略防御、国防工业作为威慑三角形**，说明现代国防科技工业的战略地位已经发生了根本性的改变，这一点同志们务必充分地认识到。

同志们走上了国防工业战线，要为它服务，能为其发展添砖加瓦，这是十分荣耀而荣幸的。从你们踏上国防工业大门的那一刻起，**就要胸怀国防事业，以它为大、以它为主、以它为生**，将所有的智慧和力量贡献给它。

2. 国家利益与个人发展的双赢

十八大之后，全党全国人民都在谈论"中国梦"，都在探索如何实现中国的梦想。

过去我们也有梦想，但那只是一个梦想，而今天，中国走向了富裕中国的发展阶段，这个梦想就不是空想、玄想，而是要变梦为实的奋斗！

我研究生毕业后分到七机部，从事潜地导弹的研制工作，那时如果要问我们的梦想的话，我们会说"快点拿出导弹来，掉多少斤肉都可以"。毛主席针对苏联撤专家、断支援的行动，指示我们"核潜艇一万年也要搞出来！"我们的梦想就是为了国家的强大、核潜艇（指导弹核潜艇）快点拿出来。

那个时候美国卡我们、苏联卡我们，我们什么资料也获取不了，只能靠自己；那个时候，没有电子计算机，没有 CAD，只能靠自己的双手；那个时候，没有验证仿真基地，只能靠自己考自己。我们硬是一个数据一个数据地用飞鱼手动计算机、用计算尺把结果搞出来，硬是一个困难一个困难地闯出来，把我们的潜地导弹托出海面送上蓝天，飞向目标！

在我们国家的潜地导弹飞上天空的时刻，祖国震动了，国人气壮了。在那一时刻，我们的泪水和着喜悦和自豪，我们真实地感受到祖国的需要和个人的成功是那样地无缝链接。

你们有的同志刚刚走上工作岗位，5 位新来的同志还有清华、北大的博士，北理工、外交学院的硕士，你们有很好的学业基础，你们有个人发展的极大空间，我今天要向你们说的一句话是："千万不要只把个人的理想和梦想作为唯一的奋斗目标。"我希望你们在建设祖国、保卫祖国的事业中，使国家利益和个人的发展达到双赢。

个人成功的例子很多，但你再深入考察，他的成功的个人奋斗一定有社会进步需求、社会环境条件的提供和适应，也即是在大的社会进步的背景需求下获得的。

在科技进步日新月异的今天，**只靠一个人的努力可以获取成功的例子是没有的。无论是科技诺贝尔奖的获得者，还是中国科技大奖的获取者，无一例外，都是一个团队在支撑，甚至有相当广泛的国际力量支持，所以，团结协作的精神是现代科技工作者的基本素质要求。**

你们到了一个地方，就要向那个地方的同志们学习，真心地学，而不是俯下身，表示一种礼贤下士之貌，不管他是什么学历，都要尊敬地向他学习。孔夫子师项橐，项橐无学历，无职称，乃一小顽童，但他知道中午太阳离自己近，只此一点便称其为师。

要学好专业知识，特别是在实践中学习。在实践中学，根据实践的需要向书本和别人的经验学习。

我是学控制的，因要学习工艺考到清华做研究生，所以我没有多少轨道方面的知识，但我在航天实践中学，根据实践需要向书本学，我推导出一个轨道近、远点的能量平衡式（文章发表在《科技导报》上）。我又根据嫦娥二号的拉格朗日点，导出了一个从概念出发的拉格朗日点的求解表达式。

有很多知识和技术需求，我们在学校里没有得到，后面要及时补上；有很多知识和技术在不断地更新和发展，我们要跟上去，所以更要及时补充。学习上停止不得，我不知道你们如何，我现在仍能做到每年详读两部专业书籍，还要不断地做习题，加深理解。几个月前，我在学习遥感时，关于脉冲压缩技术还没有完全理解，我便用了两个多月的时间反复学习，又请两位技术人员讲解，现在对此有了一个较为清晰的理解，但理解尚未完全完成，正在做。

现在倡导国学，不知同志们《千字文》《三字经》是否学过，我现在仍然每日背。

自己的本事强了、国家需求来了，你就可以冲上去，就可以实现国家的梦想，也一并实现自己的梦想！

3. 国家核安保技术中心的位置重要，要珍惜

核技术是当代高科技领域的前沿技术，它上接物质结构的核物理研究、基本粒子研究、统一场论的研究，推而广之到宇宙学，下达的是国民经济发展，核材料、核能开发利用、核武器、核疗核医等。核领域的科技进步，推动和改变了人类生活的诸多方面。我们国家鼓励支持核能发展，并积极促进核能的开发和利用。我们同样清醒地明了在核能开发利用中人类将面临的挑战和风险，美、苏、德、日的例子已敲起了警钟！

所以，愈是积极促进核能开发和利用，就愈要保证其安全地利用和发展。你们作为国家级的核安保技术中心，就要站在国家层面，在核开发利用、交流使用中有关安全保证的技术领域上，起到中心的作用，为国家核安保事业作出你们的努力和贡献！

我看你们这个中心有如下几个特点，不知对否？

△ 领域面广

核安保的界面太广，从探勘、开采、存放、提纯、运输、使用、交流各方面，到流转方向、路径、平台、工具，再到人员、物品、地域、生活灾害各方面的安保，如果有一处、一点出现漏洞，都不好交待。

△ 内容多细

从医用核材料而言，来路清晰、存放保证、领归验证、环境波及、灾情度险、所需隔离、定期标定、审核方法、防失防泄，到报警系统、应急处置、消耗管理、废料处理、交通保证、国家监督、责任体制、经费支持、人员医保等牵扯很细，都要有规章、办法和法律支持。

△ 责任重大

核管理无小事，如果出了事，它的责任不只是可能引起的实际危险，更大的是影响大众生活的社会风险，所以，**你们务须时刻有临深履薄的感觉**。在责任制定、规章设计、程序安排、运行监督各方面做到严肃认真、周到细致、稳妥可靠、万无一失。这是周恩来总理提出的十六字方针。

△ 专业高新

核利用、核材料等都有专业队伍，以为核安全问题都有人负责，而对于安保技术而言，就不一定会被人重视。

我有这样的理解：

①没有核专业的知识和相应的技术储备，你对核安保技术的能力是不足的。

（我不好说你无资格）

②没有核专业的实践过程和基本的运行管理知识，你对核安保技术的筹划可能是不深刻的。

（我不说你没能力）

③我们在这个安保领域的工作刚刚开始，知识积累有限，必须有从头学、从头来的精神，以建立一个高新学科为目标来开展工作，非此难以站在国家层面起到中心的作用。

（我不说你不够中心的位置）

所以，核安保技术是一项高技术，是一项新技术，总而言之是高新技术。

△ 国际交流，新课题

这个题目对现实中国不是什么问题，而对于核这个敏感领域是一个新课题。

我搞航天 50 年，中美在此方面从未进行真正的交流。

总之，同志们身负重担，责任重大，必须立足国防情怀，以发展核安保技术为使命，让祖国和人民放心，"有我们在，核安全就在！"

本文要点

1. 中国的国防工业从江西红军时期的弹药厂算起，已经走过了80多年的历史。

2. 神舟载人上天、嫦娥飞天奔月、北斗星座导航、蛟龙深潜入海、辽宁舰机起飞、预警机腾空、预警机战役值班、大运启航——国家重器，国防成就。

3. 美国的战略小三角：战略轰炸机、潜地导弹、洲际导弹。

   美国的战略大三角：战略进攻、战略防御、国防工业。

4. 我们要胸怀国防事业，以它为大、以它为主、以它为生，将所有的智慧和力量贡献给它。

5. 团结协作的精神是现代科技工作者的基本素质要求。

6

发展航天事业　建设航天强国 ①
——历史责任感推动航天发展

我们在讨论航天事业发展历程时，往往从 1956 年创建之日起，一路辉煌地走来。由于这方面的论著已经很多，所以在我们航天界内，我就从一些现实状况说起，其所涉及的内容不一定正确，但在科学技术委员会的专家面前我还是很高兴讲一点情况，供同志们参考。

一、我国航天的足迹将随着中国天问一号火星探测器的首飞进入中国太阳系行星际探测的时代（我国火星探测天问一号）

从嫦娥工程开展到现在已经按我们的规划设想完成了"绕、落、回"探月工程的前两步，我们以嫦娥一号首飞环绕探测为序幕，拉开了 16 年的探月之旅，我们发射了嫦娥二号（降低轨道，落月前哨站）、嫦娥三号（软着陆）、嫦娥四号（月球背面降落前，中继星测试，转发地球），以及奔月返回飞行器（为嫦娥五号返回和降落地面回收），五次飞行试验全面圆满成功。如果一切顺利，今年将在合适的时间以长征五号新型火箭 Y5 发射嫦娥五号，完成月面采样返回的使命。现在一切准备就绪，只是由于长征五号 Y2 的问题（助推 I 机的氧泵故障、失利）延误了发射期。但我们的嫦娥五号从研制之初就与长征五号是相依的，没有"长五"成功就没有"嫦五"发射（这是就目前的方案而言的，如果用在轨组装式也可以用中型运载完成）。这从一个方面也表达了我们对"长五"和"嫦五"的自信。这便是我们 20 年前的规划和现在的"双

---

① 本文为作者在科工集团科技委 2021 年年会上的讲话。

五"相遇，期待今年可以实现。

就在嫦娥工程取得落月成功后，我们就已经开始筹划行星际的探测，如果当时能批复该任务，我们有能力在 2013 年奔向火星，那时的目标是奔火并对火星环绕探测。但我们失去了这个机会，使得印度在 2014 年 9 月（2013 年 11 月发射）首次奔火成功，成为亚洲国家首个探火之国，这个历史是不可改变的。我们此次探火将实现"绕、落、回"的前两步合一，称为"绕、落、巡"一次完成，即环绕落火星表面、火星车巡视探测及环绕器环绕探测一次完成。这个目标将是行星际探测首次将工程的前两阶段一次合成的技术挑战，是我国火星探测区别于其他国家工程实现的**闪光点**。

我国的深空探测以探火为标志，标志着我国航天活动进入了太阳系行星际探测的时代。

现代航天探索活动的工程理念是"科学畅想和工程筹划"，这个工程理念首先把"科学—技术—工程"三者的基础支撑性和"工程—技术—科学"的实践推动性这两个循环首尾联系起来；而将工程筹划作为整合科学、技术目标的总扳机作用表述了出来。在这个工程理念下，我国首次火星探测工程天问一号以工程总体筹划为建构基础，并以此设计了满足工程总体目标的火星环绕探测器、着陆探测器、火星车巡视器。其发射系统、测控系统及运载火箭系统皆要适应并满足最小能量需求的奔火轨道和火星捕获及降落火星表面的技术要求。

斯托克斯表达基础研究和应用研究关系的二维表

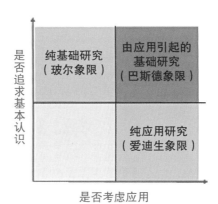

巴斯德象限示意图

由长征五号大型火箭提供脱离地球的能力，天问一号奔火星飞行体实现奔向火星，**速度修订实现**火星捕获，成为火星卫星，**轨道调整**进入停泊的环绕轨道、进入工作轨道、环绕器与着陆器分离，**并使**着陆器进入软着陆轨道EDL（进入、下降、落地）阶段（大气减速、开伞、悬停、避障），软着陆后火星车驶离着陆巡视器。

上述过程的技术架构已在嫦娥三号任务得到考核，对我国航天技术而言，可以归入"较成熟技术"的项目里，我认为其成熟度可达6（这个6定义为该技术可以用于工程，但仍需不断改进、不断成熟，有些问题暴露尚不充分，且不进入工程实践阶段这些问题又难以更真实地仿真模拟）。这样就形成了环绕器的环绕探测（全火星面探测）、着陆器的定位探测及火星车的巡视探测的三位探测状态。

就深空探测而言，我们对深空的了解还是从别人的先验经验及一些理性分析（包括科学理解和假说、推论）开始的，20年前何世禹教授牵头哈工大出版了一本《空间环境手册》，里面介绍的内容主要是国外的科学研究和工程实践的结果，但从现在而言，我们有了探索月球工程所获得的数据，参与了国际月球引力场数据的修订，我们在月球知识上有了零的突破，从嫦娥一号探索任务中得到了中国的第一份月球表面图，今后介绍月球的教科书已经可以不再使用国外公布的资料。我们还获取了世界上首份月球的微波景像图，这是由中科院姜景山院士（曾任嫦娥工程副总设计师）的团队完成的。

这里我介绍一下对未知世界探索的知识获取与工程实践的一个悖论："**了解是探索的目的，探索的条件是一定要有所了解。**"但对深空、深远空、行星际空间的环境，我们还是处于利用别国的科学探索获取的公开数据阶段，我们没有自己的数据。为什么？因为我们没有去过，没有探索过，没有调查过，所以就没有什么权威的话语权。**毛主席说：没有调查就没有发言权**。我们深空探索的目的就有了解、掌握、查明太空环境这一项，而为了探索深空，我们又必须了解掌握太空的环境，使我们的探测器能够适应太空的环境并完成它应当的任务。这就成了"了解它是目标"，为此必须"事先就应当了解它"这样一个环。怎么解开这个环，就是我们所谓的遇到的重要挑战，据此我冒昧地说一句："所谓的挑战就是打破这个悖论的圈圈。它需要勇气，但更需要的是'思考、研究、试验、突破'的不断积累。"我们的嫦娥一号由于我们对地球的远程空间了解得不甚彻底，导致从离开地球进入奔月轨道开始，我们的地月环境测试分系统就被实际的地月环境所破坏，即探测环境的系统被实际环境所破坏，这段环境数据一无所获，这正表明这个挑战之严峻！

对于奔火过程和接近火星、落到火星表面的环境而言，我们还要不断地突破认识上的盲区，它的力学环境、电磁环境、银河系空间粒子环境、温度热量环境、宇宙天体的引力摄动环境、超远距离数据传输环境、大延时测控的数据环境、偶发事件引发的系统 GNC 失控环境及自适应控制环境……，都是我们已经开始分析，有一定的技术准备，但仍处于这个需要"经历考验""深入了解""能承受""能测量"的过程探索之中。

为了支持我国深空探测活动向更深远的空间进军，我们的基础条件还有不小的差距，还要不断地完善：我们的测控在 16 年前月球探测工程刚开始时，测控接收系统天线只有 12m，在探测器研制过程中，出现星上发射机功率及其位置环境决定的方向图的约束，使得信号增益出现极大的差距，怎么办？如果以技术攻关的方式，把压力加到卫星结构或加到卫星载荷上，以这个方式解决问题的难度极大、前景难测、周期不明，怎么办？必须定下方向、定下决心，否则地面、天上都处在难以下手的境地。这项工作的总协调是工程中心主任胡浩同志，我到西安下飞机后跟胡浩同志说："按下西安，认下现实已实现的指标，但不允许降半个分贝，解放天线、增大口径，立即投款搞基本建设。"这就是所谓的"按下西安，解放测控"的决策。那次是增加了两台 $\phi 18m$ 天线，使接收能力增加了 1.8 倍。我们以稳妥可行、从易处入手进行权衡决策的工程方法，缓解测控的压力！这使我想起了在处理某型导弹在临进场时遇到的伺服机构频率特性与箭体振型耦合问题，我们以容易实现的软件方式解决难以改变的硬件难题，也是用"权衡难易，从易处入手"这个工程方法来实现的。

这次火星探测的基础条件仍然是基本的：国内的新疆喀什站、东北佳木斯站、科学院的 VLBI 系统站，国外还有南美阿根廷站。为今后任务的扩展，我们仍需加强基础能力建设！

我认为我国今后的深空活动将是"内外行星兼顾、科学目标聚焦清晰、运载能力有保障、各类感知（探测器、传感器、敏感器、感知器）有技术储备、前沿技术有攻关计划、稳扎稳打、远近结合的常态化工程过程"（注：这里所讲的探测器具有光谱适应性，其功能上有适应各类任务所需求的表面采样品、样品处置、浅（深）掘取器、光谱分析器、激光探测器、质谱分析样品包装等通用性的标准产品以及只需少量可保障性攻关即可迅速组合而成的功能形成能力。其有由表面信息即可达到研究目的的传感器（如地形、地貌）；由能力特性达到研究目的的敏感器（如微波测量、遥感数据）；由直接测量伴随得到的其他信息的感知能力）。

我认为，未来航天技术的竞争，已经不止于火箭、卫星、飞行器、轨道器的技术集成，而是其各类遥感探测、就位探测所需的关键传感器，某种意义上说这些有效载荷的水平将表达一个国家的科学能力，而把这些飞行器、轨道器、卫星送到需求位置的运载水平则更多地表达为一个国家的技术能力和组织完成"**工程目标 + 科学目标**"的工程能力。

二、造福人类、服务地球是我们航天事业的主题

为了祖国的强大、为了航天强国建设，这是我们当代航天人的历史使命。探索浩瀚宇宙，发展航天事业，造福人类、服务地球是我们航天事业的根本目的。

有些学者讨论"人类移居火星"，殊不知，火星是地球的未来，你不用移居，地球一定会变成荒凉的火星，如果我们连这样宜居的天堂——地球家园都操弄不好，搞得水污、地污、空气污，我们怎么会相信这样的人类会把无法居住的星球变成人类的另一处天堂？要热爱地球，服务地球，建设并保护地球，实现习总书记绿水青山就是金山银山的号召！又有人科普说"人类移居到另一个星系的类地行星"，那里是理想的避难所。殊不知离我们最近的毗邻星离我们有 4.2 光年（约 27 万 AU），就是发现那里有宜居行星，我们要想

往那里去，按现在的人类技术能力，我们以第三宇宙速度冲出太阳系，且神话般的具有 100km/s（这是不可能实现的，除非利用就地收集的资源，现在想到的也只是空间散布的质子）的速度，并应用斯图林格式推力器（见我的文章《斯图林格解的解析》（《深空探测》2019 第 4 期）），也需要飞行 1.3 万年，如果在 5000 年前中华文化有记录兴起时就派一个飞船驶往毗邻星，现在还有8000 年的路程。

现在有的学者说：美国人已经冲出了太阳系，他们的探索者（New Horizon 新地平线号）已经到达了柯依伯带（距日 30 ~ 100AU 的轨道上），这里牵扯到一个待讨论的问题，什么叫脱离太阳，也即什么是太阳的边界。我们知道太阳最外层有一个称为奥尔特云的一个地带，它仍然属于太阳系，这是科学界的共识，它距太阳的距离是 5 ~ 10 万 AU，有人认为此处是长周期彗星的发源地，如果我们把这个距离看作太阳系的边缘，依目前人类的能力要冲出太阳系也需要行走 2500 ~ 5000 年（按 100km/s 飞行）。如果是以目前能实现的 10km/s，则需 2.5 ~ 5 万年才能到达太阳系边缘。所以我们说美国的飞行器已飞出太阳系是不准确的，是有争议的命题（即怎样定义太阳系边界）。

我们当代地球人还没看到有飞出太阳系的飞行器，那么我们关心什么呢？我的看法是探索宇宙服务地球。如人类应当认识金星的演化过程，有科学家评论说它是地球的过去，我们应当怎样适应自然给予我们的一切，我们应当怎样应对大自然的自然现象带给我们人类不正常的灾难。目前国际天文学界已经从过去**在地观天**、记录、分析的认识阶段进入**在天观天**、巡天观测的时代，我们应当有能力利用航天提供的技术天梯更清晰地认识"太阳—地球—月球"这个日地月系统的运行（请见我写的一篇文章，航天杂志专刊《地月日大系统》）、更及时地发现和预估地外小天体对地球的威胁程度，甚至有人想利用观测来判别矿产性资源小行星，并将其引入地球的太空引矿。今后我们认识的地球可能是与太阳系活动状态相关的一个天体，很多地球出现的现象与太阳活动、月球活动相关。

我建议航天界的业内专家以建设好地球这个家园为目标，作出我们的贡献。2000 年以后的事留给那时的人类去考虑吧！

三、关于太空对抗能力的思路

以航天武器系统建设为主要任务的同志们，国家国防能力和国家太空防卫能力的保障是我们肩负的时代责任！

美国的"美国安全世界基金会"自 2018 年始发布《全球太空对抗能力：公开性的资源评估》（见 Global Counterspace（可以译作"太空对抗"，或"太空抵消"），Capabilities: An open Source Assessment），且每年更新一次。今年（2020 年）3 月 27 日发布的评估报告，则在共轨反卫能力、地面发射反卫能力、电子战反卫能力、定向能反卫能力、太空感知能力以及太空对抗所需的相关政策、条法、机构等方面皆有涉猎和描述，并对有关国家公开的资料信息进行梳理，其中包括俄罗斯、中国、伊朗、日本、朝鲜等国。

当今世界正处于一个"太空能力竞争"的比拼时期，具有相应能力的国家都将太空作为未来战争的一"域"，利用太空设施服务于战争和太空设施本身就具备攻防的武器功能，这些能力的变现必将改变战争的信息战构架与其形态。在这个"对抗域"的现实发展态势中，呈现出多域创新方案的集成特征，所谓新概念的对抗模式也纷纷出笼，搞得沸沸扬扬。这种态势及太空域的攻防较量，这个趋势下的竞争和攻防态势已经形成且无法避免，我们无法控制也无法治理。我们只有做好自己的事，提高自己的能力和水平才有我们的位置，我们的话语权！

俄罗斯的反卫能力在苏联时期已经开始建设，现实的安排也是冷战时期相应计划的延续和新的版本。其中的海燕（Bureve-Stnik）、"水平仪（Nivelir）"就是正在进行的共轨反卫及提供支撑的监视、跟踪计划。除此之外，他们还利用重型卫星快速释放、部署小卫星或释放轨道碎片等方式，进行轨道部署，说明他们已经具备低轨作战能力。

虽然他们目前对 GPS 本身不具干扰能力，但他们拥有可干扰使用全球定位系统（GPS）接收机的能力，对敌方无人机的制导系统、导弹与精确制导弹药构成实际威胁。

在定向能技术上，俄罗斯在太空开始启动对各类军事卫星的瞄准，并利用陆基激光系统致残军事卫星的传感器。今后是否会在太空部署高能天基激光器尚未可知。

我们再看美国，他们针对所谓的非盟友国家的太空基础设施进行了多次演练和试验，对低轨卫星和地球同步轨道的高轨卫星进行"跟踪、识别、瞄准、拦截"的试验考核。针对轨道上的共轨卫星进行"交会、逼近、绕飞"，进行"干扰、摧毁"的各类技术储备。据报道，美国拥有地面起飞式的直升式拦截器，针对低轨卫星的反卫能力已经得到验证。

在太空电子战方面，他们打算在全球部署干扰通信卫星上行链路的通信对抗系统（CCS）。他们通过所谓的"导航战"计划，在作战区域内干扰全球卫星导航系统。可以想象，我们的北斗、俄罗斯的格洛纳斯必然会成为它攻击的对象。

从目前在太空部署的基础设施而言，美国是数量最多的国家，也是"补星能力"最大的国家，它拥有世界上最强大的太空感知能力。在这个感知体系中，最核心的是由地基雷达、地基光学系统、天基望远镜构成的强大的、地理上分布式/分散式部署、天地一体的太空监视网络。自 20 世纪 60 年代起，美国政府就已非常重视太空对抗能力的开发。支持、鼓励对太空对抗能力提升提供支持的太空感知技术的研究、实验验证。其美国"防御性太空控制（DSC）计划"和"进攻性太空控制（OSC）计划"的实施已明晰地表达美国政府的**太空武器化、太空战场域**的倾向，无怪于有的学者将"**进入空间**""**利用空间**"和"**控制空间**"作为空间活动的三大主题。

美国最近又出台了对太空对抗能力具有重大潜在作用的"天基导弹防御拦截器"和"定向能武器"的预算提案。美国军方将与其盟友和伙伴举办年度性的太空作战兵棋推演和演习。

除美、俄之外，亚洲的日本，自从 2008 年修宪，允许在太空开展与国家安全相关的活动以来，他们的军事太空活动异常活跃，日本政府公开表示要加大支持力度开展各种太空能力，并且要重组其军事航天活动、增强太空态势感知能力，他们的导弹防御系统实际上已具备潜在的反导能力。

我用三个国家的太空活动状态说明的是一个观点，现在**国际太空活动**

正处于竞争比拼的时代，我们在这场太空对抗的博弈中，**怎么保卫我们的太空权益、怎么保持我们的空间基础设施的安全、怎么提高这场太空对抗的能力**。离开这个尖锐复杂的形势评估，就无法准确地进行太空形势的判断和我们的应对。

四、SpaceX 的 Falcon 没有动摇 NASA 的 SLS

SpaceX 开展的猎鹰研发，取得诸多成果，并已完成对国际空间站的货运，近日已将两名宇航员送回国际空间站，说明 NASA 将国际空间站的运输任务转移到 SpaceX 是正确的。它符合美国空间技术的发展需要和空间运输的业务需求，但在重型火箭的发展型谱上，NASA 并没有放弃它的 SLS 计划。

自 2010 年开始以来，历时 4 年的设计阶段已结束，进入研制阶段，主要由波音公司负责，而发动机则交由 Aerojet Rocketdyne 公司，助推器交由诺斯罗普公司。这三家公司都经历了失利和挫折，如果一切顺利，明年（2021 年）可能进行首飞，比计划推迟两年（原预算 106 亿美元，现在已经花掉 170 亿美元，据说其中有 60 亿美元说不清楚。）因受 covid-19 影响，NASA 暂停 SLS 和猎户座宇宙飞船研发，但我认为它不会动摇 SLS 的计划。

重型火箭的研制已经不只是运载能力的提高，如果单从空间运输的角度，SpaceX 已经发射成功近地轨道 65t 的载荷，它比我们的长征五号近地能力大了一倍，但我们两者走的不是一个路子，我们是以大火箭牵动大发动机技术、大壳体结构技术以及相应的控制技术、载荷技术、地面发射系统技术的进步，由此带动材料技术、机电技术、测试计量计算、工艺生产技术的创新。SpaceX 则是以成熟的火箭发动机集成的方式，49 个发动机并联形成起飞推力。当然我们不能轻视火箭集成技术的创新性（包括它的重复使用等首创的形态）。

SLS 的型谱架构是由 Block1—Block1B—Block2 构成的，其近地能力从"70t—105t—130t"逐级提高。芯级皆为 ϕ8.4m、4 台 RS-25E 发动机（普惠集团下属洛克达因公司生产，为一次性使用液氧发动机），每台发动机可以产生 2320kN 的真空推力，总推力约为 8900kN（除 Block2 外），助推级为两侧捆绑两台五段式固体发动机，Block2 为两台大推力液体助推器（Evolved Booster，改进型助推器），其第二级采用 O/H 发动机。

这个 SLS 的技术特点是：

1. 货运和载人运送统一设计、芯级相同，具有良好的技术继承性和应用子样数积累使其可靠性及其置信度提高。

2. 采用分段式固体助推级，这点与阿里安的思路相同，固体比冲低于液体推进 100 秒左右，在起飞段的效果好，只是到 130t 的 Block2 才用大推力液体助推器（改进型助推器）。

3. 在火箭和货舱 / 载人舱之间设计"共用性的适配器（Universal Stegt Adapte，USA）"以应对各种不同的上面级。

4. 在型谱发展上从只为载人用的 70t 构型始到载人 / 货运型共用的 105t、130t 的两种 100t 级构型。

上述规划的最终完成时间不晚于 2028 年。

但由于 2020 年的疫情以及未来美国政府的状态，是否能实现则尚未可知，但我相信 SLS 计划是不会动摇的。

我们国家的无毒无污染的大型火箭长征五号火箭于 2016 年 11 月 3 日首飞成功。这型火箭将为我国月球探测的第三步采样返回任务和火星探测、空间站建设服务。但 2017 年 7 月 2 日，由于芯一级 YF-77 氢氧发动机氧涡轮泵故障导致发射失败。为这个问题的归零工作花掉两年多时间，我们长征五号与嫦娥五号专家顾问组的同志们参与其故障分析的评审工作。特别是为从机理上弄清楚，对 YF-77 氧涡轮泵进行多次地面考核和试验，并聘请有关总体、材料学、力学方面的专家几十位，参与单位有研究所、高等院校近 20 个，最终得到了氧泵涡轮转子二节径振动引起动载荷增大导致结构破坏的结论，并从结构设计上改变。这个归零结果从 Y3 成功已经得到验证。这次成功，我说是打开了一扇门，如果找不到确切的原因，我们没有能力进行后续的任务。目前火星队伍已经进入海南，在疫情期间，领导小组已经批复靶场的后续工作。我们期盼，今年的奔火星之旅一切顺利！

为了我们国家的太空活动具有更大的空间进入能力，重型火箭的研制工作是一项更为严峻的考验，其动力系统、控制系统、载荷系统、地面测发控系统，所有与此相关的软件系统都将由此牵动。中国航天将有一个新基础建设的新机遇。近地轨道的输送能力达到百吨级目标将靠新一代的航天人来完成。当然，重型运载不是航天强国建设的唯一目标。我们航天工业的各专业、各单位都有相应的新的追求和奋斗。在 20 年前，国务院刚建立新科工委的时候，我们在白皮书中就提出了要研制近地轨道 25t 的大火箭，就可以步入世界运载的第一方队，与阿里安五、大力神、日本的 H2 都处于 20t 级的台阶。**随着我们的大火箭研发，别人也没有停步。**当我们长征五号具备 25t 的能力时，美国 SpaceX 已经具备了 LEO 60t 的能力，俄罗斯也开始了 130t 的研发。同志们，我们的运载能力**绝对**取得重大进步，但与美、俄相比，我们的**相对**能力差距拉大了！我希望航天同志们研究一下，怎么集中起合力，共同托举起航天事业的发展，把钢用在刀刃上。

美国 NASA 为解决目前"软件定义系统"的挑战，他们举全国之力联合起来，他们集中了美国航天业的各个中心、有关高校、行业专家开展"软件复杂度"的研究。从 2009 年召开第一次年会到 2019 年完成了对 10 年的"FSW"（飞行软件复杂度会议）工作材料整理、分析，形成了一系列研究报告。比如他们将软件架构设计归纳成**"基于功能""基于状态""基于模型"**的三类架构模式，我就很受启发。2019 年年底的会议在马歇尔飞行中心（MSFC）召开，会上有多份关于 SLS 飞行软件的报告（比如 2018 年的 SLS 基于模型的导航方法设计：2018-paper-SLS MODEL BASED DESIGN A NAVIGATION PERSPECTIVE）。有材料说，从第三次会议之后，欧洲空间局、印度、韩国、日本、巴西等国都有学者参加，并有报告在会上交流。我们国家的软件规模也已经很大了，星的有些单机的软件代码已经达到万行。美国 F-4 战机从开始的千行代码到现在 F-35 达到百万级。如果正常情况下千分之一的差错，现在的出错可能性是极高的，前年的 737 坠机已经查明是软件故障，其失速控制判断出现异常，而这种问题隐藏在波音飞机上已经多年，只是没有遇到这个可能。去年由国防科工局牵头组织航天的各路专家开始软件复杂度问题的研究，形成了一个论坛，希望各位专家能关心、支持，贡献同志们的智慧。去年又组织了一个航天的 AI 联盟，以航天两个集团的控制所专家组成，这个联盟得到各方面的关注，北京大学、清华大学都作为成员，相信在航天这个联盟的合作下，能够促进火箭、导弹及其地面、测控、载荷、应用等各方面的智能化进步，并期望在此基础上扩大到国防领域，然后要在军民结合上得到互动互进，现代社会上的智能化研究和实践进展飞快。我们的优势是在国防领域、航天领域，我们具有数据资源优势，在弱人工智能条件下，这个优势是别的部门不具备的。

本来还想就"微小卫星的问题（SpaceX 的 2 万颗卫星）""航天短板——感知的基础技术""商业卫星与商业航天""深远空探测的斯图林格推力系统"等讲些意见，待以后我们再谈。

祝会议成功！同志们成功！

2021 年，栾恩杰荣获"光荣在党 50 年"纪念章

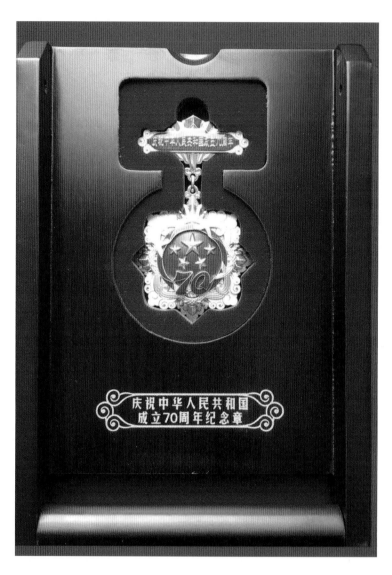

2019 年，栾恩杰荣获"庆祝中华人民共和国成立 70 周年"纪念章

2012 年，栾恩杰获中国人民政治协商会议第十一届全国委员会"优秀提案"纪念牌

2009 年，栾恩杰当选为中国工程院院士并接受徐匡迪院长颁发的证书

2009 年，栾恩杰当选中国工程院院士

2021年，栾恩杰获"军工记忆"荣誉证书和奖杯

巨浪腾空起，一代玲珑骄

开启深空探测新征程

2012 年，栾恩杰获第八届航空航天月桂奖"终身奉献奖"

作者简介

栾恩杰，我国著名导弹控制技术和航天工程管理专家。1940年10月出生于吉林白城，1965年哈尔滨工业大学毕业，1968年清华大学研究生毕业。中共第十三、十四、十五届中央候补委员，国防科技工业科技委名誉主任、中国科协荣誉委员、中国工程院院士、国际宇航科学院院士。历任航空航天工业部总工程师、航天工业总公司副总经理（国家航天局副局长）、国防科工委副主任（国家航天局局长）、国防科工委科学技术委员会主任、全国政协常委（科教文卫体委员会副主任）、中国科协副主席、中国遥感应用协会理事长、宇航智能控制技术国家级重点实验室学术委员会主任。先后担任巨浪一号和东风二十一号总指挥，首次载人航天工程副总指挥，首次探月工程总指挥，长征五号、月球探测工程嫦娥五号、火星探测工程天问一号专家顾问组组长。主编了我国首部《国防科技名词大典》（7卷），出版了《航天系统工程运行》等专著，发表了多篇学术论文，先后获国家科技进步奖特等奖3项、一等奖1项，部委科技进步奖多项。2006年获"中国十大系列英才"称号，2009年获何梁何利科学与技术进步奖，2012年获第八届航空航天月桂奖"终身奉献奖"。2014年国际天文学联合会将国际永久编号第102536号小行星命名为"栾恩杰星"。

工作以来，参加或主持我国多个战略导弹型号和航天重大工程研制工作，长期主持多项国家重点型号研制及国防科技工业科技管理工作，在我国潜射战略导弹从无到有、陆基机动战略导弹系列化发展、开辟我国深空探测新领域、开创我国深空探测工程等方面，取得了一系列开拓性和创造性成果，为我国武器装备和航天事业发展作出了重大贡献。倡导并组织完成我国第一份航天白皮书，首次提出"大航天"概念及"两大型谱"发展的技术路线，形成以"两大型谱"为基础的空间技术发展体系，相关技术发展构想已成为相当长一段时期我国航天事业发展的基本思路、方向和重点；率先提出我国探月"绕、落、回"三步走规划并组织队伍圆满完成我国首次月球探测任务；创造性地提出了技术质量问题"归零"概念并确定了相应的五条判别标准，作为型号质量管理准则为国防科技工业及相关单位广泛采用并已形成国际标准。

航天科技图书出版基金资助出版

泊然思絮

——栾恩杰论文选编（下册）

中国宇航出版社

·北京·

前　言

　　距离第一本文集《耕天思絮》出版，已有十多年了，这十多年间我作为国家"十三五"规划的国务院专家组成员，参与国家发展研究的工作，学习到很多东西。专家组成员中有国家综合部门的领导和专家，也有科技、工业部门的学者和教授，还有国内大型企业的领军者，他们的经验，他们的意见和建议，对我则是一次极好的学习机会，也促使我思考国防科技工业，特别是航天发展战略的一些问题。现在看来，国家"十三五"规划的制定和实施是成功的，对我国今后的发展起到了推动、打基础和开拓性作用。

　　这十多年来，我有时间冷静地思考我从事航天领域的科技发展和型号任务、重大工程的实践，特别是盘点我到新组建的国防科工委任副主任兼国家航天局局长期间制定的 2000～2020 年发展规划的《中国的航天》白皮书。这份白皮书是我们向祖国的承诺，也是向世界发布的中国宣言，它表明了中国航天未来 20 年发展的宏伟蓝图，描绘了中国航天在改革开放的中国，怎样揭开航天的神秘面纱，走向世界的前台。正如国人常表述的中国智慧和中国力量。当 2020 年 12 月 17 日"嫦娥五号"带着在月球采样物品返回地球时，我们的热血沸腾了，在这场向宇宙进军的大赛中，我们中国人赢得了巨大的历史性成功。我们再不是科技弱国，再不是航天小国，我们依靠自己的力量，进入了航天强国的行列，为中华民族自立于世界民族之林，贡献了我们的力量。

　　在"嫦娥五号"发射前，我给工程总设计师胡浩研究员写过一首诗，最后两句是"待到四子王旗会，工程大计好收官。"我们完成了十七年前确立的目标，实现了我们对祖国的庄严承诺。在 2020 年前完成"绕、落、回"

三步走的工程目标，我们圆满精彩地兑现了。我在"嫦娥五号"返回的落区回答记者的提问，"此时此刻你最想说的话是什么？"我说："从心底，我最想呼喊的是'祖国万岁！'"

人是要有精神的，干任何事都要有精神的支持，这是事业成功的底气。我们有党的英明领导，有社会主义制度保证下的举国体制，我们有一支坚强的由爱国者组成的航天队伍，这三条最根本的强大力量，是可以战胜一切困难、勇攀高峰的力量。

在这十余年间，我们实现了大型运载火箭的梦想，在白皮书发表的2000年，那还只是一段论述——中国人要有无毒、无污染的大型运载火箭，并形成系列化发展。但今天低轨运送能力达到25t的长征五号运载火箭，已经完成试飞，进入发射服务。是它托起了"嫦娥五号"返回工程，是它支撑了我国首次探索火星的天问一号工程，是它的技术和型谱化发展推进了长征七号、长征八号中型运载火箭的型谱化发展，它正在为更多的空间设施和科学探索活动提供服务，中国的载人空间站也将由它们来承担。

在这十余年间，我们国家的"通导遥"应用体系建设取得巨大的进展，空间应用正向产业化方向迈进。空间基础设施为国民经济建设的贡献力正在不断提升。空间技术、空间应用、空间科学这三大领域的协同推进，正在以创新推动的发展去创建航天强国的未来！

当我们盘点2000年白皮书所研究的目标时，我们可以无愧地向伟大的祖国报告：**中国航天人胜利地完成了党交给的任务，我们兑现了航天人的承诺！**

这十余年，使我有时间思考工程技术的某些理性的思维问题。特别是在中国工程院开展的"工程哲学""工程方法论""工程知识论"的中国工程学研究和探索中参与了一些工作。让我在任务负担较轻的状态下，可以做"理念、理论"方面的一些思考。从"十五""十一五"开始，我们国家开展了中长期发展的研究，并启动了"十六项重大工程"的研制。我们国家的工程科技已经进入了国际先进行列。中国的高铁、中国的桥梁、以盾构机为代表的中国大型机械、中国的船舶（航母、深潜）、中国的航空（舰载机、五代机、大型运输机）、中国的国防、中国的水利（三峡、南水北调）、中国的电力（超高压）、中国的能源（核、水、风、光）、中国的航天（通、导、遥、科）、中国的农业（高产稻）……都已成为现代中国的闪亮名片。我们应当也有能力和资格总结我们的工程经验、理念、理论和思考。所以，这段时间我写了一些文章，参与工程院组织的"科学、技术、工程"方面的论坛。有关方面的一些文章也收集到了这本文集之中。

我在写文章的时候，往往会产生一种快乐，好似我对面有一位学者，在不断地提出问题给我，让我讲清楚某些待辩论的课题。每当这时，我就会不自觉地产生出诸多回答对方的理由，而在思考如何回答的过程中，我会萌生出过去未曾出现的论点，这确实给我带来快乐和成功的愉悦，如同真有一位学者，在与他的对话中，我已经把他说服。在思考施图林格解的解析过程中，我曾遇到怎么开启其精确解的困境，但在与施图林格表达式的对话中，一旦想到对其积分即可成功的时候，那种快乐只有那个时刻才会产生。你们在看那篇文章时，一定能体会到我那种唠唠叨叨、反反复复的细咀慢嚼的愉快。在我将选入这本文集的文章全部整理好后，为了使我一看就能回忆起文章的来源和我欲重点阐述的内容，在每篇文章后面我又提炼出了一些重要的观点、要点，有一些是需要关注的理念和概念之类的内容，以期使读者关注。淡泊以自省、超然以深思，这是我此次文集之旨。

在此向为本文集出版中负责 PPT 制作和图片收集的蒋宇平研究员、朱毅副巡视员、屈昌海助理表示感谢，向中国宇航学会王一然副理事长表示感谢，向中国航天科技国际交流中心张铁钧副主任、中国宇航出版社黄莘编辑等同志的劳动深表谢意。

探索浩瀚宇宙，发展航天事业，建设航天强国，是我们不懈追求的航天梦。习近平总书记的指示是我们每一位航天人的奋斗使命，任重道远，愿成功永远伴随着每一位奋斗者！

2021.6.18

编者的话

"探索浩瀚宇宙，发展航天事业，建设航天强国，是我们不懈追求的航天梦。"经过几代航天人的接续奋斗，我国航天事业已经创造了以"两弹一星"、载人航天、月球探测为代表的辉煌成就，走出了一条自力更生、自主创新的发展道路，积淀了深厚博大的航天传统精神、"两弹一星"精神、载人航天精神、探月精神……

在中国共产党的领导下，中国航天人以坚定的信心和决心，不断开创我国航天事业新局面。践行航天精神，就是践行"但愿苍生俱饱暖，不辞辛苦出山林"的奉献精神，就是践行"寄意寒星荃不察，我以我血荐轩辕"的牺牲精神，就是践行"咬定青山不放松，立根原在破岩中"的奋斗精神，就是践行"横眉冷对千夫指，俯首甘为孺子牛"的独立自主的实干精神。

栾恩杰同志从事国防和航天事业五十多年来，就是这样一位航天精神的实践者和传承者，是我国航天三大里程碑工程的重要贡献者：参与研制我国第一型潜地固体战略导弹，实现了我国潜射战略导弹从无到有和陆基机动战略导弹的系列化发展；参与我国载人航天工程，见证中国航天进入载人时代；参与我国深空探测工程，如今，探月工程"绕、落、回"三步走战略规划圆满完成，"天问一号"成功着陆火星，表明中国航天进入了深空探测的行星际探测时代。五十余年的航天实践，他见证了我国航天事业从导弹起步，发展到发射卫星，到如今的"空间技术、空间科学、空间应用"的大航天概念，一步一步走出来的是党带领中国航天人艰苦奋斗、无私奉献、勇于创新的成功之路。

栾恩杰同志是我国航天事业由小到大、从弱变强的亲历者、参与者，也是重要的引领者。"地球耕耘六万载，嫦娥思乡五千年。残壁遗训催思奋，虚度花甲无滋味。"是他在绕月探测工程批准立项时刻所抒发的感言，表达了他深耕航天的执着与坚守，我们可以感受到他对航天事业的感情之深厚，对祖国强大的期盼。

栾恩杰同志对于航天情的表达、对于强国梦的追逐，比任何其他事情都来得强烈。有人说他的功绩随便拎出来一件都值得一个人吹一辈子，然而他通过笔墨书写下来的，却很少谈及个人，都是对党和国家的感恩、对亲人朋友的感谢，以及对航天事业的热爱。栾恩杰同志在接受采访时多次强调，他所有的一切都是党给的，他所有取得的成果，都离不开党和国家的信任和培养，同样的，也离不开战友和家人的支持和帮助。

栾恩杰同志把青春和热情都奉献给了祖国建设和航天事业的发展，同时，他也用文字表达了对身边人的关爱。本册收录了一些关于他在投身航天事业中的感情流露，以及与战友、亲人和朋友交流的点点滴滴，既有"唤得威风八面，我志问天九层"的豪情，又有"远贵知崎路，近重识挚友"的友情，还有"只待鸿雁报归期，再把天伦述"的亲情……通过本册，读者能够真正走近这位爱国爱党、重情重义的航天人。

本书编委会

目　录

下册

四、媒体报道摘要

一、党的信任和委托

栾恩杰同志：任重道远！

——刘华清题词

1

勇攀科技高峰 服务国家发展大局
为人类和平利用太空作出新的更大贡献

2021年2月22日，党和国家领导人习近平、李克强、栗战书、汪洋、王沪宁、赵乐际、韩正等在北京人民大会堂会见探月工程嫦娥五号任务参研参试人员代表并参观月球样品和探月工程成果展览。习近平在会见探月工程嫦娥五号任务参研参试人员代表时强调：

■ 要弘扬探月精神，发挥新型举国体制优势，勇攀科技高峰，服务国家发展大局，一步一个脚印开启星际探测新征程，不断推进中国航天事业创新发展，为人类和平利用太空作出新的更大贡献。

■ 嫦娥五号任务的圆满成功，标志着探月工程"绕、落、回"三步走规划圆满收官，是发挥新型举国体制优势攻坚克难取得的又一重大成就，是航天强国建设征程中的重要里程碑，对我国航天事业发展具有十分重要的意义。17 年来，参与探月工程研制建设的全体人员大力弘扬追逐梦想、勇于探索、协同攻坚、合作共赢的探月精神，不断攀登新的科技高峰，可喜可贺、令人欣慰。探索浩瀚宇宙是人类的共同梦想，要推动实施好探月工程四期，一步一个脚印开启星际探测新征程。要继续发挥新型举国体制优势，加大自主创新工作力度，统筹谋划，再接再厉，推动中国航天空间科学、空间技术、空间应用创新发展，积极开展国际合作，为增进人类福祉作出新的更大贡献。

新华社北京 2 月 22 日电　中共中央总书记、国家主席、中央军委主席习近平 22 日上午在北京人民大会堂会见探月工程嫦娥五号任务参研参试人员代表并参观月球样品和探月工程成果展览，充分肯定探月工程特别是嫦娥五号任务取得的成就。他强调，要弘扬探月精神，发挥新型举国体制优势，勇攀科技高峰，服务国家发展大局，一步一个脚印开启星际探测新征程，不断推进中国航天事业创新发展，为人类和平利用太空作出新的更大贡献。

中共中央政治局常委李克强、栗战书、汪洋、王沪宁、赵乐际、韩正出席活动。

人民大会堂北大厅气氛喜庆热烈。上午 10 时许，习近平等党和国家领导同志步入会场，向参研参试人员代表挥手致意，全场响起经久不息的掌声。习近平同孙家栋、栾恩杰等亲切交流，并同大家合影留念。

随后，习近平等来到人民大会堂东大厅，参观月球样品和探月工程成果展览，听取有关月球样品、工程建设、技术转化、科学成果、国际合作和后续发展等方面的介绍。习近平不时驻足察看，详细询问有关情况。

习近平强调，嫦娥五号任务的圆满成功，标志着探月工程"绕、落、回"三步走规划圆满收官，是发挥新型举国体制优势攻坚克难取得的又一重大成就，是航天强国建设征程中的重要里程碑，对我国航天事业发展具有十分重要的意义。17 年来，参与探月工程研制建设的全体人员大力弘扬追逐梦想、勇于探索、协同攻坚、合作共赢的探月精神，不断攀登新的科技高峰，可喜可贺、令人欣慰。探索浩瀚宇宙是人类的共同梦想，要推动实施好探月工程四期，一步一个脚印开启星际探测新征程。要继续发挥新型举国体制优势，加大自主创新工作力度，统筹谋划，再接再厉，推动中国航天空间科学、空间技术、空间应用创新发展，积极开展国际合作，为增进人类福祉作出新的更大贡献。

丁薛祥、刘鹤、张又侠、陈希、黄坤明、王勇、肖捷出席上述活动。

探月工程领导小组成员及联络员，有关部门负责同志，有关省、自治区、直辖市任务保障部门代表等参加会见。

实施探月工程是党中央把握我国经济科技发展大势作出的重大战略决策，工程自立项以来圆满完成六次探测任务。嫦娥五号任务作为我国复杂度最高、技术跨度最大的航天系统工程，于2020年12月17日首次实现我国地外天体采样返回，为未来我国开展月球和行星探测奠定了坚实基础。

《人民日报》（2021年2月23日01版）

2

听探月工程首任总指挥讲述嫦娥五号探测器背后的故事

■ 文 / 央视新闻客户端

这一次嫦娥五号探测器要进行的是我国首次月面采样返回，完成探月工程三步走"绕、落、回"的最后一步。当年探月工程三步走是如何制定的？在这之中又有哪些不为人知的故事？总台央视记者独家专访了探月工程规划制定者之一、国家航天局原局长，今年已经 80 岁高龄的探月工程首任总指挥栾恩杰院士。

总台央视记者崔霞：我们当时确定的"绕、落、回"三步走，是在论证阶段有的，还是在启动之后才规划的？

中国工程院院士、国家航天局原局长、探月工程首任总指挥栾恩杰：论证的时候，当时我脑子里的目标全是工程上的目标，比如说表达我的运载能力、轨道测控能力、飞行器被月球捕获的能力，在我脑子里面比较重，就是要完成工程能力。

总台央视记者崔霞： 怎么确定这个"绕、落、回"三步走的战略呢？

中国工程院院士、国家航天局原局长、探月工程首任总指挥栾恩杰： 到底怎么完成这个目标呢？当时我回答不了。我是个工程师，我并不能准确地回答我去干什么。当时在提出总体规划的时候，科学院同志提出来，不但要我们做这样一个探测，希望我们还要做基础的就地探测。然后最好能像美国那样派航天员拿回很多东西，俄罗斯是送去探测器，带回来一些东西。就提出这样三个目标，能不能达到。

总台央视记者崔霞： 哪三个目标？

中国工程院院士、国家航天局原局长、探月工程首任总指挥栾恩杰： 就是所谓的环绕性探测，然后接触性的就地探测，再有就是能够拿回来东西，在地面进行研究。

从 2007 年第一颗绕月卫星嫦娥一号发射成功到今天，我国已经突破了到达月球和着陆月球的能力。栾恩杰表示，嫦娥五号被称作是我国迄今为止最复杂的航天任务，它的成功，开创了中国航天的多个第一。

总台央视记者崔霞： 嫦娥五号被称为中国航天史上最难的一项工程，很多的第一次，您觉得难在哪里？

中国工程院院士、国家航天局原局长、探月工程首任总指挥栾恩杰： 我们去，首先一定要能够被月球捕获到。月面的状况，我个人担心的是我们并不很清晰，我们真正落月的月面状况、周围的环境是不是很平坦，是不是没有其他的障碍。

当嫦娥五号着陆器安全降落之后，就将开始进行样品采集，采集的方式对于中国航天来说又是一次全新的尝试。

中国工程院院士、国家航天局原局长、探月工程首任总指挥栾恩杰： 着陆器下来以后，我们就开始取样了，我们有个手去铲，叫机械手，在外星球用机械手，我们中国头一次做。我们月球的钻取机构，这是我们国家头一次设计，我形容成哈尔滨香肠。就在钻的时候，它要把钻取的岩芯部分装到一个包裹里，这个包裹是一个长的，所以像根香肠一样，要把它紧密地包裹好、封装好。这些月壤不能在转移到地球的时候被地球污染了，因为地球环境和月球环境是不一样的，这些物质一定要在非常洁净的环境下，保持住我们取得的这点东西。

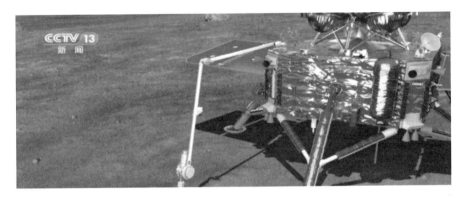

完成采样之后，嫦娥五号上升器要从月球起飞，在月球轨道与轨道器和返回器进行交会对接，将月球样本转移至返回器里。在完成这一系列复杂过程之后，嫦娥五号在返回地球的途中，依然要经历重重考验。

中国工程院院士、国家航天局原局长、探月工程首任总指挥栾恩杰：它往月球走是减速过程，从月球回那可是加速过程，所以到地球表面的时候，这时候已经达到了每秒 10 多公里的速度。如果入射角不对，返回器在第一次再入大气层后跳起来，就回不来了。我们怎么保证它上升以后减速而不跑掉，这个技术就是我们的再入返回技术。

3

坚持国防建设与经济建设协调发展

■ 文 /《人民日报》2004 年 7 月 24 日

中共中央政治局 2004 年 7 月 24 日上午进行第十五次集体学习，中共中央总书记胡锦涛主持。他强调，必须从确保国家现代化建设的安全环境和确保国家主权和领土完整的战略高度，全面贯彻国防建设与经济建设协调发展的方针，在经济发展的基础上努力推进国防建设，促进和保证全面建设小康社会宏伟目标的胜利实现。

中共中央政治局这次集体学习安排的内容是坚持国防建设与经济建设协调发展的方针。总装备部科技委员会郭桂蓉教授、国防科工委专家咨询委员会栾恩杰研究员就这个问题进行了讲解，并谈了他们对这个问题的研究体会。

中央政治局各位同志认真听取了他们的讲解，并就有关问题进行了讨论。

胡锦涛在主持学习时发表了讲话。他指出，当前，国际局势总体上对我有利，我们要用好重要战略机遇期，切实抓好发展这个党执政兴国的第一要务，实现全面建设小康社会的宏伟目标。要高举和平、发展、合作的旗帜，坚持奉行独立自主的和平外交政策，坚定不移地走和平发展的道路，坚定不移地维护世界和平、促进共同发展。同时，我们必须始终把国家主权和安全放在第一位，坚决维护国家的根本利益，坚决维护国家主权和领土完整。

胡锦涛说，正确认识和处理国防建设与经济建设的关系，是我国社会主义建设中一个带有全局性的重大问题。十六大提出的坚持国防建设与经济建设协调发展的方针，是我们党对国防建设和经济建设内在规律的科学总结。经济建设是国防建设的基本依托，经济建设搞不上去，国防建设就无从谈起。国防实力是综合国力的重要组成部分，国防建设搞不上去，经济建设的

栾恩杰为此次学习进行了《坚持国防建设与经济建设协调发展的方针》讲解，
国防科工委对栾恩杰进行表彰

安全环境就难以保障。因此，我们在集中力量进行经济建设的同时，必须切实加强国防建设，使国防建设和经济建设协调发展，形成相互促进的良好局面。

胡锦涛强调，各级党委、政府都要大力支持国防领域的改革发展，认真抓好国防建设相关工作的落实。要进一步搞好国防后备力量建设，建立完善快速高效的国防动员体制；进一步加强国防法制建设，使国防建设走上法制化、规范化的轨道；进一步加强军政军民团结，密切军政军民关系，认真抓好拥军优属各项工作的落实，努力创造有利于激励官兵安心服役、献身国防的良好社会环境。要高度重视和加强国防教育，大力弘扬爱国主义精神，增强民族自尊心、自豪感，形成全党全国关心国防、支持国防、建设国防的浓厚氛围。

胡锦涛最后表示，再过几天，就是中国人民解放军建军 77 周年的纪念日，他代表党中央、国务院，向中国人民解放军全体指战员和武警官兵，向战斗在国防战线上的同志们，致以节日的热烈祝贺。

4

他的严格要求是我们前进的动力 ①
——怀念刘华清副主席

刘华清副主席虽然离我们而去了，但我觉得他并没有走远，他的光辉形象还时常浮现在我的眼前，他的谆谆教诲还在我的耳边回响。我尤其不会忘记他对航天导弹武器事业的亲切关怀，不会忘记他对我们的严格要求。他的严格要求，已经成为并将继续成为我们前进的动力。

在航天导弹武器事业的发展中，刘副主席亲切关怀和严格要求我们的事例不胜枚举。在此，我想通过撷取其中的几个片段，来表达对他的深切怀念。

发展潜地导弹他功不可没

潜地导弹是我国重要的战略威胁力量。在党中央的正确领导下，时任海军司令员的刘华清同志高屋建瓴，以其战略眼光，精心谋划潜地导弹的研制蓝图，积极部署潜地导弹的发展举措，大力推动潜地导弹的发展进程。我曾任某潜地战略导弹型号的总指挥，从该潜地导弹论证开始，到研制、定型、交付部队的全过程，我都能够感受到他对潜地战略导弹研制高瞻远瞩的运筹谋划和高度重视。刚开始搞潜地导弹，遇到的问题很多，但这丝毫没有动摇他勇往直前的决心。在研制、试验、生产过程中，遇到再大的困难，他也带着大家去克服。我还记得 1982 年在试验第一发弹的时候，靶场出现了问题，他就迅速把有关负责人全部叫到靶场去，亲自进行具体协调，想方设法帮助解决问题。可以说，他是全身心地投入到这一对国家至关重要的事业中去，

---

① 本文发表在《功殊勋荣，德高品重——纪念刘华清同志逝世一周年》。

为潜地导弹的研制倾注了许多心力，作出了历史性的重大贡献。

"坚决把它打完，打出成果，不能退!"

随着导弹武器型号的发展，原来的潜地导弹要"上岸"，变成固体的陆上机动式导弹，即我国第一种地地固体导弹，以后又演变为满足各种目标需求的该型导弹系列。我是该型号导弹的总指挥，深刻地感受到刘华清副主席的胆识和气魄，深刻地感受到他对质量、成功率的高要求，并且要求也十分明确。其中，该型导弹系列的打靶试验更是让我记忆犹新。

当时，我担任航空航天工业部总工程师，是该型导弹的总负责。1992年4月，我们一批人到了靶场，满怀信心地准备开展发射试验。但由于设计和质量方面的问题，这第一发弹的飞行试验失败了。同年9月，我们的第二发弹进入试验基地，在完成技术阵地、发射阵地的检查和测试后，于11月11日发射。让我们意想不到的是，导弹起飞后因发生故障，导弹自毁，试验又一次失败了。连续遭受的重大挫折，让大家备感压力，忧心如焚。在这最困难的时刻，时任中央军委副主席的刘华清同志一方面镇定地指示我们："坚决把它打完，打到底，打出成果，不能退!"另一方面，他提出明确要求：导弹在靶场出现的问题没有弄清楚之前不能再打，一定要把问题搞清楚，认真总结经验教训，力争再次试验成功。并且要求人人表态，使大家切实增强责任心，保证要更加严肃认真、更加严谨细致地做好有关的各项工作，然后由中央军委批准发射。刘副主席的镇定和气魄，给了我们强大的精神动力和信心。正是由于这种严格的质量要求加上热情的鼓励和坚定不移的支持，才激发和引导我们去努力形成一套有效的质量问题管理办法，催生了有关质量问题归零的规章制度的萌芽，后来又经过两三年的实践和归纳提炼，我们制定了质量问题技术归零的"五条"规定，即"定位准确、机理清楚、问题复现、措施有效、举一反三"，和管理归零的五条要求，即"过程清楚，责任明确，措施落实，严肃处理，完善规章"。在部党组的领导下，航天战线全体职工把技术归零和管理归零的双"五条"规定紧密结合，使航天型号质量管理水平迈上了一个全新的高度，促进了导弹武器的研制生产。

工作平台栏杆和几丝棉絮的故事

刘副主席对航天武器装备的发展不仅运筹帷幄，而且他的热情关怀和严格要求还表现在一些细微之处。其中关于工作平台栏杆和几丝棉絮的故事，更是令人难以忘怀。

20世纪90年代初期，为了促进武器装备质量管理水平的提高，督促国防科技工业部门狠抓武器装备质量，总参的装备部组织搞了一个国防工业武器装备质量问题展，全面曝光质量问题，负责操办这个展览的是时任总参装备部副部长的李安东将军。作为中央军委副主席，刘华清同志对该展览十分重视，亲自参观了展览。他一个展区一个展区地察看，仔细询问相关的质量问题，有针对性地分别做出重要指示。他对情况掌握得非常熟悉，要求非常严格，提出的问题一针见血，做出的指示非常透彻，让我感触十分深刻。我记得，当他走到我们航天系统展区的时候，有两个质量问题案例引起了他的特别关注。首先他看到的一个质量案例是：在一个竖立着的导弹旁边，放置着一个工作平台，这个操作平台有一定高度，是我们航天部设计的。人站在平台上可以对弹体进行测试或维修。为了操作人员的安全，工作平台四周设立了栏杆。不曾想到，这个平台的可靠性太差，栏杆的固定装置有问题。一次，用户单位二炮的一个同志在平台上指挥，他一靠栏杆，栏杆翻倒了，结果他从平台上摔了下来。看了这个案例后，刘副主席要总参的同志把我叫到他身边，指着展出的那个平台模型，严肃地对我说："这个是中专水平，不算什么高科技，就看责任心。"当时，我感到有点无地自容。他确实是点得清楚，批得到位。回想起来，我们的导弹武器、卫星、飞船，有多少是因为高科技无法突破、高难度无法过关而引起的问题呢？恰恰相反，大部分是由于要求不严、检查不细、工作不到位、责任制不完善而带来的问题。所以我越发感觉到，刘副主席的这个指示说得是那样透彻，真是入木三分哪！

那天让我感到更加尴尬的，是刘副主席在这个展览中看到的，并且引起他特别重视的另一个质量案例。从这件事，可以看出刘副主席对待航天武器装备、国防装备质量工作的要求是多么的严格，是多么的严肃认真，是多么的一丝不苟。这个质量案例的原委是这样的：由于在清理固体发动机内表面时采用棉织物处理，使用单位二炮的同志心细如发，采用探杆，前面加了一个探头和窥镜，伸到发动机内部去看，发现燃烧面的棱上好像有细细的"毛刺"。他取出来一看，不是毛刺，而是棉丝。二炮的同志感到不解：为什么航天部做出来的发动机里面还能有棉丝，认为这是一个不应该出现的质量问题。于是，这件事作为质量案例在这次展览会上曝光了。刘副主席看到这个质量案例后，非常生气，他严厉地说："这种事情在战争年代是要被关起来的，严重的话是要掉脑袋的！"当时我不知道这个质量事件是什么原因造成的，只好木然站在那里，双手按着裤缝，站得笔直，心里非常害怕，这是我参加工作、当了领导之后，挨批评最严厉的一次。后来，我们深入查找原因。原来是我们的工作人员想把工作干得更好，在发动机里面的推进剂干了以后，他又用棉质的抹布想把燃烧面周围擦得更干净，当抹布遇到锯齿状的边缘时，会撕扯下来一些棉絮丝。其实这些棉絮丝在燃烧的瞬间就会消失，远远快于推进剂的燃烧，实际上不会影响导弹的发射。但是这个问题暴露了什么？就是我们的工作还不细致，我们研制部门的检测标准还不如使用部门所要求的那么严格。如果我们也拿这样的探头去检查，就能够避免出现这样的问题。这件事给我的触动很大，我认为刘副主席的批评是完全正确的。从不该发生棉絮丝的地方查出了棉絮丝这个典型案例去推而广之地思考，就必须对我们的工艺以及检测手段进行重大的反思，就必须从工艺上、操作上、工具上更加严格要求，更加一丝不苟地做好质量工作。从此，刘副主席对待质量管理那种严肃认真的作风、那种非常严格的要求、那种强烈的责任意识，就牢牢地扎根在我的心田。

从展览会上回来后，我把从这次质量曝光中获得的知识、经验和教训也带了回来，迅速召开了航天系统质量管理领导干部会，型号总指挥、总设计师也都参加了。在会上，我原原本本地传达了刘副主席关于军工产品质量、航天产品质量的指示和批评，让大家深刻感受那种严格要求的氛围，下决心进一步提高质量意识，进一步强化责任意识。让大家认识到，我们搞军工的同志，是不穿军装的军人，要像军队的同志一样，必须严格按照规章制度去做；没有规章制度就要立下规章制度，有了规章制度就要严格执行；要从设计过程、工艺过程、检查检验等各个环节，开展全面的质量管理。正是刘副主席的指示激发了大家对国家的责任感，对国防的责任感，对质量工作的责任感，后来我们才产生了有关质量问题管理的一套严密的、行之有效的规章制度。因此，我们要感激刘副主席等老革命家，他们传递给我们的不仅是严格的要求，更是把一丝不苟、精益求精的工作作风和强烈的责任感传给了我们，让我们深受教育。

航天事业的好消息带给他欣慰

刘副主席对我国航天事业一直十分重视，并且直接给予了正确领导和亲切关怀。他多次亲自参加航天系统的重要会议和活动，多次到航天系统的单位视察和指导工作。他曾经在一次会议上对航天人说："实现了航天重大工程的目标，就充分显示了我国综合国力的增强，就必然提高我国的国际地位，对我们的经济建设有很大的促进作用，自然也对我们达到小康有重要作用。"

刘副主席从中央政治局常委的领导岗位上退下来之后，仍然心系国防科技工业，心系航天事业。我们每年都要去家里看望他老人家，每次当他从秘书那里知道我们想去看他，他总是想方设法挤出时间，满足我们的愿望，让我们深深地感受到他对航天事业的高度重视，感受到他对我们的厚爱。我们每次去探望刘副主席，谈得最多、他询问得最多的是工作、是国家的航天事业、是型号任务。他总是亲切地询问我们：航天发展最近怎么样啊？卫星的质量怎么样啊？武器系统的研制情况如何啊？……听到我们的航天型号任务圆满完成的时候，他都要称赞说："好！好！"虽然是很简单的几个"好"字，但对我们来说，既是很大的荣耀和荣幸，也是极大的鼓舞和鞭策！

特别不能忘怀的是，在我任国家航天局局长时，刘副主席为我写下了笔健而厚重的四个大字"任重道远"，饱含老一辈革命家对后辈人的期望和重托，这四个字时时激励我去工作、去奋斗（图1）。

图 1　刘华清副主席为栾恩杰写下的四个大字"任重道远"

让我们铭记刘副主席对航天事业的亲切关怀，铭记他对我们航天人的谆谆教诲，铭记他对我们的严格要求，并且把他的关怀、期冀和要求变成我们开拓进取的强大动力，铸造国防科技新的辉煌，把我国的航天事业不断推向前进！

5

祖国的骄傲　人民的厚爱 ①
——"传承红色基因　弘扬军工精神"主题讲座

我很高兴到会上来，向同志们问候。

从一本书说起。20 世纪 50 年代我上中学读到一本书《钢铁是怎样炼成的》（奥斯特洛夫斯基著），书里的主角是保尔·柯察金，讲述了他在卫国战争中全身受伤而意志坚定，以钢铁般的意志战胜困难，仍投入到建国大业，一直到生命结束的故事。他的格言是"人最宝贵的是生命，生命属于我们只有一次。人的一生应当这样度过：当他回首往事时，他不因虚度年华而悔恨，也不因碌碌无为而羞愧。这样，在他临死的时候就能够说，我已把我整个生命和全部精力都献给了世界上最壮丽的事业——为人类的解放而斗争！"

在中国有一位与保尔一样的英雄——吴运铎，他是兵工厂的工程师，湖南株洲兵工厂厂长，中南工业部兵工局副局长，1963 年任五机部机械研究院副总工程师，我记得他是枪榴弹的发明者，是老革命、老专家。他在实验中 4 次负重伤，200 多处炸伤，4 根手指炸断，左眼炸瞎，一条腿炸断，但他坚守信念、不离岗位，为国防奋斗，被誉为"中国的保尔·柯察金"。在莫斯科大街 14 号建有"中国保尔纪念馆"。

有缘的是，我和吴运铎的爱子吴卓是同事，他在航天科技集团副总经理的位置上退休。

遗憾的是我想让他请吴运铎同志给《把一切献给党》书上签个字，但他说已经找不到书、市面上也没有。直到吴运铎去世，此愿未遂！

---

① 本文为 2021 年 4 月 20 日在国防科工局机关军工大讲堂、科技大讲堂用稿。

我是生在旧中国、长在新社会的人。1945年日本投降，苏联红军和东北民主联军解放了我的家乡吉林省白城子市。我随即于1946年跟父亲前往齐齐哈尔（实际上是随着我军去接管齐齐哈尔铁路局）。1949年我九岁入小学读书，并于同年加入中国少年儿童先锋队，从此我就在党的阳光下幸福地成长。

从小学、中学、大学到研究生，从少先队、共青团到共产党，从技术员、工程师到领导岗位，这一路走来没有一处不是党的关怀和指引。在离开清华走上工作岗位时，是党组织力主把我送到国防单位，使我有机会从事航天事业。到航天后，党组织分配我到内蒙古的第四研究院的第四总体设计部。后经周总理批示，四部全迁北京，从事〇九工程（也即导弹核潜艇）的固体战略导弹巨龙一号的研制工作。党把这样重要的任务交给我们，使我深深地感到这是党的信任和期望，既感到任务的艰巨，又立下决心，绝不能辜负党的重托。

时间进入到20世纪末，国家的管理体制进行了重大改革，中央决定国务院组建新的国防科工委。是党把我派到政府机关，我与五十余名原航天总公司的同志们来到这里，和同志们一道为祖国的国防工业发展共同奋斗。

回忆这70年从求学到工作的历程，我的成长一刻都没有离开党的哺育，党的恩情比海还深。在党的百年华诞，我向党宣誓，我的一切都是党给的，我的一切属于党。所以"把一切献给党"就是我的志愿，是我永远不变的初心。

再过几天就是第六个航天日，今天我就以航天日这个题目讲一讲我的一些体会，作为向同志们汇报的一份材料，不对的地方，请同志们批评。

我讲的题目是《祖国的骄傲，人民的厚爱》。

如果讲起航天的传统，我感觉如下几点是必须讲到的。

为国家、民族拿出尖端武器而设立的国防部第五研究院（老五院），从其建立之始，虽然经历过第七机械工业部，航天工业部，航空航天工业部，航天工业总公司，国家航天局，航天科技、航天科工两个集团的变化，但始终没有变化的是：

忠于我们的党，热爱我们的祖国，报效我们的人民。不论在什么条件下，我们都"不服输，不祈求人"，有"独立自主、自力更生、艰苦奋斗的精神""大力协同、无私奉献的品格"和"严谨务实、勇于攀登的毅力"。非得突破难关，非得拿下任务，非得实现目标不可！这个品格是永远不变的，且随着不同历史时期而不断进取和发展形成新时期"特别能吃苦、特别能战斗、特别能攻关、特别能奉献"的载人航天精神。

中国航天日的设立，是国防科工局的重大成功！以工业部门的行业"命名"是第一次，是一项开创性的工作。

北京2016年3月21日电：国务院批复，同意自2016年起，将每年4月24日设立为"中国航天日"，并明确由工业和信息化部、国防科工局商有关部门组织实施具体工作。

这个消息，一经发布，各报刊立即刊出专栏宣告这一喜讯。国防战线的同志们、航天系统的战友们心情无比振奋，这是中国航天事业的节日，它必将鼓舞和鞭策广大科技工作者为祖国航天事业进一步发展而努力拼搏，必将进一步助推航天强国建设的前进步伐。

今年是中国航天日设立的第六个年头，中国航天日的设立是祖国的骄傲，在中国共产党的领导下，中国航天自1956年开始，经过六十余年的努力奋斗，航天人以其报效祖国的志愿，赢得了让世人惊叹的伟大成就，我们中国人有资格为之设立节日。中国航天日的设立是民族的自豪，它是一座里程碑，闪光的碑文上镌刻着"中国人民站起来了"！它表明我们中华民族有挺直腰杆自立于世界民族之林的能力！

它使我想起：

老一代无产阶级革命家带领中国人民推翻三座大山，建立中华人民共和国，在外压内困的艰难情况下，毅然决然地作出"发展尖端技术""我们也要搞人造卫星""当了裤子也要搞'两弹一星'"的伟大决策，没有他们高瞻远瞩的英明、没有他们勇于承担的气魄、没有他们敢于争先的雄心，就没有今天中国航天的发展，更不会有中国航天日的设立。

它使我想起：

在中国航天事业起步阶段的风风雨雨，那时我们急于摆脱贫穷，急于医治战争创伤，急于改变落后面貌，急于建设强大国防，建设一个新中国的任务迫在眉睫，百废待兴，百业待举。我们曾求助于当时的苏联老大哥，如果能得到外援的支持，一定会加快我们前进的步伐。1957年中苏签订《国防新技术协定》，我们用八年的时间完成了学习和反设计工作，边学、边干。但蜜月期并不长，20世纪60年代中苏发生争论，苏方将其扩展到国家关系，继而停止援华，撤走在华的1300余名专家，对处于严重灾害时期的中国来说是雪上加霜。

但它没有吓倒我们，反而激发了我们的斗志，更深深地教育了我们，高科技是求不来的，而美国对我们长期禁运又告诫了，我们高科技也是买不来的。站起来的中国人，不愿做别人附庸的中华民族，我们身上不比别人少什么零件，只是我们比别人晚走了几百年的路，靠我们自力更生的精神，迟早我们会赶上来！

苏联撤退专家，表明尖端技术是人家要挟我们的手段，朋友也靠不住，非自己干不可。新中国成立后，美国侵略朝鲜，妄图以朝鲜为跳板，进而威胁我们中国的社会主义道路，以禁运对我们进行全面技术封锁。今年又出台了对我们通信领域的中兴、华为和"Tick tock"进行所谓的霸凌性打击，试图阻挠中国现代化进程，企图纠集其盟友打击中国的科技进步和一流强国建设。而以中国航天的历史来看待现在的形势，有的同志曾问我："美国现在的霸凌，将对中国航天产生什么影响？"我反问道："美国对中国航天什么时候没霸凌过？！"从20世纪40～50年代的禁运到70年代的制裁，至今从未解禁过，我们的所有大型研究院所早就入了他们的黑名单。在我做国家航天局局长的20世纪90年代，参加国际宇航联（IAC）大会这一各国航天局局长都赴会的国际通例，美国也不发签证。为了表达诚意，我带中国代表团先到加拿大等待，如果签证一到我就可以立即参会。但他们就是不发，直到会议结束，当我们都回到北京时，他们才告之"我们很高兴地通知签证已发"。这就是美国！

这种打压、霸凌、无国际准则、无道德底线的种种恶势力的作为，对我们造成的结果是什么呢？

我们自己拿出了中国的战略导弹，对陆、对空、对海、对舰、对艇，潜射、舰射、空射、陆射的各类导弹武器系统主体攻防体系；我们自己造出来一系列太空探索用的运载火箭，从小型、中型到大型，具备发射从百公斤、千公斤到万公斤的近地轨道有效载荷的能力，长征五号大推力运载火箭发射成功，标志着我们已进入运载能力的第一梯队；我们卫星的研制能力已从通信卫星发展为通信、导航、遥感、技术试验、科学试验、应用组网的全面、全谱系发展阶段；我们的深空探测领域发展也是以独立自主的力量精彩地完成了探月工程的第三步，已圆满完成返回任务，获得了全面的成功。去年 7 月我们又开启了太阳系行星际探测的奔火星之旅，在长征五号大运载的支持下，现在的天问一号火星探测器已完成捕获环绕火星的任务。

正如毛泽东主席针对苏联撤走专家，以为如此就可以阻止住中国人的发展时讲的一句话："我们应当给赫鲁晓夫颁发一吨重的勋章。"因为他逼迫着我们必须自力更生，其结果是我们奋发图强，建设了值得中华民族骄傲的业绩，取得了"两弹一星"的伟大成功。

我是搞潜地导弹的，世界各国都从导弹工程起步。20 世纪 50 年代出现了核动力潜艇，1952 年 6 月美国开工建造世界上第一艘核潜艇"鹦鹉螺"号，5 年后的 1957 年苏联的第一艘核潜艇下水。同志们知道导弹核潜艇具有比较好的隐蔽性，在内海和外海可作长距离游弋，甚至到敌方的防潜网边缘去打击敌人，大大延长了导弹对射程的覆盖。由于它的隐蔽性，可以有效躲过敌方第一轮打击，使拥有者获取第二轮的还手打击能力。1958 年 6 月 27 日，聂荣臻元帅向党中央、国务院、中央军委呈送《关于开展研制导弹原子潜艇的报告》，这里提出了三个当时的尖端课题三大工程：原子反应堆上艇、潜射战略导弹研制、满足前两个条件的深潜潜艇。同年 10 月我国代表团赴苏，代表团参观了"列宁"号原子能破冰船和民用核项目，有关核潜艇问题被拒绝讨论。1959 年 9 月，赫鲁晓夫来华，周总理、聂荣臻元帅提出核潜艇技术援建问题，赫鲁晓夫以"核潜艇技术复杂，你们搞不了，花钱太多，你们不要搞"，给予拒绝，这无异于说我们穷，没钱搞；说我们笨，无能力搞。毛主席得知苏方的态度后，十分气愤。别人不帮忙，我们怎么办？只有一条路，靠自己！靠我们中国人自己的力量。他说："核潜艇我们自己搞，核潜艇就是一万年也要搞出来。"毛主席的话，表达了我们中国人自强不息的志气和自力更生的精神。在党中央的决策下，我国导弹核潜艇的研制——没有任何支援的独立研制开始了。为了动员全国之力完成这一工程，七机部将潜地导弹总体部从内蒙古迁到北京，我就是这时从内蒙古搬到北京，当时划归七机部第一研究院。"核潜艇一万年也要搞出来"这句话成为我们所有参研人员的动员令，它给了我们一个历史的责任和巨大的激励。那时的设计条件、试验条件与今日是无法比的，我们控制所的最好的仿真装备是 M2 型模拟机，程序编制是由插线组成的排题板来实现的，是用硬件来实现的，变系数是由滚筒上的康铜丝来模拟的。但同志们靠着"为祖国争光，为国防争气"的精神力量和精细的工作作风、智慧才干去拼搏，在实践中锻炼、学习，经过 20 余年的努力，到 1988 年，我们在公布的封海时段内，成功地完成了核潜艇导弹水下发射的全程实射，精确命中靶区，中国人完全依靠自己的力量，拿下核潜艇、拿下核动力、拿下潜射弹。使我们的国防力量上了一个台阶。记得在 1988 年十三届中央委员会三中全会的分组讨论会上，我从靶场回来，那时我是潜射导弹的总指挥，向同志们汇报发言时说：在党中央、国务院和中央军委的领导下，在毛主席一万年也要搞出来的伟大号召下，在全国各方面的大力支援保障下，我们全体参研参试人员提前了九千九百多年完成了任务！胜利的喜悦冲去了经历过的艰辛，留下的是继续奋斗的动力。

所以回看中国航天，党把"两弹一星"的重任交给了周恩来总理、聂荣臻元帅、张爱萍将军为代表的革命家、军事家的肩上，幸运的是我们的中国航天是在党中央、国务院、中央军委的直接组织指挥下发展起来的。没有老一代革命家的气魄、勇气和胆量，就不会有社会主义中国的航天事业。这是我深深的感觉，铭刻在心里的深切体会。这是一条基本的条件，根本的原因，决定性的布署。

指挥部的建立，拉开了中国航天的序幕，接着是在党中央的坚强领导下，聚集起大批航天的英雄群体。这是以钱学森院士为代表的一大批留美、留欧、留苏以及在大陆的各专业的技术专家、学者、教授，还有毕业不久的大专院校学生组成的首批中国航天的元老队伍。

同时国家又立即着手组建各相关专业的人才培养和技术攻关。以哈尔滨军事工程学院、西安军事电子技术学院、哈尔滨工业大学和西北工业大学等院校为主开办各专业人才培养的国防院系。比如我就读的哈工大，就有航空系、控制系、雷达电子系、计算机系，其他学科也纷纷建立与国防相关的专业。这是20世纪50年代末、60年代初的重大院系调整和安排。我正是这时被送到控制系读专业课的。

有了领导决策后，有了专家骨干层，又有了专业技术人才的培养，我们走出了"人才的自我培养"的新路。正是在这些人的努力拼搏下才有今天，没有先辈的奋力拼搏，就没有中国今日的伟大成就。

它更使我想起：

我们航天战线的老一辈领导和专家，是他们领导和组织了中国航天各项重大工程、型号研制，还有那些成千上万三线建设的战友，为了祖国的航天事业，他们离开北京、沈阳、上海，到四川、贵州的山区安营扎寨，那时叫"靠山、近水、扎大营"，他们不但要攻克科技难关，向祖国交出国防科技成果的答卷，而且要与生活条件和自然灾害去奋斗。在我们航天的奋斗中形成了"自力更生、艰苦奋斗、大力协同、无私奉献、严谨务实、勇于攀登"的传统精神。我也曾向同志们宣传过这个精神，但在30年前，陕西〇六七基地受洪灾的第二天，我奉命到〇六七基地。我才感到，没有到过三线，没有过过他们的日子，我没有资格讲艰苦奋斗这一传统精神。我奉刘纪原部长命令"立即赶到〇六七，了解情况，解决问题"。我接到命令，马上与〇六七、陕西航天局联系，带着部分救灾物资立即出发，赶往〇六七。到达〇六七，展现在我面前的是淤泥进屋，住宅基础被冲垮，厂房进水，牺牲的人员……那是一位青年人。我看到战友们在三线奋斗和牺牲，我真不知道怎么说，说什么！？

〇六七的同志们个个是英雄，他们没有被困难和灾害吓倒。我走遍了受灾的各个场所，那天晚上我彻夜难眠。我们的战友受这么多苦为了什么，我们作领导的为他们做了些什么？临离开〇六七时，我曾写过这样一段话：

致礼:《英雄的零六七基地》

惊涛突来去，留下多少断桥残壁。

河道巨石满，牙床卧沙泥。

人道是，百年不遇；谁知，河东复河西，

只九载，今日又相聚。

自古英雄多遗叹，筹来无计，身无回天力。

而今，在秦渭大地，有我〇六七。

回视历史，我们顶天立地！

顶天，送上几颗星斗；

立地，赢得红光宝气。（〇六七称红光）

我们是航天战线的硬汉，

我们是英雄民族的儿女。

迎着洪水的波涛，冲上去！创造感天撼地的奇迹。

我们有光荣的传统，

我们有战胜一切困难的勇气。

我们航天人只有一个信念——

胜利必定属于我们，

我们必定胜利。

1990 年 7 月 9 日

这就是我们的中国航天人，我是流着泪离开灾区的！

想起来的太多，因为航天事业是全国大协作的结果，缺少哪一个部门的努力奉献，都不会有今天的成功，在航天这座丰碑中，有全国各行各业铺就的基石。

如果从火箭的重量讲，以长征 3B 火箭为例，总重 561t，推进剂 420t，占 80% 的重量是推进剂，它应属于化工产品，而结构件又属于有色金属产品，器件大量是电子厂家的产品，航天工业的技术反映在设计、建造、验证、集成、大系统。没有全国各配套部门的支持，不会有航天工程的成功。嫦娥工程参与者近一万人、数百单位，航天是一个大系统，大航天是航天事业的整体，说到这里，我想起了保卫战线的一位同志。

那是 30 年前，我们为香港李嘉诚的卫星公司发射亚洲一号卫星，航空航天部为这次任务组织一个由一、五、八院组成的任务大队，我作为任务的大队长赴西昌执行任务，那时的产品车由武警部队负责押运保卫，从北京到西昌要走五天的时间，每到停靠站，同志们总要下车在站台上走动走动。车进四川界，停在北碚站，我也下了车，随车的保卫处长向我介绍负责专列保卫的当地民警所长，我同他握手并向他们表示感谢，沿途的安全工作，地方的同志们付出了心血和汗水。当我们专列离开北碚站还不到 1 个小时，航天保卫部的同志向我报告，刚才负责保卫专列安全的那位派出所所长遇害牺牲。这个消息使我惊呆了。发生了什么事！那时一无所知，但我并没停止追问，事后查明，凶手是一个欲造成一个事件的罪犯，他看到专列与寻常列车不同，就想靠近列车，被民警制止，并将其带到派出所讯问，没想到的是，他掏出了藏在身上的手枪，连扣扳机杀害了三位同志。我们的民警、派出所所长为保卫航天专列，为保障国家航天任务的完成献出了他们的生命。我听过很多这类惊险故事，但它就发生在我们身边还是第一次。此事对我震动极大，从我心底认识到祖国的航天事业是祖国撑起来的，是全国人民撑起来的，他们无声息地奉献着，我们的肩上有着报效人民的责任。当我们庆祝航天事业取得成功、获得胜利时，他们或许我们都没有感到这里面有这些同志们默默无闻的支持和力量！当庆祝中国航天日这个节日的时候，总是再次想起他们，无数默默无闻为航天奉献的无名英雄，他们是航天守护者、支撑者，祖国不会忘记，航天战线的战友们也不会忘记，中国航天日的设立也是祖国和人民对他们的纪念和表彰！

亚星一号是美国休斯公司的 H376 型通信卫星，美国发射未入轨，后被航天飞机收回，二手货卖给香港，我们将其精确入轨。当任务圆满完成，我向部里汇报到这一段情况的时候，刘纪原部长指示，立即派人赴四川向烈士的单位及家属表示感谢和慰问。

今年是航天事业的六十五周年，1956年10月8日国防部第五研究院成立，标志着航天事业的序幕已经拉开。在我们党的英明领导下，我们一定会演绎出一部可以载入史册的辉煌史诗。

经过六十余年的奋斗，我们完成了东风地地导弹，近程、中近程、中程、中远程、远程和洲际的系列发展，完成了红旗地空导弹低空、中空、中高空的系列发展，完成了对海攻防的鹰击系列和远程巡航导弹的发展。百年前几个列强靠几艘舰艇就可以攻开中国大门，第二次世界大战时期日军几个大队就可以攻进一个县城的历史永远地翻过去了。中国航天日的设立是中华民族高度自信的表达；在未来海陆空天电的体系作战中我们有能力赢得我们应有的权力。

今天更使我想起：

改革开放的四十余年，航天事业完成了从导弹工业到航天工业的扩展，又从航天工业到航天产业的扩展、从国防军工向产业融合的扩展。

今天，我们已具备近地轨道25t、同步转移轨道14t的能力。我们的卫星已有通信、导航、对地观察、科学试验四大系列。我们的测发控能力和西昌、酒泉、太原、文昌发射基地建设，海上测控船能力建设都达到了国际水平，有些甚至是国际先进水平。

气象、海洋、资源各类专用卫星正在为国民经济建设发挥着不可替代的作用。

进入21世纪，我们的载人航天、月球探测、大火箭、大平台等空间基础设施建设为重点的航天发展标志着我们已经进入了创新驱动的发展阶段。我们和国际第一方队的距离在拉近，我们在太空领域的影响力和话语权在提高。

载人航天已经进入空间站建设阶段。探月绕、落、回三步走已圆满收官。高分卫星进入广泛应用阶段。国家"十四五"规划的实施正在描绘着我们空间技术、空间科学、空间应用更为宏伟的蓝图。

新的深空探测计划、新的空间进入能力计划、新的应用推广为民生服务计划更加激励我们的斗志。

同志们，我们身边大多数的共产党员，都在勤奋地为党的事业努力工作着，这使我想起 20 年前在国防科工委刚成立的时候，同志们为找到自己的工作岗位、工作方向、工作目标而审时度势、缜密思索。在党中央、国务院的领导和国防科工委党组的具体安排下，同志们很快从"如何找北"的思考中走出来，并积极投入到"两大攻坚战"之中，是广大共产党员的先锋模范作用，带动并鼓舞了新国防科工委全体同志站在改革发展的时代高度。经过二十多年的努力奋斗，我们夺取了改革脱困的重大成果，使国防科技工业整体脱困、做强做大了国防科技工业，在整体人员在岗总数不增的状态下，工业总产值已达到 3 万亿元，人均 GDP 达 30.5 万元 / 人。

队伍的整体凝聚力不断提高，顶住了外面高薪招聘、可能拉垮我们队伍的局面。我们的杀手锏武器研制工作取得了跨越式发展，国防科工委建立之初的无航母、无舰载歼击机、无大型运输机、无支线民用喷气机、无四代战斗机、无大型火箭、无大型空间平台、无固体洲际导弹、无高超声速巡航弹、无主战坦克、无地面信息化指挥系统、无预警机、无大型无人机、无米级（亚米级）遥感卫星、缺雷达卫星、无导航星座的局面，走到今天，我们已经拥有了航空母舰、歼 15、歼 20、舰载四代机、运 20 大型运输机、ARJ21 支线客机、C919 大型客机、长征五号大型无毒无污染的先进火箭系统、近赤道的文昌航天发射场、东风 41 导弹、对空的防空反导系统、高超声速巡航导弹、可以应对现代信息化战争的战略战术指挥系统、以空警 2000 空警 200 为主要机型的空中预警系统、空中加油机，以及亚米级遥感卫星、亚米级北斗导航系统，都已经进入为国防值班、为民生服务的阶段，我们已从解决有无，到自主研发，并向创新发展的阶段进军。建设一流军队，建设国防强国、航天强国、海军强国，是我们向两个百年献礼的既定目标。同志们正是这个伟大目标的实践者、组织者，也将是这个目标实现的见证者！

你们是祖国国防战线伟大事业的继承人，你们是光辉的国防精神的传承者。实际上，你们之中很多同志都是为这个事业而奋斗的模范，你们的很多表现对我也是深刻的教育，每当我路过这个大楼的时候，不论多么晚，总有亮着的灯光，它照亮了你们的工作室，也点亮了我这个老兵喜悦的心田。我知道那是我们的战友正在为祖国的国防现代化在思索、在奋斗！

你们可能没有那么多的荣誉加身，你们可能也没有更高的收入回报，但你们有高尚的精神和明确的目标！你们已经把你们的一切都融入了这个伟大的时代和这项伟大的事业。荣誉在你们和我们的心里！

这使我想起在评定红旗九号导弹特等奖的名单时，总指挥王国祥院长、总设计师张福安研究员，还有当时一司的杨小宇同志，他们都是名单上必上的人员，但他们坚决辞去，让基层同志能够多上，不论怎么去做他们的工作，他们都不接受。还如，在嫦娥一号的研制最紧张的攻关时刻，五院的工程师陈天智同志倒在了工作的岗位上，而且很多人并不知道他的名字和事迹。比如一院211厂工人魏文举为了火箭的安全，在处理推进剂的过程中牺牲了。内蒙古指挥部的三位同志为了低空导弹的研制牺牲在岗位上。他们都没有在成果奖的名单里。我经常这样想：我们在受到这些表彰和奖励时，我们够格吗？具体说，我够格吗？在你们当中有很多同志的工作强度、工作成绩，可能只有你们自己知道，但你们仍然在默默地拼搏着，因为什么？因为你们是为祖国国防事业在工作，你们是光荣的中国共产党员，"伟大事业中的光荣一员"这个称号，是我们一生中最大的光荣和荣誉！

我虽然已经退休，不能与你们一起工作，但我们的心永远在一起。

同志们，我们都不要辜负时间，不辜负这个伟大的时代。努力吧！中国的国防事业和祖国的航天事业取得的成就是祖国的骄傲，是人民的厚爱。国防事业和航天事业有伟大祖国的支撑和伟大人民的支持。我们一定会取得不辜负伟大时代的更伟大的辉煌！祝同志们成功！

6

感恩敬爱的党

——出席国防科工局"光荣在党五十年"纪念章颁发仪式

今年是伟大、光荣、正确的中国共产党建党一百周年的光辉日子，国防科工局党组召开"光荣在党五十年"纪念章颁发大会，在我佩戴上纪念章的时刻，我的心情无比激动（图1）。

图1　国防科工局党组"光荣在党五十年"纪念章颁发仪式现场
（左起第9位为栾恩杰）

我的一切都是党给的，我是新中国成立后入学，1949年加入中国少年先锋队，1960年加入中国共产主义青年团，1966年"文革"前加入中国共产党，是党把我从一个不懂事的孩子培养成人，是党一步步地拉着我，从小学、中学到大学，毕业后又继续读研究生；是党把我安放在国防战线，从事祖国尖端技术事业，从技术员、工程师、高级工程师到研究员，又给予我工程院院士的荣誉；是党的提拔和信任，把我从一名普通的研究人员放到工程组长、研究室副主任的岗位上培养，随后又委以研究所所长、研究院副院长、航空航天工业部总工程师、中国航天工业总公司副总经理兼国家航天局副局长的重任，并在十三大、十四大、十五大连续三届当选为中国共产党中央委员会候补委员（图2）。

图2 国防科工局党组书记、局长张克俭为栾恩杰同志颁发纪念章

是党和组织的信任，把我从航天工业总公司调到国务院国防科学技术工业委员会任副主任兼国家航天局局长，并在全国政协第十届、第十一届选任政协常委，科教文卫体委员会副主任；中国科学技术协会第九届、第十届副主席。所有这一切荣誉都是党给的，没有党就没有我们家乡的解放，就没有我的一切。在今天党的百年生日之际，我以无限感激的心情，祝愿敬爱的党永葆青春，永远带领中国人民不断取得更加伟大的成就！

今天的颁发纪念章仪式上还有新党员的入党宣誓环节，我们又和这些党的新鲜血液一起举起右手，宣读入党誓词。回想起来，我已多次参与这种神圣庄严的仪式，使我永生难忘的是在西柏坡（党中央在解放战争时的所在地），我在礼堂前面对着党旗和入党誓词，以及今天建党百年庆典时刻的宣誓。为党的事业奋斗，践行为人民服务的宗旨，对党忠诚，严守党纪的宣誓，将激励我的一生。工作有退休，但共产党员的职责永不下岗，为党旗争辉是我终身的义务！

图 3　栾恩杰同志表达对党无限忠诚、对军工事业无比热爱的深厚情怀

　　我从心中感恩伟大的党，我从心中祝愿我们光荣的党，我从心中发出誓言，永远忠诚于我们伟大、光荣、正确的党！

7

国防科技工业创新发展的 20 年 ①
——论"两大攻坚战"的创新成果

1998 年，新国防科工委在祖国改革开放的新时期组建诞生，作为从那个时期走过来的老同志，在回首我们走过这不平凡的奋斗历程时，我深切地感到，认真而不是敷衍地、深入真实地而不是表面应付地回顾这 20 年的历史，对我们国防科技工业发展具有十分重要的意义。特别是今年在庆祝建党一百年的重要时刻，在党中央号召全党"不忘历史、不忘初心、牢记使命""学史明理、学史增信、学史崇德、学史力行"的要求下，我们更应当重视对国防工业改革开放发展历程的思考、学习和教育。我认为，认真总结新国防科工委（局）成立之后的这段不平凡的历史具有重要的现实意义和历史意义。

这 20 年是我们国防战线全体员工坚持"敢于承担、迎着困难、牢记使命、勇于创新"的 20 年，也是国防科工局（委）"敢于担当，敢于奋斗，不惧矛盾、困难，聚力前行"的 20 年。我们经历了为落实中央的信任和重托"找北寻路"的初建期；我们经历了敢于面对问题和矛盾的挑战，确定"两大攻坚战"的聚焦发力的奋斗期。科工委（局）与当时的十大军工集团，在实践的磨合中，团结聚力，在协调奋进中探索前进！当我们回首走过的历程，盘点我们的成果时，值得我们欣慰的是，我们没有辜负党中央、国务院、中央军委对国防战线的同志们的信任和嘱托。这 20 年是我们共同奋斗的 20 年，也是取得辉煌成功的 20 年，我们的工作得到了党和人民的认可，以我们奋斗的成果、雄壮地走过天安门，接受党和人民的检阅，展示着我们国防工业战线的全体职工向党和人民交出的答卷。

———————————
① 2021 年为国防科技工业科学技术委员会首届创新发展论坛所作。

一、新国防科工委（局）的成立是中国特色社会主义改革开放发展进入新阶段的体制创新

新国防科工委是应时而生，它从过去的国务院和军队通过一个国防科工委管理，改变为国务院负责军工行业管理和军队负责武器系统装备研发和采购管理，这是中国特色社会主义市场经济发展、坚持社会主义制度，国防科技工业是国家战略性新兴产业的本质特性的需求，是国防科技工业融入国家总体发展、激励技术进步、推进国防科技工业各行业在竞争中创新发展的新阶段的一个体制性创新。在国防科工委和十大军工集团组建的大会上，时任国务院总理朱镕基同志将国务院对国防科技工业的管理，提炼为"行业规划，行业标准，行业法规，行业政策，行业监督"，并将这"五行"管理交给国防科工委负责。这是党中央国务院对国防科工委的信任和委托、责任和期望。

为落实党中央的指示和布署，国防科工委党组审时度势，应对当时各方面的矛盾和自身的困难，确立了"国防科技工业在集团化改组方案之后，应尽快适应国家发展的总形势及对国防科技工业发展的总要求；尽快实现国防工业的整体脱困，稳定住大局，稳定民心，以优势重组，促进产业发展，乘国家给予脱困政策、能力建设支持和军品研制生产任务和基本建设需求之机，完成脱困与重建调迁的有机结合"的目标。这是一项异常艰巨的任务，是一项必须反复均衡、必须果断落地、必须取得实效的艰巨复杂的任务；这项任务的完成，既要使广大职工群众满意，也要让各行业得到充分的发展，以及与国家能力的支持力度相匹配。这是一场技术发展、重大任务、重大工程并重，科技与社会、人员和企业紧密相关，科技进步与社会安定、基础建设、布局调整和能力调整相结合，国家利益、集团利益、职工利益兼顾并重，极其复杂的重大工程，它是国防科技发展史上继三线建设、三线调迁战役之后的又一次重大攻坚战！

国防科工委刚成立不久，1999 年，李登辉竟公然提出"两国论"的台独言论。与此同时，发生了震惊世界的北约轰炸中国驻南联盟使馆、三位使馆

同志英勇牺牲的事件。这两个事件又提醒我们"弱国无外交，世界不安宁"。记得在中央电视台于国防科工委召集的座谈会上，与会的同志们把义愤变成动力、仇恨变成思考，提出加大国防力量建设，推进新武器研制，准备应对霸权主义的新威胁的建议。国家及时地做出加大以杀手锏为主的高新工程力度的决策，以十大军工集团为骨干的国防工业纷纷表示，要像当年大庆会战一样，一定实现武器装备的快速发展，拿出可以与敌人对抗的先进装备，提出我们要在远程投放、多层防御、精确打击、高能摧毁、突防进入、各层预警、自动化指控、海陆空天电诸领域装备上补齐短板、聚焦能力、军民共进、集中优势、做大做强。这是继"两弹一星"、三抓之后的又一个战略性任务，它是推动国防科技工业创新驱动、实现武器装备指标领先、强化国防基础能力建设的又一个攻坚战。

正是基于上面的形势和任务，国防科工委党组与十大军工集团为骨干的国防工业为了祖国，为了国防，团结奋斗，创新提出和凝聚成"两大攻坚战"。

这就是新国防科工委应时而生、应运而为的创新思考的战略方针。"两大攻坚战"像解放战争的三大战役一样，明确了主攻目标，聚集了精干力量，动员了国防科技战线的全体人员投入到争取两大胜利的战斗中来。我认为没有战略思考的创新，就不会产生出战役性决策的创新行动，我们创新的路也走不远；没有战役性技术创新的突破，我们的战略创新也将是一纸空文。这就是"两大攻坚战"所产生的历史性创新意义。

今日，国防科技工业早在十多年前就在"两大攻坚战"中赢得成功，全行业脱困、全体人员脱困，实现小康目标，实现武器装备快速发展。这伟大的成功凝聚着国防工业全体职工的艰苦努力，也凝聚着国防科工委（局）代表国务院而付出的艰苦努力。这个成功已载入国防工业的发展史，所有经历过的同志都是这段历史的见证者、实践者、奉献者和有功者。"人民，只有人民，才是创造世界历史的动力！"作为一个国防科工局时期的老同志，我感到非常欣慰，对同志们的努力也深怀感激！历史不会忘记，祖国不会忘记，我们一起走过来的战友们更不会忘记，因为那是一段永远难忘的奋斗历史！

二、中国航天 20 年的发展，是"两大攻坚战"的成功范例

中国航天从 1956 年创建，经历了三次集中的能力建设阶段：

第一次：20 世纪 50 年代开始的初建。形成了国防部第五研究院下的一、二、三、四分院及其相对应的以型号为牵引的工业布局。

第二次：20 世纪 70 年代初期开始的三线建设。形成了以院、总体设计、基地生产、部、所、厂、站配套建设的分散型结构布局。

第三次：20 世纪 90 年代后，新国防科工委成立后的能力调整。提出"小核心，大协作，抓能力，打基础"的方针，这是以完成杀手锏和改革脱困为主要任务的时期。

现在，我们正处在向 2050 年的一流强国、强军、强国防的目标进军的新时期，在习近平新时代中国特色社会主义思想的指引下，我们将确定怎样的指导方针，凝聚什么样的发展路线，确立什么样的阶段目标，都需要我们进行创新思维、创新实践。这是我对 20 年国防科工委创新发展的一点体会！

从 20 世纪 50 年代开始的"1059"仿制阶段到 60 年代的"两弹一星"，从 70 年代"八年四弹"的独立自主研发阶段到 80 年代完成洲际导弹、潜地导弹、东方红三号通信卫星的"三抓"（跟踪发展、缩小差距）。进入 20 世纪 90 年代后，特别是十八大以来，进入创新驱动发展阶段，走出了一条具有中国特色、发挥社会主义新型举国体制优势的创新之路，可以说中国航天发展之路就是一条创新发展之路。在仿制阶段我们没有完全照猫画虎（因为苏联专家撤走，我们已经没有充分完整的猫供我们画），而是充分调动我们自己的力量，靠自力更生、大力协同完成仿制阶段，所以我们的航天传统精神是"独立自主、自力更生、艰苦奋斗、大力协同、无私奉献、严谨务实、勇于攀登"。其中的"勇于攀登"也就是一种创新精神的体现。

处于第三次能力调整阶段的国防科工委正是在这个时期，肩负国防科技工业发展的重任而组建的。党中央、国务院、中央军委对新国防科工委寄予重大希望。

以五行中的规划要求，航天行业规划怎么进行描述，怎么才具有时代

性、创新性、务实性与可实现性。一司、计划司的同志们与航天科技、航天机电（现航天科工）两集团、总装、计委诸同志们共同努力，完成了首份《中国的航天》白皮书。这份公开的中国航天发展规划，首次打开了中国航天神秘不露的面纱。以改革开放的姿态，向国际展现了中国航天人豪迈的前进英姿，它聚焦在"211工程"，即大火箭、卫星大平台两个型谱，发展空间应用，开启以探月为首要目标的中国深空探测工程。而拿下无毒无污染的大火箭和卫星大平台，拿下以遥感卫星为代表的空间基础设施工程，以支持北斗系统"局域、区域、全球"三个阶段，载人航天"船、室、站"三步走战略，实施中国探月"探、登、驻""绕、落、回"三期目标的重大工程，则是航天人向全世界的公示。毛主席在《关于陕甘宁边区的文化教育问题》一文中曾说："我们共产党员是以有雄心著名的。"白皮书的发表就表达了中国航天人的"雄心"。这一系列"三步走"的规划就是国防科工委与国防战线的同志们勇于创新的突出表现。

"以调迁脱困、重组解困，以重点型号任务为牵引，重新规划原三线布局"的攻坚战中，实施了中国航天〇六一、〇六二、〇六三、〇六六、〇六七、〇六八基地的具体计划和新点的建设工程，在国家支持、国防科工委的具体落实和基地同志们的努力之下，各基地得到彻底改观，我们抓住了历史性的发展机遇，实现了跨越式发展。航天两大集团从过去的5.86亿元达到了今年的5000亿元，增加到1000倍，实现了完全脱困、浴火重生，正迈着坚定的步伐奋勇前进，这是两大攻坚战创新性思路的伟大成功！没有改革脱困的攻坚战，就不会有杀手锏攻坚战的胜利！

我认为攻坚战方针和战略方向的确立，是我国国防科技工业发展的创新性规划、创新性思维与实践，是国防工业战线全体同志的共同创造、伟大实践并已经取得载入史册的傲人业绩。

以杀手锏武器的研制为目标的技术改造和型号的技术攻关、生产线能力保证，是"两大攻坚战"的又一个艰巨任务。

在20年前，我们没有巡航弹、没有固体洲际弹、没有机动高空地空弹、没有远程舰舰弹、没有高超隐身弹，对其他行业而言，我们没有航空母舰、没有舰载机、没有大运、没有第四代战机。但今天，我们的装备已经今非昔比，我们和一流强国的差距正在缩小，这是祖国强大的表征，也是 20 年前"两大攻坚战"的重大成果！

现在国防科工局党组正在研讨未来的发展，而今天这次创新驱动论坛的召开，正体现了国防科工局党组对未来强国建设方针的新推动，我相信国防科工局一定会发挥国防科技工业行业主管部门的作用，勇于针对问题、面临挑战，为实现强国、强军梦积极主动承担，认真探索创新发展的新目标，创造更加辉煌的新的 20 年。

三、国防工业的重大工程对科技发展的创新牵引作用

有关这个命题我曾写过几篇文章，《工程与科学技术的关系——论工程在创新驱动发展中的作用和意义》《国家重大工程是科技进步的牵引力——再论工程技术科学的关系》等，有些同志往往承认或自然默许"科技发展才是创新的动力"这个结构性的因果关系，但现实，特别是对于我们工程师而言，我们的责任往往是完成一项可以实现的在现实或未来具有实际应用价值的一项具体的工程任务，它更急迫需要的是解决面临或面对的技术问题的攻关、挑战，而这些攻关和挑战的目的性和指向性是比较清晰明确的，这类创新我们往往归纳入"应用基础性""技术专利性""跨学科技术集成性"的创新。习总书记在两院院士大会上特别指出："基础研究更要应用牵引、突破瓶颈，从经济社会发展和国家安全面临的实际问题中凝练科学问题，弄通'卡脖子'技术的基础理论和技术原理。"

我们以航天为例：

试想如果没有探月工程的需求牵引，哪里会有空间环境测试的实践可能，没有对月表物质分布探测课题的需要和嫦娥一号微波探测与技术的实现，哪里会有"微波月球"这一概念和成果的产生，怎么会有教科书上普及性的月球知识全部可以用我国的月球探测数据。如果没有嫦娥五号任务的带动，哪里会有中国人独立自主的地外天体采样，也不会有以哈工大邓宗全院士团队的月岩钻取成果的产生，其自动地质钻探、自主取样封装、样品的自

动转移密封，都是我国关于地外天体机械装置的理论和实践，都是科技创新的成果。正如嫦娥五号工程总师胡浩研究员对嫦娥五号获取 1731g 月球土壤样本的解读，"这 1731g 样本的科技成果是研制人员经过 17 年的努力奋斗、全面实现'绕、落、回'三大目标（三个阶段）任务，而且每次任务都是一次完成且圆满成功而取得的"。又比如，我国的探测火星活动，它跳过了国际上多个国家首次探火所经历过的"试探性""摸索性""接近性"的工程过程，而是在过去人类探索工程的基础上，一次就完成绕落巡这三项任务。而且第一次探火就进行火星车的巡视探测，截至今天（我写文章的当日，7 月 26 日，祝融号火星车已行驶 450m）。在印度早于中国奔火的挑战下，我们满怀信心地向中央报告，我们有能力创新发展，在技术自信的基础上确立一次实现落火巡视的工程目标。我们在这个工程目标的牵引下，勇于创新，将分步实施的技术路线，改变为一次发射，多目标验证，特别是在通信、指控延时的深空条件下，一次实现落火，安全闯过国际上宣传的"恐怖 7 分钟"，安全降落。这是我们在技术上的一个重大突破。

这种例子不胜枚举。美国的曼哈顿计划、阿波罗计划、信息高速公路计划、里根的星球大战计划，也是以工程牵引科技创新的范例。

正如邓小平同志所说，中国如果没有搞"两弹一星"，我们在世界上就没有地位，就没有话语权。

在国家"十一五"发展规划制定时，国防科工委是启动最早的部委，在国务院布署各行业形成创新工程的会议上，我们第一个交出了"百万级核电站、大推力火箭、大型民机、探月工程"等 10 个项目清单，受到国务院有关部门的关注，是最早被国家认可批复的 16 个重大专项的主要内容。

党中央对国防科技工业十分关怀，并专门安排一次政治局学习会议，由国防科工委和总装备部组织汇报提纲。正是在那次会上，我们把美国将"国防工业"作为战略大三角之一的战略改革动向向政治局作了汇报。

在我们筹划科技发展过程中，国防科工委还组织当时专家咨询委员会（科技委前身）的 3000 余位院士、专家、学者，完成了一部反映我国国防工业理论、技术、工艺、工程水平的《国防科技名词大典》（七卷），它是我国国防科技工程的能力的大检阅，是我国国防工业技术成熟度的大展示。正如两院院士、全国政协副主席、中国工程院院长宋健同志在该套丛书的序言所讲："21 世纪将是中国人民创造辉煌时代的新时期，实施科教兴国战略，实现科技强国、科技强军的目标，我们任重道远。20 世纪下半叶以来，科学技术突飞猛进，新概念、新成就、新技术、新方法层出不穷，在这种情况下，加强技术基础建设，为今后技术创新、学术和技术交流与合作，创造更好的条件是一项重要任务。"这句话至今读起来，仍对我们科技创新具有重要的启示作用！

原国防科工委主任刘积斌同志在前言里写道："大典具有权威性、系统性、实用性特点，它凝聚了我国科技工业知名专家学者的集体智慧，是国防科技工业技术基础工作的一项重要成果，必将推动我国国防科技工业在新世纪更快发展。"

在祖国数次大阅兵中亮相的高新武器系统，无不是同志们在党中央、国务院、中央军委领导指挥下取得的创新成果，无不凝聚着国防科技工业的广大干部、职工的拼搏、创新和努力的成就。我们都是国防战线的一名战士，也都是一个爱国者，我们的爱国心和奉献精神就表现在我们要在习近平总书记"创新驱动"的号召下，以国家利益、民族责任、强国强军为己任，听从党的号召，精诚团结，无私奉献，把一切献给伟大的祖国，献给我们的国防事业。在我们讨论国防科技工业创新之路的时候，我们要继承和发扬我们所具有的独特优势，那就是：有党的领导、社会主义的新型举国体制和一系列具有中国特色的国防工业的传统精神，我们还有一支善于攻关、勇于胜利的队伍。强国强军梦一定会在同志们的创新奋斗中实现！

8

深空探测的发展和对我们的挑战 ①
——在深空探测技术专业委员会第一届全体会上的讲话

中国航天从尖端起步

20 世纪 50～60 年代，在苏联专家的帮助下，我国从各方面抽调人员，进行学习，不断摸索，积累了丰富的知识和经验，从此中国的尖端事业——导弹事业开始起步了。这个列车一旦起步，必然按照它的规律向前发展。

在导弹技术成熟的基础上，我们具备了跟上国外先进航天国家的能力。20 世纪 70 年代，我国不失时机地进入了发射航天器的时代。第一颗卫星的发射，表明我们已经进入了航天时代，即从导弹技术的研制派生出了一个新的学科和领域——航天。

随着人类航天活动范围的逐渐扩大和内容的扩展，20 世纪 90 年代末，航天领域又发生了一次非常大的变化。中国航天的概念已逐步从工业开始扩大，特别是经历了十几年的国际合作，使我们逐步形成了几点共识：运载能力提高为人类能力的增强提供了条件；人类太空活动已经成为经济、政治、军事的重要领域；航天活动已经从有没有能力发展到有能力去干什么。新国防科工委成立伊始，我们就不失时机地提出中国航天要与人类的航天探索活动同步，要建立大航天的概念，这一点已反映在《中国的航天》白皮书上。它的创新点和意义在于将中国航天的内容扩大为空间技术、空间科学和空间应用。这是继火箭技术、航天技术后的又一次飞跃，这次飞跃不是分裂而是

---

① 本文发表在《中国航天》2005 年第 3 期。

扩大，也就是继"两弹一星"、载人航天之后，我国航天发展的第三个里程碑。

我们要对空间技术、空间科学和空间应用进行实质性的物理定义。20 世纪 90 年代末，我们提出了"211"航天计划。"2"就是要形成新的运载火箭型谱和大中小卫星型谱；第一个"1"是指建立天地统筹、综合、一体化的应用体系；第二个"1"是指以月球探测为突破口，开展中国的深空探测活动。目前运载火箭的型谱化工作已经取得了重大进展。我国的火箭技术在世界上都是领先的，但长征系列火箭的发射数量只有 80 多次，平均每个型号就发射过几次，型号品种太多。要搞火箭的现代化发展，就必须进行模块化设计。在卫星的型谱工作方面也已进行了大卫星平台的开发。我个人认为现在应该把精力放在有效载荷能力的开发上。目前卫星的发展趋势是公用化，就像一所房子一样，土木施工已经没什么问题了，而现在追求的是内部的精装修。我们应该把精力放在竞争的要害地方，因此我们要搞高水平的运载平台。一旦运载平台搞好了，不管用户对卫星有什么样的要求，都不用再重新搞运载平台。**另外，应该尽快建立一个我们国家的宇航级标准体系**。20 世纪 90 年代末，我们提出了以月球探测为突破口，开展中国的深空探测活动。2004 年，在各方面的努力下，中国的月球探测工程——嫦娥工程正式立项，标志着中国深空探测工程的正式启动。中国的嫦娥工程将促进我国深空探测体系的建立和形成。它的实施和对科学的推动，必将随着工程的进展和时间的推移显示出深远的意义。嫦娥一号工程的立项不仅仅是启动了绕月探测工程，同时也标志着第二步落月探测工程和第三步采样返回工程的启动。

我们从尖端技术起步，具备一定能力后开始搞航天，航天发展到一定程度后又扩大概念，要搞深空探测，中国航天的发展简单来说就是这样一个过程。嫦娥工程表明中国探月工程的开始，也是中国在深空这一重大领域科学探索的开始。它不仅仅局限于月球，而是将不可逆转地向火星、金星、土星，向着太阳系所有行星，甚至太阳系外发展。中国的深空探索已经开始！这就是探月工程的意义。从中国航天的历史来看，从研究尖端武器导弹到运载火箭，使我们走入了航天时代；20 世纪 90 年代末，我们建立了大航天的概念，到 2003 年我们又提出了深空探测的目标。这些完全符合自然辩证法的规律，是与时俱进的必然结果。我们所做的，只是抓住机调，推动和实现这一科学的进程。历史是人民创造的，但在历史的长河当中，我们会忘却很多东西，甚至忘掉当时惊心动魄的历程，但在推动发展的关键问题上，人们不会忘记，历史也不会忘记。**我们不会忘记"大航天"和"深空"两件大事。**

深空的挑战

深空探测不可逆转地向前发展，我们准备得怎么样？

综观月球探测的历程，人类对月球探索认识可分为三大步："探、登、驻"。我们为探月活动确定的三小步："绕、落、回"，目前正在进行的是其中的第一步——绕月探测工程。科学技术的发展和我们基础能力的状况，决定了我们所有进行的科学技术活动的范围。我们的基础有多大，能量有多大，范围就有多大。

在我们切入深空和月球探测之初，为什么我们的胆子大，敢于干这件事？当时的立足点是现有运载火箭能力和现有卫星的基础，我们有这个能力了，我们不应该不干。但是，测、发、控的能力怎么样，心中没底。不过，当我到欧洲考察后，觉得可以利用国际合作来辅助我们的测控任务时，心中才有了底。我们加速了月球探测工程的步伐，其中一个重要的举措就是开展先期工程研究。并请航天老前辈、"两弹一星"元勋孙家栋院士做国家航天局的顾问。之后我们确立了"充分利用成熟技术、成熟系统，依靠自己的力量，以绕月为突破口，尽快走出第一步"的方针。

我们在深空探测方面的技术和思想准备并不是很充分，而美国、苏联、欧洲、日本已经完成了多次深空探测任务，在深空探测领域获得了很大的成功，对人类认识宇宙作出了非凡的贡献。在这样一个国际科学技术发展的背景下，我们对深空探测准备得到底怎么样，仍然要请各位专家认真思考。

在美国进行探月以前，有很多的疑惑，不光是科学家，还包括那些探月的决策者们。例如月球上到底有多厚的尘埃，落月探测器和航天员会不会被尘埃埋住；月球几十亿年的冷静有没有不适于生物活动的特殊因素；月球上的环形山到底有多深，一旦飞行器落月，会不会找不到（这就是以后把落月地址的选择作为一项工程目标的原因）。我们自认为离月球最近，对月球了解最多，但一旦要近距接触时，却感到知之甚少。

当我们进入奔月轨道时，不可能再回避三体问题。有人在研究混沌态的时候曾有这样的描述，一个小质量物体进入三体状态时，有可能是混沌的，就是说它可能与进入的初始状态极度相关，各初始态之间的细微变化可能引起巨大的差异；还有人设想利用日地、地月的拉格朗日点，而他们描述的这个点根本就是不稳定点，该点的确定不仅仅是地月引力平衡，而且要随引力中心的环境变化。

从"克莱门汀"的结果证明月球存在大量的"mascons"（mass concentrations），**我将它称为聚质体**。当进入环绕月球轨道之后，如果我们不能比较准确地确定聚质体的分布，则很难描述准确轨道并利用轨道数据确定获得数据的地理分布信息。

当我们进入深空的时候，航天活动一时都离不开天文学支撑，且不论我们的嫦娥一号要借助于中国天文学家推出的甚长基线干涉测量（VLBI）支持。如果说我们搞武器系统研制时将天文定位作为导航和制导的一种手段，那么到中国航天进入深空之后，**天文学和空间天文学已经成为航天活动的基础要求**。现在的态势是天文学与航天活动结合起来，互相推动发展。我们要充分认识这一点，这对科学界、技术界和高等院校来说都很重要。

对测发控系统而言，深空探测器的所有过程都要在超远距离下进行，它的所有状态都要在测控体系掌握和控制之中，对探测器的可测可控要求就更为复杂，也更为精确。在地球空间下，我们可以建立很清晰的坐标模型，但在深空下，要建立与任务要求相关的行星坐标系以及确定建立与其相关的基准坐标，而往往这个基准坐标系的物理实现是很难的。欧空局的"猎兔犬"没有实现目标，我个人认为，这与其坐标基准的建立是相关的，因为这个基准坐标与空间位置、运行速度、天文时间密切相关。

对控制系统而言，别的要求暂不去认识，仅延时反馈这一项就是一个很大的挑战，而且还包括飞行器的多矢量控制和多天体的摄动影响，它必将要由新的学科带动。

因此，美国在 2000 年提出的新千年空间天文、物理发展设想中，**把物理学、数学、天文学、计算飞行学和生命科学一并作为新的学科群发展列入其规划**，这不能不引起我们科学界、高等教育界和技术界的同仁们认真思索。

任何一项工程，必须具备 70% 以上的成熟技术。这个比例是几十年航天工程的实践，特别是采用新技术过多引起的关键问题久攻不下，进度，指标，经费拖、降、涨的教训，所以在新型号上马前，我们都反复强调这一点。即使有 30% 的新技术，也必须有预先研究的成果支持或是先验的推断，不可以存在没有任何技术储备的技术应用到工程上去。

但对于深空而言，由于是第一次实施，我们不可能有完备的技术基础。现在摆在我们面前的形势是：**工程不立项，就不可能深入；工程不深入，就难以完整地暴露问题。不搞工程永远搞不好工程，不搞工程，也永远弄不清工程**。所以现在论证阶段和实践阶段要紧密地结合在一起。当然。我们可以而且应当开展国际合作，但如果我们没有自己独立开展工程的能力，其合作的关键和切入点也难以确定。

在测发控体系方面，世界上的深空网小则 20m、30m，大则 60m、70m、上百米，所以嫦娥工程必然带动我国航天测控网新的规模和布局。

嫦娥一号卫星的有效载荷对技术进步提出了新的需求：三维月面测量在设备仪器上提出了目前国内最高的指标要求，在谱段的应用上从微波、红外、可见光、紫外、X 射线、伽玛射线到全谱段集于一身，还配有激光高度计；卫星的工作状态，除实现三矢量控制外，尚有变轨过程的姿态保证以及月相变化时的正侧飞行，以保证太阳帆板受照，这样的控制系统给我们提出了新的需求。

对落月的探测装置，很多单位都很感兴趣，但要真正满足需求还有一定的差距。月球车必须在材料的选用、能源的采用、控制系统组成、月面运动的特性功能和从事科学试验能力上受到新的挑战。谁在这个挑战中有独到之处，有可信的基础，谁就会获得成功。

新的里程碑

月球是世界的，不属于任何人，但谁开发谁利用是天经地义的准则。各国在月球和深空探测中都采取了公开性策略：日本前不久公布了 20 年后的航天规划，美国总统布什去年公布了新的登月安排，欧空局、俄罗斯也相继发布月球计划。**这新的一轮探月高潮始于 2003 年，它较之我国公布白皮书和探月计划晚半年以上，所以有人讲新一轮探月以中国的行动开始。**

月球探测工程的公开性需求很强，这点我们不能不给予十分的关注。最近在印度召开了国际月球探测研讨会。印度科学家在会上发布了他们的探月概况，我国科学家也发表了论文，我国的嫦娥一号已被纳入各国的报告里。

我们的态度应当是积极对待各方面对深空探测工程的关怀和关注，闭门造（月球）车是不行的。我们开展的嫦娥计划已经取得了世界探月俱乐部的门票，我们不能再像国际空间站那样被排斥在外。所以我们的态度应是热情积极地参与，适度公布计划的内容，有组织地开展国际合作。

同志们赶上了科学技术发展的大好时期，同时赶上了中国航天的又一个里程碑——深空探测的关键一步。希望同志们发挥才能，为祖国奉献，在嫦娥工程的推动下，在科学、技术、人才、学科建设、基础能力建设等各方面取得新的成果，把学会和专业委员会办好！

9

国际永久编号第 102536 号小行星
命名为"栾恩杰星"

（1）"栾恩杰星"命名仪式在北京举行

2015 年 2 月 10 日下午，"栾恩杰星"命名仪式在北京举行。鉴于中国探月工程首任总指挥栾恩杰院士取得的突出科学成就，国际天文学联合会决定将国际永久编号第 102536 号小行星命名为"栾恩杰星"（图 1）。

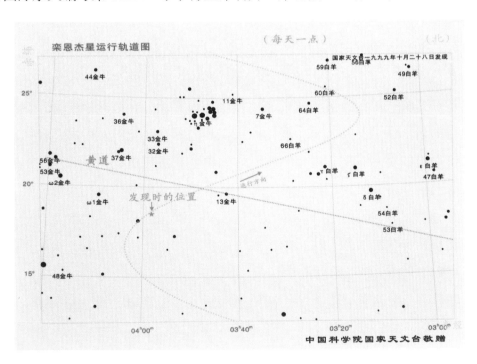

图 1　栾恩杰星运行轨道图（蓝色线条）

时任工业和信息化部副部长、国家国防科技工业局局长、国家航天局局长许达哲，中国科学院副院长阴和俊向栾恩杰院士颁发了"栾恩杰星"命名证书和运行轨道图（图2）。国防科工局副局长吴艳华主持仪式，总工程师田玉龙参加相关活动。

图2　许达哲（左）、阴和俊（右）向栾恩杰院士颁发"栾恩杰星"命名证书

许达哲代表国家国防科技工业局、国家航天局，代表月球探测工程全体参研参试人员，向栾恩杰院士表示祝贺，高度肯定了栾恩杰院士为国家航天事业特别是探月工程发展作出的杰出贡献。他指出，在浩瀚宇宙中，以栾恩杰院士的名字命名一颗新星，是国际天文界、国际宇航界对中国月球探测全体科研人员的高度褒奖，也是对我国航天事业辉煌成就的充分肯定。当前，月球探测工程进入了关键时期，希望年轻的科技工作者接过接力棒，创新探索，大力协同，在发展航天事业、建设航天强国的征程中贡献智慧和力量，如期实现探月工程三期目标，向全国人民递交一份合格的答卷，为人类探索太空、和平利用太空做出新的贡献。

栾恩杰是我国著名的自动控制技术和航天工程管理专家，是中国工程院院士、国际宇航科学院院士，中国探月工程首任总指挥，全国政协常委、教科文卫体委员会副主任，国防科工局科技委主任。在近50年的航天生涯中，栾恩杰院士直接参加或主持了我国多个航天运载器型号和航天工程研制工作，在我国水下发射航天运载器、陆基机动航天运载器和深空探测领域等方面，取得了一系列开拓性和创新性成果，为我国航天事业发展作出了重要贡献。

小行星是目前各类天体中唯一可以根据发现者意愿进行命名并得到国际公认的天体。由于小行星命名的严肃性、唯一性和永久不可更改性，能够获得小行星命名已成为国际公认的一项殊荣。此次命名的"栾恩杰星"由中国科学院国家天文台施密特CCD小行星项目组于1999年10月28日发现并获得国际永久编号。

中国人首次发现小行星要追溯至1928年，23岁的留美学生张钰哲发现了一颗旧星空图上所没有的小行星，将其命名为"中华"。目前，浩瀚星空中已有100余颗以中国杰出人物、中国地名或中国知名机构命名的小行星。

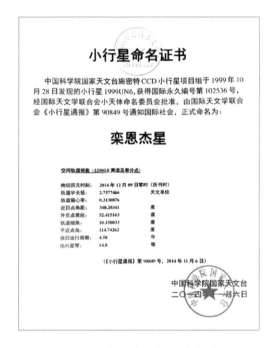

图3　"栾恩杰星"命名证书

图4　"栾恩杰星"命名证书

（2）国防科工局许达哲局长在"栾恩杰星"命名仪式上的讲话

尊敬的栾恩杰院士，

尊敬的阴和俊副院长，

各位同事：

大家好！

我首先代表国防科技工业局、国家航天局，代表月球探测工程全体参研参试人员，向栾恩杰院士获得国际天文学联合会小行星命名委员会批准的第102536号小行星命名表示祝贺。这也是现任探月工程总指挥、国家航天局局长向探月工程原总指挥、国家航天局原局长表示祝贺。

许达哲局长向栾恩杰院士颁发小行星运行轨道图

栾主任是我的老领导，为航天事业奉献了50多年，特别是为月球探测事业作出了突出贡献。刚才阴和俊副院长讲了很多栾主任的优秀品德，我不再一一赘述。给我印象最深的几点：一是栾主任好学习，好钻研，我们航天事业就需要这种探索钻研精神。栾主任获得小行星命名是实至名归。栾恩杰星在浩瀚的宇宙中遨游，那也是我们所有航天人共同努力取得的。栾主任有激情，有感染力，组织完成了探月工程的第一步、第二步，向世界展示了我国航天的实力。此次命名不仅是对栾主任的褒奖，也是对月球探测工程全线人员的褒奖。希望年轻科技工作者，接过接力棒，在发展航天、建设航天事业的征程中奉献更多的智慧和力量。

特别感谢中科院的同志们，没有他们的探索发现，就不会有这么多中国人名字命名的小行星。

习总书记要求我们"如期实现探月工程第三步总目标"。我们要付出艰辛努力，高质量工作，创新探索、大力协作，把探月工程第三步目标走好，向中国、向世界、向全人类交上合格答卷。希望看到更多中国人的名字镶嵌在浩淼的太空。

（3）中国科学院阴和俊副院长在"栾恩杰星"命名仪式上的讲话

尊敬的栾恩杰院士，

尊敬的许达哲局长、吴艳华副局长，

尊敬的各位领导、各位来宾，女士们、先生们：

下午好！今天，我们在这里隆重举行"栾恩杰星"命名仪式，首先请允许我代表中国科学院，对栾恩杰院士荣获小行星命名表示诚挚的祝贺，并向栾恩杰院士致以崇高的敬意。

人类发现小行星只有 200 多年的历史，搜寻、发现和研究小行星，是太阳系起源和演化研究的重要内容之一。小行星是目前各类天体中唯一可以由发现者进行命名并得到国际公认的天体，国际天文学联合会对小行星发现者获得命名权以及命名小行星，有着严格的规定和认定、审批程序。由于小行星命名的权威性、严肃性、唯一性和永久不可更改性，使能够获得小行星命名成为一项世界公认的特殊荣誉。

栾恩杰院士是我国导弹控制技术和航天工程管理专家，他直接参加或主持了我国多个航天运载器型号任务和航天工程任务的研制工作，在我国水下发射航天运载器从无到有、陆基机动航天运载器系列化发展、开辟我国深空探测新领域等方面，取得了一系列开拓性成果。他是我国月球与深空探测工程的开创者之一，率先提出我国探月工程"探、登、住（驻）"、"绕、落、回"三步走发展规划，并亲任我国首次绕月探测工程总指挥，组织队伍圆满完成了各项预定任务，为我国航天事业发展作出了重要的贡献。

栾恩杰院士一贯支持中国科学院组织承担航天工程型号任务，在此向栾恩杰院士表示衷心的感谢！经国家天文台报请中国科学院批准并向国际天文学联合会提出申请，2014 年 11 月 6 日，国际天文学联合会小行星命名委员会发布第 90849 号小行星通报，将国家天文台发现的、永久编号为 102536 号小行星，命名为"栾恩杰星"。"栾恩杰星"的命名是中国航天界的一大盛事，不仅是对栾恩杰院士的奉献精神、卓越贡献、人格魅力的高度褒赏和充分肯定，同时也必将对激发广大航天科技工作者的创新热情、促进航天科技领军人物脱颖而出，产生积极的激励和导向作用。

阴和俊副院长向栾恩杰院士颁发小行星命名证书

女士们、先生们，让我们共同努力，为提高我国自主创新能力、推进中国航天事业特别是深空探测事业的持续发展贡献智慧和力量！让我们共同祝愿璀璨的"栾恩杰星"承载着中国航天事业的骄傲，永远遨游在广袤无垠的太空，辉印在人类文明的田野，与星空同在，与日月同辉，永远光耀苍穹！

谢谢大家！

（4）太空有了"栾恩杰"星

洮儿河畔戏水声，

卜奎林中有诗文。

地上深浅无心论，

愿做探月摘星人。

——四弟栾新智作诗

四弟栾新智作诗，五弟栾新慧题词

10

中国航天事业的三大里程碑

——永不忘的航天情结

（1）记我国第一代潜地导弹——巨浪一号

> 壮哉杀手锏，玲珑一代骄。
>
> 隐身遁敌寇，潜射镇魔妖。
>
> 涛海助巨浪，我辈逞雄腰。
>
> 强国强军日，中华展英豪。
>
> ——恩杰庚子秋月

"巨浪一号"潜地导弹

（2）记东风二十一号导弹——我国第一代陆基机动导弹

能上九天揽星月，

敢下五洋捉鲲鳖。

潜水腾起千重浪，

登岸装甲万里靴。

航母杀手世人赞，

中华神器敌酋怯。

一弹两用成创举，

机动班车开首列。

——恩杰庚子秋月

"东风二十一号"陆基机动导弹

（3）圆我复兴梦——写在载人航天"神五"发射前

中华梦，画在千佛顶。

彩纱舞，神女飞天庭。

千年梦，万户争先闯。

惊雷响，中华敢称雄。

而今中华正圆复兴梦。

行必至，至必成，

下笔千斤重。

神舟游苍穹。

——写于二〇〇三年十月十五日

2003 年 10 月"神舟五号"发射前，栾恩杰签批准书

（4）预祝嫦五任务成功——写给嫦娥五号工程总设计师胡浩研究员

嫦五出津乘龙船，

神箭腾飞送云天。

脚下欢歌万泉水，

瞬间览尽五指山。

正问嫦娥来何处，

原是神女在海南。

家乡父老翘首望，

盼尔落月再返还。

待到四子王旗会，

工程大计好收官。

——写于二〇二〇年十月二十四日

2020 年 11 月 24 日凌晨 3 时，"嫦娥五号"发射倒计时 1 小时，
栾恩杰在指挥控制大厅研读任务手册

二、领导、战友和家人的鞭策与鼓励

1

中国工程院李晓红院长祝栾恩杰同志
八十岁寿辰贺信

尊敬的栾恩杰院士：

暑退九霄净，秋澄万景清。在您八十寿辰之际，我谨代表中国工程院，向您和您的家人致以崇高的敬意和诚挚的祝福！

您是国防事业忠诚的开拓者和卓越的管理者。您作为导弹控制技术专家和航天工程管理专家，为我国国防建设和航天事业发展做出了重大贡献。我国水下发射潜地导弹从无到有、陆基机动固体导弹系列化发展、载人航天工程重大突破、探月与深空探测工程开创，无一不凝结着您的心血与汗水。您倡导并组织完成了我国首部航天白皮书，组织研究制订了我国面向 21 世纪航天发展战略，开启了中国航天由近地走向深空的远大征程。

您是严谨的学者，勤于学习，善于学习，用钉钉子精神面对工程实践中的困难，锲而不舍、深入钻研、以求真知。您以老一辈航天人执着攀登、顽强进取、奋发图强的精神和敢与天公试比高的豪迈气魄，激励一代代后人传航天之薪火。

白发犹展千里志，银丝激励后来人。您主编出版了我国首部《国防科技名词大典》，撰写出版了学术专著《航天系统工程运行》，发表了多篇学术论文，让您的管理经验和思想在新一代国防和航天人身上得到了传承。您自强不息的科学家精神和强烈的家国情怀，影响了一批又一批技术骨干和优秀管理人才。

耕天思绪不辍，探索永无止境。今天，中国国防和航天事业已跻身世界前列，您依然心系国防建设和航天发展，积极主持和参与中国工程院战略咨询研究项目，为国家高端智库建设不断贡献力量。

南山献颂，日月长明！在此，向您和您的家人表示衷心的感谢，祝福您健康长寿、阖家幸福！

中国工程院 李晓红

2020 年 10 月 25 日

贺信

尊敬的栾恩杰院士：

暑退九霄净，秋澄万景清。在您八十寿辰之际，我谨代表中国工程院，向您和您的家人致以崇高的敬意和诚挚的礼福！

您是国防事业忠诚的开拓者和卓越的管理者。您作为导弹控制技术专家和航天工程管理专家，为我国国防建设和航天事业发展做出了重大贡献。我国水下发射潜地导弹从无到有、陆基机动固体导弹系列化发展、载人航天工程重大突破、探月与深空探测工程开创，无一不凝结着您的心血与汗水。您倡导并组织完成了我国首部航天白皮书，组织研究制订了我国面向21世纪航天发展战略，开启了中国航天由近地走向深空的远大征程。

您是严谨的学者，勤于学习，善于学习，用钉钉子精神面对工程实践中的困难，锲而不舍、深入钻研，以求真知。您以老一辈航天人执着攀登、顽强进取、奋发图强的精神和敢与天公试比高的豪迈气魄，激励一代代后人传航天之薪火。

白发犹握千里志，银丝激励后来人。您主编出版了我国首部《国防科技名词大典》，撰写出版了学术专著《航天系统工程运行》，发表了多篇学术论文，让您的管理经验和思想在新一代国防和航天人身上得到了传承。您自强不息的科学家精神和强烈的家国情怀，影响了一批又一批业骨干和优秀管理人才。

耕天思绪不辍，探索永无止境。今天，中国国防和航天事业已跻身世界前列，您依然心系国防建设和航天发展，积极主持和参与中国工程院战略咨询研究项目，为国家高端智库建设不断贡献力量。

南山献颂，日月长明！在此，向您和您的家人表示衷心的感谢，祝福您健康长寿、阖家幸福！

中国工程院
二〇二〇年十月二十五日

2

栾恩杰同志给中国工程院
李晓红院长的回信

尊敬的李晓红院长：

收到您的贺信使我倍受感动，这是组织的厚爱、领导的关怀和鼓励，回首八十春秋，奋斗的岁月，我深深地感到：是党给了我的一切，是党的哺育、培养，是党的信任和重托，是党的指挥与决策，也是老一辈专家和领导的教诲，是战友们努力奋斗，才使我在国防战线航天领域做了一些工作，成绩属于党，属于战友。

您的信是对我最大的激励、鼓舞与鞭策，感谢工程院领导和同志们对我工作的一贯支持和帮助。我会以此为起点，在工程院党组领导下认真贯彻习主席的指示，永远忠于党、忠于祖国和人民，为科技强国、国防强国、航天强国建设贡献力量，实践一名共产党员的誓言，为共产主义事业奋斗终身！

学生敬礼

栾恩杰

2020 年 10 月 25 日

3

国家航天局张克俭局长祝栾恩杰同志
八十岁寿辰贺信

尊敬的栾恩杰院士：

东海长流水，南山不老松。在您八十寿辰之际，我谨代表国家航天局并以我个人的名义，向您致以崇高的敬意和诚挚的祝福！

作为航天领域的顶尖专家，您为祖国航天事业发展作出了卓越贡献，载人航天、一弹两用，铸航天强国之器；探月工程、深空探测，圆民族千年梦想，航天强国建设的功劳簿上有您浓墨重彩的一笔。

作为国防科技工业的老领导，您首倡"三空"理念、严树质法五条、谋战略规划布局、促重大专项实施，提携后进、识才用才，弦歌不辍，为国防事业发展奠定了坚实的基础。

您既有"唤得威风八面，我志问天九层"的豪情，又有"远贵知崎路，近重识挚友"的友情，还有"只待鸿雁报归期，再把天伦述"的亲情……

莫道桑榆晚，为霞尚满天。衷心祝福您健康长寿，阖家幸福！

国家航天局局长 张克俭

2020 年 10 月 25 日

尊敬的栾恩杰院士：

东海长流水，南山不老松。在您八十寿辰之际，我谨代表国家航天局并以我个人的名义，向您致以崇高的敬意和诚挚的祝福！

作为航天领域的顶尖专家，您为祖国航天事业发展作出了卓越贡献，载人航天、一弹两用，铸航天强国之器；探月工程、深空探测，圆民族千年梦想，航天强国建设的功劳簿上有您浓墨重彩的一笔。

作为国防科技工业的老领导，您首倡"三空"理念、严树质法五条、谋战略规划布局、促重大专项实施，提掖后进、识才用才，强敬不辍，为国防事业发展奠定了坚实的基础。

您既有"唤得威风八面，我志问天九层"的豪情，又有"远贵知崎路，近重识弊友"的友情，还有"只待鸿雁报归期，再把天伦述"的柔情……

莫道桑榆晚，为霞尚满天。衷心祝福您健康长寿，阖家幸福！

张克俭

2020年10月25日

4

栾恩杰同志给国家航天局
张克俭局长的回信

尊敬的克俭局长：

贺信收悉，倍受感动，您的信是对我的鞭策和鼓舞，也是对我今后工作、生活的激励和期望。回首在科工委、科工局的工作岁月，我永远不会忘记我们共同奋斗的情景。

同志们对我工作的支持、关怀和帮助，友谊的目光，热情的笑脸，我会终生不忘。同志们创造了我们科工局的文化"认真的工作态度，踏实的工作作风，团强协作的工作氛围；不怕困难、勇于担当、不计名利的奉献精神。"这些都是我工作的动力、力量的源泉，有这样一批战友共同奋斗，什么样的困难都能战胜。

我一定以克俭局长的信作为动力，永远忠于党、忠于祖国和人民，实践一名共产党员的誓言，为共产主义事业奋斗终生。谢谢同志们！祝同志们一切顺心、工作顺利，生活幸福！

老战友 栾恩杰

2020 年 10 月 25 日

5

迈向深空的第一步 [①]

■ 胡浩 [②]、裴照宇 [③]

2020 年 12 月 17 日 1 时 59 分，嫦娥五号返回器平稳精准地降落在内蒙古四子王旗，这一刻宣告了中国探月"绕、落、回"三步走完美收官。回顾从事探月的这十七年，最难忘的任务还是第一步嫦娥一号，首任工程总指挥栾恩杰院士（习惯了称他为栾总）为之作出的杰出贡献，永远铭记在我们心中。

图 1　嫦娥一号成功纪念章

[①] 本文发表在《国防科技工业》2022 年首期。

[②] 胡浩系国防科工局探月与航天工程中心首任主任、嫦娥一号到嫦娥五号任务的重要组织者、嫦娥五号工程总设计师。

[③] 裴照宇系探月工程中心副主任、嫦娥工程中心首批创建者、嫦娥五号工程副总设计师。

谋篇——1998～2003

中国航天进入 21 世纪，栾总时任国防科工委副主任、国家航天局局长，便着手谋划新世纪中国航天的发展。他组织系统工程一司和一些航天、中科院单位及一些应用单位，研究、编制、发布了我国第一版航天白皮书（2001.11），从空间技术、空间科学、空间应用三大领域系统地勾画了航天 20 年的发展蓝图。如运载方面，研制新一代火箭，即已服役的长征五号；卫星方面，开发新一代平台，即东方红四号。这两项构成了我国当今运载和卫星的新主力。在深空探测方面，当时我国还是空白，白皮书提出"发展空间科学，开展深空探测"，并将"开展以月球探测为主的深空探测的预先研究"作为十年目标，将"开展有特色的深空探测和研究"作为二十年目标。白皮书为探月埋下了伏笔。

紧接着，栾总让系统工程一司牵头，组织开展对月球探测的研究论证。栾总亲力亲为，躬身研究，与孙家栋等航天专家、欧阳自远等月球科学专家，深入研讨，总结美苏探月历程，高屋建瓴地概括了人类月球探测的三大步"探、登、驻（住）"，提出了 2020 年前我国无人月球探测的三步走"绕、落、回"。2002 年，这一发展思路得到国务院领导的认可。为了获得相关方的支持，栾总亲自找总装备部李继耐部长、中科院江绵恒副院长沟通（后来，栾总多次告诫我们不要忘了这些支持过我们的人）。2003 年，在时任国防科工委主任张云川的推动下，中专委同意先启动绕月探测，"落"和"回"纳入国家中长期科技发展规划。2004 年 1 月 23 日（大年初二），温家宝总理批准绕月探测工程立项。从此，拉开了我国月球探测的大幕。

开局——2004.01.23～2004.11.19

工程一立项，栾总即着力抓组织体系建设。其实立项之前，栾总已作布局，由一司胡浩副司长牵头组建一个事业单位专抓工程。我是在 2003 年 11 月初得知的，那时便做了去从事探月的打算，所以在立项前后即配合胡浩副司长做些筹备的工作。经栾总的谋划、运作，2004 年 2 月工程组织体系基本筹划妥当。2月25日，张云川主任作为组长主持召开了第一次领导小组会，研究确定了工程研制总要求，任命了工程两总系统，决定工程命名为"嫦娥工程"。

紧接着，栾总组织我们制定研制流程和计划，收集各系统的问题，3月25日召开了第一次工作会暨第一次大总体会，栾总亲自做工作报告和动员，孙家栋总师和龙乐豪、姜景山、陈炳忠三位副总师分别牵头计划组、测发组、载荷与应用组、测控组协调问题和事项。这次会议标志着工程全线行动起来了。

4月11日、12日，黄菊副总理、温家宝总理分别对绕月探测工程做出重要批示。4月17日下午，科工委组织有关单位来传达学习。会上，有的单位提出计划很紧，经费还没到，难以做到"三高"（温总理批示要高标准、高质量、高效率完成绕月探测工程），传达会变成了对科工委的抱怨会。会后，栾总把我们叫到他办公室，他提出了"深入、细致、快捷"的工作要求。这次会对我触动很大。

随后，工程两总研究，请孙（家栋）总师牵头每两周召开总师例会（2004年开了17次），研究解决问题（70余项），这一做法持续到年底工程转入初样阶段。四五月间，栾总率工程两总深入20多家一线单位，调查研究研制情况，现场解决问题，反映的主要问题有：轨道设计、星地信道、VLBI使用、测定轨精度、月球环境、月食影响等。4～8月间，各系统的方案评审相继完成。8月底，栾总召集研究各单位反映的问题。这几招下来，工程中的绝大多数问题得以解决，唯有测控系统提出的信道电平余量不足的问题尚待解决。

栾总非常重视工程的规范管理。我们在委里时，他就带着我们学习系统工程理论。工程实施一开始，他亲自给我们讲"工程两总与系统工程"，对工程技术提出了"指标有依据、设计有规范、验证有标准"，对工程管理提出了"程序规范、紧张有序、分级负责、系统协调"。之后，他让中心组织708所花了3个月（2004年8～11月）起草了12份工程管理文件。栾总对这些文件那叫一个认真，他逐字与编写人员细抠，三轮才定稿。这些文件形成了探月工程最初的管理制度。针对月球探测，栾总又提出要有一本关于月球的手册来作为工程的设计依据，我们组织国家天文台、五院等单位编写了《嫦娥工程月球手册》（2004 年 12 月～2005 年 4 月），供各系统组织开展工程研制之用。在工程进入初样后，产品齐套、系统间试验、接口协调等问题越来越多，我们按照栾总提出的"过程跟踪、节点控制、里程碑考核"的要津，以月调度会的形式来掌握情况、协调问题、控制进度。到九十月份，栾总评价说"工程已整体上进入正轨"。

2004 年 11 月 19 日，领导小组召开第二次会议，审议通过了工程由方案阶段转入初样阶段，对后续工作制定了一个决定。

与此同时，探月中心的组建工作也在同步推进。6 月 22 日，中编办批准成立国防科工委月球探测工程中心。8 月 10 日，两总和中心进驻北航世宁大厦。那天，中心在世宁大厦召开了全体会，参会的有**胡浩、郝希凡、张荣桥、富向东、王兰义、孟华、刘彤杰、裴照宇、王黎、蒋泊宁、闫涛、许兴利、白一炜**。后来，**耿言、邓薇、谢碧波、周继时、唐玉华、徐睿**也相继在世宁大厦工作过。栾总把在世宁大厦工作过的同志称为"原始股"。

2004 年，探月工程从无到有，从无序到有序，工程的组织体系、管理办法、顶层设计、组织协调逐步建立并运行起来，有了良好的开局。

攻坚——2004.11.19 ~ 2005.12.29

2004 年 12 月 20 日，中专委召开第三次会议，其中一项议题是国防科工委汇报绕月探测工程。会上，温总理问栾总还有什么不放心的，栾总提出目前批复的项目只包含一箭一星，没有备份。温总理即指示按 6 个亿做好备份方案论证。由此，工程获得了宝贵的备份机会，这才有了后面的嫦娥二号，这一模式也成功地复制到了二期、三期工程。

第二次领导小组会后，工程全面进入初样阶段。2005 年 1 月 6 日、7 日，召开了第二次工作会对年度工作进行部署动员。栾总做了工作报告，他指出 2005 年是"系统集成年、大型试验年、问题暴露年、技术见底年"，也就是说，工程最艰难的事要在这一年搞定，他把这一年叫做"攻坚年"。

当时最难的事是测控系统提出"在星上全向天线的哑口对地时，遥测信道电平余量不满足 3dB 的设计要求"。这个问题在 2004 年 8 月 6 日测控系统方案评审时首次提出，直至 2005 年 5 月 16 日才最后定案解决，期间开会研究、专题协调不下 30 次。为解决这一问题，多单位多途径想办法，六线并举，是"协同攻坚"的典型案例。一是 504 所努力提高全向天线性能，虽有进步但未完全达到指标，到 2005 年 5 月 9 日，工程两总到 504 所现场决定全向天线攻关告一段落，正样产品要保证达到现在的状态（两总把这一决策叫做"按住一头"）。二是卫星总体从全向天线安装位置和飞行姿态、飞行程序调整方面做工作，虽有改进但会带来 VLBI 信标对地指向变化、测控频点需交替变换、星上能源供给紧张等问题。三是测控系统提出地面增加一个 18m 接收天线，这样可尽快固化星上状态，但增加的经费没有出处。四是清华大学陆建华教授提出采用 LDPC 编译码技术可增加 2dB 的余量，但该技术过去没有上过天，星上和地面都需要加装设备，也需要数百万元经费。五是利用地面应用系统的 50m、40m 数据接收站代测控系统来接遥测，但这改变了系统间的任务分工。六是寻找国际测控合作，但立足于国内能完成任务是必须遵循的原则，且合作能否落实尚不可知。经过几个途径的探索，11 月 18 日的两总会议认为，还是新建一个 18m 天线是最好的解决之道，同时认为 LDPC 是有意义的技术，拟安排在备份星上进行试验。由于中专委会议同意增加备份，经费渠道一下就有了。在论证备份方案过程中，为提高可靠性，测控系统又提出在喀什、青岛各建一个 18m 天线且上、下行都有，卫星系统提出备份星上 LDPC 技术。2005 年 5 月 16 日，工程两总会决定上两套 18m 天线。至此，这个问题算最后解决。期间，栾总、孙（家栋）总、陈（炳忠）总多次听了各个技术途径的汇报，深挖细究；胡世祥、孙来燕等领导对此也很重视，多次参加研究。通过参加此事，我从中学到了很多东西，这个问题虽源于技术，可解决起来又涉及了进度、经费、可靠性、任务分工等方面，从中我们也感受到了前辈们的作风、方法、经验。

卫星系统自转入初样以来，在电测及环境试验中发现了 40 多个问题，有的问题是低层次的，如存贮器是 128KB 容量，软件却有 143KB。随卫星工作的深入，又提出十几个担心的问题，如推进剂余量不足、整星可能超重、月食应对能力、热控能力、轨道设计正确性、紫外敏感器进口 CCD 滞后数月等，还有一些跨系统的问题，如定轨精度对月面成像分辨率影响进而造成地面制图达不到要求，发射场的远距离测发控尚未明确，以及星地对接试验发现的一些问题。还有从工作中可看出科学院的参研单位与航天单位存在文化、作风方面的差异，两总对载荷（如微波辐射计）、VLBI、数据反演等都表示过担心。整体进度滞后两个月。面对这种形势，两总专门研究了几次，栾总找中心领导专门谈了几次，要我们加大管理力度（他说，何谓管理？管了才有道理，不管就没道理）。2005 年 9 月 2 日，召开了保质量抓进度为主题的两总扩大会（嫦娥工程这 17 年里也就只开了这一次）。栾总亲自做报告，重点讲了形势严峻，提了四个方面 12 条要求，还把胡世祥写的"神舟六号飞行任务质量管理要点"作为会议学习材料。之后，工程质量、进度形势大幅好转。

2005 年 12 月 7 日，转正样阶段前召开了第二次工程大总体会，协调了系统间的问题，明确了正样阶段的研制计划。12 月 29 日，张云川主任主持召开了第三次领导小组会，同意工程转入正样阶段，这标志着胜利完成了技术见底、质量建造、如期转段三大攻坚战。会议还选定了探月工程的标识 LOGO（这一标识到现在已经是个著名商标了）。

在攻坚期间，探月中心也得到了发展，2005 年 6 月 10 日，两总和中心进驻核建设大厦，中心已有 20 多人了。

决战——2005.12.29 ~ 2007.08.10

工程进入正样之初，栾总多次找我们研究如何抓好正样工作。本想尽快召开工作会对正样工作进行部署动员，却在 2006 年 1 月 10 日卫星用的 490N 发动机在 ××× 所发生了喉部表面损伤的严重问题。这让栾总非常生气。待该问题处理完后，3 月 24 日召开第三次工作会。为准备这次工作会，我被栾总叫到办公室不下十次，从会议主题、议程安排、到会人员、责任书内容，巨细皆把关，特别是工作报告，不知改了多少个版本。从效果看，也是特别好，栾总的工作报告得到了各方的极高评价。【报告的提纲抄录如下：一、肩负历史使命，努力工作，两年完成两个阶段（总结工作和体会）；二、立下军令状，定下时间表，明确决战目标（将首发成功的总目标分解到各系统的目标，按 2007 年 4 月 17 日首发制定了计划和控制节点）；三、抖擞精神，严慎细实，以质量为核心，确保首发成功（批评了 ××× 所。提出了聚精会神、真抓实干；始终把病患质量和可靠性作为决战核心；坚持严慎细实、确保万无一失三方面工作要求。提出了加强基础建设，确保工作规范；狠抓关键技术和薄弱环节，确保系统可靠；狠抓过程控制，确保产品质量；狠抓试验验证，确保系统协调四方面措施。每方面的要求、措施下又有若干具体的工作。）】会上向五大系统两总颁发了责任书。本次会议达到了制定目标、部署动员的目的。会后，我们把工作会提出的理念、目标、要求、作风等制成板报，让大家周知谨记。全系统斗志高昂地投入到决战之中。

决战之抓质量。工作会前，栾总提出要下个关于质量的决定，他强调抓住质量这个牛鼻子是航天成功的经验。我们找了邵锦成、孙守魁等质量专家来研究起草，在工作会上印发了《关于加强绕月探测工程质量与可靠性工作的决定》，提了 12 条。4 月，又组织专家编写了培训材料，对研制队伍进行集中培训。之后，各系统开展质量复查。成立了质量可靠性和软件两个专家组，九、十月间对主要单位进行检查，监督整改。聘请质量监督代表常驻一院、五院，对火箭、卫星进行跟产，定期向中心提交监督报告。这些做法延用到了二、三期之中。12 月中旬，在即将完成正样工作之际，胡浩向张云川主任汇报领导小组会情况时，张主任提出了"两个百分之百"（设计、生产两个维度都要做到百分之百的层层落实，环环相扣，不留隐患，心中有底）。工程全线又开展了一轮确保"两个百分之百"的复查工作。在卫星进场（原定运地面设备的专列 2 月 5 日出发）前因北斗二号出了问题（2 月 3 日），发射窗口调整到 10 月，全线又进行了一轮举一反三和复查。即便如此抓质量，仍出现了卫星热试验中某个仪器出了问题隐瞒不报的情况，对这个问题，我第一次见到孙（家栋）老总发了大火。

决战之抓可靠。在立项论证阶段，栾总即把可靠当作技术途径选择的首要因素，除了地面应用系统，其他四个系统均有较好的基础。在工程研制阶段，处理各种问题时也将对可靠性的影响放在最重要位置来权衡解决方案，如信道电平余量问题、490N 发动机受损问题。为了掌握整个任务的可靠性，栾总要求 708 所对复杂工程的任务可靠性进行专题研究，提出"在设计和制造完成之后，举一反三就是可靠性增长"的论断，鼓励全线通过认真地归零和举一反三来增强各系统的可靠性。卫星在完成规定流程的测试后，利用窗口调整的时间进行补充电测，称之为可靠性增长测试，至 8 月份进场时电测时间已达 1500 小时，也是当时电测时间最长的卫星。后来的嫦娥任务都提出了电测时间不少于 1500 小时的要求。490N 发动机作为卫星轨控的唯一动力，是最大的单点，栾总一直萦萦于怀，他说几次梦到 490N 不点火被惊醒。对此，他多次到 801 所或叫人来北京专门听汇报，提质疑。后来任务中 490N 发动机表现很好，他特意说，即便出了喉部损伤这样的严重问题，突出贡献单位也要给 801 所。为应对任务中可能出现的风险，栾总让我们对国外探月的故障进行全面深入的分析研究，专门出了一本汇编。他还多次强调"3F"技术，让有关系统以"3F"为基础，从飞行事件保证链（正向）、故障预案（逆向）两个方面发力，增长了正向的正常飞行可靠性，完善了逆向的故障预案，增强了工程队伍的底数和信心，为确保首发成功打下了坚实基础。

决战之抓系统协调。栾总在工作会上提出要加强试验验证，狠抓系统协调。系统间协调匹配是工程任务成功之关键，责任在工程总体，落实在各个系统。在立项论证、研制总要求制定、任务书编制中已考虑了系统间的大致匹配性。在初样阶段，通过接口控制文件将系统间的关系详细量化；在正样阶段，由于发射窗口调整又重新协调了一轮，新的接口控制文件成为各系统参试的最终状态。为了验证系统间接口，在初样阶段完成了一轮对接试验，当时有的系统尚未建成（如地面应用系统的 50m、40m 接收站，测控系统的 18m 测控站和 VLBI 分系统），试验是不充分的；到正样阶段又用真实产品和建成后的地面设施做了一轮对接试验，卫星与所有的测控、应用系统的站点都对接了，还到德国与 ESA 的设施对接了。为验证任务实战能力，做了发射场合练和星地 1∶1 无线联试（按飞行控制大纲实际演练飞行与控制全过程），还利用 ESA 的 Smart-1 卫星在月球轨道做了测控跟踪、测距试验。进场前，中心编制了飞行任务大纲、发射场测发流程、飞行控制大纲、在轨测试大纲、放行准则等任务实施文件，为各系统协同参试提供了依据。栾总率工程两总审查了重要的试验大纲，到西昌、北京中心、密云等现场指导试验工作，审查了每份任务实施文件。对飞控准备工作，栾总特别关心，多次听北京中心关于飞控工作的汇报。

决战之抓进度。对于月球与行星探测，较之地球轨道航天器，发射窗口的约束更多更复杂，其发射窗口更少更严苛，故非常宝贵。为保证能准时发射，就必须保证各系统的工作都能在发射前准备完毕，抓进度也是决战的重要部分。在嫦娥一号任务中，工程抓进度的做法主要有五种方式。一是以大总体会的形式确定一个阶段的主要计划节点；二是以年度工作会的形式制定年度研制计划；三是以月调度会的形式掌握本月进展、下月安排并及时协调相关问题；四是以周安排的形式对各系统工作进行跟踪问效；五是以专题协调的形式对复杂问题进行协同攻坚。抓进度的关键又在于处理与技术、质量、可靠性相关的问题，以及跨系统、跨部门、跨地方的问题。至 2006 年 3 月开展第三次工作会时，工程中还存在一些进度问题，后来又出现一些进度问题，如试验项目多地点多、星敏进口 CCD 没到货、新增语音传输要求、应答机抗干扰能力不足、490N 管路漏率超标、50m 天线滞后等。针对这些问题，工程两总及时听取情况汇报，或到相关单位现场办公，都做了及时的处理。虽然一路走来，问题不断出现，也不断得到解决，嫦娥一号保住了 2007 年 2 月进场、4 月发射的进度要求。后来调整发射窗口，进度已不是问题了。从嫦娥一号任务，我体会到对复杂系统工程抓进度，正如栾总说的，要"把握脉络，提前谋划，早作准备，问题不推，及时协调"。这些抓进度的理念、做法也成了后续探月任务中传统做法。

决战之抓作风。栾总一直非常重视作风建设。在工程启动之初，栾总即提出"深、细、快"。在嫦娥一号任务的决战阶段，栾总更是将作风建设摆在非常重要的位置。在第三次工作会上，将抓作风作为重要的一个方面来强调，要全体研制队伍抖擞精神、全力以赴，在工作报告中提出要"全（全力以赴）""定（下责任令）""前（靠前指挥）""齐（齐心协力）"。在过程中，我们听到最多的嘱咐就是要严格、要负责、要深入、要落地。栾总自身即是严、慎、细、实的典范。在决战这一年多里，他与岑拯（火箭总指挥）、吴燕生（一院院长）、叶培建（卫星总师总指挥）、袁家军（五院院长）、雷凡培（集团副总）、王文宝（总装副参谋长）逐个面谈，谈得很透。他逐个听载荷汇报，问得很深；他逐个审任务实施文件，看得很细；他逐个听故障预案，面对突发的北斗二号出问题果断决定推迟进场，体现了极为慎重。通过实施嫦娥一号任务，形成了一套工程的文化，如工作理念：成功是硬道理、使命高于一切、责任重于泰山、团结协作是成功的保证、细节决定成败、全过程零缺陷；工作要求：加强领导、层层落实责任，精心设计、夯实技术方案，集中精力、突破关键技术，科学安排、狠抓计划落实，完善规章、加强规范管理，大力协同、推动工程实施；管理要求：目标要明确，组织要健全，责任要到位，保障要有力，工作要落实；工作作风：工作指标不降，反复复查不烦，出了问题不推，手头工作不拖。

决胜——2007.08.10 ~ 2007.11.26

2007 年 1 月 19 日，张云川主任主持召开第四次领导小组会，同意工程转入发射实施阶段，后因北斗二号出问题调整嫦娥一号发射时间，全系统进入再复查、再准备阶段。

我们组织再次进行窗口搜索、接口协调、任务实施文件修订，各系统组织再复查再演练。5 月 8 日，召开了第四次工作会进行新的部署。为准备这次工作会报告，我有幸随栾总为团长的全国政协海洋经济考察团去了辽宁，时任省委书记李克强还宴请了我们。

2007 年 8 月 10 日，张云川主任主持召开第五次领导小组会，审议通过了工程转入发射实施阶段，会后即召开了进场动员会，这标志着嫦娥一号任务进入决胜阶段。

8 月 16 日，胡浩主任带队中心工作组进驻发射场。17 日，嫦娥一号卫星空运抵达西昌。随后，按照技术流程顺利开展各项工作。由于推迟半年进场，产品质量得到了提高（半年中又暴露、解决了一些问题），人员操作更为熟练，卫星进场后只出现了两个归零问题。进场后，栾总要求我们编写《入场手册》，详细列明各项工作。9月10～12日，栾总率工程两总到西昌看望试验队，检查工作进展。表扬了大家的工作进展、精神状态、团结协作，勉励大家再接再厉，做好双想，确保零窗口发射。9月25日，长三甲遥十四火箭专列运抵西昌，也非常顺利地完成技术区工作，10月4日转至发射区3#工位。10月12日，卫星转至火箭上。

10月2～4日（国庆节期间），新任国防科工委主任张庆伟率领导小组和工程两总到西昌，看望试验队伍，检查准备情况，部署后续的任务线、宣传线、接待线的工作。

10月18日，栾总率工程两总进驻西昌，与我们共同参加发射前的第四次总检查、问题归零、指挥部会、全区合练、火箭加注等工作。这一周，他没再提什么要求，只让我们按部就班地干好每件事。

10月24日18时5分零秒，长三甲遥十四火箭准时点火升空，准确地将嫦娥一号卫星送入预定轨道。之后，卫星在地面控制下，按照预定程序和轨迹飞行，经1次远地点、3次近地点变轨后奔向月球，经两次中途修正（设计3次，取消了第二次），11月5日11时37分完成了第一次近月制动，绕月成功！党中央发来贺电。11月6日、7日又进行了两次近月点轨道调整，卫星进入200km高极月圆轨道（工作轨道）。栾总将嫦娥一号的飞行情况称为教科书式的表演。11月20日，卫星传回第一张月面图像，非常清晰。至此，工程取得圆满成功。11月26日，温家宝总理亲临北京飞行控制大厅为首幅月图揭幕。12月12日，中央领导在人民大会堂接见参研参试代表，并召开庆祝大会。

飞控期间，发生了两次问题。10月27日，VLBI上海站与北京中心中断通信104分钟，原因是突然停电而备用油机还未就位。对此，栾总马上召集了指挥部紧急会议，对中科院进行严肃批评并要求通报，这对全体参试单位敲响了警钟。对这样一个未造成损失的问题如此重视，如此之严，让我震惊，它传递给全系统的就是"严肃"二字。10月29日、30日，载荷连续发生两次单粒子锁定。如何处理，卫星平台提出环月成功前关掉载荷，载荷单位不愿意放弃奔月段探测空间环境，飞控组提出了关掉载荷、间歇开关载荷、只开大容量存贮器、维持现状等 4 条对策，请两总决策。两总在听了汇报后果断决定关掉载荷。对此事的处理，告诉我们什么叫"慎之又慎"。

嫦娥一号任务的圆满成功，标志着中国人走向深空迈出了坚定坚实的第一步，我国从此迎来了月球与行星探测的辉煌时代。

中国首次探月工程嫦娥一号　　　　　中国首次月球探测工程
任务成功纪念海报　　　　　　　　　第一幅月面图像

续章——2007.12.12 至今

嫦娥一号之后，我国月球探测驶入了蹄疾步稳的快车道，2010 年 10 月 1 日发射嫦娥二号再次绕月，2013 年 12 月 2 日发射嫦娥三号实现了月面软着陆和巡视，2014 年 10 月 24 日发射月地高速再入试验器获得成功，2018 年 5 月 21 日发射"鹊桥"中继星、2018 年 12 月 8 日发射嫦娥四号实现月球背面着陆，2020 年 11 月 24 日发射嫦娥五号实现月面采样返回。同时，我国行星探测也在紧锣密鼓地论证开篇，2020 年 7 月 23 日发射天问一号实现了火星环绕、着陆、巡视。

栾总作为我国深空探测的开拓者，在嫦娥一号成功之后，他和几位老总高风亮节，退出了一线，培养年轻一代的工程领军队伍。作为领导小组高级顾问，他仍时刻关心着工程进展，默默地为我们保驾护航。每当遇到困难之时，总是他带一批老专家帮我们查问题、出主意，鼓励支持。对作为落月标志的嫦娥三号、返回标志的嫦娥五号，栾总更是关心。记得在嫦娥三号研制期间，他多次把我叫到办公室，详细询问着陆的方案、动力下降每个子段如何测量判断执行、障碍如何测量规避、涉核产品辐射量怎么计算防护……甚至有一次他来到我的办公室，询问为何三天的发射窗口会是三个月面落点。发射前他亲临西昌，一定要站在最近的地方看发射，听那火箭的轰鸣。12月14日晚，他在北京中心看到成功着陆后，当即扔掉了拐杖，他说，嫦娥三号都稳稳地站在月球上了，我站在地球上还要什么拐杖，从此再没见他走路拄拐。嫦娥五号要用新研的长征五号火箭，对长五和嫦五，栾总亲自担任专家顾问组组长，更是倾注了大量心血。长五遥一发射时，他率专家顾问组来到文昌，为我们把脉、释压、助阵。长五遥二失利，他与专家顾问组多次到发动机设计、生产、试验现场，深入分析，认真把关。经过两年多归零，长五遥三发射他又来到文昌，就像关心病愈出门的孩子。嫦五发射，他率顾问组再次来到文昌，为我们壮行，还赋了一首长诗送给胡浩总师。12月16日，栾总已年逾八十，他顶住了各方劝说，顶着严冬的极寒，坚定地来到冰天雪地的内蒙古四子王旗大庙指挥所，他要亲眼见证样品返回的那一刻，了却他"待到四子王旗会，工程大计好收官"的心愿。那个场景、他在返回器落地后的那番肺腑之言，感动了在场的每一个人，久久难以忘怀。

胡浩

裴照宇

6

谢谢您，栾主任！

■ 张荣桥 [①]

今年 6 月，听说了要给栾主任写传记的消息，我想这一次是有人做通了老先生的工作。前些年提及让他写，他总是委婉地推辞，这次应允了，我发自内心感到高兴。老先生的专业学术论文不下百篇，管理学著作《系统工程》成为经典教科书，但记录他个人成长经历、为国家航天事业奋斗的艰辛和快乐、为人子为人父的常人生活方面的，除了他编著的诗集《村子情怀》之外，再也找不到了。这是一种缺憾，因为我相信老先生的传记绝不只是他个人的生活记录，而是一个时代、航天这个特殊的事业发展的一个缩影，对我们后辈一定有启迪和教育。

2004 年 7 月，我工作调动到国防科工委探月中心，老先生时任中国首次月球探测任务总指挥，有幸在他领导下工作，至今近二十年。他的言传身教，让我受益匪浅，所以当编辑让我写一篇文章说说我心目中的老先生时，我欣然答应了，也算是表达我对老先生的敬意和感谢。

一位平易近人的长者

老先生当过二院的副院长，搞过"杀手锏"型号，当过航天工业总公司副总经理和国防科工委副主任，知名度很高，所以我刚工作时就知道了他的名字。到了探月中心之后不久，老先生召见，才有了第一次与老先生面对面

---

① 张荣桥系国防科工局探月与航天工程中心组建者、我国首次火星探测工程总设计师。

的机会。

第一次到他的办公室，我还是有些局促，坐定之后，他点燃香烟，问了我一句："你抽烟吗?"我点头答复。他随手递给了我一根香烟，我点燃香烟，吸上两口，一下子就让我感觉放松不少。第一次的交谈就在你来我往的相互递烟中进行着。他在了解了我学习的经历、以往的工作、家庭等情况之后，富有激情且非常细致地向我介绍了首次探月工程为什么要搞、如何搞，并语重心长地鼓励我要充分发挥专业能力多做工作、做好工作。这次见面谈话虽是第一次，但我感觉没有任何距离感和陌生感，一个平易近人的长者、一个知识渊博的学者、一个睿智的领导者，这是老先生给我留下的最初印象，随着交往日深，这样的感受愈加深刻。

在之后的工作中，老先生一直像关爱自己的孩子一样，关心和指导着我。2010年根据领导安排，我从探月工程转向深空探测，我牵头组织论证了几年，但由于各种原因一直没能立项，我压力非常大，思想上不愉快。他深知我的处境和思想状况，多次找我谈话，化解我的纠结，鼓励我前行。2016年首次火星探测任务立项，我被任命为工程总设计师之后没几天，他写了一封信和一首诗并装裱在精致的相框中送给我。从信中可以读出他的喜悦和兴奋，信的末尾署名"老战友"，足见老先生的谦逊和平易近人。这首诗既有对我的鼓励又有对我的希望和嘱托，就像一位家长对即将走上考场的孩子那样，充满殷切和呵护。2020年7月23日，天问一号成功发射之后，我电话上显示了他夫人王阿姨的电话号码，接通之后我听到了他熟悉的声音："打得好，祝贺你们!"喜悦和兴奋之情仿佛能隔屏触摸。天问一号成功着陆之后，老先生说可以破例，同我的家人聚会庆贺（"八项规定"之后他谢绝了所有的聚会宴请），聚会时他还特意带了珍藏多年的好酒。席间，老先生说的一句话："你在靶场期间，我估摸着你该来电话了，可是没来，这个时候我就很着急。"让我感动也很汗颜! 他哪只是关心最后的发射成功，从论证立项，到方案设计、试验验证，再到飞行控制，他一直在关心并指导着我们，遇到困难时他帮助解惑并给予鼓励，事情做成了，他与我们一起高兴、欢呼。

一个爱学习且学识渊博的学者

老先生清华大学自动化专业硕士毕业，在那个年代考上清华并且是自动化这个前沿专业，用今天的时髦词来形容他，一定是个"学霸"。出身好再加上几十年一线工作和领导岗位的知识积累，拥有渊博的学识，那也是自然的事。与他交往，特别是在参加了几次由他主持的会议之后，我很惊讶并由衷地佩服老先生看问题的视角、提问题的深刻和广度与众不同，再后来，我明白了他爱学习且通过不断学习而成为学识渊博的学者。

到中心工作之后不久的一天，他叫我到办公室，老先生在看测控系统的技术报告，他询问了工程上关于测距测速的相关问题，让我记忆尤深的是，我们当时还讨论了相速度大于光速的基本理论问题。说实话，离开教科书很长时间了，我有些基本知识和概念已经不是很清晰，也不知道当时老先生对我给予的回答和解释是否满意，没准是"以其昏昏使人昭昭"。之后他对我说："找个时间你给我讲讲课。"走出他的办公室，我就立马投入准备资料，花了一周多时间，我把大学学过的电磁场理论看了一遍，按我的思维逻辑对从麦克斯韦方程到电磁波的传播等相关知识做了梳理，整理了一份材料，还正儿八经地装订成书的模样。约定好了时间给他"上课"，我相信凭他的经历，我整理的资料对他来讲绝不陌生，但他谦逊和认真的态度和作风不是常人所具备的。说实话，这次倒是给我自己上了一课。

工程五大系统中的卫星、火箭、发射场和测控对他来讲都是再熟悉不过的了，要说新东西的话那就是科学载荷了。嫦娥一号配置了8台载荷，在我的记忆中，老先生逐个听了4轮报告，绝非是蜻蜓点水式的听一听，有质疑、有讨论、有建议，逐次深入。我们跟着一起学习，收获巨大，这也使我们养成了"工作就是学习，学习就是工作"的理念。

去他的办公室，经常看到他用计算器推算飞行轨道。我想一是因为去月球是第一次，轨道设计是工程最基本的也是最重要的工作之一，他自然很关注。二是轨道知识相对他的专业来讲是个新东西，按照他的风格一定要学懂弄通。其时，我也在阅读一本比较经典的翻译图书《轨道力学》，感觉这本书逻辑清晰、内容丰富全面，很适合他阅读，就买了一本送给他。没想到他对这本书是那样钟爱，之后的一段时间，总能看到他在认真地阅读、批注、做笔记，俨然是一位在校学习的大学生。更值得敬佩的是天问一号发射后，他让我把实测的轨道参数给他，利用计算器对我们的火星探测器轨道进行了演算，与工程实际符合得很好。我自叹不如，没他学得那么深、悟得那么透。

有一次去他的办公室，他在伏案疾书，凑近一看，老先生在写一篇经济方面的文章。三年前陪同他到合肥工业大学，他做了一个"工程与科学"的报告。近几年，与老先生面对面的机会很少，听他的秘书说，老先生一直很忙，除了相关单位找他汇报、咨询，全部的时间用在了学习上，科学、技术、经济、文化，中国的、外国的，历史的、当代的，不同时代、不同国别、不同领域的书籍，他都兴趣满满，认真阅读，深入思考，提出自己的见地。

在他的身上，真正践行了老先生的一句话：活到老学到老！是我们学习的榜样！

一个战略思维睿智的领导者

我很犹豫，这个话题我是否有资格写。老先生当过多个岗位的领导，官至副部级，但从我看来，他从未离开过技术工作，所以我还是把他当成"技术领导"，从这个角度来列举二三事，肯定不能对这个标题表达到位。

"深空探测"这个词，今天我们都不陌生了，但在二十多年前，它可是个新词，那个时候我们国家只能发射地球卫星，"神舟一号"无人飞船刚刚成功。我又阅读他主持编制的我国第一版《中国的航天》（2000版）白皮书，并摘录了其中的有关部分，在二十多年前，他提出要开展深空探测活动，足见他的远见和前瞻性思考。更有意思的是，月球探测属不属于深空探测，今天大家有了共识，那时是有争论的，我当时不在场，后来听说他提出了一个折衷的说法："开展以月球探测为起点的深空探测活动"，避开了月球探测是不是深空探测的争论，也把深空探测这个发展方向确定了下来，足见他的睿智。

嫦娥一号工程测控系统，使用的是我们国家原有的地球测控站网，当时还不像我们今天的测控站可以对 4 亿 km 远的火星探测器进行跟踪测控。记得是工程进展差不多到了初样阶段，天地测控通信的指标达不到要求，就差 1dB，这 1dB 对工程来讲非同小可，关系到的是任务可行与不可行。他提出了各系统要"为 1dB 而奋斗"，在他的决策下，采取了可行的解决方案，建设 18m 口径天线的测控站，一来可满足指标要求，二来技术不算复杂，周期和经费可支撑。事后证明当时的决策非常正确，及时必须、经济实效。虽然事隔十多年了，但"为 1dB 而奋斗"还经常在圈内被叙谈。

前面说过，在天问一号成功着陆之后，他破例与我的家人聚会了一次以示庆贺，动筷前老先生一口气讲了二十多分钟。他对国家航天事业发展的关心和思考，对我们取得火星探测成功的褒奖和鼓励，句句深刻，字字动情，我们听者更是感动，后悔没有录音留存，但他的关心、爱护、教导永远记在心中。

最后还想套个近乎，衷心祝愿"老战友"身体安康，生活幸福！

张荣桥

7

栾恩杰八十岁寿辰写给家人们的话

亲爱的兄弟的支持、关怀和奉献，是我所有成果的坚强后盾、力量的源泉，荣誉属于我所有的家人。

——恩杰《八十书怀》2020 年 10 月 25 日

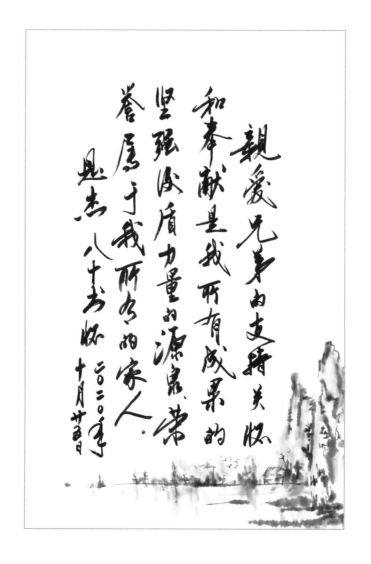

8

栾恩杰八十岁寿辰来自家人们的祝贺

（1）二弟栾恩全及夫人祝词

耕天八十载，

浩宇添一星。

父母深情在，

唯我恩杰兄！

（2）三弟栾新民及夫人祝词

家国一柱，

永保太平！

（3）四弟栾新智及夫人祝词

爷失九马家困顾，

步履艰难与日争。

父驾铁骑战鹤城，

安知利弊运中升。

自古英雄多天问，

未来事业少折腾。

环宇轨道几何求，

追星伴月唤后生。

读中国工程院、航天局给大哥恩杰八十岁寿辰贺信有感而作

二〇二一年十月二十五日桂林

（4）五弟栾新慧及夫人祝词

我有大哥智若愚，

家国忠孝两难清。

读书卷卷皆有问，

破题道道总牵魂。

喜时唤得风八面，

忧时问天是几重。

八十犹忆少年梦，

耕天何止楚天云。

贺恩杰大哥八十福寿

庚子秋月新慧书于桂林花千树

五弟栾新慧及夫人祝栾恩杰院士八十岁寿辰贺词

（5）四位兄弟的祝词印章

家国一柱

永保太平

——三弟栾新民题

耕天八十载

浩宇添一星

——二弟栾恩全题

读书卷卷皆有问

破题道道总牵魂

——五弟栾新慧题

自古英雄多天问

环宇轨道几何求

——四弟栾新智题

（6）栾恩杰及夫人王胜萍写给家人儿女们的回信

宝贝吾女强强、尹键，吾儿曦曦、洪波：

你们的祝福爸爸已经收到，为父八十岁，最骄傲的财富是我有一对好儿女，你们工作、学习、生活都不让为父操心，你们知孝有情、敬老育幼，我有两个有出息、有能力、有爱心的孙女玲玲和璐璐，这是你们给爸爸的最大礼物，为父以你们为骄傲！

祝我的宝贝女儿、女婿、儿子、儿媳幸福快乐、顺心顺利！

老爸老妈 恩杰、胜萍

二〇二〇年十月二十五日

玲玲宝贝：

你从学校寄来的贺礼，爷爷已经收到，并在桂林的祝贺会上告知各位爷爷奶奶，他们都非常高兴，爷爷更觉得自豪。

你一定要注意休息好。身体好是学习、生活、工作的首要条件，爷爷最关心的是你的身体与安全，千万保重。

奶奶的牙已经修理好，等一个月以后就可以装"真"的假牙了。

爷爷一切都好，千万别惦念爷爷！

最爱宝贝孙女的爷爷

我签个名字：栾恩杰

二〇二〇年十月二十五日

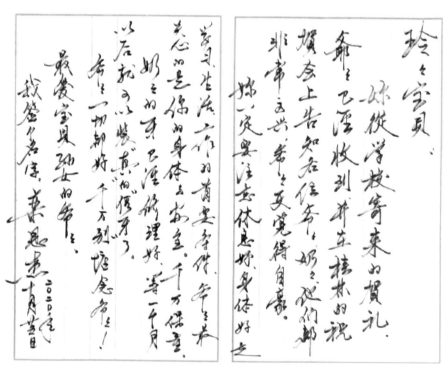

图1　栾恩杰写给孙女栾齐靓的回信

我最喜爱的志伟、亨利、大东、二东、李婕、法春、鹿鹿、泽红、丹丹、苏湘吾侄媳、女婿：

你们给大爷的祝福我已收到，我心幸福愉快、自豪，你们孝顺、知事、懂礼是我们五兄弟的福份。我祝福你们，望你们夫妻间互相搀扶的工作生活、共助共进、幸福满满。你们幸福是大爷的愉快和希望。谢谢你们的祝愿！

爱你们的大爷 恩杰

二〇二〇年十月二十五日

图 2　栾恩杰写给家人儿女们的回信

三、家书与散文

1

百年赋

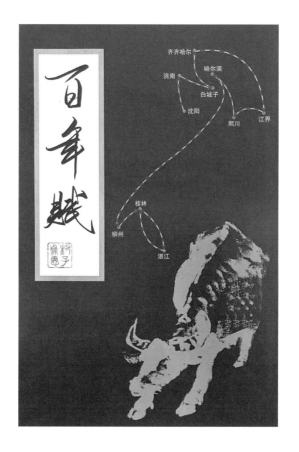

　　民国开元，共和始兴。天光五色旗竖，眠华四兆觉醒[1]。先父于辽金古盛之地、国运转机之时诞辰。吾祖不意双楼畴畈之承，爽弃东室黄甲之荣[2]。北迁洮南以脱居羁之圄，展羽翔游以图龙马之栖。路迢迢兮，难虑荆棘坎途，盼灵泉普润后生之福[3]。气壮壮兮，闯建花香锦地，祈惠风尽抚善和之村[4]。吾祖胸有成墨，精读朱子，家塾弟子满厅；吾父幼学聪敏，格物

箫史，应典师友皆诚 ⑤。学铁骑稳准可对红线路楬 ⑥，掌技艺严励不输东洋匠人 ⑦。随军旅白城保驾军列，夺胜利卜奎勘定胜局 ⑧。赴朝抗美，破敌绞杀 ⑨。江界苦战，熙川觇勋 ⑩。名垂青史，英雄一代。逞边援越，护路支前。柳州急调，桂林压阵 ⑪。重任又履，声誉永存。日昭昭兮，赤骥壹志，肝胆可照日月；山巍巍兮，鹤鸣千里，热血染点山河 ⑫。无私求，任凭调，勤职勤守；染病疾 ⑬，返旧舍，福命福村。先父似响水奔瀑泄世，一路鸣琴，不求知音品律。先父是完人奇伟守志，终抱崒崔，磊落慎独穆心 ⑭。默默于任，奉功纳责，贫居于金途之所。谦谦于行，严己尊人，隐处于巢父之庭。高风亮节，恳呈离休之书，培扶葳蕤后生 ⑮；福寿绵长，怡归天伦之园，再谱清雅新章。吾父质芳而容逊，才盛而形藏。孝贤堪比伯瑜，悌慈酷肖陆机 ⑯。百年德积，风徵楷模 ⑰。谨言身教，励教家训 ⑱：以孝治家，以志立身，以技立业，以诚立风。此为吾祖以先喆为师，力行所为之要 ⑲。五子不违祖训，不辱父命。求庠则品学兼优 ⑳，为仕则勤绩共显。子辈各有所树，无愧先父养教之恩；嫡孙皆有所就，不败比肩纲常之全 ㉑。于国尽忠而诚至，于家睦亲而善邻。虽有形兮不张，践清贫而乐民。储嬬音兮收琴，积文津而增智 ㉒；修济世兮研杵，奉天德而慧心 ㉓。世时悠悠而幻幻，家风蕙蕙而芳芳。蒙先父之光，仰先父之仪，享先父之荣，受先父之运，为先父之子，福慧双修。做先父之子，豪傲情深。时逢中华复兴之期，先父百年诞辰之日，沉思吾家艰辛之路，追忆父亲奋斗之程。先父之容颜犹在、教诲犹存、愈长愈切、愈久愈深。先父所立之志、所创之风，吾辈誓言承而有继，拜向玄圃之巅、蓬莱之灵 ㉔。俯察吾祖不竭血脉之继，耀祖晟宗之光。必坦然安枕，悦目而欢欣 ㉕。有吾祖在天之佑，福满村子 ㉖。麻昱家族，万世永兴 ㉗。是为赋。

公元贰零壹叁年

注:

（1）父亲栾福村生于一九一三年民国之初。"兆"过去将"万万"称"兆"，现称为"亿"。

（2）双楼，父亲出生地，双楼村在沈阳近郊，是一大村，村内本家栾姓为众。"畤畮"指家族之田数。"东室"指双楼村之东大院，是嫡支中较大一户，曾在清朝出过一位举人。"黄甲"指中举，清朝时中举有黄甲之称。

（3）（4）两句含父亲福村之名。

（5）萧史；春秋之人，吹箫可引凤。应典；实现自己的诺言。

（6）楬：读 jie（二声），用作标志的小木桩。

（7）勔：读 mian（三声），勤勉。

（8）白城：吉林省白城市，父亲在此工作。卜奎，黑龙江省齐齐哈尔市，父亲在此工作。

（9）绞杀：指抗美援朝战争中，美军对中朝运输线的集中攻击，美军称为"绞杀战"。

（10）江界、熙川：朝鲜的两座城市，时为两个铁路分局，父亲在此做领导工作。贶，读 kuang（四声），赐予。

（11）柳州、桂林：广西省两座城市，父亲在此工作。逴，读 chuo（一声），指远。

（12）鹤：父亲从齐齐哈尔参加志愿军后调广西，齐齐哈尔因湿地有鹤，称为"鹤乡"。

（13）染病疾：指父亲因病从湛江办事处返桂林家疗养，恰逢文革十年，没有参加各项活动，躲过一劫，甚是幸事。

（14）终抱崒嵂；元代诗人吴天游《述志赋》有"终抱志而莫展"句，陆游《哀北》有"抱负虽奇伟，没齿不得伸"之句。崒嵂，读"卒律"音，意为高峻之状。穆心：静穆之心境。

（15）巢父：相传尧时之隐者，不荣世利。"离休"：党和政府对革命老同志的一种荣誉和责任，辞去现任职务，离职休养之简称。

（16）伯瑜：汉朝人，孝子韩伯瑜。曹植诗《鼙（pi，一声）舞歌灵芝篇》

有"伯瑜年七十，彩衣以悦亲，慈母笞不痛，歔欷涕沾巾"之句。陆机：指陆机、陆云兄弟，北周诗人。庾（yu，三声）信《小园赋》有"机则兄弟同居，韩康则舅甥不别，蜗角蚊睫，又足相容者也"句，吾父与吾二伯父宝村、姑母雪芹共度一生。

（17）风徽：郭沫若先生评王安石诗品与人品的文章中有"其文章道义，可以风徽百世"之语。

（18）敩，读 xiao（四声），教导。

（19）喆，同"哲"。

（20）庠；读 xiang（二声），古代指学校。

（21）比肩：意与"并肩"同，有比美意。纲常：三纲五常之意。

（22）嬿：美好。储嬿意指不外露其风彩。文津：文章与道德的精华者。

（23）研杵：指研制济世利民之药。从"子辈各有所树"及"奉天德而慧心"句，含五兄弟名字"恩、全、民、智、慧"。

（24）玄圃：昆仑山上神仙之所。蓬莱：东海之神仙之所。

（25）晟：读 sheng，四声，光明、兴盛。

（26）村子：表为吾辈系福村之子，我曾将诗集称为《村子情怀》。

（27）庥昱，读"休玉"音，庇荫保护为庥，照耀为昱。

附1：五弟新慧题

谨言身教，励敦家训

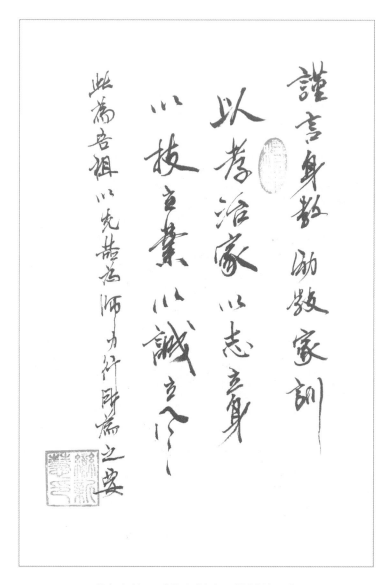

谨言身教，励敦家训（五弟新慧题）

附2：四弟新智作

永远行进在大道上

公元二〇一三年九月二十日，是中秋节的第二天，阴历十六日，我们家一直都兴过十六，因为十六的月亮圆，也因为这一天是慈父的诞辰日。今年，是慈父百年诞辰的大日子，全家都为之准备着：长子恩杰购置了家乡辽宁的岫玉，镌刻了五枚印章，并书写了《百年赋》，以示纪念、歌颂；五子新慧专程从北京回到桂林家，寻找技术精湛的工艺师，将《百年赋》刻在上等的南竹之上，集成竹简之书，意味深长；二子恩全、三子新民、四子新智也踊跃行动，共同筹备父亲百年诞辰的活动事项。举目望去，家庭自主式的纪念活动并不多见，更衬托出我家的家风延伸之纯洁。我们，永远行进在大道上。

一、以孝治家。慈父少年勤奋，读书学技，成年谨慎，养家育子

满韵清风，奉天双楼。一九一三年的中秋节后二天，慈父诞生于辽宁省沈阳市双楼子村一个书香门第之家，从小受家庭熏陶，养成勤奋品格，帮母亲、帮兄长操持家务，帮妹妹健康成长，帮父亲解决生活困难，把孝化成一件件具体的事务，在具体的事务之中勤奋，此乃常孝！在兄长遇到困难之际，慈父挺身而出，放弃学业，主动挑起了生活的重担。那是一九三二年，慈父十八岁，上了洮南铁路机务段，当上了一名为火车头擦洗清洁的擦车夫。

敢于为家庭担当，敢于放弃自己所爱、所追求的梦想，何其艰难，对我辈、后辈何其珍贵。我辈、我后辈未遇到家庭之特困、未尝此种担当艰难，然而今日不得不沉思片刻，做一次追思遐想……

勤奋是孝的指引。慈父在当擦车夫、小烧火、大烧火、司机、检点的十四年中，正是"伪满洲国"、东北沦陷之时。生活之难，难于上青天。上有老，年迈的父母让自己赡养；下有小，长子、次子，其间还有一位女儿。慈父是工友中吃得最差的，不管是当擦车夫，还是当挣钱较多的司机，一直是吃得最差的。但是，他的身体却又是最强壮的、技术是最好的。慈父用强壮的体格、高超的技术尽孝。

慈父，在家里也是一个火车头，在孝德大道上牵引全家。

二、以志立身。慈父方向明确，把握大局，攻坚克难，不屈不挠

方向正确，永不掉道。道，在何方？道，就在这里；那里是哪里，道，在心，士者之心为道。慈父一生按道而行。作为一名火车司机，他一生都珍惜且珍藏着那份一九三六年五月三十一日，由齐齐哈尔铁路局长颁发的《修了证书》，那个《修了证书》是慈父驾驶火车头的证明，也是他准备为大家庭、小家庭明确方向的正式起点。估计，七十九年后的今天，这份《修了证书》是世间的珍品，慈父开始了为全家的牵引。今天，我们幸运的这一切；今天，我们所获得的那一切，明天的幸福、明天我们子孙的一切获得，无不与慈父的方向、大局紧紧地联系在一起。

唯有这志的确定，我们家这列车从洮南到白城，从白城到齐齐哈尔，风烟四起、风云变幻，跟共产党走，党召唤到哪里，家立在哪里。与老美斗，与生命舞，慈父率全家奋斗在道上。下柳州、上桂林、走湛江，工作累、生活紧、亲情浓。一家分四地，一家分五地，全为了一个生活的大目标：幸福与团聚，拼搏与分享。

家庭百年奋斗史、家族千年成长史，无不在时时印证着"以志立身"为正道！无此道，何能忍辱负重；无此道，何能迎柳暗花明，怎敢弃子赴朝。

三、以技立业。慈父心灵手巧，苦学钻研，不图虚名，只求业精

"一招鲜"也好，"金刚钻"也罢，都说的是"真功夫、真本事、真能耐"。哪朝哪代、哪时哪刻都离不开真功夫。功夫，是时间的堆砌，没有时间的积累，就没有功夫。慈父在家休养期间，还主动向北京的老战友索取最新的蒸汽机车的书籍，学习"扁烟囱"的节煤原理，那是七十年代的事。年轻时，慈父开车技术超群，坐在票车上的旅客交口称赞，母亲此时正抱着长子恩杰在车上，母亲笑答："是孩子的爸爸在开车。"那是骄傲着中国人的能力。

做学生，是好学生；做儿子，是好儿子；做哥做弟，是好哥弟；做丈夫、做父亲，是好丈夫、好父亲；做官，做的是好官。靠什么呢？靠的是德

行和能力。慈父反复教育儿孙们：要有毅力、要能坚持，必须沉下心来。以技立家业、以技立学业、以技立事业，慈父告我辈之道在于求精。

四、以诚立风。慈父严肃守则，让人放心，品德高尚，受人尊重

慈父绝不轻易许愿，让很多向他求助的人伤心而去，因为他绝不说办不到的话。"宁愿让你埋怨，我也不能骗你。"这是慈父长期担任党委书记的原则。面对有些"忽悠"群众的做法，慈父深恶痛绝。"做老好人，害己又害人。"而答应的事，慈父总是千方百计、千辛万苦去做，"承诺是金。"中小学校的操场、篮球场的建设，父亲联系车务、机务、电务、配件厂，动员大家帮助建设好自己的子弟学校，慈父的孩子早就毕业，但人家的孩子却仍念栾爷爷的好。桂林地区长期饮水困难，水质太差，慈父义不容辞，多年向铁路局要求改善，局领导来了，让他喝"黄河水"，终于从路局紧张的经费中得以解决。

做子女的，被人家当面赞扬你的父母，那是最幸福的事之一，在桂林的儿子、媳妇甚至孙子辈，受此荣耀的好像只有我们。作为父母，被人家当面赞扬您的儿子，那是最幸福的事之一，在桂林铁路有成千上万的父母，受此荣耀的好像只有我的父母。儿子以父母为荣，父母以儿子为傲，我们家在桂林铁路地区有六十多年。父母驾鹤西行也已二十余载了，至今，仍可在桂林铁路地区听到、遇到此类事情。"我是栾书记的同事""书记给我调了半级工资""中小学还是过去三十七八年前的样子，还是栾书记时的模样"，立诚信之风，方威严、方善良、方秩序、方有道。慈父的诚信来源于爷爷的古籍善本中的道德文章，慈父的诚信来源于奶奶的仁爱教诲、反复叮咛，慈父的诚信来源于母亲的勤劳操持，慈父的诚信来源于儿子们的听话和敬仰。也可能来源于九十二年前的洮南县立一小的一次国文课，也可能来源于八十二年前洮南县立一中的辍学前的最后一堂告别课，也可能来源于七十二年前白城子机务段向齐齐哈尔发出解放号角的声声汽笛，也可能来源于一九四九年底向苏联方向行驶的毛泽东主席专列所要求的安全正点，也可能来源于朝鲜介川上空美军轰炸的命令，也可能来源于哈尔滨那美丽的夜景图像，也可能来源

于柳州那刘三姐的山歌、桂林独秀峰上的青松、湛江碧蓝的海水……

我们赞美父亲，是因为我们做了父亲；我们歌唱父亲，是因为父亲离开我们远去。人生其实真有悔，人生其实真有怨，不论你是否做好了无悔无怨的心理准备，那悔那怨就在你的身后追随，兴许，那悔和怨中的心里有火一般的热情，燃烧着我们的爱的能量，让我们坚强、让我们无畏，兴许，我们空喊了坚强与无畏，那就让我们再次沉思。

想到了吗？父亲的"以孝治家"；

想到了吗？父亲的"以志立身""以技立业""以诚立风"。

这"一治三立"记住了、弄懂了、融化在血液中了，这便成就了我们家的家风。记住我们家是有家教的：家庭中的教养，是祖宗传下来的基因，是几千年的结晶。我们又高兴、又兴奋地提炼出来，由长子恩杰提炼出来。让我们对标、对照，自省、省家人，有了我们家的家教，明确了家风，我们就能立在家里、立在家外，"做个真人，永远行进在大道上。"

敬爱的父亲、慈爱的母亲，永远做你们的好儿女，一代传一代。

新智作

2013 年 8 月 24 日

2

家的怀念

齐齐哈尔老宅

（1）寻根·家训

庚寅重阳，智弟与慧弟赴辽舍故地，据实以察我祖之迹。凡文化之积淀，无不以考证始，然平民一户尚食居不可充沛，何有余思与此乎，想父辈不念祖之往，实为生活之艰难耳。今逢中华盛世，况吾辈兄弟五人皆以爷称，儿孙绕膝，健步老年。家实无忧绪，忆旧乐当年，常究家事细，诸果追滥觞。为此两弟不惧千里游苦，由广西经北京往东北，过洮南、沈阳、双楼子、白城、齐齐哈尔直到拉哈，成此寻根之旅，且天意行诚，竟于兴废迁徙之期，人移鸟飞之地，访得族嫡本姓，获"国景恩"排辈血传，为续写父母百年传承，立不可言替之功，为兄甚喜，甚感甚幸矣。

祖父国汉大人生于大清同治五年，正值大清转型之期，同治四年南京金陵机器局上海江南制造局始建，同治五年福州船政局，同治六年天津制造局相继而成。吾慈祖母先姚氏生于同治十一年，时有清明以来第一家招商局（船舶局）问世。吾祖生而同治中兴见，国人皆以倡工业以救国，师洋务而抗洋。想今日，为兄负强国强军之责，不竟而随一百五十年国之愿也。正当人们在动荡思索中探索帝国出路之初，正所谓"大清有朝难锁户，洋炮震裂门敞开"。在"闭"与"开"，"静"与"动"的选择中，我祖似现今之北漂，毅然举家北上洮南，演绎了国汉一支旗人繁衍生息的奋斗之史。

记史以警世为宗，叙事以传神为要，树因硬干而坚挺，根固而枝强叶茂果厚，河因源丰而水旺，汇聚而江涌。吾上祖传继是以孝治家，以志立身，以技立业，以诚立风也。其集"孝志技诚"四字者，当属我慈母为榜样也。察吾弟恩全之厚重，新民之善贤，新智之诚敏，新慧之仁周，无一不传承于慈母之熏化。

（2）寻找一段文字

一九六四年我读大学四年级，一天，我在上小自习的教室里，读着《仪器零件及结构》（这是一本高等学校试用教科书，中国工业出版社出版，由时为第一机械工业部教材编审委员会编辑，由天津大学、浙江大学、哈尔滨工业大学、华中工学院、清华大学、北京工业学院等六所院校集体选编）。读着读着，突然想起我祖母去世已经好几年了，思念之情油然而生，并在这本书的边框处写下了当时的感想。

此事已过了整整五十年，但我仍然清晰地记得当时的情景，而且我肯定是在读《仪器零件及结构》那本书，但几次翻找总是没有寻到。一旦突然想起来，我都会苦苦地翻那些旧书，盼着能见到那段文字。

昨天，我又整理书籍，将一些多年不读，也不甚用的旧书处理掉，不想翻到那本天大六院校编的《仪器零件及结构》。我相信那段回忆祖母的文字就记在这本书上。书皮已开始发黄，纸张已经变黄（其实那个时候出书的纸本来就有点黄）。我自信地翻着，一页一页地不肯放过。271 页的书已经翻到最后一章"第十五章 精密仪器设计概论"257页，仍不见，我开始感到"可能是记错了"，不经意地往末尾翻着，在261页，全书正文的最尾处，五行钢笔字豁然出现，是它，正是这五行字。五十年，整整五十年，我没有记错。我拿着这本书，给老伴讲这段故事，好一种幸福感！

我将当时写的字录下：

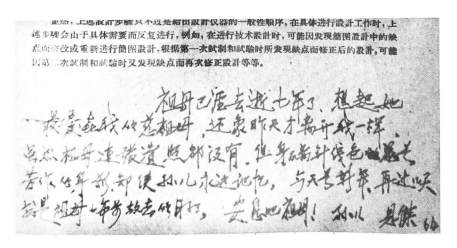

祖母已经去逝七年了，想起她——最爱喜我的慈祖母，还像昨天才离开我一样。虽然祖母连一张遗照都没有，但身不离针线包，总是劳作的身影，却使孙儿永远记忆，今天是新年，再过几天，就是祖母七年前故去的日子了。安息吧，祖母！ 孙儿 恩杰 64

从这段文字，可知写这段文字的时间是1964年1月1日，那几天是学生复习功课的时间，祖母去世的时间当是1957年1月，而且是在1月10日之前，父亲当时在哈尔滨铁路局机务处工作，因工作繁重，没有返齐市家中。

（3）颂慈母辞

说起来很有趣，我家颇以家长式管理模式，祖母如最高首长一言九鼎，伯姑如臣，每每临朝参政，父亲拍板定夺，然定夺必附家长之意，且决策不得伤与众臣。自我出生后，倍受家人贯宠，似一娇子不受羁束。只有慈母需上下左右而周旋之，饮苦而负重，运筹于贪绰之中，保埇于协和之态。我母天资聪敏，视事情透至底，难有不明之处。"父母总是对的"乃吾髫年之律。母亲常以志高者为例，告示于我学之并表厚望于子之意，振宇舅父留学苏俄，母以舅父在"列大"照片示与我，其为傲之情甚溢，此景深固于心，随立志不辍，随难成卓喆贤达，绝不为饕餮之士。俗言有志者事竟成，父母托志与吾，必以母乐为乐，母愿而为之也。慈母举事皆优，不为则已，为则必精。母亲读书，晨五时起，帚屋炊事，忙间伴学，持之年载，成绩斐然。母亲学缝纫机，不两月，制衣可匹成装。我家曾饲一豖，因勤于喂养，岁末竟达二百斤，街邻皆叹之有方。母亲持家捻总量而细分，省毫末以聚薪，竟使家有余额待客，购国债而增息，家人年年有新装新履，个个都满意欢欣，夫上班呈洁素庄雅，儿上学配洋表单骑，父亲严谨从业，一笔规正楷书，一身超群技艺。幼时吾常翻父亲习过之书，多为日文机关车机务原理，以父亲当时的学业基础，竟然不输日本人，将考本超优拿下，足见吾父智力之超群耳。父亲一板一眼的生活态度，精益求精的办事精神，从一业而尽其力，取其精，成其功。吾辈子孙当深为敬仰并立志履承之。

司马光言："鉴前世之兴，考当今之得失。"盖百年之历，吾祖传于吾辈之鉴，实为一诚字也。母亲日常所言所行皆在潜教于斯。为人诚，不可存狡巧；为事诚，不可有捷机。凡事以诚相对，循序而渐进，必有实现之一日。以诚待人，化疏离为亲密，必得众人之扶持。孔夫子教人以仁，实则无诚则无信，诚信不存，焉有和谐之道，在我记忆中，父母从不食言，言信而行果。因此方有同事之友谊，亲朋之爱戴，留世之英名。国有祖魂，家有家风，吾兄弟正是秉承父母言诲身教之训，才有今日些许之能。愿吾子孙皆记以诚立家，并使其光大矣。

俗话云：清官难断家务事。可见理好家事并非容易，而难上之难，以婆媳关系最甚，慈母侍奉公婆胜于父母。其以长辈之命是从，以勤俭持家为责，虽有怨苦而不言，任泪水汲肠也不肯嫁怨与人。将儿女难处之家事，皆揽入自己怀中。自上世纪四十年代后期始，父亲奔波于解放战争和抗美援朝战争，舍家赴外远征，家中只有母亲主持家务，在我孩童的记忆里，从来不知晓有何家庭之忧烦，却时时从妈妈身上得到力量。上小学后我成为家里的文化人，给父亲写信的任务就交给了我，那时我和母亲坐在一张小炕桌旁，妈妈说一句，我就写一句，信的结尾处，妈妈必说："家中一切都好，不要挂念。"让爸爸安心在外工作，妈妈承担了家中的一切。"挂念"二字就是从母亲那里学来的。姑姑伯父视侄为子，他们将一切希望与寄托都放在吾兄弟身上。也正因为如此，在如何教育子女，如何更好安排生活上，亦有不同意见之发表。母亲始终维系这一大家庭的圆满，呕心沥血，用其一生成就一位伟大母亲的典范。吾辈子孙应以有吾慈母而自豪，为生长在这样的家庭，受到这样的大爱教育而感到非凡的骄傲，自吾兄弟成家，吾诸弟妹与长媳皆对婆婆持敬爱、尊崇、钦佩之情，胜萍、清玲、伟英、国红、志新五位儿媳无一不受到慈母的呵护。母亲到哪里，哪里就是温馨之处，和睦之情至甚。母亲像一团火，温暖着儿女之心；母亲似一块磁，吸聚着儿女的身。在母亲那里使我认知：家是安乐之所，是防寒之窝，是觅食之巢。我从家里获取力量，我从家里得到依托。家和乃人生之大幸，慈母则是吾辈托福之人。母亲善化冰萧之域，换得花芳之萋。以和为贵，以孝治家乃父母所传之至规也。其德义必广普与吾家子女也。综之以孝治家，以志立身，以技立业，以诚立风，此四要是吾祖所行鉴之德，是父母百年所期家训也。

（4）念伯父

二伯父宝村，生于宣统元年，正是清末帝崩后薨满清散滞之时，伯父不意求学，寻尽早为家尽力之路。伯父憨厚朴实，寡言少语，肯于做事，不虑劳苦。青壮离家以卖苦力为生，练得一付硬身板，曾长年驾车拉脚，为家挣钱。久之伯父识马性具独到之眼力。家在齐齐哈尔时，一家人少有的一次上街赴馆宴，宴毕乘马车返家，待我等坐好后，伯父见马有异色，告之与马夫："该畜神情不对。"马夫斜视之嗤言道："哼，吾马吾识也。"伯父不语，手扶车沿，犹如督军之马弁，站于蹬车板之上，仍瞪眼注目其畜。不百米，其驾突狂躁而奔，头昂而蹄疾，似有路人劫杀之状。马夫两手持缰，不知是收是放，呆若木鸡，被此突来之景傻却。刹间，只见伯父矫健如狻（suān），一步蹿落地面，扑身如虎，迅及猋马笼旁，冲手拉住马缰，往下往旁只一抖，马蹄顿挫，我等尚未转过神来，马已口冒白醭（pú），被伯父制服矣。赶车人惊叹哽语，下车拜握伯父双手，言意今日幸遇神人也。此事更增吾对伯父之敬重，倍感伯父乃我家保护之神，有伯父在，吾胆气壮。伯父力大，曾在齐铁木材厂作锯材工，干活时需两人将原木抱到锯床，按尺寸精置到位，伯父以肚腹丹田之气，顶送原木入锯，久之伯父推送之功甚厉，两手抬抱之力超人，左邻右舍皆知伯父之功力。一次伯父从齐铁水泥厂下班，购得一捆大葱，总重近五十斤，紧束成一长方形，担于肩上。夜行之中途，觉沿路灯光照射下，有一人影跟随，伯父估计此人来路不善，随慢步待近，对该人曰："小子，别靠近，对你没有好果。"出语虽慢，然语气铿锵，吐字气足，不战而屈人。如若此人不逃而进，伯父可只须一纵丹田之气，必将该顽弹翻于地，一掌搬抱原木之功，也可将其肩骨拍碎。

伯父工作岗位以站为主，常坐而不适。一次伯父问我："你们读书人，总坐着不累吗?""坐着开会真难受，不如干活舒服。"我不解其意，伯父怎么把坐视为累。伯父虽不曾读书，但对原木的最优操作细则却十分晓得，他手中有一本锯切枕木的技术规范，问之数据，皆与书同。我家楼门前有邻居张爷爷之所置条形长椅一对，每个可坐四人，晚饭后，同楼长幼常坐于椅上，谈古论今。伯父只听而少语，到关节处，伯父会畅怀一笑，气愤处会偶尔冒出一句"真他妈不是东西"之类。其爱憎甚敞耳。一日晚，母亲、姑母开居民会，我做完作业无事，伯父言："我出去一下。"当时已是晚上八点多钟，街上已很少人等，过后伯父回来，捧着一纸袋花生，"吃吧。"我看看伯父那慈祥爱怜的眼神，不知伯父要走多远才买到它。伯父看着我吃花生的样子，我仍然记得，此景使我终身难忘。

我上大学时，正遇三年自然灾害。食不饱肚，饥饿难忍。伯父专程到哈工大看我，见我喝高粱米汤粥之馋状，怜之心切，拉着我的手说："走，上街去。"我知伯父之意，告曰："百岁哥哥也在哈工大（"百岁"是我表哥吴文敏之小名）。"伯父言："一起去。"随告之在电机系的吴文敏。三人到南岗市场，伯父为我们购买高价甜食，配以不要粮票的啤酒，我们痛快地饱餐一顿。伯父是老实人，伯父是实在人，他没有留下任何东西，因为他早已都花费在我们身上。他留给我们的是豪爽的性格和坦诚的人格。只有有格之人，才不妄为人世也。正是：

踏实走过人生路，

无欲无求是宝禅。

不患功名与利禄，

留得思念在尧山。

（**注**：尧山在桂林市）

（5）念姑母

姑母雪芹生于民国九年，是年影响中国政态的五四运动爆发，科学与民主两位先生进入了中国的语言词典，中华民族开始了向科学民主进军的艰巨征程。自我记事之起，雪芹姑姑身体即显柔弱。记得我上中学时，姑姑常年以"镇痛片"做保健药物，效果甚佳，获长寿。慈姑母心志极高，思维敏捷，虽无机遇识文断字，但内含文化颇丰，其骨其脉仍不时焕出一股英气。东北地区妇女吸烟者居多，有俗言东北三大怪"妇女叼着大烟袋"为其一。住齐齐哈尔时，我家楼门里各家吸烟者皆为女性，而男人吸烟者极少。闲暇时几位婶婶大娘在一起，谈笑间互相递送友情，伴在生云吐雾中，别有一番情趣。

我家工人成分，是政府依靠的对象。遂将最重要的岗位居民组户籍委员一职交给我们家，姑母是不二的第一人选。姑母成为新中国成立之前齐铁南居宅首批社区基层干部，时在一九四七年，按理当属离休待遇。那时解放战争正厉，齐齐哈尔处后方之重镇，在支援四野打锦州、破沈阳中发挥了重要作用，我记得解放军伤员送到铁路医院治疗，家属做鞋慰问劳军。每解放一座城池，飞机就向下散发传单，我们孩子随着大人欢喜雀跃。而国民党的敌特活动亦更猖獗，特务竟冲进政府大院枪杀政府官员，所以户籍委员有查特辨谍之责，对进入辖区的游走人员要及时观察询问和报告。派出所经常组织夜间的户口突查，姑母则随叫随往，逐户核对。由于姑母的优秀工作，在社区受到拥戴，连年当选，树立了威望和信任。因父亲工作需要，我们家安有电话，由于其他人家里没有，得到电话通知后的传递方式就是站在大院子里喊的"耳朵声纳"系统。"栾姐"之声常于窗外传来，有时我也曾到窗口张望，因"栾姐"之声与"栾恩杰"之声甚同。居民组里不论大小事包括邻里纠纷、家里吵架，愿意找栾姐协调，在这个质朴的年代，姑母的权威往往会起到决定性的调节作用。

五十年代齐铁地区曾发生一起血案。二声枪响，倒下一男一女，地点就在我们居民组的广场上。当时不知是何人所为，担心坏人仍在社区内，待我们看完电影回家聚在奶奶住的小屋里，家里大门没有锁，大家担心里屋是否藏有坏人，遂请公安帮忙查看，然两位警察不敢往里屋走，正踌躇间，姑母挺身而出："我在前面进，你们在后面。"两名公安随着姑母进屋逐床底、拉格看过，大家才放心（拉格：是日本居家房屋里的隔断，拉开来就是大屋，拉合上就是两个居室）。虽此案为情杀，不会有另人藏匿，但姑母临危而不惧的侠气和胆量，让我与在场人肃然起敬。

童年起我既爱看小人书，一次我到街里买小人书，姑母交给我五元钱，待我选好书交钱时，兜里已空空如也，钱已被掏走，十分沮丧的我恨不得揍死这个小偷儿。五十年代的五元钱不是一个小数，心里想不知姑姑会怎样说我，到家后，我悔恨自己没有装好钱。姑母不但没有批评我，反而安慰我，慈爱之心溢矣。

我结婚后的第二年，岳母去世，姑姑担心我没有经历过，且担心孩子的照顾，立即从齐齐哈尔赶到北京。姑姑的到来使我有了主心骨，精神上有了巨大的支持。姑母果断决定将吾女强强带到齐市，以便我们安心工作，轻减家务之劳。长女在姑奶、二爷、二叔、三叔照看下幸福成长。姑母果断处事的作风深深烙印在我心上。慈姑母深恩于我，然吾未尽一点孝道，是桂林的三位兄弟送奉老人。吾欠姑母多矣。在桂林时有一次姑母问我："还记得你奶奶长什么样吗?"我说："记得。"姑母安笑，我知姑母心矣。姑母在五位至亲之侄心中，姑母是不在册的离休干部，是不拿工资的公务员，是长年累月的自愿者，是不称妈妈的母亲。

正是：

姑母其劳、其慈、其侠、其勇，带有东北女性的豪气，显示吾祖吾家傲传之风骨。

（6）我的二弟恩全

察吾辈之名恰与其性情操守质合，秉父辈之所望也。观吾弟恩全，无论学业与处事、公干与持家皆畴措全面，少有偏颇与激纵。裱父亲之矩、煜伯父之淳，有恒心处事待人以德，非一时之奋契而为。童年时曾体弱，但上中学后发奋自强其身，常炼双单杠、哑铃，以增体质，并以皮尺度量其臂径，视察锻炼之成效，可憨可爱之状，为兄至今记得。文革中响应党的号召到北安农场劳动，接受"再教育"，恩全忠诚可信，遂负责农场出纳之职。吾弟常伴钱袋入寝保其分厘不差，叹世事之艰辛，少小离家多迷惑；庆时代之变幻，曾经岁月不蹉跎。吾弟在艰苦生活的磨砺和特殊环境的考验中长大成熟，且透视了社会，全面增长了才干，对那段历史的过程我亦倦游其中，沉浸与斯，唯有持久之坚毅，不息之自强，方能渡困境而达彼岸，足证吾弟之忠之全耳。子曰父母在，不远游。我与新慧弟属远游之子，是三位住桂林兄弟担起孝行之责，伴奉老人以终，尽赤子之孝。为兄于此既欠亦羡。吾为国尽力而不愧，然缺少在父母身边温馨娇闹中的幸福，是为所羡之处也，记得一次春节探家，妈妈拿出一叠崭新的压岁钱，母亲说："给压岁钱啦。"恩全弟抢先上去："先给我。"这句话好似动员令，我们一拥而上，争先扑到桌旁，逗得妈妈开心地欢笑，那一刻母亲的笑暖在我的心里，在妈妈身边我仍然是一个孩子，仍然是一个顽皮的儿子。我真想对妈妈倾诉："妈妈在您身边享受这样的时光太少了。"这突然的感悟，使一个近六十岁的儿子又返回了童年，是这一刻的点击，把我们带进到甜蜜的幸福网络。吾弟恩全学习能力极强，弟妹清玲正是被吾弟恩全学业上的能力所俘，先在桂北铁中任教物理，后在桂林南火车站为政，皆胜任有余。若非"文革"所误，其成就可预知矣。吾弟遇事不惊不悸，不烦不燥。根深者疾风不移，叶茂者遮阳成伞。吾弟承厚重之德，为兄至傲之矣，恩全之孙出世，正值嫦娥工程成功，遂取名"齐玥"以记，吾甚感吾弟之情亲。我念大学时，全班四十多位同学唯我与另一位老红军之子无助学金，六十年代生活极其困难时期，父母每月寄我三十元钱，当时的价值足以养活三口之家。我牢记与此，并誓以好好读书不虚度年华为志，以不辜负祖母之护，父母之爱，姑母之亲，兄弟之望，这个动力是如此之长久。挨饿时没动摇过，劳动锻炼时没徘徊过，困难时没退缩过，失败时没气馁过。这是亲情之力量，这种力量是浸入心田的，这个力量是透入骨髓的。如果说为兄者有了些许成绩，那里面包含老人们对儿女的熏化教育和精心培养，浸透着兄弟们的支持和扶持，我只是家族的一个代表。当恩全把玥玥起名电告于我时，我感到吾兄弟那深深的情义，其情之深、意之切已记在吾后辈的身上。一个没有传承的民族是没有根的，一个缺少传承的家庭是没有望的，其根在祖，其望在孙，有此上下连贯之传承，光显而德旺，业精而家兴。吾恩全弟以全字承之是为不愧也。望吾弟幸福快乐，体健安康，是为兄之所诚祝也。

（7）我的三弟新民

三弟新民为人正直，以善为则，凡事以从善而为，不与人争，不与人忌，凡祈福之人，无不以善入祭。佛曰："善哉，善哉。"即善在其心，以善为始，持善为宗，是以善报而归之也。观世间之百态，虽有风雨之无常，兴衰之瞬变，然其善者终不亏待也。处顶峰而易摧，形尖锐者而易挫，居众可安适，息怒而乐道，是为儒释道三家之成训，民教之根本，人性善恶之争，常为庸人所误，祭千年国史，从周秦至明清，虽有恶者占据暂短之势，但终为立善者胜出。民者大众也，盘巨石以为基，掩丛林以为阴。

三弟与新中国同龄，是吾辈"新"排名之始。吾弟稚年是人见人喜之靓仔，貌美而体健，被齐齐哈尔铁路南居宅地区授"健康儿"称号，家里获"毛主席与少年儿童"宣传画一张，母亲将其贴在家里墙上。父母十分宠爱三弟，记得小时候妈妈曾单独给三弟做一小菜盒的白米饭（菜盒放在大饭盒之中，其长与大饭盒之宽同），勾得我们馋虫蠕动，好不羡慕也。但对三弟的疼爱，我们心里却十分安恬。新民学习踏实，办事细致，东西规置，有父亲那种一丝不苟之办事作风，吾弟处事稳重，善与诸方协和，能善解人意，从不惹是生非，聪明达理，虽有主见但不轻易流露。有时在众兄弟热辩中，直爽的四弟往往会说："三哥也要讲几句"，此时的三弟往往会一语中的，或叉开话题，使讨论另辟蹊径。

少时新民极具音乐天赋，我与恩全、新民常在一起作小乐队之合奏，新民弟唱歌之乐感十分了得，中学时曾作学校乐队之拉管号号手，三弟坐卧有姿，行走健步，一美男子汉。三弟上有二兄，是为好弟弟，三弟下有二弟，是为好哥哥。自吾女强强到齐市后，二叔、三叔视为掌上明珠，心中宝贝，每月发薪首先购得爱女之需，所喜之食。二叔、三叔在侄女心中也具特殊地位。姑奶带吾女到京，一日广播里传出"三种三熟"之语，强强告姑奶"听，三叔三叔"，我笑曰"是熟，不是叔"，瞬感三叔在吾女心中之情深矣。

父亲在哈尔滨铁路局任职时，家住南岗区花园街铁路局住宅区，我家与另一老革命王姓处长住一个大院，我念中学时放假到哈尔滨时，父母为三弟买了一辆小孩的三轮车，一次我推着小车，三弟坐在其上，不慎三弟脚插到前轮幅条中，因用力大，车速快，把脚指拉伤，我看着三弟痛苦之状，我感到闯了祸。可能三弟自己感到了这点，为了掩饰事态的扩大，减轻父母讯问之责，三弟强忍欲哭而止，不显甚疼，吾记忆犹新矣。小小年纪竟有护兄之情。品学皆优的三弟，由于"文革"之误，而没有机会读大学，但炊烟不能久遮村景，金石终要闪光。"文革"后柳州铁路局招考脱产学习的大学生，对这样的深造机会谁也不会放弃，经过严格考试，在不足五名的桂铁地区录取名单中，吾三弟新民、四弟新智竟双中魁榜，曾为桂北地区之佳话，也是儿女向父母交出的满意欢心的汇报卷。近年因医疗故障使三弟视力受损，但三弟以乐观豁达的心态待之，为兄怜之，敬之也。人生就是一场顺与逆的博弈，而胜者即是善于逆境中拨舟顺行之人，困难过后必有大喜之相随。去年三弟被授予"爷爷"的职称，小孩取名嘉喜，正是天道酬善，三弟之福祉也。为兄祝三弟持民之基态，享民之安福，稳情激于怡谧，度幸福之年华。

附：三弟新民文章

<h1 style="text-align:center">爷爷痴迷《红楼梦》</h1>

——灯下随笔

爷爷是在我出生前八年的 1941 年去世的。在老家北屋南屋墙上方挂着他的照片。身穿十三太保纽扣的绸褂，五官端端正正，稍瘦的脸颊，留着八字小胡，看上去慈祥不足、威严有余。

爷爷生长的年代是清朝同治中兴后期，由于社会稳定，家境还宽余，爷爷他受到很好的教育，按现如今的叫法也是知识分子。这就为他喜欢读、评《红楼梦》打下了基础。

《红楼梦》自 1754 年有手抄本，经 1791 年有程甲本刻本等各类版本先后 90 多年传播已风靡天下。正所谓"开谈不说《红楼梦》，读尽诗书亦枉然"。这其中绝不乏爷爷的身影。就是买不起全书，也定要抄它几回才过瘾。

爷爷 1892 年成婚。踌躇满志的爷爷也幻想能有《红楼梦》中那样整日赋诗作画、周旋于百花丛中的生活。何以见得，从他给儿女起名中也就能领略一二了。

1898 年大伯父出生，起名"雨村"，想必也怀有作者一样心情，寓意深远。

几年后二伯父出生，起名"宝村"，恐怕有对宝二爷宝玉情怀和宝钗的贤惠的赞许吧。

1913 年爸爸出生，起名"福村"，《红楼梦》中善用"谐音寓意"之法，爷爷的三个儿子取名"村"也含有"春"之意，并排列也与贾府三位小姐迎春、探春、惜春一样，都在名最后一字。诚然爷爷不想自己孩子与三位小姐那样的命运，所以给小儿子取名"福"字，寓意幸福之命运。就是爸爸这个"福"字还有一佳话，"文革"时，造反派来家中扫除"四旧"。说爸爸"福村"有封资修之意，爸爸笑答，我这是幸福的新农村。爸爸睿智的调侃，把造反派说得连连称是。

1919 年姑姑降生，五十五岁的爷爷对《红楼梦》的痴迷没有丝毫减弱。按推理他应从金陵十二钗的正、副册女子借鉴，可是没有，他认为这些女子之命运均不应是女儿之命运。他给姑姑起名"雪芹"，希望自己的女儿像《红楼梦》作者一样坚强，直到后来，姑姑终身未嫁人，命运好像是有些不顺。

爷爷从喜欢《红楼梦》到痴迷地将《红楼梦》人物名称贯以自己孩子身上的做法，在一百多年后的今天，也不多见。

爷爷就是这么一位时刻追寻新鲜世界、与时俱进的弄潮儿，他明知家谱排序儿女应为"景"字辈，可他就是一个我行我素之人。当然，就这么一位可敬的改革派十足的人才，像武则天皇帝一样，万年将政权又归还李氏家族。到后来又归回传统中来。当大哥出生后，爷爷给他心爱的大孙子起名时又归传统"恩"字辈叫法。

恰恰是这么一神笔，造就了我们家一位百年巨匠，中国航天界精英、大师，"二锅头""绕、落、回"三步走理论的创立者，"老三届"的大哥栾恩杰。

今天斗胆揣测爷爷心意，不知在天的爷爷是捋着小胡子称赞我这个善解人意的好孙儿，还是怒斥我不学无术、胡编乱造，可恼。

倒是应了那句话"假做真来，真亦假，真作假来，假亦真"。

新民

2013 年 9 月写于柳州

（8）我的四弟新智

四弟新智就职铁道部柳州局，主要从事党务工作，对哲学、经济学、社会学颇有研究，且极具兴趣。四弟精于思考，其思绪往往不受固有观念之牢、其论理常常会有新发禅弦之音，故而引人拭目倾耳；1990 年有哲学文章《范围论》送我阅读，诸多启发，有授文解惑之功。

我曾与四弟切磋，就《范围论》一文所及之：（1）表述为"范围论"，还是表述为"论范围"；（2）"客观存在→物质"与"思维存在→精神"的物质第一性表述；（3）"范围"存在的客观性，它在时域上的阶段性表现，它在空间的层次性表现，这种思维的辩证性论述极具新意；（4）从抽象的"范围"分析到思维概念的提炼，都表现了思辨的敏锐性和掌控驾驭观点的能力。

回忆起这篇二十多年前的力作，更使我对四弟的思辨才华而感佩。我对四弟文章的主旨拥护，有些内容尚可再充实善美，那只是些许白璧微瑕，为学者阅，我将其文章只做了一点取舍，刊于其后，供参读。

2013 年 9 月 14 日

附：四弟新智论文

范围论

世界上万事万物无不存在矛盾，人类认识世界、改造世界无不依赖于实践，而人类的实践活动是一定范围的实践，矛盾也是一定范围的矛盾，要正确认识矛盾，使我们的实践更切合客观实际，就应该对事物的范围进行研究，对作为特殊物质范围的基本属性进行认识，只有这样，我们才能更准确地了解每一项事物，对事物范围的科学确定，可以说是我们真心认识了该事物的开端，任何缺乏对事物范围的确定，均不可能把工作办好。

我们从事物运动中的相对静止中区别一事物、另一事物，我们从这种相对静止中确定一事物与另一事物的范围，认识它们之间的界限。范围的基本属性是由于事物在运动中相对静止的性质决定的，我们认为范围的基本属性有三个方面：**范围的区域性；范围的阶段性；范围中子范围的不稳定性以及子范围间的同质性、不同质性。**

下面我们分三部分，说一说范围这种特殊物质的三种属性。

一、范围的区域性

任何范围都有一定的区域，任何一种事物都有它存在的时间和空间，我们认识具体的事物是在一定区域中进行的，我们研究自然中的磁，要从磁场的范围去研究，我们要研究人类社会，要从组成人类社会的范围去研究。离开了这个范围的区域，我们根本无法准确地了解事物。毛泽东主席常常教导我们"具体情况具体分析"就是告诉我们想问题、出主意，不能离开事物的那个具体的区域，不能离开产生那个事物的时间、地点。俗话说：到了哪座山，就唱哪座山的歌，也是这个道理。我们来到这座山却不唱这座山的歌，老百姓听不懂我们的歌，尽管再花气力去唱，也不会有好效果；我们在这座山唱的歌受到了欢迎，如果照搬到另一座山唱，不管那座山老百姓的情况，不问男女老少，以为先前受欢迎，现在必受欢迎，忘记范围不同了，往往此时就要犯经验主义的错误。忘记了我们所处事物的范围，忘记了范围的区域性，事物往往认识得不准，往往感受到事物难以捉摸，不可把握。客观实际中我们常常遇到这种情形：要么感觉到此事情很好解决，不深入了解该事物范围的区域性，用事物的表象去做指导，把事情办糟了；要么一下子又不加限制地把事物范围区域扩展得太广，掺杂了不属于该范围区域的东西，把问题复杂化了，也会把事情办糟。

党在革命的初期这方面的教训是深刻的，由于幼年时期的党不可能对中国新民主主义革命的范围有较统一的科学认识。在吸取苏联革命经验的时候，生吞活剥，照搬苏联在它那个范围所产生的经验，不加取舍地套用在中国革命的范围内，结果使我们的工作受到了严重的挫折。没有正确地确定我们革命范围的范围，不理解范围的区域性，我们就很难避免左倾，或者右倾的错误。在社会主义经济建设中，我们党领导人民取得了举世公认的成就，但是在确定我们建设的范围上，仍然付出了学费。我们由于对社会主义建设知之不多，同时只能照搬苏联的管理模式，用战争时期管理经济的小范围、特定范围的办法管理和平时期全国范围的经济，同样忘记了，或者不清楚这个范围的区域性、差异性，致使社会主义的优越性打了折扣，没能更好地发挥出来。我们讲范围的区域性，讲离开了一定的区域，照搬套用别的范围的理论来指导实践会出现偏差。并不是要否认事物普遍的联系性，我们认为只有在对具体事物的范围的特殊性加以具体深入的了解，才能对更大范围（普遍性）有进一步的认识。

具体的真理，离不开具体真理产生的范围，真理超过了界限，离开了特定的区域，就可能产生错误的东西出来。离开了相对的事物，离开了事物的范围，就不存在真理了。牛顿的经典力学是在低于光速的情况下得出来的，达到光速的范围，牛顿的理论就出现了偏差，爱因斯坦的相对论是在光速的范围内考查的，离开了这个范围，也不是万能的理论。

一事物范围的区域性，是一事物区别于他事物的差异性，对一事物的认识、把握，就必须对于该事物的区域加以科学的确定，把握好事物之间的界限，这样，我们办事情就顺利些，就可能尽快地达到我们的目的，要特别注意，当离开了该事物所处的区域界限，我们就应相应地研究、解决新事物的范围区域，绝对不该用老办法，张冠李戴。

二、范围的阶段性

范围的区域性是从事物范围的整个界限来分析、考察事物的，而范围的阶段性，是从范围内部去研究范围的变化、运动，研究范围的阶段性，是在确定事物整个界限之后对它的进一步探讨，是在事物保持其相对静止，研究内部的运动，这对于人们认识事物，更准确地把握事物的范围是大有益处的。

我们在新民主主义革命进入社会主义之后就碰到了认识其在范围阶段性的问题。我们搞的社会主义，这一点大家清楚了，也是显而易见的：生产资料以公有制为主体，实行按劳分配，人民成了国家的主人，实行计划经济等，但根据我们搞的社会主义，在社会主义这个范围内，我们处在一个什么样的阶段，这个问题是很模糊的，从生产力的各种因素中，从我国的历史发展中，我们搞的社会主义，如何用马列主义作指导，结合我国的具体实际，特别是结合现阶段的实际，我们党可以说是实践了许多年，才能得出了我们的社会主义是处在它的初期阶段，从而较准确地指出了我们社会主义范围的阶段。今天看起来，认识出一事物处在什么阶段并不是一件易事，往往要经过多项实践，在总结经验教训的基础上，才能对事物的范围的阶段有一个科学准确的认识，特别是在吸取教训的过程中，不断修正，确定出范围的阶段，我们对社会主义初级阶段的认定，花了近30年的时间，是在大跃进、文化大革命等多次教训之后，才真正认识到我们搞的社会主义是它的初级阶段。认识事物范围的阶段有什么实际意义呢？我们说，是十分有意义的，比方说我们对社会主义初级阶段的认识区别了初级阶段与其他阶段的不同，在此阶段生产力发展水平不高，必须要发展多种形式的所有制，不能搞单一的公有制，而应该大力地发展社会主义的商品经济，发挥各种形式所有制的长处，坚持几代人的努力，脚踏实地地工作，把初级阶段的事情扎扎实实地办好，任何脱离初级阶段的做法，搞不切实际的高速度、高指标，都将给建设事业带来损失。

"不识庐山真面目，只缘身在此山中"，对事物范围阶段性的把握，有一个过程，为了能尽快地把握阶段性，必须站得高一些，这样才能看得准一些。站在庐山上看不准，应该站在别的山上看一看，或者在飞机上看一看，应该看一看山前，看一看山后，看一看山下，看一看山上，就可以得出"横成岭，侧成峰"的较正确的结论。我们一开始接触事物，不可能一下子就站得高，或是一下子站到云里去了，样子很高，也脱离了实际。毛泽东主席说：错误和挫折教训了我们，使我们比较聪明起来。的确是这样，经过一段时间的总结，我们得出了正处在社会主义初级阶段的结论，在此阶段上，我们的方针、政策、措施就比较地适合实际了。

一事物范围的阶段性，是该事物发展的过程，另一事物范围的阶段性是另一事物发展的过程，事物内部的阶段性有区别，也有共同的属性，相邻的两个事物之间范围的阶段性有区别，（主要的）但也存在某种程度共性。

三、范围中子范围的不稳定性以及子范围的同质性与不同质性

世界的无限可分性，决定了事物的范围也是多层次的，我们在讨论、研究一事物的具体范围之后，还应对组成该范围中的子范围进行认识，这样才可能对该事物有更深刻、更全面的了解和把握。

我们进行经济体制改革，在计划经济的范围里就包含着若干的子范围，其中如何认定指令性计划、指导性计划、市场调节等子范围的区域，对整个国民经济的健康发展，其有重要的意义，随着范围外其他事物的变化，子范围之间就不可能不变化，子范围的不稳定，使我们常常产生错觉。每当在指令性计划、指导性计划的相互增减，我们就可能发出感叹，说政策多变，一会儿认为改革又收了，一会儿又说改革又放了，其实在一定区域的变动，是子范围的一种属性。物质分子保持其物质的根本属性，是相对稳定的，而分子中的原子、原子外层的电子、原子核里的质子、中子，和其他粒子确确实实是在变化着的。整个分子的范围的不变是说物质成为该事物的条件，分子里原子、电子的变化也是该事物成为该事物的条件。主观上认识子范围不稳定性，对于我们对事物获取因势利导的主动权，对于我们遇到问题及时采取相应的对策都是极为有益的。

"知己知彼，方能百战百胜"。作为战争的范围，就应该经常分析敌我双方子范围的不稳定、变化性。只了解自己一方的子范围，不了解敌人一方的子范围，只了解自己过去时的子范围，不知道他在变化，不了解敌人现在

一方的子范围，从妄自尊大，到妄自菲薄，这便是鸦片战争我们输的一个方面。相反，我们对抗日战争的整个范围中的子范围进行了动态的分析，得出了我们将由弱到强、敌人将由强到弱，我们认识了这种变化，加以因势利导，终于取得了那场战争的胜利。

党的建设可以分为基础建设、重点建设两个子范围，随着时间变化，这两个子范围是不断变化的，一段时间我们根据形势的需要，开展一项中心工作，（重点建设）我们在完成这项中心工作的同时，应该注意基础工作，（基础建设）不能抓了一头，忘了另一头，你忘了这一头，这一头就放松了。必须两手抓，才能使党的建设取得全党满意的效果。

我们经常讲某一个事物存在对抗性的矛盾、某一个事物不存在对抗性的矛盾，这指的就是子范围的同质性、不同质性。子范围是同质的，说明子范围间的矛盾是可以通过协商解决的，其事物的发展是呈向上发展的；子范围的不同质性，说明子范围间的矛盾是对抗性，难以协商解决，其事物的发展是向下，呈下降的趋势。

社会主义制度尽管发展了几十年，但仍然很不完善，由于底子薄、人口多、素质差、资源相对贫乏等不利因素的存在，由于一整套有计划的商品经济刚刚开始建立，还有待于发展，由于建设经验不足走了一些弯路，但没有理由说我们这条路走错了。在社会主义生产方式的范围中的生产力与生产关系两个子范围是同质的，有矛盾可以在内部范围里解决。这是由于社会主义的生产目的、生产的方法手段的根本方向是一致的，这是由于生产的管理者、生产者的利益是共同的。

邓小平同志说，社会主义可以办大事。这也是由于社会主义生产方式的同质性决定的。

四、结论

一事物区别于他事物，是我们确定一事物的界限后而确定的，一事物的存在有其存在的一定范围，范围本身也是一种物质，它是客观存在的。就范围的属性来看，其有区域性的特点，我们认识事物，必须通过实践首先了解事物范围的区域性，认识了此范围的区域性，还应该认识范围的阶段性，区域性是从事物保持其根本属性时的相对静止的条件下研究的，而阶段性是研究范围保持其稳定性时又考察它的运动。在考察了整个范围有其阶段的发展变化特点之后，又对范围内的子范围进行考察，认识子范围的不稳定性，也是从范围内的运动变化来考察的，没有子范围的不稳定性，就不会有变化、发展。子范围与子范围之间又有同质的相容的子范围，呈上升趋势的新事物子范围之间是同质的，呈下降趋势的旧事物子范围是不同质的。在实践的过程中，我们尽快掌握了事物的范围，就会有更多的好主意、好办法，如果我们忽视了对事物范围的认识，就不免犯主观主义的错误，表现在政治上可能产生盲目的崇拜或者是时常的动摇，因为他并没有真正认识事物的本身，没有真正了解事物的范围。

一九九〇年六月十四日

（9）我的五弟新慧

我最小的弟弟，他是爸爸妈妈的掌上明珠，我俩相差十九岁，本来应是我照顾好弟弟，实际上经常是五弟关照我。不知什么原因，我总有一种感觉，好像他给父母有过承诺，或者他有种牵挂，让哥哥们生活得更好！要尽一切力量帮助家里和兄弟们几个，成为一个义务。

有人说，人都是自私的，经济学家以此为假设研究经济学的社会现象，我也并不反对这个假定，但我从新慧弟身上看到的是：人是有情的，兄弟是有义的。对家里、对亲友、对同志，他都报以全心的倾注。就是在他结婚成家后，他仍是这样。记得四十多年前，我家住航天部二院宿舍的时候，他来我家，我儿子曦曦突然提出要买自行车，我们还正在议论时，新慧弟立即掏出五百元交给曦曦，他高兴得竖大拇指感谢五叔的支持。这就是我的五弟，他帮人助人是从内心发出的。他敬父母、爱兄长是天生的，从小就养成的。论说他的收入并不是高薪者，但对待家人朋友他从不吝啬。

五弟在岗位时，工作繁忙，负责的工作面广而责重，所以我们见面的机会也不是很多，只是父母来京住五弟家中时，我才抽空到他家——军事医学科学院大院。为了给母亲检查身体，做手术及护理都是五弟和五弟妹何志新负责，我没有尽到大哥的义务，这似乎成了一个习惯，五弟承担了父母在京的一切。这就是我的小弟弟。

新慧弟从小聪明伶俐，帅气儒雅，上小学就当上少先队大队长，学校组织毛泽东思想宣传队，他是主力骨干，我听四弟说，他演过样板戏《智取威虎山》，他学什么像什么。他写字清朗俊秀，在我"散文集"中有五弟的亲笔书迹。他学棋艺不论"楚汉""黑白"（代指中国象棋与围棋），皆可与高手论道。他曾送我棋谱书让我学读。他学歌唱律，韵调精准。凡吾弟所喜欢之事，既作便精。他高中毕业于桂林铁路中学，正赶上国家大学正式招收应届毕业生，他以优异成绩考取中国著名的医科大学，上海第一医学院，这在桂林铁中也是非常满意的成绩。大学毕业后，又报考中国人民解放军军事医学科学院，成为著名药学家徐择邻教授的硕士生。我记得当时有四十多位学者竞争，五弟被录取，父母兄弟为他骄傲。父亲曾对我讲过新慧的学习方法和成绩，从父亲话语里，我充分体会到父母对五弟的喜爱。他在军事医学科学院硕士毕业后，就被留在院里的研究所工作，同时，继续攻读博士学位。博士毕业后，组织又培养他到欧洲的相关研究机构作访问学者。五弟品学兼优，在党的培养和组织的关怀下，做过研究所的科技处处长，研究所副所长，授大校军衔。我以五弟为傲，我与他的同事、领导交谈时，他们对新慧的学识和为人，无不称赞。他同事都是他的好朋友、好战友。这就是我的五弟新慧。

他只要有空余时间，就经常到石家庄军械学院看望我的舅父。上世纪五十年代，舅父吴振宇留学苏联，学习空气动力学专业。回国后被分配到国防部第五研究院（俗称老五院）的空气动力研究院（即现在的中国航天科技集团公司空气动力研究院）。是他跟我父亲谈到应当让我读研究生。舅父是我母亲引以为傲的小弟弟，母亲总是以他为榜样教示与我。舅父听从组织的安排，在六○年代末搬到三线，为祖国国防事业和航天事业奋斗一生，后又调到位于石家庄的中国人民解放军军械工程学院任教授。在我任国防科工委副主任时曾陪军委副主席曹刚川上将到军械学院，在参观学院荣誉室时，看到舅父的照片在"学院知名老教授"的照片展示中。一晃几十年过去了，老人家已经近九十岁了，五弟常去看望他，只要是能力所及，新慧弟都全力投入，让舅父舅母放心。我只是一二年能去石家庄一次，每次告诉五弟他都会自己开车陪同我。这就是我的五弟。

我们两个人的家虽都在北京，虽然每年也就是有限的几次见面，见面次数是有限的，但心里的托付却是无限的亲密。我五弟的小学、中学及小时候邻居的小朋友大多都仍在桂林，大多数也都退休了。有几位小朋友是在柳州铁路管理局所属单位的领导岗位上退休的，有一位是局级领导干部，我每次回桂林，他们知道后必来家看望我。他们称我为大哥，因为都是老邻居家的孩子，他们都称我母亲为"栾妈妈"。我虽然不常与他们见面，但每次见面都十分亲切。他们和五弟的情谊也传递给了我，特别是讲到栾妈妈的往事。他们对我母亲的敬慕是那么真诚，仍然保存那种童真的感情。人们常说"看他的朋友就可以知道他本人"，我见过的这些五弟的小朋友都说话真诚、办事踏实、为人率真。我母亲对这些孩子的关心和疼爱，他们仍然记得。

在我心中，新慧永远是年轻的，但时间的流逝都不顾人们的留恋。有一次谈话中五弟无意中流露出一句话："我也六十了，谁也没有把我当老人"，这句话似乎叫醒了我，五弟已经六十岁了，我反省着，作为大哥的我，是否感到了他也应当得到哥哥们的关怀和疼爱。我为每事都关照我和我的孩子的小弟弟做了什么？在为兄的心中是否存有小弟弟的位置，新慧弟弟在想什么？他是否遇到了什么困难，有什么不顺心的事情，这些我应当想或应当做的，但我都回忆不起来为他做过什么。五弟一个人在拼搏，他一定和我一样遇到过各种困难、矛盾、挫折或伤感，但他从未与我谈起过任何这类问题。经常说的是"大哥放心"，这与我母亲教我写信的一句话"不要挂念"是一个源头，父母和哥哥们都夸五弟是最懂事的。当我们都老了的时候，才真正理解这不仅仅是个懂事就可以表达的，那是五弟新慧心底的善良、真诚，是融入骨子里的品德和人格。他不求兄弟间的回报，只要哥哥们高兴，他会陪你夜谈至深，酒酣耳热，这就是我至爱的五弟新慧。我深深地爱我的小弟弟，真诚地祝福我小弟弟的生活、家庭、子女们幸福圆满。

2020 年 12 月 17 日，我国探月卫星嫦娥五号取回月壤，成功着陆，举国欢庆，五弟更是欢喜至甚，提笔挥就一首《江城子》，贺嫦娥收官。

《江城子》

老夫终发少年狂。别西昌，迎子王*。嫦娥归去，万里靠儿郎。
家国情怀非独有，时不待，干何妨。

回首耕天发已霜。论群儒，百味尝。挂帅出征，备酒银河旁。
今揽玉兔一丝绒，仰天笑，桂花香。

（* **西昌**：四川西昌，嫦娥一号发射地；子王：内蒙古四子王旗，嫦娥五号回落之地。）

接到这首词之后，我很有感触，一是讲老人的心态：要不知老，此即老而不老；二是为国为家皆一意，非独有，即是吾"家国一义"之家风；三是吾弟知吾之心"百味皆尝矣"，"仰天笑"是胜利之凯歌，"桂花香"喻广西桂林之家，告慰亲人之美德。读后激情难以静息，和之与弟共兴。

《江城子》

老夫乘舟度星江。左织女，右牛郎。挂帆摆橹，万里拜娥娘。仙女奔月颂千载，神州梦，敢逞强。

持锄耕天六十载。齿已退，鬓染霜。举杯广寒，桂香溢满堂。珍祯只取一捧土，仰天笑，回故乡。

恩杰和于二月二十八日

2020 年 10 月新慧弟作诗一首，祝贺为兄八十寿，附文如下：

我有大哥智若愚，

家国忠孝两难清。

读书卷卷皆有问，

破题道道总牵魂。

喜时唤得风八面，

忧时问天是几重。

八十犹忆少年梦，

耕天何止楚天云。

贺恩杰大哥八十福寿

庚子秋月新慧书于桂林花千树

此首词为新慧弟手书，我已将墨幅附于文集中。

2009 年是五弟的六十大寿，我写了一首《乐无愁》，为五弟贺寿，今录于下面：

琴棋清婉奏心曲，

诗书灵气越子由[*]。

明理常常胜兄长，

学问不输几貂裘。

亲友临需承己任，

满泽煦暖竞鱼游。

春日和风寒霜去，

天公赐福乐无愁。

兄弟胞情深几许，

仲叔佳话千载留^{**}。

（* **子由**：苏轼字子瞻，又字和仲。弟苏辙字子由，又字同叔。）

（** **仲叔**：指苏氏俩兄弟，二人同榜入士，与其父同为唐宋八大家。）

看到五弟的诗，使我想起苏氏这二位才子兄弟，同朝为官，但因分处两地不能常常见面，故每次相逢必相坐甚欢，论文谈诗，互赠词赋。苏轼有诗《颍州初别子由》，内有"人生无离别，谁知恩爱重"一句，既有哲理，又十分感人，至今读之依然能感知子瞻为兄的情谊。想起我从桂林赴文昌发射场时，我们兄弟举杯预祝工程圆满成功，实现收官之役旗开得胜的情景至今不忘。嫦娥工程十七载，各位兄弟也心悬，盼胜十七载，与为兄同喜同贺，正是"人生无困守，谁知胜时欢"。

（10）孙女栾齐靓的作文

影响我一生的人

我小时候经常住在爷爷家，爷爷爱我疼我，他总是对我笑咪咪的，从来没有对我严厉过。小时候我淘气，有一次我爬晾台的窗户，当过老师的奶奶批评我太危险了，并让我罚站，爷爷就陪着我一起站着。我身体不舒服的时候，晚上睡不着，爷爷就坐在我床边哄我睡觉，直到我睡着了他才离去。我是爷爷的大宝贝。

记得上小学的时候，老师让写一篇作文：你最崇拜的人。我写的便是我的爷爷，写他每天晚上亮到深夜的那盏灯，写他演算写满一摞摞的笔记本，写他在写字台上堆满的书。爷爷家的书房、晾台、走廊、卫生间都有书橱和书架，摆满了各种书籍。他在家里最大的乐趣就是读书和算题，在这样的环境中长大，慢慢地我也爱上了阅读。

在我这二十几年的人生中，每一次学业上的进步都与他息息相关。最令我印象深刻的就是小学三年级学的勾股定理，我被爷爷讲的震撼到了，我感觉到数学的简洁、魅力，其中的奥秘，从此深深地吸引着我。从那时开始，数学成了我最喜欢的学科之一。

初中时，我身体不好，长期在家，为了教我功课，爷爷重新捡起了他多年未用的中学知识。有时他给我讲题我听不太明白，和标准答案使用的方法也是大相径庭，这令我有一段时间对他的知识修养抱有极大的怀疑。当然，现在我知道了那种方法解题更加简单快速，但它超纲了，在我对学习有着生理性厌恶的时候，数学和物理是我能感到轻松的学科，这都归功于爷爷。

孙女栾齐靓自己画的贺卡

大学的专业也受他的影响，选择了我最喜欢的数学。因为我知道，有这么一个人，站在让我仰望又触手可及的地方，他让我明白，所有成功都依靠日日夜夜不间断的努力。对其他人来讲，他是航天科学家，而对于我来讲，他是会对我恨铁不成钢、能坚定我学习的信心、相信一切难题都能解开、一切困难都能克服的全世界最好的爷爷。

很感谢他，支持我的每一次选择，也很爱他、尊敬他，我最亲爱的爷爷。希望他能身体健康，继续他最热爱和坚持一生的事业。

（11）外孙女尹德杉的作文

我们朝向星辰大海

时间总是过得很快，趴在姥爷大书桌上和姐姐一起算题的日子已经是十多年前的事情了。小时候总喜欢周末跑到姥爷姥姥家，早上的时候吃一碗姥姥做的西红柿鸡蛋面片汤后便会和姐姐跑到书桌前，姥爷拿出一早就准备好的算术题，我会拿着削好的铅笔或者捧着对当时的我来说很是沉重的钢笔，在雪白的 A4 纸上画着算着写着。后来忙忙碌碌，拼命生活，时光无情，再次回忆起来我都已经是个大学生了。

2017 年夏天，我收拾好行李准备离开从小生活的地方，离开护着我长大的家人们，自己面对未来五年的医大学习生活，走出舒适圈的恐惧无以言表。姥爷看着无措的我，慢慢地讲着他求学的故事。我很喜欢听姥爷讲故事，他总有很神奇的本领，60 年的电影是黑白的，但是姥爷讲的故事总是彩色的，生动地在你眼前展开，仿佛可以带着你回到那个燃烧的岁月。

姥爷大学时期，是班上的学习委员，他的学习经验，还被刊登在哈工大的校报上，题目就是《栾恩杰是怎样学习的》。姥爷说到这里的时候，把书桌上好几本厚厚的笔记递给我看，满满都是演算笔记的本子，"只有我亲自算过了，我才能安心让他们发射。"这是姥爷一直挂在嘴边的话。

记得有一次陪着姥爷在清华园的书店看到了一本专业课本，最新的大学教材已经跟姥爷上学时用的截然不同了，他买了下来。我当时并没有很在意，直到我都已经忘记了这本书的存在的某一天，姥爷突然拿出了一个笔记本跟我说："给你看看，我刚刚看完那本教材，现在大学生们学得都很深了，我把课后习题都做了一遍。黑色是我的步骤，红色是书上给的步骤。"我顿时感到惭愧，我远不如姥爷学习刻苦，为了中国航天事业奋斗了将近 50 年的他仍然在学习着。扪心自问，50 年后我可以做到这样吗？

很难用只字片语描述姥爷在我心里的形象，他是一个喜欢吃冰棒，书桌上总有算不完的题，讲话时能蹦出一两个有趣典故的可爱老人，也是那个神采飞扬精神抖擞地说出："待到四子王旗会，工程大计好收官"的航天英雄。

我很幸福，从小身边就有了一个榜样，身体力行地教导着我如何为人如何生活如何学习。姥爷说过："薪火相传，航天精神要一代一代传下去，什么是航天精神？坚韧，不放弃，这是中国人的骨气的延续。"我很幸运，学习着喜欢的医学专业，未来作为一名医生，我也会一直严格要求自己，学习着姥爷严谨执着的工作态度。

谢君一腔孤勇，挑起嫦娥奔月之重担，领着我们朝向星辰大海。

3

通信与散文

齐齐哈尔火车站

（1）写给二弟恩全的信之一

恩全吾弟：

今年清明举国哀节，国旗半降，全民沉抑，十时汽笛鸣启。我面南静默，跪于窗前心念祖国尽快脱出百年之一疫，还我中华之乐园。情系吾父母伯姑之灵，愿吾祖在天护持子孙绵绵。昨日看到手机上传来恩全拜祖之照，很为之动情，兄唱一曲送给恩全雅正之。

见恩全拜祖照有感

匍匐一屈拜，

忠孝两恩全。

七十耆老不言老，

正是家训有身传。

以孝治家千古颂，

以志立身气韵阗。

以技立业家运久，

以诚立风盛西园。

吾辈无悔峥嵘路，

曾指太空敢叫天。

而今幼圃已成树，

盈盈笑脸慰心田。

只愿吾弟天天乐，

精气神足处处甜。

——兄恩杰写于庚子春清明

　　我仍在家不外出，有事在家办公。只有非开不可的会我才出门，以为国家节省口罩资源，现在大院里仍管理很严，家里所有一切对外事务皆有你嫂子办理（买菜为主）。

　　祝一切安好！向清玲弟妹问候，辛苦了！

　　恩全给家里出的题，我感觉全答对的不一定多，只要知道有那么一回事就可以了。

　　致顺心顺意！

兄恩杰庚子春于京华

附：恩全、清玲文章

送给哥弟的礼物

——放大镜的品德

放大镜唯一不能放大的是角度，让我们站在这永远不变的角度，透过放大镜，去看我们所走过的每一步，都是那么地扎实、清晰、记忆犹新，让我们会浮想无限……

生活让我们记住了教训，但我们觉得更应该用放大镜千百倍地去看我们所取得的生活经验，如业绩。因为只有这样，我们才能从中得到更多的力量，如宽慰和无限的快乐……

我们更应用放大镜去观看我们孩子的进步，多多地给予他们鼓励，让他们喜欢这个家……

透过放大镜的观看，我们应当善待家中的每个成员，如今我们兄弟五人都已或将步入老年，因此我们更应该善待自己，学会舍去，丢掉头脑中的各种"理想"，真正轻松去享受人生，做到快乐每一天！

这就是放大镜的品德。

恩全、清玲敬上

2013 年 8 月 16 日

（2）写给二弟恩全的信之二

恩全清玲，吾弟、妹：

《知青返城之路》《如歌岁月》读过，文如人品、质朴纯真、真而切、切愈亲。是七十老人的回望，更是二十青年的奋争。为兄感慨至甚。我总觉得少时与恩全共处最长，是最知者，然读清玲《如歌岁月》后，方晓最知吾弟恩全者乃战友、同学、髮妻清玲弟妹也。

人生得一知己，有幸之焉；与知己结秦晋，则玉福之福矣。

我似乎能看到恩全独自一人登车赴福安农场的场景，我在陕西农场时收到过他写给我报平安的信，我也默默祝福他平安顺利。在磨一手老茧，炼一颗红心的年代，恩全挺过来，做出让上级认可的成绩，我清楚其中的艰辛。我不记得给恩全写过几封信，哪怕是问候几句都没有，是一个完全不合格的哥哥！

恩全以其真诚的心，直面被教育的环境，他成熟了，他成功了，调任为农场子弟学校老师，他由一名被教育者成为一位教育者，这个"转身"一定让惦记他的爸爸、妈妈、姑姑、大爷放心高兴，也让为兄感到骄傲。

书中有一段清玲父亲（我应叫张叔叔）到农场看望清玲，夜晚休息与恩全"同宿夜论"的描写，我感觉大有"隆中对"之味，只不过他们谈的不是三分天下，而是论东床招婿，面岳丈之试，告招工之机，启返城之门。恩全沉稳应对，那是品至德积。恩全以"回城也要返乡陪伴"的盟誓，清玲以"此生非恩全不嫁"的承诺携手相扶，搏击未来。我泪在眼中含。这只能在银幕中看到的，圆满地表达在吾弟妹身上，这是我家之精神财富，子孙应传记！

> 赴农场的车，听到铃声就轰鸣着奔走远去：
> 想回家的路，却需要抽丝般的漫长等待。
> 我能懂得，因为我曾经那样的等待。
> 我能明白纠缠隔着时空的关怀，
> 我能明白。

我稍稍懂得你们，懂得了恩全的心胸，懂得了清玲的情怀，动情的往事，让人反复回顾而难以"老化"，正能量的激发是一个民族的希望，家庭也是如此，为兄为你们祝福，为你们自豪！

在桂林工作的那段时期的记述，有父母长辈的呵护，兄弟支撑，读起来轻松快朗，你们为桂林铁路的建设所付出的心血，在你们的心里永远不会丢失，奉献与荣誉不需要别人唠叨，心底的满足是自己幸福的源池。

恩全清玲吾弟，以上是我看你们回忆文章的读书感，从心里祝福你们保重保重！

有志伟、小婕这样优秀的儿子儿媳妇，有玥玥这样可亲可爱的孙子，满满的幸福！我想起于佑任老先生的"不记八九，常思一二"其意为人生不顺、不快之事十有八九，高兴、幸福之事只占一二。这是国民党元老、民国书法家于佑任的人生感悟。丢掉那不快的八九，常常回忆的是那自乐其乐之一二。

我听过一首歌，是刀郎先生写的《爱是你我》，看了你们的文章，我很有感触，让我有种涟漪，仿佛那写的就是你们的故事。

爱你们的、不合格的大哥。

恩杰

2018 年 9 月于京

附：二弟恩全散文

回望我的心路历程

——知青返乡路

小时候，常听奶奶说一句话，我走过的桥比你走过的路还长啊！我当时想，奶奶走过的该是多么长的桥啊！今天，我也可以对儿孙们这样感慨地说了。我现在才明白，奶奶所讲的桥其实是坎坷的路。

1968 年的冬天，必将是我过桥的一段路。我们齐齐哈尔铁路第一中学高二（四）班的大多数同学踏上了北去的列车，响应毛主席接受贫下中农再教育的号召，要奔向福安农场屯边务农了。两年前的 1966 年，我们也曾是高二（四）班的学生，去北京见毛主席，他老人家的红卫兵是多么的风光，我们在北京接待站尽情享受着人生以来的最高待遇，人们都是那样地尊敬甚至是惧怕我们。今天的人们在车站上送我们，是那样地可怜甚至是嘲笑我们。

永远的高二（四）班，永远不会毕业的高二（四）班在亲人的泪水中踏上了名符其实的北大荒，并将是一辈子（**杰评：大哥落泪了，但我高兴着！因为我的弟弟是好样的，是一个能担当的男子汉。因为我也曾有过不知何时是返程的出发**）。

福安农场的全称是黑龙江省克东县国营福安农场，原称黑龙江省牡丹江劳动教养大队，下辖七个分场。规模在黑龙江省属于较小的农场，现如今已划归赵光农场。

初到农场，我们高二（四）班分配在和总场同属一地的一分场。远看高达四五米的围墙，黑沉沉的大门口矗立着比围墙还高出十几米的是警卫岗楼，给路人平添一种威严。走进高墙内，映入眼帘的是一圈的平房，是原劳教人员的住房，在我们去前把劳教人员转走，于是就成了我们几百知青的"家"。

一分场因和总场同处一地，因而无论是硬件、软件都优于其他分场，似乎连我们的身份也比其他分场的知青高了那么一点。在一分场的一年时间里，我下过大地、脱过谷、打过场。最令我望而生畏和让我难堪的农活是打场，如今提起打场都令我周身冒冷汗。

打场的活对我来讲为什么那么可怕呢？究其原因是我的手天生特别怕冷，一般人不用戴手套干上半个小时都没有问题，可我戴着厚厚的皮手套手还冰冰冷。古人云，汗滴禾下土，可我不是那样，是冰凉刺进骨，当然，粒粒皆辛苦是一样的。说实话，遇到这样的农活，我招架不住了。

北方打场，大家在电影、电视都见过，就是中间有个拿着大鞭子赶马的，马后面拉着一个石滚子压麦子或黄豆脱谷。马绕着半径有八九米的圆圈跑，周围铺满带穗的麦子。一般情况由 4 个人至 5 个人捆铺麦秸，具体要求用三个字概括，即快、牢、稳。快：就是捆铺麦秸不能落在马的后面。牢：麦秸要捆得扎实，不能搬动两下麦捆就散了，这是绝对惹人骂的。稳：就是整个脱谷的过程环环相扣，不能脱节。碰到我这个二百五就麻烦了，活还没开始干，手已经冰凉冰凉的，瞧着麦场就如同上刑场，苦不堪言。是马立忠等同学不时地帮助，才让我度过那段艰苦的劳动过程。对同学的帮助，我内心充满无限的感激，又有的是更多地难受，恨自己，咋就这么窝囊，心里暗下决心，千方百计换个别的活。

寒冷的冬天过去了，温暖的春天来了。真是人随天意，我的春天也来了。经分场领导研究决定，让我接一分场二个食堂的会计工作。当听到这个通知后，真是三伏天吃冰棍，真叫那个爽。交接工作进行得轻松和愉快，觉得天空更加的高，分外的蓝。

我的工作说起来非常简单，每天去两个食堂卖饭票，知青食堂人员多，约三百六七十号人，农工食堂有一百多人，当时心里想，这么点活对我一个齐铁一中的高中生还真有点大材小用了。还有一件更让我兴奋不已的事，那就是凡在食堂工作的人员每月只交八元钱的固定伙食费，而我在连队时，每月的伙食费二个八元都不见得够呢，这样得省多少钱啊，这对每月只有三十二元工资来讲，真可算作"天文数字"了。不光吃得饱，半夜有时还可以加点夜宵，如果遇到杀猪，那就更美了。过年回齐齐哈尔，我可以买上很多场里的农产品，豆油、白面、粉条。能为家里分担生活上的负担，这是儿女多么伟大的壮举啊。仅仅几个月的时间，高兴劲就被一盆凉水浇了个透心凉，彻底改变初衷，想离开食堂会计的工作。

每天都是饭票钱票，钱票饭票，几个月下来真有点烦了。这天结账，有点漫不经心的我，清点饭粮票和现金，钱票和现金校准无误，当清点粮票就不对了，整整少一扎，当时，自己还比较镇定，凡应查的地方都查了几遍，还是无果，心里着实慌了，坐在小办公室里冥思苦想，这一天详细的工作情况，就是想不出。

经过漫长的两天，还是没有任何线索，难道是让哪位给顺走了，我倒真是有点顶不住了，思前想后暗自下决心明天向领导如实汇报，领导给予什么处罚，就老老实实地接受。我下意识地整理放钱票的抽屉，似乎在为明天汇报做准备，冷眼瞧见有一扎两面都是白板，就顺手抽出最上面的一张想调个面，让带字的面朝上，粮票五斤几个大字赫然映入眼帘，我又使劲揉了揉眼睛，没错票面上依然清楚的是粮票五斤，再查整扎全扎都是粮票五斤，该死的家伙，你原来藏在这里，满脸的迷茫，我一点也高兴不起来，两天来近五十多个小时没有睡好觉，是在极度恐惧中度过的，对外还要装作无事人一样，晚上别人已进入甜蜜的梦乡，我的脑海中是一堆问号在上下左右飘浮，彻夜难眠茶饭不思、苦闷极了。望着这一扎粮票，心里暗自思量，问自己，难道今后就是在这样环境里工作吗？今天粮票是找着了，如果找不到，那将是怎样的下场，丢人现眼，领导怎样处罚，不得而知。就是同学们知道该怎样看我，真是丢人丢到家了，心里想，这是什么鬼活，给再多的钱我也不干了，暗自下决心，寻找机会一定跳出食堂这个圈子。

时间老人真会捉弄人，粮票之事教育了我，以后的几个月时间里，工作认真，异常谨慎，唯恐再出什么差子。幸运的光环又一次照在我身上，总场管教育的干部邹占龙同志到一分场招教师，不知是哪位高人指路，这位领导径直到食堂找到正在清点钱粮票的我，也没有过多讲什么，非常直白地向我说明来意并问我是否愿意做教师工作？正在苦闷中挣扎的我，犹如在大海中捞到一块木板，没加过多地思考，非常爽快回答："我愿意。"他临走时，我低声地讲："恐怕分场领导，不见得同意吧。"邹占龙微笑地说："问题不大，你就等消息吧。"

没想到，第四天的下午三点多，分场领导带着位年轻人，个头高高的，一双浓眉大眼长得很漂亮的男青年来到食堂，领导对我讲："栾会计，你被批准当老师了。"并指着男青年说，"这是小刘，你的会计工作由小刘接替，这两天你把工作交接完，就去场部报到，你的工作关系已转到场部了，嘿，栾会计从今天起，你就不是咱一分场的人啦，当老师了，你可要给一分场增光啊。"我一脸茫然，不知所措，难道就这么简单？一切都是这的平静，又是那样的自然。当时，我的感情可谓多种成分，有高兴、有迷失、有担心……

我用最快的时间交接好工作，像当初老会计和我交接一样的程序、步骤，甚至必讲的关键的话都如实完整地倒给小刘同志。小刘一脸的兴奋，笑眯眯地，肯定和我当初一样，正幸福着呢。

就这样，我离开了劳动有一年半时间的一分场，离开了我高二（四）班的同学，自己放飞，前面的路怎样？一切都是未知数，皆由自己闯荡了。再见了，一分场；再见了，我的高二（四）班的老同学。

第二天，我和原同校同年段的高二（一）班的潘岫岚同学一起到场部报到。邹占龙热情地接待了我们，他说到："你们来得正好，克东县办了一个教师业务培训班，请的是齐齐哈尔师范大学教师授课，机会难得，经领导同意报你们俩参加培训班的学习，时间为期半年。半年学习期满后，回场部再分配工作。我每个月去一次，给你们送工资，再看看你们俩生活学习情况。"

时光飞驰，六个月的培训顺利愉快地过去了。回农场后依然是邹占龙同志接待我们，祝贺我们俩较好地完成学习培训任务，并传达场部的分配决定：潘岫岚分配到场部中心校，而我分配到离总场有八公里的二分场学校，简称二分校。说心里话，当时我也想分配在场部中心校，场部中心校的各方面条件都是最好的，每个教学班从人数到老师配置都较正规，老师的业务分配相对也均衡。而下面的分校，都有一定数量的复式班，一个老师一堂课要给二三个年级授课，且学生人数又少，给教学带来极大的困难，当时情况再难，也是讲不出口的，嘴上还得表示服从组织领导分配。

邹占龙似乎也感觉到我心里的思想动态，单独对我讲了一些他的想法，中心校老师配置已经是满编满员，而下面各分校存在缺员。领导让我去二分校还另有安排，就是任现二分校的负责教师（分校负责教师就相当于小校长）。听了领导的肺腑之言，我的心里热乎乎的，愉快地接受任务。

二分校的实际情况比邹占龙同志介绍的要好一些，正是这样的安排，使我得到了放飞梦想的处女地，一个崭新的工作在向我招手。

二分校的位址是在进分场路的右手边，进分场首先看到的建筑，就是分校一个长方形的房屋，也是二分校仅有的一栋房屋，办公室和教室一共六间，每个教室可安排小学生二十多人。当时，在校生有一百三十多人。教师连我在内十三人，另外有分场派驻干部两人，一位是工宣队的周同志，另一位是分场的党支部委员，是个女同志。这两位一般不怎么来校，一个月来个两三次看两眼罢了。赵老师待我非常热情，有点让我受宠若惊，不那么舒服，可能是组织的安排。

他也知道，教师中有原分场人员六人，知青教师七人，教师学历较低，真正高中学历仅两三人吧。平时学校的日常管理都由赵老师组织安排，有些事也与支委和周工宣讲一下，我来之后，逢事赵老师总找我商量，搞得我在其他老师面前也有点不自在，这可能就是赵老师在工作中高明的表现。

到二分校第一件大事就是盖老师办公室，依农场的说法，盖的办公室是三间房，从面积上看有三十几平方米。办公室工程本来进行得很顺利，结果让我摊上了一件不大也不小的事。那天快到收工的时间了，我想从房基沟上跳过去，这一跳，很平常的一跳，脚掌被沟边上的一块木板上的大钉子狠狠地从脚掌扎透，当时也不知道哪来的力气，一下子把木板从脚掌上拔下，鲜血立刻涌出，我也管不了许多，快步向五十米开外的医务所跑去。还好，医生和护士正准备下班了，看见我这个样子，马上进行处理。当把胶鞋从脚脱下时，只见胶鞋底结下厚厚的一层血饼，大夫一边用双氧水冲洗伤口，一边让护士用纱布从伤口处塞进，穿过脚掌从另一边拉出，当时那叫一个疼，撕心裂肺的疼，一种生存的本能支持我，生生地挺过来，随后的上药、打针都不算什么了，医生和护士忙活了近一个小时才处理好。天助我也，这回受伤，没有发生任何感染，一个多星期基本痊愈，真得谢天谢地。

经过这次负伤，我似乎成熟许多，同志们待我也分外热情，赵老师把他的四眼狗杀了，专门送了一个狗的大腿，讲让我补一补身体。

三个月后，我得到通知，正式接替赵老师的工作。邹占龙同志宣布决定后与我长谈，安排二个月后在二分校开现场会的事宜，希望我和分场领导加紧沟通，力争把现场会组织好。并一再说明，只要认真努力做了就可以，千万不能背包袱，现场会的目的，是以督促其他分校的工作为主。

傍晚，面对空旷的学校广场，和仅有的一大一小的教室，显得是那么的不协调，怎样办好现场会呢？犹如拿着刚刚烤熟的地瓜，不知如何下口。

正在百思不得其解困惑之际，得知分场副业连要把一块种有三百多棵一米多高的小松树地改为良种田，树苗的去处还没有下落，有这等好事，我马上到分场询问此事，果不其然，场领导正犯愁如何处理这些小松树苗呢？分场主任听说学校要美化校园，非常高兴，并嘱咐副业连负责做好移栽树苗工作。天下竟有这么巧妙和如愿的事，三百多棵一米高的小树苗像绿色小卫士把学校一下装扮得十分靓丽，学校老师和学生们异常兴奋，欢呼雀跃。首战告捷，增添了我必胜的信心（**杰评：首战告捷，值得祝贺，跨沟受伤，此为回报**）。

第二个战役是组织由全校学生全员参加的集体操的表演。为了增加演出的效果，我要求每位学生，一律着白上衣、蓝裤子、白鞋。没想到，这个在城市学校，平常得没法再平常的一个要求，如同一颗重磅炸弹在分场炸开，学生和家长纷纷奔走相告，惹来众多说辞，我是一点不松口，老师们也大力支持，更坚定了我的决心。事情的发展真是让人捉摸不透，一些原本有很大意见的家长，当现场会集体操表演获得成功时，在他们的脸上绽放的全是满意和幸福的笑容，原先的指责和不解已经荡然无存。

我非常清楚，所有这些成功都是孩子们的力量，是他们美丽的童心推动着整个集体操活动的前进，而我和学校的每位教师只不过是做了本应属于我们的工作而已。我收获的是成功和分场领导及教师与学生的信任和赞美。我的个人愿望和想法能变成全分场，上至分场最高首长、中层领导，乃至每位职工和家属的行动，还有什么能与这来相比，我的高兴是从心里最底层发出的，要知道这些举措在二分校乃至二分场都是历史上的第一次。

二分校的现场会开得非常成功，很多家长早早地就来到学校，集体操的队型随着音乐不断地变换，家长们都目不转睛地观看，唯恐自己的孩子做错什么动作，演员和看客是那么的高度一致和统一，当表演结束后，不少家长眼睛是湿润的。现场来的各分校的负责教师和场部领导及中心校的同志都向我们投来赞许的目光。现场会得到上级领导的表扬和肯定，平时不露一点笑容的韩主任也笑了，特别对我说："小栾不错、不错，很好。"从老场长那得到表扬是第一次。我自己也飘飘然了，这是二分场史无前例的大事，在这种飘飘然中，我也昏了头。

一天，分场场部通讯员小张非常急促地跑来学校，上气不接下气地对我说："韩主任让你马上去，有事找你。"我看他这样着急，一时也丈二和尚摸不着头绪，急切地问他，他仍不作回答地说："你不用问了，你去就晓得了。"我一派狐疑地跑到韩主任的办公室，但见韩主任一脸的不高兴，还没等我讲话，劈头盖脸地问我："你给孩子们都喝什么东西，你胆子也太大了。"一下我就全明白了，原来昨天我看到报纸上介绍一种简易汽水的做法，我就依法做了一壶，还别说，口感相当不错，就给同学喝了，人多，我就让学生排队喝。

看我一脸疑惑，韩主任更是加大了批评我的语气，提高嗓门讲："一旦你给孩子们喝出问题，你能担起责任吗。"头一次见老领导发这么大的火，顿时像霜打的茄子，蔫了。将事情的原委合盘托出，认真地承认错误，请求老领导严厉批评。事后老领导语重心长地说："你们还是太年轻了，如果喝出问题，你要后悔一辈子的。"

经过此事后，原本想老人家肯定不会更多地理我了，可事情的发展并不像我所想象的，老人家反而更喜欢和我讲话了，心想这就是俗话常讲的物极必反、不打不相识吧，老人家还特意安排通讯员小张通知我搬到场部会议室和他一起住，要知道那可是全场最高级的地方，有专人烧火炕和烧开水，特方便。

其实老场长也是很好接触的，属于外冷内热的人，一把心爱的小手枪，据他讲是枪牌撸子，时不时地拿出来，擦一擦。有一次特主动地让我摸了摸，枪已经很旧了，烤蓝基本没有了，被他擦得几乎变成亮白色，不过我还是很害怕，仅仅是摸了摸，大冷天，枪冰冰凉。我知道那支枪是他的骄傲，是他的历史，肯定有很多很多的故事，他不愿意讲，我也就不便问了。

提起我们这位老领导还真是有说不完的话，他是典型军人作风，五十二三的年纪，山东人，一米八的高个，腰板挺直，走路带风，他不喜欢办事拖泥带水的，有问题就干脆利索地讲，快刀斩乱麻。分场其他领导都很惧怕他，他最大优点，令人信服的是没有私心，办事讲究公道。我真庆幸在我的农场生活锻炼中，能遇到这样的好领导、好师长。在和他相处共同生活的日子里，他给了我那么多的关怀和帮助，我没有送过他一分钱，是在铁路运校学习时，我在每月十八元的生活补助中花了九块钱给他买了一本厚厚的小说，名字是《金光大道》寄给他，我很想他，他在我的梦中时常出现，福安农场是放飞我理想的金光大道（**杰评：好！良心是遗传的，记住任何一个人的好处，不忘记任何一个人给的恩，好兄弟，做得好**）。

不久，分场政工于干事，让通讯员小张通知我到分场部有事。我心里犯嘀咕，想这又有什么鬼事了，上次老领导喊我到办公室，结果挨了一顿批，一再追问小张，他更是磕磕绊绊地讲不出所以然，五六十米的路走了15分钟还多，到了于干事的办公室，只有他一个人，于干事也是爽快人，见他从铁皮档案柜拿出几份表格对我说："栾老师，请你把这六份表格填上，经分场研究决定此次干部申报有你一个。"是应该高兴，还是应该怎样，退却是完全不可以的，命运的直觉告诉只能先接受下来。我机械地接过表，内心较复杂地填完六份表，也不知是怎样走出于干事的办公室。不能和同学们讲、更不能与学校老师们说，自己坐在学校篮球架下，细细地想，认真地分析，这还算是个好事吧，因为在心里，始终有一个回城的愿望。

俗话说，好事成双。此话还真应验了，填干部登记表，还没过两个星期，还是于干事通知我，分场已经补选我为贫协委员，当时真是全懵了。心里发出呐喊，这都是哪跟哪呀。

这年秋天，打麦场的活已基本干完，一天老场长问我："小栾，新广播操你能不能到连队教一下。"我稍微犹豫了一下，紧接着回答："可以。"他给了我一张新广播操标准图表，并说："后天安排到连队教怎么样？"我又回答："没问题。"我利用两天晚上学习新广播操。

第三天早晨八点准时开始教，宽阔的打麦场上一百多人整齐列队，还蛮是那么回事，连长队前作了简短的动员，就轮到我这个新广播操教练。很多事例证明在齐铁一中毕业的学生潜在素质都很高，只不过没有得到开发而已。我有从初中就练太极拳、剑的习武功底，还有在学校学习长拳的过程，所面对的又是一帮初中生，我是旁引博证，口无遮拦地大讲特讲，拳脚带风，得到极高的评价，事后还真有几个连队的知青到学校，请我教他们练习拳脚，这都是后话。经过三天的教练，我完成了老场长交给我到连队教新广播操的任务，连队干部和知青普遍反映很好，从老场长的脸上我读到了三个字——很满意。

从那时起，来学校锻炼、打篮球的知青就多了起来，我也喜欢热闹，我虽然没有茶叶，就用滚烫的白开水招待这些比我要小六七岁的弟弟妹妹们。通过这次新广播操学习教练过程，我的知名度有了极大的提高，二分场上至老场长、中层干部连队长们，下至干部家属及广大的人数众多的知青都知道分场学校有个十分了得的栾老师。

在以后的时间里，老场长与我关系似乎更近了，他每个星期总有四五天晚上在分场部睡觉，很愿意同我聊一些天南地北的事。我是挖空心思、搜肠刮肚地寻一些他十分想知道但又不知道的材料，口若悬河地一股脑儿地倒给他，看到他十分满意的样子，我很陶醉，因为是我给老场长带来的欢乐。在讲故事中，把我家中的事也告诉了他，老领导听得十分认真，没想到的是，我无意讲述的这些内容，都为我返城做了铺垫。说老实话，那时还真没有这些弯弯绕。现在想起来，唯一的解释就是两个字——自然（**杰注：此可以说是天意，好人有好报！**）。

年底，一直照顾关怀我的老场长韩瑞华同志奉命调福安农场任总场政治处主任。在一般人眼中是平调，权力相对可能比分场少一点，但我认为是提升。后来证明我的理解是无比正确的。在知青上学和返城的关键问题上，老领导坚定地正确执行了国家的政策，合理安排广大知青上学、返城、病退、就业等。如果不是这样，在铁路系统没有一点关系的我，怎能第一批进路局的运校上学。据当时很多知道内情的人说，招生的人是带着名单来的。这不仅让我想起一件事，当初我所谓下乡是"二丁抽一的"，即，我和三弟新民两人必须有一人下乡，另一个铁路才能给分配工作。我下乡了，三弟也真分配工作，当时三弟身患荨麻疹，遇到冷天气在户内还很好，和正常人一样，可是一到外面尤其是被小凉风一吹，周身马上起很大颗的扁疙瘩，脸上脖子裸露部位起得更多，周身极度发痒。现医学仍没有有效的治疗办法，只能是在生活工作环境中选择在室内的环境为好，这也是医生一再嘱咐和要求的。而在铁路上安排工作，众多工种中，养路工的活是最不适宜的工种，但是由于没有人替咱说话，你怕啥就来啥，偏偏就分配三弟到齐齐哈尔工务段，工种恰恰就是养路工，后来据说就是这养路工还不是在齐齐哈尔，原是给沟里工务段代培的，就是说培训后就到沟里的工务段做养路工，那里的冬天气温最低温度可达零下三四十度，而且冷天气维特时间更长，这让三弟怎样去做工，大家说这上哪儿去讲理呀，说到底就是当官的没按国家政策办事，没有人替咱讲话。

试想，如果农场也是此种情况，我还能回来上学，那可真叫白日做梦了。

老场长人虽然调走了，但是家并没有搬，一个星期总能回家一两次，晚饭后喜欢到学校走走看看，找我唠唠嗑。

我还是讲个和老场长的故事吧，是个蛮让我难忘的事。

冬天来了，他在山里买了一车柴火，好大的一车树条子，我主动请战参加卸车。那天，我也不知是中了什么邪了，穿着一双刚刚买的崭新皮鞋就去了，一场"激战"下来，再看我的新皮鞋被树条子割得面目全非了，这双皮鞋可是整整十七块八呀，我心疼得哭的心都有了，连老场长请我们吃的炖老母鸡到底是什么味，一概不知道，唉，我的心爱的皮鞋吆。

后来，我弄清楚了，那些树条尖利无比，都是因为用镰刀削出来的，所有树条的大头都是一把锋利的刀，事后我也想通了，如果不是穿皮鞋，恐怕我这个二百五的脚就得受伤，谢谢上天。

这件事，老场长至今还不知道。

寒冷的冬天过去了。

大东北的初春还是比较冷的。一天，老场长找到我，对我说："小栾，要种土豆了，可我的种子还没有削出来，你能帮我一下吗?"我干净利索地答应下来，并跟他老人家讲放心吧。第三天，我去老场长家告诉他已经都削好了，他满眼疑惑地讲："这么快，你咋削的？"我说："是和学校其他七个老师一起干的。"老场长没有再说什么，从他略带微笑的脸上，知道他很高兴。秋天到了，大田的农作物都喜获丰收。老场长家的土豆当然也是一个大丰收，学校广场外的地种的也是土豆，起土豆时还有一个小小的故事，一个一年级的小同学坐在地垄沟挖土豆，我发现他都挖了很久了，怎么还在挖，忙走到他跟前帮他，这一帮他不打紧，大家猜，发生了什么事，一个巨大土豆被完好无损地挖了出来，后来经秤量，重达五斤七两，成了当年土豆皇帝了。后来大家讲，多亏是个一年级的小同学，如果是大年级的同学就恐怕给挖烂了。

这就是我下乡的农场，在那里每天都会发生那么多美好、令我幸福快乐的故事。我爱我的二分场，爱这里的一草、一木，更爱这里的人，他们是那么的善良淳朴，他们没有城市人的奢望，他们有的只是向广阔的大地索取（**杰评：艰苦中的轻松、磨练里的快乐，善良和淳朴改变着心灵，我的弟弟成熟了！满眼的"爱"！**）。

一九七二年底，三弟新民放下工作，专程来分场找到我，告诉我了一件大事，齐局运校已到农场召生了。

估计全分场没有第二个人知道这样的准确情报啊！

我如同热锅上的蚂蚁，不知如何运作。知根知底的老场长今天晚上不会回来，新上任的分场长又接触不深，怎么办啊？心急如焚的我在分校里急得团团转……我暗自流下了眼泪。

"小栾，遇到了啥伤心事了？"高大的老场长回家来了，我说了打算上齐局运校的想法。"想不到你情报送得及时啊！你三弟成了海娃，送来的是鸡毛信，分场今天晚上就讨论，我帮你！"老场长掷地有声地说。

第二天早上，新场长把我叫到办公室。郑重通知，经分场领导研究决定选送我到齐齐哈尔铁路运校上学。

一切都进行得非常顺利，在即将离开二分场的头天中午，我鬼使神差到分场机耕队睡午觉，不加小心将一个知青的被子烧掉一个角，险些酿成火灾，现场机耕队的知青都安慰我说："栾大哥，没关系，你就放心走吧。"这些小同学，什么时候把我的称呼也改了，我把我的行李卷送给了被子被烧坏的知青。大家说我是"火烧旺运"，我说我是"轻装前进"。

以上就是我的知青返城之路，比高二（四）班的同学顺利很多，知青的故事是我们这代人特有的共同记忆，现在回望返城之路仍然是那样的酸楚。我真不愿回忆，但我却时常回忆，因为那是我的青春；现在回望返城之路仍然是那样的不堪，我真不愿记起，但我却时常记起，因为那是我的付出。

我爱的是我的青春，而不是那场运动；

我爱的是我的付出，而不仅仅是那种艰苦。

我们无悔自己已走过的历程，对得起自己的青春。

（3）写给四弟新智的短文和诗

新智吾弟自幼喜文，攻读刻苦，常面壁吟诵，思维聪敏，心底洁白，细而不琐，有智者之慧，诗人之美，吾兴与其会必有相谈之乐，受益甚多。弟常出人未言之言，未思之思，故难与凡同，我以为言人之言是为学，言己之言是为思，言人所未言之言是为智，则合弟之名也者。论事有表事哲之别，就事论事是为表，就事而论由是为里，以其事而能旁及其它则为哲也。弟于十数年前曾有"范围论"之议，涉宽而及泛，藏大家之锐透哉。为求学，赴柳州拼年华，究清理，获文凭，有国家律师证之所存，后方知此证之难，虽硕博尚不得也。只此一端既可知吾弟之功底。

我四位弟弟皆与我心系之，自嫦娥工程受命以来，对其进展关切尤甚。鼓励之，忧虑之，其情历历如目耳，值工程胜利时，感发极甚，至不捉笔难以舒抑，不言志无以放情，随势顺意，一气呵成，写就一诗送我，题曰"赶上了"，读之如旱洼浸水，玉壶冰心，静池激波，飞燕入室，喜喜然，见其舞之蹈之，呼之唱之，如跃纸上。

受其感，吾亦操管落宣，今日暇闲复读弟之诗，又有新获，特斗胆修改数笔，称为"和诗"，抄录于后，待弟到京时与其同乐以玩。

此记。

2007 年 12 月 29 日深冬

附1：四弟新智原诗

献给恩杰大哥的诗

赶上了

——忘名、忘利、忘我的大境界

在鲜花与掌声中你说：赶上了！

在拥簇与赞美中你说：赶上了！

就好像集市上的老农碰巧得到了顺手的犁耙；

又好像产房里年轻的孕妇在十月一日生的婴儿叫"国庆"；

还好像是迟到的旅客失望中赶到了晚点的列车……

哈哈！

在常人眼里高山仰止，

在学者心中梦寐以求，

十三亿人与五千年的企盼，

在你看来怎敢平平淡淡。

是不是比不上你小时候第一次点燃"二踢脚"那样惊心；

莫不这就是传说中的开天眼！

莫不这就是乘物以游心的大逍遥！

"赶上了"，赶上了赶不上的超越。

"玲玲，倒酒来，璐璐舞起来"，

明月美酒唱李白。

和诗

赶上了

——和四弟新智诗

赶上了！

伟大的时代。

驾驭科学发展的航船，

载着民族的智慧，

驶向光辉的未来！

赶上了！

十七大胜利召开。

曲曲高响的战歌，

振奋精神，

融动血脉。

赶上了！

祖国航天的澎湃。

冲向四百万里的征程[①]，

探剥深空的迷彩，

还却嫦娥的清白[②]。

赶上了！

走进廿一世纪的门槛。

失去的不必追悔，

机遇扑面而来，

抓住这一次,

装进我们的胸怀!

赶上了!

第三个里程碑的碑牌③。

聚得英才一万④,

拼耗精力四载⑤,

是校量?

是比赛?

成就了,

抖抖中华的豪迈!

注:

(1)嫦娥一号到达月球行程近200万公里。

(2)嫦娥曾被人说成"盗药"奔月飞天。

(3)探月工程被认为中国航天第三个里程碑。

(4)参与嫦娥一号工程的有近200个单位、一万人。

(5)从2004年立项到工程目标实现,近四年时间。

附2：四弟新智原诗

如梦令——天路

九转翩翩起舞，

华夏振奋高呼，

四百万里路，

一条彩练拴柱，

天路、天路，

谁晓坎坷争渡。

和诗

如梦令——天路

——和四弟新智诗

敢赴路荒沙渡，

不惧名利赢负。

父母赐平身，

盼翊院墙一柱*，

何处？何处？

授命铺展天路。

栾恩杰二〇〇七年十一月十日

注：翊，读 yì，辅助之意。

（4）写给四弟新智的信和散文《祖父号西园考》

新智吾弟：

世界之疫，世人炼之，我国形势发生根本性趋好的转变，这是党中央习主席英明领导、医疗战线英雄们英勇奋斗的结果，也是全国人民如一人一样行动一致、行动坚决的社会主义优越性之表现，我从心里感到这次疫情的过程，使我们更加坚定了习主席提出的制度自信、道路自信的自信心，不经风雨不识英雄。

今日有暇我写了一段文字《祖父号西园考》邮给您，供您参考批评，作为一个消遣。

不知您的"司机梦"何时实现，凡事不着急慢慢来，我们要的是过程，只要高兴一切都好。

祝您事事顺心、快乐！代问国红弟妹好，您辛苦了！

大哥恩杰 庚子年春于京华

祖父号西园考

祖父清末秀才出身，否则难以在京城周边招徒授课，因而他对国学之识必不弱于当时学者众，且听姑母讲时年每逢换旧符必请祖父为邻友家属写春联，故而其书法亦必出众，他对晋王羲之"会稽文贤于兰亭"必熟知于心，类似这种文会在北宋时也曾有过，那是以苏轼、王安石、秦观三位杰出秀才们所演绎的，特别是秦少游，他秉持自性，常以己度人，他终身奉苏轼为师。秦观作《黄楼赋》，苏轼赞他"有屈（原）宋（玉）之才"。秦观在《别子瞻》里有"我独不愿万户侯，惟愿一识苏徐州"的句子，可见两人之识深情重，苏轼能以真诚去尝识一位年青人，与他成为忘年之交，也是一篇佳话。我讲这一段苏秦之交是为引出秦观的《望海潮·洛阳怀古》。东晋永和九年是公元三百五十三年（353年），癸丑年在会稽山阴之兰亭。当时的名流文贤者有 42 人，共赋诗 37 首。王羲之书《兰亭集序》，从此之后多有类似的集会。北宋元佑二年（1087 年），宋英宗的驸马爷王诜（shen，一声）在汴梁的西园家里搞了一场集会，史称"西园雅集"。王诜请来的嘉宾包括苏轼、苏辙，以及苏门的秦观、黄庭坚、张耒（lei，三声）、李公麟、米芾、蔡肇等当时的书画名家，其中的李公麟所绘的《西园雅集》最为著名，可惜其真迹早已失传，但其画风画意却被后人广为继承，其中有明朝大画家仇英的《西园雅集》、赵孟頫的《西园雅集》最为出色。赵孟頫的作品现存台北故宫博物院，传说米芾曾为李公麟的《西园雅集》作过一篇记，但是否为米芾真作，现代人尚有争论，在这篇《西园雅集》中有这样一段文字，我抄录如下："嗟乎，汹涌于名利之域而不知退者，岂易得此耶！自东坡而下，凡十有六人，以文章议论，博学辨识，英辞妙墨，好古多闻，雄豪绝俗之姿，高僧羽流之杰，卓然高致，名动四夷，后之揽者，不独图画之可见，亦足仿佛其人耳。"

所以，西园之说是以兰亭之聚始。西园之会兴，它表达世之文人雅集之豪爽、谈笑之隽慨也，吾祖父想必以此为由取其为号也。

现在我们可以说秦少游的词了，若干年之后，秦观再游洛阳西园。此时当年雅集时的人物中有一半因苏轼的政见一案受到牵连。想到伤心处，少游难却此情，随写下一首《望海潮·洛阳怀古》。我将这首词的下半阕抄在这里，供研赏：

《望海潮·洛阳怀古》秦观作（下半阕）

西园夜饮鸣笳。有华灯碍月，飞盖妨花。兰苑未空，行人渐老，重来是事堪嗟，烟暝酒旗斜。但倚楼极目，时见栖鸦。无奈归心，暗随流水到天涯。

就这首词，我们可以回放我们家的过往历史。祖父离家携子远往北行，其内情中是否有"碍月妨花"的拘束、感到行人渐老及事堪嗟的彷徨，是否已经决定随着流水去闯荡天涯，实际上祖父一家也正是顺辽河到洮河的一路顺水而行，好似少游的这首词正应了祖父的安排。正因如此，我考证祖父应当教授过这首词，西园在他的脑海中是一块圣地也！

这里有一个谜结尚未解开。祖父是一位红楼学者，在他年青时，尚无"红学"之说，但对其考证之风可能是有的，既然将自己的儿女皆以雨村、宝村、福村、雪芹为名，那西园亦应与红楼的佚事相关，真的会找到一些线索吗？近一年我一直关注这方面的资料，我将所见史实梳理一下。

曹雪芹写红楼是以一个纨绔子弟的角度，审视其家族由盛而衰的一个深刻感悟。它与清代三大名著之其他两部不同。《聊斋志异》从一个失意的读书人蒲松龄的视角观察，《阅微草堂笔记》则是从一位封建王朝的高官纪晓岚的才子眼光去阅读这个社会的。所以三大名著各领风骚、各聚粉丝。恰恰是曹家之变才产生了一种巨大反差的触发，成就了曹雪芹文学巨人的锻造。他的先人与清朝初年的皇室关系，世人之多多考证。其祖曹寅系江宁织造衙门的执官兼任两淮巡盐御史，都是当时的所谓肥差。康熙帝六次巡视江南，曹寅五次承办接驾大典，其中四次在江宁接驾，一次在扬州接驾。特别是第三次南巡时，康熙从杭州回程江宁、驻跸曹家，看望曹寅之母（康熙儿时的保姆）见面时言：此吾家老人也，还亲自书写"萱瑞堂"之匾额赠送给这位"嬷嬷"，可见曹家在康熙朝之位置。上述内容载《清稗类钞》）所谓稗，类也，即琐碎之事也。不幸在康熙五十一年（1712 年），曹寅病逝，身后留下巨额亏空，江宁织造衙门亏空 9 万两白银；两淮巡盐上亏空 23 万两白银，合计 32 万两白银，曹寅临终前跟他的小舅子李煦（读 xu，四声）说："无资可赔，无产可变。身虽死而目未瞑"。伏枕哀鸣。当时的 32 万两白银按米价折算可合今日的 2 亿多元（清时江南米价最好的米每石 8 钱银子，则 32 万两白银合 320 万钱，除以 8 钱得 40 万石米，当时的一石米合现代的 180 斤，故合现代 40 万石 ×180 斤 / 石 =7200 万斤，现在每斤好米售价是 3 元人民币，则总共价值 7200 万斤 ×3 元人民币 / 斤 =21600 万元人民币）。曹寅有如此巨大的亏空，康熙帝是怎样处理的呢？他在曹寅小舅子李煦的《李煦奏折》上批示，同意由李煦接其曹寅的班，任两淮盐御史，所得收入除应缴国库外，多余部分为曹寅补缴亏欠，且告戒：惟恐日久尔若变了，只为自己，即犬马不如矣！康熙帝不但没有追究曹寅之责，还自掏腰包送曹寅的子辈曹颙（读 yong，二声）一个"大皮夹子"——3 万两白银,让他将自己家的私人借款还上,其余的由李煦在两淮巡务用账上还。康熙不放心又接见曹頫,让他回去将康熙南巡期间驻跸所费之工程款重新核算,看有否漏项,再给予补销。

在这段公案中所谓的工程款指什么呢?在迎驾活动的建设项目中有一个"两园"的工程。在江宁织造府署修建西花园,曹寅在西园内修建房屋、挖河、堆泊岸,共用银 116597 两多,为修建亭子、船只、雨搭、帘子等项又用银 77885 两余。总起来为建西园花费 195000 余两银子。可以想象曹家为五次迎驾将耗去多少。当时两淮巡监的收入扣除上交国库之后,纯收入可达 55 万~56 万两。所以康熙帝以收入去补亏空还是可行的。

事情到了雍正朝感情就没那么深了,雍正六年(1728 年)曹寅嗣子曹頫(读 fu,三声)因经济亏空、骚扰驿站、转移财产等罪被革职抄家,此后曹家迅速败落,子孙流散,落得大地白花花一片。这段历史则由曹雪芹表述得入木九分。说到这,我们是否可以说,曹家的败落中有西园一事,作为一因,我则由此考证,《红楼梦》一书中元春省亲是否是指康熙南巡而所谓之"大观园"即是曹寅所建之"西园"呢,且西园的楼阁、亭廊、小河、游渡都是大观园所描绘之景,所以西园即是大观园这个判断是能够成立的。只是我们不是"红学家",人微言轻,不足为论。但是我祖父起号西园而考则是为一家独识的。如果这个考证合乎逻辑,它就有存在的可能,也旁证祖父对曹家的历史也是知晓的。

今年世界有大疫,我自己隔离,不能给社会管理添麻烦,浪费口罩,所以除有关航天工程的会之外,我一般就不出门,一切生活需求只由老伴出行,还有班上同事们帮助,一切都好。

这个《祖父号西园考》只是一些附会的穿凿,不一定准确。然世上考证之学,正是由于其不准,才更有共研讨之魅力也。

如果认同西园乃红楼之大观园,则祖父之号与《红楼梦》情结之迷亦就可以解开了。

不知可否。

自家言自家,错了也不差。只因敬先祖,寻根圆梦话。

（5）写给四弟新智的信和诗《乐回乡》

新智吾弟：

下月我又要回桂林，一晃就是一年了，想起回家又把我拉回到六十年前。人老则多忆旧，我于疫情在家多有闲暇，为这次到桂与吾弟见面，我准备了多首诗，一是忆齐齐哈尔老家，一是忆桂林老宅和新居。原稿送你保存，我再复印几份给几个弟弟。

对这几首诗的说明和解释附后，如有修改可告我。

我的少年时代是在齐齐哈尔，所以我感觉一个人的少年记忆是有极强的回忆性的，比如咱们家窗前的那棵大杨树，那是我放学回家放自行车的专用停车场。大乘寺离家有三四公里，每年都搞一次全市性的大集，二伯父把我放到他强有力的脖子上，从家一直走到大乘寺的门口。那时沿路很荒凉，寺院的路口处有一座水泥的大门廊，横梁上有黄克诚大将的题字"西满革命烈士陵园"。前几年我回齐齐哈尔到过大乘寺，那里已成了一大景点。我问起那块横匾，齐市领导讲已经将其收藏。

我常把齐齐哈尔叫老家，把白城子叫出生地，白城子已经不清晰了，只是一点点朦胧的片断，六岁后的记忆更深刻些。

《乐回乡》是写桂林的新居，我常称新智家居处为"老宅"。那是父母从壮年、老年到终年的神圣之地，是新智、新慧弟成长、奋斗之地。所以我们回桂林就是回乡。而且是我们兄弟聚会、叙旧及傲忆家风家学之所，纪念先祖圣德护嫡之地！

为此我第一次斗胆试作一首七律《乐回乡》。我先写一份草稿，然后改成押韵的古诗；第二步是将格律不符的地方修改一次。放过几天后，我再看一下是不是像一气呵成的顺流而下，是不是还有太过显眼的拗口、涩滞的句子。

其中"怎得句"第六字"乡"字是平音。"耄耋句"第三字"花"字是平音，与律不符，但这是律诗允许的，故而保留。当格律满足，其诗的好坏，就只是作者的意境和词藻的运用了。

但愿你能喜欢。

祝吾弟一切安好，顺心幸福！

问弟妹国红好！

恩杰书于二〇二〇年八月廿二日

乐回乡

桂林居

秋月吹送微风爽，

俯观妪童画里游。

窗下点绘一池水，

坐椅高依九丈楼。

贤妇*不置怀亲景，

怎得归家忆乡愁。

耄耋花甲胞兄聚，

喜满家学乐厚酬。

同气连枝恩杰庚子秋月于京华

注：贤妇指你嫂子胜萍。

（6）忆齐齐哈尔的老家

老家——卜奎记事

白糖罐，铁把（儿）青，
大民屯香瓜甜透心。
和平路的水、南局宅的云，
大乘寺钟声有童吟。
家乡家雀（儿）鸣家树，
家乡人唠嗑家乡音。

熟悉邻老多仙古，
不识稚少问疏亲。
哪想离家似昨日，
今天回首已八旬。

世事沧桑容颜改，
细寻点滴旧遗痕。
弃旧耸新楼林塔，
有乡无家情飘云。
幸留老路格律在，
尚能勾起少时吟。

同气连枝恩杰庚子秋月于京华

（7）在桂林时写的诗

为书画而作

遵四弟嘱为吾妻所购的山水画写个提跋，我拟了几句，不知是否可行，请新智指正后再誊于画上。

木舢渔家晚，水幕连炊烟，

桂花香村树，点红缀瑶潭。

群山牙峰险，疑是又三千。

画意思幻梦，梦境在人间。

栾恩杰 赏画书

庚子秋月 桂林居

公历二〇二〇年十月十二日

乐天伦（一）

——想兄念弟可敲门

老宅景旖包浆厚，少小情纯忆境深。

吾辈渐成耄耋态，儿孙绕膝乐天伦。

家乡置屋亲人近，想兄念弟可敲门。

三年不改为孝子，至今坚守是树人。

乐天伦（二）

——七星岩下伴婚纱

幸逢中华双节庆，喜聚桂林五弟兄[①]。

中秋软风游客爽，满城尽落木樨花。

四弟笑指芭蕉树，七星岩下伴婚纱[②]。

岁月悠悠风雨过，青茶盏盏忆年华。

注：

（1）2020年10月1日，国庆与庚子中秋节巧遇一天。我与五弟新慧从北京赴桂，恩全、新民弟从南宁、柳州返桂，四弟新智守老宅主持聚会事宜，并亲购五把口琴送吾五人，意唤起少年时之童心。

（2）五十年前，吾与妻来桂林结婚，曾与父母、兄弟到七星岩，并在毛主席塑像前留影作结婚照。

乐天伦（三）

——游靖王宫

漓江墨染独秀笔，

绘出天地桂花季。

昨闻山涛瀑布响[*]，

今游靖王南宫帝，

观罢世景悦人眼，

更增香氲品心蜜。

村子情怀 恩杰书于桂林居庚子秋月

注："昨闻山涛"指此次回桂，四弟、五弟带我到义江之农家乐所见之大雨后山下洪泄之势。

诗外话：总想给四弟新智写首诗，他是很有性格，多才多艺的政论、法律、财政和论理方面的学者。但他很少将其作品示人，见诸刊物。他的诗歌作品颇多，可见景而诗，出口成章。这与他少年时就喜爱文学，曾独自面壁咏诵长文有关。他在桂林长大，这里是刘三姐的故里。山水育文人之地、歌王之乡，在吾弟身上卓有表达。

4

与领导、友人、同事之书文

（1）与航天部老领导李明实副部长的书信与诗文之往来

李明实同志（1918 年 3 月 –2019 年 1 月 31 日）是我的老首长，他生于山东泰安。1931 年 4 月参加革命工作，同年冬加入中国共产党，1982 年 12 月离休。原第七机械工业部副部长、党组成员（部长级待遇）。

李部长酷爱诗文、古碑名帖，书法作品多次参加展览。其诗作刊在《澄霞诗词选》《神剑冲天耀——国防科技诗词选集》和国防报刊中。离休后钻研中国书法美学理论，善榜书，作品参加第一、二届国家航天工业部神剑美术摄影书法展等。作品被收入《百名著名老书法家作品集》《全国百名公仆书法作品集》《中国书法选集》等书画集，部分作品被中国人民革命军事博物馆、朱德铜像纪念园等单位收藏。

李明实部长诗

恩杰同志：

　　因为您任务重又忙，虽近却不愿打扰，今得悉当选科协副主席，对推进航天科普是大好事，谨致贺意：今年佳节接连奉上拙句请指正。你我同好，也聊表共同庆贺吧。祝绕探顺利！

　　致以敬礼！

李明实

艰苦创新勇向前

在纪念航天创建 50 周年，同时与国人共庆党的诞生和长征胜利时，勿忘艰苦奋斗，勿忘戒骄戒躁和肩负的历史使命，愿共勉之。

> 迎来母亲八五寿，
>
> 跋山涉水七十年。
>
> 建国计划方开始，
>
> 航天历经万八千 [*]。
>
> 硝烟雷雨漫长夜，
>
> 风和日丽艳阳天。
>
> 烈士鲜血着花美，
>
> 艰苦创新勇向前。

二〇〇六年五月二十五日

注：中国航天发展 50 年，计 18250 日。

栾恩杰回信

李老五月二十五日寄诗很受启发（见诗原件），我写了一首七言古诗以纪念党的生日。

诗中"苍风热浪"指十月革命胜利及马列主义传入中国。"悍雪"指旧社会之苦难，"傲骨豪放"指李老之诗。

> 七月战歌铺新路，
>
> 后辈高唱续当年。
>
> 记得苍风热浪起，
>
> 吹佛悍雪落泪残。
>
> 难忘长城刀光影，
>
> 至今尚存溅血寒。
>
> 耳边常送婉约曲，
>
> 独赏傲骨豪放篇。

栾恩杰

二〇〇六年六月八日作

657

李明实部长诗

恩杰同志：

送拙句指正。我高兴地注视着探月、航天龙头作用展现。祝安康胜利！

3月16日，航天科技一院211厂"高凤林技能大师工作室"、五院529厂"王连友技能大师工作室"和"郝春雨技能大师工作室"、八院803所"苗俭技能大师工作室"，由国家人力资源和社会保障部领导与航天科技集团公司领导，于五院举行揭牌仪式，工作开始启动。得悉贺之、祝之。

李明实

贺国家级首批技能大师工作室落户航天

春意融融花待放，龙头摆动艳阳天。

夯实基础制造业，高超技能大师现。

国家设立工作室，推动科技大发展。

高技师傅带徒弟，传播技艺破难关。

首批设在航天内，重任在肩当领先。

吾侪同是龙传人，加倍奋力探宇寰。

栾恩杰回信

老部长：

您好，所寄之诗收到，您对航天的发展贡献了巨大的力量，我们深为崇敬，从您的诗作中我受到了极大的鼓舞和教育。

我按李老之韵："放、天、现、展、关、先、寰"斗胆与您合唱，请老部长斧正之。

彩棚鼓响擂台放，呐喊助威比武天。

聚义厅里好汉有，技艺场中大师现[①]。

高王郝苗工作室，一五八院雄风展[②]。

国泰民安思奋进，官贤兵勇破难关。

航天揭牌首建式，各业跟进再争先。

明慧求实有传序，创新奋力震宇寰[③]。

学生栾恩杰

二〇一二年四月九日作并书

呈老部长斧正之

注：

（1）"聚义厅"指梁山泊之好汉聚集之所，以喻此次大师技艺之出群。

（2）"高王郝苗"指李老诗所附之高凤林（一院）、王连友（五院）、郝春雨（五院）、苗俭（八院）四位获得"技能大师工作室"。

（3）含老部长明实之讳，并表达老部长的要求期望，要传承下去之意，是为敬而用讳。

李明实部长贺词

恩杰同志：

　　您荣获嫦娥二号成功的奖励，这崇高的荣誉我也分享了一份，振奋高兴之际新年节来临，知您太忙仍不打扰，待您稍有空时，我当和同好畅叙。

　　祝：身体健康，工作顺利，新春快乐，阖家幸福！

李明实

李明实部长的新年祝贺诗

李明实部长来信

恩杰同志：

知您任重身忙，虽邻楼近门也不愿打扰。国庆双节想来您总会抽空休息一下，前趋拜晤但未见到您便返回家中。同志们帮助我汇集了些不像样子的拙句和庸字以《龙腾》出版。从审美观点无可取之处，不过为庆祝中国航天创建五十周年谨表寸心罢了。送上有暇时翻阅指正！

李明实

2006 年 10 月 6 日

读李老诗集《龙腾》有感五首

读《开卷》

讴歌英雄航天赞，

炽忆东风号满弦。

炼成长剑今在手，

信步仙阙寻梦圆。

读《励志》

精描挥点功臣谱，

演释甘苦历攻坚。

难忘霜雪西风劲，

敢登苍宇攀九天。

读《情趣》

欢叙心翾山河曲[①]，

乐品瓜洲蜜沙甜[②]。

登机为叩问天阁，

乘车欲访嘉峪关。

耄耋惜金狂年少，

马上抖擞更加鞭。

注：

（1）心翾（xuan，一声）：指心飞翔之意。

（2）瓜洲、问天阁、嘉峪关：皆指李老视赴之地，在李老诗句中有描述。

读《缅怀》

歔欷沉笔缅战友，

豪气不减湘水边。

复生风雨翻凌浪[①]，

心香一瓣花尚鲜。

共斥炎凉泉城日，

笑讽一课又开班[②]。

注：

（1）指李老战友潘复生，李老诗中有翻凌浪一句。

（2）李老诗中写到，济南蒙难，但不弃革命之斗志。乐曰，如党校开班。

读《组诗》及墨宝

读过荩文增情趣①，

观得墨宝拨心弦。

小楷行纸似纤羽，

大笔动势如龙盘。

泰山下研禨玘诗②。

晚生羞却落笔难。

注：

（1）荩文：指赤诚忠厚之诗，荩（jin，四声）。

（2）禨玘（ji，一声；qi，三声）：美玉，福禄。

李明实部长诗

答赠

探月总指挥栾恩杰同志，百忙中阅读我为庆祝中国航天创建 50 周年的拙作《龙腾》，并以诗相赠，谨至诚酬答，聊表谢意和敬意。

拜读掷赠诗五首，

忐忑自愧心不安。

所作所书无文采，

庆祝天命表心愿。

先辈创下惊世业，

吾侪继承理当然。

君等后担历史任，

辉煌业绩青胜蓝。

二〇〇六年十二月于潭畔宿舍

栾恩杰回信

李部长：

　　您好！寄来的诗收到并拜读，很受教育。您的革命精神时时在鼓舞激励着我们，祝您身体健康、精神愉快，现寄出我最近写的《贺航天工程》一首，请您指正。

学生栾恩杰

2012 年 9 月 12 日

贺航天工程

天宫启幕演大戏，

中华摆阵送娇艅。

出舱亮相红旗手，

漫步披挂太空衣。

收回神八真精彩，

又报神九开新局。

雄姿升飞三杰俊，

惬意漂游两宫衢。

古有莲步征沙城，

今展舞袖驾天骑。

领衔重返观星景，

鹏羽再冲赴鳌极。

千回练考人气旺，

一次对接针缝齐。

银屏相聚同声贺，

金台高筑歌满席。

栾恩杰二〇一二年八月作

注：

娇舻：指神舟飞船，舻指小船。

出舱：指航天员出舱。

漫步：指航天员太空行走。

太空衣：指太空服。

衢：指通道。

莲步舞袖：古时对女子的称呼。莲步，指花木兰；舞袖，指航天员刘洋。

景鹏：指航天员景海鹏。

鳌极：古时指天。

人气旺：指航天员刘旺。

金台：招贤台，指航天科技工作者。

（2）金壮龙主任的贺信

满江红——祝贺嫦娥一号发射成功

尊敬的栾恩杰主任：

首先向您热烈祝贺嫦娥一号发射成功！嫦娥一号发射成功后，中华民族普天同庆。中央党校省部级进修班 B 班陈崎嵘学员（中国作家协会书记处书记）激情洋溢，乘兴挥就贺诗一首。现请您过目，以示祝贺！

金壮龙 敬上

2007 年 10 月 28 日

欣闻嫦娥一号升空奔月，举国同庆！特填《满江红》志喜，并遥贺。

满江红

寥廓星空，秋时候，吴刚邀帖。

一神箭，嫦娥亮相，盛妆奔月。华夏千里欢庆地，

人民亿万不眠夜。抬望眼，天暮饰银灯，同喜悦。

远古梦，今圆结；辛亥憾，早泯灭。

看神州，巨变风雷犹烈。科技创新长兴盛，太空竞赛图超越。

待来日，设宴大蟾宫，吟《三叠》！

陈崎嵘 中国作家协会书记处书记

中央党校省部级进修班 B 班

2007 年 10 月 24 日晚于北京

接到陈崎嵘书记的词，斗胆亦成几句，共贺并请斧正之。

满江红

神箭冲天，云胜处，龙舒雄势。

群山吼，震威环宇，此君行式。一路繁星挥倩手，

满天碧玉呼新挚。乐广寒，见得故乡人，欢歌炽。

盼年久，空住月，羁泪泣，时时烈。

梦长征，箭指竞天一跃。不悔贫穷眠百载，中华盛世操番越。

贺今朝，绕月会亲来，唱《三界》。

栾恩杰 二〇〇六年十一月九日作

（3）嫦娥五号成功后湖南省委书记许达哲写给国防科工局的词

湖南省委书记许达哲同志曾任国防科工局局长（工信部副部长、党组副书记），兼任国家航天局局长、探月工程总指挥，得知嫦娥五号返地成功后，作词祝贺国防科工局。我读后，和词一首助兴！

苏幕遮

——贺嫦娥五号成功返地

志何高，情意重。

揽月巡天，喜看红旗动。

蟾宫挥锄惊万众。

满载而归，圆我航天梦。

问韶音，追彩凤。

难舍嫦娥，挥袖殷勤送。

玉兔跃入滴水洞。

月壤一杯，更向人间种。

湖南省委书记许达哲

作于二〇二〇年十二月十七日

读后步许书记之韵，和达哲"贺嫦娥五号成功返地"。

苏幕遮

——贺嫦娥五号成功返地

姣盘美，望乡镜。

九天寰宇，娥女盼归送。

今日广寒星云舞。

五星旗展，圆我中华梦。

伴韶音，飞彩凤。

吴刚下钻，挥臂洪荒境。

玉兔捧星月宫壤。

桂酒三杯，赢得国人庆。

栾恩杰 庚子冬月于京华作

（4）科海追星——中国书法家协会原副主席张飙作

清华大学张华堂教授送，张飙作。致敬航天专家栾恩杰院士《科海追星》之二百一十三。

鹧鸪天

人类太空竞技追，神州后启奋超飞。

一生情系"嫦娥"梦，万慧耕天华夏碑。

"探、登、住"，"绕、落、回"。

揭谜月背揽珠归。

功成一泪融千苦，漫宇星光共耀辉。

张飙作于二〇二一年十月二十五日

注：

◎今天是栾恩杰院士（1940年10月25日出生）的81岁生日。他是导弹控制技术专家和航天工程管理专家、中国嫦娥工程总指挥、中国载人航天工程副总指挥，参与组织、主持首型潜地战略导弹和首型陆基机动中程战略导弹研制，提出陆基机动中程战略导弹型谱化、系列化发展思路；参与组织、主持首次月球探测工程，提出深空探测"探、登、驻（住）"和"绕、落、回"的技术发展路线，开辟了深空探测新领域。2009年当选为中国工程院院士。国际永久编号为102536号的小行星被命名为"栾恩杰星"。

◎1998年，栾恩杰出任国家航天局局长，正式启动了探月工程的规划论证。之后的6000多个日子，他做了大量前期数据和试验的准备工作。探月工程被批复的那天，他写下了一首诗，"地球耕耘六万载，嫦娥思乡五千年。残壁遗训催思奋，虚度花甲无滋味。""嫦娥"工程的成功，使得中小学课本用上中国人自己拍的月球图。

◎祝栾院士生日快乐，福寿康宁！

附:《鹧鸪天》书法原作

《鹧鸪天》——张飙

（5）李维嘉主任的诗

满江红

——读栾主任赠诗集有感

健笔舒怀，写沧桑，风云激荡。

峥嵘岁，天军统帅，战歌豪放。箭阵猎猎脊梁挺，

星群灿灿国威壮。问苍穹，热血荐中华，东方亮。

征程漫，大路畅；雄心在，鼓正响。

上九天揽月，号令众将。但送嫦娥奔仙境，欲渡银河巡万象。

志欲酬，当麾下奋勇，夺胜仗！

维嘉拙笔

二〇〇六年一月十五日

注：李维嘉，国防科学技术工业委员会主任办公室主任。

栾恩杰回信

李维嘉司长：

我很喜欢填词，以为那是一个消闲，所以随手而做，并不十分考其格律和音韵。为感谢您的《满江红》，我写了两首，送给您指正。

读维嘉司长词（一）

心领君诗意，

书犹浸蜜浆。

怡臻情豫切，

妙笔伴花香。

栾恩杰二〇〇六年四月作

读维嘉司长词（二）

昔时相逢常相见，

今日相见偶相逢*。

身在新园清闲里，

心恋旧楼豪语中。

——送维嘉同志并祝同志们工作顺利

栾恩杰二〇〇六年四月作

注：我任国防技术工业委员会科技委主任时，是在中国核建设集团大楼办公，不在科工委大楼，所以有"偶相逢"句。

（6）成森同志的诗

学海情深自有德，

花甲披挂根恩深。

挥指月宫成杰作，

托酒问天奈我何。

——成森同志送栾恩杰主任，有感探月一期首次飞行任务圆满成功

注：成森，2007 年在国防科学技术工业委员会科技与质量司任职。

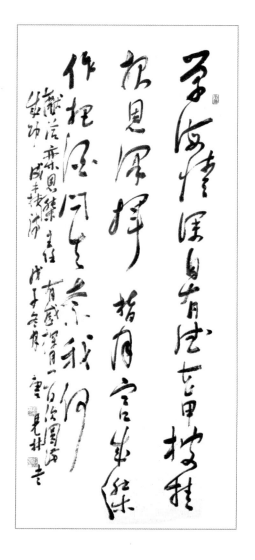

（7）同学聚会

二〇〇六年春节期间，哈工大同班同学聚会。毕业已四十一载，大多已退休在家与孙儿相伴，诸多感怀，遂写了几句。

二〇〇六年三月一日作

稚气重重儿时欢，青春俐俐几多年。

难忘离校一挥手，今日相见伴孙前。

风波洗面催皮皱，岁月染丝无青残。

但使金华还新复，再与同窗谱旧缘。

同学相会感恩良久

栾恩杰

（8）祝"双星计划"成功——写给中国科学院刘振兴院士

"双星计划"是我国与欧空局的首个科学探测合作项目，欧空局发射四颗，我方发射两颗（一个在极轨，一个在赤道面），所以，我们称为"双星计划"，中方由刘振兴院士负责，我率团赴欧空局签定协议，由中国国家航天局负责工程的落实。

> 孪星相映环宇，
> 携手共抚龙坛。
> 一跃腾飞万里，
> 探得磁暴细端。
> 谁言高宫寒彻，
> 险处笃志可攀。

栾恩杰 二〇〇六年十月八日

（9）读《湖北工业史》有感——写给国防科工委副主任徐鹏航同志

为鹏航同志主编《湖北工业史》而作。读后感受颇多，受益匪浅，有感而发。

荒石败草几处新，

欲寻来路无故人。

拾得秦砖配汉瓦，

涂却尘封细品陈。

甘雨随车聚师勘，

敢求滥觞不宠臣。

慎终十年了夙礼，

擒扬笃志妙传神。

戊子年春末作并书

注：徐鹏航，原国防科学技术工业委员会副主任。

（10）航天二院院长王国祥同志的诗《长相思》

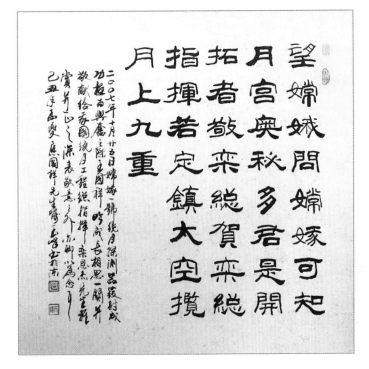

长相思

望嫦娥，问嫦娥，

可知月宫奥秘多，

君是开拓者。

敬栾总，贺栾总，

指挥若定，镇太空，

揽月上九重。

王国祥 二〇〇七年十月二十五日

二〇〇七年十月廿五日嫦娥一号绕月探测器发射成功极为兴奋之际王国祥吟成长相思一阕并敬献给我国绕月工程总指挥栾恩杰先生雅赏并正之深表敬意之外亦聊以为念耳巳丑年孟夏应国祥先生嘱玉峰书于京

2007 年 10 月 25 日，嫦娥一号绕月探测器发射成功，极为兴奋之际，王国祥吟成《长相思》一阕，并敬献给我国绕月工程总指挥栾恩杰先生雅赏，并正之，深表敬意之外，亦聊以为念耳。

巳丑年孟夏应国祥
先生嘱玉峰书于京

注：石玉峰同志曾任航天部二院《新宇报》副主编。

喜闻王国祥院长任总指挥的杀手锏武器研制成功，极为高兴，向同志们问候并祝贺，今赋诗一首为兴！

壮哉杀手锏

——送二院战友为神矢渤海胜利而作

壮哉杀手锏，

叫霸海陆天。

天关凌空去，

万米射金丸。

历历冰寒雪，

点点傲梅鲜。

锤炼钢筋骨，

练就九重仙。

栾恩杰 二○○六年春节

（11）贺母校清华大学精仪 75 周年庆词

祝贺清华大学精仪系七十五年大祺，为表达欢悦之意，我写了几句话，以愿我系更大之发展，作为清华之学生虽离校多年，但心系母校进步之情，随日而俱增。

拜师礼

常忆当年鞠师礼[*]，学长戏谑笑犹欢。

铺得彩虹放天路，恩重滋厚载情缘。

何处惊镝报翀响，迅指滥觞清华园。

栾恩杰 二〇〇七年四月七日

注：鞠师礼：我到清华后导师严普强先生即来宿舍见我，学生深为感动，我深鞠一躬，行拜师之礼。

栾恩杰导师，清华大学精密仪器系严普强先生及夫人

四、媒体报道摘要

没有哪一项事业能像航天这样表现高科技的实力和综合科技的发展，没有哪一项事业，它的成功能如此凝聚全民族的力量、振奋全民族的精神！

栾恩杰获得第 8 届航空航天月桂奖
"终身奉献奖"

■ 文 / 中新网　邓媛雯　陈彦儒

2012 年 11 月 12 日晚，第 8 届"航空航天月桂奖"颁奖典礼在珠海举行，中国工程院院士、嫦娥探月工程总指挥栾恩杰获得"终身奉献奖"。

栾恩杰表示："荣誉属于集体，我将继续努力，为祖国的航空航天事业继续作出应有的贡献。"

栾恩杰，1965 年于清华大学精密仪器专业研究生毕业，历任航空航天工业部总工程师、研究员、航天工业总公司副总经理兼国家航天局副局长、国防科工委副主任兼国家航天局局长。2009 年当选中国工程院院士，曾先后获国家科技进步一、二等奖，出版和发表专著、论文 30 余篇。

2005 年创设的航空航天月桂奖每年举办一届，以"弘扬行业精神、讴歌骨干精英、探索新知前沿"为宗旨。

2

栾恩杰：守望中国探月工程

■ 文/《知识就是力量》苗若玖

栾恩杰，自动控制技术和航天工程管理专家，现任国家国防科工局科技委主任，中国工程院院士、中国科协荣誉委员、国际宇航科学院院士。曾任国防科工委副主任兼国家航天局局长。他直接参加或主持我国多个航天运载器型号和航天工程研制工作，在我国水下发射航天运载器从无到有、陆基机动航天运载器系列化发展、我国深空探测新领域的开辟及我国探月与深空探测工程的开创等方面，取得了一系列开拓性和创新性成果，为我国国防科技工业和航天事业发展作出了重要贡献。

"意外"走入导弹研发领域

栾恩杰与大气层之外的世界的缘分，是从一次颇有戏剧性的"意外"开始的。

1960 年，20 岁的栾恩杰从齐齐哈尔铁路第一中学（今天的齐齐哈尔中学）考上了哈尔滨工业大学。在此之前两年，邓小平曾在这所高等学府的校园里，作出了"哈工大要搞尖端"的指示，以便为新中国的国防事业储备人才。栾恩杰入学的时候，就赶上了哈尔滨工业大学创建尖端专业和专业调整。于是，原本报考电机系的他，被转到了自动控制系，学习陀螺原理和惯性导航。我们知道，导弹、飞机、卫星和宇宙飞船，想要控制飞行的姿态，都需要用到陀螺仪，而哈尔滨工业大学设置这样的课程，显然是要为中国的航空和导弹研究储备人才。这个偶然的专业调整，奠定了他一生的事业方向。

在栾恩杰入学之后不久，中国遭遇了三年自然灾害，食品变得非常缺乏；

此时的国际形势也不利于中国，使中国面临着巨大的军事威胁。"国家要富强，国防要搞好，不能挨打；经济（也）要搞好，不能挨饿。"艰难的时局，带给他这样的信念，并在他脑子里深深扎下了根，这不仅伴随着他日后在导弹和航天领域攻关，也让他在晚年思考航天技术怎样更好地服务于民用领域。

母校对学生"规格严格、功夫到家"的要求，也塑造了栾恩杰的学术素养。"所谓'规格严格'，就是做事要有规矩、有纪律；'功夫到家'则是要学到根本，用学到的案例总结出方法，再去应对新的挑战。"他说，"导弹和运载火箭都是精密复杂的系统，每一次发射都是'细节决定成败'，一个螺丝钉或者一根导线的瑕疵，可能毁掉一次发射，造成数亿元的损失。为一个新的研究项目设计控制系统，需要用到大量艰深的高等数学知识，'读死书'肯定也应付不来，唯有学到了方法，才有可能顺利地完成任务。"

从哈尔滨工业大学毕业之后，在父亲和舅舅的指点和支持下，栾恩杰又顺利地考上了清华大学精密仪器与自动控制专业研究生。1968年，从清华大学研究生毕业的他奔赴内蒙古，进入了刚刚建立的国家固体火箭研究院，进行固体导弹的研制工作。在这里，栾恩杰和他的同事们在老一代科学家的带领下，研制出了中国第一型潜地导弹，填补了中国国防体系的一项空白。这意味着在面对超级大国的时候，中国有了一张可以抗衡的王牌。

航天工程"细节决定成败"

根据工作的需要，1998年组织上任命栾恩杰为航空航天部总工程师。刚到部里不久，领导就将"亚星一号"的发射任务交付给他。这颗卫星曾由美国发射，但未能入轨。此后，美国派出航天飞机，在太空中寻获了这颗卫星，带回地球经过修理之后，卖给了亚洲卫星公司。这家企业想找发射质量好、价格合理又可靠的机构来发射，于是，中国航天人承担起了这项责任。

这是中国第一次承揽国际航天发射业务，也是中国的长征三号火箭首次进行商业发射，将卫星送到地球同步轨道，对于中国的航天事业可谓意义非凡。栾恩杰回忆说："我们接到任务后，心里憋着一股劲，一定要为国家争口气。"最后，中国人不仅圆满地完成了任务，而且超过了合同所要求的标准。

亚洲一号卫星的入轨精度非常高，使卫星的使用寿命至少延长一年。

栾恩杰和他的同事们，在航天领域为中国争了光。而他的这种信念，来自于在中国航天起步时期的亲身经历。众所周知，中国掌握航天器发射技术，要比苏联和美国晚得多，在航天领域曾为这两个"超级大国"所轻视。因此，"争气"成为中国航天人的一种信念，使中国在航天领域的工作，能够为全世界的同行所认可乃至羡慕。

正如栾恩杰在学生时代就认识到的那样，航天是一个不容疏漏的领域。他说："我的大量知识和经验，都是从（航天发射）失败中来的。每一次失败的案例，以及国外同行的失败，我们都要仔细分析，举一反三，以免未来犯同样的错误。"正是这种认真对待每一个细节，在细微末节之处"绞尽脑汁"的作风，使中国的航天发射拥有了较高的成功率。

比如说，现代卫星发射在很多时候会用到"一箭多星"技术，就是一枚火箭运载多颗卫星，分别将它们送到不同的位置。这些卫星与火箭分离的顺序，就是一门学问。通俗地说，想要用一枚火箭发射两颗卫星，那么肯定是有一颗卫星先"出去"，它在与火箭分离的同时，也相当于给留在火箭上的另一颗卫星一个"准备出发"的信号。"有一次，国外的发射失败了，其事故原因，就是此次任务只有一颗卫星，而相关的控制程序仍使用一箭多星的程序，并没有适应任务修改，导致卫星一直在等前一颗星那个'准备出发'的信号。"

在准备"亚星一号"发射的过程中，栾恩杰也将"注重细节"做到了极致。在航天发射中，卫星与火箭装配之中需要将星、箭上红色标记的铅封全部撤除，但在火箭装配伺服机构时，发现丢失了一枚铅封，栾恩杰和质量司司长在火箭里面、组装现场乃至相关场所里翻找，都没有找到，反而在火箭发射场垂直对接的时候，发现了另一枚先前丢失却无人知晓的铅封。"这样一来，原本一个问题成了两个，我们既不知道丢失的那枚铅封到底去了哪里，也不知道这枚突然出现的铅封为什么此前没有被报失。"栾恩杰回忆说，"这个很小的问题，耽误了我们若干天时间，方才得以解决，但毕竟为即将升空的火箭消除了隐患。"

促成"嫦娥奔月"

2004 年，已经 64 岁的栾恩杰担任绕月探测工程总指挥，与被任命为绕月探测工程总设计师的中国科学院院士孙家栋一起再挑重担，同时绕月探测工程应用系统聘任了中国科学院院士欧阳自远为首席科学家。

"嫦娥"探月工程是中国第一个深空探测工程。栾恩杰将它规划为"绕、落、回"三个步骤进行。也就是说，总共有数枚探测器将被发往月球，先后达成绕月飞行、软着陆和取样返回等目标，不断收获阶段性的成果，最终让中国人能够收获珍贵的月球月壤岩石标本，并且对月球逐步开展全面的了解。如果首颗探测器成功完成任务，它后面那枚用作备份的探测器就会被赋予另外的任务，为后续任务的实施奠定更为可靠的基础，并不断获得更多的成果。

"地球耕耘六万载，嫦娥思乡五千年。残壁遗训催思奋，虚度花甲无滋味。"这是 2004 年 1 月中国探月工程被批复并正式启动时，栾恩杰写下的诗句。此后，在工程两总系统和近万名中国航天人的努力下，"嫦娥一号"探测器在探月工程启动 3 年后发射成功。它的轨道控制如同教科书一般精确，探月之旅也取得了丰硕的成果。在栾恩杰办公室里，有一个大大的月球仪，它就是基于"嫦娥一号"的数据制作的。中国天文学教材里关于月球的部分，也从此用上了来自中国的数据。

在"嫦娥一号"取得成功之后，原本作为备份的"嫦娥二号"经过改进之后再度出发，又取得了非凡的成果。它的分辨率从"嫦娥一号"的 120 米提高到了 7 米，精确度提高了近 20 倍。此后，这个探测器又被赋予了新的任务，从月球出发，前往距离地球约 150 万千米的第二拉格朗日点（L2 点）进行了探测，并向宇宙深处挺进。

在探测器顺利完成任务之后，"嫦娥"一期工程宣告成功，栾恩杰也从一线的位置上退了下来，转而进入空间遥感领域，还曾担任中国遥感应用协会理事长，继续探索航天服务于国计民生的更多途径。

2014 年 11 月 6 日，国际天文学联合会决定将国际永久编号为 102536 号的小行星命名为"栾恩杰星"，以表彰中国探月工程为人类天文学和航天技术进步作出的贡献。与许许多多中国历史上的伟大人物一样，情系航天和星空的栾恩杰，将自己的名字留在了群星之中。

3

他是"嫦娥奔月"的总指挥
——记中国探月工程总指挥栾恩杰院士

■ 文/《非常人生》记者

……

这些天以来，"嫦娥奔月"成为全国人民最为关注的一件大事。但是，或许很少有人知道，"嫦娥一号"探月工程的总指挥是一位科学家！他就是我国少数民族航空航天工作者栾恩杰。

从哈工大走向航天事业

哈尔滨工业大学是栾恩杰的母校。他说："哈工大的学生在外面从来没有给母校丢过脸。中国载人航天工程 5 个总指挥，3 个是哈工大的，总指挥李继耐、副总指挥胡世祥和我。"

两年前，栾恩杰曾到哈工大参加"中国宇航学会深空探测技术专业委员会第一届学术年会"。在视察哈工大的实验室时，他每到一个地方都详细地了解实验进展。作为政府官员、航天工程的管理者和科学家，当时在场的老师感叹：栾恩杰的提问非常专业。他是怎样把这三种身份集于一身的呢？

栾恩杰笑着说："这要归功于哈工大，哈工大培养了我，我非常留恋那一段大学生活。那时是生活困难时期，虽然吃不饱饭，但哈工大的校风仍然是扎扎实实搞学问，踏踏实实搞研究。这一点使我受益匪浅。"

从事航天事业 30 多年来，栾恩杰从工程组长、研究室副主任、研究所所长、研究院副院长，到部里总工程师、航天局局长，现在又是国防科工委副主任，但他并没有随着职务的提升而脚不沾地。这个地就是工作的质量、技术的发展、型号任务完成的进程以及每次实验的过程。栾恩杰说，当了干部以后很难像过去一样参加具体的参数设计，只是设计好以后参加一部分工作，确定程序，把握方向。真正吃透核心的、具体技术细节的是设计人员，所以就要脚踏实地地向技术人员学习。

2003 年，神舟五号载人飞船的成功发射激发了全国人民对航天的热情。一谈起这些，栾恩杰的骄傲和自豪就溢于言表："在我当航天局局长的时候，中国人上天了，我这个航天局局长光荣啊！没有哪一项事业能像航天这样表现高科技的实力和综合科技的发展；没有哪一项事业，它的成功能如此凝聚全民族的力量，振奋全民族的精神。"

1992 年，当时在航空航天部做总工程师的栾恩杰，与中国航空航天领域的领导者刘纪原、孙家栋等人就中国航天的未来进行过一次意义深远的讨论，并不失时机地提出了一个方针，即"两抓一突破"：一抓应用卫星，二抓卫星应用，三突破载人航天，从而紧密结合国际国内的经济发展，确定了航天事业发展的科学方向与目标。

现在回首当年，栾恩杰欣慰地强调："航天发展的方向是完全正确的。虽然当时许多同志的意见并不统一，大家对搞载人航天的意义认识还不够，但依靠党中央的英明决策，最终落实下来了，并取得了成功。"

兴奋的同时，栾恩杰更想到了航天事业的责任和风险，想到了一代代航天人的艰辛和牺牲。"航天是个风险性极大的事业。我已经不知道去过多少次试验场了，每次去几乎没有不落泪的时候。成功了高兴得落泪，失败了痛苦得落泪。搞航天的人总是透着一种紧张，就像打仗！任何一项工程的可靠性都不可能是百分之百，美国的航天水平是一流的，也连续出事。我这 30 多年看得多了，发动机出过事、控制系统出过事、计算机出过事、弹头出过事、地面设备出过事，几乎没有没出过事的地方。所以我每次到试验场鼓掌都是胆突突的。"

"绕月"的背后

几千年来，中华民族就流传着"嫦娥奔月"的美丽神话。随着科技的发展和我国国力的增强，这一神话已经变为现实。

栾恩杰介绍，中国的月球探测工程规划分为"绕、落、回"三期。"绕"是探月工程的第一步，就是环绕着月球进行科学探测；"落"是有个探测器落到月球表面上去，用软着陆而不是撞坏它，进行月球表面的探测；"回"就是要采样返回。

从国际上看，无人航天器探测月球的主要方式有5种：一是从月球近旁掠过，近距离观测；二是在月球表面硬着陆，利用撞毁前的短暂时机进行探测；三是成为月球的人造卫星，进行长时期反复观测；四是在月球表面软着陆，进行实地考察；五是在月面软着陆挖取月岩样品后，送回地球供科学家们直接研究。栾恩杰说，苏联发射的月球探测器5种方式都用过。美国发射的月球探测器，前4种方式都有。我国从国情实际出发，一方面考虑到可能投入的财力有限，另一方面考虑到前两种探月方式价值较小，更重要的是我国现有航天技术已经超出了苏美两国20世纪50年代末的水平，故我国探月计划开始就从第三种方式起步，把绕月探测作为先行。

第一步绕月完成之后，第二步、第三步肯定要继续，预计2020年将完成中国探月的"三步走"。如果支持力度到位、一切顺利的话，这个时间还会提前。

谈到绕月探测工程取得的重大成就和关键技术突破，栾恩杰如数家珍。卫星轨道设计、飞行程序控制设计、卫星三轴稳定姿态控制、月球环境适应性设计、远距离测控、应对月蚀设计等技术难关相继攻破。

按航天技术发展水平，可将世界航天国家分为三个方阵，美国、俄罗斯为第一方阵，欧洲空间局、中国、日本、印度为第二方阵，加拿大、巴西、韩国等为第三方阵。中国首次载人航天飞行取得圆满成功，成为继俄罗斯、美国之后世界载人航天俱乐部的第三个成员。因此，中国目前虽然处于航天第二方阵，但与第二方阵其他成员相比要领先一些。

当卫星进入月球引力区时，需要对其进行"刹车"，以确保它及时被月球引力捕获。"不要小看这个'刹车'。"栾恩杰解释说，如果"刹车"早了，卫星会游离到太空，如果晚了则会撞上月球。因为这一难点，之前还没有哪个国家第一次发射探月卫星就成功的。"我们的第一个一定要绕起来，不能撞不能跑。"栾恩杰对"嫦娥"的第一次飞天充满信心。

建立月球之间的信号通联也是个难题。此前，我国卫星运行轨道距地最远的只有7万多公里，而月球距地面的平均距离是38万公里，这对我国测控系统又是一大挑战。栾恩杰说，目前没有一个国家深空探测中采用口径小于30米的天线，但我们在两个观测站建成的天线口径只有10多米，算是世界上用于该领域最短的天线。

绕月探测工程从研制到建设，花费了14亿元，不是"天价"。

整个工程的研制、建设，6000多人的队伍，200多家单位，3年多的时间就完成了。这是一支年轻的队伍，但他们身上体现出了老一代航天人的精神。整个队伍把这件事作为一个伟大的事业在做，没有任何怨言。没有这种不讲价钱、努力拼搏的精神，工程是不可能在3年多的时间顺利完成的。

栾恩杰表示，探月是花钱的。但探月拉动的不仅是航天事业进一步的发展，还将带动科学的发展。有了这次探月，空间化学、空间生物科学、空间环境学、空间天文学等，都会相应地起步。

月球具有可供人类开发和利用的各种独特资源，月球上特有的矿产和能源，是对地球资源的重要补充和储备，将对人类社会的可持续发展产生深远影响。有人讲月壤中特有的氦-3资源是人类未来可长期使用的清洁、高效、安全而廉价的新型核聚变燃料，并将改变人类社会的能源结构。每克黄金11美元，而每克氦-3是400美元。据统计，月球上的氦-3可以满足人类1万年以上的供电需求。

绕月探测工程从提出开始到现在，我们不是在任何国家或组织的"扶持"下做的。设计过程、研制过程、实施过程都没有。卫星上所有的关键设备、仪器，也都是我们自己造的。栾恩杰说，研制完成后要做大量的实验，从模拟到仿真，从半实物的到实物的，也都利用中国现有的实验设备和技术条件，没有拿到外国去做实验。

近年来，世界各国掀起了新一轮探月热潮，许多有能力的国家纷纷制定和公布了自己的探月计划。中国探月的决策完全是根据自己的情况做出的，并没有攀比别人。当中国的航天技术和经济实力积累到一定程度时，自然而然地做出了迈向深空的决策。

最近，欧洲有的国家希望和我们探讨深空探测，包括美国有些科学家也有意识要和我们交流关于深空探测和月球科学方面的东西，俄罗斯的专家也在接触，他们愿意和我们合作联系。我们鼓励国际合作，航天活动也需要国际合作，在这次绕月探测工程的测控等方面，我们也开展了合作。但是，中国的航天事业必须立足自力更生，永远都不应改变。

探月是什么呢？一种象征，一个民族精神的象征，一个大国能力的象征。开拓航天活动的意义，不光局限在航天活动本身。这是凝聚力。作为一个民族，是要靠一些东西来带动民族之气的。

这次任务是不是成功还要十多天后才能见分晓。栾恩杰表示："如果成功了，我要说的话就是：祖国交代给我们的任务完成了，中国人能够走到月球了！"

栾恩杰还说，作为工程的总指挥，我要感谢党和国家领导人的高瞻远瞩，没有英明果断的决策，就没有今天的探月；还要衷心感谢这支队伍的辛勤努力和全国人民的支持，没有他们，中国的探月工程走不到今天！

注：……，表示文中此处有删节。

4

探月总指挥栾恩杰

■ 文/《决策与信息》2007 年第 12 期

"风雨征程展旗鼓，披甲恋战演英雄，

敢使刀叉斗熊猸，更有浩气助豪情；

十载谋筹点星座，五年艰辛抖威风，

中华傲有忠臣在，何愁春秋无后生；

场场幕幕都是彩，上上下下皆掌声；

汇聚精英三十万，神舟摆渡太空行。"

他亲身经历了中国航天事业从起步到发展的历史进程，主管了多项航天重点型号火箭的研制等重大工程建设；他参与并指挥了包括神舟一号至神舟五号在内的一系列成功发射和回收。

已在航天领域耕耘近 40 载的栾恩杰，一头银发，极显干练，一脸微笑，亲和谦逊，既具有科学家的严谨，又不失机智、风趣。如今又挑起中国探月工程总指挥重担，统领着整个探月团队，把"嫦娥奔月"的古老神话变成了现实。

牢记"要求严格、功夫到家"校训

栾恩杰回忆说："当时虽然苦一些，但我特别珍惜这个学习的机会，学习很用心，'不让一个同学掉队'，这是我们班共同的努力目标。"

1958 年 9 月，邓小平到哈工大视察，提出"哈工大要搞尖端"。为此，哈工大创建了一批尖端专业。栾恩杰正好赶上哈工大的专业调整，他从电机系转到控制系，学习陀螺原理、仪表及惯性制导专业，陀螺仪是飞行器里的核心器件，飞机、导弹、飞船飞行时的姿态就是由陀螺仪控制的。他意识到，学习这个专业对于国家的科技事业和国防建设至关重要，因而他学习的积极性更高了。"是党让我选择了这个专业，我决不能辜负党的嘱托。"

这个偶然的专业调整，奠定了栾恩杰一生的事业方向。

多年后，在栾恩杰已经成为中国航天事业的重要领军人物时，回忆往事，他仍认为大学5年的学习生活，为他积累了很多优秀品质，尤其是哈工大"规格严格、功夫到家"的校训，更是让他获益终生。

"我要感谢老师教给了我基本的、扎实的功夫，虽然技术千差万别，但原理万变不离其宗，这是我这么多年工作的体会，也是哈工大对我的教育和培养。"

为航天干一辈子值得

1965年哈工大毕业后，栾恩杰考入清华大学攻读研究生，主攻静电悬浮陀螺等当时国内的尖端学科。1968年，从清华大学毕业的栾恩杰，被分配到设在内蒙古的七机部刚刚组建的国家固体火箭发动机研究院。固体火箭发动机是当时国防和航天需求的关键技术，为了进行某种型号新型导弹的制导研究，担任工程组长的栾恩杰和专家一起，面对大国对技术的封锁，怀着为中华民族争一口气的决心和毅力，以严谨科学的态度，潜心钻研，刻苦攻关，反复实验，用13年的时间圆满完成了任务，填补了我国在这一领域的空白，也为以后发展航天技术奠定了基础。

1988年他担任了第一个"一弹两用"的总指挥。1989年，航空航天部党组提出"两抓一突破"，即抓应用卫星和卫星应用，航天技术为国民经济服务；突破载人航天。栾恩杰说："1990年参与第一个亚星发射，运载能力可以承揽国际服务，用长征三号火箭进行商业发射，并且实现首次直播，发射工作由保密到公开，大家非常振奋，我作为试验大队的大队长感到很有成就感。"

2003年，神舟五号载人飞船成功发射，作为第一次载人航天工程的副总指挥，栾恩杰回忆说："当航天员杨利伟从返回舱走出时，我感到中华民族真伟大，感到这一辈子值了！"

诗言志，歌咏情，栾恩杰饱含激情地写了一首《献给航天战友的歌》："风雨征程展旗鼓，披甲恋战演英雄，敢使刀叉斗熊猊，更有浩气助豪情；十载谋筹点星座，五年艰辛抖威风，中华傲有忠臣在，何愁春秋无后生；场场幕幕都是彩，上上下下皆掌声，汇聚精英三十万，神舟摆渡太空行。"

载人飞船的成功发射极大地激发了全国人民对航天的热情。一谈起这些，栾恩杰的骄傲和自豪就溢于言表："我赶上了中国航天创造的很多第一。我感到，没有哪一项事业能像航天这样，表现高科技的实力和综合科技的发展；没有哪一项事业，它的成功能如此凝聚全民族的力量，振奋全民族的精神。"

1993 年，栾恩杰先后出任国家航天局副局长、局长，兼国防科工委副主任，主管工程质量和科学技术发展工作。

栾恩杰有句名言："对于航天工作来说，质量是第一位的，成功才是硬道理。"

栾恩杰说："航天是个风险性极大的事业。我每次去试验场几乎没有不落泪的时候，成功了高兴得落泪，失败了痛苦得落泪。"

"30 多年来我们经历得多了，发动机出过事、控制系统出过事、计算机出过事、弹头出过事、地面设备出过事，几乎没有没出过事的地方。但我们还是要上。"

多年来，在总结成功经验与失败教训的基础上，栾恩杰创造性地提出了"质量技术问题归零"的概念，并确立了五条判别标准："定位准确，机理清楚，问题复现，措施有效，举一反三。"他组织制定了一整套具有开创性的航天工程管理与质量管理的新办法。"质量技术问题归零"的概念及五条判别标准现已经成为国防工程的标准。"现在看来，仅有这五条还不够，抓质量是对的，但现在问题出在可靠性上，在这个环境下，'余度'太小，有些装置处于临界状态，这就是可靠性问题。质量是一种管理，可靠性是一种技术，要通过设计将产品的可靠性纳入到设计和生产中去，这叫做'设计进去，生产出来'。这样，质量提高了，可靠性也就有了技术保障。"

栾恩杰说："分析故障产生的原因，每一个故障可能有几个原因，一层一层地画下去，就画出了'故障树'。原来我提出的是出了问题要'举一反三'，现在要求在设计的时候把可能出现的故障都找出来，回答出现这个故障怎么办。在设计的过程中，就把可能出现的问题和我们将要采取的措施和办法做进去。"

在主政国家航天局的 8 年时间里，他主抓的其他工作也惊天动地。他倡导并组织完成了我国首部航天白皮书；作为总主编，组织几千名各个领域的专家，用 2 年时间，撰写出版了图文并茂的《国防科技名词大典》，该书成为我国第一部集国防科技工业各领域专业名词术语于一体的大型专业工具书；在深空探测科学研究方面，提出并指导了小行星附着等前瞻性课题的研究，为探月工程立项及中国以探月为起点的深空探测奠定了坚实的基础；其间，栾恩杰当选为国际宇航科学院院士。

"嫦娥" 飞天 中国人的骄傲

1998 年，他一出任国家航天局局长，一件惊天动地的大事就摆在他面前——我国正式启动了探月工程的规划论证。之后的 2000 多个日子，栾恩杰率领他的团队做了大量前期数据和实验的准备工作。栾恩杰回忆说，2004 年春节过后，温家宝总理批准了探月工程计划，他清楚地记得工程被批复的那一天当晚，他用诗的情感记下了那一瞬间的兴奋与感慨："地球耕耘六万载，嫦娥思乡五千年。残壁遗训催思奋，虚度花甲无滋味。"

这一年，已 64 岁的栾恩杰又多了一个头衔——探月工程总指挥。

作为探月工程的总指挥，栾恩杰聘请了一批各个领域科研经验丰富、承受风险能力较强的资深老科学家，"虽然我们有时也觉得很累，但我们愿意把这件事继续干下去"。

栾恩杰说，"嫦娥工程"是中国第一个深空探测工程，也是中国人第一次走向月球。走了这一步，才能接着走向深空，这是科学发展的必然。只有迈出第一步，才会有第二步。

栾恩杰指出，"探月工程就是火车头，拉动的不仅是航天事业进一步发展，还将带动科学的发展。探月工程将带动运载技术的发展，推动大推力运载火箭的研制工作；将带动中国深空测控网的发展；月球卫星的技术难点和工作状态都发生了很大变化，产生了新的技术需求，从而带动卫星平台和轨道器技术的发展；此外，月球探测还将建立天文观测新的平台，推动中国天文观测的发展。世界上很多国家都把太空轨道器作为天文观测的基地（如著名的哈勃望远镜），推动天文学的发展。美国就利用航天器来探测深空、外太空的状态，探求人类的起源，探求宇宙的奥妙。""有了这次探月，空间化学、空间生物学、空间环境学等，都会相应地起步。"

栾恩杰在谈及正在实施的探月计划即"嫦娥工程"时表示，该工程分三期进行，现在进行的工作，是为后续的载人登月奠定基础。从 2004 年 1 月正式启动探月计划即"嫦娥工程"，三年走了三大步。2004 年是开局年，2005 年是攻坚年，2006 年是建造年。现在嫦娥已经顺利"飞天"了。"在航天史上，仅仅用三年，从立项到批准，从批准到拿出卫星，再到把卫星送入月球轨道，确确实实不容易。因为在这之前还没有哪个国家第一次发射探月卫星就成功的。这对我国的测控技术是个考验。"

栾恩杰指出："中国探月工程是中国人独立开展，凭自己力量完成的工程。绕月探测从设计、研制到实施都是自己做的，星上所有关键的设备、仪器，都是我们自己造的。""我们鼓励国际合作，航天活动也需要国际合作，在这次绕月探测工程的测控等方面，我们也开展了合作。但是，中国的航天事业必须立足自力更生，永远都不应改变。"

2006 年，在人民大会堂耀眼的灯光下，栾恩杰和建筑大师吴良镛、艺术大师乔羽、著名经济学家林毅夫一起，获得了中国十大系列英才奖，颁奖词称赞栾恩杰是"我国著名的导弹控制技术专家和航天工程管理专家"。这句颁奖词，概括了他一生在航天事业上的两大建树。

栾恩杰在我国导弹控制技术、型号研制管理和国防科技工业管理方面作出了重大贡献，曾先后获国家科技进步特等奖两项，国家科技进步一、二等奖各一项，部委级科技进步一、二等奖多项。

5

栾恩杰：敢挑"嫦娥奔月"重担

■ 文/《人物》王建柱

......

他是"嫦娥工程"三巨头之一

这是一位年近七旬的老人，一头银发，极显干练，一脸微笑，亲和谦逊，既具有科学家的严谨，又不失机智、风趣。

栾恩杰，已在航天领域耕耘近40载。但近三四年，他才名声远播，这缘于他的一个闪亮身份——中国探月工程总指挥，统领着整个探月团队。

严谨务实的栾恩杰，在工作上同事们敬重他，但在生活上，他是个幽默风趣、"爱激动的可爱老头儿"。他喜欢用诗表达自己的情绪，倾吐肺腑之言。

以书为友，以诗为乐

栾恩杰祖籍沈阳，1940年出生。1965年，26岁的栾恩杰从哈尔滨工业大学自动控制专业毕业，也就是在这一年，他考入清华大学攻读精密仪器专业的研究生，从此和中国的航空航天事业结下了不解之缘。

别看栾恩杰在航空航天领域作出了突出的成就，可他的人生并不是全都在设计室、发射场中。

他对中国古典文化，特别是诗词方面也有着浓厚的兴趣。闲暇时，他爱看书，还爱作诗。他是一个喜欢用诗表达情绪的人。当成功完成发射任务时，亲人故去时，看了一篇好文章想抒发情感时，甚至在街头看到城管查抄小贩，他都要写首诗，表达情绪。

2005 年，他创作的近百首诗词，由宇航出版社结集出版，题目为《村子情怀——栾恩杰诗词集》，算是他在业余爱好方面的一个小成就，四弟曾对哥哥有一个评价，称哥哥是一位耕天的诗人。

栾恩杰在该书的"后记"中写道："诗为言声，且有声外之意。一首好词，其韵合词，读起来有似铁珠落地，铿锵之响，给人以清脆、振奋之感；有似涓涓细语，潺潺之声，让人心醉。"书中有栾恩杰刚劲潇洒的书法作品，还有儿子曦曦细腻传神的工笔插画。

在栾恩杰诗词集中，我们读到了"唤得威风八面，我志问天九层"的豪情；读到了"远贵知崎路，近重识挚友"的友情；读到了"甜桔留，新蔗存凉处。只待鸿雁报归期，再把天伦述"的亲情；读到了"神往天际外，凡事地上求，诗言意到处，领悟异荣辱"的心情……

闲暇时，栾恩杰爱读书，而且什么书都读，包括工作需求的书，比如关于世界上最新深空理论的书，还有大科学家的著作，比如牛顿的《自然哲学的数学原理》、欧基里德的《几何原本》等。《几何原本》这个"大部头"，他仅 3 个月就读完了，而且把书上所有的题都解了出来，还做批注加了自己的理解。他还通读了《鲁迅全集》18 卷，《论语》反复读了 3 遍。他还读了近几年出版的《江泽民选集》以及《大国崛起》《话说中国》，甚至还读了一些佛教经典书籍等。他说："我没有什么别的业余爱好，就是爱读书。在家里，桌子上有书、床上有书，卫生间里也有书，一有时间就读。"

……

注：……，表示文中此处有删节。

6

中国工程院院士、探月工程首任总指挥
栾恩杰：我们朝向星辰大海

■ 文 /《瞭望》新闻周刊记者　扈永顺

......

"我说我一定要来，我是来接嫦娥回家、回祖国的。"

航天是我们走在前端的战略性新兴产业，我们正在向航天强国迈进。

2020 年 12 月 17 日，当嫦娥五号返回器顺利降落在四子王旗着陆区，前方指挥所里一位 80 岁的老航天人激动不已，这位老航天人就是我国月球与深空探测工程的开创者之一、国家航天局原局长、探月工程首任总指挥、中国工程院院士栾恩杰。

当时同事和家人都劝栾老不要去四子王旗，因为那里是零下 30 多摄氏度的低温，嫦娥五号返回时又是凌晨，担心老人身体受不了，但栾老说，"我一定要来，我是来接嫦娥回家、回祖国的。"

1998 年，栾恩杰出任国家航天局局长，也是在这一年，我国正式启动了探月工程的规划论证。"待到四子王旗会，工程大计好收官"是栾老对探月工程的美好祝愿与殷切期望，如今已然实现。

在充满挑战与困难的 2020 年，嫦娥五号交上了一份满意的答卷："月面起飞"载入史册，"旗开月表"振奋人心，"太空拥吻"惊险浪漫。

......

从航天工业到"大航天"

《瞭望》：你是如何从做导弹转向深空探测领域的？

栾恩杰：我的一切都是党和国家安排的。上学的时候，我的理想是做一个工程师，能修缝纫机、手表。后来我们要实现楼上楼下电灯电话的电气化时代，所以我高中毕业后报考了哈尔滨工业大学电机系。

……

我参与的第一个重大任务是我国第一型潜地固体战略弹道导弹——"巨浪一号"的研制，担任型号总指挥。潜地导弹不光在中国，在欧美国家都是作为绝密武器进行研制，很少有资料可以借鉴。1967 年，在没有国外任何技术援助和缺乏固体型号研制技术力量的情况下，我们团队开始了"巨浪一号"的研制攻关。

我们规划第一步先在陆上的发射台发射，成功发射之后，再把导弹装进发射筒，模拟水下的发射环境，台、筒试验成功后进行潜艇发射。这三步被称为"台、筒、艇"，这是具有中国特色的三步发射试验程序，但每一步都失败过。不过我认为，失败是一个过程，说明我们的理解与实际还有一定距离。失败是在给我们上课，告诉我们在哪一点上要加强，当我们解决这些问题的时候，就补上了我们的短板，成功就在我们前面。

面对失败，大家齐心协力，从细枝末节里找到核心切入点。最终"巨浪一号"的设计工作 1975 年宣告完成。1982 年 10 月"巨浪一号"由潜艇水下发射成功。从最开始论证到最终发射成功，用了 18 年时间。由于"巨浪一号"装备于潜艇，我们有了自己的水下盾牌。

之后国家提出"巨浪一号"要上岸，发展陆基机动战略导弹，我又做了东风 -21 弹道导弹研制总指挥，之后也参与了很多其他型号的研制。

导弹和深空探测都属于航天事业的一部分。导弹可以做运载火箭，把弹头换成卫星，就可以送卫星入太空。1998 年，国务院任命我担任国防科工委副主任兼国家航天局局长，航天局规划的一大任务就是开展空间科学，这顺理成章地引起了我们对探索外太空的思考，我的工作方向也转到深空探测领域。

《瞭望》：2000 年，你倡导并组织完成我国第一份航天白皮书，首次明确我国航天由单一的航天工业扩展至包括应用和科学的"大航天"，这也成为我国航天事业发展的战略规划。如何看待它对中国航天的意义？

栾恩杰：以前我们一说航天，就说航天工业，之后又称为航天科技工业，但总的认为航天只是国防工业。我担任国家航天局局长后，国家要求我们做中国航天的战略研究，完成行业规划。

当时国际上的情况是，航天已经形成产业化趋势，航天应用非常普遍。美国有通信、导航、对地观测、气象卫星。在科学研究方面，国际航天已经进入到空间基础设施建设和空间应用阶段，他们把空间作为平台和领域研究科学问题，在空间研究空间、在空间研究地球、在地球研究空间。

经过充分研究，我们得出的一个切入点就是要做"大航天"，这是一次技术上的"分裂"，往上要发展空间科学，在空间进行科学研究、研究空间的科学问题，探索外太空，这就有了后来的各种空间科学计划；往下做航天应用，包括军用、民用、军民融合应用。例如我们发射了一系列高分卫星，今后要继续发射组成星座，建设对地观测基础设施。

"大航天"把航天事业从工业扩展到了海陆空天领域。2000 年我们发布的第一份航天白皮书是对"大航天"的战略性安排，后面发布的《2006 年中国的航天》《2011 年中国的航天》《2016 中国的航天》等几份白皮书是战役性的安排，是对第一份白皮书的细化落实。

2020 年 12 月 17 日凌晨，嫦娥五号返回器携带月球样品，采用半弹道跳跃方式再入返回，在内蒙古四子王旗预定区域安全着陆。

"这是我们对祖国的约定和承诺"

《瞭望》：探月工程完成"三步走"并完美收官的过程，是否也就是我国由航天大国迈向航天强国的过程？

栾恩杰：月球探测是国际宇航界深空探测领域的第一站，也是中国航天界深空探测的首选站，因为它离地球最近。

探月工程，首先考核的是火箭的运载能力。从地球到月球的平均距离约为 38 万公里，没有大推力火箭就无法把卫星发射到月球上去。世界上虽然参与国际空间活动的国家很多，但是有大运载能力的国家并不多。

20 世纪 90 年代初，我们还在研制"长二捆"（长征二号捆绑式运载火箭）时就议论过，我们要到月亮上去。但当时并没有得到国家立项，我们的主要任务还是提高火箭运载能力。"长二捆"的研制成功，使我国首次突破助推火箭的捆绑技术等多项关键技术，火箭推力得到提高，其他各种型号的大推力火箭不断发展，我们有了去月球的可能。本世纪初，我们依据国际探月经验，提出我国探月"绕、落、回"三步走规划。2004 年初，国家正式对外宣布启动绕月探测工程，到 2020 年底嫦娥五号返回，中国探月工程已是六战六捷。

嫦娥五号是我国迄今为止最复杂的航天任务，开创了中国航天多个第一，我们成为从月球取样返回的第三个国家，我国进入世界月球探测技术的第一梯队，这为我国向航天强国迈进打下了关键基础。可以说探月工程完成"三步走"并完美收官的过程，就是我国由航天大国迈向航天强国的过程。

但同时应该看到，国际航天事业由很多不同水平的航天国家组成，在不同水平的国家里面，我个人认为中国仍然处于发展中水平。虽然我们有些航天领域的技术水平已经达到了国际水平，赶上了发达国家的步伐，可以开展一些同水平的合作，但我们还没有达到国际先进水平。现在我们仍是一个航天大国，航天是我们走在前端的战略性新兴产业，我们正在向航天强国迈进。

《瞭望》：2020 年 12 月 17 日 1 时 59 分，嫦娥五号返回器携带月球样品在内蒙古四子王旗预定区域安全着陆，嫦娥五号任务取得圆满成功。你当时也去了四子王旗，有什么感想？

栾恩杰：我之前说过一句话就是，待到四子王旗会（嫦娥回家），工程大计好收官。实际上我早就定了要去接场，很多同志都劝我不要去，因为那里半夜是零下 30 摄氏度，而且距离指挥所有几十公里远，交通运输不一定安全。负责搜索回收任务的是酒泉卫星发射中心的工作人员，那里也没有我的任务了。但为什么我一定要去，这是我们对祖国的约定和承诺。

当论证探月工程的时候，我们充满了自信，向党中央承诺要完成"三步走"，我们会一步一步完成。但一旦任务下达的时候，你会发现下定决心与实现这个目标差距是巨大的，我们是要把想法从一张纸变成现实，将一个设想、一个梦想实现，这是非常难的。我们航天人用17年的奋斗，完成了探月工程"三步走"，使我们国家进入到了能够从月球返回地球的深空探测先进国家行列。所以我说我一定要来，我是来接嫦娥回家、回祖国。我当时的心情是非常激动的。

实际上我们是很悬的。12月17日，嫦娥五号返回地球，差半个月就到2021年了。如果到2021年完成任务就不是我们过去的承诺了，我们中国人做事是讲究有头有尾的。

天问一号是我们国家派去的独胆英雄

《瞭望》：今后还有哪些月球探测计划？

栾恩杰：我们朝向星辰大海。今后我们要推动实施探月工程后期任务，一步一个脚印开启星际探测新征程。探月工程的后期工作将构建月球科研站基本型。这一基本型由运行在月球轨道和月面的多个探测器组成，基本型将具备月球科学技术研究、资源开发利用技术验证的能力，并与国际同行合作，建设国际月球科研站。在月球极区探测任务规划中，嫦娥七号将对月球南极地形地貌、物质成分、空间环境等进行综合探测。嫦娥八号除继续开展科学探测试验外，还将进行关键技术的验证。

目前我国运载能力最强的火箭是长征五号，它的近地轨道运载能力可达到25吨。为了满足未来探月工程及深空探测的需求，火箭推力要更强。未来我国将研制100吨级的重型运载火箭，现在论证阶段基本完成，进入到立项的后续阶段，国家正在部署工作，争取在"十四五"能够开始重型火箭研究。实际上，近地轨道达到100吨级的这样一个载荷，我们就可以到月亮上去了。

《瞭望》：你现在还承担了哪些工作？

栾恩杰：我已经退出深空探测任务一线，现在担任长征五号、嫦娥五号专家组组长，兼任火星探测器天问一号专家顾问组组长。嫦娥五号已经收官，长征五号后面还有很多任务。

现在主要是协助年轻人的工作，放手让他们干，帮忙不捣乱。因为我已经不掌握他们具体每一步运行的情况，瞎插嘴是影响工作的。我也会主动告诉他们一些我的经验教训，积极完成他们需要我做的一些工作。

《瞭望》：如何评价目前天问一号的工作？

栾恩杰：2020 年 7 月 23 日，我们成功发射了天问一号探测器。美国等国家的火星探测计划，第一步都是环绕火星，第二步是落下去。我们这次一次就跨了两步，天问一号在火星上一次完成绕、落。到目前天问一号非常好地完成了前一阶段任务，后面只要我们成功实现了降落，天问一号上搭载的巡视器就会走到火星上进行巡视。

天问一号是对中国航天技术的重大考验。因为火星距离地球太远，天问一号被火星捕获时，距离地球约 1.9 亿公里，单向通信时延达 10 分钟以上，我们在地面无法对制动过程进行实时监控，只能依靠探测器自主执行捕获策略。天问一号的一系列任务，需要靠它自身的自动控制、自动感知、自动故障诊断和自动处置能力来完成，所以它是我们国家派去的独胆英雄，是单枪匹马的勇士。

注：……，表示文中此处有删节。

7

栾恩杰：中国探月工程的“守望者”

■ 文/《人民画报》

栾恩杰说，航天科技工作者要在太空领域为人类造福，推动以卫星星座为代表的空间基础设施的建设，真正把航天工业转型为航天产业，通信、导航、遥感充分为国民经济建设服务，为人类命运共同体服务。

“这次能够有机会参与中央领导同志的会见，我感到很振奋。特别是把我和家栋同志安排在习近平总书记身边合影，心情非常激动。这是党中央和习近平总书记对我们科技工作者最大的褒奖。”中国工程院院士、中国探月工程首任总指挥栾恩杰说，“同时也是一种鼓舞、激励和鞭策。”

……

从“巨浪-1”到“东风-21”

时间来到1970年，栾恩杰开始参与潜地导弹的研制。那时的中国工业基础仍非常薄弱，对于潜地导弹的研制，没有任何经验可以借鉴。“巨浪-1”导弹的装备对象是潜艇。试验考核首先要验证弹体本身是好的，下一步是在台试中达到“导弹可靠、出筒可靠”，最后才可以上艇试验。

但第一次台试就失败了。“第一颗试验弹，飞离试验台不久就炸了。我们十年的心血被炸了个粉碎。”回忆当年的种种情景，曾经担任“巨浪-1”工程的总指挥栾恩杰还是会眼角湿润。

1988年，在遭遇了种种挫折和不断修正之后，“巨浪-1”终于定型，开始装备部队。与“巨浪-1”朝夕相处的18年，让栾恩杰深刻领会到，成功不是轻易得来的。

"没有一个新型号不会遇到困难。如果一个型号一直一帆风顺，只能说明它是个旧型号。我经手的每个新型号，都至少有十几个关键技术需要攻关，这就意味着有十几个创新点。没有这些创新点，这个武器不可能是先进的。"

……

开启探月时代

1998年，栾恩杰调入国防科工委任副主任兼任国家航天局局长，接到的一系列重要任务就是实施国务院主管部门对中国航天"五行"管理，即实现行业规划、行业标准、行业监督、行业法规、行业政策。其中最重要的就是行业规划。

经过研究，栾恩杰与同事们提出了一个"大航天"的概念。

……

"我们中国的航天，不能只停留在工业层面，也要扩大到应用。中国航天也要进入空间基础设施和空间应用的阶段。"

之后，对地观测的"高分"系列卫星、通信卫星、海洋卫星等与国计民生相关的空间应用都在"大航天"的概念下实现了发展。

……

嫦娥一号发射成功时，测控中心欢呼雀跃；长征五号首飞前三小时，现场惊心动魄；嫦娥四号月背着陆后，与玉兔二号"互拍"；嫦娥五号在月球表面升起五星红旗并成功采壤返回——三步走的计划实施不算是中国的发明和创新，但稳扎稳打地走好每一步，确实是中国工程能力的有效表达。

战略科学家

栾恩杰经常被称作"战略科学家"，但他说自己不算是科学家，而是一名工程师。但是对于"战略"，他十分认同。

战略是具有前瞻性、决策性、全局性、长远性的部署、策划和思想。"党中央提出了发展战略，航天系统各个领域的负责人就要打好自己的战役。既要做好对战略的理解，也要做好对战役的研究。"

从技术员、工程组长、研究室主任、研究所所长、研究院院长，到部总工、国家航天局局长，一路走来，除了学习本事、完成任务，栾恩杰最大的收获之一是学会了从战役到战略转变的思考，既要有战略性的总体把握，又要有战役性的可行性方案，还要有战斗性的冲锋陷阵。

从"巨浪-1"阶段的台、筒、艇；到探月工程的绕、落、回，探、登、驻（住）——栾恩杰习惯用高度凝练的语言对阶段性任务进行概括，化繁为简、举重若轻。而这也是他多年经验的积累，在工作中得到教训、提高认识、掌握知识。

在栾恩杰看来，中国的航天科技在一些领域已经达到了国际水平，但仍处于发展中国家阶段。"我们已经赶上了发达国家的步伐，取得了一些话语权，可以开展一些同水平的合作，但是于创新而言，我们还有很长的路要走。"

自主可控、基础能力、进入能力、探测能力的提高将是未来中国航天事业发展的基础。基础打得牢，眼光才会看得远，路子才会走得宽。"我们的队伍越来越年轻，这是我最欣慰的。现在的嫦娥队伍三四十岁的人都成长起来了。我最高兴的，是后继有人。"

目前，栾恩杰担任嫦娥五号专家顾问组组长、天问一号专家顾问组组长，虽然已经退出了一线领导岗位，但工作安排依然很多。

注：……，表示文中此处有删节。

8

耕天思绪　永无止境

■ 文 /《太空探索》周武　杨建

......

在他去年出版的著作《耕天思絮》中，人们可以领略到他的学术思想和管理智慧。鲜为人知的是，栾总还是一位喜欢用诗表达自己的情绪、倾吐肺腑之言的诗人。在他的《村子情怀——栾恩杰诗词集》中，人们可以体味"唤得威风八面，我志问天九层"的豪情，也会因"地球耕耘六万载，嫦娥思乡五千年。残壁遗训催思奋，虚度花甲无滋味"而共鸣。......

航天与遥感技术密不可分

在采访时，栾总特意请来了中国遥感应用协会秘书长、中国科学院遥感应用研究所的顾行发所长和从事航天战略研究的蒋宇平研究员。作为中国宇航学会的名誉理事长和中国遥感应用协会理事长，栾总心系两个社团的发展，也为两个领域的交叉和融合而深思远虑。

栾总认为，航天活动离不开遥感技术的发展，两者是紧密相关的。所以宇航学会和遥感应用协会要紧密合作，为航天技术和遥感应用两个行业的快速和协调发展做好服务工作。

"航天技术为遥感的发展提供了高远的平台，而遥感技术为航天提供了技术和应用的支持。所以，可以说航天与遥感是互生的。我感到中国宇航学会对航天工程和空间技术给予了高度重视，建议以后对遥感技术也要给予高度关注，为此，中国遥感应用协会可以发挥其作用。今年，我们将以'遥感下的中国'为题，组织力量进行研究，并以此推动区域遥感示范点，使其为国民经济服务，为'十二五'发展服务。我希望遥感协会和宇航学会联起手来，策划和开展好下一步的工作。"

遥感技术是防灾减灾的一把钥匙

对于航天工程中的遥感技术，栾总指出，与第一方阵的俄罗斯、美国相比，我国遥感技术依然有差距：长期稳定运行，对地观测遥感的观测体系还没有建设起来；卫星空间分辨率还存在着较大的差距，卫星的覆盖面还比较小，探测效率比较低，无法满足在时间上的需求；军民应用还没有做到进一步的开发。

在防灾减灾应用领域，有些灾害如台风、龙卷风的发生时间是极其短暂的，所以提出遥感对致灾因子连续的观测，就是我们遥感系统非常重要的课题。

我国防灾减灾对遥感的需求，表现在对致灾因子进行连续监测、遥感的全谱段覆盖、对致灾因子的物理说明，"天、空、地、海"一体化的监测等方面，力求全面跟踪、监测各种致灾因子，捕获灾害发生发展过程和各种灾害信息。据他介绍，目前美国已形成飓风和海啸的模型，对于不同气候、不同季节都有不同的反应，通过模型进行推演，为预报灾害发生提供了可能。

栾总说，"我们应该利用协会和学会动员各方面的力量，用遥感技术为减灾防灾作出贡献"。

太空探索没有句号

谈到最近国际航天热点，栾总有独到的见解。就天性来看，人类对太空的探索没有句号。对深空探测的路线图，栾总作了如下论述：

"国际上深空探测很活跃：美国以火星为战略目标，俄罗斯以'火星500'试验谋求在载人航天领域的领先地位，日本的金星探测及小行星采样小而精，欧洲的火星探测和着陆计划充满创新思想……看起来眼花缭乱，但归纳起来大致是三步走，即近（类）地行星、中轨行星和边远行星这三大步。

"近、中、远，这是太阳系探测的基本路子。近（类）地行星探测包括火星、金星、水星和小行星，中轨行星探测包括土星及其卫星、木星、可遇的彗星和太阳探测；边远行星探测包括天王星、海王星及太阳系边缘可能存在的其他行星。在这些科学探索的基础上进行地－月－日系统的研究、天体物理及宇宙学的探索。

栾总还特别强调："美国从载人重返月球转为火星探测是一种战略性考虑。美国人不是放弃月球了，而是为确保领先地位，将太空探索的重点进行转移，变得更前瞻。"

科技期刊要纳百家之言

谈起航天的现状和未来，栾总娓娓道来，如数家珍。我们深深为其思考的深度和广度所折服。他还特意就办刊提出了自己的建议。

栾总说："《宇航学报》及《太空探索》杂志办得很好，特别是近年有了很显著的提高。《太空探索》杂志对国内外宇航进展及动向的跟踪，全面而系统，对从事宇航工作的同志大有裨益。你们的工作是有成果的，感谢你们！同时，希望在介绍动态的同时。搞一些相关科技的知识链接，使得科学技术的普及再深入一点，更增加其深入性和趣味性；也可以就某些领域或科技发展问题开展一些讨论或争论，纳百家之言，以活跃科学探索的气氛。"

"比如上面提到的深空探测三步走，就科学、技术、工程三者异同的分析，三者各有其特性和规律，相关而相异，不论从内涵、外延及特征都是相异的，我们应该注意它们的规律研究，并用不同的政策和方法分析和管理。"

注：……，表示文中此处有删节。

五、飞天圆梦——纪念载人航天工程圆满成功

特别能吃苦，特别能战斗，特别能攻关，特别能奉献。

——中国载人航天精神

1

栾恩杰同志在国防科工委庆祝载人航天工程神舟五号成功仪式上的讲话

2003 年 10 月 15 日，神舟五号载人飞船发射成功

　　历史为这一刻定格。2003 年 10 月 15 日上午 9 时，"长征"二号 F 运载火箭腾空而起，承载着中华民族的伟大梦想，成功地将我国自主研制的"神舟五号"载人飞船送入太空。10 月 16 日上午 6 时 23 分，神舟五号载人飞船返回舱顺利着陆，我国第一位航天员杨利伟乘飞船绕地球 14 圈后从太空安全返回。这一刻，中国人民渴望了很久！这一刻，中华民族等待了千年！喜讯传来，神州大地为之欢腾振奋，炎黄子孙为之骄傲自豪，整个世界为之屏息惊叹。

　　首次载人航天飞行的圆满成功是中国进入太空新时代的里程碑，开启了中国航天发展的新纪元，中国由此跻身于世界上能够独立开展载人航天飞行的三个国家之列。这是我国继"两弹一星"之后振国威的又一伟大成就，是我国人民自强不息的又一非凡壮举，是我们伟大祖国的荣耀，它标志着我国科技水平达到了一个新的高度，标志着中国人民在攀登世界科技高峰的征程上又迈出了具有重大历史意义的一步，标志着我国综合国力的强盛和民族的兴旺。这是全国各族人民在中国共产党的领导下所取得的辉煌成果，它进一步增强了中华民族的自豪感和凝聚力，极大地鼓舞着全国人民在改革开放和社会主义现代化建设事业中夺取新的胜利。

实施载人航天工程，是以江泽民同志为核心的党的第三代中央领导集体做出的重大战略决策。十多年来，在党中央、国务院、中央军委的领导下，经过广大科技人员的不懈奋斗，我国载人航天事业取得了举世瞩目的成就。载人航天工程战线的全体同志们，励精图治，奋发进取，仅用11年时间就突破了载人航天技术，这是了不起的成就。实践证明：党中央关于实施载人航天工程的重大决策是完全正确的；社会主义制度具有集中力量办大事的巨大优越性；改革开放和现代化建设为航天事业和其他科技事业发展提供了雄厚的物质基础；中国人民勤劳智慧，具有自主创新和自力更生的卓越能力。

无垠的太空是人类永恒的财富，人类进军太空的道路永无止境。首次载人航天飞行的圆满成功，只是我们征服太空的第一步，也只是我国载人航天工程的开始。我们要认真总结和吸取首次载人航天飞行圆满成功的经验，发扬"特别能吃苦，特别能战斗，特别能攻关，特别能奉献"的载人航天精神，抓住机遇，顽强拼搏，开拓创新，勇往直前，以更加骄人的业绩，为中国航天的发展、为中华民族的复兴大业作出新的更大的贡献！

国防科工委副主任
国家航天局局长
中国载人航天工程副总指挥

图1　总装备部部长李继耐，北京市委书记刘淇、市长王岐山，国防科工委主任张云川、副主任栾恩杰等领导和杨利伟及部分载人航天专家与从太空返回的北京奥运会会旗合影

图2　从左至右：袁家军、梁小虹、林树、翟志刚、聂海胜、吴卓、栾恩杰、谢名苞、刘纪原、李继耐、戚发轫、杨利伟、张云川、胡世祥、张庆伟、胡鸿福、许达哲、周建平、黄春平、刘竹生等

图 3　左起：张庆伟、江绵恒、胡世祥、李继耐、张云川、栾恩杰等

图 4　神舟五号返回舱

图 5　国防科工委庆祝神舟五号成功仪式
前排左起：马鸿林、孙来燕、张维民、张洪飙、张云川、
栾恩杰、于宗林、张广钦、王树权等

图 6　庆祝神舟五号成功在国防科工委大楼前升国旗仪式

2

神舟飞天举世瞩目 继往开来再铸辉煌

2003 年 10 月 15 日，是一个永载中华民族和人类文明史册的日子。我国第一艘载人飞船神舟五号发射升空。在绕地球环行 14 周后，16 日 6 时 23 分，我国自己培养的航天员杨利伟乘返回舱在内蒙古预定地区安全落地，我国首次载人航天飞行取得圆满成功。中国人第一次乘自行研制的宇宙飞船，实现了飞向太空的历史性跨越。这是我国航天事业和国防科技事业发展史上一座新的里程碑，开创了我国科学技术发展的新纪元。

一

"神舟"飞天，实现了中华民族几千年来孜孜以求的梦想。从流传千载的神话"嫦娥奔月"，到敦煌莫高窟美丽的飞天画壁；从 500 年前利用火箭尝试飞行的万户，到近代探索遨游太空的脚步。自 1961 年 4 月 12 日苏联航天员加加林乘坐第一艘载人飞船东方号离开地球至今，一艘又一艘飞船，一个又一个航天员升入太空。新中国的国防科技英才们一直渴望着用自己的双手，为祖国在太空争得一席之地，为民族圆千年之梦。东方红卫星、长征火箭、神舟飞船的连续发射成功，记载着炎黄子孙走向太空的坚实脚步。现在，中国人第一次亲手把龙的传人送上太空，中国航天史掀开了新的篇章，中国步入了载人航天的新时代。

（一）首次载人航天飞行成功，标志着我国航天和国防科技工业取得了新的重大突破，我国整体科技水平实现了新的历史跨越。航天事业作为高科技综合集成的国防科技事业，集中反映着一个国家的整体科技水平。"神舟五号"成功发射和回收，我国载人航天技术实现了一次重大突破。正如胡锦涛总书记所指出的，"神舟五号"成功发射，标志着中国人民在攀登世界科技高峰的征程中又迈出了具有历史意义的一步。以载人航天为龙头，信息技术、材料科学、生命科学、空间科学等新兴高科技也得到了快速发展，我国科技的整体水平进一步提高。

（二）首次载人航天飞行，进一步增强了我国综合国力，提高了我国的国际地位。当今世界，国家之间的竞争体现为综合国力的竞争。航天高科技是综合国力的重要组成部分，多学科集成的载人航天工程作为当今航天技术领域的前沿，成为世界强国竞相抢占的科技制高点。首次载人航天飞行成功，使我国成为继苏联和美国之后第三个独立自主地完整掌握载人航天技术的国家，为我国在激烈的国际竞争中赢得战略主动奠定了基础，我国的国际威望和大国地位显著提高。

（三）首次载人航天飞行成功，大大激发了中华民族的自豪感和凝聚力，激励着我们为实现中华民族伟大复兴而努力奋斗。航天事业是一项振奋人心的攀登科技高峰的事业，载人航天工程是迄今为止我国航天史上规模最大、系统最复杂、技术难度最高的一项国家重点工程。首次载人航天飞行的圆满成功，进一步激发了中华民族开创美好未来、实现伟大复兴的信心和决心，必将带动和促进中国特色社会主义各项事业的蓬勃发展。中国人完全有能力独立自主地攻克任何尖端技术，有能力在世界高科技领域大展宏图，有能力在新的千年中，以辉煌的成就，为人类作出更大的贡献。

（四）首次载人航天飞行成功，为我国探索太空事业进一步发展奠定了坚实基础。我国载人航天工程在多方面取得了重要成果：突破了大量的关键技术，大大提高了我国航天科技水平；建设并完善了一批先进性与实用性兼备、适应我国航天事业持续发展需要的载人航天工程设施；培养了一支德才兼备、素质精良的科技与管理人才队伍；丰富和发展了我国大型航天工程的管理经验，探索了一条具有中国特色的载人航天发展之路。这些辉煌成就为今后航天事业的发展奠定了坚实的物质、技术和人才基础。

二

我国载人航天工程取得的辉煌成就，是国防科技工业广大干部职工和解放军指战员努力实践"三个代表"重要思想，认真贯彻科教兴国战略的重要成果，是改革开放 20 多年来我国综合国力不断增强、科学技术水平不断提高的充分体现。载人航天工程实施十多年来，积累了丰富而宝贵的经验。这些经验对于我们再接再厉，继往开来，创造新的辉煌业绩，具有十分重要的意义。

（一）党中央、国务院、中央军委的英明决策和坚强领导，是首次载人航天飞行成功的根本保证。1992 年 1 月，以江泽民同志为核心的党的第三代领导集体根据世界科技发展的大趋势，着眼我国国防科技事业和现代化建设大局，在进行充分的技术、经济可行性论证的基础上，果断作出了实施中国载人航天工程的重大战略决策。在近年来日本 H2A 火箭、俄罗斯联盟号、欧洲阿里安五号火箭、美国哥伦比亚号航天飞机失事等情况下，党中央、国务院、中央军委高瞻远瞩，坚定不移地实施中国的载人航天工程。十多年来，党中央、国务院、中央军委高度重视载人航天工程，制定了一系列重大方针政策，江泽民主席等中央领导同志多次视察工程现场指导工作，勉励国防科技战线的同志们顽强拼搏，努力夺取载人航天工程全面胜利。这次，胡锦涛总书记、温家宝总理等中央领导同志亲临酒泉发射现场和北京航天指挥控制中心，为首次载人航天飞行壮行，极大地鼓舞了广大参研参试人员圆满完成任务的决心和信心。中央对载人航天工程的科学决策、高度重视和亲切关怀，为首次载人航天飞行圆满成功提供了根本保证。

（二）精心组织，科学管理，是首次载人航天飞行成功的重要前提。载人航天工程实施以来，按照中央统一部署，建立了组织严密、职责清晰、分工明确的工程指挥体系。在工程总指挥部卓有成效的组织领导下，各单位狠抓组织落实、责任落实、措施落实，层层落实责任制。在研制试验工作中，各参研参试单位坚决贯彻"严肃认真，周到细致，稳妥可靠，万无一失""一丝不苟，分秒不差"的要求，确保载人航天工程顺利推进。针对载人航天工程质量和可靠性要求极高的特点，各单位坚持质量第一，特别是把航天器送入轨道技术、航天器在轨运行技术、航天器返回地面技术的质量安全可靠性作为重点，制定出一套详细、科学、规范的全员全过程质量管理监控制度，质量管理实现了由传统经验型向科学规范化的转变，确保了首次载人航天飞行"一举成功、万无一失"。

（三）与时俱进、自主创新，是首次载人航天飞行成功的重要途径。江泽民主席多次强调：创新是一个民族的灵魂，是一个国家兴旺发达的不竭动力。实施载人航天工程十多年来，广大科技工作者瞄准世界前沿，充分发挥聪明才智和创新意识，在借鉴国外成功经验的基础上，大力推进科技创新和管理创新，攻克了许多技术难关，载人航天技术和系统工程管理达到了新的水平：我国自行研制的"神舟"五号飞船采用的许多技术居世界领先地位，在核心技术上形成了自己独有的知识产权，飞船可以载三人，飞船返回之后轨道舱继续留在太空半年以上，仍然可进行许多实验；长征二号 F 运载火箭是具有自主知识产权的高科技产品，长征系列火箭发射成功率达到世界先进水平；依靠自己的科技力量，建立了体现中国尖端和前沿科技集成的飞船应用系统，建成了现代化的载人航天发射场、测控网和飞船着陆场，组建了航天员队伍并进行系统化训练等。在载人航天科研攻关和工程管理方面，我国走出了一条符合国情的新路子。

（四）尊重人才，培养人才，充分调动人才的积极性和创造性，是首次载人航天飞行成功的重要基础。事业要发展，人才是关键。对载人航天这样的高科技工程，培养和造就一支高素质的人才队伍，更是至关重要。实施载人航天工程十多年来，各单位认真贯彻中央关于人才工作的方针政策，把培养和造就高素质人才队伍作为关系工程成败，关系事业长远发展的重要战略措施，努力为人才营造良好的环境。许多单位强调既要出成果，又要出人才，在工作中大胆地给年轻同志压担子。一批年富力强的科技骨干在实践中经受了锻炼，成为载人航天工程的中坚力量。许多德高望重的老专家在做好业务工作的同时，认真做好传帮带，积极为人才队伍建设贡献力量。各单位认真落实中央有关政策，积极探索建立有效的激励机制，有力地调动了广大科技人员的积极性和创造性。

（五）大力弘扬"两弹一星"精神，充分发挥社会主义制度优越性，是首次载人航天飞行成功的重要保障。在载人航天工程实践中，广大科技工作者大力弘扬"热爱祖国、无私奉献，自力更生、艰苦奋斗，大力协同、勇于登攀"的"两弹一星"精神，涌现出许多可歌可泣的模范人物和先进事迹。在载人航天实践中，创造了"特别能吃苦、特别能战斗、特别能攻关、特别能奉献"的载人航天精神，为发展中国先进文化作出了突出贡献。载人航天工程涉及领域十分广泛，直接承担研制生产任务的单位有 100 多个，协作配套单位有 3000 多个，主要科技人员数以万计，这些单位和人员遍布全国各有关地方、行业、部门。从科研实验室到各生产厂家，从航天发射场到"远望"测量船，广大国防科技人员和解放军指战员一道，情系航天梦，热血铸忠魂，团结拼搏，奋力攻坚，不计名利，无私奉献。灿烂的"神舟"飞天之路，由无数国防科技工业工作者和解放军指战员共同的心血和汗水铺成，是全国上下一盘棋和社会主义大协作的结晶，是"两弹一星"精神在新时代谱写的新的光辉篇章。

回顾载人航天十多年奋斗的光辉历程，我们深刻地体会到，载人航天飞行的成功，是全面贯彻和实践"三个代表"重要思想取得的重大成就。"三个代表"重要思想，是我们的立党之本、执政之基、力量之源。在载人航天工程中，广大国防科技工作者以"三个代表"重要思想为指导，在实际工作中自觉全面贯彻"三个代表"重要思想，创造了骄人的业绩。载人航天飞行的成功，为发展我国先进生产力和先进文化，为更好地维护中国最广大人民的根本利益，作出了突出贡献。

三

我国载人航天工程取得举世瞩目的成就，国防科技工业战线和全体中华儿女一样，深感光荣和骄傲。首次载人航天飞行圆满成功，是我国航天事业和国防科技事业发展一个新的起点。以首次载人航天飞行成功为契机，进一步振奋精神，加快推进国防科技跨越式发展，全面振兴国防科技工业，是国防科技工业战线广大干部职工肩负的神圣而艰巨的历史任务。

（一）坚持以"三个代表"重要思想为指导，进一步增强使命感、责任感、紧迫感，加速推进国防科技工业发展。国防科技工业是国家战略性产业，是先进生产力的重要组成部分，以"两弹一星"精神为核心的军工行业精神是中国先进文化的重要组成部分，加强国防科技工业建设符合中国最广大人民的根本利益。过去，国防科技工业取得了"两弹一星"的辉煌成就，现在，国防科技工业在载人航天工程中又作出了不可磨灭的贡献。进入新世纪，面对世界新军事变革的挑战，面对日益激烈的国际经济、科技和综合国力竞争，我国国防科技工业与国外先进水平相比还有较大差距。我们必须全面实践"三个代表"重要思想，抓住机遇，迎难而进，乘胜而上，切实加强国防科技工业建设，为国防现代化和国民经济发展作出新的历史贡献。

（二）坚持自主创新，实现国防科技的跨越式发展。科学技术是第一生产力，科技的本质在于创新。当今世界，科技发展突飞猛进，高新技术的创新和应用，引发了包括军事领域在内的一系列深刻变革。国防科技工业作为高科技产业，必须坚持科研先行，突出自主创新，大力发展高科技和军民两用技术，提高原始创新和持续创新能力。在一些战略性、基础性的重大科技项目上，拥有自主创新能力和自主知识产权。通过自主创新，使我国国防科技工业在世界高科技领域占有一席之地。

（三）坚持有所为有所不为，重点突破，以点带面，全面振兴国防科技工业。我国处在社会主义初级阶段，必须坚持中央一再强调的"有所为有所不为"原则，选准主攻方向，集中力量，重点突破。加强基础研究和高技术研究，实施重大科技项目，建设重大科研设施。通过重点抓住抓好一些能对整个国防科技工业整体发展起强劲带动作用的项目，以点带面，全面振兴国防科技工业。按照中央的统一规划和部署，国防科工委将与有关部门密切配合，全力支持，进一步推进载人航天事业发展，同时，切实抓好"绕月工程"等重大科学工程的实施，推动我国航天和国防科技事业实现新跨越。

（四）坚持以人为本，大力加强国防科技工业人才队伍建设，为国防科技工业的持续发展提供人才保证。振兴国防科技工业，离不开高水平、高素质的科技人才队伍。国防科技工业要认真贯彻党中央、国务院关于加强人才队伍建设的一系列文件和指示精神，抓住吸收、使用、培养人才三个环节，进一步关心、重视、培养人才特别是高层次人才，进一步优化人才结构，建立健全奖励机制，努力创造有利于优秀人才脱颖而出的环境，充分调动国防科技人才的积极性和创造性。要建设一支忠于党的国防科技事业的人才队伍，大力弘扬"两弹一星"精神和载人航天精神，使军工人才队伍成为自觉实践"三个代表"重要思想，不断创造先进文化的社会群体。

回首过去，成就辉煌；展望未来，任重道远。在新世纪新征程上，国防科技工业战线广大干部职工将继续坚持以邓小平理论和"三个代表"重要思想为指导，在以胡锦涛同志为总书记的党中央领导下，奋发图强，团结拼搏，开拓创新，全面振兴国防科技工业，以更加辉煌的成就，为全面建设小康社会、实现中华民族的伟大复兴做出新的更大的贡献。

国防科学技术工业委员会

二〇〇三年十月十六日

3

载人航天重大工程的回忆

1992 年 9 月 21 日党中央、国务院、中央军委批准了我国载人航天工程，这个批复对中国航天人来说是一个巨大的鼓舞，是我国科技发展史的重大事件，是祖国对中国航天事业的期盼和重托，载人航天活动至今仍是只有世界大国才能进行的一项重大科技行动。我们中国人在毛主席确定"两弹一星"工程和"我们也要搞人造卫星"的号令下，走过了 36 年的路程。所以，就载人航天工程而言，既是我们的梦想，也是祖国科技发展和航天事业进步的必然。

一、"两抓一突破"是 921 工程的奠基

20 世纪 90 年代，在航天发展史上是具有重大的里程碑意义的时期，这十年我们完成了长征二号捆绑型火箭的研制，使我们的运载能力达到 LEO 9t 左右。特别是在以刘纪原部长为领导核心的党组领导下，针对国际发展趋势和国内改革发展的需求，及时而准确地确定"两抓一突破"的战略目标。这个目标的确立是对未来 20 年发展的"打基础、开新局、闯新路"的重大举措，其中抓应用卫星和卫星应用、抓基础条件建设是直接面向中国航天科技工业发展的软肋和短板，而切入和发力的。我认为抓住了这两条就是牵住了中国航天发展战略的牛鼻子。而"突破载人航天技术"则是一项具有跨世纪意义的宏伟目标。它是一个标杆、它是一个号召、它是一面旗帜，它表明中国航天经历了从 1956 年创业起步到 20 世纪 90 年代这 30 多年的奋斗，已经从创业起步到创新发展的新阶段。

"两抓一突破"的战略规划在党中央、国务院、中央军委的直接领导下，

首先取得了以发射澳星为标志的长二捆运载火箭这一战役的重大成果。中国航天人以有党的领导、社会主义制度、举国体制这一制度优势，在航空航天部以及航天工业总公司党组的领导下，刻苦奋斗，努力拼搏。中国火箭技术研究院的同志们硬是在 18 个月内拿下长二捆火箭的研制并实现了澳星的发射任务，兑现了承诺。

没有长二捆的成功，不会有长二 F 载人型火箭的出现，更不会有 9 月 21 日中央的批复。正是有了运载火箭这个基础能力的提供，才有了载人航天工程的实施；正是有了载人航天工程的确立，才更进一步推动了后续一系列相关技术突破和条件建设的实施。

二、改革新发展和举国体制的力量

正在 921 工程开始启动、进入方案设计阶段的时刻，国防科技工业的管理体制发生了重大调整，国务院成立新的国防科学技术工业委员会、中央军委成立总装备部，在新科工委内设立国家航天局，新科工委按国务院的职能划分负责国防科技工业的"行业规划、行业监督、行业政策、行业标准和行业法规"行业管理。国防科工委党组将其具体任务凝聚成两大攻坚战，国防科技工业的改革脱困，包括"五行管理"的落实，以及国防高科技装备的研发生产保证。载人航天工程的组织实施由新的总装备部负责。工程总指挥是总装备部部长，副总指挥由总装主管工程的副部长、国防科工委主管航天的副主任、负责载人工程运载火箭和载人飞船的航天科技公司的总经理、科学院主管科技工作的副院长组成。

这样，我作为国防科工委有关负责人参加指挥部工作。这是我从事航天工业以来，最重大的一项工程，深感幸运，而且李继耐总指挥和胡世祥副总指挥与我是哈工大老校友、王礼恒和江绵恒两位副总指挥亦是相应领域的知名专家。在这个团队中，对我来说是一个极好的学习机会，也是肩负国家委以重任的重大考验。我正是怀着这个精神受国防科技工业委员会的委托参加国家首次载人航天这一重大工程的。

摆在工程指挥部面前的重大工程的严峻挑战，首先是高可靠性的载人运载火箭，按照有效载荷的需要，载人飞船的重量在 8t，所以这枚火箭的最低近地轨道能力不能小于 8t。在现有发动机 75t 的状态下，地面推力最高是捆绑 4 个助推级的捆绑型火箭，也即客观上就被约定在长征二号捆绑型上，为保证有效载荷的要求，只有选择两级半型结构，即一、二级及捆绑级。我认为这个选择是正确和准确的，也是当时航天工业领导集体经过多次专家研讨审慎确定的结论，余下的则是如何使其成为我国载人型的火箭，即可靠性要达到 97% 以上，其置信度要达到 60% 以上。这就要求我们必须在成功子样大于三发的时候才能表征它的任务可靠性（此时置信度近似为小子样下的 η：3/4=0.75）。在发射载人任务前，我们必须进行 ≥ 4 次的同状态实际飞行试验。

有些人曾问过我们为什么在神舟四号飞成后，才进行真实载人飞行，或者为什么我们在神舟五号就能有充分自信。

为了确保首飞成功，以及出发段出现危害性的问题的应急，长二捆的载人型（长二 F），增加了紧急逃生系统，这些新技术的突破是我国运载系统研究院及相应的液体发动机研究院、固体火箭发动机研究院、发射控制系统、制导控制系统等相关技术专家的共同奋斗而得来的。为了使长二 F 的研制得到有效保障，国防科工委的有关司局作出了"及时反应、协同推进、全力保障"的努力和配合。

接下来的重大挑战是载人飞船。我国的载人航天工程是按照"船 – 室 – 站"的三步走之路。我记得首次研讨"突破载人航天"这一课题是航空航天部时负责航天工业行业管理的刘纪原总经理在南戴河召开的工作会上，关于运载和飞船及发展规划有多篇报告。当时国外美苏（俄）的实际运行可以一窥其貌。这个"船 – 室 – 站"三步棋虽有争议，其争议的要害不外乎我们要不要自己独立地建造空间站这个问题上，其主要的难点是空间站的规模大、维持运行的费用太高。在国际空间站的国际合作模式下，美国都难以单独维持，我们独立建造空间站的必要性和紧迫性这个问题上是有争议的。我想这个问题不但是过去有这一些意见，就是现在，这个问题也会存在。特别是现在国际形势下，美国操控的 ISS 一再拒绝中国参与的霸凌主义，它从另一个方面帮助了我们下定自力更生建造中国空间站的决心！

载人飞船的关键技术不是过去卫星技术的复用，而是全新的飞行器的设计，要在已经成熟的卫星平台技术的基础上解决飞船的可靠密封结构和保障航天员正常生存的生命保障系统，在有限空间系统内，航天员具有一定的活动空间和对飞船某些过程、状态的控制。美、俄的载人航天活动的经验和教训是我们进行飞船设计的极好对照。飞船与地面的通信系统（图像传输、语音传输）要保持可视段的安全可靠运行。

飞船的返回是载人航天系统设计的更大挑战。我翻阅了国外已经发布的载人飞船的故障案例，在我看到的案例里，80%～90%的故障都是由人工手动完成的应对操控。据此，在指挥部的会议上，我不止一次讲述这个观点。工程常务副总指挥胡世祥中将十分同意这个建议，并在具体方案的实施计划中得到落实。这里我补充几点，胡世祥将军是从东方红一号就在指挥的位置上，我们在1990年发射亚洲一号卫星（李嘉诚的亚洲卫星公司）时，我们两人在27基地靶场相遇，此时我是航空航天部总工程师，任发射亚洲一号卫星试验大队的大队长，发射任务的副总指挥，胡世祥任27基地副司令员、常务副总指挥，一些具体的任务我要与他商量。为了加强任务领导，时任科工委副主任的沈荣骏将军也去基地领导这次首次的"外星发射服务"任务。在这段共同的工作和奋斗中，我们共同的经历和经验，增加了我们的友谊，至今我们仍保留着为一个共同目标而奋斗的那一份战友之情。

三、英雄的航天员大队

神舟五号飞天，随着火箭的起飞，我们的心也都悬了起来，我当时主要担心的是火箭是否能安全飞行到关机、助推级分离Ⅰ级、Ⅱ级工作正常，卫星进入轨道，随着顺利升空，又开始担心飞船内的指标是否正常。当我看到画面中杨利伟同志展示国旗、联合国旗，看到显示杨利伟同志生理指标参数一切正常时，我的心情十分激动，真的感谢英雄的小伙子，他是祖国的英雄骄子。他镇定平静地在舱内工作，激起了我们心中的奔腾，这是中华民族的成功！这使我想起在选拔第一名航天员时的情景，参与投票的是几位副总指挥（副总师）。航天员大队领导报告三位航天员的平时训练成绩，进场后的生理状态状况，都是十分满意的。几乎是谁都应当上，但是仍要选出第一名。我们几乎是不约而同地投给了杨利伟这位有上千小时驾驶歼击机任务的飞行员和今天的首位中国航天员。今年，在我回忆过去的经历时，写了一首诗，表达我那时的心情，现录在下面：

圆我复兴梦

中华梦、绘在千佛顶，

彩纱舞、神女飞天庭。

千年越、万户争先行，

惊雷响、中华敢称雄。

而今中华正圆复兴梦，

行必至、至必成、

下笔千斤重。

神舟载英雄，

英雄游苍穹。

——写在"神五"发射前，在批复航天员上箭报告时的心情

载人航天办公室的同志们说，我们签字的这份文件将送到国家历史博物馆和军事博物馆收藏，这更使我感到这份责任的沉重。签下名字表达的是我对航天员大队的致敬，也是对中国航天事业的自信。像我诗里写得那样，下笔千斤重，这一刻表达的是共和国的强盛、是中华民族的伟大、是祖国的光荣、是党的胜利。

记得在 2001 年，我曾两次随政府代表团赴俄罗斯参加会议，并参观考察俄加加林航天中心。一次是陪同朱镕基总理，还有一次是陪同吴仪副总理。在俄航天中心参观载人飞船的 1：1 模拟舱时，朱总理和陪同的俄罗斯航天局领导在模拟舱内集体照相，朱总理见我站在记者一边，特意招我到他们身边。由于空间狭窄，大家紧靠着，蹲着拍下在俄载人飞船模拟舱的中俄两

国代表团的合影，从朱总理高兴的神态，我体会到中国的载人航天事业必须尽快实现，让我们国家的总理能以一位具有载人航天能力的国家总理身份出现在国际大家庭中，正如毛主席所说：自立于世界民族之林。在参观载人航天模拟宇航员失重状态活动能力的大水池旁，吴仪副总理关切地问：我们国家现在有这种设施吗？我说这个水池子的建设没有太多的技术问题，但试验用的活动用服、各种传感器，还需要设计，目前尚没有建成这类装置。吴副总理为载人航天工程中有关技术和装备的准备问题专门听过国防科工委的汇报，并就一些具体项目亲自部署。

在航天员大队里，有两位航天员是黑龙江省齐齐哈尔市人，一位是翟志刚同志，一位是刘伯明同志，这是我们齐齐哈尔值得骄傲的。这两位后来都晋升为将军，翟志刚被授予"航天英雄"、刘伯明被授予"英雄航天员"称号。在载人航天工程中，航天员的训练是非常复杂的，这个系统包括失重条件下的生存训练和飞船环境下的生命保证系统。既是医学、生命科学，又是环境适应训练的体育科学和相关的生理科学（包括睡眠、食物、活动、锻炼、自救等）。他们的训练力度超出了一般体育锻炼和竞技的程度，项项都是极限性的。我看过他们训练的科目和器械，仅离心试验就足以让人却步。经过上千名歼击机飞行员的选拔进入航天员大队是他们的幸运，更是一项重托和考验，实践证明我们国家航天员系统是成功的，航天员大队的所有成员百分之百达到标准。

在神舟上天后，有一个程序是时任总理温家宝同志与航天员直接通话。他问候航天员，并祝福他们在飞船上的工作顺利，航天员回答说感谢党中央、国务院、中央军委首长关心，并报告工作顺利，保证完成任务。

光荣的航天员大队，以他们成功的战绩向祖国交出答卷，向世界宣告中国航天员是一流的、英雄的航天员没有辜负祖国和人民，他们为党争了光，为民族争了气！

四、质量重于泰山

载人航天工程最重要的工作理念是"质量重于泰山"，在我们进行载人航天工程时，2003 年的美国发生了哥伦比亚号航天飞机失事案，成为国际最关注的焦点话题。就这个问题的情况和分析，我专门在科工委机关的会上作过一次专题报告。

美国一共制造出五架工程任务实用型航天飞机，按其首飞的时间为序，分别为哥伦比亚号、挑战者号、发现号、亚特兰蒂斯号和奋进号，其中挑战者号已经失事。

哥伦比亚号 1981 年 4 月 12 日首飞，共飞行 28 次。

挑战者号 1983 年 4 月 4 日首飞，共飞行 10 次，1986 年 1 月 28 日起飞后解体。

发现号 1984 年 8 月 30 日首飞，共飞行 30 次。

亚特兰蒂斯号 1985 年 10 月 3 日首飞，共飞行 26 次。

奋进号 1992 年 5 月 7 日首飞，共飞行 19 次，为接替挑战者号总共飞行 113 次。

哥伦比亚号是五架中最老的一架，也是航天飞机的开山之作，机舱长 18 米，能载运 36 吨重的货物。2003 年 1 月 16 日从肯尼迪航天中心发射升空，在天飞行 16 天，进行了 80 余项科学实验。原定在美国东部时间 2 月 1 日上午返回肯尼迪航天中心，计划着陆时间 9 时 16 分，当时国际宇航界的同仁，包括我们国内航天界都没有把这架飞船返回当成一件什么重大事件。因为航天飞机从首飞到那时已经经历了 22 个年头，平均每年 5 次飞行；每架飞行为 1 架次／每年，但往往突发事件就发生在"突发"上。在哥伦比亚号完成任务，重返地球的过程中，航天飞机突然解体，机上 7 名航天员遇难。

事发后时任国家主席江泽民同志于 2 月 2 日给美国时任总统布什发出慰问电。我以中国国家航天局局长名义发电给时任美国国家航空航天局局长 SEANO KEEFE，表达对事件的关注、悲痛和慰问。

载人航天活动是人类征服宇宙活动中的一项高风险工程这一命题再一次摆在我们面前。2003 年是 921 工程批复后的第 10 个年头。

是什么原因引起的这次失事，这是我们最关注的重点。我在向国防科工委机关同志作报告时是根据外电报道的零碎信息，将其综合后提出了七项可能的原因作介绍的。我把这七项的题目列在下面，供参考：

可能原因 1：防热瓦脱落

轨道运行时，承受 –157～55℃的交变，再入时，承受 1650℃的高温。升空后，从照片上看可能有一块碎片击中飞机左翼，它可能会造成损坏。所以 NASA 认为这是"首选原因"。但以色列 Movariv 日报刊登了一张照片显示：飞机左翼原来就有两条清晰裂纹，但 NASA 认为照片不真实。

可能原因 2：再入倾角偏差

航天飞机再入时的倾角设计为 40°，允许偏差 ±（3°～4°），角度过大、过小都可能引发问题（从其再入造成解体看，应当是受到的气动力过大）。

可能原因 3：被不明物体击中

不明物体可能是陨石、空间碎片等。

可能原因 4：机体金属疲劳导致解体

2002 年 NASA 就发现航天飞机推进装置燃料管上有微小的裂纹。令 4 架航天飞机停飞 4 个月（航天飞行的使用次数寿命应是 75～100 次）。

可能原因 5：主要是表面 2 万多块防热瓦

每次飞行后的更换率是 1%，只更换 200 余块（因成本原因），可能因更换率过小，存在隐患。

可能原因 6：管理问题

可能存在的微小失误和管理的细小漏洞没有被及时发现和处理、没有采取相应的预防和加固等。

可能原因 7：驾驶员操作失误

到底是哪一个原因直接导致了这次重大的事件，我们没有充分的数据和影像资料作依据，难以对此下确切的结论。但它对我们载人航天工程的警示是值得我们自己高度重视的。

按国家重大航天工程的管理责任，凡是国家重大航天活动中有关技术基础方面的工作，国家航天局是要承担行业管理责任的，在技术标准、规范、计量、质量、工艺诸方面的技术基础，我们必须要有主动担当的责任，按现在中央的要求就是要有担当的精神。我也正是按着这个精神，在国防科工委党组的委托下，参加 921 工程指挥部的。所以我每次参会时都在这个方面提出工程建议。

从哥伦比亚号中，我们从质量管理上有什么启发、思考和经验可以借鉴吗？我认为可以在以下方面作参考：神舟飞船的结构设计既要满足冲出大气层进入 300km 环境，又要满足重入大气层的空气动力和摩擦热力学环境的要求。并且在设计和实验上，为实际飞行状况留有可靠的裕量。为此，飞船总设计师戚发轫院士带领团队作了充分的理论研究和空中抛放实验，我也曾到投放试验场学习和观看。"凡是在工程全过程中，飞行器所经历的各过程都要力争在地面试验中看到，得到充分的验证"这一条，是我对所有航天工程的一个共性的认识，在探月工程中我也是这样要求的。

飞船的再入姿态角问题与上述论述的可能因素 2 是类似的。对于神舟飞船的弹道式再入方案，其飞船结构设计与再入角的实现，更是一项技术难题。我们的设计师们反复论证，也反复答辩、反复试验，从他们身上我看到了中国航天队伍的成熟和自信。在工程任务的进展中也培养和锻炼了一批队伍。

对于被不明飞行物击中这个问题，我们也及时地启动了空间碎片的跟踪和预报工程，委托中科院都亨研究员团队开展相关研究。在此期，科工委立题并投资，提升我国这个领域的跟踪手段、预报技术和报告技术。值得提一下的是，在神舟五号发射前美国 NASA 给我国相关部门来函，告之在我国发射载人飞船的入轨时刻，可能有 ×× 国的一些废掉的卫星碎片存在危害此次发射任务的风险。他们对其具体的碎片轨迹并没有给出数据，而是寻求我们要将此次任务的准确轨道告之美国。对此情况，指挥部领导依据我们自己的观测能力分析，对我国预报数据的自信，作出了"不会造成影响我国这次发射任务"的结论（见附：神舟五号发射前的空间碎片危险预警事件——中科院空间环境预测中心、国家国防科技工业局一司）。

在管理方面，指挥部李继耐总指挥，认真细致地听取设计师系统对每个具体的问题的分析报告，非常尊重几位副总指挥指出的多方面意见，并结合多方面的情况，进行总结。发射来临的那天早晨，当航天员杨利伟向指挥部汇报"一切准备完毕，请求指示！"时，我们几位同志的心情十分激动，就像登卜飞船就是我们，是中华民族的每一位子孙。李继耐总指挥向航天员敬礼及一句铿锵的命令："出发！"，它宣告了中国人的航天之旅就此开始！时间是2003年10月15日9时整！

附

神舟五号发射前的空间碎片危险预警事件

——中科院空间环境预测中心、国家国防科技工业局一司

2020年10月1日，我国载人航天工程第三批预备航天员选拔工作正式结束。18名预备航天员，其中包括7名航天驾驶员、7名航天飞行工程师，以及4名载荷专家，将参加中国载人航天工程第三步空间站运营阶段的飞行任务。

随着各项工作紧锣密鼓的展开，中国载人航天已阔步迈入"空间站时代"。回望来时路，自1992年中国载人航天工程立项实施以来，一代代航天人自力更生、接续奋斗，形成了具有鲜明时代特征的载人航天精神，不惧艰险，克服了重重困难，才有了今天丰硕的成果。中国载人航天工程实施以来，令人印象最深刻的一件事，便是神舟五号飞船发射前夕的空间碎片危险预警事件。

2003年，神舟五号发射前夕，美国国务院突然向我国外交部发来照会，表示：听闻中国首次载人飞船飞行在即，根据美国相关机构分析预测，神舟五号飞船在发射过程中，将和俄罗斯某火箭残骸发生非常危险的近距离交会，并存在碰撞的风险。为体现其人道主义援助精神，美国愿意为我国提供预警计算，并希望中方能向美国提供发射弹道和轨道参数。

接到外交部转来的照会后，载人航天工程总指挥李继耐（时任总装备部部长）立刻组织神舟五号飞船工程总体和各大系统召开紧急会议。大家经过讨论后一致认为，中国的载人航天飞船，要靠自己完成发射预警的工作，当时，担任第一次载人航天工程副总指挥的栾恩杰（时任国防科工委副主任）提出，国防科工委的空间碎片专项科研曾对此类问题开展过相关研究，建议马上和从事此方面研究的专家讨论后，再给出相关决策建议。

为防患于未然，在前期载人航天工程地面应用系统建设中，便已开发了专门进行空间碎片和流星体环境计算的分析系统，并于1999年我国第一艘试验飞船"神舟号"发射任务中，对狮子座流星暴的危害进行了计算，根据

评估分析，飞船推迟了 48 小时发射，成功避免了与流星体碰撞的危险。后续该计算分析系统又纳入了"十五"期间空间碎片专项科研的支持，中科院空间环境预报中心进一步做了优化改进，显著提升了其计算分析能力，在此之前，已开展了空间大碎片碰撞预警和风险评估的工作，通过该软件可以计算、显示飞船运行过程中碎片与飞船之间的距离，分析评估碰撞的危险。同时，根据载人航天飞行的轨道辐射环境特点，预报中心还研制了神舟五号航天员辐射剂量分析计算软件，该软件可以计算和显示航天员在轨运行时不同部位、不同器官所遭受的辐射剂量，提高了空间辐射环境的保障服务能力。特别是在 2003 年 7 月神舟五号飞船发射前三个月，空间环境预报中心就开始了围绕神舟五号飞船开展空间环境发射安全期预报的工作，已打下坚实的基础。

基于以上的考虑，栾恩杰第一时间便与首任空间碎片专项首席科学家都亨沟通，要求针对神舟五号发射任务，立刻开展空间碎片环境分析和碰撞风险计算，全面研判合适的发射时间窗口。都亨接到任务后，迅速协调获取了神舟五号飞船的发射弹道和入轨轨道数据信息。空间环境预报中心的空间碎片碰撞预警系统课题组负责人刘静及该领域各相关专家，利用我国自主研发的模型连夜开展分析评估，迅速开展分析计算工作。

10 月 10 日晚，"神五"发射的前五天，预报中心对空间碎片背景状况做了分析计算，并对目前我国空间碎片监测与应对能力进行梳理，于次日上午，提交了报告《关于我国空间碎片有关工作情况的介绍》。10 月 11 日下午，预报中心根据 921-2 地面应用系统提供的神舟五号飞船轨道数据，对入轨后、变轨前的时间段进行了预警计算，提交了《"神舟五号"飞船预定轨道与空间大碎片接近情况计算》报告。10 月 12 日，根据航天五院 501 部提供的最新轨道数据，计算完成了 4 个不同入轨时刻的空间碎片撞击风险情况，并编制《"神舟五号"飞船与大碎片接近情况计算结果和说明》。10 月 13 日晚，对总参某部的文件结果进行了复核计算，并提交报告《对总参某部结果的复核》。10 月 14 日晚，以不同入轨时刻为假设，对变轨前时间段的碎片危险交会情况进行了预警计算评估，提交报告《"神舟五号"飞船入轨点到变轨点之间空间碎片碰撞预警的说明》，对发射窗口的各个时刻逐一进行了计算分析。结果表明，在飞船35分钟的发射窗口中，有3个发射时刻，是可能与空间碎片有50km以内的近距离交会的，只要错开这三个时刻，发射和入轨过程碰撞风险都将大幅降低（如图1）。接到分析评估报告后，总指挥李继耐上将这才松了口气，决定委婉谢绝美国人的"好意"，根据自主分析计算结果，选定最优发射时间，顺利地规避空间碎片撞击的危险。

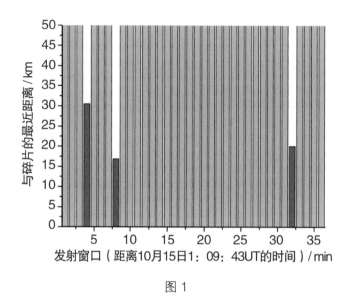

图 1

后续，在飞船运行和回收以及留轨舱运行阶段，预报中心持续对空间环境进行实时的监测预报，特别是在神舟五号飞船在轨运行期间，预报中心还利用事先集成建立的航天员辐射剂量预测软件，根据在轨运行时的高能辐射环境和实际轨道根数，实时计算航天员接受的辐射剂量。同时，利用碎片碰撞预警软件，对真实入轨时刻进行碎片碰撞预警计算评估，根据评估，入轨时刻属于安全时刻。此次神州五号飞船任务中，预报中心为飞船发射、运行和回收（从2003年10月15日5时发射前4小时到10月16日12时返回舱回收后6小时）提供了全程的空间环境安全保障。

此次，中国航天人完全使用自己的技术，实实在在地自主开展了一次航天器对空间碎片碰撞预警应用实践，具有重要意义，为后续空间碎片领域的发展奠定了重要基础。2003年10月15日下午，"神五"发射成功后，时任中国科学院副院长的江绵恒和顾逸东总师视察预报中心，对预报中心为神舟五号飞船所作的空间环境安全保障工作给予了充分肯定。

2005年5月19日中午12时30分，中国载人航天工程代表团在中国常驻联合国代表王光亚大使的陪同下，来到位于联合国总部大楼38层的秘书长办公室，向安南秘书长转交了遨游太空的联合国国旗。期间，时任载人航天工程副总指挥、总装备部副部长的胡世祥中将也透露了此次神舟五号发射前空间碎片预警事件（如图2）。

图2

神舟五号成功发射后，栾恩杰深刻地意识到，空间碎片虽小，但其近距离交会风险是不可忽视的，一旦发生碰撞则产生极大的危害。栾恩杰亲自协调各有关方面，借助空间碎片专项，迅速启动了"空间碎片监测预警一期工程"建设工作，改造了数台光学望远镜用于监测空间碎片，研制了工程化碰撞预警模型，有效地支撑了后续神州六号飞船发射和在轨运行中的空间碎片风险预警。经过二十余年的发展，原先为载人航天器发射提供预警的系统，现在已逐步发展为可全面保障航天器发射、入轨、在轨安全运行的空间碎片预警业务化运行系统。目前，国际上已经有很多国家常态化开展航天器危险预警与应急规避工作。特别是载人航天器，对于空间碎片的碰撞风险更需特别关注。

神舟五号的发射不仅让空间碎片的问题映入大家眼帘，更充分证明了我们国家航天事业的发展始终坚持自力更生、自主创新精神的重要性。一直以来，中国在载人航天上是愿意开展国际合作的，但是我们终究不能忘记，中国也是存在"特殊情况"的，就是别的国家以前都不带我们玩，我们没有的技术，别的国家不会拱手给我们，只能靠我们自己钻研，所以，我们航天精神最核心的内容便是自力更生，不靠别人！

4

各国家、地区、机构祝贺
中国首次载人航天飞行任务圆满成功的贺信

（1）辽宁省委、省政府

贺　电

国家航天局栾恩杰同志：

　　"神舟"五号取得了中国首次载人航天飞行的圆满成功，使中国昂首进入了航天大国行列。在这项伟大的工程中，您做出了突出的贡献，为家乡人民争了光。我们谨代表中共辽宁省委、辽宁省人民政府和 4200 万家乡人民，向您表示热烈的祝贺和崇高的敬意！

　　"神舟"五号载人航天飞行的圆满成功，是中国人用自己的力量、自己的智慧，自力更生取得的成就。在党中央、国务院、中央军委的领导下，您和航天局的同志艰苦奋斗、团结协作、开拓进取，取得了非凡的成绩，向世界充分展示了中国日益强大的综合国力和航天事业的壮丽前景。家乡人民为您感到骄傲和自豪！

　　"神舟"五号载人航天飞行的圆满成功，使家乡人民受到了巨大的鼓舞。现在，家乡正面临着振兴老工业基地这一难得的历史机遇，我们将以您为榜样，以"三个代表"重要思想为指导，全面贯彻落实党的十六大和十六届三中全会精神，解放思想，与时俱进，扎实工作，加快实现辽宁老工业基地的振兴，为祖国现代化建设事业做出新的更大的贡献。

　　最后，衷心祝愿您为祖国的航天事业再创佳绩！

　　　　　　　　　　　　　　　　　　辽宁省委、省政府
　　　　　　　　　　　　　　　　　　2003 年 10 月 19 日

（2）联合国外空司

UNITED NATIONS OFFICE AT VIENNA OFFICE DES NATIONS UNIES À VIENNE

Office for Outer Space Affairs

16 October 2003

Dear Mr. Luan,

On behalf of all my colleagues at the United Nations Office for Outer Space Affairs, I would like to extend my sincere congratulations to the China National Space Administration and to the citizens of the People's Republic of China on the successful launch and return of *Shen Zhou V* – China's first manned spacecraft.

The success of this historic mission demonstrates the impressive progress achieved by the people of China in the fields of science and technology in general, and the exploration of space in particular. The launch of *Shen Zhou V* is a testament to China's growing space programme, and the culmination of many years of hard work by all those involved in this monumental project.

Our Office is encouraged by China's strong commitment to the peaceful exploration and use of outer space. We believe that the flight of this manned spacecraft will herald a new era of international cooperation in the peaceful uses of outer space, for the benefit of all humanity, and in particular for developing countries.

Our Office wishes China continued success in its human space flight programme.

With best regards,

Yours sincerely,

Sergio Camacho
Director
Office for Outer Space Affairs
United Nations Office at Vienna

Mr. Luan Enjie
Administrator
China National Space Administration
8A, Fuchenglu Haidianqu
Beijing 10053
P. R. China

Vienna International Centre, P.O. Box 500, A-1400 Vienna, Austria, Telephone: (+43-1) 26060-4950 Fax (+43-1) 26060-5830

致：中国国家航天局局长栾恩杰先生

尊敬的栾先生：

我代表联合国外空司的所有同仁向中国国家航天局和中华人民共和国的公民表示最诚挚的祝贺，祝贺中国首次载人飞船——"神舟"五号的成功发射和返回。

这一历史任务的成功表明中国人民在科技领域，特别是在空间探测上取得了令人难忘的进步，"神舟"五号的发射证明中国空间计划的成长和所有那些参与该项目的人们许多年的努力达到的一个顶点。

联合国外空司希望中国的载人空间飞行计划继续取得成功。

此致！

联合国外空司司长

Seigio Camacho

2003 年 10 月 16 日

（3）俄罗斯航空航天局

РОССИЙСКОЕ АВИАЦИОННО-КОСМИЧЕСКОЕ АГЕНТСТВО
ул. Щепкина, 42, Москва, РОССИЯ, ГСП-6, 107996 Факс 288-90-63, 975-44-67 Тел. 971-94-44
RUSSIAN AVIATION AND SPACE AGENCY
42 Schepkina st., Moscow RUSSIA, GSP-6, 107996 Fax 288-90-63, 975-44-67 Phone 971-94-44

Руководителю
Китайской национальной
космической администрации

Господину Луань Эньцзе

№ НК-40-9668
от 16. 10. 2003

Уважаемый господин Луань Эньцзе,

Примите наши искренние поздравления по случаю запуска первого китайского космического корабля с космонавтом на борту.

Это выдающееся событие в истории не только Китая, но и всего человечества явилось результатом тех значительных достижений, которых добился китайский народ в области экономики, науки и техники. Осуществив самостоятельный запуск пилотируемого космического корабля, Китай по праву стал в ряд ведущих космических держав.

Пользуясь случаем, хотелось бы выразить уверенность в том, что взаимоотношения между Росавиакосмосом и Китайской национальной космической администрацией будут активно развиваться и углубляться на взаимовыгодной и долгосрочной основе на благо народов наших стран.

Хотелось бы пожелать лично Вам, а также всем китайским специалистам больших успехов в деле изучения и освоения космического пространства.

Генеральный директор   Ю.Коптев

致：中国国家航天局局长栾恩杰先生

尊敬的栾恩杰先生：

请接受我们对中国第一艘载人飞船成功发射的真诚祝贺。

这一伟大事件不仅在中国历史上，而且在整个人类历史上成为中国人民在经济、科学和技术领域取得众多杰出成就的一个成果。由于实现了载人飞船的独立发射，中国合法地成为领先的航天大国。

我相信，俄罗斯航空航天局和中国国家航天局的相互关系将在互利和长期的基础上积极发展和深化，以造福两国人民。

我想祝您本人以及所有的中国专家在研究和利用宇宙空间事业中取得更大的成就。

俄罗斯航空航天局局长

尤里·高普切夫

2003 年 10 月 16 日

（4）欧洲空间局

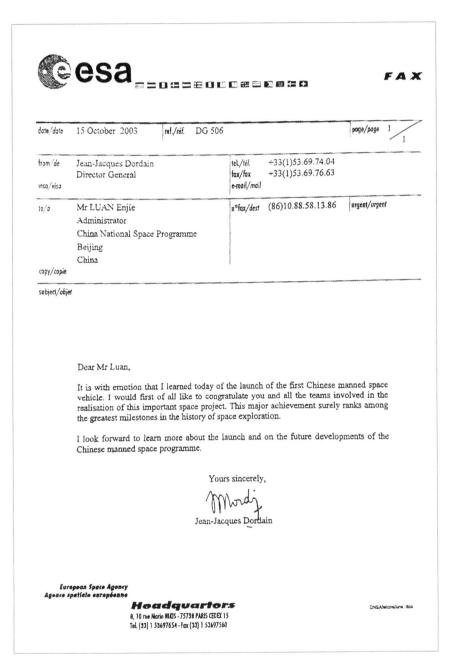

致：中国国家航天局局长栾恩杰先生

尊敬的栾先生：

欣闻中国首次载人航天飞船发射成功我十分激动，首先我向您以及所有参加此次发射的人员实现这一重要的航天计划表示衷心的祝贺。这一重大成就无疑将载入空间探测的最伟大的里程碑。

我盼望更多地了解发射情况以及中国载人航天发展的未来计划。

欧洲空间局局长

Jean-Jacques Dordain

2003 年 10 月 15 日

（5）巴西航天局

Transmissão via FAX

Caso a mensagem esteja ilegível ou incompleta, favor ligar para o telefone do Remetente.
If message results unreadable or incomplete, please contact at sender's telephone number
55 (061) 326-0990

SBN – Quadra 2 – Bloco J
Ed. Eng. Paulo Maurício
70040-905 – Brasília – DF
5ª andar - Presidência

FAX nº *116* /PRE

Brasília, October *16*, 2003.

Destinatário/Addressee: Mr. LUAN ENJIE

Administrator – China National Administration - CNSA

Telefax: 86 10 88581514
Remetente/Sender: Dr. LUIZ BEVILACQUA
President

Telefone/Telephone: 55 (61) 411-5500

Telefax: 55 (061) 346-7276
Nº de páginas, incluindo capa/Nº of pages, cover included: (01)

MENSAGEM/SUBJECT:

Dear Mr. Luan Enjie,

On behalf of AEB and in my own name, I am very pleased to convey to you and to CNSA staff my warmest congratulations on the memorable and historical accomplishment of the first Chinese manned space flight.

The Brazilian Space Program is very proud of its collaboration with so highly qualified a partner, which, through this remarkable performance, raised its space activities to a new and outstanding level.

We are confident that within the next days, we will be celebrating together a new happy achievement, the successful launch of the Brazilian-Chinese satellite CBERS-2.

Sincerely yours,

Luiz Bevilacqua
President

致：中国国家航天局局长栾恩杰先生

尊敬的栾恩杰先生：

我很高兴代表巴西航天局并以我个人的名义向您和中国国家航天局的工作人员表达我最热情的祝贺，祝贺中国首次载人航天飞行取得难忘的历史性的成就。

巴西航天项目为能与这样高素质的合作者协作而感到自豪，通过这次的出色表现，将贵方的空间活动提高到一个新的突出的水平。

我们相信在未来几天内我们将共同祝贺一个令人愉快的新成就 ——中巴地球资源卫星 CBERS-2 的成功发射。

此致！

巴西航天局局长

Luiz Bevilacqua

2003 年 10 月 16 日

（6）印度空间研究组织

भारतीय अन्तरिक्ष अनुसंधान संगठन
अन्तरिक्ष विभाग
भारत सरकार
अन्तरिक्ष भवन
न्यू बी ई एल रोड, बेंगलूर - 560 094 , भारत
दूरभाष   +91-80-3415241, 2172333
फैक्स   +91-80-3415328

Indian Space Research Organisation
Department of Space
Government of India
Antariksh Bhavan
New BEL Road, Bangalore - 560 094, India
Telephone : +91-80-3415241 2172333
Fax : +91-80-3415328
e-mail : chairman@isro.org

G.Madhavan Nair
Chairman

<u>FAX No</u>: 00 8610 88 58 1515

No.ISRO/IC/20/2   October 15, 2003

My dear Mr Luan Enjie

I am extremely delighted to congratulate you for the remarkable achievement of the Chinese Space community in successfully carrying out a manned space mission. You have shown tremendous grit and determination in surmounting such a great challenge in the area of space science and technology. The courage and determination of the people of China in conducting such a technologically challenging mission deserves wholehearted appreciation. ISRO is pleased to congratulate all the participants in this task. ISRO is happy to have had a cooperative relationship with China for more than a decade. We wish you still greater successes in the days to come as you soar to greater heights and look forward to close co-operation between our organizations.

With best regards,

Yours sincerely,

(G. Madhavan Nair)

Mr. Luan Enjie
Administrator, CNSA

致：中国国家航天局局长栾恩杰先生

尊敬的栾恩杰先生：

我非常高兴地对中国载人航天取得的巨大成就向您表示祝贺。贵国人民在空间科学技术领域面对困难和挑战所显示出的伟大勇气与坚强决心令人钦佩。印度空间研究组织对此次任务参与各方表示衷心的祝贺。印度空间研究组织很高兴在过去的10年里与中国建立了合作关系。我们预祝贵国在未来取得更大的成就，并希望我们之间的合作能更上一层楼。

此致良好祝愿！

印度空间研究组织主席

Madhavan Nair

2003 年 10 月 15 日

（7）美国驻华大使馆

EMBASSY OF THE
UNITED STATES OF AMERICA
Beijing, China

October 16, 2003   AMBASSADOR

Director Luan Enjie
Administrator
China National Space Administration
A8, Fucheng Road
Haidian District
Beijing 100037

Dear Director Luan:

Congratulations on China's successful Shenzhou V manned space mission! As the United States National Aeronautics and Space Administration (NASA) Administrator Sean O'Keefe said today, it is truly "an important achievement in the history of human exploration."

On behalf of the American people and the United States Government, I congratulate you and Lieutenant Colonel Yang Liwei, China's first "taikonaut". As the son of NASA's first Director of Life Sciences, I have followed your program with particular interest and wish to add my sincere personal congratulations on your exciting achievement.

We look forward to future opportunities for United States-China cooperation in the peaceful exploration of space.

With congratulations and best regards, I am

Very truly yours,

Clark T. Randt, Jr.

致：中国国家航天局局长栾恩杰先生

尊敬的栾局长：

祝贺中国神舟五号载人飞船发射成功！正如美国国家航空航天局局长肖恩·奥基夫今天说的，这是一项"人类探索自然历程中的重要成就"。

我代表美国人民和美国政府，祝贺杨利伟中校成为中国第一个"太空人"。作为美国国家航空航天局第一任生命科学部部长的儿子，我怀着极大的兴趣关注这一项目的进展，并对这一令人振奋的成就表示我个人衷心的祝贺。

我们希望未来在和平探索外层空间领域能有美中合作机会。

再次表示祝贺，并顺致谢意。

美利坚合众国驻华大使

Clark T. Randt, Jr.

2003 年 10 月 16 日

5

嫦娥飞天

象征中国月球探测工程的首座大型不锈钢雕塑"嫦娥奔月"于2007年12月19日安放在中国空间技术研究院（图1）。绕月探测工程领导小组组长、国防科工委主任张庆伟，中国人民对外友好协会会长陈昊苏出席揭幕仪式并讲话。揭幕仪式由国防科工委副秘书长胡亚枫主持。

图1 "嫦娥奔月"雕塑

绕月探测工程总指挥栾恩杰，中国航天科技集团公司总经理马兴瑞，中国空间技术研究院院长杨保华、党委书记李开民，以及科学、文化艺术等各界的嘉宾三百余人出席揭幕仪式（图2）。

嫦娥奔月

陈昊苏

古老的奔月理想，

年轻的航天实践。

舞动跨越万里的广袖，

解开流传千年的悬念。

展示中国特色的魅力，

成就世界共有的宏愿。

到宇宙深处寻访美丽家园，

为人天和谐构筑永恒圣殿。

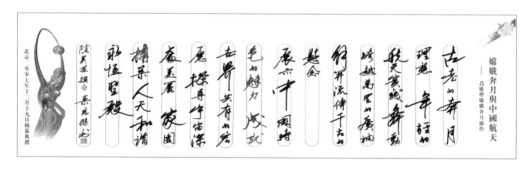

图 2　陈昊苏同志撰栾恩杰书的题词《嫦娥奔月》

6

最美"夕阳红"

■ 文 /CCTV 夕阳红《福寿中国》2019 年 10 月 7 日

央视《夕阳红》节目《福寿中国——2019 年重阳盛典》纪念

首次探月总工程师栾恩杰院士，年逾八十岁，仍在追逐"航天梦"的人生路。在晚年，他更是以满腔热忱投入其中。从 63 岁开始，他一次次担任着国家重大航天任务的"总指挥"。

奋斗在航天一线，让他忘却了年龄和时间，他曾写下"残壁遗训催思奋，虚度花甲无滋味"的诗句，表达自己人至暮年却心向朝阳的人生理想。